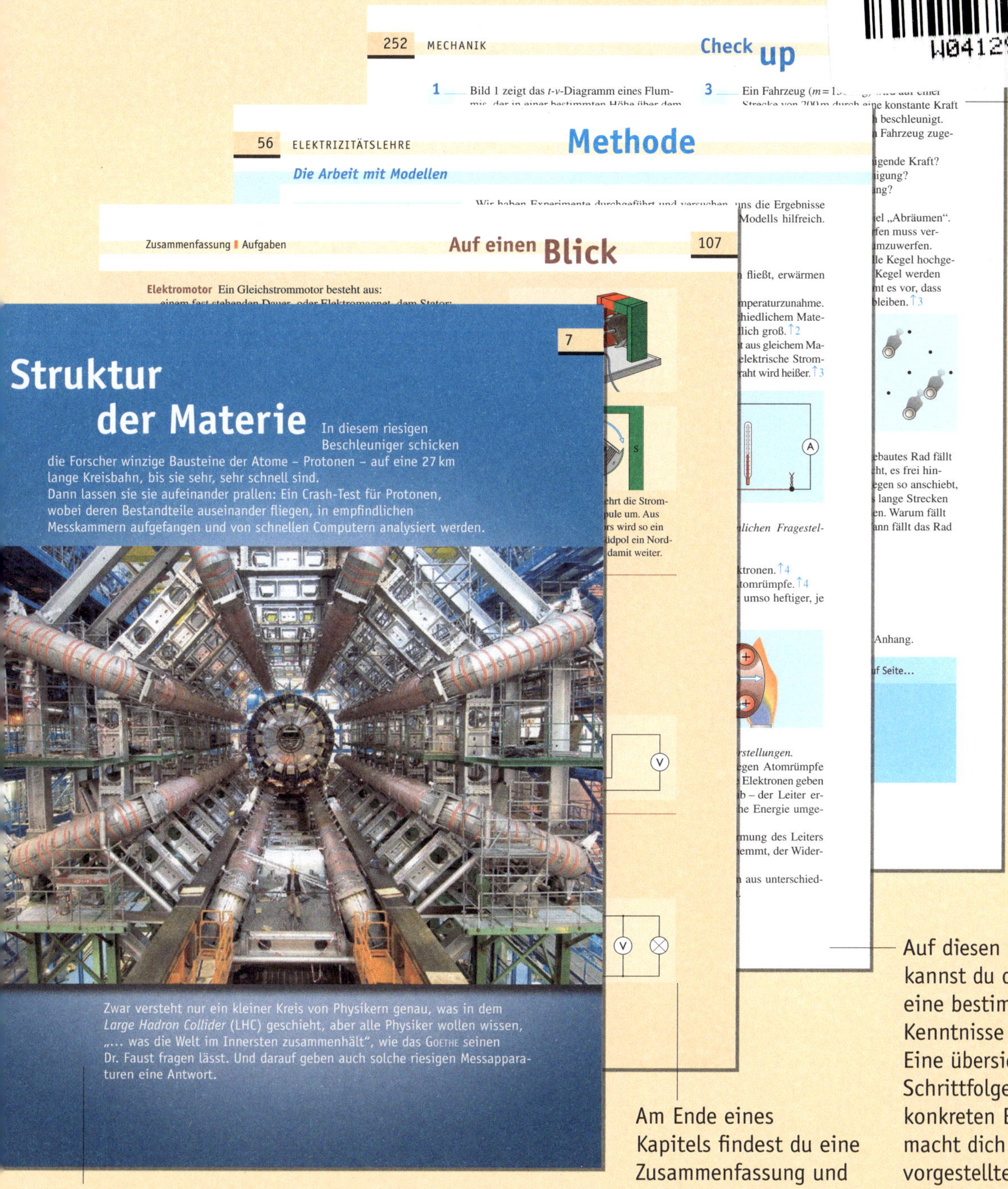


Fachliche Kenntnisse, Fähigkeiten und Kompetenzen kannst du hier selbstständig überprüfen.

Auf diesen Seiten kannst du dir durch eine bestimmte Methode Kenntnisse aneignen. Eine übersichtliche Schrittfolge an einem konkreten Beispiel macht dich mit der vorgestellten Methode vertraut.

Am Ende eines Kapitels findest du eine Zusammenfassung und besondere Aufgaben. Hier musst du selbstständig Lösungen finden.

Jedes Kapitel beginnt mit einer Einstiegsseite, die dich durch ein attraktives Foto und einen kurzen problemorientierten Text auf den nachfolgenden Inhalt aufmerksam machen soll.

# Fokus *Physik*

Band **2**

Gymnasium

Cornelsen

*Autoren:* Prof. Dr. Udo Backhaus, Gerd Boysen, Dr. Harri Heise, Uwe Kopte, Harald Schepers, Prof. Dr. Hans Joachim Schlichting, Prof. Dr. Lutz-Helmut Schön

*Redaktion:* Bettina Conrad-Rosenkranz, Henry Dölitzsch

*Berater:* Wolfgang Eisele, Esslingen a.N.; Joachim Friederich, Pforzheim; Hans-Peter Götz, Tübingen; Werner Heinke, Oberhausen; Dr. Jochim Lichtenberger, Fahren

*Illustration:* Gabriele Heinisch (Cornelsen), Hans Wunderlich

*Grafik:* Rainer Götze

*Umschlaggestaltung und Layoutkonzept:* Wolfgang Lorenz

*Layout:* V+I+S+K Büro für Visuelle Kommunikation

**www.cornelsen.de**

1. Auflage, 2. Druck 2012

Alle Drucke dieser Auflage sind inhaltlich unverändert
und können im Unterricht nebeneinander verwendet werden.



Druck: Stürtz GmbH, Würzburg

ISBN 978-3-06-013112-9

Inhalt gedruckt auf säurefreiem Papier aus nachhaltiger Forstwirtschaft.

# Inhalt

# Struktur der Materie

In diesem riesigen Beschleuniger schicken die Forscher winzige Bausteine der Atome – Protonen – auf eine 27 km lange Kreisbahn, bis sie sehr, sehr schnell sind.
Dann lassen sie sie aufeinander prallen: Ein Crash-Test für Protonen, wobei deren Bestandteile auseinander fliegen, in empfindlichen Messkammern aufgefangen und von schnellen Computern analysiert werden.

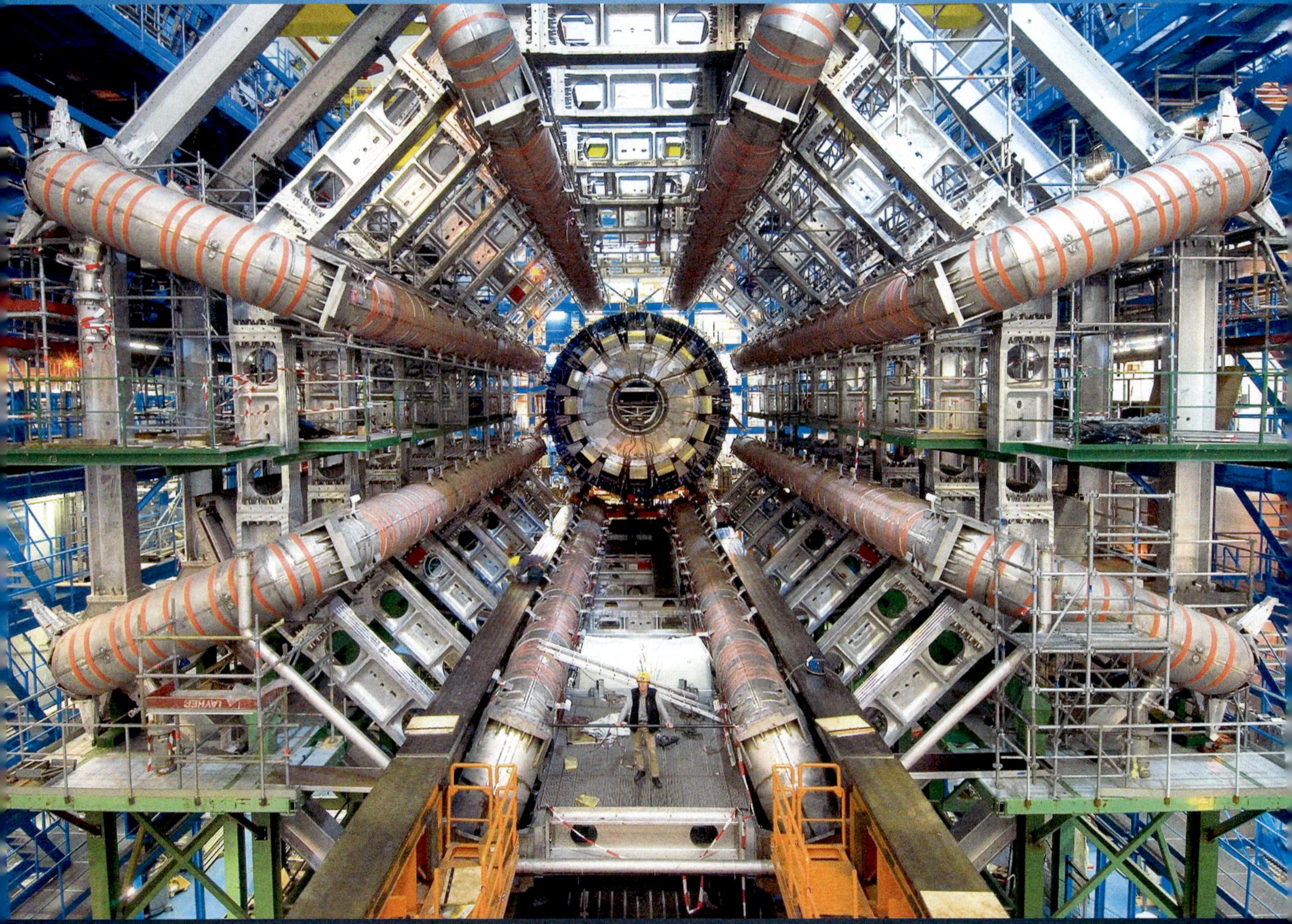

Zwar versteht nur ein kleiner Kreis von Physikern genau, was in dem *Large Hadron Collider* (LHC) geschieht, aber alle Physiker wollen wissen, „... was die Welt im Innersten zusammenhält", wie das GOETHE seinen Dr. Faust fragen lässt. Und darauf geben auch solche riesigen Messapparaturen eine Antwort.

# Unsichtbares wird sichtbar gemacht

Jedes einzelne Atom der Oberfläche eines Silicium-Kristalls wurde hier sichtbar gemacht. Mithilfe einer sehr dünnen Nadel wurde die Oberfläche eines Kristalls Zeile für Zeile abgetastet. Die Bewegungen der Nadel wurden mit einem winzigen Spiegel, der ein schmales Laserbündel umlenkt, registriert. Ein Computer „übersetzt" die Signale der Nadelspitze in ein Hell-Dunkel-Muster: Hell = Nadel oben; Dunkel = Nadel unten.

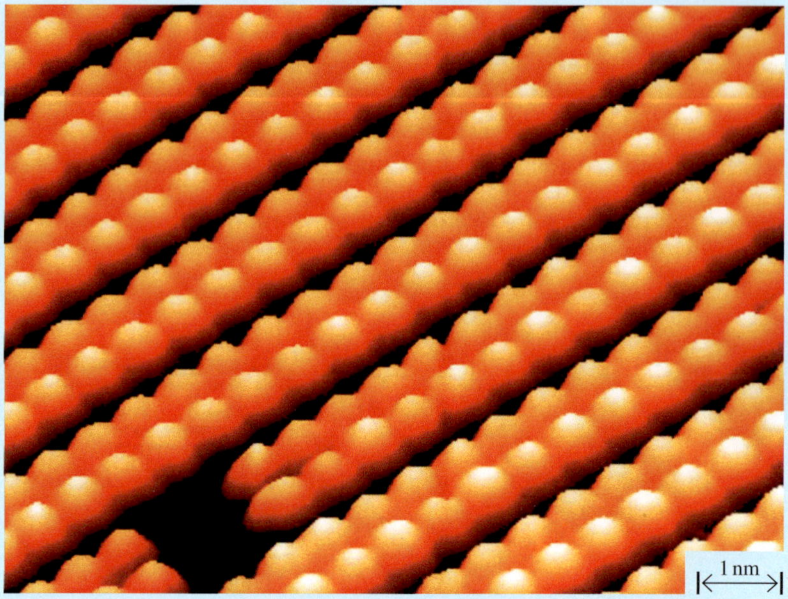

1

## Schon gewusst?

1 nm (sprich: Nanometer) ist eine kaum vorstellbar kurze Strecke. Wenn man 1 nm auf 1 Millimeter strecken würde, dann würde aus 1 mm genau 1 km werden.

1 km = 1000 m = $10^3$ m
1 m = $10^0$ m
1 cm = 1 / 100 m = $10^{-2}$ m
1 mm = 1 / 1000 m = $10^{-3}$ m
1 µm = 1 / 1 000 000 m = $10^{-6}$ m
1 nm = 1 / 1 000 000 000 m = $10^{-9}$ m
1 pm = $10^{-12}$ m
(sprich: Picometer)

Noch vor wenigen Jahrzehnten lernten alle Physikstudenten, dass man Atome nicht sehen kann. Kein Licht, auch kein Röntgenlicht wird ausreichen, solch winzige Dinge wie Atome oder Moleküle abzubilden. Die physikalischen Gesetze der Optik verbieten dies. Inzwischen kann man aber die Oberfläche von Kristallen mit einer Spitze abtasten und dabei einzelne Atome „spüren" und mit einem Computerprogramm in ein Bild übersetzen. Atome und Moleküle kann man zwar immer noch nicht sehen, aber doch mit verschiedenen Verfahren sichtbar machen.
Auch bei anderen Vorgängen werden Strukturen abgetastet und die Informationen umgewandelt. ↑2, 3

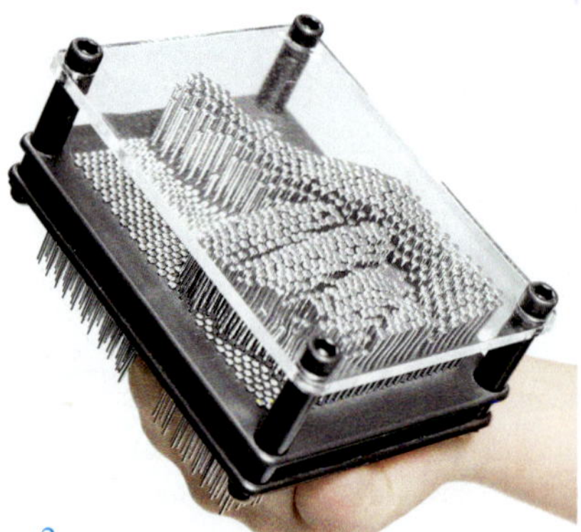
2

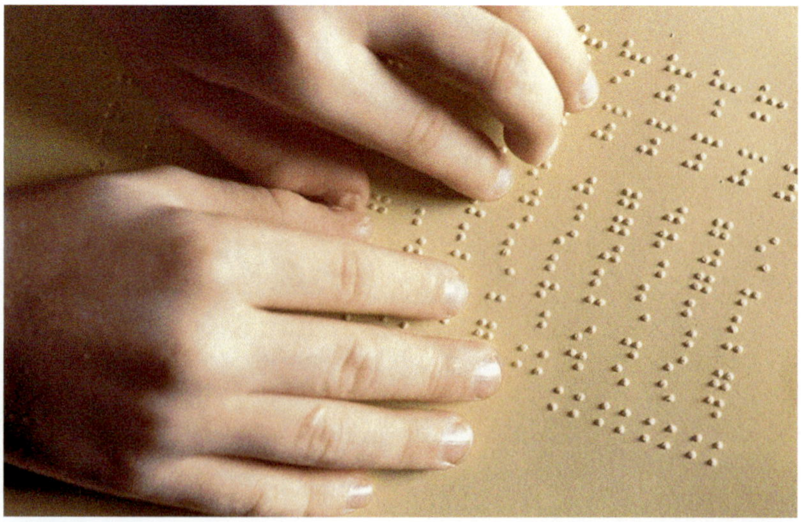
3

## Experimente

**1 Spüren ohne Berührung**
Befestige einen kleinen, starken Magneten an einem Stift. Auf der Rückseite einer Pappe werden von deinem Partner einige Magnete aufgeklebt. Die Pole sollen dabei eine unterschiedliche Ausrichtung besitzen.

a Taste die Pappe mit dem Magnetstift Zeile für Zeile ab und übertrage das „gespürte“ Muster auf ein Blatt Papier. ↑4

b Entwickelt gemeinsam eine einfache „Maschine“, die den Ort und die Reaktion des Magnetstifts aufzeichnet.

4

**2 Münze erkennen**
Unter einem dünnen Blatt Papier liegt eine Münze. Mit einem Bleistift malst du Strich für Strich darüber. Die Prägung der Münze wird sichtbar. ↑5
Begründe.
Ihr könnt daraus einen Wettbewerb machen: Wer erkennt zuerst die Münze?

5

**3 Zeile für Zeile abtasten**
Deinem Partner werden die Augen verbunden. Du verteilst einige Kugeln auf einem Lochbrett. Mit einer Kugel in der Hand soll dein Partner das Muster abtasten. Das ertastete Muster soll er darstellen, indem er Kugeln auf einem zweiten Lochbrett nach seinen Beobachtungen verteilt. Tauscht eure Rollen.

**4 Tische biegen**
Lege einen kleinen Spiegel flach auf einen großen Tisch. Befestige einen Laserpointer so, dass sein Bündel schräg auf den Spiegel und dann auf eine möglichst weit entfernte Wand trifft; die Halterung des Lasers darf nicht mit dem Tisch verbunden sein. Was beobachtest du, wenn du mit der Hand auf den Tisch drückst? Erkläre und schätze die Größe der Biegung ab. ↑6

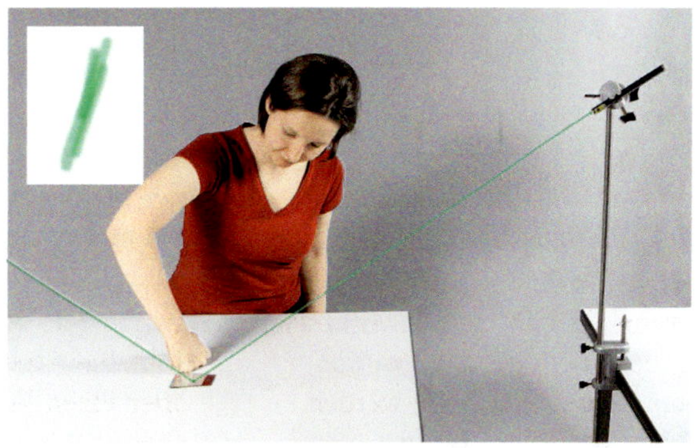
6

**5 Nadel auf Schallplatte**
Stecke durch eine Postkarte eine spitze Nähnadel. Fahre mit dieser die Rille einer sich drehenden Schallplatte ab. Sollte ein Plattenspieler nicht mehr vorhanden sein, kannst du auch mithilfe von Stativmaterial aus der Physiksammlung die Schallplatte drehbar lagern. ↑7

7

## GRUNDLAGEN: Rastermikroskopie

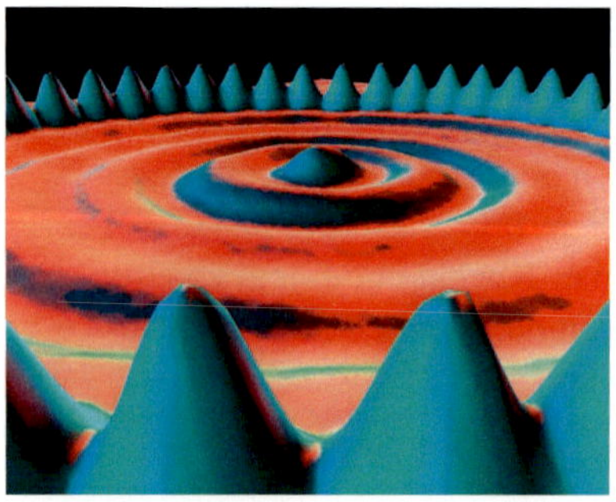

1

Der Aufbau des Rasterkraftmikroskops (RKM) ist eigentlich sehr einfach: Am freien Ende eines elastischen Federbalkens befindet sich eine sehr dünne Spitze, die über den zu untersuchenden Kristall bewegt wird und dabei die Unebenheiten der Oberfläche spürt. ↑2

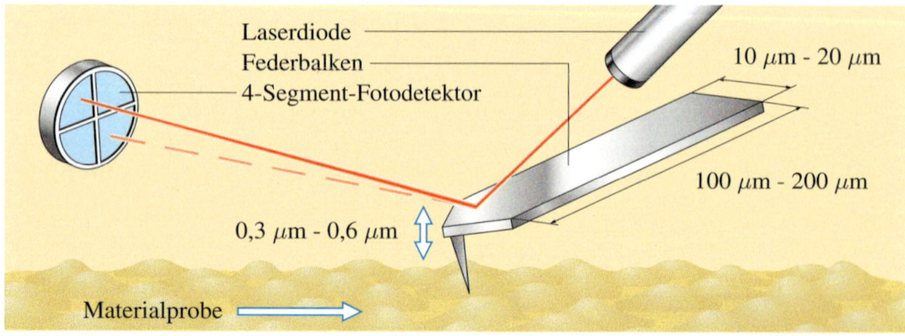


2 Prinzip der Rasterkraftmikroskopie

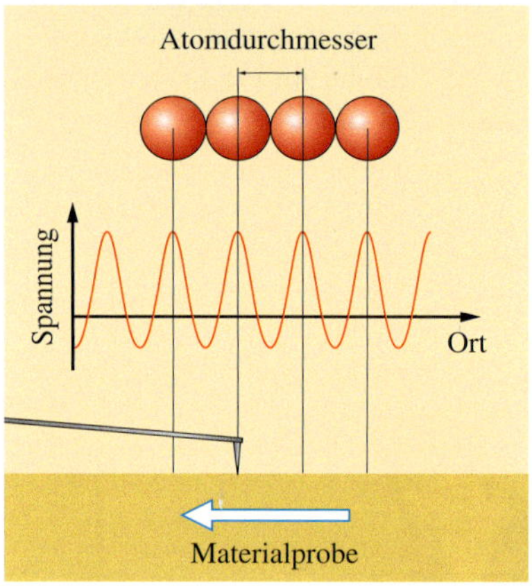


3 RKM-Signal

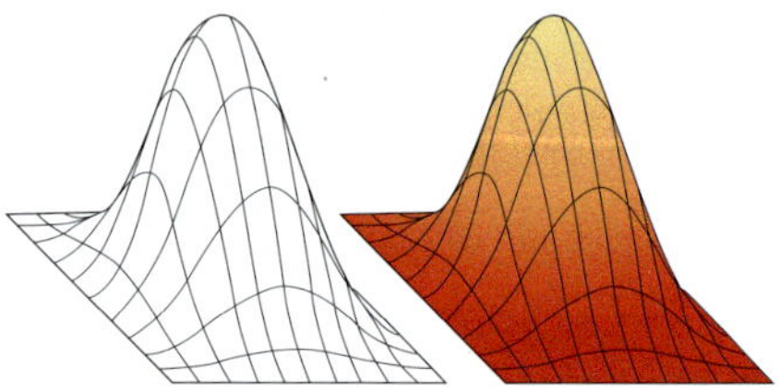

4 Aus dem elektrischen Signal wird ein räumliches Bild.

Die feine Spitze ist der Nadel eines Plattenspielers, die die welligen Unebenheiten der Plattenrille abtastet und in Musik umwandelt, sehr ähnlich. Beim RKM besteht die Spitze der Nadel meist aus einem einzigen Atom, das von jedem einzelnen Atom an der Oberfläche des Kristalls abgestoßen wird. Der kleine elastische Federbalken wird also ein klein wenig nach oben gebogen. Dadurch wird das Lichtbündel einer Laserdiode, das auf das verspiegelte Ende des Federbalkens trifft, in eine andere Richtung gelenkt. Dies wird von Fotozellen registriert und je nach Ablenkung in ein mehr oder weniger starkes elektrisches Signal umgewandelt. Mithilfe eines Computerprogramms wird aus diesen Signalen ein „Bild“ der Oberfläche des Kristalls erzeugt.

So wie sich beim Plattenspieler die Platte dreht und die Nadel „ruht“, so wird auch beim RKM der Kristall unter der Nadel Schritt für Schritt und Zeile für Zeile verschoben. Weil mit dem Rasterkraftmikroskop Atome abgetastet werden, sind alle Bauteile des RKM entsprechend winzig klein. Mit dem Laser-Lichtzeiger können Bewegungen der Spitze von nur 0,1 nm – also 0,000 000 000 1 m – registriert werden. ↑2,3

Bild 1 zeigt die Oberfläche eines Kupferkristalls, auf dem einige Eisenatome in einem Kreis liegen.

Sind diese Eisenatome spitze Kegel und die Siliciumatome (Bild 1, Seite 8) Kugeln? Nein! Atome unterscheiden sich grundlegend von Kegeln oder Kugeln auf dem Spielbrett: Diese Kugeln können wir unmittelbar sehen, wir können sie berühren, daran klopfen und vielleicht sogar daran riechen. Aus vielen Sinneseindrücken entsteht die Vorstellung, die wir „Kugel“ nennen.

Das Computerprogramm zur Auswertung der Signale des Rasterkraftmikroskops wurde so gemacht, dass aus den einzelnen Signalen ein Bild auf dem Bildschirm entsteht, das der Betrachter für Kugeln oder Kegel hält. ↑4

**Atome sind keine Kugeln und haben weder Oberfläche noch Farbe oder Geruch. Aber Atome nehmen Raum ein, sie sind schwer und sie sind träge.**

### Schon gewusst?

Bei den „Bildern“, die vom RKM geliefert werden, hat das Computerprogramm Schatten hinzugefügt, die es nicht gibt: Die Atome sind viel zu klein, als dass sie Schatten werfen könnten. Sonst müsste es immer dunkel auf der Erde sein, denn jedes Luftmolekül würde einen Schatten werfen, und davon gibt es zwischen Sonne und Erdoberfläche ungeheuerlich viele.

## GRUNDLAGEN: Wie groß sind die Atome?

Auch wenn die Atome keine festen Kugeln sind, so haben sie im Kristall doch einen bestimmten Abstand. Dieser hängt von der Art der Bindung der Atome im Molekül bzw. im Kristall ab. Dennoch haben die Atome aller Stoffe – vom leichten Aluminium bis zum schweren Blei – etwa den gleichen Abstand. Er entspricht ungefähr der Größe eines Atoms.

**Der Atomradius beträgt etwa $\frac{1}{10}$ nm.**

Weil die einzelnen Atome so klein sind, muss ihre Anzahl ungeheuerlich groß sein, damit daraus sichtbare Kristalle werden. Ein Würfel von 1 cm Kantenlänge aus Eisen enthält 84 000 000 000 000 000 000 000 Eisenatome; in einem solchen Würfel aus Gold sind 59 000 000 000 000 000 000 000 Atome. Solche Zahlen werden als Potenzen der Basis 10 geschrieben, also $84 \cdot 10^{21}$, bzw. $59 \cdot 10^{21} = 0{,}59 \cdot 10^{23}$.

Der Tabelle kann man entnehmen, dass bei Gasen gleiche Volumina die gleiche Anzahl Moleküle enthalten: 1 Liter Wasserstoffgas enthält $269 \cdot 10^{20}$ $H_2$-Moleküle und 1 Liter Luft ebenso viele Moleküle des Gemisches aus 80 % Stickstoff ($N_2$)- und 20 % Sauerstoff ($O_2$)-Molekülen. Dies gilt näherungsweise für alle Gase!
Weil die einzelnen Atome oder Moleküle der verschiedenen Gase unterschiedliche Masse besitzen, haben Helium (He) und Wasserstoff ($H_2$) eine geringere Dichte als Luft, steigen in Luft also auf, und das giftige Kohlenstoffmonooxid (CO) hat eine größere Dichte als Luft und sinkt zu Boden.

Diese Zahlen sind unvorstellbar groß, selbst Vergleiche erleichtern kaum die Vorstellung:

- ➔ Bestünde unsere gesamte Erde aus lauter Sandkörnern, wären dies „nur" etwa $10^{22}$ Sandkörner.
- ➔ Würde man die Goldatome eines Würfels von 1 cm Kantenlänge wie eine Perlenkette dicht an dicht aneinander reihen, so reichte diese Kette 5-mal bis zur Sonne und zurück.
- ➔ Bis zu deinem 15. Geburtstag hat dein Herz „nur" etwa $4{,}2 \cdot 10^7$-mal geschlagen.

Wenn 12 g Kohlenstoff (C) zu $CO_2$ verbrennen, verbrauchen sie genau 32 g Sauerstoffgas ($O_2$): In 12 g Kohlenstoff befinden sich also genauso viele C-Atome wie $O_2$-Moleküle in 32 g Sauerstoffgas. Mit anderen chemischen Reaktionen kann man zeigen, dass sich genau so viele Atome in 1 g Wasserstoff, in 4 g Helium oder 65 g Kupfer befinden. Diese Menge wird 1 Mol genannt:

**1 Mol eines Stoffes enthält $6{,}022 \cdot 10^{23}$ Atome (bzw. Moleküle) dieses Stoffes. Das Volumen eines Mols eines Gases beträgt 22,4 Liter.**

Die Zahl $6{,}022 \cdot 10^{23}$ heißt *Avogadro-Zahl* und ist nach dem italienischen Physiker und Chemiker AMEDEO AVOGADRO (1776–1859) benannt worden. (Die Avogrado-Konstante ist $6{,}022 \cdot 10^{23}$/mol.)

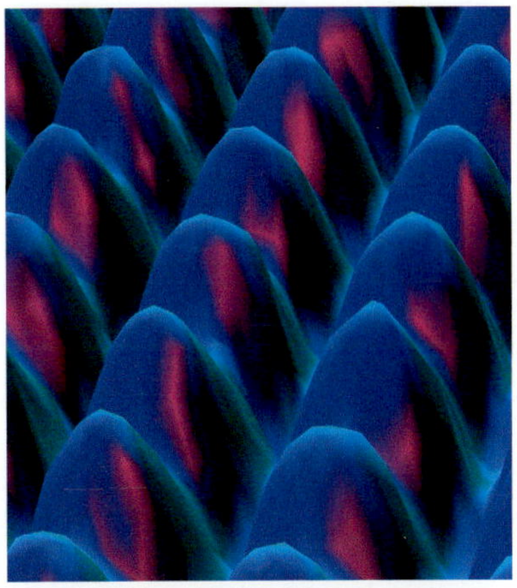

5 Oberfläche eines Nickelkristalls

Volumen von 1000 $cm^3$ = 1 Liter

| Stoff | Masse in kg | Anzahl der Moleküle |
|---|---|---|
| Gold | 19,3 kg | $609 \cdot 10^{23}$ |
| Eisen | 7,9 kg | $878 \cdot 10^{23}$ |
| Wasser | 1 kg | $346 \cdot 10^{23}$ |
| Wasserstoff $H_2$ | 0,09 g | $0{,}269 \cdot 10^{23}$ |
| Helium He | 0,18 g | $0{,}269 \cdot 10^{23}$ |
| Sauerstoff $O_2$ | 1,43 g | $0{,}269 \cdot 10^{23}$ |
| Kohlenstoffdioxid $CO_2$ | 1,98 g | $0{,}269 \cdot 10^{23}$ |

### Schon gewusst?

In einem einzigen Salzkorn sind etwa 1000-mal so viele NaCl-Moleküle wie die Anzahl aller Haare, die alle 6,5 Milliarden Menschen auf unserer Erde auf dem Kopf haben (jeder gesunde, junge Mensch hat etwa 100 000 Haare auf dem Kopf).
Wir sehen mit bloßem Auge etwa 6000 Sterne am Nachthimmel. Aber wer durch ein Teleskop schaut, sieht sehr viel mehr Sterne. Man schätzt die Anzahl aller Sterne im Universum auf etwa $7 \cdot 10^{22}$ Sterne.

## *Aus der Technik* Mikrowelt und Nanotechnologie

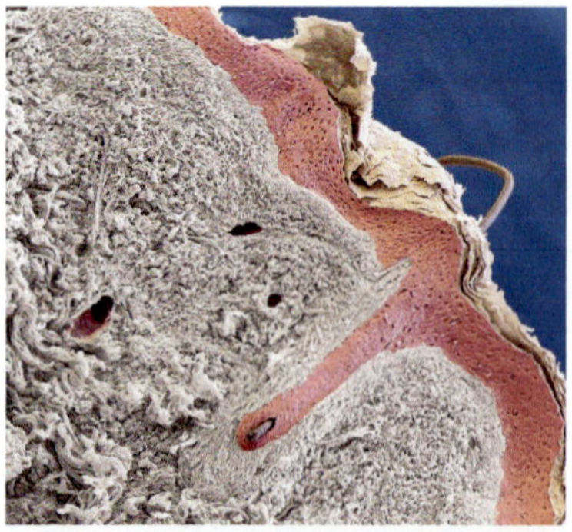

1 Rastersondenmikroskopische Aufnahme einer Zelle

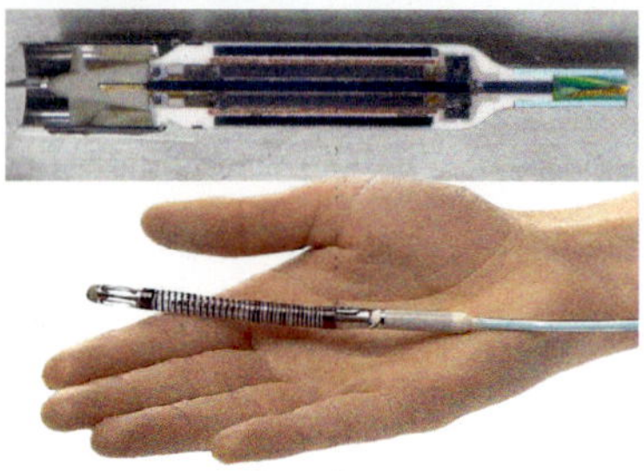

2 Mikropumpe am Ende eines Herzkatheters

Die Größe der Gegenstände unserer Alltagswelt messen wir in Meter oder Zentimeter. Dein Zimmer ist etwa 2,50 m hoch und die Buchseite vor dir 19 cm breit. Millimeter und Kilometer sind ebenfalls vertraute Größenordnungen der Länge.

Auch sehr viel kleinere Objekte sind im Alltagsleben allgegenwärtig. Wir können sie zwar nicht sehen, bekommen sie aber zu spüren: Gräserpollen lösen bei einigen Menschen Heuschnupfen aus und sind nur etwa 0,0025 mm, also $2{,}5 \cdot 10^{-6}$ m = 2,5 µm (Mikrometer) groß. Bakterien haben einen Durchmesser von etwa 1 µm. Zu dieser Mikrowelt gehören auch die Zellen unseres Körpers, die uns am Leben halten. Sie wandeln Energie in lebenswichtige Stoffe um, sie senden Signale aus, können sich selbst reparieren und sogar vermehren. ↑1

Die Mikrowelt der Technik ist bei weitem nicht so leistungsfähig wie die natürlichen Mikroorganismen. Aber es ist inzwischen beispielsweise gelungen, ganze Motoren von 2 mm Durchmesser zu bauen, in denen sich winzige Zahnräder drehen. Solche Motoren treiben Mikropumpen an, die z. B. bei Herzoperationen ins Herz geführt werden, den Blutkreislauf aufrechterhalten und 4,5 Liter Blut pro Minute durch die Arterien pumpen. ↑2

Wer mit seiner Digitalkamera fotografiert und ein Bild ausdruckt, nutzt dabei fast ausschließlich Mikrotechnik. Bei der normalen, analogen Fotografie löst das Licht auf dem Filmmaterial einen chemischen Prozess aus, der später beim Entwickeln fortgesetzt wird. Bei der Digitalfotografie fällt das Licht auf einen CCD-Chip von etwa 4 mm mal 6 mm, der aus 5 000 000 Punkten (5 Megapixel) besteht. Jedes Pixel hat nur eine Fläche von $4 \cdot 10^{-6}$ mm². Durch Beleuchtung wird in jedem Pixel ein elektrisches Signal erzeugt, je stärker dieses Signal, umso heller ist der Bildpunkt.

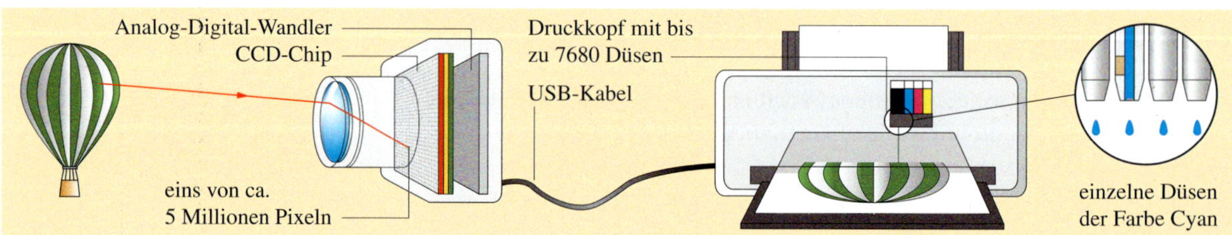


3

## Aufgaben

**1** Lass dir bei verbundenen Augen einzelne Münzen geben und versuche durch Tasten heraus zu finden, um welche Münze es sich handelt.

**2** Beschaffe dir Informationen über Blindenschrift aus dem Internet.

a Wie funktioniert ein „Bildschirm" für Blindenschrift?

b Stelle dir deinen Namen in Blindenschrift so her, dass du die Buchstaben ertasten kannst.

**3** Das Negativ einer Analogkamera ist 24 mm mal 36 mm groß. Wie viele „Pixel" hat dies, wenn jedes „Pixel" einen Durchmesser von 0,01 mm hat?

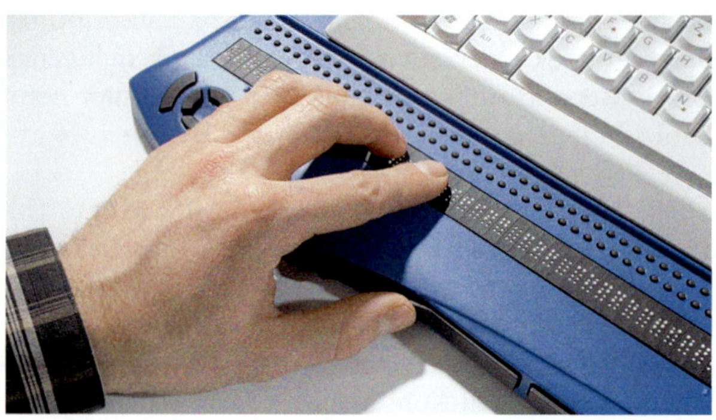

4

Damit der Chip nicht nur zwischen hellen und dunklen Bildpunkten unterscheiden kann, erhalten die einzelnen Pixel winzige Farbfilter. Die Signale aller 5 Millionen Pixel werden einzeln durch einen Analog-Digital-Wandler (A/D-Wandler) in den binären Code umgewandelt und auf einem Mikrochip gespeichert. ↑3

Moderne Farbdrucker haben bereits einen direkten Anschluss für die Digitalkamera. Nach einigen Befehlen beginnt der Tintenstrahldrucker das Bild zu drucken. Durch die Düsen der Druckerpatrone werden von einer winzigen Pumpe pro Sekunde bis zu 18 000 Tropfen auf das Papier geschossen, die nur etwa 50 µm groß sind. ↑5

Der Druckkopf professioneller Farbdrucker hat bis zu 7680 Düsen. Über 7 Millionen Tintentropfen werden pro Sekunde im Farbdruck erzeugt. Aus 1000 Tropfen besteht z. B. der Punkt am Satzende.

5

Elektronische Bauteile sind heute weniger als 100 Nanometer groß. Es passen schon jetzt mehr als 50 Millionen Transistoren auf einen Chip, der so groß ist wie eine 1-Cent-Münze. Ganze Computer sind inzwischen so klein und leistungsstark, dass sie direkt ins Ohr implantiert werden können und schwerhörige Menschen wieder hören lassen. ↑6

Noch sind in den Mikrochips die Leiterbahnen für die Ladungen so breit wie Autobahnen für Fußgänger. Wenn aber die Zuleitungen zu den elektronischen Bauteilen und diese selber nur noch wenige Nanometer breit und hoch sind, dann bestehen sie nur noch aus einer Kette einzelner Atome oder Moleküle. ↑7

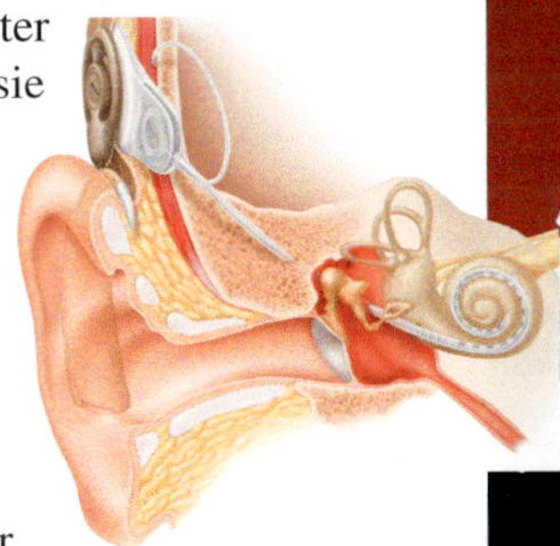

6

Für einzelne Atome gilt die Quantenphysik, deren Gesetze uns fremd und merkwürdig erscheinen.

Obwohl mit dem Alltagsverstand kaum zu verstehen, so sind diese Gesetzmäßigkeiten der Quantenphysik sehr genau bekannt. Es ließen sich deshalb – wenn es denn in Zukunft gelänge, solche kleinen Objekte herzustellen – sehr genau, schnell und extrem energiesparend arbeitende Computer bauen.

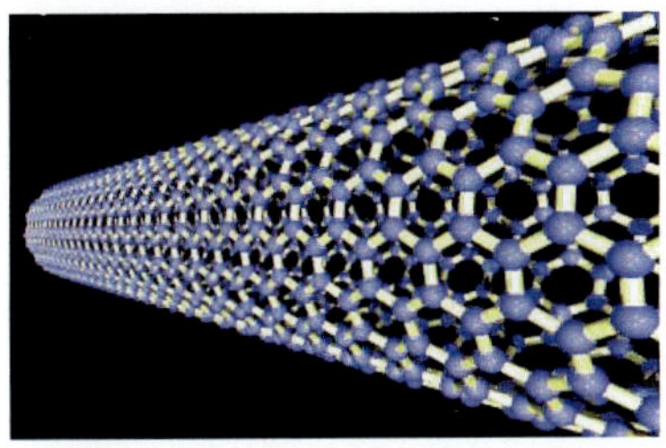

7 Nanoröhrchen bestehen aus regelmäßig angeordneten Atomen (Modell).

## Aufgaben

**4** Um große Messgrößen bequem aufschreiben zu können, werden Potenzen der Zahl 10 als Faktor genutzt. Z. B.: $700\,m = 7 \cdot 100\,m = 7 \cdot 10 \cdot 10\,m = 7 \cdot 10^2\,m$ oder $512\,000\,g = 0{,}512 \cdot 1\,000\,000\,g = 0{,}512 \cdot 10^6\,g = 0{,}512 \cdot 10^3\,kg$.

a Schreibe $6{,}3 \cdot 10^6\,mm$ als Dezimalzahl.

b Schreibe 5 450 000 000 g als Zehnerpotenz.

**5** Schätze ab, wie viele Salzkörner in einem 500-g-Paket Salz sind. Beschreibe und begründe deine Vorgehensweise. Wie lang würde die Reihe sein, wenn du alle Salzkörner aneinander legst?

**6** Bestimme mit einer Stoppuhr, wie viele Atemzüge du in einer Minute machst. Berechne nun, wie oft du seit deiner Geburt geatmet hast. Setze dabei voraus, dass du immer so gleichmäßig geatmet hast wie heute.
Wie viele Sauerstoffatome hast du eingeatmet, wenn du jedes Mal 1 Liter Luft einatmest?

**7** Recherchiere im Internet nach Mikrosensoren, die für Sicherheitssysteme im Auto eingesetzt werden. Welchem Zweck dienen die verschiedenen Sensoren? Welche physikalischen Prinzipien nutzen diese?

# Aufbau des Atoms

Der innere Aufbau der Atome wird heute mit riesigen Apparaten untersucht, in denen auf kilometerlangen Strecken winzige Atome und Elektronen beschleunigt werden. Mit Geschwindigkeiten nahe der Lichtgeschwindigkeit prallen die Teilchen aufeinander und zerplatzen in ihre Bestandteile. Diese Bestandteile werden von sog. Detektoren aufgefangen und registriert. Bild 1 zeigt einen hausgroßen Detektor aus dem Deutschen Elektronen Synchrotron, genannt DESY, in Hamburg.

1

2 ERNEST RUTHERFORD (1871–1937)

Im Jahr 1898 hat der englische Physiker ERNEST RUTHERFORD Teilchen entdeckt, die beim radioaktiven Zerfall entstehen und aus dem radioaktiven Material wie winzige Geschosse herausfliegen. Wenn diese auf einen Schirm aus Zinksulfid auftreffen, machen sie einen ganz kleinen Lichtblitz. RUTHERFORD hat diese Teilchen auch chemisch untersucht und dabei festgestellt, dass sie elektrisch geladene Atome des Gases Helium sind; sie werden *Alphateilchen* genannt.

RUTHERFORD ließ seine Mitarbeiter HANS GEIGER und ERNEST MARSDEN eine sehr dünne Goldfolie mit einem eng begrenzten Strahl von Alphateilchen beschießen. ↑3

Monatelang beobachteten die beiden Forscher durch ein Mikroskop hindurch, wo die Alphateilchen auf dem Schirm auftreffen. Die allermeisten Teilchen gingen durch die Goldfolie hindurch, als wäre sie gar nicht da. Das war völlig überraschend! Einige Alphateilchen wurden ein wenig seitlich abgelenkt. Ganz selten kam es vor, dass ein Alphateilchen um 90° oder sogar noch mehr abgelenkt wurde oder gar zurückprallte.

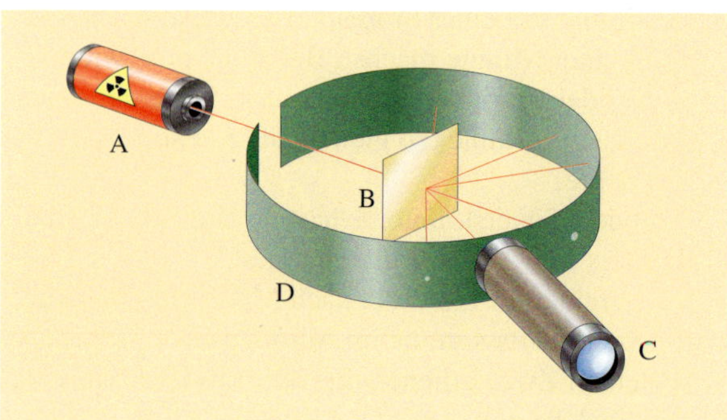


3

Streuexperiment von RUTHERFORD (1911)

In der dosenförmigen, luftleer gepumpten Kammer befinden sich:

A Alphastrahler in einer Bleiabschirmung mit kleiner, schmaler Öffnung

B Goldfolie, nur etwa 1000 Atomlagen dick; streut die Alphastrahlung in alle Richtungen

C Szintilationszähler mit Mikroskop, mit dem die Lichtblitze auf dem Zinksulfidschirm (D) beobachtet wurden. Zähler mit Mikroskop konnte um die Folie herumgeschwenkt werden.

## Experimente

**1 Schwebende Luftballons**
Hänge zwei aufgeblasene Luftballons an langen Fäden dicht nebeneinander. Reibe beide gründlich mit demselben Wolltuch. Wie verhalten sich die Ballons. Bis zu welchem Abstand kannst du eine Wechselwirkung beobachten? ↑4

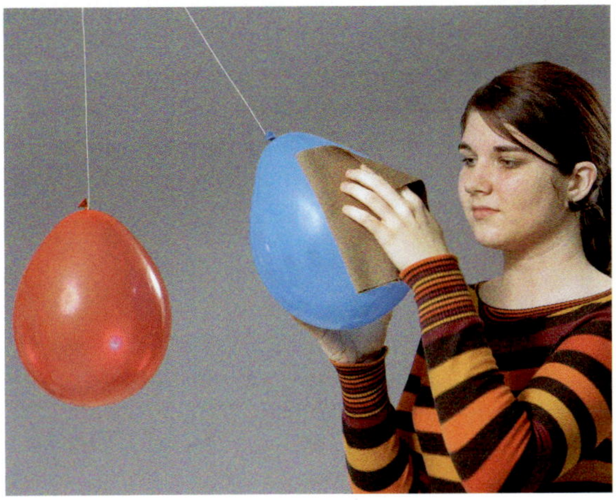

4

**2 Geladene Folien**
Lege zwei Kopierfolien – beschriftet mit A und B – auf einer glatten Tischplatte übereinander und streiche mit der trockenen Hand mehrfach darüber. Hebe beide Folien zusammen ab und trenne sie erst dann. Was passiert, wenn die Folien einander langsam angenähert werden? Von einem Helfer wird ein zweites Folienpaar – beschriftet mit C und D – ebenso vorbereitet und getrennt. Wie verhalten sich die Folien, wenn Folie A der Folie C bzw. D genähert wird. Untersuche alle Kombinationen. ↑5

5

**3 Elektroskop**
Hänge zwei 30 cm lange 1 cm breite Streifen Aluminiumfolie an einem Faden auf, sodass sie frei hängen. Nähere diesem einfachen „Elektroskop" einen kräftig geriebenen Luftballon und berühre die Streifen. Was beobachtest du? ↑6
Zum Entladen des Elektroskops berührst du die Streifen mit den Fingern. Untersuche die Ladung verschiedener geriebener Glas- und Plastikteile.

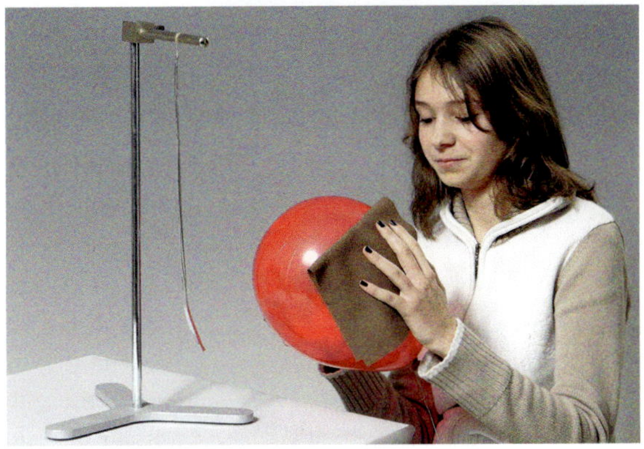

6

**4 Magnetstreuung**
Befestige mit Tesafilm einige kleine Supermagnete von unten an einer nicht zu dicken Tischplatte. Lass auf dem Tisch über den Bereich der Magnete eine Stahlkugel rollen. Wiederhole das Experiment mehrfach und beschreibe die Bewegung.

**5 Wie groß ist das Karo?**
Schneide aus einseitig bedrucktem kleinen Karopapier 6 sehr unterschiedlich große Rechtecke, genau entlang von Linien. Drehe die Rechtecke um, mische sie und versuche die Größe der Karos zu bestimmen. ↑7

7

## GRUNDLAGEN: Das Elektron

1 Ungleichartige Ladungen

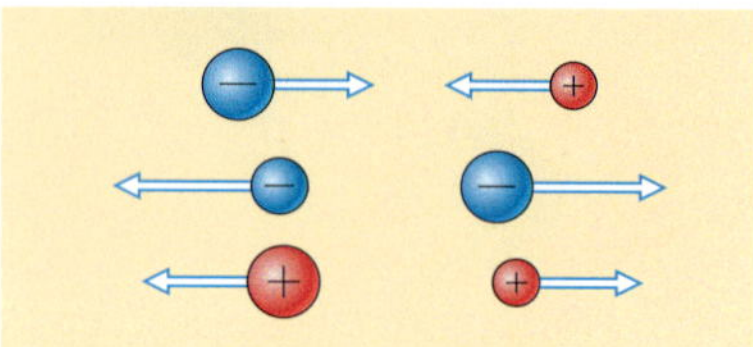

2 Wechselwirkung zwischen geladenen Gegenständen

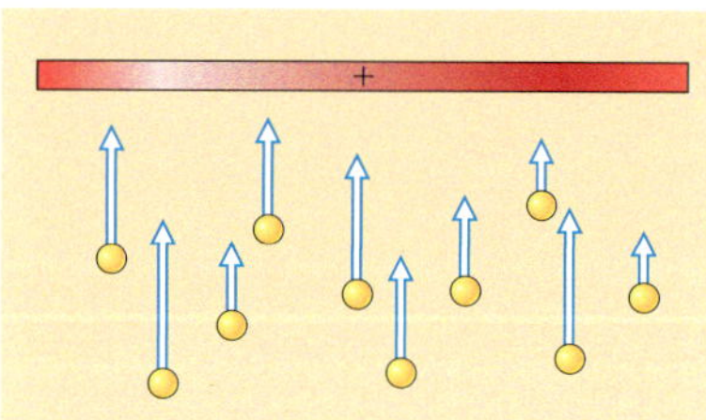

3 Prinzip Millikan-Versuch: Kräfte auf Öltröpfchen

### Schon gewusst?

MILLIKAN hat aus der Sinkgeschwindigkeit eines Öltröpfchens dessen Masse bestimmen können. Bei passend eingestellter Aufladung der oberen Platte schwebt dieses Tröpfchen. Mithilfe der Masse des Tröpfchens und der Ladung der Platte konnte MILLIKAN die Ladung des Tröpfchens berechnen. Für viele Tröpfchen hat er so deren Ladung bestimmt und fand: Jedes Tröpfchen trägt ein ganzzahliges Vielfaches der Elementarladung.

Luftballons, die mit einem Wolltuch gerieben wurden, stoßen einander ab. Vom Wolltuch werden die Ballons jedoch angezogen. Ähnlich verhalten sich Kunststofffolien: Werden zwei Kopierfolien A und B fest aufeinander gepresst und dann getrennt, ziehen sich die beiden an. Wird das gleiche mit einem zweiten Folienpaar C und D gemacht, ziehen sich auch diese an. Wird nun Folie A Folie C genähert, gibt es zwei Möglichkeiten, Anziehung oder Abstoßung und die Folien B und D verhalten sich genauso: Ziehen sich A und C an, tun dies auch D und B und wenn sich C und A abstoßen, tun dies auch D und B. Daraus kann man schließen:

**Es gibt zwei Arten der elektrischen Ladung, die positiv und negativ genannt werden. Gleichartige Ladungen stoßen einander ab, ungleichartige Ladungen ziehen einander an.**

Wird Öl aus einer feinen Düse in winzige Tröpfchen zerstäubt, sind viele der Tröpfchen ein wenig elektrisch geladen. Der amerikanische Physiker ROBERT A. MILLIKAN hat untersucht, mit welcher Kraft solche Tröpfchen von einer positiv geladenen Platte angezogen werden. MILLIKAN fand, dass diese Kräfte stets ein ganzzahliges Vielfaches einer kleinsten Kraft sind und konnte seine Beobachtungen nur so erklären: Jedes Tröpfchen trägt eine ganz bestimmte, kleinste Menge negativer elektrischer Ladung; sie wird deshalb *Elementarladung* genannt.

Diese Elementarladung ist nie allein da, sondern immer mit einer winzigen Masse verbunden. Dieser „Körper" wird *Elektron* genannt; seine räumliche Ausdehnung ist so klein, dass der Radius des Elektrons selbst mit den raffiniertesten Methoden der Physik nicht gemessen werden kann.
Das Elektron trägt die negative Elementarladung $e^-$ und hat eine Masse von $m_e = 9{,}1 \cdot 10^{-31}\,\text{kg}$.
Es ist unteilbar und sein Radius ist kleiner als $10^{-17}\,\text{m}$.

In den meisten Gegenständen ist die Anzahl der positiven und negativen Ladungen gleich, sie sind also ungeladen oder neutral. Ein elektrisch negativ geladener Gegenstand hat eine Überzahl an negativen Ladungen und ein positiv geladener einen Überschuss an positiven Ladungen.

Es gibt auch eine kleinste positive Ladung. Diese Elementarladung $e^+$ ist genau so groß – besser: genau so klein – wie die negative Elementarladung, nur mit positivem Vorzeichen.

Je größer der Abstand zwischen den geladenen Gegenständen, desto geringer die Anziehung bzw. Abstoßung. Und je größer die beiden Ladungen, desto stärker ist die Wechselwirkung. Mit diesen Kräften hat sich der englische Physiker COULOMB beschäftigt und herausgefunden: Bei Verdopplung des Abstandes zwischen den Ladungen nehmen die Kräfte auf ein Viertel der Kraft im einfachen Abstand ab.

**Die elektrische Ladung eines Gegenstandes ist stets ein meist sehr, sehr großes ganzzahliges Vielfaches der Elementarladung.**

## GRUNDLAGEN: Das Atom ist weitgehend leer!

RUTHERFORD und die Physiker am Beginn des 20. Jahrhunderts wussten, dass jedes Atom eine typische Anzahl Elektronen enthält. Da jedes Atom elektrisch neutral ist, muss im Atom auch positive Ladung sein, und zwar genauso viel positive wie negative Ladung. Ungeklärt war die Frage, wie die positive Ladung im Atom verteilt ist. ↑4
Auf diese Frage hat ERNEST RUTHERFORD mit seinem Experiment 1911 die Antwort gefunden:

**Die positive Ladung und auch die Masse des Atoms sind in einem sehr kleinen Bereich konzentriert, im Atomkern. Ansonsten ist das Atom – - bis auf die winzigen Elektronen – völlig leer. Hat ein geladenes Atom gar keine Elektronen, bleibt nur der Kern.**

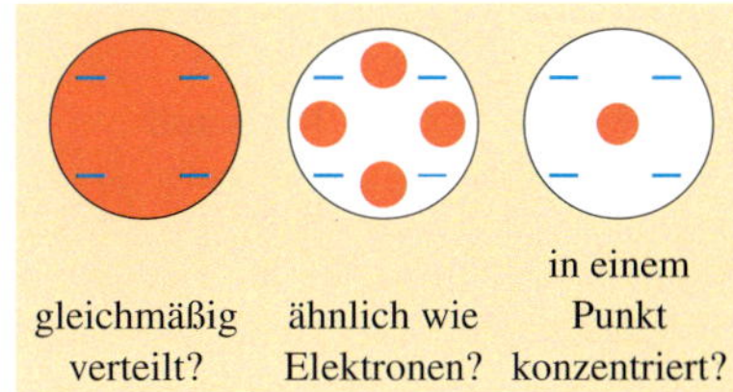

4 Wo ist die positive Ladung im Atom?

Wenn ein positiv geladener Gegenstand einem ebenfalls positiv geladenen Gegenstand genähert wird, stoßen sie sich ab, je näher sie sich kommen, desto mehr. Da in der Goldfolie die Goldatome fest sind, werden nur die positiven Alphateilchen aus ihrer geraden Bahn abgelenkt. RUTHERFORD hat diese Ablenkung berechnet: Je geringer die Ablenkung desto kleiner muss der Kern sein. Bis 1913 haben RUTHERFORD und seine Mitarbeiter immer genauer die Anzahl der abgelenkten Alphateilchen gezählt und die Ablenkungswinkel gemessen. ↑7
Das Ergebnis der Messungen und der Berechnung stimmten hervorragend überein: Der Atomradius ist etwa 100 000-mal größer als der Atomkern. Bis heute hat sich an diesem Modell des Atomaufbaus aus Kern und Elektronen nichts geändert.
Die Elektronen halten sich in der Umgebung des Kerns auf, ähnlich wie Bienen, die ihre Königin umschwärmen, und bilden eine Art Hülle, auch *Atomhülle* genannt. Diese Atomhülle hat verschiedene typische Gestalten, abhängig vom Energiezustand des Atoms. ↑5

5 Bienenkönigin im Schwarm

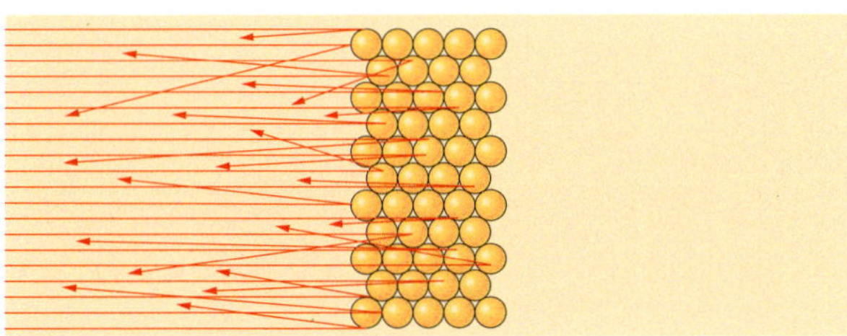
6 Annahme massiver Atome: Die Richtung der eingeschossenen Teilchen ändert sich stark.

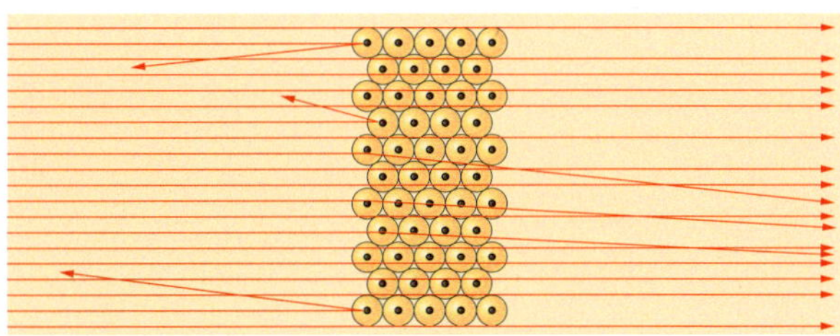
7 Atome aus einem Kern und einer fast leeren Hülle: Die meisten Teilchen werden gar nicht abgelenkt, einige jedoch stark.

## Schon gewusst?

RUTHERFORDS Untersuchungen sind ein Musterbeispiel naturwissenschaftlichen Arbeitens:
1 überraschende Beobachtung: Alphateilchen werden selten abgelenkt, Hypothese: positiv geladener Kern muss klein sein;
2 Modell und Rechnung: Ablenkung als Funktion des Kernradius;
3 Messungen: Häufigkeit und Winkel der Ablenkungen;
4 Hypothese bestätigen: Radius des Atomkerns bestimmen.

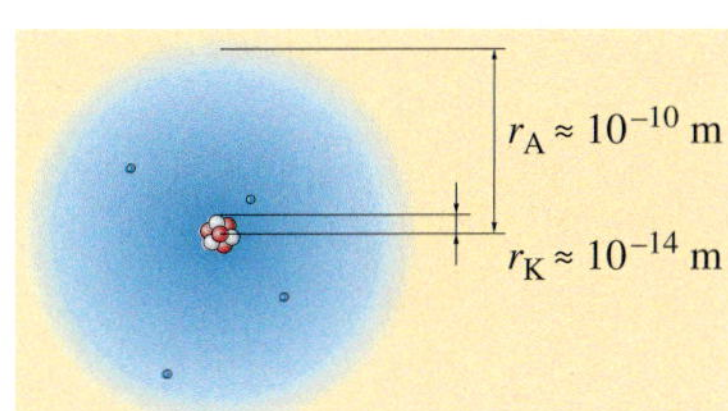

8

## GRUNDLAGEN: Der Atomkern

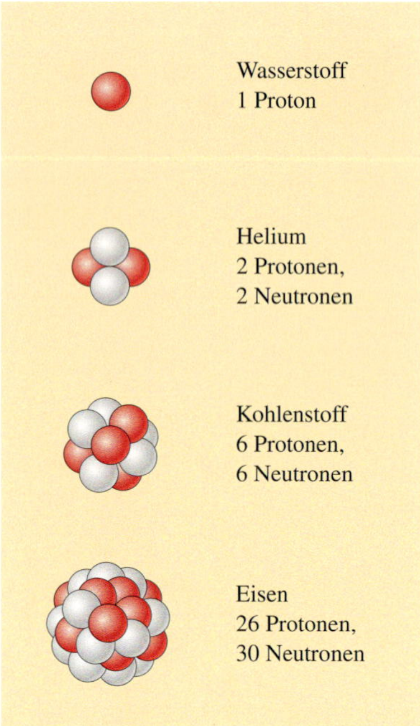


1 Zusammensetzung einiger Kerne

RUTHERFORD hat den Atomkern des kleinsten und leichtesten Atoms – das ist das Wasserstoffatom – Proton genannt. Das Proton ist genauso stark geladen, wie das Elektron, allerdings positiv, aber es hat eine etwa 2000-fach größere Masse als das Elektron:

**Das Proton trägt die Elementarladung $e^+$, sein Radius beträgt etwa $10^{-15}$ m und es hat eine Masse von $m_p = 1{,}67 \cdot 10^{-27}$ kg.**

Schon das nächst größere Atom, das Heliumatom, ist nicht doppelt sondern etwa viermal so schwer wie das Wasserstoffatom, obwohl sein Kern zweifach geladen ist, also nur zwei Protonen enthält. Der Atomkern des Heliumatoms muss also aus weiteren Bausteinen bestehen, die nicht geladen sind und Neutronen genannt werden.

**Neutronen haben keine Ladung und haben etwa die gleiche Masse und den gleichen Radius wie das Proton.**

Die Atomkerne aller chemischen Elemente bestehen aus einer bestimmten Anzahl von Protonen und Neutronen. In der Atomhülle des neutralen Atoms sind gerade so viele Elektronen wie Protonen im Kern. Sämtliche bisher bekannten chemischen Elemente können in einer Tabelle, dem Periodensystem der Elemente, eingeordnet werden.

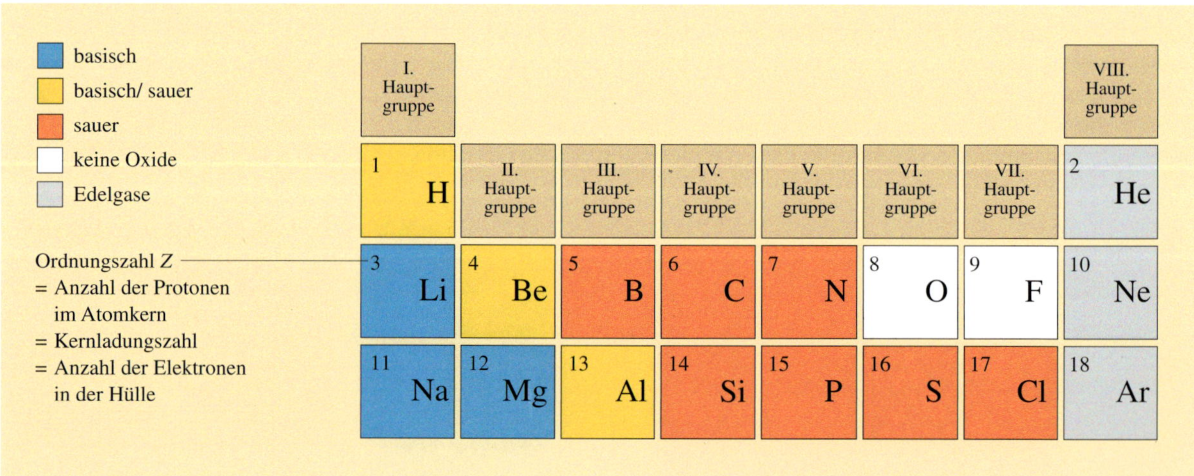


2 Ausschnitt aus dem Periodensystem der Elemente

## GRUNDLAGEN: Elementarteilchen

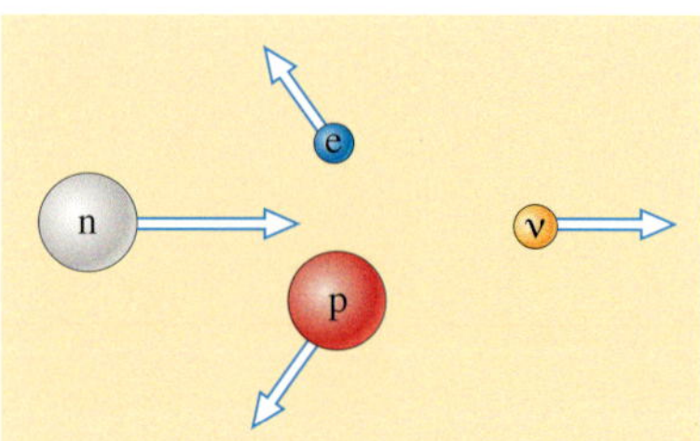


3 $n \rightarrow p^+ + e^- + \nu^e$

Das Neutron kann in ein Proton und ein Elektron zerfallen: Bei diesem Prozess stimmt die Bilanz der Ladungen vor und nach dem Zerfall, denn deren Summe ist null, aber die Energie- und Impulsbilanz stimmen nicht. Darum hat WOLFGANG PAULI 1931 ein weiteres, kleines Teilchen ohne Ladung, das *Neutrino* vorausgesagt; erst 1956 wurde die Existenz des Neutrinos experimentell bestätigt. ↑3

In den folgenden Jahrzehnten zeigte sich, dass es viele weitere winzige Teilchen gibt, die beim radioaktiven Kernzerfall, bei der Kernspaltung und beim Zusammenprall von schnellen Protonen, wie dies auch im Innern der Sonne geschieht, entstehen. ↑4

Nach und nach wurde ein ganzer „Zoo" von über 200 *Elementarteilchen* entdeckt, die jeweils unterschiedliche physikalische Eigenschaften haben. Um Ordnung in diesem „Elementarteilchenzoo" zu schaffen, haben die Physiker MURRAY GELL-MANN und GEORGE ZWERG 1963 die Existenz von wenigen *Quarks* vorausgesagt, aus denen die Elementarteilchen aufgebaut sein sollten; solche Quarks wurden bereits 1969 durch Experimente nachgewiesen. ↑5

4 Im Innern der Sonne verschmelzen Protonen. Dabei entstehen u. a. Neutrinos.

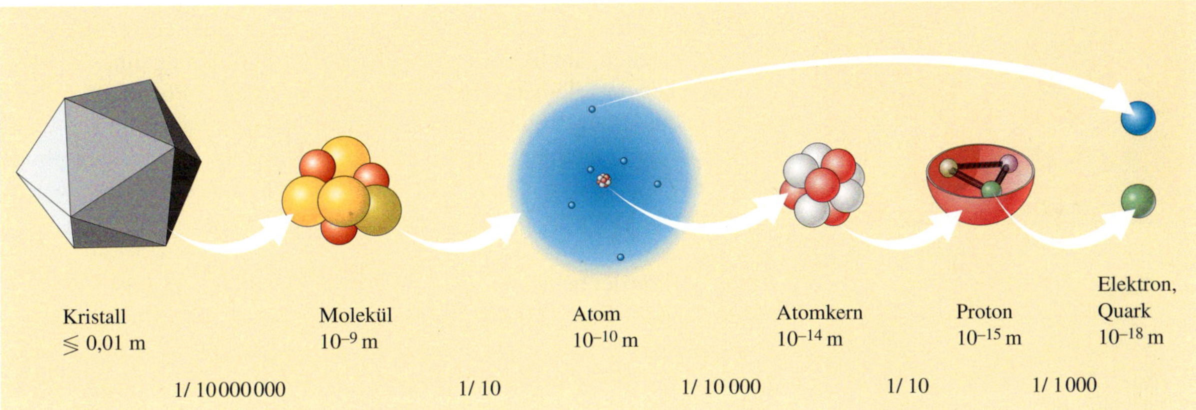


5 Der Aufbau der Materie aus kleinsten Teilchen

## Aufgaben

**1** Forscher haben zwei historische Häuser nach Länge und Breite vermessen, Haus A mit 10,01 m mal 6,37 m und Haus B mit 13,65 m mal 11,83 m. Sie nehmen an, dass die Erbauer ein ganzzahliges Vielfaches ihres Urmaßes für die Abmessungen von Länge und Breite beider Häuser verwendeten. Welche Länge hatte vermutlich das Urmaß?

**2** Hänge ein Stück Aluminiumfolie (ca. $10\,\text{cm} \cdot 30\,\text{cm}$) an einen langen Faden von der Zimmerlampe herab. Nähere diesem Streifen von der Seite her einen geriebenen Luftballon. Versuche eine Erklärung unter der Voraussetzung, dass im Aluminium einige Elektronen sich frei und leicht verschieben lassen.

**3** Wenn man ein einzelnes Atom auf die Größe eines Fußballs von 20 cm Durchmesser vergrößern würde, wie groß wäre dann etwa der Atomkern?
Und wie groß wäre das Atom, wenn der Kern Fußballgröße hätte?

**4** Bestimme die Masse eines Luftballons mit einer empfindlichen Haushaltswaage. Reibe den Ballon mit einem Wolltuch und bestimme die Masse erneut. Reibe einen weiteren gleichen Ballon mit dem Wolltuch und nähere ihn dem geladenen Ballon auf der Waage von oben. Beobachte die Anzeige bei unterschiedlichen Abständen. Was passiert, wenn du dem Ballon auf der Waage das Wolltuch näherst?

**5** Bestimme die Masse eines Atomkerns von Eisen, Natrium und Chlor. Welche Masse hat ein einzelnes Wassermolekül?
Warum kann man bei diesen Berechnungen auf die Berücksichtigung der Elektronenmassen verzichten?

**6** Wie viele Elektronen bilden bei jedem einzelnen Atom von Eisen, Kohlenstoff, Stickstoff und Sauerstoff die so genannte Elektronenhülle, wenn diese Atome elektrisch neutral sind?

## *Aus der Forschung* Das Standardmodell der Materie

1 Elfmeterschuss

2 Glühendes Eisen beim Gießen

3 ALBERT EINSTEIN (1879–1955)

### Die Teilchen des Standardmodells

Alle Versuche, das Verhalten der kleinsten Teilchen der Materie, der Elektronen, Protonen, Neutronen und anderen Elementarteilchen, mithilfe jener Gleichungen zu beschreiben, mit denen beispielsweise die Flugbahn eines Fußballs berechnet und vorhergesagt werden kann, sind gescheitert: Mit NEWTONS Mechanik kann die Welt der kleinsten Teilchen nicht beschrieben werden!

**Quantenmechanik** MAX PLANCK hat nach einer Gleichung für die Wärmestrahlung glühender Gegenstände gesucht. Im Dezember 1900 fand er die Lösung unter einer völlig neuen Annahme: Die Energie der Strahlung müsse aus Vielfachen *kleinster Portionen von Energie*, später Photonen genannt, bestehen, ähnlich wie auch die elektrische Ladung eines Körpers ein Vielfaches der Elementarladung ist. Solche kleinste Portionen werden *Quanten* genannt; quantum ist lateinisch und heißt „wie groß“, „wie viel“. Diese Quanten-Annahme wurde zum Ausgangspunkt einer neuen physikalischen Theorie, der *Quantenmechanik* oder *Quantentheorie*, welche das Verhalten kleinster Teilchen sehr genau vorhersagt.

**$E = m \cdot c^2$** Eine der bekanntesten Formeln der Physik hat ALBERT EINSTEIN 1905 gefunden: Energie kann in Masse umgewandelt werden und umgekehrt; das gelingt jedoch nur bei atomaren Vorgängen wie beim radioaktiven Zerfall. Der Umrechnungsfaktor für diese Umwandlung ist die Lichtgeschwindigkeit $c = 300\,000\,000\,\text{m/s}$ zum Quadrat, also $c^2 = 9 \cdot 10^{16}\,\text{m}^2/\text{s}^2$. Weil diese Zahl so ungeheuer groß ist, wird aus einer winzigen Masse $m$ ungeheuer viel Energie: $E = m \cdot c^2$, und umgekehrt benötigt man sehr viel Energie $E$, um daraus ein wenig Masse $m$ zu machen: $m = E / c^2$.
Bei den Elementarteilchen wird statt der Masse $m$ häufig die entsprechende Energie $E = m \cdot c^2$ angegeben.

**Materie und Antimaterie** PAUL DIRAC hat 1928 festgestellt, dass die Gleichungen der Quantentheorie zwei Lösungen zulassen; auch die einfache Gleichung $a^2 = 4$ hat zwei Lösungen für $a$, nämlich $a = +2$ und $a = -2$. Die eine Lösung der Gleichungen der Quantentheorie gilt für die „normalen“ Teilchen, die zweite Lösung gilt für sog. *Antiteilchen*: Zu jedem Teilchen muss es ein Antiteilchen geben.

4 Am Europäischen Forschungszentrum CERN in Genf gelang es, Antiprotonen und Antielektronen zu einem Antiatom, dem Antiwasserstoff zusammenzufügen. Im Prinzip ist eine Welt aus Antimaterie möglich, die sich eigentlich nicht von der Welt der Materie unterschieden ließe. Wenn aber Materie und Antimaterie zusammenkommen, so vernichten sie sich gegenseitig und wandeln sich in Strahlungsenergie um.

Antiteilchen gibt es tatsächlich: Aus einer genügend großen Energiemenge kann gleichzeitig ein Elektron und ein Antielektron werden – *Positron* genannt. Das Positron hat die gleichen Eigenschaften wie das Elektron, also gleiche Masse und Ladung, es besteht jedoch aus Antimaterie und hat eine positive Ladung; darum wurde es Positron getauft. Trifft ein Positron auf ein Elektron, so „vernichten" sie sich gegenseitig wieder, und wandeln sich in Energie um, die in genau entgegen gesetzte Richtungen abgestrahlt wird.

**Quarks** Die amerikanischen Physiker MURRAY GELL-MANN und GEORGE ZWERG schlugen 1963 vor, dass die Elementarteilchen aus ganz wenigen Bausteinen zusammengesetzt sind, die von GELL-MANN *Quarks* genannt wurden. Zunächst haben sie eine Theorie entwickelt, in der aus drei verschiednen Quarks, Up-Quark (u), Down-Quark (d) und Strange-Quark (s) bereits sehr viele Elemtarteilchen „zusammengesetzt" werden konnten. Dabei werden jeweils nur 2 bzw. 3 Quarks benötigt. Beispielsweise besteht das Proton aus zwei Up-Quarks und einem Down-Quark. ↑5
Damit mit diesem Baukasten viele Elementarteilchen zusammengesetzt werden können, müssen die verschiedenen Quarks die richtigen Eigenschaften haben; beispielsweise trägt das Down-Quark $-1/3$ der Ladung $e^+$ und das Up-Quark $+2/3\ e^+$, so hat das Proton die Ladung $e^+$. ↑5
Diese Quarks reichten noch nicht aus, alle Elementarteilchen zusammen zu bauen. Es muss zwei weitere Paare von Quarks, also 6 verschiedene Quarks geben; sie haben alle entweder die Ladung $-1/3\ e^+$ oder $+2/3\ e^+$, aber verschiedene Massen.
Es bleiben schließlich nur 6 Elementarteilchen (und deren Antiteilchen), *Leptonen* genannt, die nicht aus Quarks aufgebaut sind (siehe Tabelle); zu diesen gehören das Elektron und das Neutrino. Diese 6 Leptonen und die 6 Quarks und ihre Antiteilchen bilden das Standardmodell der Teilchenphysik. Bisher haben alle Messergebnisse der Experimente mit den Teilchenbeschleunigern dieses Standardmodell der Materie bestätigt.

Die Bausteine der Materie im Standardmodell

| | Name | Symbol | Ladung in e | Masse in $MeV/c^2$ |
|---|---|---|---|---|
| Leptonen | Elektron | $e$ | $-1$ | 0,511 |
| | Elektron-Neutrino | $\nu_e$ | 0 | $<0{,}46 \cdot 10^{-4}$ |
| | Myon | $\mu$ | $-1$ | 105,66 |
| | Myon-Neutrino | $\nu_\mu$ | 0 | $<5$ |
| | Tau | $\tau$ | $-1$ | 1 777 |
| | Tau-Neutrino | $\nu_\tau$ | 0 | $<164$ |
| Quarks | Up | u | $+2/3$ | 1,5 bis 4 |
| | Down | d | $-1/3$ | 4 bis 8 |
| | Strange | s | $-1/3$ | 80 bis 130 |
| | Charm | c | $+2/3$ | 1 150 bis 1 350 |
| | Bottom | b | $-1/3$ | 4 100 bis 4 400 |
| | Top | t | $+2/3$ | $172\,500 \pm 2\,300$ |

## Schon gewusst?

Energien der Elementarteilchen werden in eV (sprich Elektronenvolt) bzw. MeV und Massen in $1\,MeV/c^2$ gemessen:
$1\,eV = 1{,}602 \cdot 10^{-19}\,J$;
$1\,MeV = 10^6\,eV$.
Wandelt sich die Masse eines Elektrons in Energie so entsteht eine Strahlung mit genau $E = 0{,}511\,MeV$.
Aus einer Masse von $m = 1\,g$ würde eine Energie von $E = 9 \cdot 10^{13}\,J$. Mit 48 g könnte man alle Haushalte in Deutschland ein Jahr lang mit elektrischer Energie versorgen.

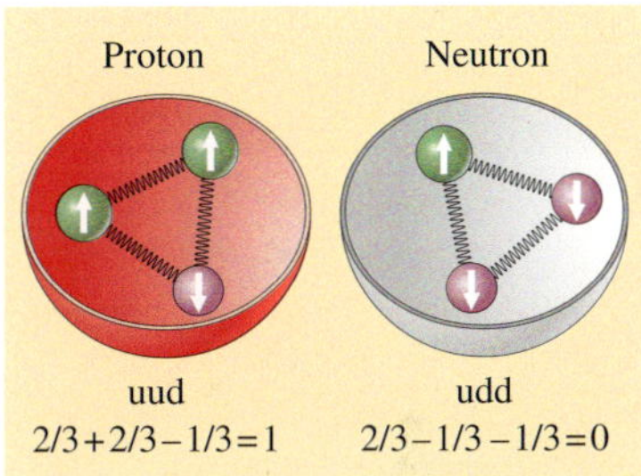


5

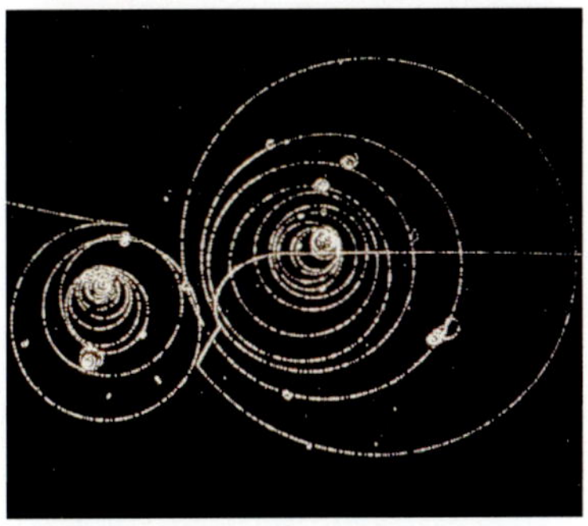

6 In einer überhitzten Flüssigkeit bilden sich entlang der Flugbahn geladener Teilchen winzige Tröpfchen. Aus der Spur kann die Masse und die Ladung des Teilchens bestimmt werden.

## *Aus der Forschung* Das Standardmodell der Materie

1 Blick in den Teilchenbeschleuniger des CERN

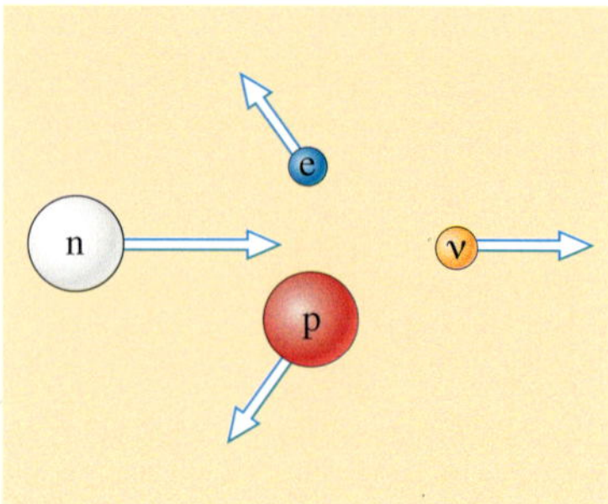


2

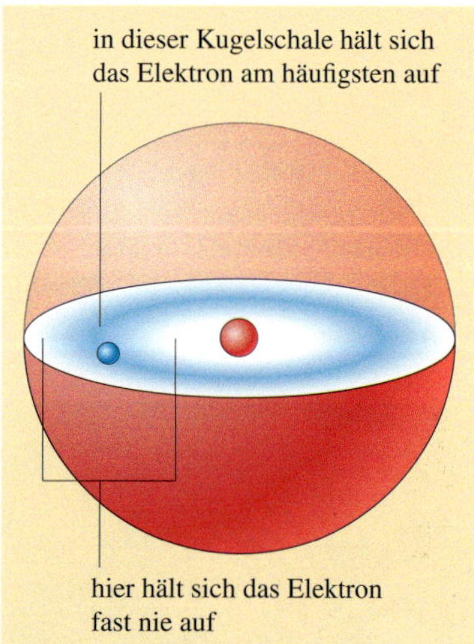


3 Wasserstoffatom im niedrigsten Energiezustand: Das Elektron hält sich bevorzugt in einer kugelförmigen Zone um den Kern auf.

### Die vier Kräfte des Standardmodells

Die Physiker haben unsere vertraute materielle Welt in kleinste Teilchen zerlegt, zwischen denen nichts als leerer Raum ist! Wie kann aus wenigen Sorten unterschiedlicher Quarks und Elementarteilchen unsere Welt wieder zusammengebaut werden? Diese Teilchen wechselwirken auf unterschiedliche Weise:

**Starke Kraft** Zwischen den Quarks sorgt eine starke Wechselwirkung dafür, dass die Kernbausteine zusammenhalten. Sie wirkt auf sehr kurze Entfernungen, wobei die Reichweite etwa $10^{-15}$ m beträgt, also auf das Proton bzw. Neutron beschränkt ist. Die starke Kraft ist anziehend, wenn sich der Abstand vergrößert, und wirkt abstoßend, wenn der Abstand zu klein wird. Befinden sich die Quarks „im richtigen Abstand" sind sie „frei" beweglich und bilden deshalb beispielsweise ein stabiles Proton oder Neutron. Um zwei Quarks gegen die starke Wechselwirkung zu trennen, ist sehr viel Energie erforderlich. Gelingt diese Trennung, wandelt sich die aufgewendete Energie in ein Quark-Antiquark-Paar, sodass aus dem getrennten Quarkpaar, zwei Paare entstehen; wegen dieser Vervielfachung sind die Quarks nicht wirklich teilbar. *Die starke Kraft liefert stabile Atomkerne!*

**Schwache Kraft** Zwischen den kleinsten der Elementarteilchen und den Quarks wirkt eine schwache Wechselwirkung. Sie ist unter anderem für den Zerfall eines Neutrons in ein Proton, ein Elektron und ein Neutrino verantwortlich. Die schwache Kraft ist schwächer als die starke Kraft und von nur geringer Reichweite, die kleiner als der Protonenradius ist. *Die schwache Kraft regelt den Energie- und Impulsaustausch im Atomkern.*

**Elektromagnetische Kraft** Positive und negative Ladungen ziehen einander an, gleichnamige Ladungen stoßen einander ab. Diese Wechselwirkung ist um den Faktor 100 schwächer als die starke Wechselwirkung im Kern und deshalb ist der Kern stabil, obwohl dort mehrere positiv geladene Protonen sehr dicht beieinander sind.
Die elektromagnetische Kraft wirkt auch über große Entfernung. Weil es jedoch keine größeren Ansammlungen von gleichen Ladungen geben kann, denn diese würden auseinander fliegen, ist die elektromagnetische Kraft in größerer Entfernung kaum spürbar.

Zwischen Atomkern und Elektronen wirkt eine elektrische Anziehung. Es können jedoch nicht alle Elektronen des Atoms gleichzeitig nahe an den Kern kommen. Vielmehr gibt es bestimmte räumliche Bereiche, in denen sich die Elektronen aufhalten können. Auf diese Weise entstehen stabile Zustände des Atoms, die je nach Energiezustand unterschiedliche räumliche Strukturen haben. ↑3
Wechselt das Atom von einem höheren in einen niedrigeren Energiezustand, sendet es einen winzigen Lichtblitz – ein Photon – aus; umgekehrt kann es durch Absorption eines Photons in einen höheren Energiezustand wechseln.

Moleküle bestehen aus zwei oder mehr Atomen. Es gibt unterschiedliche Arten der Molekülbindung, die dann das chemische Verhalten des Stoffes mitbestimmen. Stets jedoch sind Veränderungen der Elektronenverteilungen die Ursache für elektrostatische Anziehung der beteiligten Atome. *Die elektromagnetische Kraft bewirkt die Stabilität der Atome und Moleküle und ermöglicht den Aufbau aller Dinge um uns und auch unseres eigenen Körpers.*

**Gravitationskraft** Zu den ersten Erfahrungen eines Kleinkindes gehört: Alles fällt nach unten!
NEWTON hat den Zusammenhang zwischen dem Fallen eines Apfels und der Bewegung des Mondes um die Erde erkannt: Es gibt eine anziehende Wechselwirkung zwischen allen Körpern, die nur von der Masse und vom Abstand der Körper abhängt. Diese Wechselwirkung wird *Massenanziehung* oder *Gravitation* genannt.
Wird die Masse eines der beiden Körper verdoppelt, verdoppelt sich auch die Gravitationskraft. Umgekehrt nimmt die Gravitationskraft auf ein Viertel ab, wenn der Abstand der Körper verdoppelt wird.
Weil die Gravitation eine anziehende Wechselwirkung ist, können sich große Mengen von Materie bilden, die dann eine große Masse haben. Obwohl die Gravitationskraft bei weitem die schwächste der vier Kräfte ist, ist sie wegen der großen Masse der Erde täglich spürbar.
Die Gravitationskraft reicht sehr weit in den Weltraum hinaus, weil sich in den Sternen und Planeten sehr viel Masse angesammelt hat. *Die Gravitationskraft sorgt dafür, dass alles nach unten fällt, die Gebäude stabil sind, unsere Atmosphäre nicht davon fliegt und die Erde auf stabiler Bahn um die Sonne kreist.*

**Kräfte und Bewegung** Weil alle Elementarteilchen auch Masse haben, besitzen bewegte Elementarteilchen Bewegungsenergie. Werden also beispielsweise in einem Teilchen-Beschleuniger Elektronen auf Protonen geschossen, kann deren Bewegungsenergie ausreichen, die Quarks im Proton zu trennen; sie müssen dafür fast Lichtgeschwindigkeit haben!
Auch die thermische Bewegung kann Bindungen trennen, beispielsweise kann sie die elektromagnetische Bindung im festen Körper zerstören und lässt ihn flüssig werden. Die thermische Bewegung kann sogar so groß werden, dass schließlich die starken Kräfte überwunden werden, z. B. durch Protonen-Protonen-Prozesse in der Sonne, in der Temperaturen bis zu 10 Mio. K herrschen.

**1** Beschreibe genau das Spiegelbild verschiedener Gegenstände. Worin unterscheiden sich Gegenstand und sein Spiegelbild?
**2** Wie viele Leptonen und wie viele Quarks gibt es im Standardmodell? Aus welchen Teilchen besteht das Antiproton?
**3** Warum kann man nicht davon sprechen, dass die Australier mit dem Kopf nach unten hängen?
**4** Welche Kräfte bewirken, dass die Vase auf dem Tisch stehen bleibt? Fällt die Vase vom Tisch, zerbricht sie. Welche Wechselwirkungen und Energien spielen dabei eine Rolle?

## Schon gewusst?

Fast jedes Elementarteilchen hat eine weitere Eigenschaft, es hat eine winzige magnetische Wirkung mit einer bestimmten Orientierung. Bei einigen Metallen führt die elektromagnetische Kraft zu einer Ordnung aller benachbarten Atome, sodass deren magnetische Wirkungen sich nicht aufheben, sondern beispielsweise mit einer Kompassnadel spürbar werden.

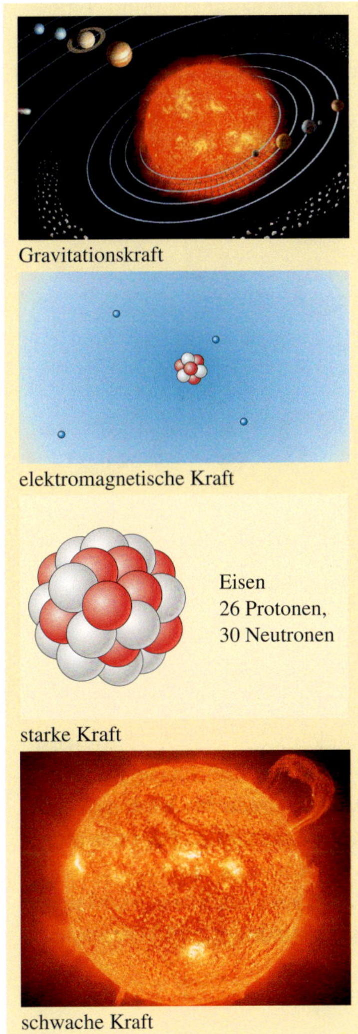


4 Die fundamentalen Kräfte in der Natur

# Zerfall von Atomkernen – Radioaktivität

Ötzi, die mumifizierte Leiche aus dem Gletscher der Ötztaler Alpen ist etwa 5300 Jahre tot! Wie kann man das heute so genau wissen? Jedes Lebewesen besteht aus Zellen, die zum erheblichen Teil aus Kohlenstoffmolekülen aufgebaut sind. Leben bedeutet ständiger Aufbau und Abbau der Zellen. Mit dem Tod endet dieser Prozess. Im Vergleich zu den Lebenden ändert sich nun die Zusammensetzung des Kohlenstoffs, weil einige Kohlenstoffatome radioaktiv zerfallen, also deren Anzahl abnimmt; eine Anpassung an die Umgebung ist ja nicht mehr möglich.

1

Die Kerne der Kohlenstoffatome C bestehen aus 6 Protonen und 6 Neutronen, also aus 12 Nukleonen, so werden die Kernbausteine genannt. Der Kern des Wasserstoffatoms H besteht nur aus einem einzigen Proton. Darum sollte ein Mol Kohlenstoff exakt die 12-fache Masse von 1 Mol Wasserstoff haben. Genaue Messungen des Atomgewichts von Kohlenstoff ergeben jedoch 12,011 g pro Mol.

Atome mit Atomkernen, die 6 Protonen enthalten, verhalten sich chemisch wie Kohlenstoff, die Anzahl der Neutronen spielt dabei kaum eine Rolle. Tatsächlich haben 1,1 % der Kerne von natürlichem Kohlenstoff 7 Neutronen und sehr, sehr wenige 8 Neutronen. Der Atomkern mit insgesamt 14 Nukleonen, C-14 oder genauer ${}^{14}_{6}C$ genannt, ist nicht stabil und wandelt sich in Stickstoff um, dessen Kern 7 Protonen und 7 Neutronen enthält. Bei diesem Prozess wird radioaktive Strahlung ausgesandt.

Atomkerne werden durch die Anzahl der Protonen $Z$ und die Anzahl der Neutronen $N$ gekennzeichnet. Als *Nuklid* bezeichnet man eine Sorte von Atomkernen, die eine feste Protonenanzahl $Z$ und unterschiedliche Neutronenanzahl $N$ haben; man spricht auch von *Isotopen* eines chemischen Elementes. In der Nuklidkarte stehen die Isotope nebeneinander. ↑3

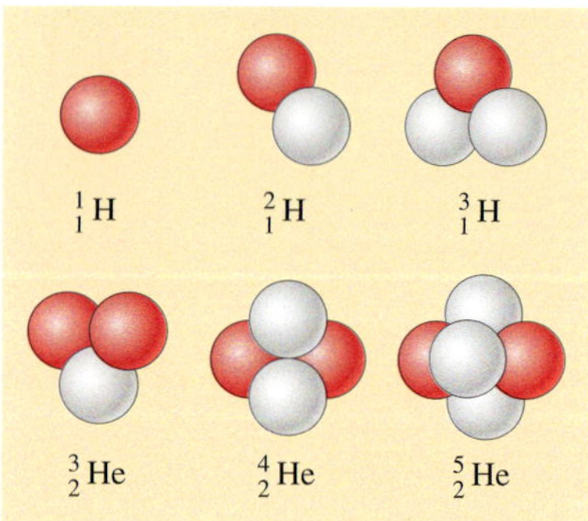


2 Kerne und ihre Kennzeichnung

## Schon gewusst?

Man kennzeichnet den Atomkern des Stoffes X durch die Summe der Nukleonen $A = Z + N$ und die Protonenanzahl $Z$: ${}^{A}_{Z}X$ oder einfach ${}^{A}X$ bzw. X-$A$.
$A$ wird auch als Massenzahl und $Z$ als Kernladungszahl bezeichnet.

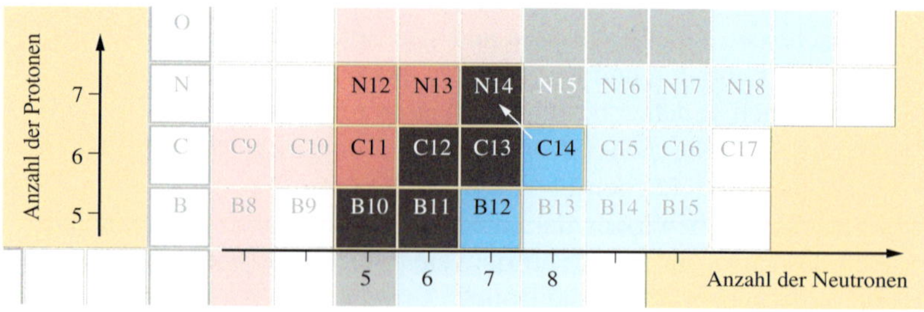


3 Ausschnitt aus der Nuklidkarte

## Experimente

**1 Münzspiel**
Lege hundert (gleiche) Münzen in einen Schuhkarton, verschließe ihn, schüttele einmal kräftig und öffne den Deckel. Nimm alle Münzen mit „Zahl oben“ heraus und stapele sie. Wiederhole den Vorgang und stelle die Stapel nebeneinander. Wie oft muss der Vorgang wiederholt werden, damit noch etwa fünf Münzen im Karton sind?
Stelle die Stapelhöhe in einem Balkendiagramm dar.

**2 Würfelspiel**
Das Experiment 1 kann man mit etwa 100 Würfeln wiederholen und jeweils alle Würfel mit 6 Augen entfernen und stapeln. Nach wie vielen Vorgängen ist nur noch die halbe Anzahl der Würfel im Karton?
Stelle die Stapelhöhe in einem Balkendiagramm dar.

4

**3 C-14-Lotterie**
Stelle dir hundert gleiche, kleine Kärtchen her und nummeriere sie von 1 bis 100. Beschrifte 32 dieser Kärtchen mit C-14, alle anderen mit C-12, bevor alle in eine Lostrommel, z. B. eine große Vase kommen. Starte die Stoppuhr. Schüttele die Lostrommel und ziehe ein Kärtchen, kontrolliere, ob es ein C-14-Kärtchen ist. Falls ja, notiere die Zahl im Diagramm und lege das Kärtchen zurück in die Trommel. Schütteln, Kärtchen ziehen, kontrollieren und zurück und so fort. Sofern eine C-14-Karte gezogen wird, die bereits „zerfallen ist“, also schon draußen war, wird diese nicht erneut notiert, sondern kommt wieder zurück in die Trommel.
Wie lange dauert es, bis die ersten 16 C-14 „zerfallen“ sind? Wie lange dauert es, bis weitere 8, dann 4 und 2 „zerfallen“ sind?

5

**4 Messung der Nullrate**
Mit einem einfachen Zählrohr, das es bereits für unter 100 Euro in Elektronik-Fachmärkten zu kaufen gibt, kann man die Nullrate messen: Lies die Betriebsanleitung. Schalte das Gerät auf Dauermessung und zähle die Impulse, die pro Minute vom Zählrohr registriert werden. Wiederhole die Messung mehrfach und bilde einen Mittelwert. ↑6

6

**5 Zählraten**
In der Physiksammlung ist vermutlich ein Glühstrumpf einer Gaslampe vorhanden. Lege den Glühstrumpf auf das Fenster des Zählrohrs und miss die Zählrate pro Minute. Um wie viel Impulse hat die Zählrate gegenüber der Nullrate zugenommen? Frage den Chemielehrer, ob es in der Chemikaliensammlung ein Uransalz gibt. Lass dir gegebenenfalls einige Gramm in einen Glasgefäß geben. Untersuche die Zählrate, indem du das Gläschen auf das Fenster des Zählrohrs stellst.

**6 Ist Staub radioaktiv?**
Verschließe die Ansaugöffnung eines Staubsaugers mit einem luftdurchlässigen Läppchen (Mullbinde ist geeignet!) und lass den Staubsauger möglichst lange laufen, falls möglich in einem Kellerraum. Achte darauf, dass der Motor des Staubsaugers nicht heiß läuft!
Untersuche sofort nach Abschalten des Staubsaugers die Zählrate des Staubes am Läppchen. Wiederhole die Messung alle 3 Minuten. Ist die Zählrate gegenüber der Nullrate erhöht? Nimmt die Zählrate mit der Zeit ab?

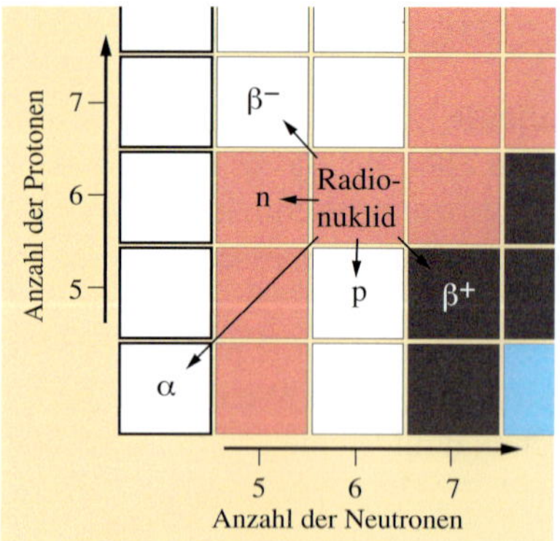


1 Ein Radionuklid kann in ein anderes Radionuklid zerfallen und dabei werden entweder ein Elektron ($\beta^-$), ein Heliumkern ($\alpha$), ein Positron ($\beta^+$), ein Neutron ($n$) oder ein Proton ($p$) abgegeben; fast bei jedem Prozess entsteht auch eine typische $\gamma$-Strahlung.

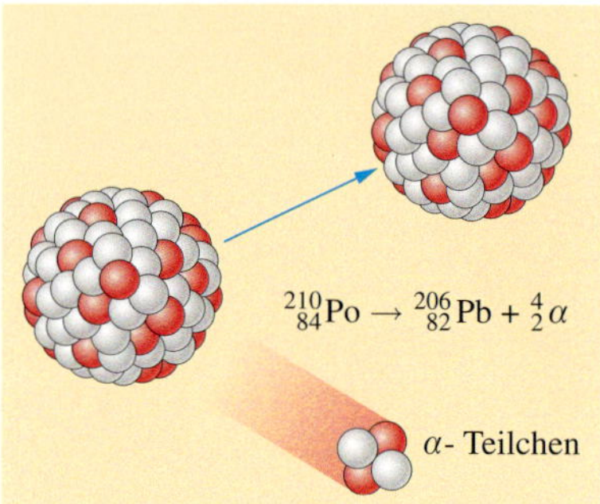


2 Beispiel für Zerfall mit $\alpha$-Strahlung

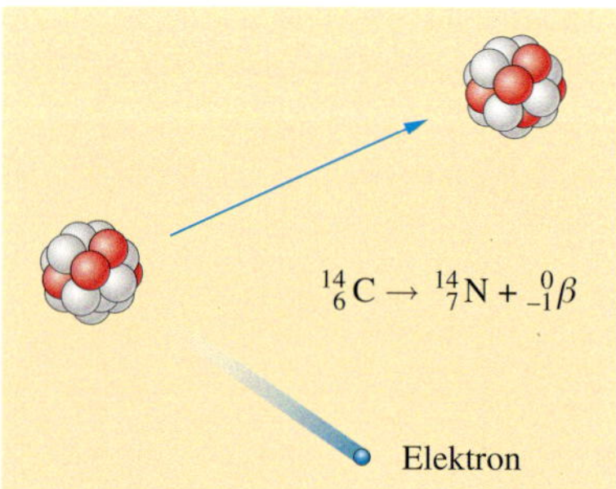


3 Beispiel für Zerfall mit $\beta$-Strahlung

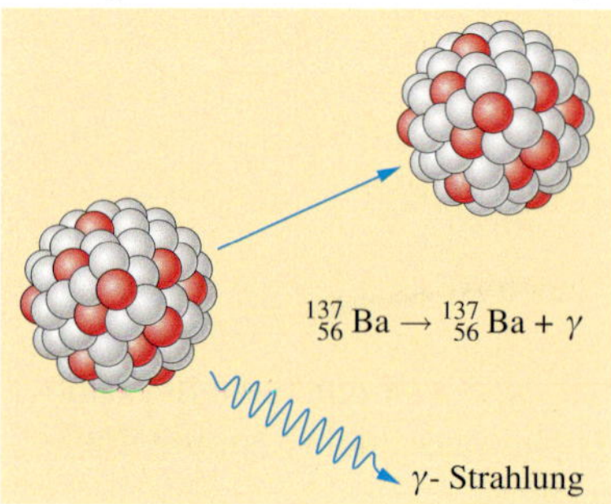


4 Beispiel für Zerfall mit $\gamma$-Strahlung

## GRUNDLAGEN: Radioaktivität

Seit etwas mehr als 100 Jahren ist bekannt, dass sich die Atome einiger Stoffe von selbst in einen anderen Stoff umwandeln und dabei energiereiche Strahlung aussenden. Diese Strahlung kann Röntgenfilme schwärzen. MARIE und PIERRE CURIE untersuchten Mineralien, die solche Strahlung aussenden genauer und entdeckten dabei 1898 zwei bis dahin unbekannte chemische Elemente, die sie Polonium und Radium nannten. Die Strahlungserscheinung bezeichneten sie als „Radioaktivität". Die radioaktiven Atomkerne werden Radionuklide genannt.

Es gibt drei wichtige Arten von Kernstrahlung: Alpha-, Beta- und Gammastrahlung.

**Alphastrahlung** Die $\alpha$-Strahlung besteht aus doppelt positiv geladenen Heliumkernen. Bei einem $\alpha$-Zerfall verringert sich die Kernladungszahl des Radionuklids um den Wert 2 und seine Massenzahl um den Wert 4. Polonium-210 wandelt sich zum Beispiel in Blei um. ↑2
In der Nuklidkarte (vgl. Bild 3, Seite 24) findet man das $\alpha$-Zerfallsprodukt zwei Reihen tiefer und zwei Kästchen weiter links; dieses Nuklid ist oft selbst nicht stabil!

Für einen Zerfall kann man eine so genannte *Zerfallsgleichung* angeben. Für Polonium-210 lautet sie: $^{210}_{84}\mathrm{Po} \rightarrow {}^{206}_{82}\mathrm{Pb} + {}^{4}_{2}\alpha$.

**Betastrahlung** $\beta$-Strahlung besteht aus einem mit hoher Geschwindigkeit fliegenden Elektron. Dieses Elektron entsteht im Atomkern, wenn sich ein Neutron in ein Proton umwandelt; das entstehende Elektron verlässt das Atom. Da das entstandene Proton im Kern verbleibt, erhöht sich die Kernladungszahl des neu entstandenen Nuklids um den Wert 1. Die Massenzahl bleibt erhalten, weil sich die Anzahl der Kernteilchen insgesamt nicht verändert hat.
In der Nuklidkarte (Bild 3, Seite 24) findet man dieses Nuklid ein Kästchen nach links oben.
$^{14}_{6}\mathrm{C}$ wandelt sich in das stabile $^{14}_{7}\mathrm{N}$ um, aus Kohlenstoff wird Stickstoff und sendet ein Elektron aus. ↑3

**Gammastrahlung** Die $\gamma$-Strahlung ist eine energiereiche elektromagnetische Strahlung, die in einzelnen Energieportionen, Energiequanten abgegeben wird. Auch das sichtbare Licht verhält sich wie elektromagnetische Strahlung, seine Energiequanten haben aber eine viel geringere Energie.
Bei der Abgabe von $\gamma$-Strahlung bleiben die Kernladungs- und die Massenzahl gleich; es ändert sich jedoch der Energiezustand des Atomkerns, die Energie des Atomkerns nimmt ab. ↑4
Die $\gamma$-Strahlung tritt häufig gleichzeitig mit der $\alpha$- und $\beta$-Strahlung auf und hat eine für den Stoff typische Energie, an der man – mit einem Messgerät für Strahlungsenergie – den Stoff sogar erkennen kann.

**Einige Atomkerne wandeln sich spontan in andere Atomkerne um. Dabei senden sie Alpha-, Beta- oder Gammastrahlung aus. Diese Eigenschaft bezeichnet man als natürliche Radioaktivität.**

## *Aus der Geschichte* Die Entdeckung der Radioaktivität

Am Ende des 18. Jahrhunderts untersuchte ANTOINE HENRY BECQUEREL die Floureszenz von Uransalz. Er legte mehrere Schichten Uransalz auf Fotoplatten, die in schwarzes Papier eingewickelt waren und setzte diese der Sonnenbestrahlung aus. Die vom Uransalz ausgehende Strahlung durchdrang sowohl das schwarze Papier, als auch eine dünne Schicht Kupfer in Form eines Kreuzes. Durch Zufall fand BECQUEREL 1896 heraus, dass diese Schwärzungen auch erfolgten, ohne dass das Uransalz durch Licht angeregt wurde. Die Strahlung ging vom Uransalz selbst aus und wurden Uran- oder *Becquerelstrahlung* genannt. ↑5,6

5 Originalaufnahme BECQUERELS als Ergebnis der Einwirkung von Uransalz auf eine in schwarzes Papier eingehüllte Fotoplatte

6 HENRI BECQUEREL (1852–1908)

Den Bericht von BECQUEREL über diese Entdeckung las auch MARIE CURIE (1867–1934). Bei der Untersuchung aller zum damaligen Zeitpunkt bekannten Elemente fand sie heraus, dass nur die Elemente Uran und Thorium „strahlten". Für diese Strahlungstätigkeit verwendete sie fortan den lateinischen Begriff „Radioaktivität".
Weiterhin analysierte sie Mineralien auf den Gehalt der Elemente Thorium und Uran. Dabei entdeckte sie in der Pechblende (pechschwarzes Uranerz-Gestein) zwei neue chemische Elemente, die bis zu diesem Zeitpunkt noch völlig unbekannt waren. Sie nannte das erste Element Polonium (nach ihrem Heimatland Polen) und das zweite Radium (das Strahlende). Unter äußerst primitiven Arbeitsbedingungen analysierte MARIE CURIE gemeinsam mit ihrem Mann PIERRE CURIE (1859–1906) riesige Mengen an Erz. Um etwa 1 Gramm Radium zu gewinnen, waren 7 Tonnen Erz zu verarbeiten. ↑7,8

### *Schon gewusst?*

Becquerel ($1\,Bq = 1\,s^{-1}$) ist heute die international verwendete Einheit (SI-Einheit) für die Aktivität $A$. Bis zum 01.01.1980 konnte als Einheit auch Curie ($1\,Ci = 3{,}7 \cdot 10^{10}\,Bq$) verwendet werden.
HENRI BECQUEREL und das Ehepaar CURIE erhielten im Jahr 1903 gemeinsam den Nobelpreis für Physik.

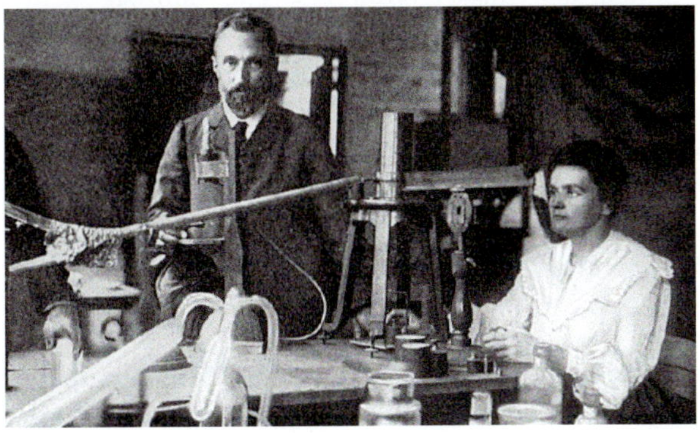

7 MARIE und PIERRE CURIE

8 Der Schuppen – das „Labor" zur Gewinnung von Radium

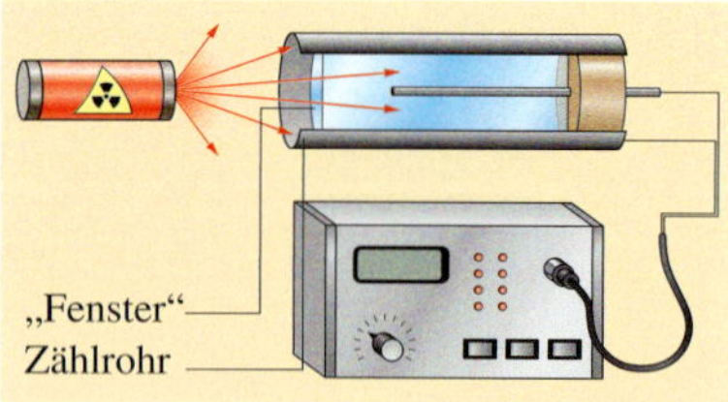

1

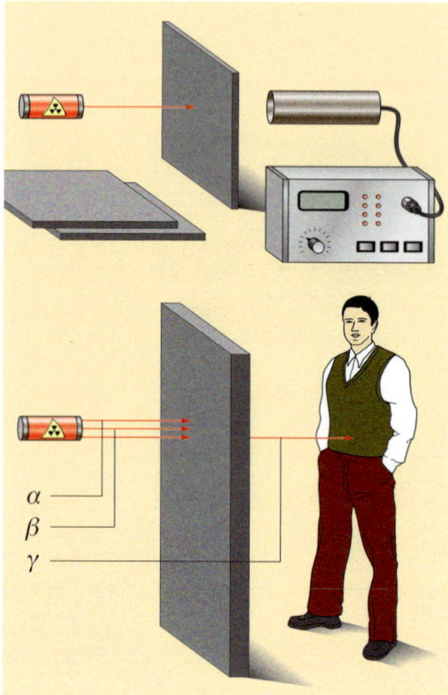

2

| Halbwertsdicken für γ-Strahlung | |
|---|---|
| Luft | 12 000 cm |
| Wasser | 14 cm |
| Beton | 9 cm |
| Blei | 1,4 cm |

| Halbwertszeiten einiger Nuklide | |
|---|---|
| Bor-12 | 0,02 Sekunden |
| Radon-220 | 55,6 Sekunden |
| Radon-222 | 3,825 Tage |
| Iod-131 | 8,04 Tage |
| Zink-65 | 250 Tage |
| Cobalt-60 | 5,3 Jahre |
| Radium-226 | 1 600 Jahre |
| Kohlenstoff-14 | 5 730 Jahre |
| Plutonium-239 | 24 390 Jahre |
| Uran-235 | 700 Mio. Jahre |
| Uran-238 | 4,5 Mrd. Jahre |

## GRUNDLAGEN Eigenschaften der Kernstrahlung

Kernstrahlung wird mit einem Zählrohr gemessen: Die Kernstrahlung dringt durch ein „Fenster“ in das Zählrohr und verliert dort seine Energie. Dieser Energieübertrag wird als winziger Stromstoß registriert, oft als Knacken hörbar, und gezählt. Viele Zählrohre zeigen gleich die Zählrate an, also die Anzahl der Energieabsorptionen pro Sekunde oder Minute. ↑1

**Halbwertsdicke** Werden zwischen den radioaktiven Stoff und das Zählrohr unterschiedlich dicke Platten aus verschiedenen Materialien gebracht, werden die verschiedenen Arten der Kernstrahlung unterschiedlich stark abgeschwächt. ↑2
Die $\alpha$-Strahlung wird bereits von Papier vollständig absorbiert und ihre Reichweite beträgt in Luft nur wenige Zentimeter.
Das Durchdringungsvermögen von $\beta$-Strahlung ist ebenfalls gering: durch Aluminiumplatten von einigen Millimetern Dicke wird sie praktisch vollständig absorbiert.
Die $\gamma$-Strahlung dagegen wird auch von Bleiplatten oder Betonwänden nur geringfügig absorbiert: Die Halbwertsdicke gibt an, bei welcher Materialstärke die Zählrate halbiert wird (siehe Tabelle).

**Gammastrahlung wird beim Durchdringen von Stoffen viel weniger abgeschwächt als Alpha- und Betastrahlung.**

**Halbwertszeit** In der Natur entsteht beim Zerfall eines Atoms unter Aussendung von Kernstrahlung ein neuer Atomkern, der selbst wieder radioaktiv und damit instabil sein kann. Der Zerfall setzt sich solange fort, bis ein stabiler Kern entstanden ist.
Der Zeitpunkt des Zerfalls von einzelnen radioaktiven Atomkernen ist nicht vorhersehbar. Man kann diesen Zeitpunkt auch nicht durch die Veränderung von äußeren Bedingungen wie Luftdruck oder Temperatur beeinflussen.
Die Anzahl der in einer Sekunde zerfallenden Kerne eines Stoffes hängt von der Anzahl der instabilen Kerne ab, die gerade noch vorhanden war: Ist die Anzahl der instabilen Kerne halb so groß, gibt es auch nur halb so viele Zerfälle. Wenn man nun die Zeit misst, in der die Anzahl der Zerfälle pro Sekunde auf die Hälfte abgenommen hat, weiß man, dass nun nur noch die Hälfte der ursprünglichen Anzahl instabiler Kerne in dem Stoff ist. Diese Zeit bezeichnet man als Halbwertszeit $T_{1/2}$. Die Halbwertszeiten verschiedener Radionuklide können zwischen wenigen Sekunden und mehreren Milliarden Jahren betragen (siehe Tabelle).

Für die instabilen Kerne C-14 beträgt die Halbwertszeit $T_{1/2} = 5730$ Jahre. In der mumifizierten Leiche Ötzi beträgt die Zählrate von 1 g C-14 heute 0,121 Bq, bei heute lebenden Menschen jedoch 0,23 Bq: Die Zählrate hat sich nicht ganz halbiert, also ist Ötzi noch nicht ganz eine Halbwertszeit tot, also etwa 5300 Jahre.

**Die Anzahl der Kerne eines radioaktiven Nuklids halbiert sich in immer derselben Zeit. Diese Zeit heißt Halbwertszeit $T_{1/2}$, sie ist eine charakteristische Größe des radioaktiven Nuklids.**

## *Aus der Natur* Wirkungen der Kernstrahlung auf den Organismus

**Energie der Strahlung** Bei der Absorption von Kernstrahlung wird die Energie der Strahlung von dem absorbierenden Material aufgenommen. Dabei erwärmt sich dieses Material oder es werden Bindungen in Molekülen aufgebrochen und die Moleküle zerstört.
Weil die $\alpha$-Strahlung aus sehr schnellen Heliumkernen besteht, die Massen besitzen, welche den Molekülmassen ähnlich sind, sind dies „schwere Geschosse“: Sie verursachen erhebliche Schäden. Dagegen sind die Elektronen der $\beta$-Strahlung relativ harmlos. Die $\gamma$-Strahlung hat eine große Reichweite und besitzt ebenfalls eine große Energie.

**Biologische Strahlenwirkung** Der natürlichen Radioaktivität aus Kernzerfällen in einigen Mineralien der Erde und der kosmischen Strahlung aus dem Weltraum waren die Menschen schon immer ausgesetzt, vor Jahrtausenden sogar etwas mehr als heute. Vermutlich hat deshalb der menschliche Organismus die Fähigkeit entwickelt, Strahlenschäden seiner Zellen zu erkennen und zu reparieren. ↑3
Zusätzliche und vor allem höhere Strahlenbelastungen durch den Uranbergbau, als Folge von Kernwaffenversuchen oder von Stör- bzw. Unfällen in Kernkraftwerken (z. B. Reaktorexplosion im ukrainischen Atomkraftwerk Tschernobyl 1986) erhöhen die Wahrscheinlichkeit, dass entstandene Zellschäden jedoch nicht erkannt und repariert werden.
Gelangen radioaktive Substanzen, die $\alpha$-Strahlung aussenden in den Körper, kann dies besonders große Schäden hervorrufen: Es entstehen neue oder veränderte Molekülstrukturen, das biologische Verhalten der Zelle wird verändert oder die Zelle stirbt.

**Strahlenschäden** Körperliche (somatische) Schäden entstehen unmittelbar am betroffenen Organ. Besonders empfindlich sind die Blutbildungsorgane, die Schleimhäute des Magen-Darm-Traktes und der Luftwege sowie die Keimdrüsen.
Die Zellschädigungen können zu Krebserkrankungen führen, zu den häufigsten gehören dabei Leukämie, Lungen-, Haut- und Brustkrebs.
Bei sehr hoher Strahlenbelastung können sehr viele Zellen gleichzeitig zerstört werden und dadurch ein schneller Tod des ganzen Organismus eintreten.
Genetische Schäden sind Erbschäden, die bei den direkten Nachkommen, aber auch in späteren Generationen auftreten können. Sie entstehen durch Veränderungen des Erbgutes. Daher sind die Keimzellen der Eierstöcke und der Hoden besonders gefährdet. Das Gleiche gilt für Embryonen.

**Strahlenschutz** Um die Auswirkungen der Radioaktivität auf Menschen und auf andere Lebewesen möglichst gering zu halten, sollten folgende Regeln beachtet werden:
1. Die Entfernung zur Strahlungsquelle sollte so groß wie möglich sein.
2. Zwischen Strahlungsquelle und Lebewesen sollten sich geeignete Materialien zur möglichst vollständigen Abschirmung befinden.
3. Die Strahlung sollte sofern unvermeidbar nur so kurz wie unbedingt notwendig einwirken.
4. Radioaktive Nuklide dürfen möglichst nicht in den Körper gelangen.

### *Schon gewusst?*

Für die Bewertung der Strahlenbelastung gibt es besondere Größen und Einheiten.
**Energiedosis *D***: Sie gibt an, wie viel Energie einem Körper bestimmter Masse zugeführt wird.
Einheit: 1 Gray (1 Gy = 1 J/kg).
**Äquivalentdosis *H***: Diese Größe berücksichtigt, dass bei gleicher Energiedosis die schädigende Wirkung von $\alpha$-Strahlung etwa 20-mal so hoch ist wie die von $\beta$- und $\gamma$-Strahlung.
Einheit: Sievert (1 Sv = 1 J/kg)
$\alpha$-Strahlung: 1 Gy = 20 Sv,
$\beta$- und $\gamma$-Strahlung: 1 Gy = 1 Sv.

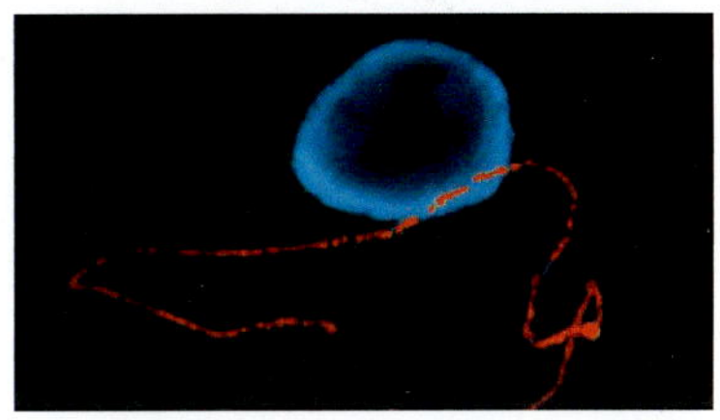
3 DNA-Reparatur: Ein mit Cäsium bestrahlter Zellkern wirft geschädigte DNA hinaus.

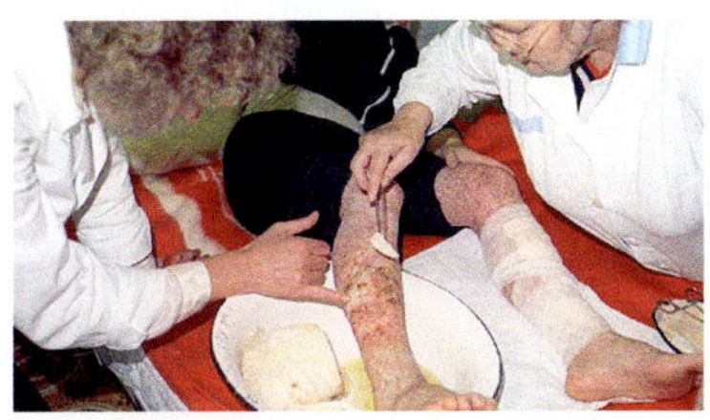
4 Strahlenschäden

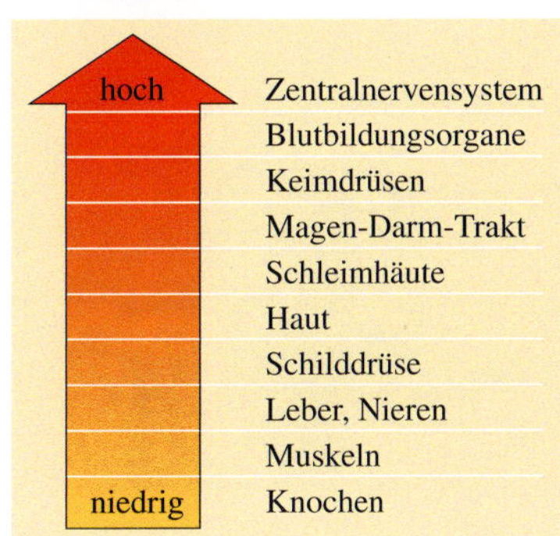

5 Strahlenempfindlichkeit verschiedener Organe

1 LISE MEITNER (1878–1968)

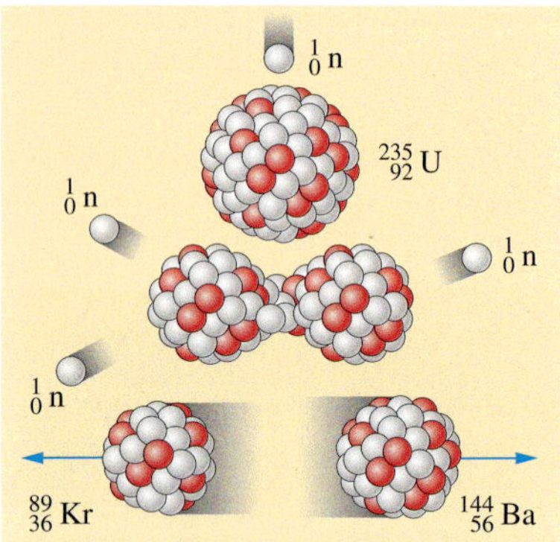


2 Modellvorstellung zur Spaltung von $^{235}_{92}$U: Uran-235 wandelt sich nach dem Auftreffen eines langsamen Neutrons zunächst in den Zwischenkern Uran-236 um. Dieser zerfällt nach nur sehr kurzer Lebensdauer von ungefähr $10^{-14}$ s in Krypton-89 und Barium-144 sowie drei Neutronen.

4 Kernspaltung mit verheerenden Folgen: Atombombenexplosion am 9. August 1945 in Nagasaki

## GRUNDLAGEN: Kernspaltung

Im Jahr 1938 machten OTTO HAHN, FRITZ STRAßMANN und LISE MEITNER eine für die Menschheit folgenreiche Entdeckung. HAHN und STRAßMANN hatten Uranatome mit langsamen Neutronen beschossen. Bei der Untersuchung der Reaktionsprodukte fanden sie Spuren der Elemente Barium und Krypton. LISE MEITNER, 1938 wegen der Judenverfolgung in Deutschland nach Schweden emigriert, fand die Erklärung: Durch Neutroneneinfang werden die Urankerne in zwei mittelschwere Kerne gespalten, und dabei werden 2 bis 3 Neutronen freigesetzt. Diese Kernspaltung wird heute so geschrieben, wobei der Kern $^{236}_{92}$U nur sehr kurz entsteht:

$$^{235}_{92}\text{U} + ^{1}_{0}\text{n} \rightarrow ^{236}_{92}\text{U} \rightarrow ^{89}_{36}\text{Kr} + ^{144}_{56}\text{Ba} + 3 \cdot ^{1}_{0}\text{n} + 210\,\text{MeV}.$$

Würde man den Urankern auf die eine Schale einer Waage legen und auf die andere Seite die Spaltprodukte, dann würden die Spaltprodukte leichter als der Urankern sein; pro kg Uran-235 fehlen etwa 0,8 g. Die fehlende Masse steckt in der Bewegungsenergie der Spaltprodukte, die durch Reibung im Material in thermische Energie umgewandelt wird. Mit $E = m \cdot c^2$ findet man $E = 20 \cdot 10^6\,\text{kW} \cdot \text{h}$ pro kg Uran-235.

**Kettenreaktion** Bei der Spaltung eines Urankerns entstehen 3 Neutronen. Jedes dieser Neutronen ist selbst wieder in der Lage einen Urankern zu spalten. Dabei entstehen insgesamt 8 Neutronen, in der nächsten Stufe 27 usw. Die Anzahl der Kernspaltungen erhöht sich lawinenartig, wobei eine sehr große Energie in kürzester Zeit freigesetzt wird. Es entsteht eine ungesteuerte Kettenreaktion. ↑3

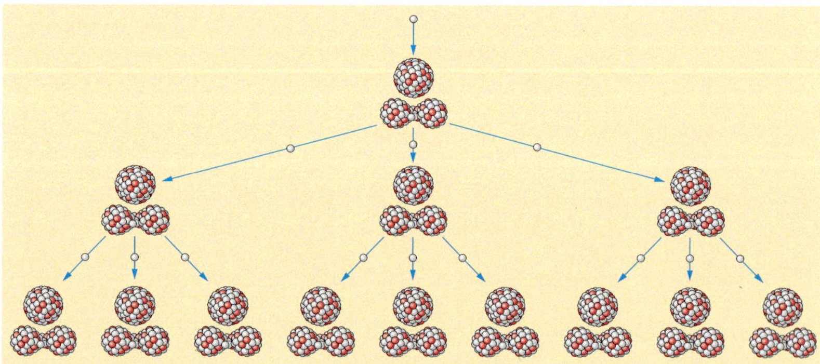

3

Damit diese Kettenreaktion ausgelöst wird, dürfen nur wenige Neutronen entweichen. Dafür ist eine genügend große, möglichst kugelförmige Masse spaltbaren Materials erforderlich. Diese Mindestmasse wird *kritische Masse* genannt. Bei Uran-235 beträgt die kritische Masse für eine Kugel mit dem Radius von 8,5 cm ungefähr 50 kg.

**Bei der Kernspaltung wird ein schwerer Atomkern in zwei mittelschwere Atomkerne unterschiedlicher Masse und zwei oder drei Neutronen umgewandelt. Die Neutronen können in einer Kettenreaktion weitere Kernspaltungen auslösen. Voraussetzung dafür ist eine genügend große Masse an spaltbarem Material.**

## *Aus der Technik* Kernkraftwerk

Kernkraftwerke sind Wärmekraftwerke. Im Kohlekraftwerk wird in einem Kessel durch Verbrennung fossiler Rohstoffe chemische Energie in thermische Energie umgewandelt. Im Kernkraftwerk befindet sich an der Stelle des Kessels der Kernreaktor. In ihm wird ein Teil der Energie, die in den Atomkernen „gespeichert“ ist, über die kinetische Energie der Spaltprodukte in thermische Energie umgewandelt. ↑5

Am meisten verbreitet sind Siedewasser- und Druckwasserreaktoren. Im Siedewasserreaktor verdampft das Wasser infolge der Umwandlung von Kernenergie in thermische Energie. Der Frischdampf treibt die Turbine an. Im Generator wird dann die kinetische Energie in elektrische Energie umgewandelt. Der Kondensator verflüssigt den aus der Turbine austretenden Dampf. Das erforderliche Kühlwasser entnimmt man einem Gewässer aus der Umgebung. Das Speisewasser wird dem Reaktor wieder zugeführt. Ein großer Teil der durch Kernspaltung freigesetzten Energie geht als Abwärme in die Umgebung. Daher beträgt der Wirkungsgrad etwa 32 % bis 34 %. ↑7

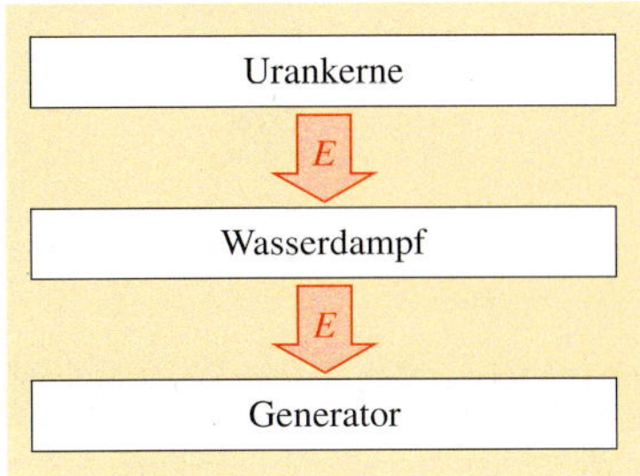


5

6 Sicherheitsbehälter eines Siedewasserreaktors

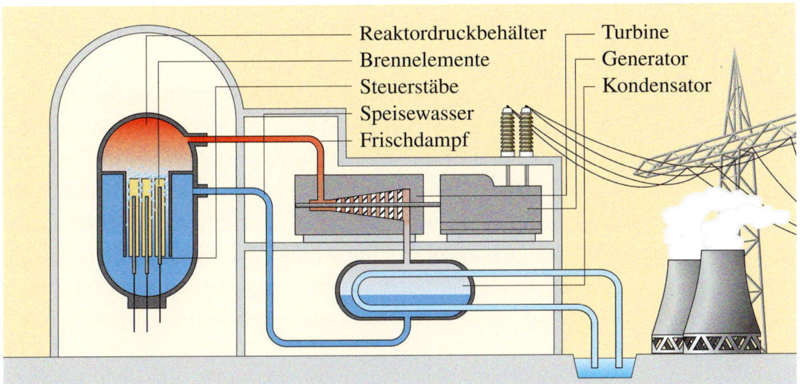


7

**Sicherheit** Um eine radioaktive Belastung der Umwelt zu vermeiden, ist der Reaktorkern durch ein System von Barrieren umgeben. Diese sollen verhindern, dass radioaktive Stoffe in die Umgebung austreten und Strahlung aus dem Reaktor nach außen dringt. Die Hülle der Brennstäbe und das umströmende Wasser schirmen die Spaltprodukte sowie die $\alpha$- und $\beta$-Strahlung ab. Der Reaktordruckbehälter und eine bis zu 2 m dicke Stahlbetonabschirmung verhindern das Austreten der $\gamma$-Strahlung. Der kugelförmige Sicherheitsbehälter und eine diesen umgebende Stahlbetonhülle sollen Schutz gegen stärkste Belastungen von innen und außen bieten.

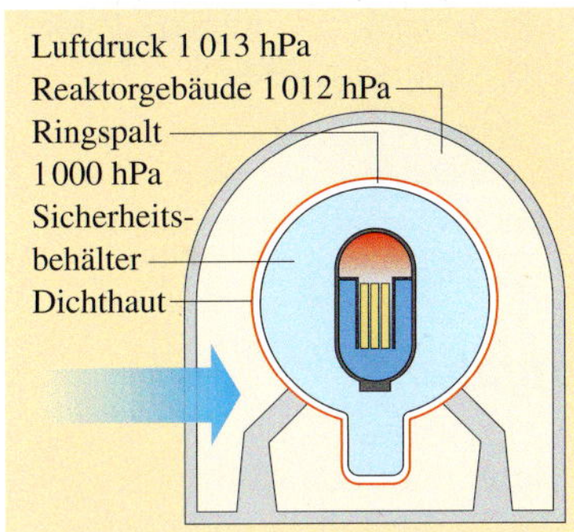


8 Im Reaktorgebäude herrscht ein geringer Unterdruck gegenüber der Außenwelt. Es gibt also stets einen geringen Luftzug von außen nach innen, niemals aber von innen nach außen.

Beim Betrieb könnten Störungen auftreten. Arbeitet beispielsweise der Kühlkreislauf nicht richtig, wären eine Zunahme der Reaktorkerntemperatur und ein Durchschmelzen der Sicherheitsbarrieren nicht ausgeschlossen. Entsprechende Sicherheitstechniken aktivieren dann das Notkühlsystem oder sorgen durch vollständiges Einfahren der Steuerstäbe für eine automatische Abschaltung des Reaktors.

Wichtige Sicherheitssysteme werden zudem mehrfach angeordnet (Redundanz). Es sind mindestens zwei Systeme mehr vorhanden als eigentlich benötigt werden. ↑9

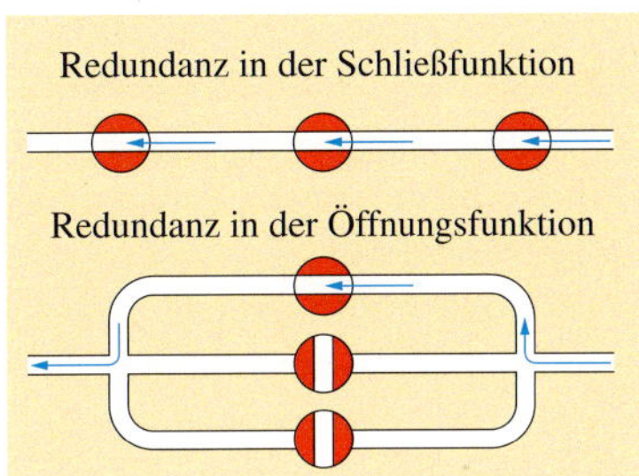


9

## *Aus der Geschichte* Entdeckung der Kernspaltung

1 W. HEISENBERG (1901–1976)

2 E. FERMI (1901–1954)

Nachdem JAMES CHADWICK im Jahr 1932 das Neutron entdeckt hatte, eröffneten sich neue experimentelle Möglichkeiten für künstliche Kernumwandlungen. Von besonderem Interesse war dabei der Beschuss von Uran mit Neutronen. In Berlin führten OTTO HAHN und FRITZ STRAẞMANN solche Versuche durch. Im Januar 1939 heißt es in einem Artikel von ihnen in der Zeitschrift „Naturwissenschaften“: „*… Nun müssen wir aber noch auf einige neuere Untersuchungen zu sprechen kommen, die wir der seltsamen Ergebnisse wegen nur zögernd veröffentlichen. … Wir kommen zu dem Schluss: Unsere „Radiumisotope“ haben die Eigenschaften des Bariums; als Chemiker müssten wir eigentlich sagen, bei den neuen Körpern handelt es sich nicht um Barium und Radium kommt nicht in Frage. … Als Physiker in gewisser Weise nahe stehende ‚Kernchemiker‘ können wir uns zu diesem, allen bisherigen Erfahrungen der Kernphysik widersprechenden Sprung noch nicht entschließen … Es könnte doch eine Reihe seltsamer Zufälle unsere Ergebnisse vorgetäuscht haben.*“ LISE MEITNER prägte dann erstmals den Begriff „Kernspaltung“ und berechnete 1939 auch die Größenordnung der bei der Kernspaltung frei werdenden Energie. Bereits 1941 wurde unter Leitung von WERNER HEISENBERG ein Versuchsreaktor gebaut, jedoch ohne Erfolg.

Im Jahr 1942 gelang es ENRICO FERMI und seinen Mitarbeitern in Chikago in ihrem Versuchs-Kernreaktor CP-1 die erste kontrollierte Kettenreaktion in Gang zu setzen. Unter der Tribüne eines alten Sportstadions in Chikago schichtete man 400 t Grafit, 6 t Uran und 50 t Uranoxid auf. Zwar betrug die Leistung nur ein halbes Watt, aber die erste, sich selbst erhaltende Kettenreaktion, war in Gang gekommen. Eine weitere Steigerung der Energieerzeugung wäre jedoch lebensgefährlich gewesen, da man sich zu dieser Zeit der Gefahren beim Umgang mit radioaktiven Stoffen zum Teil noch nicht bewusst war.

3 FERMIS Versuchs-Kernreaktor CP-1

## Aufgaben

**1** Beschreibe den Aufbau eines Atomkerns mithilfe der Kernladungs- und der Massenzahl.

**2** Bestimme mithilfe des Periodensystems der Elemente die Kernladungszahl von Wasserstoff, Beryllium, Kohlenstoff, Cobalt, Nickel, Zinn und Platin.

**3** Aus wie vielen Protonen, Neutronen und Elektronen bestehen die neutralen Atome, deren Kerne durch die folgenden Symbole gekennzeichnet sind?
$^{1}_{1}H$, $^{14}_{6}C$, $^{27}_{13}Al$, $^{208}_{82}Pb$, $^{209}_{83}Bi$, $^{235}_{92}U$

**4** Bei der Umwandlung von Atomkernen kann Kernstrahlung ausgesendet werden. Beschreibe, wie sich ein Kern beim Aussenden von $\alpha$-, $\beta$- und $\gamma$-Strahlung verändert.

**5** Das Kohlenstoffisotop C-14 wandelt sich unter Aussendung von $\beta$-Strahlung in Stickstoff um. Stelle die Kernreaktionsgleichung auf.

**6** Erläutere die Gleichung $^{226}_{88}Ra \rightarrow {}^{222}_{86}Rn + {}^{4}_{2}\alpha + \gamma$.

**7** Informiere dich über das Leben von HENRI BECQUEREL und MARIE CURIE.

**a** Was führte zur Entdeckung einer bis dahin unbekannten Strahlung durch BECQUEREL?

**b** Woraus resultiert das hohe Ansehen der Forscherin MARIE CURIE bis in unsere heutige Zeit?

**8** Erläutere den Unterschied zwischen gesteuerter und ungesteuerter Kettenreaktion.

**9** Welche Maßnahmen sind notwendig, damit beim Betrieb eines Kernkraftwerkes keine Kernstrahlung und keine radioaktiven Stoffe in die Umwelt gelangen?

**10** Erläutere die Möglichkeiten, mithilfe von Kernstrahlung Tumore zu behandeln.

**11** Welche Gefahren ergeben sich für den Patienten sowohl bei der nuklearmedizinischen Diagnostik als auch bei der Therapie?

## Chancen und Risiken der Atomenergie

4

Aktivisten der Umweltorganisation Greenpeace besteigen die Kuppel des Atomreaktors im niederländischen Borssele. Um auf die Gefahren der Atomkraft aufmerksam zu machen, malen die Umweltschützer einen überdimensionalen Riss. ↑4

Immer wieder finden Protestaktionen wie diese statt. In intensiven Diskussionen geht es außerdem um einen möglichen Verzicht auf die Kernenergie für die Energieversorgung, obwohl zur Zeit in Deutschland knapp ein Drittel der elektrischen Energie aus Kernenergie gewonnen wird.

**Thema 1: Kernkraftwerke gehören neben den fossil gefeuerten Kraftwerken zu den Wärmekraftwerken**

1 Stelle in übersichtlicher Form Gemeinsamkeiten, Unterschiede sowie Vor- und Nachteile von fossil gefeuerten Kraftwerken und Kernkraftwerken zusammen. Vergleiche auch die Wirkungsgrade.

2 Welche Chancen siehst du, Wärmekraftwerke langfristig durch die Nutzung regenerativer Energien zu ersetzen?

**Thema 2: Pro und Contra Kernenergie**

Bildet eine PRO- und eine CONTRA-Arbeitsgruppe. In der PRO-Gruppe erarbeiten die Mitglieder Argumente für die Erhaltung von Kernkraftwerken zur Energieerzeugung. Die CONTRA-Arbeitsgruppe hat die Aufgabe, Nachteile und Risiken der Kernenergie zu analysieren. Beide Gruppen tragen ihre Ergebnisse jeweils in einem 10-minütigen Vortrag Zuhörern aus der Klasse oder einem anderen Kreis vor. Danach wird noch eine festgelegte Anzahl Fragen an jede Gruppe zugelassen. Eine Beurteilung könnte auf der Grundlage eines vorher erarbeiteten Fragebogens erfolgen.
Am Ende solltet ihr die Ergebnisse übersichtlich zusammenstellen.

**Thema 3: Endlager für radioaktive Abfälle**

In Deutschland existieren bisher vier Standorte, wo die Endlagerung von radioaktiven Abfällen in Salzlagerstätten praktiziert bzw. in Erwägung gezogen wurde.

1 Informiere dich über diese vier Standorte und den aktuellen Stand der Dinge. Trage Vor- und Nachteile von Salzstöcken als Endlager für radioaktive Abfälle zusammen.

2 Wie wird die Endlagerung in anderen Ländern praktiziert?

Fasse die Ergebnisse deiner Recherchen in einer anschaulichen Präsentation zusammen.

5 Standorte für eventuelle Endlager

## Anwendung der Kernstrahlung in der Medizin

Seit nunmehr über 50 Jahren hat sich in der Medizin das Fachgebiet der Nuklearmedizin entwickelt. Sie bietet heute eine Vielzahl von Untersuchungs- und Behandlungsverfahren. Die Nuklearmedizin verwendet radioaktive Arzneimittel. Diese bestehen aus einem radioaktiven Stoff mit einer sehr kurzen Halbwertszeit und einem zweiten Stoff (Tracer), der sich im Körper an einen bestimmten Zelltyp bindet. Dieser zweite Stoff gelangt über den Blutkreislauf, den Stoffwechsel oder die Atemwege genau dorthin, wo das Radionuklid wirken soll.

Radionuklide in der Medizin

| Nuklid | Halbwertszeit |
|---|---|
| Technetium-99m | 6 Stunden |
| Iod-131 | 8 Tage |
| Kohlenstoff-11 | 20 Minuten |
| Sauerstoff-15 | 2 Minuten |
| Fluor-18 | 110 Minuten |

**Nuklearmedizinische Untersuchungen (Diagnostik)** Zur Diagnose bestimmter Organe, z. B. der Schilddrüse, werden dem Patienten radioaktive Arzneimittel verabreicht. Die gesamte Schilddrüse wird „abgerastert" und ein Computer erzeugt ein Bild, das die Strahlungsintensität aus jedem Punkt der Schilddrüse darstellt. Der Arzt kann aus einem solchen Szintigramm Aufschluss über den Zustand der Schilddrüse gewinnen.

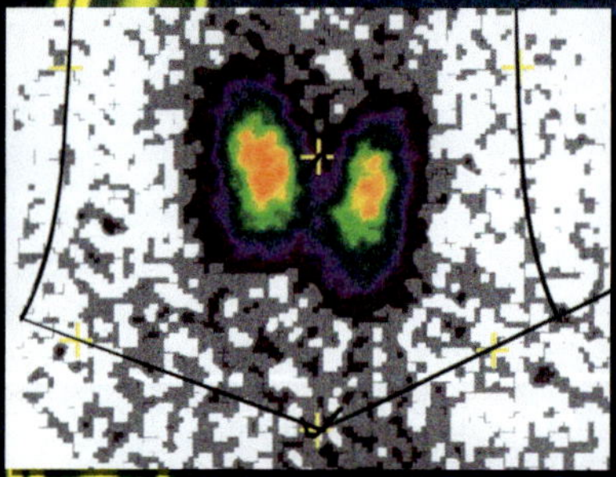

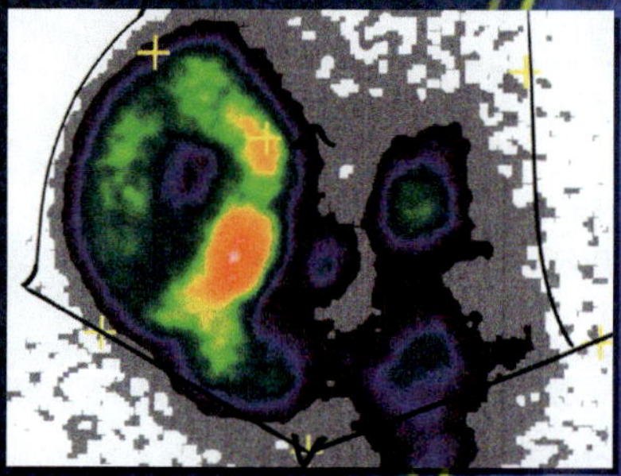

Das Bild links zeigt eine homogene Verteilung des Technetiums in einer normal großen Schilddrüse. Im rechten Bild erkennt man ein buntes Verteilungsgebiet einer rechts deutlich vergrößerten Schilddrüse („Schwarzwälder Kropf").

**Positronen-Emissions-Tomographie** Ein modernes bildgebendes Verfahren zur Krebsdiagnose ist die Positronen-Emissions-Tomographie (PET).

Krebszellen haben gegenüber gesunden Zellen einen erhöhten Traubenzuckerverbrauch. Deshalb verwendet man bei der PET ein mit Flour-18 markiertes Traubenzuckermolekül. Nach dem Zerfall des Flour-18 wird Gammastrahlung in zwei Richtungen im Winkel von 180° frei. Eine ringförmig um den Körper des Patienten angeordnete Kamera registriert beide Strahlungen und kann so den Ort des Zerfalls sehr genau lokalisieren. PET zeichnet sich gegenüber anderen Verfahren durch eine etwa 100-fach höhere Empfindlichkeit und eine erhöhte Ortsauflösung aus.

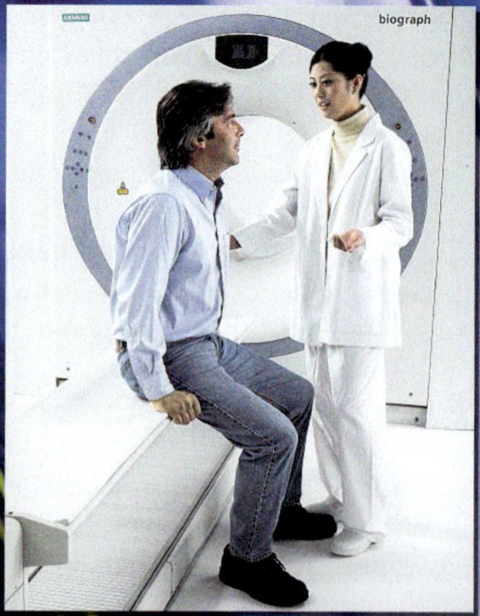


PET

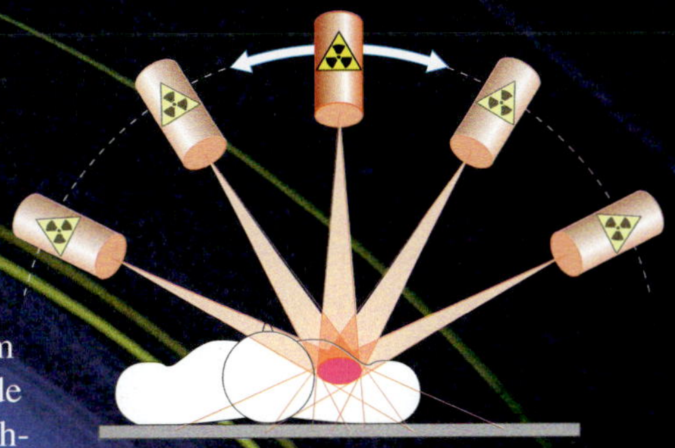

Verteilung der Intensität durch Rotation des Strahlers

## Nuklearmedizinische Behandlung (Therapie)

In der Nuklearmedizin verwendet man Kernstrahlung auch zur Therapie, also zur Heilbehandlung von Krankheiten. Ein Beispiel ist die Radioiodtherapie. Krankhafte Veränderungen an der Schilddrüse können durch die Verabreichung von radioaktivem Iod-131 behandelt werden. Dabei zerstört die vom Iod-131 ausgehende Betastrahlung die kranken Zellen. Da Betastrahlung eine kurze Reichweite hat und außerdem die Halbwertszeit nur 8 Tage beträgt, bleiben die umliegenden gesunden Zellen weitestgehend verschont.

**Radiologische Strahlentherapie** Tumore werden von außen einer hochenergetischer Strahlung ausgesetzt. Die Quelle dieser Strahlung kann z. B. radioaktives Cobalt-60 sein. Damit die gesunden Zellen nicht durch die Strahlung geschädigt werden, richtet man die Strahlung zunächst möglichst genau auf den Bereich der erkrankten Stellen aus. Mit einer speziellen Vorrichtung wird dann die Quelle der Kernstrahlung ständig auf einem Kreisbogen um diese Stelle herum bewegt.
Mittlerweile werden zunehmend Linearbeschleuniger eingesetzt. Im Linearbeschleuniger wird eine so genannte „ultraharte“ Röntgenstrahlung erzeugt. Diese kann viel tiefer in den Körper eindringen als die Cobaltstrahlung. Die Eindringtiefe wird durch Energiestufen eingestellt und der Ort der Bestrahlung mit größerer Präzision getroffen.

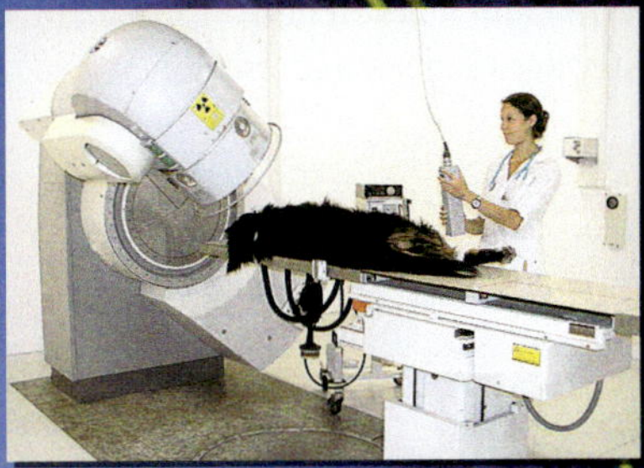

Cobalt-Strahlentherapiegerät

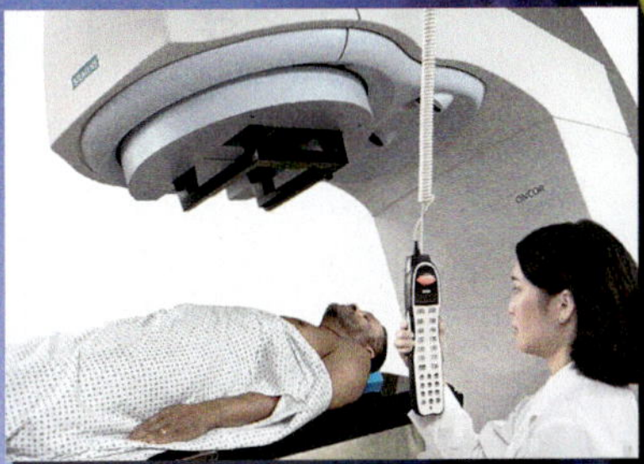

Moderner Linearbeschleuniger

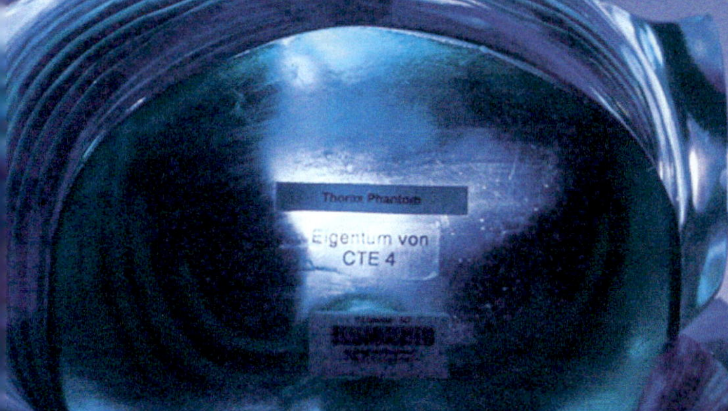


**Sterilisierung von Gegenständen** Die Materialeigenschaften vieler medizinischer Artikel erlauben keine Sterilisierung durch Hitzeeinwirkung. Solche Artikel werden häufig durch Einsatz von Kernstrahlung sterilisiert. Indem die Gegenstände der Kernstrahlung eines Präparates ausgesetzt werden, lassen sich Viren und Bakterien unwirksam machen.

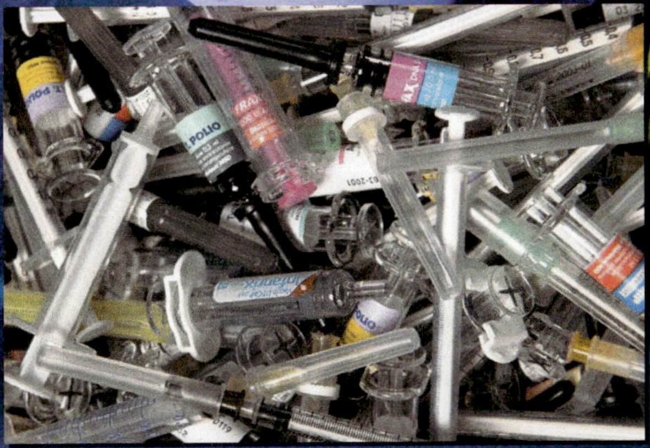

## Atome, Moleküle und Elektronen

Container bestehen aus Eisen und sind derart stabil gebaut, dass sie sehr hoch übereinander gestapelt werden können. Welch ungeheure Last muss der unterste Container tragen können?
Wie ist es möglich, dass diese extrem stabilen Behälter genauso aus Atomen bestehen wie die sie umgebende Luft?
Wie kann aus solchen Atomen ein stabiler Gegenstand entstehen?

1

2

Die Gegenstände unserer Umgebung sind fest oder flüssig. Sie haben eine sichtbare Oberfläche. Feste Gegenstände kann man stapeln, ihre feste Oberfläche lässt sich mehr oder weniger stark eindrücken oder ritzen. Eine Flüssigkeit kann man in einen Behälter gießen, dort bildet sie eine glatte, horizontale Oberfläche. Und wenn eine zweite Flüssigkeit dazu geschüttet wird, können sich beide mischen oder sie trennen sich und es entsteht eine horizontale Grenzfläche. Mithilfe von Öl können durch eine hydraulische Anlage große Lasten gehoben werden. ↑3, 4
Feste Stoffe und Flüssigkeiten lassen sich nicht zusammendrücken, sie sind inkompressibel.
Auch die Luft ist ein Gegenstand: Als Wind oder Fahrtwind können wir die Luft spüren, weil sie z. B. gegen unseren Körper drückt. Andere Gase kann man riechen oder verbrennen lassen.
Wie kann man darauf kommen, dass alle Gegenstände aus kleinsten Teilchen einer bestimmten Größe aufgebaut sind?

3

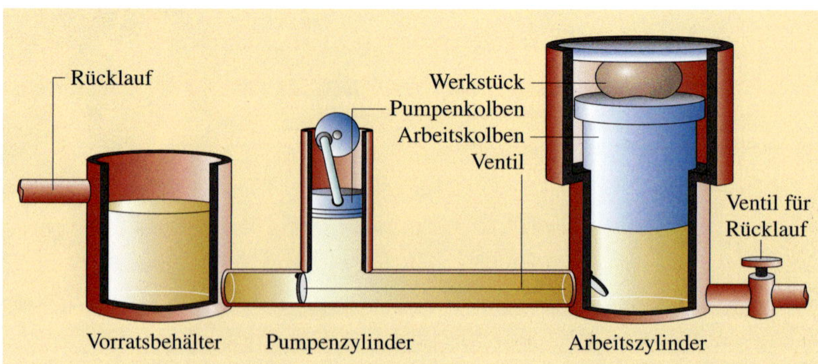

4

## Experimente

**1 Kristalle ziehen**
In einer gesättigten Zuckerlösung können Kristalle wachsen.

a Löse 100 g Zucker in 200 ml destilliertem Wasser. Erwärme das Wasser, sodass es gerade noch nicht siedet. Rühre kräftig um, damit sich der Zucker besser löst.

b Wähle aus Speisezucker einige besonders große Kristalle aus. Stich in einen Heftfaden mit einer Stecknadel in der Nähe des Endes quer zum Faden ein Loch. Weite es so stark auf, dass du den Zuckerkristall einfügen kannst. Wiederhole das Verfahren an einer 2 cm daneben gelegenen Stelle des Fadens.

c Lass die Lösung sich auf etwa 50 °C abkühlen. Hänge den Faden so auf, dass die Kristalle frei in die Zuckerlösung hineinragen. Stelle diese Anordnung an einen warmen, staubfreien Ort. Ziehe nach einigen Tagen die Kristalle heraus und beschreibe deine Beobachtung.

5

**2 Unter dem Mikroskop**
Lege einige Salzkristalle unter ein Mikroskop und zeichne verschiedene Kristalle ab. Worin gleichen sich verschiedene Kristalle, worin unterscheiden sie sich? Vergleiche in gleicher Weise die Kristalle von Kandiszucker.

**3 Wo bleibt der Rest?**
100 ml Alkohol (Äthanol) und 100 ml Wasser werden in einem Messzylinder gemischt. Wie groß ist das Volumen der Mischung? Erkläre mithilfe eines Modells aus Erbsen und Hirse!

**4 Seifenbläschenkristalle**
In einer flachen Glasschale wird das Wasser mit einigen Tropfen Spülmittel versetzt. Mit einer dünnen Düse wird möglichst gleichmäßig in die Seifenlösung geblasen. Es entstehen viele gleich große Bläschen, die sich zu zweidimensionalen Kristallen ordnen; zur Projektion kann die Schale auf den Tageslichtprojektor gestellt werden. Welche Randwinkel stellen sich ein? Welche Fehler haben diese „Kristalle“?

6

**5 Kristalle lösen sich**
Bestimme das Volumen einiger Kandiskristalle möglichst genau und löse sie dann in warmem Wasser vom 20-fachen Volumen. Entspricht die Summe der Einzelvolumina dem Volumen der Lösung?

**6 Chemische Reaktionen**
Das folgende Experiment solltest du mithilfe deines Chemielehrers oder deiner Chemielehrerin durchführen. Eisenwolle (Masse bestimmen!) wird mit Schwefel (Masse bestimmen!) in einem Reagenzglas so lange erhitzt, bis beide miteinander reagiert haben. Hole mit einem Magneten das restliche Eisen aus der Schmelze. Wie viel Eisen reagiert mit wie viel Schwefel, wenn weder Schwefel noch Eisen übrig bleiben?

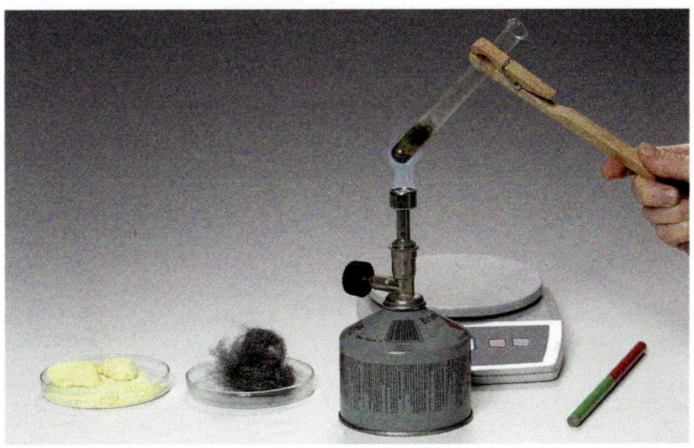

7

1

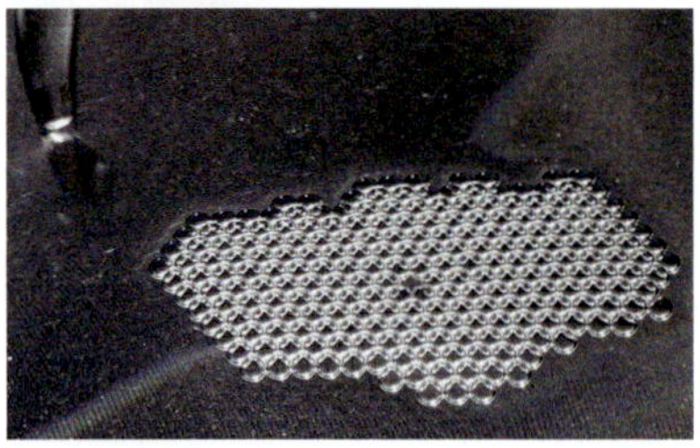

2 Ergebnis von Experiment 4 auf der vorhergehenden Seite.

## GRUNDLAGEN: Teilchenstruktur der Materie

Bereits vor mehr als zweitausend Jahren hat der griechische Naturphilosoph DEMOKRIT behauptet, alle Stoffe bestehen aus kleinsten Teilchen, die sich je nach Stoff unterscheiden. Diese Teilchen sollten unteilbar sein: DEMOKRIT nannte sie Atome, weil *atomos* im Griechischen unteilbar bedeutet. Zwar konnte Demokrit diese Teilchen nicht sehen, aber einige Beobachtungen an Flüssigkeiten und festen Körpern können mit dieser Annahme erklärt werden.

Viele Kristalle desselben Stoffes, in Bild 1 sind es Kristalle des Kochsalzes NaCl, haben zwar unterschiedliche Größe aber die gleiche Gestalt, insbesondere schließen die Kristallflächen gleiche Winkel ein. ↑1
*Im Teilchenmodell wird dies in der folgenden Weise gedeutet:*
In Kristallen ziehen sich die Teilchen in bestimmten Richtungen besonders stark gegenseitig an. Neue Teilchen lagern sich also an bestimmte Stellen des wachsenden Kristalls und so entstehen bestimmte Winkel zwischen den Flächen. Aus der äußeren Form der Kristalle kann man manchmal auf die Anordnung der Teilchen schließen. ↑2

Beim Mischen einiger Flüssigkeiten ist das Volumen der Mischung kleiner als die Summe der Ausgangsvolumina.
*Im Teilchenmodell wird dies in der folgenden Weise gedeutet:*
Zwischen den Teilchen einer Flüssigkeit gibt es Lücken. Sind die Teilchen der beiden Flüssigkeiten unterschiedlich groß, so können die kleineren Teilchen die Lücken der größeren teilweise auffüllen. ↑3

Fällt ein Tropfen eines Öl-Leichtbenzin-Gemisches auf eine staubige Wasserfläche bildet sich ein Kreis mit einem bestimmten Radius. Das Leichtbenzin verdampft sehr schnell. Es bleibt das Öl zurück und bildet auf dem Wasser eine ganz dünne, kreisrunde Schicht.
*Im Teilchenmodell wird dies in der folgenden Weise gedeutet:*
Das Öl bildet eine Schicht, die nur aus einer einzigen Lage von Ölteilchen besteht. Wenn man weiß, wie viel Öl im Tropfen gelöst war, kann man dieses Volumen mit dem Volumen der „Ölscheibe" vergleichen und dann die Dicke der Schicht bestimmen. Diese Dicke entspricht ungefähr der Größe des Ölmoleküls. ↑4

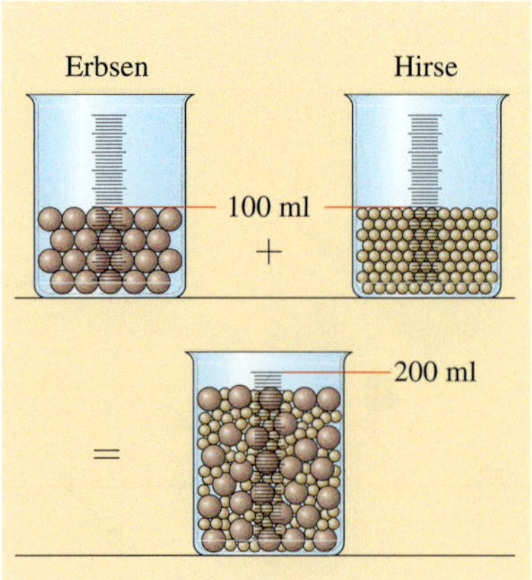


3 Volumina vor und nach dem Mischen

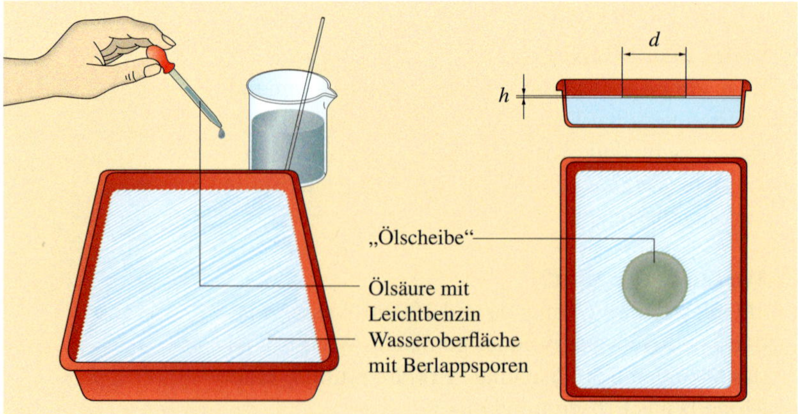


4 Öltröpfchen-Experiment

## GRUNDLAGEN: Brownsche Molekularbewegung

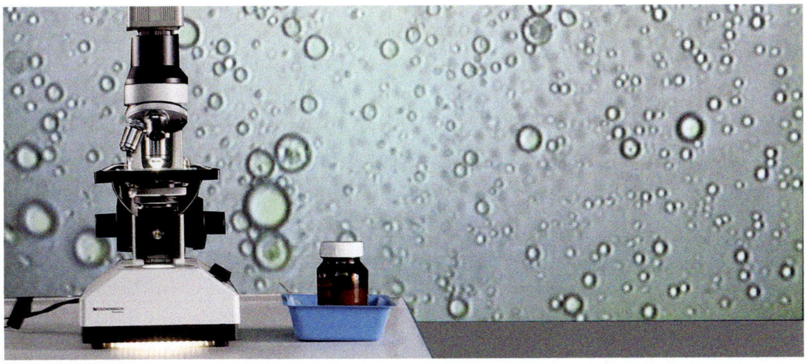

5

6 Die Mücken „tanzen" hin und her und der ganze Schwarm bewegt sich dennoch langsam.

Ein Foto kann das unruhige Gewimmel der kleinen Fetttröpfchen gar nicht wiedergeben, das von einer Mikroskopkamera groß auf die Leinwand projiziert werden kann. Immer, auch nach Tagen und Wochen noch, sind die Tröpfchen auf ihrer zittrigen Bahn unterwegs. Dabei sind die kleinen schneller als die größeren Tropfen. ↑5

Das kennen wir sonst nicht, denn wenn eine Flüssigkeit umgerührt wird, dann kommt diese Bewegung bald zur Ruhe. Alle Bewegungen von Gegenständen unserer Welt kommen früher oder später zur Ruhe, weil es stets Reibung gibt, sei sie auch manchmal nur sehr gering. Bei der nach seinem Entdecker ROBERT BROWN benannten *brownschen Bewegung* aber sehen wir ein dauerndes Zittern und Wimmeln. Wer oder was hält diese Bewegung in Gang?

Wird die Emulsion erwärmt, wird die brownsche Bewegung der sichtbaren Tröpfchen schneller. Kühlt sie ab, wird sie langsamer. Solange die Temperatur nicht geändert wird, bleibt die zittrig wimmelnde Bewegung der kleinsten Teilchen und auch der Tröpfchen für immer erhalten!

Die brownsche Bewegung kann auch mit Rauchteilchen in Luft sichtbar gemacht werden: Die Rauchteilchen zittern und wimmeln hin und her, ohne dabei langsamer zu werden. Und selbst die Atome und Moleküle der festen Körper schwingen an ihren Plätzen ungeordnet hin und her.

**Die Wechselwirkung zwischen den kleinsten Teilchen ist anders als zwischen den Gegenständen, die von ihnen gebildet werden. Ihre zitternde Bewegung hört nie auf und ist von der Temperatur und von der Masse der Teilchen abhängig: Je höher die Temperatur und je leichter die Teilchen, desto schneller sind sie unaufhörlich unterwegs. Deshalb wird die brownsche Bewegung auch thermische Bewegung genannt.**

Wird eine Flüssigkeit umgerührt oder eine Luftströmung erzeugt, so bewegen sich sehr viele Teilchen gemeinsam in die gleiche Richtung. Im Vergleich zur brownschen Bewegung ist die Strömung aber sehr langsam. Am Rand dieser Strömung treffen die Teilchen bei ihrer zittrigen Bewegung auf nicht strömende, stoßen mit diesen zusammen und verlieren dabei die Strömungsrichtung. Nach und nach verlieren alle Teilchen bei Stößen die anfänglich gemeinsame Richtung. Die Strömung kommt zur Ruhe, die thermische Bewegung aber nicht. Im Gegenteil, sie wird ein klein wenig schneller: Reibung erhöht die Temperatur.

### Schon gewusst?

Weil die Regel – je kleiner desto schneller – umgekehrt bedeutet, je größer desto langsamer, müssen auch die Fettaugen auf der Brühe zittern, je heißer die Brühe desto schneller. Tatsächlich gilt diese Regel auch für sichtbare Dinge. Allerdings ist das Zittern bei großen Dingen zu gering, als dass es sichtbar wäre. Sehr empfindliche Messgeräte werden jedoch weit unter 0 °C abgekühlt, damit die kleinen und sehr leichten Zeiger nicht zittern!

| Teilchen | Masse in kg | $v$ bei 20 °C | 100 °C |
|---|---|---|---|
| Öltröpfchen | $10^{-9}$ = 1 µg | 0,03 mm/s | 0,038 mm/s |
| Wassermolekül | $3 \cdot 10^{-26}$ | 630 m/s | 714 m/s |
| Luftmolekül | $5{,}3 \cdot 10^{-26}$ | 440 m/s | 496 m/s |
| Staubteilchen in Luft | $1{,}25 \cdot 10^{-15}$ | 3 cm/s | 3,5 cm/s |

Thermische Geschwindigkeiten

## Experimente

**1 Kleine Eisberge**
Verschaffe dir verschiedene Eisstücke, indem du Wasser in unterschiedlich geformten, offenen Plastikbehältern im Kühl- oder Gefrierschrank gefrierst. Lass diese in einer Wasserschale schwimmen. Schätze ab, wie viel der kleinen Eisberge aus dem Wasser schauen. Beschreibe und erkläre.

**2 Dichteste Packung**
Besorge dir mindestens 20 1-Centstücke. Wie viele Münzen kannst du auf einer Fläche von 10 mal 10 Zentimeter unterbringen? Lege die Münzen in Form eines Parallelogramms. Welchen Winkel hat das Parallelogramm? Passen jetzt mehr Münzen auf die gleiche Fläche?

**3 Magnetpuzzle**
Keramische Magneten (z. B. aus defektem Lautsprecher) kann man mit einem kräftigen Hammerschlag zerstören; wickle den Magneten zuvor in ein Tuch. Versuche den Magneten wieder zusammenzufügen. Beschreibe deine Beobachtungen.

**4 Energie aus dem Handwärmer**
a Starte die Erwärmung eines Handwärmers bei Raumtemperatur und lege ihn in ein Becherglas mit Wasser. Um wie viel Kelvin erhöht sich die Temperatur des Wassers?
b Lege einen kristallisierten Handwärmer in ein kleines Thermosgefäß mit siedendem Wasser und beobachte die Temperaturabnahme. Wiederhole dieses Experiment mit der gleichen Masse Kochsalz bzw. Zucker.

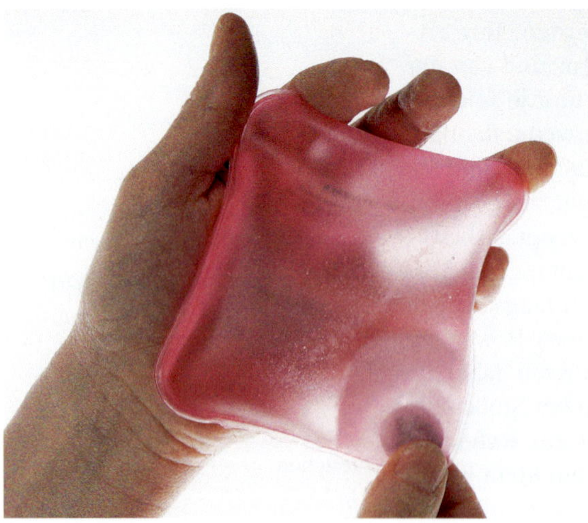
1

**5 Aus Flüssigkeit wird Gas**
Markiere an einem durchsichtigen Einwegfeuerzeug den Flüssigkeitsstand. Ein Messzylinder wird so in einen Eimer mit Wasser getaucht, dass der Messzylinder vollständig mit Wasser gefüllt ist und seine Öffnung nach unten zeigt. Das Feuerzeug wird im Wasser so unter die Öffnung des Messzylinders gehalten und sein Ventil geöffnet, dass die Gasblasen in den Zylinder steigen. Bestimme das Gasvolumen und vergleiche es mit dem (geschätzten) Flüssigkeitsverlust im Feuerzeug.

2

**6 Schwebende Seifenblasen**
Stülpe über eine frisch geöffnete Sprudelflasche einen leeren Haushaltsmüllbeutel und befestige ihn am Flaschenhals mit einem Gummiband. Schüttele die Flasche kräftig, bis sich der Beutel gut mit $CO_2$ gefüllt hat. Der Inhalt des Beutels wird vorsichtig in einen leeren Eimer entleert, nahe am Boden und ohne heftige Bewegungen.
Lasse Seifenblasen in den Eimer sinken. Senke vorsichtig ein brennendes Teelicht in den Eimer hinab. Beobachte und beschreibe.

3

## GRUNDLAGEN: Flüssigkeiten und Kristalle – der flüssige und der feste Zustand

Solange man sich Atome und Moleküle als zwar sehr, sehr kleine aber irgendwie fest geformte Teilchen vorstellt, erscheint es selbstverständlich, dass die festen Dinge starr sind: Die Teilchen liegen in dieser Modellvorstellung dicht bei dicht.
Aber wie muss man sich eine Flüssigkeit vorstellen, wenn diese nahezu den gleichen Raum einnimmt wie die gleiche Menge Festkörper? Bei Wasser benötigt Eis von 0 °C sogar etwas mehr Platz als flüssiges Wasser bei 0 °C!

**Die Teilchen eines Stoffes sind im festen Zustand etwa gleichweit voneinander entfernt wie im flüssigen Zustand.**

4 Auch Kugeln bilden eine nahezu glatte, ebene Oberfläche.

Eine Flüssigkeit kann man sich so vorstellen: Die kleinsten Teilchen ziehen sich gegenseitig an, jedes hält seine nächsten Nachbarn fest. Dadurch entsteht eine stabile, aber in alle Richtungen gut bewegliche Verbindung, so beweglich wie Glaskugeln in einem Netz. Darum können Flüssigkeiten auch jede gebotene Form ausfüllen und bilden eine glatte, horizontale Oberfläche. ↑4
Wird die Flüssigkeit erwärmt, so vergrößert sich der Abstand ein klein wenig, aber die Atome bzw. Moleküle halten einander weiter fest. Wird der Stoff gekühlt, rücken sie etwas dichter zusammen.

Bei einer bestimmten Temperatur aber verändert sich der Zustand schlagartig, aus der Flüssigkeit wird ein fester Körper. Bei der Erstarrungstemperatur stellt sich eine für jeden Stoff typische Ordnung ein: In bestimmten Richtungen haben die Nachbarn einen festen Ort und denselben Abstand auch in größerer Entfernung. Zwar hat nur selten der gesamte Körper eine durchgehende Ordnung, aber über viele, viele Teilchenabstände hinweg bildet sich exakt die gleiche Ordnung. Bei Kristallen ist die innere Ordnung auch von außen zu erkennen. ↑5

5 Kristalle haben typische Winkel zwischen den Grenzflächen.

**Im festen Zustand haben die Nachbarn jedes Teilchens ganz bestimmte Abstände, die je nach Stoff in unterschiedlichen Richtungen unterschiedlich groß sein können.**

Die Bindungen zwischen den Teilchen des selben Stoffes sind so stark, dass sich kein anderes Teilchen dazwischen drängen kann. Dadurch bildet sich eine starre Oberfläche, auf der andere Gegenstände stehen können. Beim Verbiegen, Brechen oder Spalten müssen die Bindungen zwischen den Teilchen gelöst werden.

Jedes Atom eines Magneten darf man sich als winzigen Magneten mit Nord- und Südpol vorstellen. Damit daraus ein Magnet entsteht, müssen alle Mini-Magnete parallel und in derselben Richtung ausgerichtet sein. Im „heilen" Magneten sind die Mini-Magnete so dicht gepackt und derart angeordnet, dass die abstoßenden magnetischen Kräfte zwischen den Minimagneten überwunden sind und eine stabile atomare Bindung entsteht. Einen flüssigen Magneten kann es deshalb nicht geben!

### Schon gewusst?

Wenn hier von Teilchen gesprochen wird, sind die Atome bzw. Moleküle des jeweiligen Stoffes gemeint. Bei Wasser sind dies z. B. die $H_2O$-Moleküle, bei Eisen die Fe-Atome.

1 Eine komplizierte Maschine stellt diese Ordnung her.

### Schon gewusst?

Im Handwärmer befindet sich im „aufgeladenen" Zustand eine unterkühlte Schmelze reinen Natriumacetat-Trihydrats. Durch den Druck auf den „Auslöser" werden Kristallisationskeime erzeugt, die Lösung wird fest. Dabei wird genau die Bindungsenergie als Wärme frei, die zuvor beim Schmelzen zur Lösung der Bindung aus dem festen Zustand erforderlich war.

2

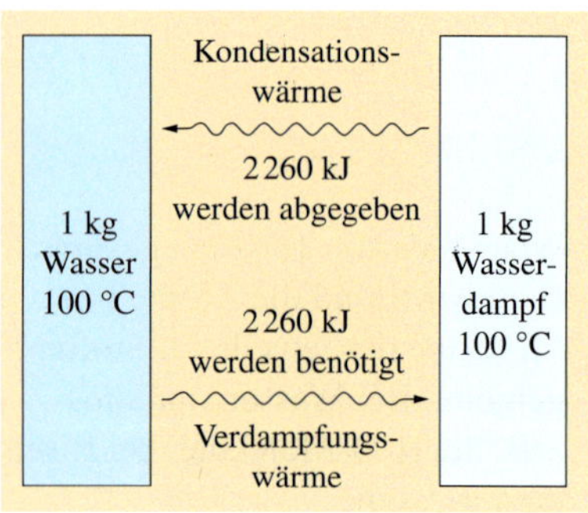


3

## GRUNDLAGEN: Bindungsenergie

Im alltäglichen Leben macht es Mühe, Ordnung zu halten oder herzustellen. Bei den Atomen und Molekülen ist es gerade umgekehrt: Wenn sich der feste Zustand bildet und die Teilchen einen bestimmten Ort haben, wird Energie frei gesetzt, die für den Stoff typisch ist und von der Menge der Teilchen abhängt. Und umgekehrt ist eine bestimmte Energiezufuhr pro Atom erforderlich, um die Bindung an den festen Platz aufzulösen.

**Um die einzelne feste Bindung zu lösen ist Bindungsenergie erforderlich; wird die feste Bindung wieder hergestellt, wird die gleiche Bindungsenergie frei.**

Die Bindung zwischen Atomen kann genau zwei Zustände einnehmen, einen Zustand der Ordnung (fest) und einen Zustand der Unordnung (flüssig), der sich beim Schmelzen bzw. Erstarren schlagartig ändert. Bei vielen Stoffen unterscheiden sich die Abstände zwischen den Teilchen bei diesen Zuständen kaum von einander. Um den Zustand der Ordnung in den Zustand der Unordnung (Schmelzen) zu überführen, ist eine typische Energie erforderlich. Umgekehrt wird diese Energie frei, wenn der Zustand der Unordnung in einen Zustand der Ordnung (Erstarren) übergeht.

| Stoff | Spezif. Schmelzwärme in kJ/kg | Spezif. Verdampfungswärme in kJ/kg |
|---|---|---|
| Alkohol (Ethanol) | 105 | 850 |
| Aluminium | 397 | 10600 |
| Blei | 26 | 860 |
| Eisen | 100 | 6300 |
| Gold | 67 | 1600 |
| Kupfer | 176 | 4800 |
| Wasser | 334 | 2260 |

## GRUNDLAGEN: Der gasförmige Zustand

Ähnlich wie beim Schmelzen von Eis, ändert auch das siedende Wasser trotz weiterer Energiezufuhr seine Temperatur nicht. Andere Flüssigkeiten verhalten sich ebenso: Der Zustand der engen atomaren oder molekularen Bindung der Flüssigkeit kann nur geändert werden, wenn eine bestimmte Wärmemenge zugeführt wird. Diese Verdampfungswärme hat für jeden Stoff einen bestimmten Wert (siehe Tabelle).

**Für die Auflösung der Bindungen zwischen den Teilchen im flüssigen Zustand ist Energie erforderlich, die beim umgekehrten Vorgang als Kondensationswärme frei wird. Die Bindung zwischen den Teilchen im gasförmigen Zustand ist verschwindend gering.**

Im gasförmigen Zustand sind die Teilchen „frei" und „merken" nichts mehr von den Nachbarn. Ihr Abstand nimmt im Vergleich zum flüssigen Zustand zunächst um etwa das 10- bis 20-fache zu. Und zwischen den Teilchen ist nichts, gar nichts, einfach nur leerer Raum!

 

Ein Gas füllt den ihm zugänglichen Raum gleichmäßig aus. Wird der Raum vergrößert, füllt das Gas auch diesen gleichmäßig aus, indem der Teilchenabstand entsprechend größer wird. Sind zwei Gase in einem Raum, verteilen sich beide Gase gleichmäßig im Raum.
Die selbstätige gleichmäßige Verteilung von Teilchen in dem gegebenen Raum wird *Diffusion* genannt; je größer die Temperatur desto schneller die Diffusion. ↑4

4 Diffusion von Bromdampf und Luft

## Schon gewusst?

Wenn Wasser in einem Topf siedet, treten Wassermoleküle aus der Oberfläche der Flüssigkeit in den Raum darüber aus. Dort befinden sich dann Teilchen der Luft und des Wassers, also ein Gemisch verschiedener Gase: Sauerstoff, Stickstoff und Wasser und ansonsten leerer Raum. Wasserdampf ist nicht der gasförmige Zustand von Wasser: Dämpfe bestehen ebenso wie Wolken oder Nebel aus winzigen Tropfen (also Flüssigkeit!) des Stoffes.

**Gase auf der Erde** Jedes Gasteilchen hat eine Masse, ähnlich wie beispielsweise ein Ball. Und wie ein Ball, der selbst nach einem kräftigen Schuss im Bogen nach unten fällt, sinkt auch jedes Gasteilchen im Bogen nach unten. Zugleich versucht jedes Gas durch Diffusion den ganzen Raum gleichmäßig auszufüllen. Die Diffusion verhindert also, dass sich alle Gasteilchen am Boden eines Gefäßes sammeln. Aber als Folge der Gravitation gelingt eine ganz gleichmäßige Verteilung der Gasteilchen nicht.

**In einem Gefäß oder Raum sind unten stets etwas mehr Gasteilchen pro Liter als weiter oben: Die Dichte eines Gases nimmt mit der Höhe über der Erdoberfläche ab.**

Die Moleküle des Gases Kohlenstoffdioxid sind schwerer als die Moleküle der Luft. Darum bleibt das Kohlenstoffdioxid lange im Aquarium: Beim Absenken einer Kerze verlischt diese und zeigt die Zunahme der Konzentration von Kohlenstoffdioxid an; eine luftgefüllte Seifenblase schwebt in der passenden Höhe. Auch das giftige Gas Kohlenstoffmonooxid, das z. B. bei schlechter Verbrennung entsteht, ist so schwer, dass es sich im Raum am Boden ansammelt. Eine verlöschende Kerze zeigt Kohlenstoffmonooxid und Kohlenstoffdioxid an!

5 Die Seifenblasen „schwimmen" auf dem Kohlenstoffdioxid.

## Aufgaben

**1** Lege 20 gleiche Münzen nebeneinander möglichst direkt auf dem Tisch zusammen. Welche Winkel entstehen am Rand dieser „dichtesten Packung"?

**2** Miss mit einem Haushaltsmessbecher 200 ml Erbsen und 50 ml Senfkörner ab. Mische anschließend diese und bestimme mit dem Messbecher das Volumen. Begründe!

**3** Warum sinkt $CO_2$-Gas in einem Behälter nach unten?

**4** Warum fällt uns Menschen das Atmen auf der Zugspitze schwerer als im Tal?

**5** Warum wird in Nachschlagewerken nur die spezifische Schmelz- und Verdampfungswärme, nicht aber auch die spezifische Erstarrungs- und Kondensationswärme angegeben?

**6** Um 1 kg Eis bei 0 °C zu schmelzen ist eine Energie von 334 kJ erforderlich. Wie viel Wasser könnte man mit dieser Energie bei ca. 100 °C verdampfen lassen?

## GRUNDLAGEN: Elektronen und elektrischer Strom

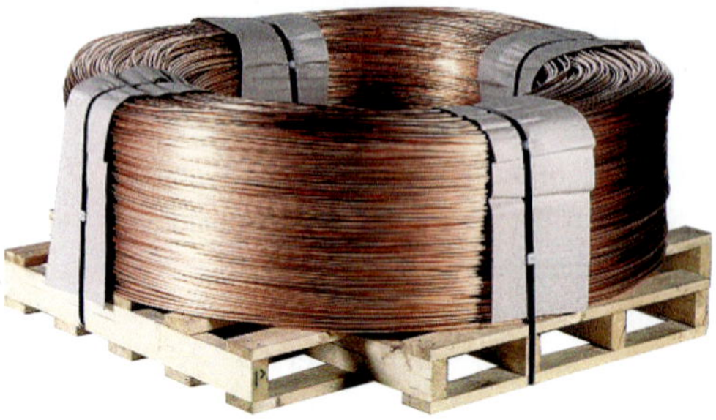

1 Kupferleitung

**Metalle** Ein Kupferdraht besteht aus Kupferatomen, die wie bei allen festen Körpern einen festen Platz haben. Jedes Kupferatom hat einen Kern mit 29 Protonen und in seiner Hülle 29 Elektronen, denn jedes einzelne Kupferatom ist neutral. Die meisten der Elektronen können die Hülle „ihres" Atoms nicht verlassen, aber je Atom sind ein bis zwei Elektronen so locker gebunden, dass sie sich im Kupferdraht frei bewegen können. Verbindet ein solcher Kupferdraht eine Glühlampe mit einer Batterie, fließt ein elektrischer Strom: *Ein Strom aus freien Elektronen* fließt vom negativen Pol der Batterie durch den Kupferdraht und den Draht der Glühlampe zum positiven Pol der Batterie. In der Batterie sorgt ein chemischer Umwandlungsprozess dafür, dass die Elektronen in Bewegung bleiben, solange der Schalter geschlossen ist und der chemische Prozess in Gang bleibt.

**Alle Metalle haben je Atom 1 bis 2 frei bewegliche Elektronen und leiten deshalb den elektrischen Strom.**

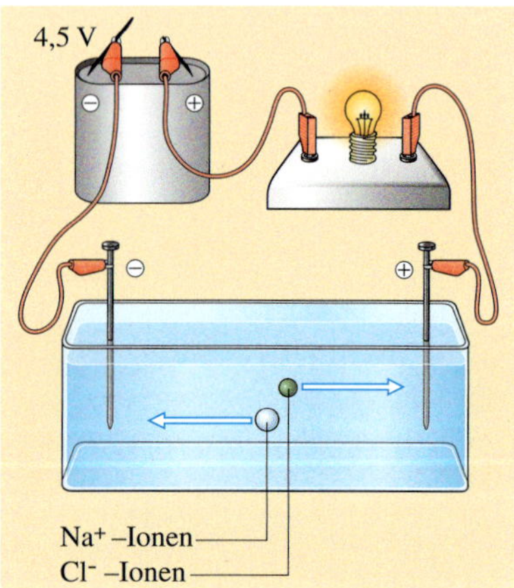


2 Strom von Ionen im Elektrolyten

**Flüssigkeiten** Wird Kochsalz in Wasser aufgelöst, teilen sich (fast) alle NaCl-Moleküle in die Bestandteile Na und Cl, sie dissoziieren. Das Molekül NaCl ist elektrisch neutral, die Summe der Ladungen beider Kerne ist also gleich der Summe aller Elektronen. Bei der Dissoziation jedoch bleibt ein Elektron mehr beim Cl-Atom, als es seiner Kernladungszahl entspricht, es wird negativ. Dem Na-Atom fehlt dieses Elektron, um seine Kernladungszahl auszugleichen, es wird positiv. Das NaCl-Molekül dissoziiert in wässriger Lösung in die Ionen $Na^+$ und $Cl^-$ und diese können sich im Wasser in entgegengesetzte Richtungen bewegen: Die $Na^+$-Ionen bewegen sich zum Nagel, der an den negativen Pol der Batterie angeschlossen ist, die $Cl^-$-Ionen bewegen sich zum Nagel, der an den positiven Pol angeschlossen ist. ↑2

**Viele Salze dissoziieren in wässriger Lösung und bilden Ionen, die einen Ionenstrom ermöglichen.**

3 Verschiedene Unterwasserkabel

4 Für die Stromleitung durch die Ostsee benötigt man nur ein Kabel, weil das andere „Kabel" die Ostsee ist.

**Gase** Beim Abschalten eines starken elektrischen Stromes kann zwischen den Schaltkontakten ein Funke entstehen, der das Abschalten verhindert: Der elektrischen Strom fließt weiter durch die Luft. Wenige Ionen in der Luft ermöglichen einen Ladungstransport von dem einen Kontakt zum anderen. Diese Ionen sind sehr schnell, stoßen mit anderen Molekülen zusammen und trennen dabei Elektronen, die wiederum den Strom verstärken. In weniger als einer Millisekunde wächst die Anzahl der Ladungsträger im Funken lawinenartig an und ermöglicht einen sehr, sehr starken elektrischen Strom, der die Luft aufheizt, bis sie hell aufleuchtet.
Der Gewitterblitz ist ein riesiger Funke, der zwischen zwei Wolken oder zwischen Wolke und Erde einen elektrischen Strom fließen lässt.

**In Gasen können Elektronen und Ionen einen elektrischen Strom ermöglichen.**

5 Künstlich erzeugter Blitz

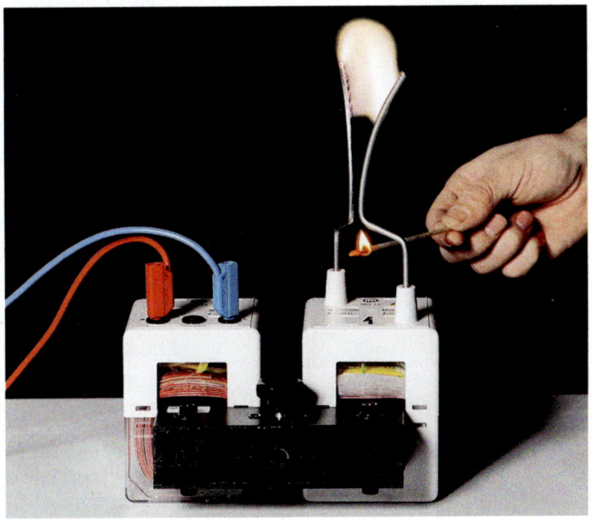
6 Lichtbogen

## Aufgaben

**1** Durch das 250 km lange Baltic-Cable aus Kupfer fließt Gleichstrom von Schweden nach Lübeck. Wenn sich im Kabel Elektronen von Schweden nach Lübeck bewegen, in welche Richtung bewegen sich dann die Ionen des Kochsalzes im Wasser der Ostsee?

7

**2** Stelle dir einen Stromkreis aus Batterie, passender Glühlampe und Nägeln her, die in einem mit Leitungswasser gefüllten Marmeladenglas stehen (siehe Bild 2 auf der vorhergehenden Seite). Streue nach und nach Kochsalz in das Wasser und rühre kräftig um. Beginnt die Glühlampe zu leuchten?

**3** Wie viele Elektronen bewegen sich bei einem elektrischen Strom in einem 1 m langen Kupferdraht von 1 $mm^2$ Querschnitt, wenn dafür jedes Kupferatom ein Elektron zur Verfügung stellt.
Hilfe: Kupfer hat eine Dichte von 8,96 $g/cm^3$.

**4** Unter welchen Bedingungen kann in Flüssigkeiten bzw. Gasen elektrischer Strom fließen?

**5** Informiere dich, wie der Stromfluss in einer Leuchtstoffröhre zustande kommt. Präsentiere deine Ergebnisse.

# Auf einen Blick

**Atome** Atome haben weder Oberfläche noch Farbe oder Geruch. Aber Atome nehmen Raum ein, sie sind schwer und sie sind träge.
Der Atomradius beträgt etwa 0,1 nm.

1

**Elektrische Ladung** Es gibt zwei Arten der elektrischen Ladung, die positiv und negativ genannt werden; gleichnamige stoßen sich ab, ungleichnamige ziehen sich an.
Das Elektron trägt die negative Elementarladung $e^-$.
Es gibt auch eine kleinste positive Ladung $e^+$.

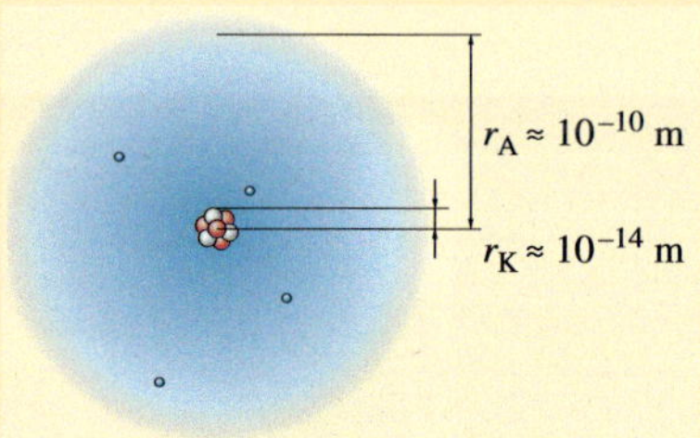

2

**Aufbau des Atoms** Die positive Ladung und auch die Masse des Atoms sind in einem sehr kleinen Bereich konzentriert, im Atomkern. Ansonsten ist das Atom – bis auf die winzigen Elektronen – völlig leer. Hat ein geladenes Atom gar keine Elektronen, bleibt nur der Kern.
Die Atomkerne aller chemischen Elemente bestehen aus einer bestimmten Anzahl von Protonen und Neutronen. In der Atomhülle des neutralen Atoms sind gerade so viele Elektronen wie Protonen im Kern.

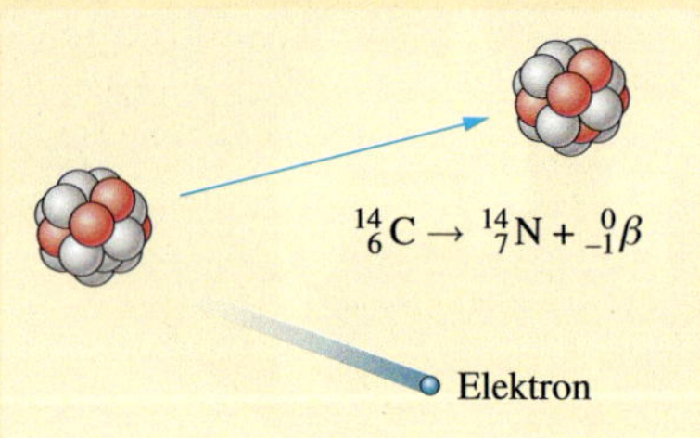

3

**Radioaktivität** Einige Atomkerne wandeln sich spontan in andere Atomkerne um. Dabei senden sie Alpha-, Beta- oder Gammastrahlung aus. Diese Eigenschaft bezeichnet man als natürliche Radioaktivität.
Gammastrahlung wird beim Durchdringen von Stoffen viel weniger abgeschwächt als Alpha- und Betastrahlung.
Die Anzahl der Kerne eines radioaktiven Nuklids halbiert sich in immer derselben Zeit. Diese Zeit heißt Halbwertszeit $T_{1/2}$, sie ist eine charakteristische Größe des radioaktiven Nuklids.

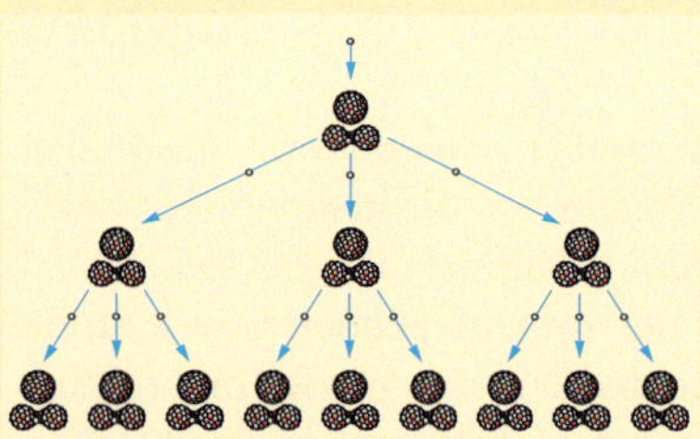
4

**Kernspaltung** Bei der Kernspaltung wird ein schwerer Atomkern in zwei mittelschwere Atomkerne unterschiedlicher Masse und zwei oder drei Neutronen umgewandelt. Die Masse der entstehenden Atomkerne ist geringer als die Masse des Kerns. Die fehlende Masse wird gemäß $E = m \cdot c^2$ als Energie frei.
Die Neutronen können in einer Kettenreaktion weitere Kernspaltungen auslösen. Voraussetzung dafür ist eine genügend große Masse an spaltbarem Material.

5

**Teilchenstruktur der Materie** Die Teilchen eines Stoffes sind im festen Zustand etwa gleichweit voneinander entfernt wie im flüssigen Zustand. Im festen Zustand haben die Nachbarn jedes Teilchens ganz bestimmte Abstände, die je nach Stoff in unterschiedlichen Richtungen unterschiedlich groß sein können. Um die einzelne feste Bindung zu lösen ist Bindungsenergie erforderlich; wird die feste Bindung wieder hergestellt, wird die gleiche Bindungsenergie frei.
Im gasförmigen Zustand sind die Teilchen frei.

**Elektronen und elektrischer Strom** Alle Metalle haben je Atom 1 bis 2 frei bewegliche Elektronen und leiten deshalb den elektrischen Strom. Isolatoren haben keine frei beweglichen Elektronen. In wässrigen Lösungen von Salzen ist ein Ionenstrom möglich. In Gasen können Elektronen und Ionen einen elektrischen Strom ermöglichen.

## Alles klar?

**1** Wenn du aus vier Tischtennisbällen einen „Heliumkern" zusammenklebst, wie groß ist dann etwa das zugehörige „Heliumatom"? ↑6

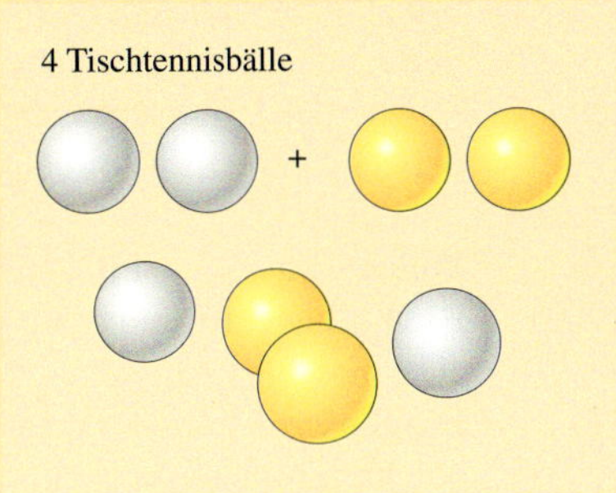

6

**2** Ziehe Pullover und T-Shirt zusammen aus und ziehe dann das T-Shirt aus dem Pullover. Warum ziehen sich die beiden an?

**3** Wie viel Energie wird im Kernreaktor frei, wenn 1 g Uran-235 gespalten wird? Wie viele Haushalte könnte man damit mit elektrischer Energie versorgen, wenn ein Vierpersonen-Haushalt pro Jahr etwa 450 kW · h benötigt.

**4** Welches sind die wichtigsten Argumente **für** und **gegen** die Nutzung der Kernenergie? Notiere diese als Stichworte.

**5** Wodurch unterscheiden sich die bei Kernreaktionen entstehenden Teilchen bzw. Strahlungen: $\alpha$, $\beta$, $\gamma$?

**6** Welche der vier Kräfte des Standardmodells wirken beim Kernzerfall, welche hält das Wasser im Tropfen zusammen, welche sorgt dafür, dass die Regentropfen zur Erde fallen?

**7** Untersuche im Lebensmittelmarkt, wie die Flaschen (Wasserflaschen, Saftflaschen, Weinflaschen) in den Kartons gepackt sind. Findest du eine Packung, in der die Nachbarflasche gerade umgekehrt liegt? Warum wohl? ↑7

7

**8** Beschreibe die Anordnung der Teilchen in Festkörpern, Flüssigkeiten und Gasen. Fertige dazu Skizzen an.

**9** Haben Festkörper, Flüssigkeiten und Gase eine bestimmte Form? Erkläre das jeweilige Formverhalten mit den Vorstellungen vom Aufbau der Körper aus Teilchen.

**10** Wenn bei dem Verdampfen einer Flüssigkeit aus 1 cm³ Flüssigkeit 1000 cm³ Gas wird, um welchen Faktor hat der Abstand der Teilchen zugenommen (siehe Experiment 5 auf Seite 40)? *Hilfe*: Jedes Flüssigkeitsteilchen befindet sich in einem Würfel mit der Kantenlänge 1. ↑8

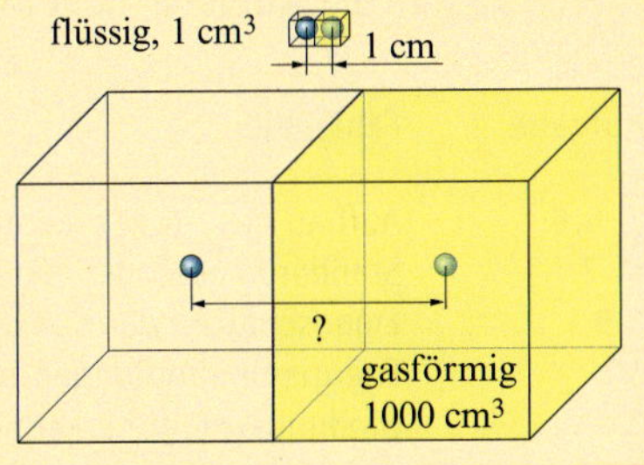

8

**11** Beschreibe ein Experiment zur Auflösung der Bindung zwischen den Teilchen in einer Flüssigkeit. Woran kann man in diesem Experiment erkennen, dass zur Auflösung Energie erforderlich ist?

# Check up

**1** Wie unterscheiden sich die beiden Aussagen?
**a** Atome kann man sehen.
**b** Atome kann man sichtbar machen.
Begründe.

**2** Welches Molekül ist schwerer, ein Sauerstoffmolekül der Luft oder ein Molekül des Wassers?

**3** Alle Atome bestehen aus Protonen, Neutronen und Elektronen. Welche Ladung haben diese Bausteine? Welche von ihnen sind am schwersten? Was kann man über die Anzahl der Bausteine im Atom aussagen?

**4** Welche Aussage ist falsch?
**a** Ein Elektron ist unmessbar klein, hat aber eine messbare Masse.
**b** Ein Elektron hat eine messbare Größe, aber eine unmessbare Masse.

**5** Was versteht man unter Energiequanten?

**6** Welche Aussagen stimmen?
**a** Der Atomradius beträgt etwa $91 \cdot 10^{-9}$ m.
**b** Ein Atom ist etwa so schwer wie sein Kern.
**c** Die Elektronhülle ist 1000-mal größer als der Kern.
**d** Der Atomradius beträgt etwa 1/10 nm.
**e** Der Atomkern ist weitestgehend leer.
**f** Jede Atomsorte hat eine typische Farbe.

**7** Welche Ladungen tragen die 6 verschiedenen Quarks?

**8** Ordne $\alpha$-, $\beta$- und $\gamma$-Strahlung nach ihrer Durchdringungsfähigkeit durch Materialien.

**9** Was versteht man unter Halbwertszeit?

**10** Woher stammt die Energie, die im Kernkraftwerk genutzt wird? ↑1

1

**11** Wenn im Handwärmer eine Flüssigkeit kristallisiert, entsteht Wärme. Woher stammt diese thermische Energie?

**12** Eine Parfümflasche wird in einer Zimmerecke geöffnet. Wie kommt es, dass der Duft sehr bald in der entgegengesetzten Ecke des Zimmers wahrgenommen wird?

**13** Wenn von einer Batterie zu einer Glühlampe elektrische Energie transportiert wird, was bewegt sich dann in den metallischen Drähten?

## Schätze deine Kenntnisse und Fähigkeiten ein!

Ordne dazu deiner Lösung im Heft ein Smiley zu:
☺ Ich konnte die Aufgabe richtig lösen.
😐 Ich konnte die Aufgabe nicht komplett lösen.
☹ Ich konnte die Aufgabe nicht lösen.

❯ Die Lösungen findest du im Anhang.

| Aufgabe | Fähigkeit | Hilfe findest du auf Seite… |
|---|---|---|
| 1–4,6 | Aufbau des Atom erkennen und erklären. | 10, 11, 16, 17, 18 |
| 5, 7 | Standardmodell der Materie erkennen. | 19-21 |
| 8,9 | Eigenschaften der Kernstrahlung beschreiben | 26, 28 |
| 10 | Energieumwandlungen im Kernkraftwerk erkennen und beschreiben. | 31 |
| 11 | Bindungsenergie erkennen und erklären. | 42 |
| 12 | Verhalten der Teilchen eines Gases beschreiben und erklären. | 43 |
| 13 | Ursache für den elektrischen Strom erkennen. | 44 |

# Elektrizitätslehre

Wenn ein Blitz auf der Erde einschlägt, so ist das für Menschen und Tiere, die sich in der Nähe des Einschlagsortes befinden, lebensgefährlich – Gebäude fangen an zu brennen oder werden schwer beschädigt. Der dem Blitz folgende Donner ist Furcht erregend.

Ein Energiestrom von vielen Gigawatt bei einer Stromstärke von bis zu 30 000 A und einer Spannung von einigen Millionen Volt ist die Ursache dieser Gefahr. Der Blitz ist eine gewaltige elektrische Entladung z. B. zwischen Wolke und Erde. Der Donner entsteht, weil sich die Luft entlang des Blitzkanals auf 30 000 °C erhitzt und schlagartig – als „Knall" – ausbreitet. Vielfache Reflexionen erzeugen das typische, länger anhaltende Donnergeräusch.

# Energiestrom – elektrischer Strom – elektrischer Widerstand

Die Hochspannungsleitung erwärmt sich kaum, obwohl sie einen Energiestrom der Stärke 500 kW leitet. Der Draht in der Kabeltrommel sollte sich gleichfalls nicht erwärmen – er leitet hier nur einen Energiestrom der Stärke 5,6 kW, aber es qualmt …

1

Die Luft zwischen Gewitterwolke und Erde wird leitend, wenn die Potenzialdifferenz zwischen zwei 1 cm entfernten Punkten 30 kV überschreitet. Fließt dann ein Strom der Stärke 30 000 A im Blitzkanal und dauert der Blitz 0,02 s, wird dem Kanal pro Zentimeter die Energie $E = 18\,\mathrm{MW \cdot s}$ zugeführt, die die plötzliche Erhitzung des Kanals bewirkt. Was passiert, wenn die Luft im Blitzkanal zum Leiter wird?

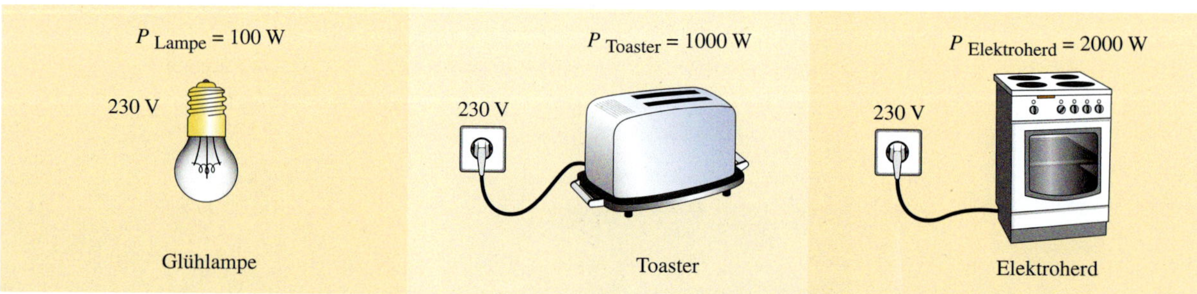


2

Obwohl alle Geräte an die Netzspannung angeschlossen sind, ist die Energiestromstärke und damit auch die elektrische Stromstärke in ihnen unterschiedlich groß: $I_{Lampe} = \frac{P}{U} = 0{,}43\,\mathrm{A}$; $I_{Toaster} = 4{,}3\,\mathrm{A}$; $I_{Herd} = 8{,}7\,\mathrm{A}$.

- Wie erreicht man es, dass die Geräte genau die gewünschte Leistung erbringen?
- Auf welche Weise erwärmt sich ein Draht, wenn durch ihn elektrischer Strom fließt?
- Warum bleiben die Zuleitungen kalt, während die Drähte in der Glühlampe, im Toaster und im Herd glühen?

## Experimente

**1 Heizdraht und Zuleitungen**

Als Heizdraht verwenden wir einen Konstantandraht von 50 cm Länge und 0,2 mm Durchmesser (Konstantan ist eine Legierung aus Kupfer und Nickel).

a Schließe den Heizdraht über zwei isolierte Zuleitungen an die Quelle (6 V) an. Überprüfe, ob auch die Zuleitungen warm werden.

b Verwende nun als Zuleitung Kupferdrähte ohne Isolierung. Verbinde ihre Enden mit dem Konstantandraht. Wickle die Zuleitung und dann den Konstantandraht um den Temperaturfühler. ↑3
Was stellst du fest? Suche eine Erklärung für deine Beobachtung.

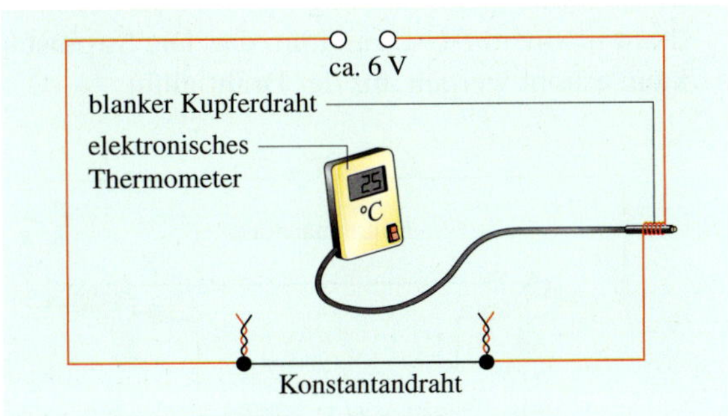


3

**2 Wirkung des elektrischen Stroms**

Untersuche die Wirkung des elektrischen Stroms in Drähten aus verschiedenen Materialien. Damit jeweils ein gleich starker elektrischer Strom durch die Drähte fließt, schalten wir sie in Reihe.

a Schalte die Energiequelle ein und beobachte die Wachskugeln. Welcher der Drähte wird am heißesten? ↑4

b Miss an jedem Draht die elektrische Spannung.

c Warum sollen die Drähte bei diesem Experiment den gleichen Durchmesser haben und gleich lang sein?

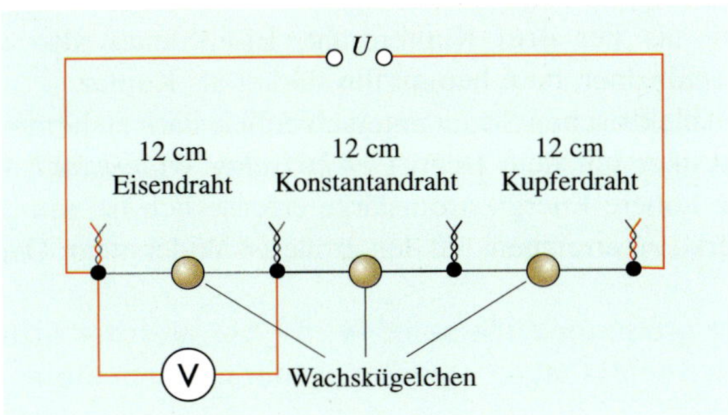


4

**3 Temperatur und Leitfähigkeit**

Stelle eine Heizwendel her, indem du 0,5 m Eisendraht (Durchmesser 0,2 mm) auf eine Kugelschreibermine wickelst.

a Baue die Wendel in einen Stromkreis mit einer Glühlampe ein. ↑5
Was beobachtest du, wenn du die Wendel bis zur Rotglut erhitzt? Was bedeutet das für den Zusammenhang zwischen Leitfähigkeit und Temperatur des Eisendrahtes?

b Wickle nun eine Wendel aus einem gleich dicken und gleich langen Konstantandraht. Baue statt der Glühlampe einen Strommesser in den Stromkreis ein. Erhitze die Wendel aus Konstantan. Welchen Unterschied zu Teil a stellst du fest?

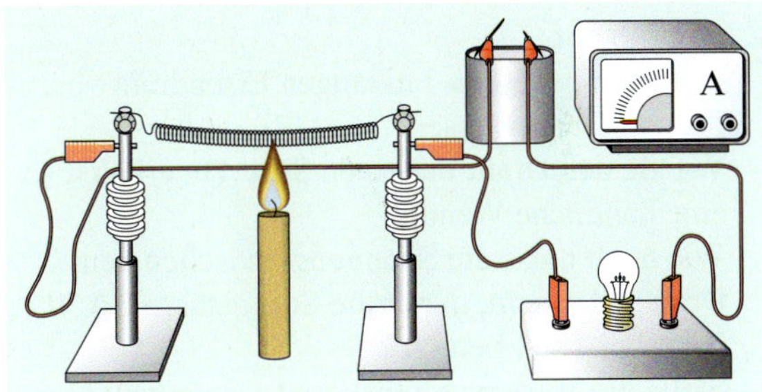


5

**4 Abmessungen des Drahtes**

Untersuche, wie die Abmessungen eines Drahtes seine Leitfähigkeit beeinflussen. Nutze dazu die dargestellte Experimentieranordnung. ↑6
Die Spannung am Draht wird jeweils so lange erhöht, bis die Stromstärke $I = 1\,\mathrm{A}$ erreicht ist.

a Setze zunächst ein 50 cm langes Stück Konstantandraht mit einem Durchmesser von 0,2 mm in den Stromkreis ein.

b Wie musst du vorgehen, um den Einfluss der Drahtlänge zu untersuchen?

c Untersuche in gleicher Weise auch Drähte mit verschiedenen Durchmessern.

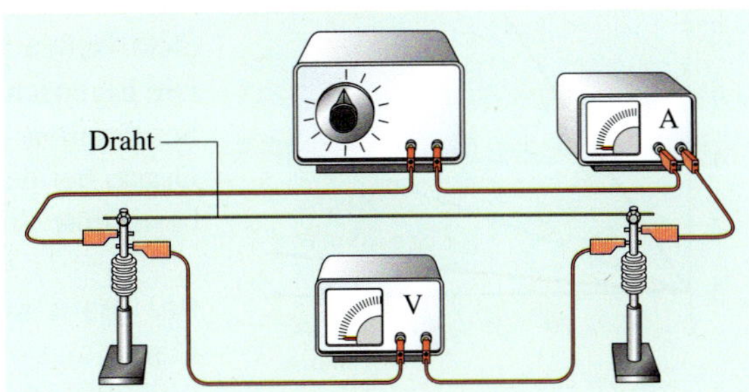


6

## Experimente

Schließt man einen Draht an eine Spannungsquelle $U$ an, stellt sich eine bestimmte elektrische Stromstärke $I$ ein.
Wie kann man diese Stromstärke in Abhängigkeit von der Spannung und den Leitereigenschaften berechnen?

**1 Glühlampe**
Wir verwenden eine Glühlampe (3,5 V; 0,2 A). Sie enthält einen Draht aus Wolfram.
Schließe die Lampe an einen Strommesser und ein Netzgerät an. Bestimme mit einem Spannungsmesser die Spannung, die für eine Stromstärke von 0 mA, 50 mA, 100 mA … 250 mA erforderlich ist.
Lege eine Tabelle an und zeichne ein Diagramm (waagerechte Achse: $I$, senkrechte Achse $U$).
Beschreibe und deute das Ergebnis.

**2 Eisendraht**
Du benötigst einen 1 m langen Eisendraht von 0,2 mm Durchmesser.
Wickle den Draht um einen Stift: Du erhältst so eine handliche Wendel.
Wie hoch muss die Spannung zwischen den Drahtenden sein, damit die Stromstärke 0 A; 0,2 A; 0,4 A, … 1,0 A beträgt?
Stelle die Wertepaare für $I$ und $U$ in einem Diagramm dar.

**3 Gekühlter Eisendraht**
Wiederhole Experiment 2, aber tauche dieses Mal den Draht in destilliertes Wasser. Vergleiche deine Ergebnisse mit denen aus Experiment 2.
Wie deutest du die Ergebnisse im Hinblick auf die Eingangsüberlegungen?

**4 Konstantandraht**
Stelle den Zusammenhang zwischen elektrischer Stromstärke und Spannung für einen Konstantandraht in einem $I$-$U$-Diagramm dar. Die Stromstärke kann erhöht werden, bis der Draht glüht. ↑1

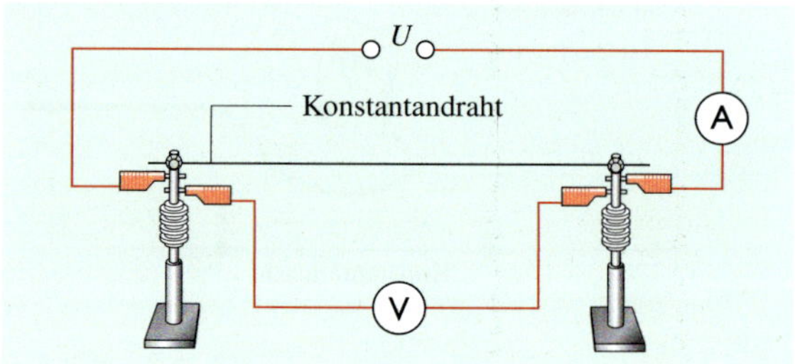

1

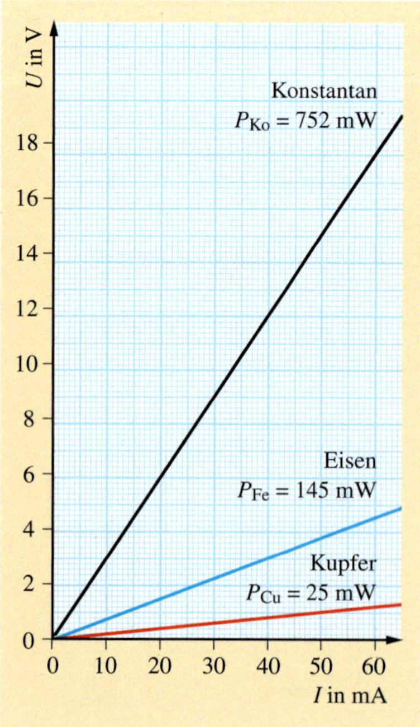

2

**GRUNDLAGEN: Gute Leiter – schlechte Leiter**

Die Erwärmung eines Drahtes hängt von der Stromstärke, seinen Abmessungen und vom Material ab. Ein Kupferdraht erwärmt sich bei gleicher Stromstärke weniger als ein Eisendraht und dieser weniger als ein Konstantandraht. Die Spannung am Kupferdraht ist bei gleicher Stromstärke viel kleiner als die am Eisendraht und diese wieder kleiner als die am Konstantandraht. ↑2
Der Energiestrom fließt von der Energiequelle zu einem Draht. Die Energiestromstärke berechnen wir mit der Beziehung $P_{el} = U \cdot I$. Bei dem Eisendraht ist eine höhere Energiestromstärke nötig, um eine bestimmte Stromstärke zu erzeugen, als bei dem Kupferdraht. Eisen leitet also den elektrischen Strom schlechter, bzw. hemmt ihn stärker als Kupfer.
Die Eigenschaft, den elektrischen Strom unterschiedlich stark zu hemmen, beschreiben die Physiker mit dem Begriff *elektrischer Widerstand.* Der Draht, bei dem eine höhere Energiestromstärke erforderlich ist, um eine bestimmte Stromstärke zu erreichen, hat den größeren Widerstand. Oder:

**Der Draht mit dem größeren Widerstand wird – bei gleicher Stromstärke und gleichen Abmessungen – heißer als der mit dem kleineren Widerstand.**

## GRUNDLAGEN: Wie der elektrische Widerstand entsteht

Ursache dafür, dass elektrische Leiter einen Widerstand für die Elektronenbewegung darstellen, sind zum Teil recht komplizierte Vorgänge in ihrem Innern. Wie kann man sich diese Vorgänge vorstellen?
Die Atome, aus denen alle Körper bestehen, sind elektrisch neutral. In einem Metalldraht sitzen aber nicht ganze Atome an festen Plätzen, sondern nur Atomrümpfe; das sind Atome, denen Elektronen fehlen. Jedes Atom hat nämlich ein oder zwei Elektronen abgegeben und diese Elektronen können sich praktisch frei zwischen den Atomrümpfen bewegen. ↑3

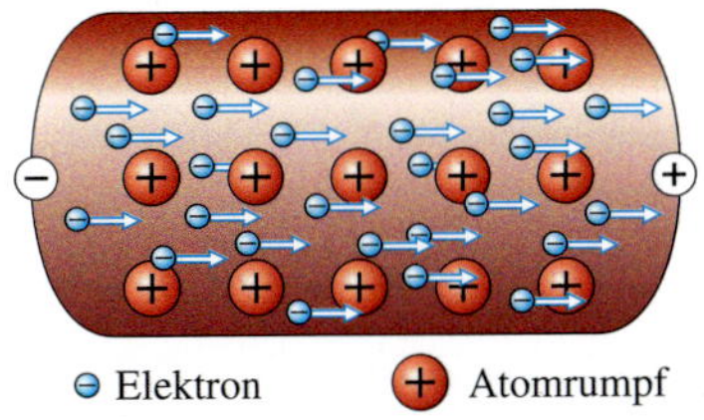


3 Bewegung der Elektronen im Metall bei angelegter Spannung

**Widerstand und Temperatur** Wenn man eine Spannung an die Enden eines Drahtes anlegt, werden die (freien) Elektronen durch den Draht getrieben. Auf ihrem Weg wechselwirken sie immer wieder mit den Atomrümpfen (wir stellen uns die Wechselwirkung wie einen Stoß zwischen Elektron und Atomrumpf vor). Dabei geben die Elektronen Bewegungsenergie an die Atomrümpfe ab, diese geraten stärker in Schwingungen. Man erkennt das daran, dass sich der Leiter erwärmt. ↑4
Bewegungsenergie wird in thermische Energie umgewandelt. Die Elektronenbewegung wird fortwährend gehemmt. Damit die Elektronen nicht langsamer werden, muss ihnen ständig Energie zugeführt werden. Diese Energie stammt von der Spannungsquelle.

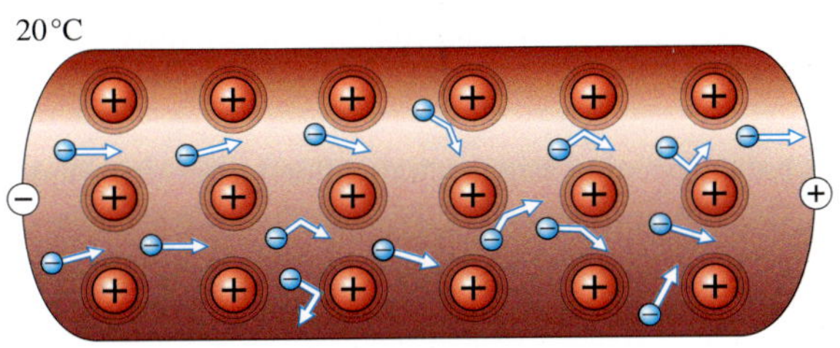


4 Temperatur und Teilchenbewegung

**Mit steigender Temperatur vergrößert sich der Widerstand von Metalldrähten.**

## Aufgaben

**1** Wenn sich Elektronen durch ein Metall bewegen, wechselwirken sie mit Atomrümpfen und geben Energie ab.
a Welche Folge hat das für den Leiter?
b Warum werden die Elektronen auf ihrem Weg durch einen Draht nicht immer langsamer? (Bedenke: Die Stromstärke im ganzen Draht ist gleich groß!)

**2** Die elektrische Stromstärke in einer Glühlampe ist kurz nach dem Einschalten besonders hoch. ↑5
Was verrät die Messkurve über den Widerstand der Lampe?
(Die Spannung an der Lampe ist konstant.)

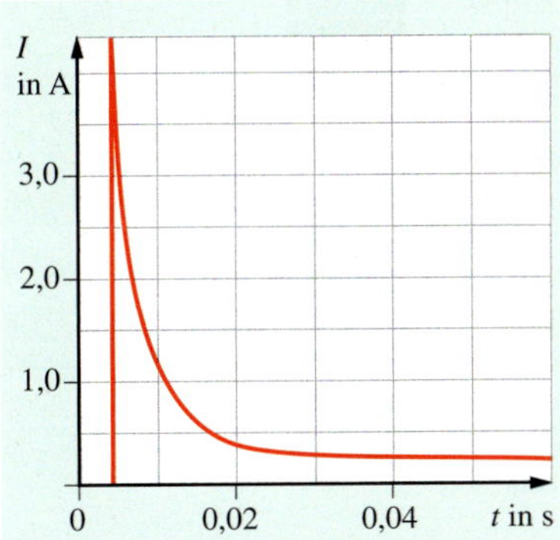


5

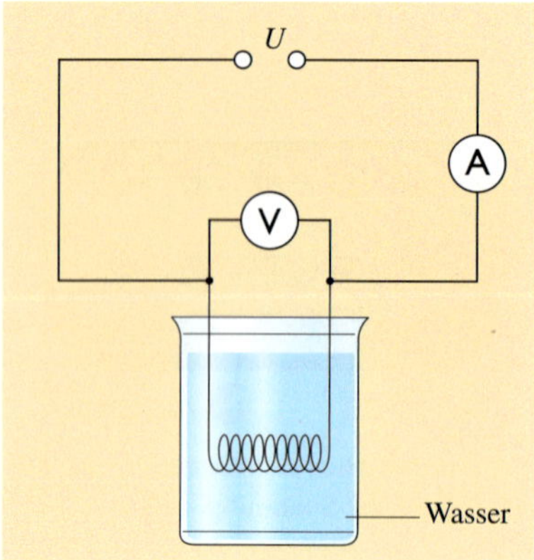

1

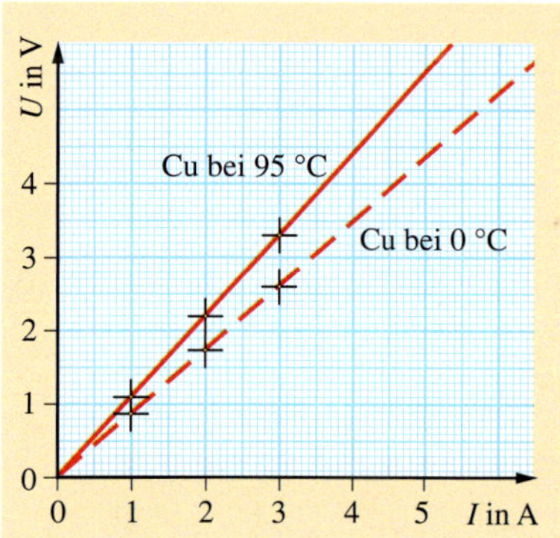

2 *I*-*U*-Diagramm

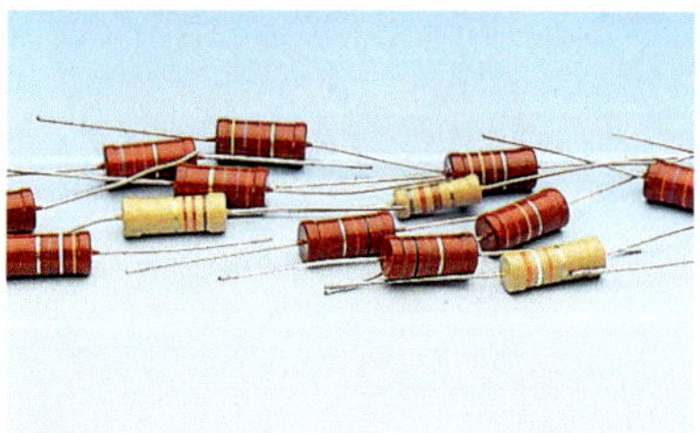
3

## GRUNDLAGEN: Der elektrische Widerstand als physikalische Größe

Taucht man einen Kupferdraht (mit bestimmter Länge und Querschnittsfläche) in Eiswasser, benötigt man eine Spannung von 0,86 V, um eine Stromstärke von 1 A zu erzeugen. ↑1,2

In heißem Wasser ist dagegen eine Spannung von 1,07 V nötig, um eine Stromstärke von 1 A zu erhalten. Für die gleiche Stromstärke ist wegen $P = U \cdot I$ also ein größerer Energiestrom erforderlich: Der heiße Draht hat einen größeren Widerstand als der kalte Draht. Da für den heißen Draht auch der Quotient $U/I$ größer ist, kann man den Widerstand eines Drahtes durch Messung von Stromstärke und Spannung bestimmen:

Um den Widerstand eines Gerätes zu bestimmen, misst man die Spannung, die für eine bestimmte Stromstärke erforderlich ist.

Der Widerstand des Gerätes ist dann der Quotient aus der Spannung zwischen den Anschlüssen und der Stromstärke: $R = U/I$.

$$\text{elektrischer Widerstand} = \frac{\text{Spannung der Quelle}}{\text{Stromstärke im Verbraucher}}; \quad R = \frac{U}{I}$$

Das Formelzeichen *R* für den elektrischen Widerstand ist abgeleitet vom englischen Wort *resistance:* Widerstand. Die Einheit des elektrischen Widerstandes ist 1 Ohm; sie ist nach dem deutschen Physiker GEORG SIMON OHM (1789–1854) benannt. Als Einheitenzeichen für das Ohm wurde der griechische Buchstabe Ω (Omega) gewählt. $1\,\Omega = 1\,\text{V}/1\,\text{A}$. Widerstände werden auch in Kiloohm (kΩ) und in Megaohm (MΩ) angegeben:
$1\,\text{k}\Omega = 1000\,\Omega$; $1\,\text{M}\Omega = 1000\,\text{k}\Omega$.

Einen Widerstand zu haben ist eine Eigenschaft aller Leiter. Ihr Widerstand *R* ist aber in der Regel nicht konstant.

Aber auch bestimmte Bauteile heißen Widerstände. Man muss also aufpassen, welche Bedeutung jeweils gemeint ist: Die Eigenschaft, das Bauteil oder der Quotient $U/I$. Die Engländer haben es da leichter: Bei ihnen heißt die Eigenschaft *resistance* und das Bauteil *resistor*.

Bei einigen Legierungen hängt der Widerstand praktisch nicht von der Temperatur ab. Ein Beispiel dafür ist Konstantan, ein Gemisch aus Kupfer und Nickel.

| Ringfarbe | | 1. Ring 1. Ziffer | 2. Ring 2. Ziffer | 3. Ring Multiplikator | 4. Ring Toleranz |
|---|---|---|---|---|---|
| schwarz | | 0 | 0 | x 1 Ω | |
| braun | | 1 | 1 | x 10 Ω | ± 1% |
| rot | | 2 | 2 | x 100 Ω | ± 2% |
| orange | | 3 | 3 | x 1 kΩ | |
| gelb | | 4 | 4 | x 10 kΩ | |
| grün | | 5 | 5 | x 100 kΩ | |
| blau | | 6 | 6 | x 1 MΩ | |
| violett | | 7 | 7 | x 10 MΩ | |
| grau | | 8 | 8 | x 100 MΩ | |
| weiß | | 9 | 9 | x 1000 MΩ | |
| gold | | | | x 0,1 Ω | ± 5% |
| silber | | | | x 0,01 Ω | ± 10% |
| keine | | | | | ± 20% |

Beispiel

$46 \cdot 100\,\Omega \pm 5\%$
$= 4{,}6\,\text{k}\Omega \pm 230\,\Omega$

Farbcode von Widerständen:
Auf Bauelemente mit kleinen Abmessungen kann man den Betrag des elektrischen Widerstandes oft nicht lesbar aufdrucken. Deshalb werden sie mit farbigen Ringen versehen. Aus der Kombination der Farbringe kann man den Betrag des elektrischen Widerstands ermitteln.

4

## GRUNDLAGEN Widerstand und Stromstärke

Die Kurve ① in Bild 5 zeigt, wie bei einem Kupferdraht Spannung und Stromstärke zusammenhängen. Ähnliche Kurven erhält man auch für andere Drähte aus Metall (z. B. für Eisen- oder Silberdrähte). Aus dem Diagramm erkennst du, dass man die Spannung mehr als verdoppeln muss, um die doppelte Stromstärke zu erhalten: Die Drähte haben bei der doppelten Stromstärke einen größeren Widerstand.

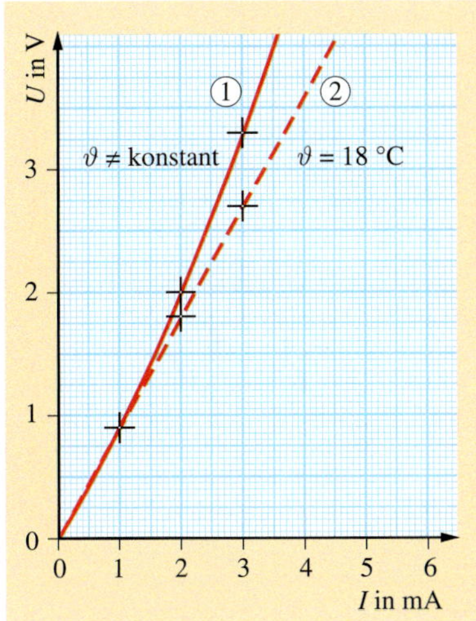


5 Zusammenhang zwischen $I$ und $U$ bei einem Kupferdraht

Wir können das Ergebnis dieses Experiments so erklären: Die Atomrümpfe geben auch bei höherer Temperatur nicht mehr Elektronen ab. Eine größere Stromstärke kann nur dadurch entstehen, dass sich die Elektronen schneller bewegen. Sie „stoßen" deshalb heftiger gegen die Atomrümpfe und regen sie so zu stärkeren Schwingungen an: Die Temperatur des Drahtes steigt und damit auch sein Widerstand.

Wenn man die Temperatur des Kupferdrahtes konstant hält, z. B. durch ein Wasserbad, ergibt sich im Diagramm eine Gerade ②. Auch wenn man die Messungen an anderen Metalldrähten ausführt, erhält man im Diagramm Geraden durch den Ursprung, sofern die Temperatur der Drähte konstant bleibt.

**Wenn bei einem elektrischen Gerät Stromstärke und Spannung einander proportional sind, sagt man, es erfüllt das ohmsche Gesetz. Leiter aus Metall erfüllen das ohmsche Gesetz, wenn ihre Temperatur konstant gehalten wird. Das heißt: Ihr Widerstand ist unabhängig von der Stromstärke.**

Bei Verbrauchern, die das ohmsche Gesetz erfüllen, ist es einfach, Stromstärken für beliebige Spannungen oder die erforderliche Spannung für eine bestimmte Stromstärke vorherzusagen. Denn der Widerstand eines solchen ohmschen Verbrauchers hat bei jeder Spannung und bei jeder Stromstärke denselben Wert. Man braucht nur bei einer einzigen Spannung die zugehörige Stromstärke zu kennen, um ihn zu bestimmen.

*Musteraufgabe*

Durch einen ohmschen Verbraucher fließt bei einer Spannung von 6 V ein elektrischer Strom mit der Stromstärke 0,5 A.

a) Welche Spannung muss eine Quelle haben, damit sie in diesem Verbraucher eine Stromstärke von 2,5 A hervorrufen kann?

b) Wie groß ist die Stromstärke, wenn der Verbraucher an eine Monozelle mit der Spannung 1,5 V angeschlossen wird?

*Lösung:*

Zunächst kann man aus den bekannten Werten von Spannung und Stromstärke den Widerstand des Verbrauchers berechnen:
$R = U/I = 6\,\text{V}/0{,}5\,\text{A} = 12\,\Omega$.

a) $U = R \cdot I$
$U = 12\,\Omega \cdot 2{,}5\,\text{A} = 30\,\text{V}$

*Ergebnis:* Die gesuchte Spannung beträgt 30 V.

b) $I = U/R$
$I = 1{,}5\,\text{V}/12\,\Omega = 0{,}125\,\text{A}$

*Ergebnis:* Die gesuchte Stromstärke beträgt 0,125 A.

# Methode

## Die Arbeit mit Modellen

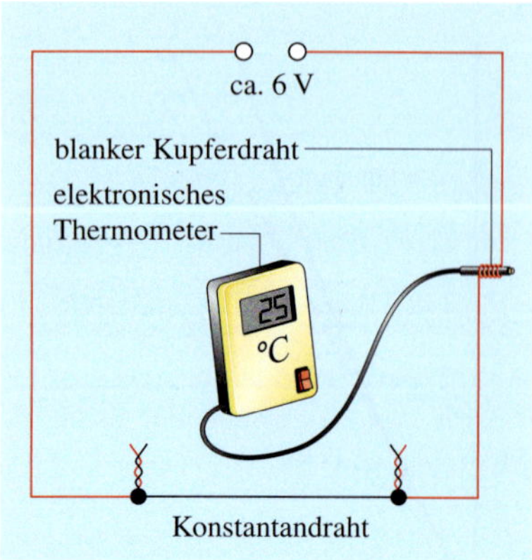


1

Wir haben Experimente durchgeführt und versuchen, uns die Ergebnisse zu erklären. Zur Erklärung ist die Verwendung eines Modells hilfreich. Dazu kann man wie folgt vorgehen:

**1** *Stelle die Ergebnisse der Experimente zusammen.*
- Metalldrähte, durch die ein elektrischer Strom fließt, erwärmen sich. ↑1
- Der Widerstand von Metalldrähten steigt bei Temperaturzunahme.
- Der Widerstand von Metalldrähten aus unterschiedlichem Material ist trotz gleicher Abmessungen unterschiedlich groß. ↑2
- Schaltet man einen dünnen und einen dicken Draht aus gleichem Material in einem Stromkreis in Reihe, so ist die elektrische Stromstärke in beiden Drähten gleich, aber der dünne Draht wird heißer. ↑3

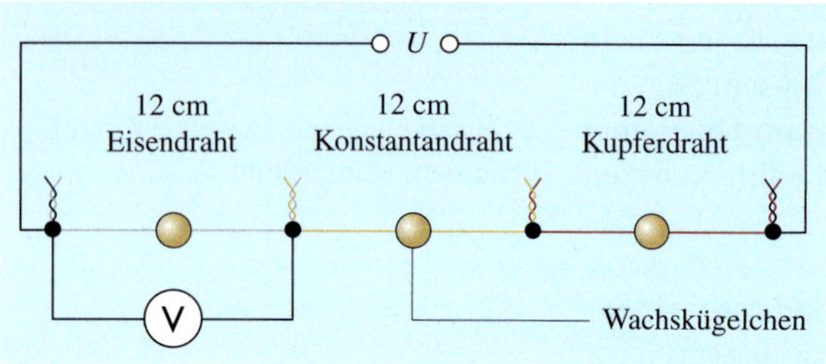


2

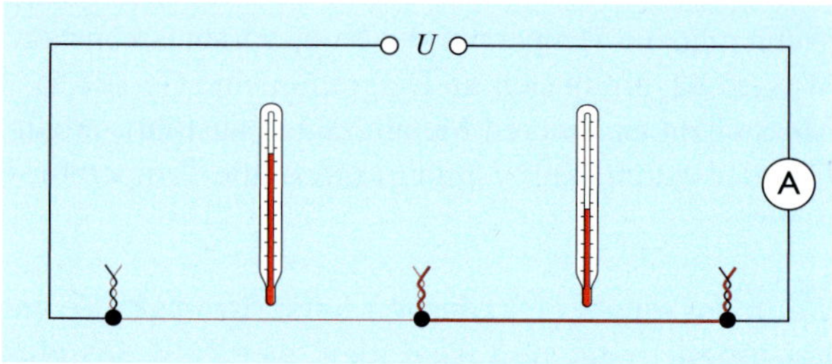


3

**2** *Suche Modelle, die im Zusammenhang mit ähnlichen Fragestellungen schon entwickelt wurden.*

Das Elektronenmodell sagt aus:
- In einem metallischen Leiter bewegen sich Elektronen. ↑4
- In einem metallischen Leiter gibt es ortsfeste Atomrümpfe. ↑4
- In einem Körper schwingen diese Atomrümpfe umso heftiger, je wärmer der Körper ist. ↑5

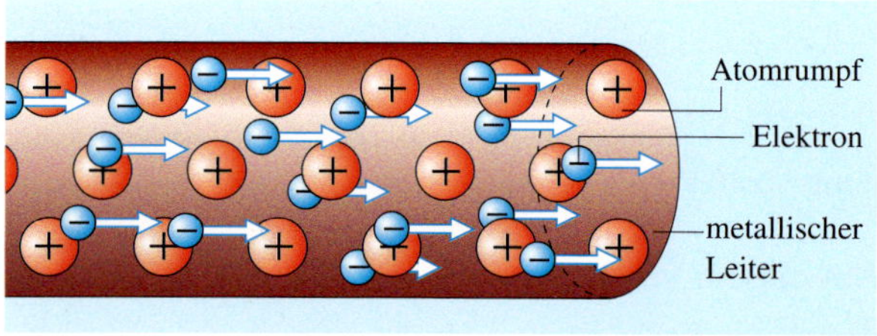


4

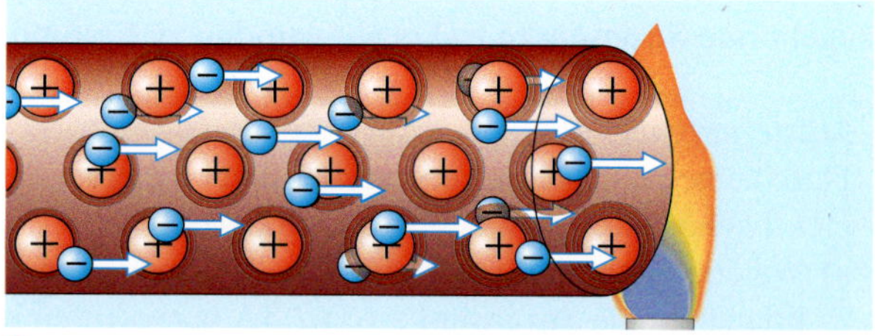

5

**3** *Deute die Zusammenhänge mithilfe von Modellvorstellungen.*
- Die Elektronen *stoßen* bei ihrer Bewegung gegen Atomrümpfe und versetzen sie in stärkere Schwingungen. Die Elektronen geben also Bewegungsenergie an die Atomrümpfe ab – der Leiter erwärmt sich. Bewegungsenergie ist in thermische Energie umgewandelt worden.
- Die Bewegung der Elektronen wird bei Erwärmung des Leiters durch die heftigeren Schwingungen stärker gehemmt, der Widerstand des Leiters steigt.
- Die Bewegung der Elektronen wird bei Leitern aus unterschiedlichem Material unterschiedlich stark gehemmt.

*Das Modell wird verfeinert.*
Warum die dünnste Stelle im Stromkreis am heißesten wird, erklärt das Modell in dieser Form noch nicht – es lässt sich verfeinern:
Wasser lässt sich nicht zusammendrücken – Annahme: Das Entsprechende gilt für Elektronen, und das, obwohl sie im Draht dünn verteilt sind. Da die Stromstärke im dünnen und im dicken Draht gleich ist, müssen sich die Elektronen also schneller durch den dünnen Draht bewegen; sie *stoßen* deswegen stärker gegen die Atomrümpfe – der Draht wird heißer.

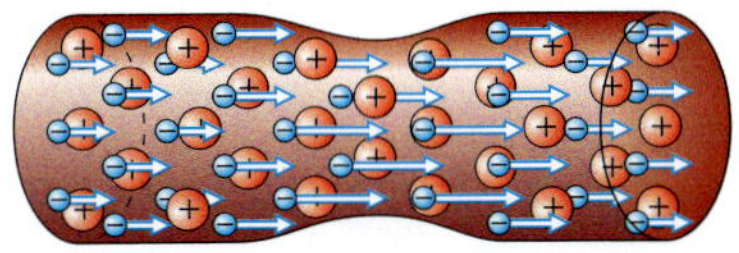

6 In einem dünnen Draht bewegen sich die Elektronen schneller als in einem dicken Draht.

**4** *Prüfe, ob du mit dieser Vorstellung die Ergebnisse weiterer Experimente deuten oder ob du Ergebnisse sogar vorhersagen kannst.*
- Um bei einem erwärmten Leiter dieselbe Stromstärke wie bei einem kalten zu erreichen, müssen die Elektronen stärker angetrieben werden, muss die am Leiter liegende Spannung also erhöht werden.
- Bei Erhöhung der Spannung erwärmt sich der Leiter weiter.
- Hält man die Temperatur eines Leiters konstant, ist sein Widerstand unabhängig von der elektrischen Stromstärke.
- Legierungen wie z.B. Konstantan haben bei gleichen Leiterabmessungen einen größeren Widerstand als reine Metalle. Ihre Atomrümpfe sind nicht so regelmäßig angeordnet wie die von Metallen. Dadurch stoßen die Elektronen häufiger auf Atomrümpfe und geben mehr Energie ab.

## Aufgaben

**1** Das Bauteil in Bild 7 nennt man einen Festwiderstand. Wie groß ist sein elektrischer Widerstand? (Farbcode siehe Seite 54) ↑7

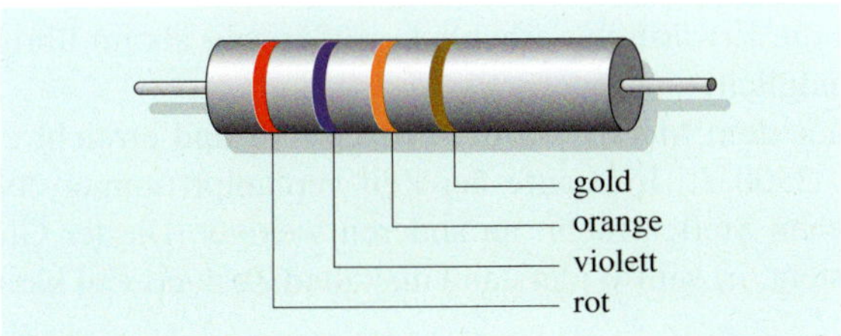


7

**2** Erkläre im Modell, wie man sich bei einem Metalldraht das Vorhandensein des elektrischen Widerstands vorstellt.

**3** Ein Kupfer- und ein Eisendraht haben gleiche Längen und Querschnittsflächen. Damit die Stromstärke in beiden Drähten gleich ist, muss man an den Eisendraht eine höhere Spannung legen.

a Begründe.

b Welche Aussage kannst du über die Geschwindigkeit der Elektronen in den Drähten machen?

**4** Ein Kupferdraht hat einen geringeren Widerstand als ein Eisendraht mit den gleichen Abmessungen. Die Anzahl der freien Elektronen pro $cm^3$ ist bei Kupfer kaum größer als bei Eisen.
Gib eine Erklärung im Modell.

**5** Ermittle aus dem untenstehenden $I$-$U$-Diagramm die elektrischen Widerstände für die Bauelemente A, B und C. ↑8

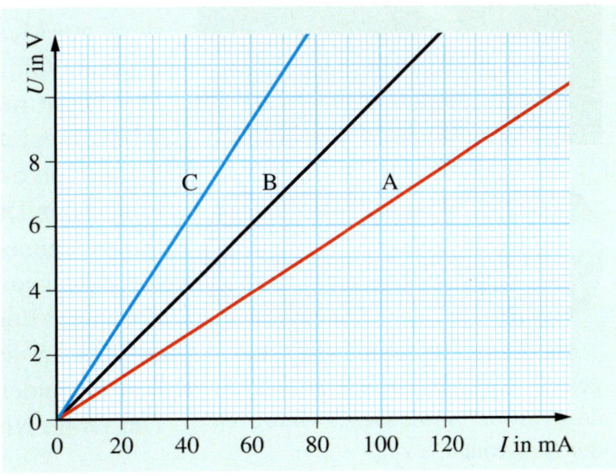


8

## *Aus der Geschichte* Georg Simon Ohm

1 GEORG SIMON OHM (1789–1854)

GEORG SIMON OHM war Lehrer an einem Kölner Gymnasium. Zwischen 1822 und 1825 untersuchte er die Leitfähigkeit von Flüssigkeiten und Metallen. Damals war noch unbekannt, in welcher Weise die „elektrische Wirkung“ von den Eigenschaften der Energiequelle und denen des Leiters abhängt. „Stromstärke“ und „Spannung“ waren noch unklare Begriffe. OHM setzte Energiequellen ein, von denen er mehrere in Reihe schaltete. Auf diese Weise konnte er mit unterschiedlichen Spannungen experimentieren. Er erwartete, dass z. B. bei doppelter Spannung auch die Stromstärke doppelt so groß ist. In seinen Experimenten konnte OHM diese Vermutung lange Zeit nicht bestätigen. Er hatte mit vielen Schwierigkeiten zu kämpfen. Die Spannung seiner ersten Energiequellen sank während der Messung und die Messwerte änderten sich mit der Temperatur der Leiter.
Trotz der Misserfolge gab OHM nicht auf. Er glaubte fest an seine Idee vom Zusammenhang zwischen Spannung und Stromstärke. Nach vielen Jahren des Experimentierens konnte OHM schließlich im Jahr 1826 zeigen, dass das vermutete Gesetz tatsächlich gilt: Stromstärke und Spannung ändern sich in gleichem Maße, sie sind proportional zueinander, aber nur, wenn die Temperatur des Leiters gleich bleibt (ohmsches Gesetz).
Durch OHMS Arbeit wurden die Begriffe „Stromstärke“, „Spannung“ und „Widerstand“ geklärt.
Die Anerkennung seiner Arbeit durch die Wissenschaft ließ jedoch lange auf sich warten: Erst 1849 erhielt er eine von ihm angestrebte Stelle an einer bayerischen Forschungseinrichtung. Und 1852 – erst zwei Jahre vor seinem Tod – wurde er Professor an der Universität München.

## *Aus der Technik* Warum eine Glühlampe „durchbrennt“

2

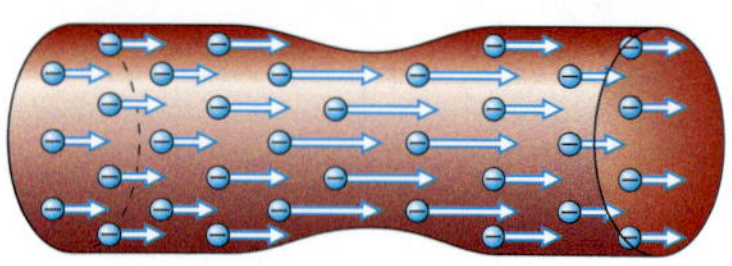

3 Die Atomrümpfe sind nicht dargestellt. Je länger die Pfeile sind, desto größer ist die Geschwindigkeit der Elektronen.

Glühlampen haben zwar eine lange Lebensdauer (ca. 1000 Leuchtstunden), aber irgendwann – meist beim Einschalten – brennen sie durch. Dabei schmilzt der Glühdraht an einer einzigen Stelle, die kaum 1 mm lang ist. Dort muss die Erwärmung erheblich größer sein als im übrigen Draht. Wie ist das möglich?
Der Glühdraht ist aus dem Metall Wolfram hergestellt und erreicht eine Temperatur von ca. 2500 °C. Im Laufe der Zeit verdampft immer etwas Wolfram – an manchen Stellen mehr, an anderen weniger. Da der Glühdraht aus Metall besteht, ist sein Widerstand im kalten Zustand viel kleiner als beim Glühen.
Der Draht in einer 100-Watt-Lampe hat einen Widerstand von 37 Ω, bei Glühtemperatur sind es 530 Ω. Beim Einschalten fließt kurzzeitig ein Strom von 6 A – zehnmal so viel wie normalerweise. Dieser große Strom erhitzt den Draht dort am stärksten, wo er am dünnsten ist.
An der dünnsten Stelle müssen sich die Elektronen nämlich am schnellsten bewegen. Sie stoßen dort stärker gegen die Atomrümpfe und geben dort mehr Energie an den Draht ab als im übrigen Draht. Die Atomrümpfe geraten an der Engstelle in sehr heftige Schwingungen. Das Metall wird hier besonders heiß, und bei jedem Einschalten verdampft etwas Metall. Der Draht wird immer dünner, bis er schmilzt.

## Experimente

**1 Transport elektrischer Ladung im Stromkreis**
Zwischen den Klemmen A und B des unterbrochenen Stromkreises wird eine isoliert gehaltene Metallkugel hin und her bewegt. ↑4
In der Glimmlampe leuchtet das Gas um die Elektrode, die mit dem Minuspol der Energiequelle verbunden ist, wenn ein elektrischer Strom fließt. Beobachte die Glimmlampe und erläutere die Behauptung: Dieses Experiment liefert die Bestätigung dafür, dass in einem elektrischen Stromkreis Ladung transportiert wird.

**2**

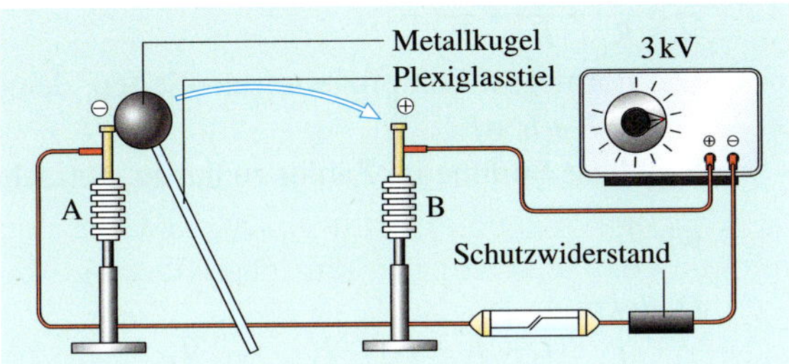


4

**Bestimmen der Ladung**
Bestimme mit dem Experiment in Bild 6 die Ladung, die von dem mit einer Graphitschicht überzogenen Tischtennisball transportiert wird. ↑6
*Tipp:* Die positiv geladene Kugel trage die Ladung $+Q$. Wenn sie die negativ geladene Platte berührt, wird sie von $+Q$ auf $-Q$ umgeladen. In 1 s wird also die Ladung $2 \cdot 2Q = 4Q$ von der einen Platte aufgenommen und von der anderen abgegeben.

**3 Ladungsmessung mit dem Messverstärker**
Streife einen geriebenen Kunststoffstab an einer isoliert aufgestellten Metallkugel (Konduktorkugel) ab und miss mit einem Messverstärker die auf der Kugel gespeicherte Ladung. ↑5
Diese Ladung soll größer werden. Wie kannst du vorgehen? Prüfe deine Überlegung durch eine Messung. Wie funktioniert ein solcher Ladungsmesser?

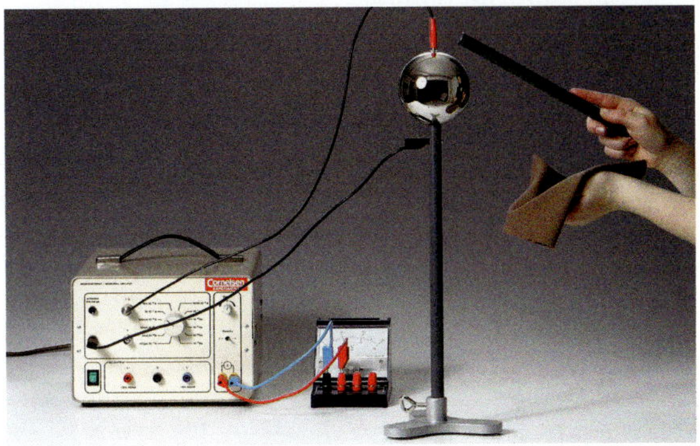

5

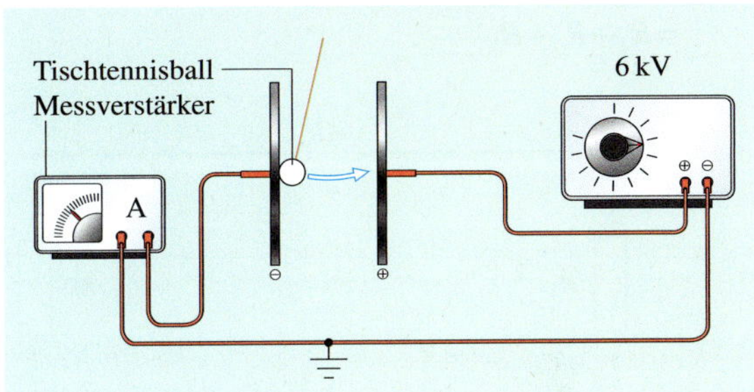


6

**GRUNDLAGEN: Ladung und elektrischer Strom**

Beträgt die elektrische Stromstärke $I$ in einem Stromkreis 1 A, so strömt in einer Sekunde eine bestimmte Ladung $Q$ durch den Leiterquerschnitt. Dieser Aussage entsprechend wird festgelegt:

Elektrische Stromstärke $= \frac{\text{Ladung}}{\text{Zeit}}$; $I = \frac{Q}{t}$

Wir stellen die Gleichung nach $Q$ um und erhalten:

$Q = I \cdot t$
**Elektrische Ladung = elektrische Stromstärke · Zeit**

Für $I = 1\,\text{A}$ und $t = 1\,\text{s}$ ergibt sich $Q = 1\,\text{A} \cdot 1\,\text{s} = 1\,\text{A} \cdot \text{s}$.
Als Einheit der Ladung $Q$ ergibt sich also 1 Amperesekunde (1 A · s). Diese Einheit nennt man auch 1 Coulomb (1 C): 1 A · s = 1 C.
Bei einer Stromstärke von 1 A wird pro Sekunde die Ladung 1 C durch den Leiterquerschnitt transportiert.

### Schon gewusst?

Beträgt in einem elektrischen Stromkreis die Stromstärke 1 A, so bewegen sich pro Sekunde rund 6 Trillionen (6 000 000 000 000 000 000) Elektronen durch den Leiterquerschnitt – ein Elektron transportiert die kleinste in der Natur vorkommende Ladung.
Die Driftgeschwindigkeit $v$ der Elektronen beträgt in einem Kupferdraht mit 1 mm² Querschnittsfläche bei einer Stromstärke von 1 A nur 0,07 mm/s.

# Methode

## Deduktion

**Reihen- und Parallelschaltung von Widerständen – Energieumsatz**

In den Naturwissenschaften führt man Experimente als Fragen an die Natur durch und gewinnt aus ihnen oft Gesetzmäßigkeiten. Man nennt dieses Vorgehen *induktiv*.

Manchmal geht man auch umgekehrt vor: Man leitet Beziehungen *deduktiv* her – durch eine logische Herleitung aus gültigen Gesetzmäßigkeiten.

### 1 Reihenschaltung

*Gesamtwiderstand:*

Schaltet man Widerstände $R_1$, $R_2$, $R_3$, … in Reihe, so gilt für den Gesamtwiderstand $R$:

$R = R_1 + R_2 + R_3 + \ldots$

Wir leiten diese Beziehung durch Deduktion – durch eine logische Herleitung aus gültigen Gesetzmäßigkeiten (hier am Beispiel von drei Widerständen) her:

*Deduktion:*

$$R = \frac{U}{I} = \frac{(U_1 + U_2 + U_3)}{I} = \frac{U_1}{I} + \frac{U_2}{I} + \frac{U_3}{I}$$
$$= R_1 + R_2 + R_3$$

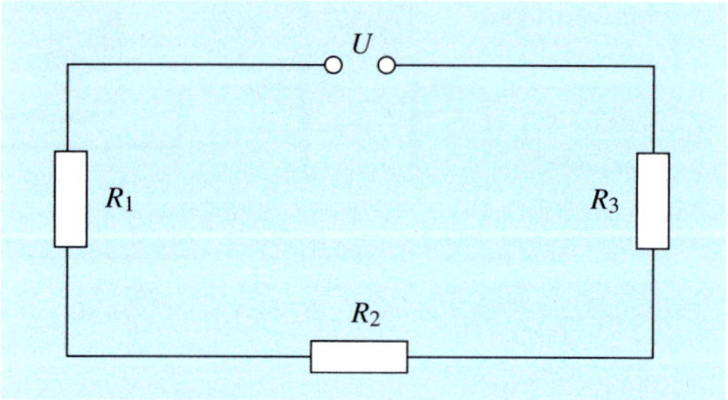


1

*Energieumsatz:*

Wird ein Widerstand $R$ von einem Strom $I$ durchflossen, so beträgt die Stärke des Energiestroms $P_R$ zu ihm $P_R = R \cdot I^2$.

*Deduktion:*

$$P_R = U_R \cdot I = R \cdot I \cdot I = R \cdot I^2$$

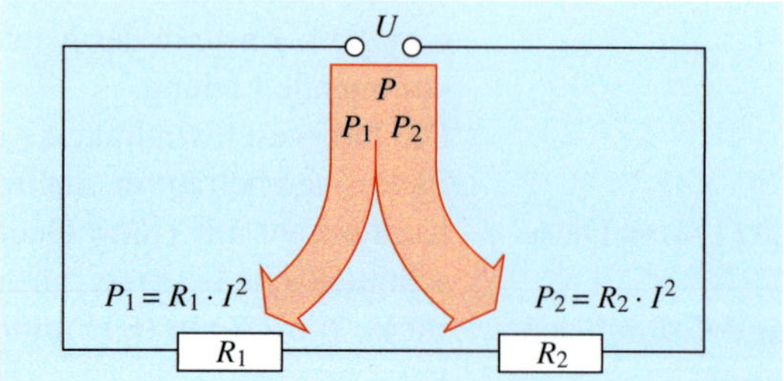


2

### 2 Parallschaltung

*Gesamtwiderstand:*

Schaltet man Widerstände $R_1$, $R_2$, $R_3$, … parallel, so gilt für den Gesamtwiderstand $R$:

$\frac{1}{R} = \frac{1}{R_1} + \frac{1}{R_2} + \frac{1}{R_3} + \ldots$

Die Formel ist komplizierter abzuleiten, denn es gilt $I = I_1 + I_2 + I_3$.

Um diese Summe im Zähler zu haben, betrachten wir $\frac{1}{R}$

*Deduktion:*

$$\frac{1}{R} = \frac{I}{U} = \frac{(I_1 + I_2 + I_3)}{U} = \frac{I_1}{U} + \frac{I_2}{U} + \frac{I_3}{U}$$
$$= \frac{1}{R_1} + \frac{1}{R_2} + \frac{1}{R_3}$$

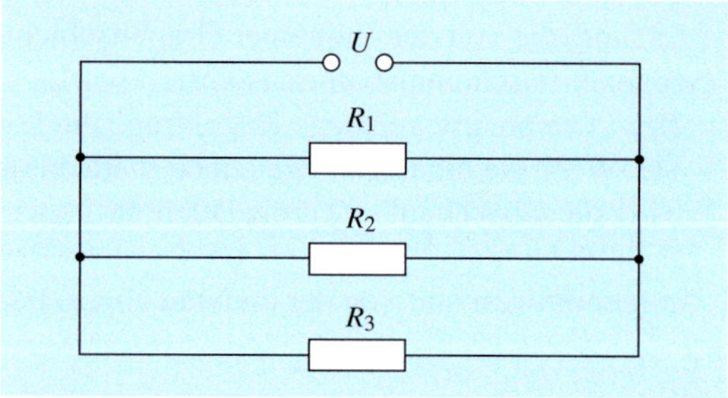


3

*Energieumsatz:*

Liegt an einem Widerstand $R$ die Spannung $U$, so beträgt die Stärke des Energiestroms $P_R$ zu ihm $P_R = \frac{U^2}{R}$.

*Deduktion:*

$$P_R = U \cdot I_R = U \cdot \frac{U}{R} = \frac{U^2}{R}$$

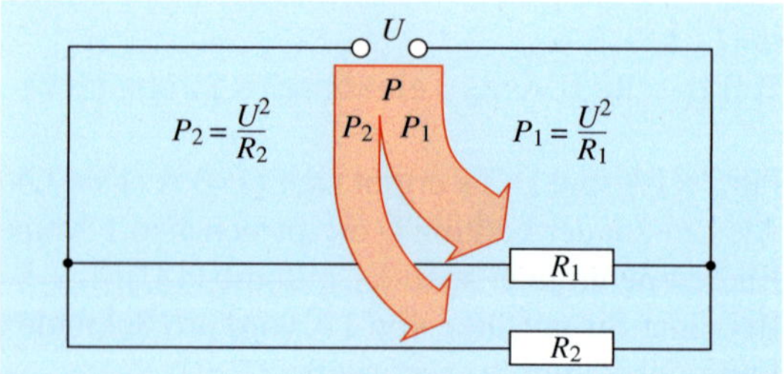


4

## *Aus der Natur* Warum Luft leiten kann und der Blitzkanal so heiß wird

Die Luft im Blitzkanal wird, sobald die Potenzialdifferenz zwischen Wolke und Erdoberfläche hoch genug ist (etwa 1 000 000 V) ionisiert. Freie Elektronen werden stark beschleunigt und trennen durch Stoß Elektronen von den Luftmolekülen. Diese Elektronen werden wiederum beschleunigt usw. In Bruchteilen von Sekunden entsteht eine riesige Anzahl von freien Elektronen und Ionen – die Luft wird zum elektrischen Leiter. Eine gewaltige Entladung setzt ein – es blitzt. Elektronen und Ionen treffen mit hoher Geschwindigkeit auf Luftmoleküle, sie stoßen an diese, ionisieren sie und setzen die Ionen und Moleküle der gesamten Luftschicht im und um den Blitzkanal in so heftige Bewegung, dass eine Temperatur von ca. 30 000 °C entstehen kann. Es baut sich ein riesiger Luftdruck in dieser Luftschicht auf, damit entsteht eine Druckwelle, die wir aufgrund vielfacher Reflexionen als länger anhaltendes Donnergeräusch wahrnehmen.

5

## *Aus der Technik* Warum qualmt die Kabeltrommel?

Ein Toaster soll 1000 W leisten, wenn er an die Netzspannung angeschlossen wird. Da auch die elektrischen Zuleitungen einen Widerstand haben, fließt auch zu ihnen Energie. Wie groß ist die Energiestromstärke zum Kabel?

*1. Berechnung der elektrischen Stromstärke:*

$$I = \frac{P}{U} = \frac{1000\,\text{W}}{230\,\text{V}} = 4{,}3\,\text{A}.$$

*2. Berechnung der Spannung über dem Anschlusskabel:*
Zuleitungen sollten einen sehr geringen Widerstand haben, damit die Energiestromstärke zu ihnen klein ist ($P_D = R_D \cdot I^2$).
Ein handelsübliches Anschlusskabel hat einen Widerstand von etwa $2 \cdot 0{,}3\,\Omega$ ($R = R_1 + R_2$). Die Spannung über dem Anschlusskabel beträgt dann gemäß der Beziehung:

$$U_D = R \cdot I = 0{,}6\,\Omega \cdot 4{,}3\,\text{A} = 2{,}58\,\text{V}.$$

*3. Berechnen der Energiestromstärke:*
Im Anschlusskabel beträgt die Energiestromstärke:

$$P_D = R_D \cdot I^2 = 0{,}6\,\Omega \cdot (4{,}3\,\text{A})^2 = 11\,\text{W}.$$

Der Draht der Kabeltrommel in Bild 1 auf Seite 50 hat einen Widerstand von etwa 1 Ω. Durch den Toaster fließt ein elektrischer Strom der Stärke 8,6 A. Der Energiestrom in das Verlängerungskabel hat damit die Stärke:

$$P_D = R_D \cdot I^2 = 1\,\Omega \cdot (8{,}6\,\text{A})^2 = 74\,\text{W}.$$

Das ist nicht viel, aber das Kabel der Kabeltrommel qualmte, weil es nicht abgewickelt wurde und die dem Kabel zugeführte thermische Energie nicht in hinreichendem Maße an die Umgebung abgegeben werden konnte. Das Kabel wurde immer heißer, sein Widerstand stieg immer weiter: Letztlich wäre der Draht durchgeschmort.

6

## Aufgaben

**1** An verschiedene Metalldrähte wurde eine Spannung angelegt und die zugehörige Stromstärke gemessen. Berechne die Widerstände.

| | Draht 1 | Draht 2 | Draht 3 |
|---|---|---|---|
| $U$ in V | 3,0 | 5,0 | 6,0 |
| $I$ in A | 1,20 | 0,20 | 0,27 |

**2** Eine Spannung von 230 V ruft in einer 75-Watt-Haushaltsglühlampe eine Stromstärke von 330 mA hervor. Bei einer Spannung von 10 V fließt ein Strom der Stärke 75 mA. Berechne die Widerstände der Lampe bei beiden Spannungen.

**3** Bei Anschluss an eine 230-V-Steckdose ergeben sich diese Stromstärken:
- Heizstrahler: 4,4 A
- Bügeleisen: 0,43 A
- Kochplatte: 6,5 A
- Staubsauger: 2,2 A

Berechne die Widerstände.

**4** Der Widerstand eines kalten Glühdrahtes in einer 100-W-Lampe beträgt 37 Ω. Bei der Glühtemperatur (ca. 2500 °C) steigt der Widerstand auf 530 Ω. Berechne sowohl die „Einschaltstromstärke" als auch die „Betriebsstromstärke" der Lampe.

**5** Bei Elektrounfällen wird auch der Mensch Teil eines Stromkreises. Dabei spielt der Widerstand des menschlichen Körpers eine wichtige Rolle. Er kann weniger als 1 kΩ betragen, wenn man über beide Handflächen Kontakt mit der elektrischen Quelle hat.

a Berechne die Stromstärke bei einem Unfall mit Netzspannung (230 V).

b Stromstärken über 25 mA sind lebensgefährlich. Von welcher Spannung an besteht Gefahr?

**6** Eine Monozelle kann eine Ladung von 14 400 A · s durch einen Stromkreis treiben. Wie lange könnte sie eine Stromstärke von 0,5 A (1,0 A; 70 mA) aufrecht erhalten?

| Stoff | $\rho$ in $\frac{\Omega \cdot mm^2}{m}$ (bei 20 °C) |
|---|---|
| Silber | 0,016 |
| Kupfer | 0,017 |
| Gold | 0,020 |
| Aluminium | 0,027 |
| Wolfram | 0,055 |
| Nickel | 0,087 |
| Eisen | 0,10 |
| Platin | 0,11 |
| Zinn | 0,12 |
| Konstantan | 0,50 |
| Chromnickel | 1,10 |

**7** Der Widerstand $R$ eines Drahtes hängt bei konstanter Temperatur vom Material ($\rho$: spezifischer Widerstand), seiner Länge $l$ und seiner Querschnittsfläche $A$ wie folgt ab:
$R = \rho \cdot \frac{l}{A}$. ($\rho$ siehe Tabelle oben.)

a Bestimme den Widerstand eines 150 m langen Kupferdrahtes mit der Querschnittsfläche von 2 mm².

b Wie groß muss die Querschnittsfläche des 5 cm langen Wolframdrahtes einer Glühlampe sein, wenn die Stromstärke bei einer Spannung von 230 V 0,4 A betragen soll (lass die Erwärmung des Drahtes zunächst unberücksichtigt)?

c Durch die Erwärmung des Drahtes steigt der spezifische Widerstand auf das 14-fache. Wie groß muss die Querschnittsfläche also in Wirklichkeit sein?

**8** Die größere Batterie von Bild 1 ist für ein Auto mit Dieselmotor bestimmt, die kleinere für ein Auto mit Benzinmotor. Bei großer Kälte im Winter beträgt die Stromstärke im Anlasser des Dieselmotors 300 A, beim Benzinmotor etwa 220 A.

a Bei welchem Fahrzeug kann man den Anlasser die längere Zeit betätigen?

b Wie viel Ladung fließt jeweils durch die Anlasser, wenn man eine Minute lang versucht, den Motor zu starten?

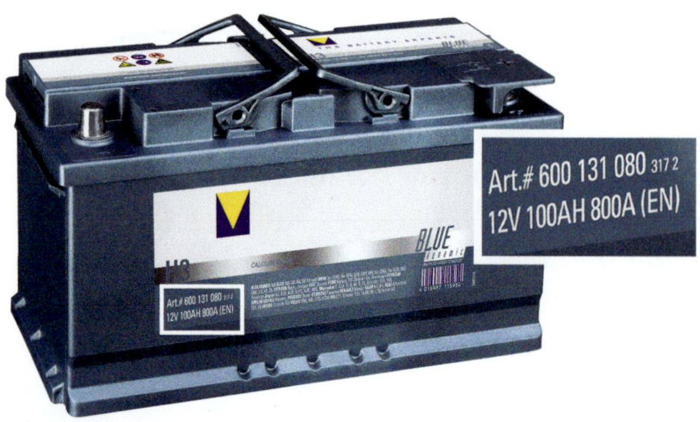

1

## Aufgaben

**9** Die Widerstände $R_1 = 10\,\Omega$, $R_2 = 20\,\Omega$, $R_3 = 50\,\Omega$ sind in Reihe geschaltet; das Netzgerät liefert eine Spannung von 16 V.

a Bestimme die Spannung über $R_2$.

b „Die Spannungen über $R_1$ und $R_3$ sind nun einfach zu berechnen." Erläutere diese Behauptung und bestimme die Spannungen.

**10** Bei Bild 2 betragen die Teilspannungen $U_1 = 6\,\text{V}$ und $U_2 = 3\,\text{V}$. Wenn der Schalter geschlossen wird, ändern sich die Verhältnisse. Bestimme die Teilspannungen für diesen Fall. ↑2
*Tipp:* Denke dir die Widerstände $R_2$ und $R_3$ durch einen Widerstand ersetzt (den „Ersatzwiderstand") und berechne seinen Widerstandswert.

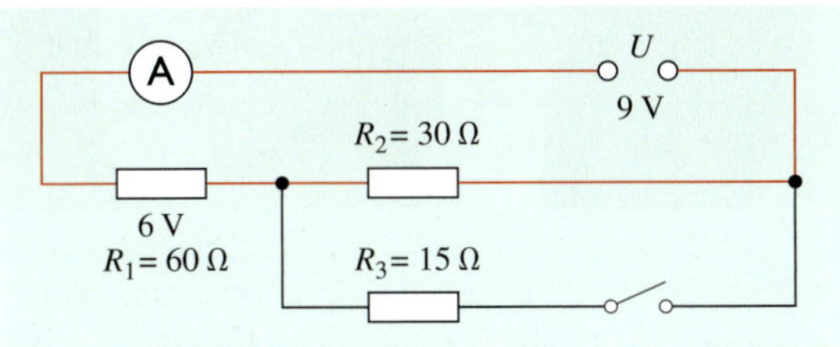


2

**11** Das *I-U*-Diagramm einer Glühlampe (Wolframdraht) sieht wie folgt aus:

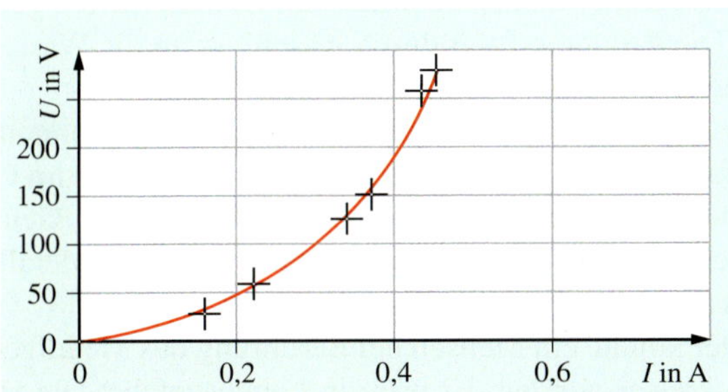


3

a Gilt hier das ohmsche Gesetz? Begründe deine Antwort.

b Bestimme Widerstand und Energiestromstärke bei $U_1 = 40\,\text{V}$ und $U_2 = 230\,\text{V}$.

c Der Wolframdraht ist 20 cm lang und hat die Querschnittsfläche $0{,}0001\,\text{mm}^2$. Berechne den spezifischen Widerstand.

d Bestimme die Energie, die die Lampe bei $U_2 = 230\,\text{V}$ in 10 Minuten abgibt.

**12** Zu einem Elektrizitätswerk gehört eine Werkswohnung in 5 km Entfernung. Wir nehmen an, dass die Wohnung über eine Leitung ($R_L = 5\,\Omega$) mit dem 230-V-Netz des Elektrizitätswerkes verbunden ist.

a Ein Heizlüfter ($P_H = 2300\,\text{W}$) wird zunächst im Elektrizitätswerk mit einer Spannung von $U = 230\,\text{V}$ betrieben. Berechne den Widerstand $R_H$ des Heizlüfters.

b Derselbe Heizlüfter wird dann in der Werkswohnung angeschlossen. Welche Stromstärke stellt sich ein? (Verwende $R_H$ aus Teil a.) Berechne die Energiestromstärke zum Lüfter sowie zur Leitung („Verlustleistung").
*Tipp:* Verwende die Formel $P_R = R \cdot I^2$.

c Erläutere den Begriff „Verlustleistung".

**13** Eine Glühlampe (G) und ein „Heißleiter" (H) werden nacheinander an eine elektrische Energiequelle angeschlossen, Spannung und Stromstärke werden gemessen. Es ergeben sich folgende Werte:

| *U* in V | 1 | 2 | 3 | 4 | 5 |
|---|---|---|---|---|---|
| *I* in mA (G) | 145 | 210 | 265 | 310 | 350 |
| *I* in mA (H) | 0,022 | 0,047 | 0,068 | 0,090 | 0,115 |
| *U* in V | 6 | 7 | 9 | 14 | 40 |
| *I* in mA (G) | 390 | 425 | | | |
| *I* in mA (H) | 0,138 | 0,162 | 0,210 | 0,350 | 6,0 …* |

* Die Stromstärke steigt ohne Erhöhung der Spannung immer weiter

a Zeichne die beiden *I-U*-Diagramme.

b Bestimme die Widerstandswerte bei den gegebenen Spannungen.

c Deute das Widerstandsverhalten im Modell
*Tipp:* Je wärmer ein Heißleiter wird, desto mehr Elektronen werden pro $\text{cm}^3$ frei gesetzt.

**14** Bestimmt man die „Widerstandskennlinie" eines 1 m langen Konstantandrahtes von $1\,\text{mm}^2$ Querschnittsfläche, erhält man das Diagramm ①. Für einen anderen Konstantandraht von $1\,\text{mm}^2$ Querschnittsfläche ergibt sich das Diagramm ②. Um wie viel Prozent unterscheiden sich die Widerstände der beiden Drähte?

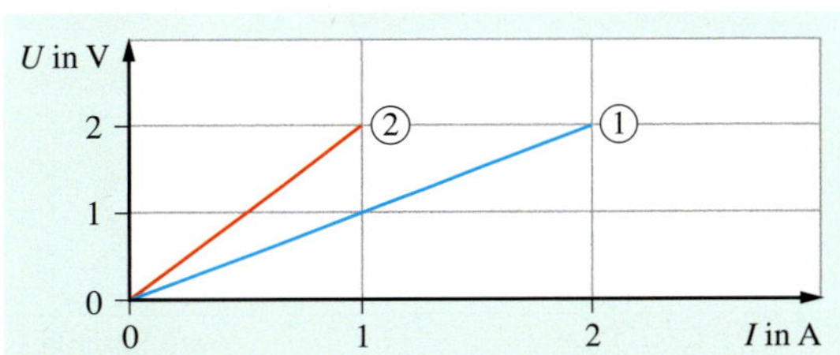


4

# Schutzmaßnahmen im Stromnetz

Vorsicht Lebensgefahr!
Man darf keine elektrisch leitenden Teile eines Haushaltsgeräts berühren. Elektriker müssen aber prüfen, ob unter Spannung stehende Steckdosen auch richtig mit dem Elektrizitätswerk verbunden sind.

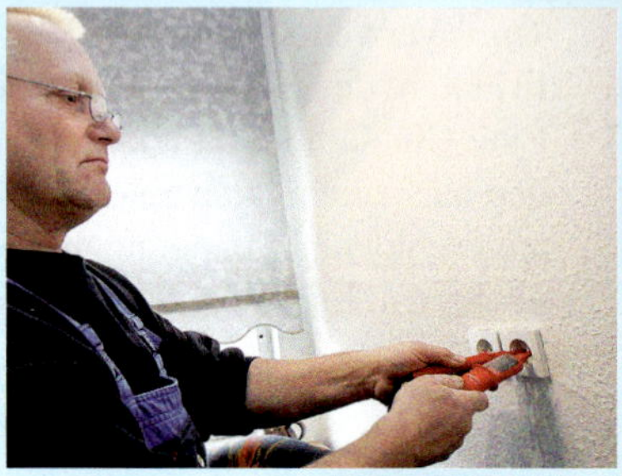

1

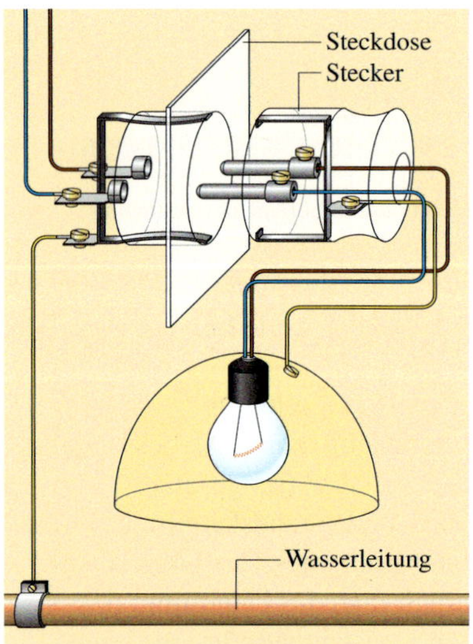


2 Erdung durch den Schutzleiter

Zu jeder Steckdose führen drei Drähte. Zwei dieser Leiter – der Außenleiter und der Neutralleiter – kommen vom Elektrizitätswerk. Der Neutralleiter ist an verschiedenen Stellen des Netzes, z. B. am Hausanschluss, geerdet. Ihm wird das Potenzial 0 V zugeordnet [N (0 V)]. Der dritte Leiter heißt Schutzleiter und ist ebenfalls am Hausanschluss geerdet [Potenzial S (0 V)]. Die Erdung erfolgt durch Anschluss an die Wasserleitungen sowie an einen im Erdreich vergrabenen Ringerder. ↑2

Viele Elektrogeräte besitzen ein Metallgehäuse. Bei diesen Geräten besteht immer die Gefahr, dass der Außenleiter durch einen Defekt im Gerät (z. B. durch Beschädigung seiner Isolierung) Kontakt mit dem Gehäuse bekommt. Man spricht dann von einem *Körperschluss*, weil der Metallkörper des Bügeleisens an den Außenleiter angeschlossen ist. ↑3, 4

Ohne den Schutzleiter könnte ein Mensch bei Berührung des Metallgehäuses Teil eines Stromkreises werden: Er wäre in Lebensgefahr! Die Haushaltssicherung kann den Menschen beim Berühren des Außenleiters nicht schützen. Die Sicherung unterbricht den Stromkreis erst, wenn die Stromstärke so groß wird, dass durch die Erhitzung der Kabel Brandgefahr entsteht. Eine solche Stromstärke ist aber für den Menschen bereits tödlich.

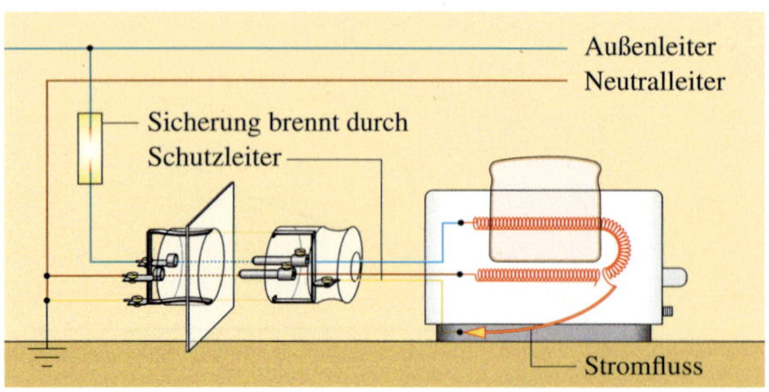


3 Körperschluss an einem Toaster mit Schutzleiter

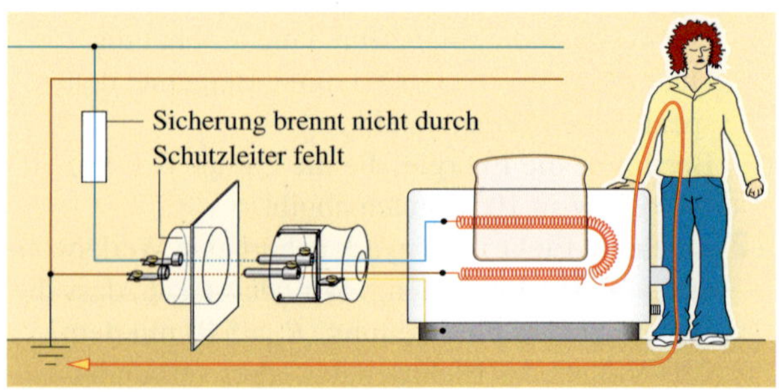


4 Körperschluss ohne Schutzleiter

!

- Von der Badewanne aus keine Haartrockner oder Radios benutzen! Weder Tischlampen noch Heizgeräte gehören ins Bad. Auch (Kabel-)Telefone in der Badewanne sind gefährlich.
- Elektrogeräte nicht so stellen, dass sie ins Wasser fallen können! Angeschlossene Elektrogeräte nie mit feuchtem Tuch säubern!
- Elektrogeräte nie gleichzeitig mit Wasserhähnen, Heizungsrohren oder der Spüle anfassen!
- Stecker anfassen und nicht an der Leitung aus der Steckdose ziehen!
- Leitungen nicht durch Türritzen hindurchquetschen oder unter Teppiche legen!
- Kein Elektrogerät anschließen, dessen Gehäuse oder Leitung beschädigt ist!
- Beim Wechseln von Glühlampen Stecker ziehen oder Sicherung abschalten!
- Mit Elektrogeräten nicht barfuß auf einem Steinfußboden oder im Garten hantieren!
- Elektrogeräte nur vom Fachmann reparieren lassen!
- Wenn Kleinkinder in einer Wohnung sind: Steckdosen durch Einsatz sichern!
- Abstand von der Oberleitung und von herabhängenden Freileitungen halten!
- Nicht auf Eisenbahnwagen klettern oder Masten besteigen!

5 Regeln zur Verhütung von Elekrounfällen

## Experimente

**1 Fließt elektrische Ladung durch die Erde?**
Bei Elektrounfällen spielt oft die Erdung eine wichtige Rolle.

a Ein Pol einer 12-V-Batterie wird über einen empfindlichen Strommesser und den menschlichen Körper mit einer Wasserleitung verbunden. Sie stellt eine leitende Verbindung zum Erdreich her. Fließt ein elektrischer Strom „zur Erde ab"? ↑6

b Halte den vom Strommesser kommenden Draht direkt an die Wasserleitung.

c Nun wird der zweite Pol der Batterie über eine in den Erdboden gesteckte Metallstange geerdet. Fließt ein elektrischer Strom über den Menschen in die Erde? Gibt es einen geschlossenen Stromkreis?

d Fließt ein Strom, wenn anstelle der Wasserleitung nur der Erdboden mit der Hand berührt wird?

e Gibt es Unterschiede bei verschiedenen Untergründen (Gummimatte, Steinboden, feuchte Erde)?

**2 Erdung auch im Stromnetz?**
Mit einem Polprüfer kann in einer Steckdose der Außenleiter von einem Neutralleiter unterschieden werden. Der Polprüfer leuchtet auf, wenn er mit dem Außenleiter verbunden ist. Der Stromkreis wird über den Menschen, die leitende Erde und den Neutralleiter geschlossen. ↑7

**3 FI-Schalter**
In die Anschlusskabel eines Geräts wird je eine Spule eingebaut. Die beiden Spulen werden so justiert, dass sie eine lose aufliegende Stricknadel, die Teil des Stromkreises ist, gleich stark, aber in entgegengesetzte Richtung anziehen. Wird ein Fehlerstrom (s. S. 69) erzeugt, indem unter Umgehung einer der Spulen eine direkte Verbindung zur Erde hergestellt wird, fällt die Stricknadel herunter. Der Stromkreis ist unterbrochen. ↑8

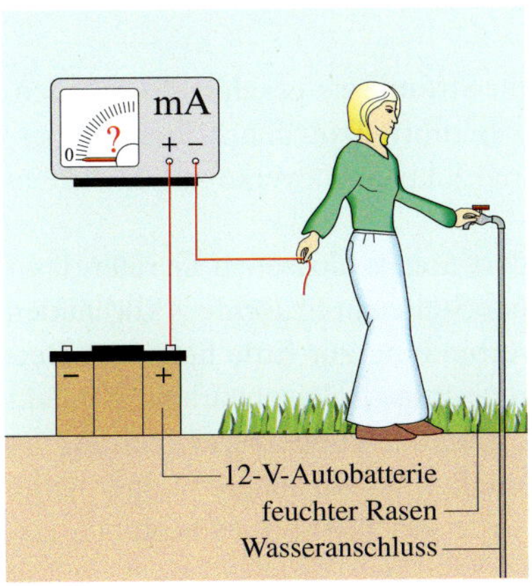

6

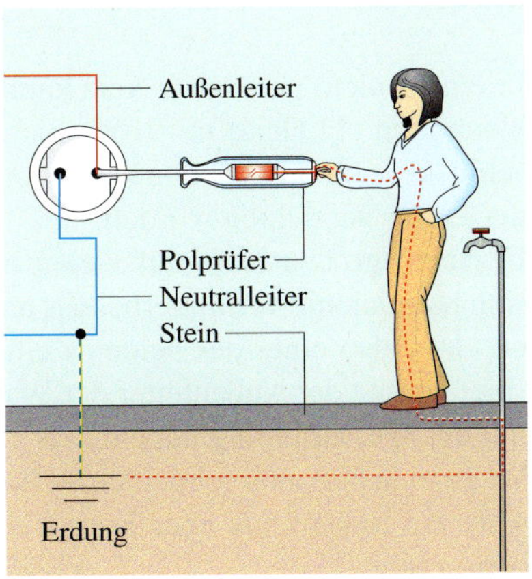

7

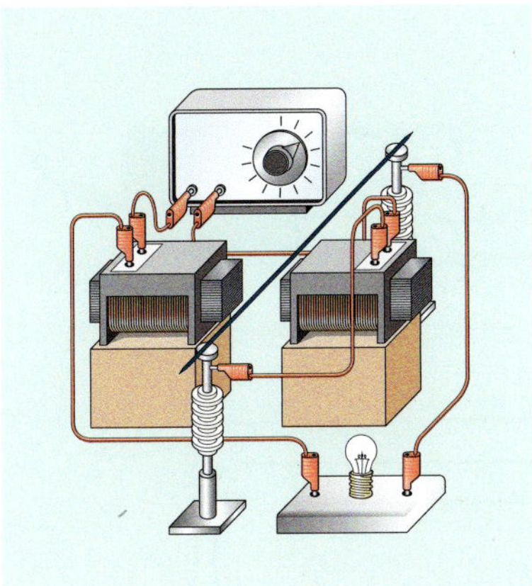
8

## GRUNDLAGEN: Der Trick mit dem dreiadrigen Kabel

Was bei einem Körperschluss geschieht, hängt davon ab, ob das Gerät – wie vorgeschrieben – durch einen Schutzleiter gesichert ist oder nicht.

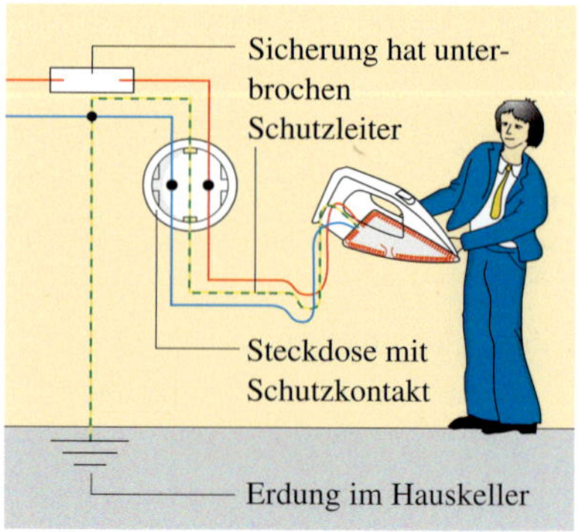

1 Kurzschluss durch Schutzleiter

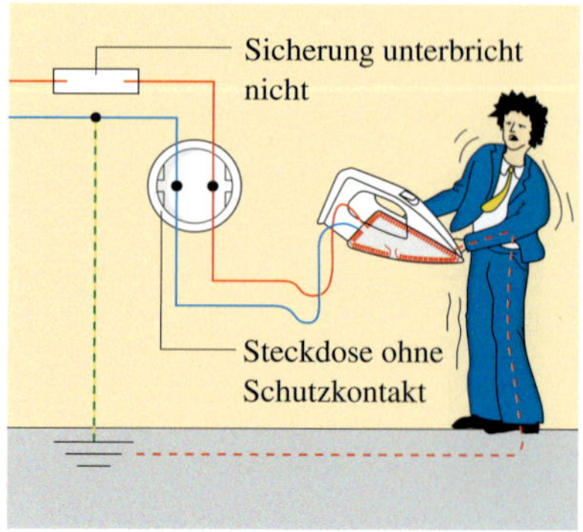

2 Elektrounfall bei Körperschluss

*Fall 1: Das Gerät ist mit einem Schutzleiter gesichert.* ↑1
Der Schutzleiter ist an das Gehäuse angeschlossen. Er führt zum Hausanschluss, wo er mit dem Neutralleiter verbunden und geerdet ist. Wenn das defekte Gerät eingeschaltet wird, hat der Außenleiter [Potenzial A (230 V)] über Gehäuse und Schutzleiter Kontakt mit dem Neutralleiter. Es kommt zum Kurzschluss.
Im Stromkreis aus Außenleiter, Gehäuse und Schutzleiter fließt ein so großer Strom, dass die Sicherung innerhalb von nur 0,2 s den Stromkreis unterbricht. Zum Außenleiter besteht dann keine Verbindung mehr. Bei Berührung des Geräts bekommt man keinen Schlag.

*Fall 2: Das Gerät besitzt keinen Schutzleiter.* ↑2
Von außen ist ein Körperschluss meist nicht zu sehen. Das Gerät funktioniert meist sogar noch, denn der Betriebsstromkreis ist ja nicht unbedingt unterbrochen. Berührt nun eine Person das Gehäuse [Potenzial G (230 V)], so schließt sie mit ihrem Körper einen Stromkreis. Die Folge ist, dass durch diese Person Strom fließt. Die Stromstärke ist zu gering, um die Sicherung auszulösen. Der Strom kann aber so groß sein, dass er zum Tode führt – z. B. dann, wenn gleichzeitig die Wasserleitung berührt wird oder der Fußboden gut leitet.

In einem nicht geerdeten Netz kann kein Stromkreis geschlossen werden, wenn man ein Gerät mit Körperschluss berührt. Trotzdem wären Körperschlüsse auch dann gefährlich, wenn die Elektrizitätswerke auf das Erden der Leiter verzichten würden.
In einem großen Netz mit vielen hundert angeschlossenen Geräten lässt sich nämlich nie verhindern, dass an einer Stelle ein Erdschluss vorhanden ist, dass also einer der beiden Leiter Verbindung zur Erde hat. Zum Beispiel könnte der Außenleiter der Waschmaschine im Nachbarhaus Kontakt mit der Wasserleitung haben. Das Netz wäre dann unbemerkt geerdet.
Wenn man nun an irgendeiner Stelle Kontakt mit dem anderen Leiter hätte, wäre ein Stromkreis über Körper und Erde geschlossen; es bestünde Lebensgefahr.

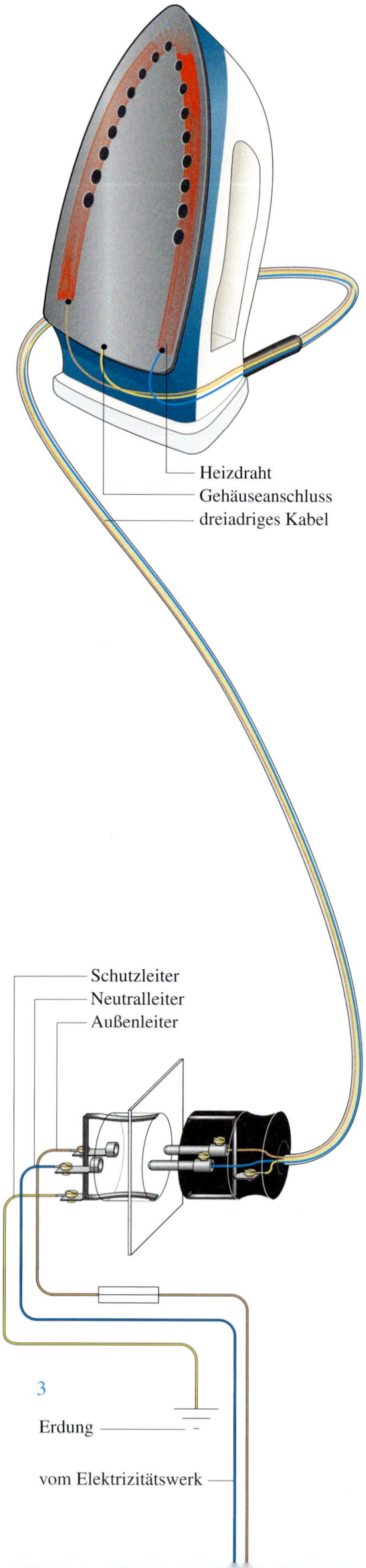

3

## *Aus der Medizin* Wie elektrische Ströme auf den Menschen wirken

Der menschliche Körper leitet den elektrischen Strom – allerdings schlechter als ein Metalldraht. Wenn also z. B. zwischen Händen und Füßen eine Spannung herrscht, fließt ein elektrischer Strom durch den Körper. Dadurch können Verkrampfungen von Muskeln hervorgerufen und die Funktion des Herzmuskels gestört werden. Bei großen Stromstärken spielt auch noch die Wärmewirkung des elektrischen Stroms eine Rolle: Es kommt zu schweren Verbrennungen, die oft tödlich sind.

Ob ein elektrischer Strom tödlich ist, hängt von dem Weg, den der Strom im Körper nimmt, von der Stromstärke und von der Einwirkungsdauer ab. Befindet sich das Herz oder der Kopf im Stromkreis, sind die Auswirkungen besonders schlimm. Stromstärke und Einwirkungsdauer bestimmen gemeinsam die Wirkungen. Man unterscheidet vier Gefährdungsbereiche. ↑4
Wie groß bei einem Elektrounfall die Stromstärke ist, hängt nicht nur von der Spannung ab. Wichtig sind auch die Widerstände im Unfallstromkreis, der Körperwiderstand und die Übergangswiderstände. Der Körperwiderstand beim Menschen liegt zwischen 650 Ω (Hand–Hand) und 1300 Ω (Hand–Fuß).
Vor allem von den Übergangswiderständen hängt es ab, ob ein Unfall mit Netzspannung tödlich verläuft oder nicht. Wichtig sind die Widerstände der vom Verunglückten getragenen Schuhe und des Bodenbelags am Unfallort. So haben Steinfußböden geringere Widerstände als mit Teppichen bedeckte Fußböden oder Holzböden.

Auch die Größe der Berührungsfläche und die Beschaffenheit der Haut sind dabei wichtig. Trockene Haut hat einen höheren Widerstand als feuchte Haut. Bei Elektrounfällen verbrennt und verkohlt häufig die Haut an den Kontaktstellen, der Hautwiderstand spielt dann keine Rolle mehr.

> **!** Schnelle Hilfeleistung ist bei einem Elektrounfall von entscheidender Bedeutung:
>
> Solange der Verunglückte Teil des Stromkreises ist, darf er auf gar keinen Fall berührt werden. Der Stromkreis muss durch Ziehen des Steckers, Abschalten der Sicherung oder durch Betätigen des Not-Aus-Schalters unterbrochen werden.
> Bei Atemstillstand muss man sofort den Notarzt rufen und nach Möglichkeit Maßnahmen zur Wiederbelebung einleiten (Atemspende, Herzdruckmassage).

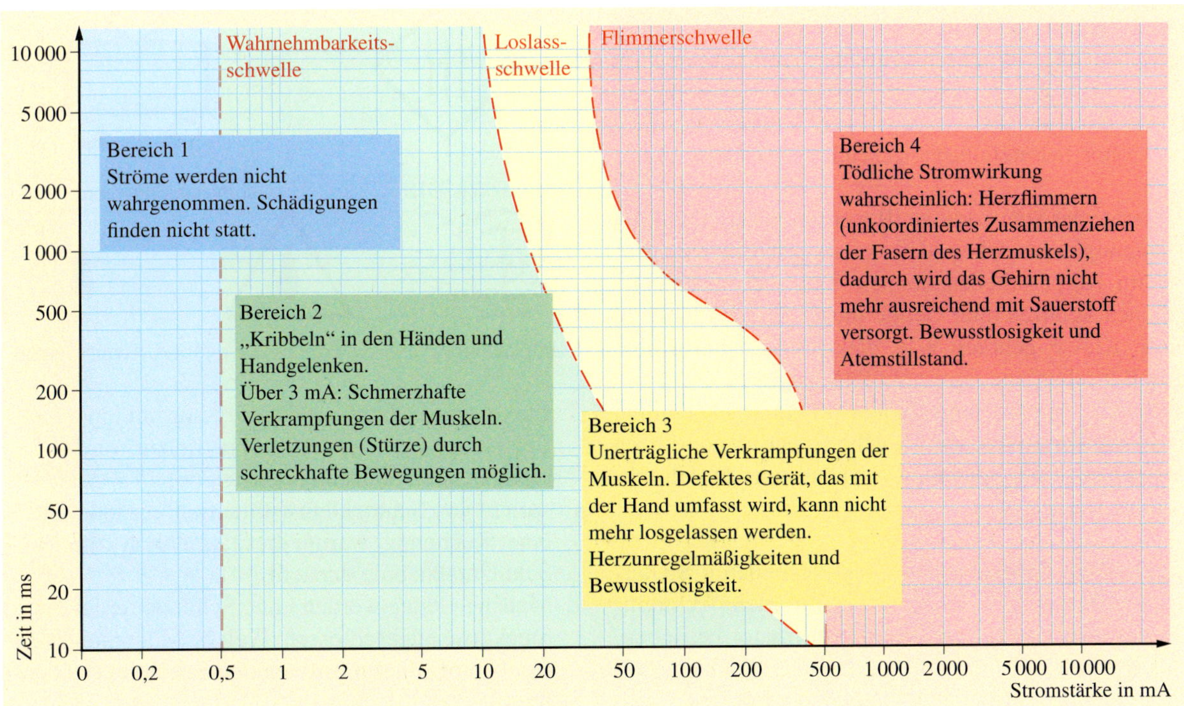


4 Gefährdungsbereiche für Erwachsene (Stromweg: eine Hand – beide Füße)

## *Aus der Technik* Schutzklassen von Elektrogeräten

Tag für Tag gehen wir mit einer Vielzahl von Elektrogeräten um – mit Computer und Fernseher, Elektroherd und Wasserkocher, mit Glühlampen und vielleicht sogar mit einer elektrischen Zahnbürste oder Munddusche.
Wichtig ist, dass diese Geräte den Sicherheitsvorschriften entsprechend konstruiert wurden. Dafür bürgt das VDE-Zeichen auf den Geräten. ↑1
Elektrogeräte müssen so gebaut sein, dass ein Mensch nicht an die Teile herankommt, die unter Spannung stehen. Daher sind alle Leiter des Stromkreises isoliert oder mit Abdeckungen versehen. Nun kann es aber passieren, dass die Isolierung ausfällt. Im Laufe der Zeit kann z. B. der Kabelmantel brüchig werden. In diesem Fall muss eine zweite Stufe des Berührungsschutzes wirksam werden. Dafür gibt es mehrere Möglichkeiten:

1. Das Gerät ist von einem Metallgehäuse umgeben, das über einen Schutzleiter geerdet ist. Ein solches Gerät gehört zur Schutzklasse I. An der Anschlussstelle des Schutzleiters wird sie durch das nebenstehende Zeichen angezeigt. ↑2

2. Viele Haushaltsgeräte gehören zur Schutzklasse II. Sie besitzen eine zusätzliche Isolierung (Schutzisolierung), die oft das Gerät umschließt. Häufig dient die stabile Kunststoffwand des Geräts als zweite Isolierung. Auf dem Typenschild solcher Geräte findest du das rechts stehende Zeichen. Geräte der Schutzklasse II werden über einen zweipoligen Stecker (Eurostecker, ohne Schutzleiter) angeschlossen. ↑3, 11

3. Geräte der Schutzklasse III werden mit so niedrigen Spannungen betrieben, dass keine gefährlichen Ströme im Körper fließen können. Das rechts stehende Zeichen kennzeichnet Geräte dieser Schutzklasse. In diese Klasse gehören z. B. elektrische Spielsachen. Ihre Betriebsspannung ist auf 24 V begrenzt. ↑4
In Schülerexperimenten können Drähte und Klemmen nicht immer isoliert sein. Solche Experimente dürfen deshalb mit einer Spannung von höchstens 24 V durchgeführt werden.

Elektrisches Spielzeug unterliegt besonderen Sicherheitsbestimmungen. Es wird mit Batterien, Akkumulatoren oder einem Spielzeugtransformator betrieben. Das Symbol weist darauf hin, dass das Spielzeug mit einer Schutzkleinspannung betrieben wird. ↑5

Weitere Schutzzeichen:
- VDE-Funkschutzzeichen; Prüfzeichen für Elektrogeräte, die funkentstört sind. ↑6
- Spritzwasser-Schutzartzeichen; Geräte dieser Bauart sind gegen auftreffende Wassertropfen aus allen Richtungen geschützt. ↑7
- Tropfwasser-Schutzartzeichen, Geräte sind gegen hohe Luftfeuchte und senkrecht fallende Wassertropfen geschützt. ↑8

1 Das Gerät wurde auf seine Sicherheit geprüft.

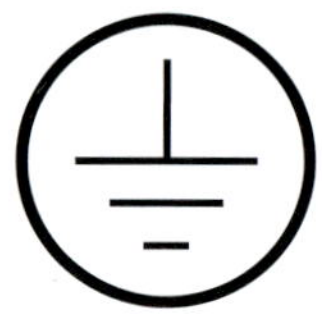
2 Schutzklasse I

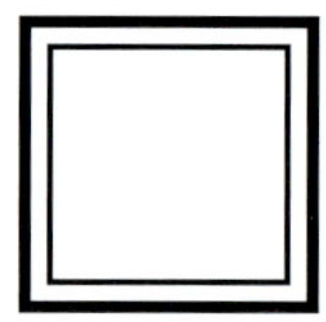
3 Schutzklasse II

4 Schutzklasse III

5 Schutzkleinspannung

6 Funkschutz

7 Spritzwasser

8 Tropfwasser

**1** Elektrische Zahnbürsten dürfen nur mit einer Spannung von höchstens 6 V betrieben werden, elektrisches Spielzeug höchsten mit 24 V. Man spricht von Schutzkleinspannung. Begründe mit einer Rechnung, warum dies tatsächlich eine Schutzmaßnahme darstellt.

**2** Manche Geräte werden ohne Schutzleiter an die Steckdose angeschlossen. Welche Maßnahmen machen bei diesen Geräten den Schutzleiter überflüssig?

## *Aus der Technik* Schutzisolierung und Fehlerstromschutzschalter

Bei einem Elektrounfall ist man besonders gefährdet, wenn man z. B. im Bad barfuß auf einem leitenden Steinfußboden steht. Um Menschen an besonders gefährdeten Orten zu schützen, werden Fehlerstromschutzschalter (FI-Schalter) in die entsprechenden Stromkreise eingebaut. (S. Experiment 3 auf S. 65.) ↑10

Im Fehlerstromschutzschalter wird geprüft, ob die Ströme im Außenleiter und im Neutralleiter gleich groß sind. Bei normalem Betrieb eines Elektrogeräts ist das der Fall, denn die elektrische Stromstärke ist ja in einem unverzweigten Stromkreis gleich groß.

Bei einem Unfall wird ein zusätzlicher Stromkreis geschlossen. Der „Fehlerstrom" fließt dann am Schutzschalter vorbei. Zwischen Gerät und Hausanschluss ist die Stromstärke im Außenleiter größer als die im Neutralleiter. Die Differenz ist gerade der Fehlerstrom.

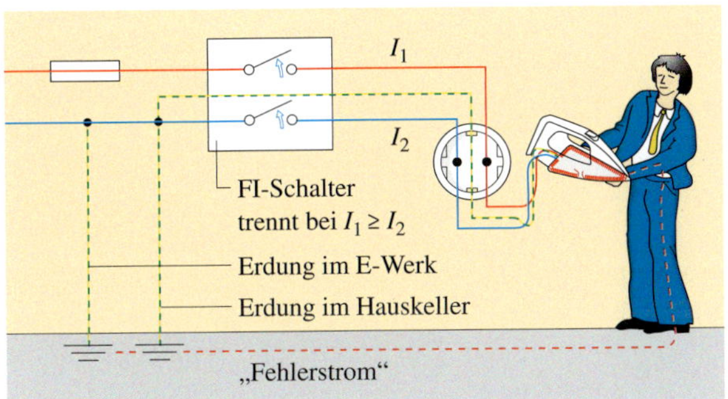


9 FI-Schalter (defektes Bügeleisen ohne Schutzleiter)

Wenn der Fehlerstrom einen Wert von 30 mA überschreitet, trennt der Fehlerstromschutzschalter innerhalb von 30 ms den Stromkreis vom Netz. Der Stromkreis über den menschlichen Körper wird so schnell unterbrochen, dass der Mensch keinen Schaden durch den elektrischen Strom erleidet. ↑9

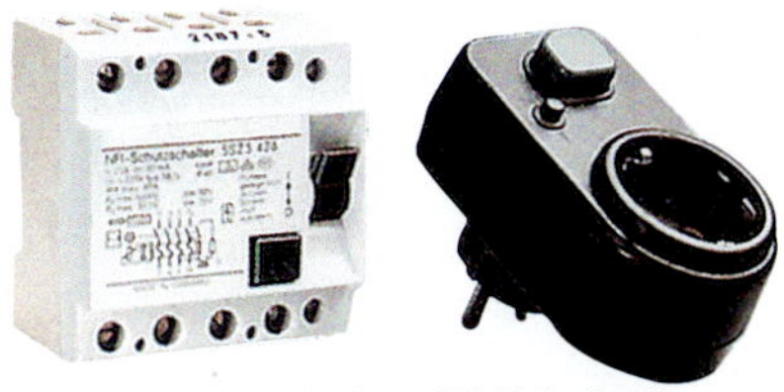

10 Fehlerstromschutzschalter (FI-Schalter)

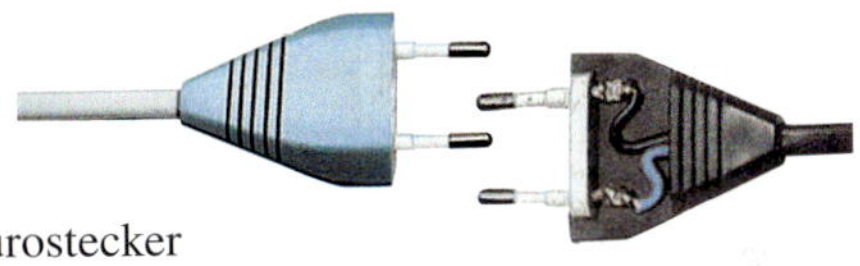

11 Eurostecker

**1** Eurostecker besitzen keinen Schutzkontakt. Welche Geräte dürfen mit einem solchen Eurostecker ausgestattet sein? Warum ist bei diesen Geräten kein Schutzleiter nötig? ↑11

**2** Erläutere die Funktionsweise des Fehlerstromschutzschalters. In welchen Fällen ist er wichtiger als der Schutzleiter? Begründe deine Antwort. (*Tipp*: Denke an die Übergangswiderstände.)

## *Aufgaben*

**1** Wie kann es zu einem Elektrounfall kommen, wenn man nur einen Pol der Steckdose berührt? Beschreibe den Stromkreis, der zur Gefahr wird.

**2** Wieso sind Elektrounfälle im Haushalt besonders schlimm, wenn eine Hand Kontakt mit dem Außenleiter und eine mit der Wasserleitung hat?

**3** Sieh dir noch einmal die Regeln zur Verhütung von Elektrounfällen an. Gib an, welche dieser Regeln für das Hantieren in der Küche wichtig sind.

**4** „Wenn du nur einen Draht in der Steckdose berührst, kann es nicht gefährlich sein." Stimmt das? Begründe deine Antwort.

**5** Erläutere die Wirkungsweise eines Schutzleiters bei Elektrogeräten.

**6** Manche Bohrmaschinen haben trotz vieler Metallteile keinen Schutzleiter. ↑12
Wodurch ist man trotzdem geschützt?

**7** Bei Elektrounfällen im Haushalt beträgt die Spannung gegen die Erde 230 V. Berechne die Stromstärke für den Stromweg Hände–Füße (Körperwiderstand: 650 Ω) bei Übergangswiderständen von 100 Ω bzw. 10 000 Ω.
Welche Auswirkungen hätten diese Ströme auf einen Menschen (Einwirkungsdauer: 1 s)?

**8** „Die Loslassschwelle erhöht die Berührungsdauer. Das kann lebensgefährlich sein:" Erläutere diese Aussage anhand von Bild 4 auf Seite 67.

12

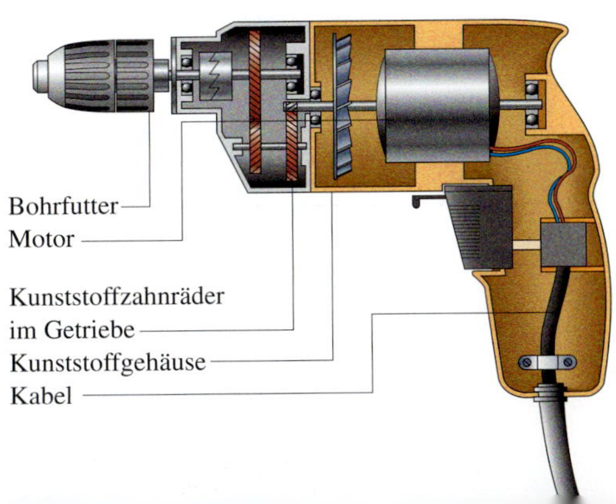

# Auf einen Blick

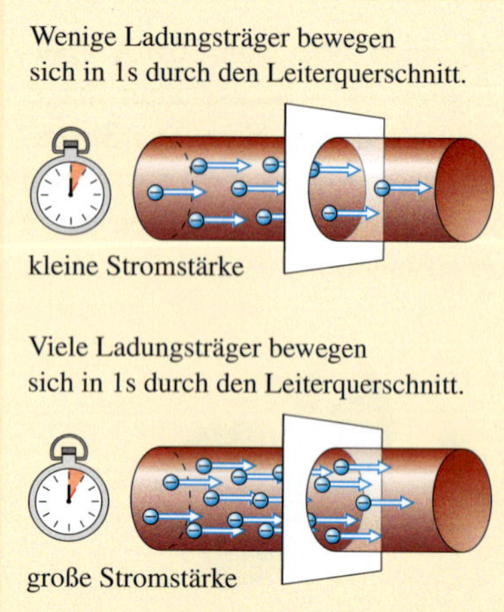

1

**Ladung und Stromstärke** Ein elektrischer Strom bedeutet immer, dass sich Ladungsträger bewegen. In metallischen Leitern sind Elektronen die Ladungsträger. Jeder Ladungsträger transportiert eine bestimmte Ladung. Je mehr Ladung $Q$ in einer bestimmten Zeit $t$ durch den Leiterquerschnitt fließt, desto größer ist die Stromstärke $I$. Es gilt:

$I=\frac{Q}{t}$.

Für die Ladung $Q$, die in einer bestimmten Zeit $t$ durch den Leitungsquerschnitt fließt, folgt daraus:

$Q=I\cdot t$.

Die Einheit der Ladung ist $1\,\text{A}\cdot\text{s}=1\,\text{C}$ (Coulomb).

**Energieumwandlung – der elektrische Widerstand** Bei unterschiedlichen Drähten braucht man verschieden hohe Spannungen, um einen Strom von 1 A zu erzeugen. Je höher diese Spannung ist, desto mehr Energie wird dem Draht dabei zugeführt. Sie wird im Draht in thermische Energie umgewandelt.

Die Eigenschaft elektrischer Leiter, Elektronen in ihrer Bewegung zu hemmen, nennt man elektrischen Widerstand.

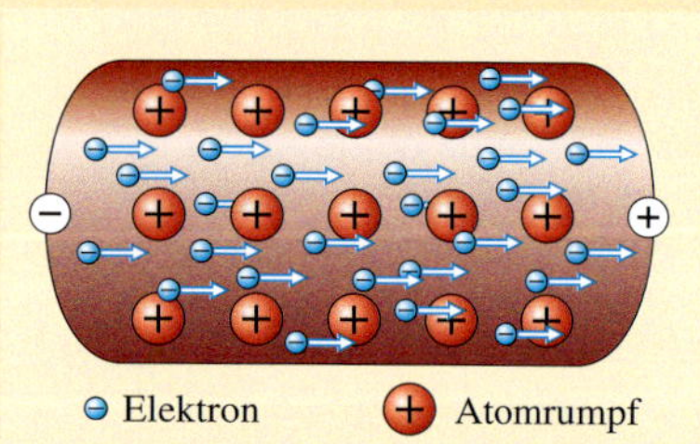

2

*Zustandekommen des Widerstands:* Die Elektronen wechselwirken auf ihrem Weg durch den Leiter mit den Atomrümpfen. Dabei geben sie Energie an den Leiter ab – dieser erwärmt sich. Der elektrische Widerstand $R$ ist von folgenden Bedingungen abhängig:

- vom Material, aus dem der Leiter besteht ($\rho$),
- von den Abmessungen des Leiters (Länge $l$ und Querschnittsfläche $A$),
- von der Temperatur, die der Leiter gerade hat.

Der elektrische Widerstand $R$ ist definiert als Quotient aus der Spannung $U$ und der Stromstärke $I$: $R=\frac{U}{I}$.

Die Einheit des elektrischen Widerstands ist 1 Ohm ($1\,\Omega$). $1\,\Omega=\frac{1\,\text{V}}{1\,\text{A}}$

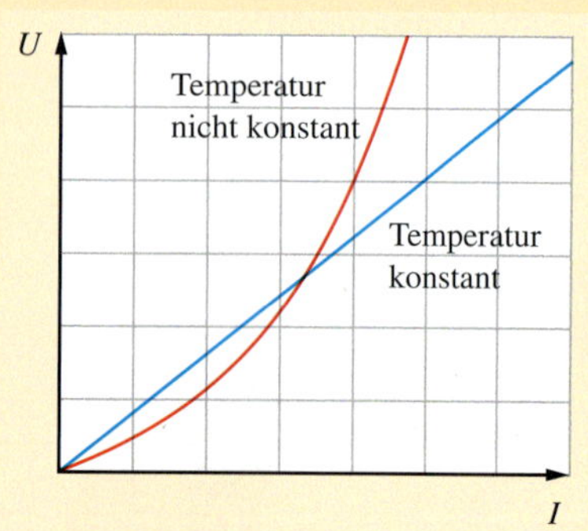

3

**Das ohmsche Gesetz** Die Stromstärke $I$ ist proportional zu Spannung $U$: $I\sim U$.

Dass für einen Leiter das ohmsche Gesetz gilt, ist gleich bedeutend damit, dass sein Widerstand konstant ist. Das ohmsche Gesetz gilt z. B. für alle Leiter aus reinen Metallen bei konstanter Temperatur.

**Widerstände in Schaltungen** In Stromkreisen ergeben sich beim Zusammenschalten von Bauelementen je nach Schaltungsart folgende Gesamtwiderstände:

**Reihenschaltung**
Schaltet man Widerstände $R_1$, $R_2$, $R_3$, … in Reihe, so gilt für den Gesamtwiderstand $R = R_1 + R_2 + R_3 + \ldots$

*Energieumsatz:* Wird ein Widerstand $R$ von einem Strom $I$ durchflossen, so beträgt die Stärke des Energiestroms $P_R$ zu ihm $P_R = R \cdot I^2$.

**Parallelschaltung**
Schaltet man die Widerstände $R_1$, $R_2$, $R_3$, … parallel, so gilt für den Gesamtwiderstand $R$:

$$\frac{1}{R} = \frac{1}{R_1} + \frac{1}{R_2} + \frac{1}{R_3} + \ldots$$

*Energieumsatz:* Liegt an einem Widerstand $R$ die Spannung $U_R$, so beträgt die Stärke des Energiestroms $P_R$ zu ihm

$$P_R = \frac{U_R^2}{R}.$$

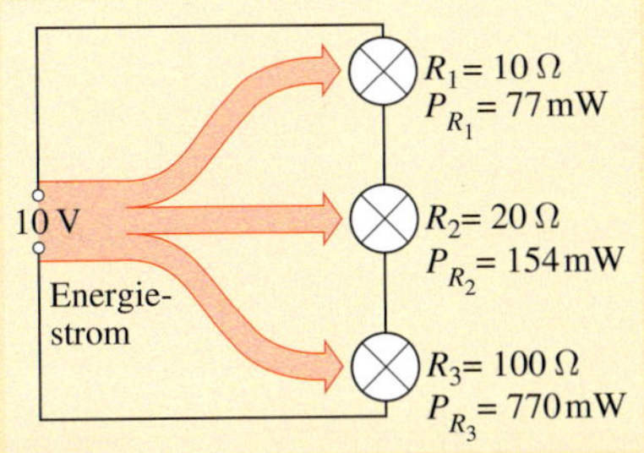

4

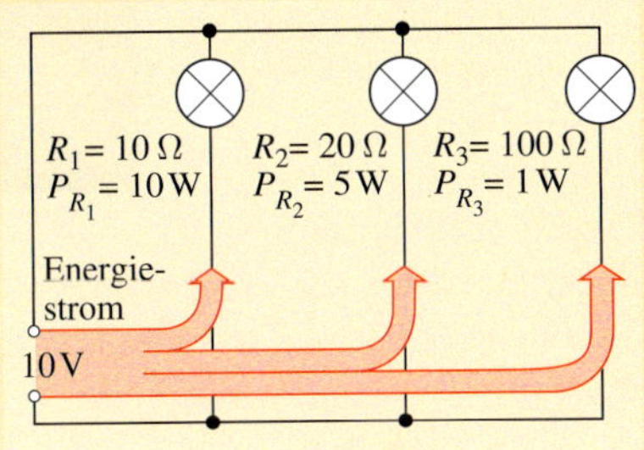

5

## Alles klar?

**1** Bild 6 zeigt einen Stromkreis, in den ein veränderbarer Widerstand eingebaut wurde. Was geschieht, wenn der Schieber nach links (rechts) bewegt wird? ↑6

**2** Ein Widerstand $R_1 = 50\,\Omega$ wird mit den parallel geschalteten Widerständen $R_2 = 10\,\Omega$ und $R_3 = 20\,\Omega$ in Reihe geschaltet. Die Stromstärke in $R_1$ beträgt 1 A.
a Fertige eine Schaltskizze an.
b Bestimme die anliegende Spannung und die Spannung über den Widerständen.

**3** Drei Widerstände $R_1 = 10\,\Omega$, $R_2 = 20\,\Omega$ und $R_3 = 50\,\Omega$ werden parallel geschaltet. Eine Spannung von 10 V wird angelegt.
Berechne die Gesamtstromstärke $I$ und die Teilstromstärken.

**4** Eine 100-W-Lampe hat bei Betriebstemperatur einen Widerstand von $529\,\Omega$. Fünf dieser Lampen werden parallel geschaltet. Wie groß sind Ersatzwiderstand und Gesamtstromstärke ($U = 230\,\text{V}$)?

**5** Berechne Ersatzwiderstand und Gesamtstromstärke für den Fall, dass ein 100-Ω-Widerstand mit vier parallel geschalteten 100-Ω-Widerständen in Reihe geschaltet wird. ↑7

**6** „Ein dickes Kabel hat den gleichen Widerstand wie ein dünnes.“
Was meinst du dazu?

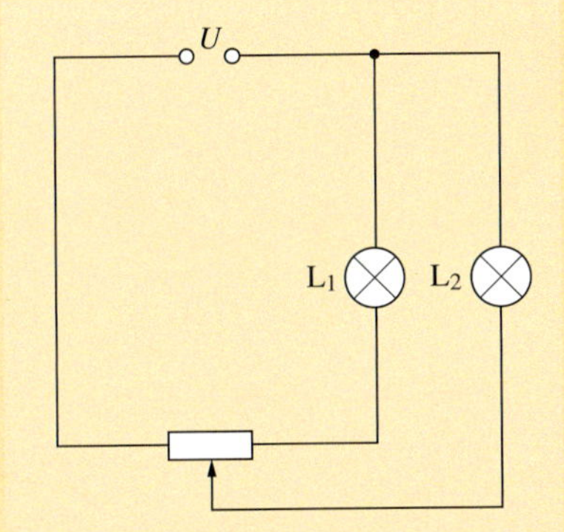

6

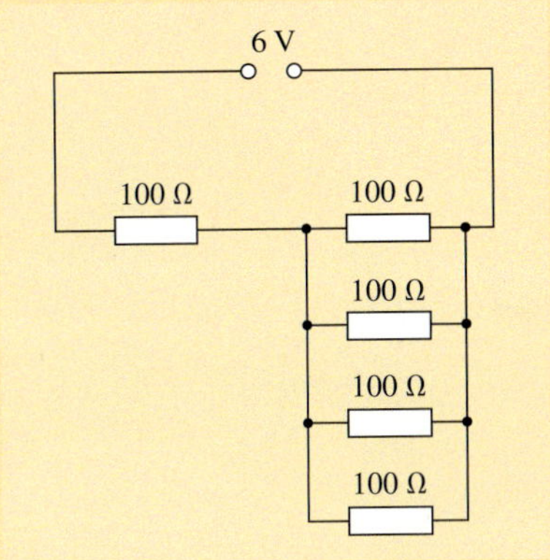

7

# Felder

Polarlichter – viele Jahrtausende lang fürchteten und bestaunten die Menschen in den nördlichen Breiten dieses Naturschauspiel. Die Sonne und das Magnetfeld der Erde liefern eine Erklärung: Treffen geladene Teilchen von der Sonne auf die oberen Schichten der Erdatmosphäre, regen sie die vorhandenen Gasmoleküle zum Leuchten an. An den Polregionen verläuft das Magnetfeld der Erde senkrecht zur Oberfläche. Nur dort können die Teilchen in die Atmosphäre

1

2 Polarlichter auf dem Saturn

Das Magnetfeld der Erde ist für weitere erstaunliche Phänomene die Ursache: Brieftauben orientieren sich z. B. bei ihrem Flug zurück in die heimatlichen Taubenschläge am Erdmagnetfeld. Wie funktioniert das? ↑4

Haie gibt es schon seit etwa 450 Millionen Jahren. Sie sind älter als Dinosaurier. Haie verfügen, außer über die bekannten Sinne, noch über zwei weitere: Mithilfe ihres *elektrischen Sinns* können sie durch Muskelbewegung erzeugte elektrische Felder ihrer Beute wahrnehmen. Der *Ferntastsinn* hilft ihnen beim Navigieren, wenn es dunkel wird. Wahrscheinlich orientieren sie sich dabei am Magnetfeld der Erde. ↑3

Immer wechselwirken hier zwei oder mehrere Körper, ohne dass sie sich berühren. Der Engländer Michael Faraday stellte sich vor, dass der Raum um einen Magneten oder einen elektrisch geladenen Körper verändert ist. Um diesen Raum und die Veränderungen zu beschreiben, führte er den Begriff *Feld* ein.

3

4

## Experimente

**1 Stabmagnet und Magnetnadel**
Lege einen Stabmagneten auf ein Blatt Papier. Stelle eine kleine Magnetnadel an verschiedene Stellen auf das Papier und zeichne die Stellung der Magnetnadel als Pfeil auf. (Der Nordpol wird als Pfeilspitze dargestellt.)

**2 Eisenfeilspäne**
In der Anordnung von Bild 5 werden Eisenfeilspäne auf eine Glasscheibe gestreut, die über einem Magneten liegt. Man kann z. B. einen Stabmagneten, einen Hufeisenmagneten oder einen Scheibenmagneten verwenden. Wie ordnen sich die Späne an? Skizziere deine Beobachtungen. ↑5

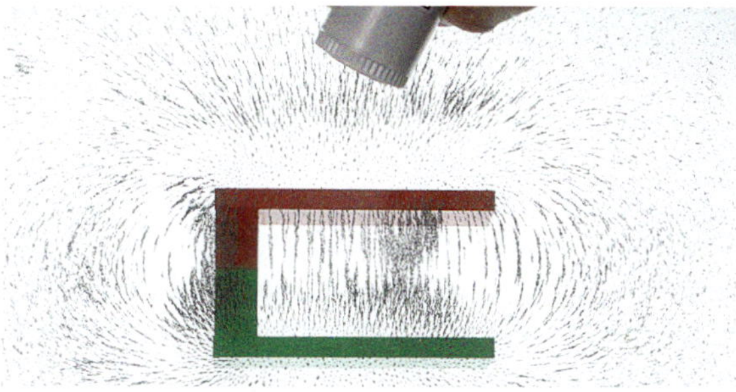

5

**3 Magnet und Magnetnadeln**
Die Umgebung eines Magneten kann man auch mit vielen kleinen Magnetnadeln untersuchen. Beobachte, was mit den Magnetnadeln passiert und beschreibe. ↑6

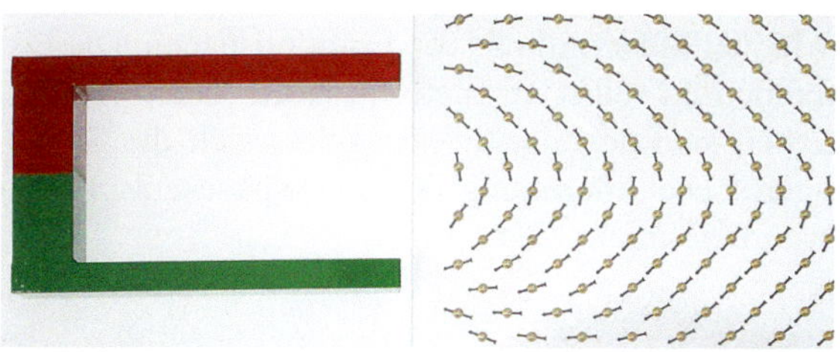

6

**4 Magnetfeld ohne Pole**
Auch ohne Magnetpole kann es ein Magnetfeld geben.
a Wir untersuchen das Magnetfeld um einen gestreckten Draht mit einer Kompassnadel. ↑7 Skizziere das Feldlinienbild.
b Wie hängt die Richtung (Orientierung) der Feldlinien mit der Stromrichtung (Richtung der Elektronenbewegung) zusammen?
c Wovon hängt die Stärke der magnetischen Wirkung ab?

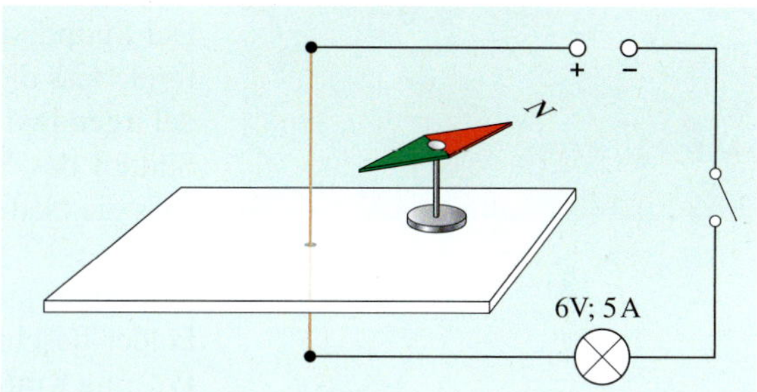


7

**5 Spule und Kompassnadel**
Bild 8 zeigt eine „Spule“ mit nur einer Windung. Untersuche ihre Wirkung auf eine Kompassnadel. (Schließe den Stromkreis jeweils nur für kurze Zeit!) Was geschieht, wenn man die Batterie umpolt? Vergleiche die Wirkung der Spule mit der eines Stabmagneten. ↑8

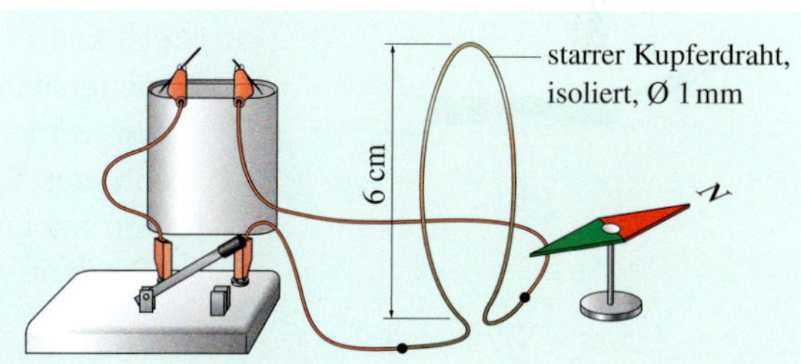


8

## Probier 's mal!

**1 Magnete und Eisenfeilspäne**
Untersuche die Umgebung von Magneten mithilfe von Eisenfeilspänen. Stelle dazu aus einem magnetisierten Laubsägeblatt zwei stabförmige Magnete und einen hufeisenförmigen Magneten her.
Lege den Hufeisenmagneten auf ein Stück Papier und streue gleichmäßig Eisenfeilspäne in die Umgebung des Magneten. Klopfe vorsichtig gegen die Pappe. Skizziere, wie die Ketten aus Eisenfeilspänen verlaufen.
Wiederhole das Experiment mit einem stabförmigen Teil des Laubsägeblattes. Lege beide Stabmagnete so hin, dass sie einander anziehen. Wie ordnen sich die Eisenfeilspäne an?

## GRUNDLAGEN: Magnetfelder – Feldlinien als Vorstellungshilfe

Wenn du einen Körper in Bewegung setzen willst, kannst du ihn direkt berühren oder z. B. mit einer Stange eine Kraft auf ihn ausüben. Ein Magnet dagegen übt auch dann eine Kraft auf eine Magnetnadel aus, wenn er sie gar nicht berührt.

1

**Den Raum um einen Magneten, in dem eine magnetische Wirkung zu beobachten ist, bezeichnet man als Magnetfeld.**

Um sich eine Vorstellung vom Magnetfeld machen zu können, kann man z. B. die Kraftwirkung auf einen magnetischen Nordpol untersuchen. Da man keine Einzelpole erzeugen kann, bedient man sich eines Tricks: Man lässt eine Magnetnadel in einem Becken schwimmen. ↑1

Der Südpol der schwimmenden Nadel ist so weit vom Stabmagneten entfernt, dass die Kraftwirkung auf ihn keine Rolle spielt. Wenn man die Nadel irgendwo im Magnetfeld loslässt, schwimmt sie in weitem Bogen zum Südpol des Stabmagneten. (Die Reibung des Wassers verhindert dabei, dass die Nadel zu schnell wird.)

Feldlinien sind Modellvorstellungen, mit deren Hilfe man magnetische Felder beschreiben kann. Längs einer Feldlinie erfährt ein magnetischer Pol eine Kraft. Ein Nordpol wird immer zum Südpol des Feld erzeugenden Magneten hingezogen und von dessen Nordpol abgestoßen. Auf einen Südpol wirken entgegengesetzt gerichtete Kräfte. In Skizzen versieht man die Feldlinien häufig mit Pfeilen, die die Richtung der Kraft auf einen Nordpol angeben. ↑3

In einem Magnetfeld kann man sich in jedem Punkt genau eine Feldlinie denken. Ihre Richtung zeigt an, in welche Richtung ein magnetischer Nordpol gezogen wird.

Eine kurze Magnetnadel stellt sich in einem Magnetfeld immer in Richtung der Feldlinie, die durch ihren Drehpunkt verläuft – vorausgesetzt, die Nadel kann sich frei drehen. ↑2

Oft untersucht man Magnetfelder mithilfe von Eisenfeilspänen: Die Eisenspäne werden im Magnetfeld selbst magnetisch; Nord- und Südpole benachbarter Späne ziehen sich gegenseitig an, sodass sich die Späne zu Ketten aneinanderlagern. Die Anordnung der Eisenspäne entspricht ungefähr dem Verlauf von Feldlinien. ↑3, 4

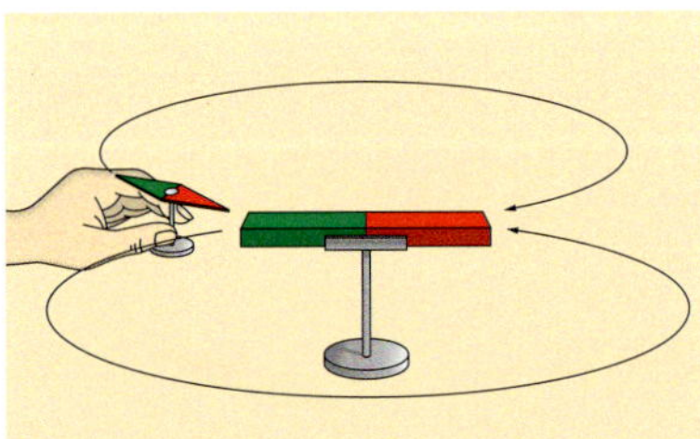

2

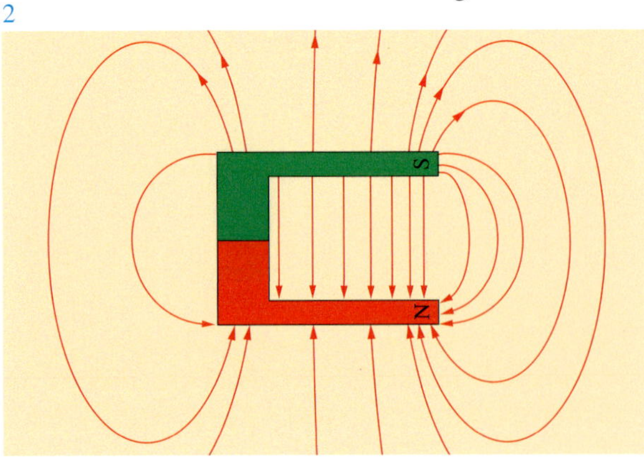


3

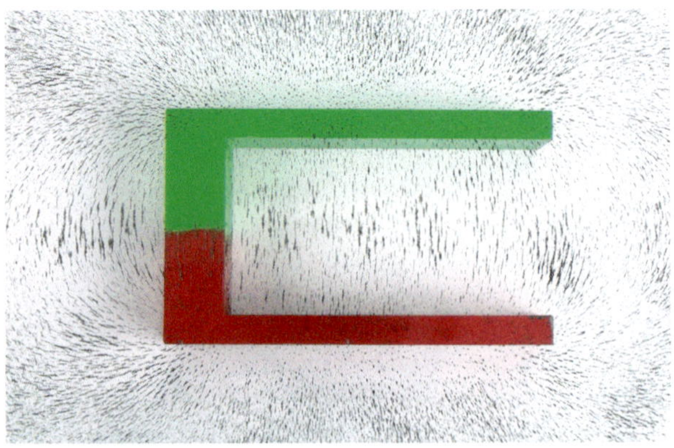

4

## GRUNDLAGEN: Elektrischer Strom und Magnetfeld

Fließt ein elektrischer Strom durch einen Leiter, lassen sich in seiner Umgebung Kräfte auf magnetische Körper beobachten. So kann z. B. die Magnetnadel eines Kompasses aus der Nord-Süd-Richtung abgelenkt werden.

**Ein elektrischer Strom ist von einem Magnetfeld umgeben.**

Auch diese Magnetfelder kann man mit Feldlinien veranschaulichen. Bringt man eine Magnetnadel an eine Stelle des Feldes und führt sie immer in die Richtung, in die ihr Nordpol zeigt, erhält man den Verlauf einer Feldlinie. Für magnetische Feldlinien hat man einen Richtungssinn vereinbart: Die Feldlinie gibt in jedem Punkt die Richtung der Kraft an, die auf einen magnetischen Nordpol ausgeübt wird. Mit Feldlinien kann man auch das Magnetfeld um einen stromdurchflossenen Draht veranschaulichen. ↑5

**Das Magnetfeld eines gestreckten Drahtes kann durch kreisförmige Feldlinien veranschaulicht werden. Die Feldlinien liegen in Ebenen senkrecht zum Draht.**

Die Feldlinien sind nicht immer im Uhrzeigersinn orientiert. Polt man die Spannungsquelle um und ändert damit die Bewegungsrichtung der Elektronen, dreht sich die Magnetnadel um 180°. Daraus schließt man, dass der Richtungssinn der Feldlinien von der Stromrichtung abhängt.
Mit der „Linke-Faust-Regel“ können wir den Richtungssinn der Feldlinien vorhersagen: Man hält den Daumen in Richtung der Elektronenbewegung. (Er muss in Richtung des Leiters zum Pluspol der Quelle weisen.) Die zur Faust geschlossenen Finger zeigen dann in die gleiche Richtung wie die Feldlinien. Auch wenn der Leiter zu einem Kreis gebogen wird, erhält man nach dieser Regel den Richtungssinn der Feldlinien. ↑6
Eine solche Leiterschleife hat Ähnlichkeiten mit einem Dauermagneten: Die eine Seite der Drahtschleife stößt den Nordpol einer Magnetnadel ab; sie entspricht einem Nordpol. Die andere verhält sich wie ein Südpol.

**Magnetfeld einer Spule** Auch bei einer stromdurchflossenen Spule kann man den Verlauf der Feldlinien darstellen. ↑7
Die magnetische Wirkung der Spulen hängt von der Anzahl ihrer Windungen ab: Je mehr Windungen eine Spule hat, desto größer ist ihre magnetische Wirkung (bei gleicher Spulenlänge und gleicher Stromstärke). Die Magnetwirkung ist außerdem umso größer, je größer die Stromstärke ist. Ein Eisenkern verstärkt die magnetische Wirkung einer Spule erheblich. Der Eisenkern wird im Magnetfeld der Spule selbst zu einem starken Magneten. Man erkennt, dass die Feldlinien auf der rechten Seite aus der Spule „austreten“. Hier ist der Nordpol der Spule und auf der anderen Seite der Südpol. ↑8
Mit der „Linke-Faust-Regel“ können wir auch vorhersagen, wo sich bei einer stromdurchflossenen Spule der Nord- bzw. Südpol befindet. Man legt die zur Faust geschlossenen Finger in Richtung der Elektronenbewegung auf die Spule. Der Daumen zeigt dann in die Richtung, in der sich am Ende des Spulenkörpers der Nordpol der Spule befindet.

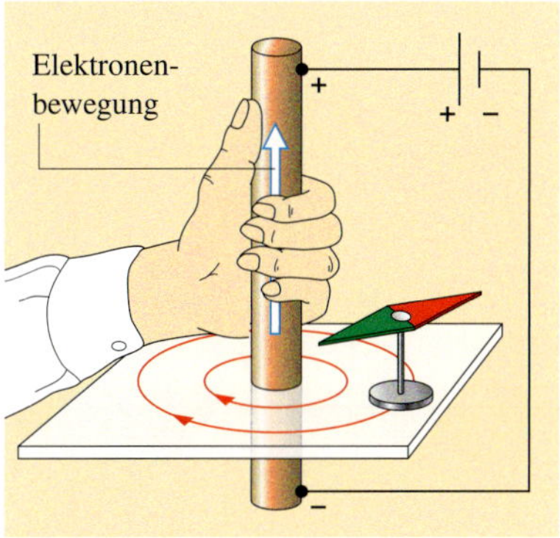

5

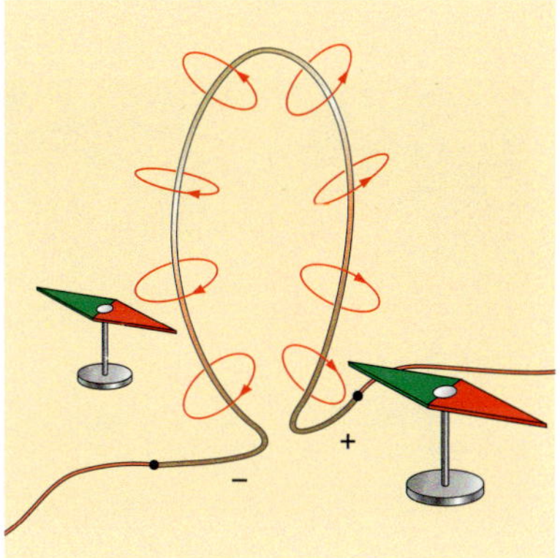

6

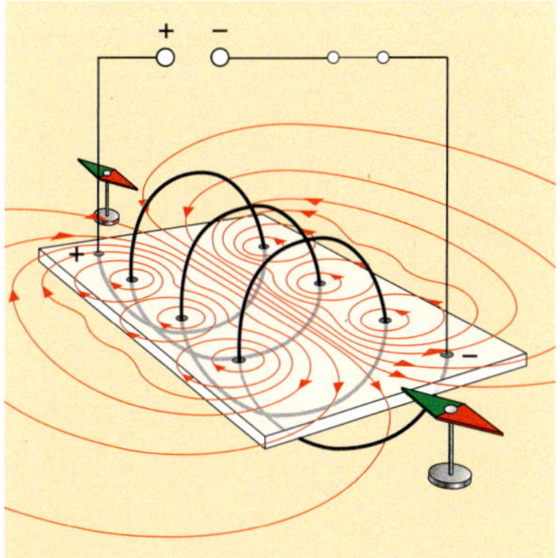

7

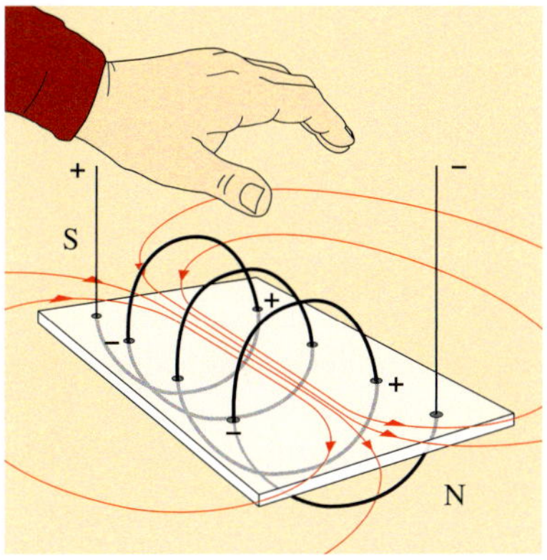

8

## *Aus der Natur* Van-Allen-Gürtel und Polarlicht

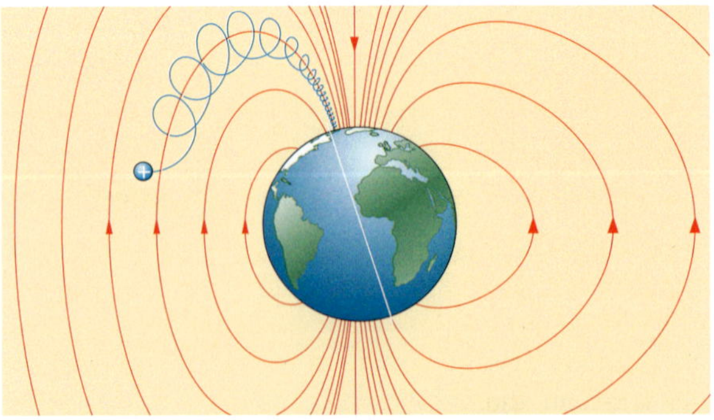

1 Ablenkung geladener Teilchen im Magnetfeld

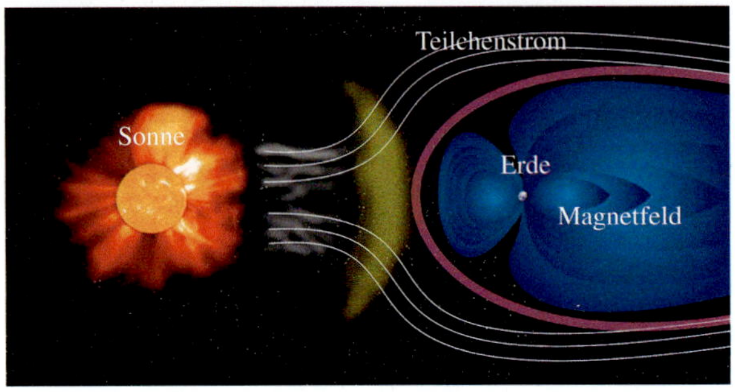


2

3

**Der Van-Allen-Gürtel** Das Magnetfeld der Erde wird vermutlich durch Bewegung der elektrisch leitenden Materie des flüssigen Erdkerns hervorgerufen. Es hat eine Form, wie sie ein Stabmagnet im Erdmittelpunkt hervorrufen würde. Das Feld hat Einfluss auf elektrisch geladene Teilchen, die vor allem von der Sonne stammen. Sie werden im Magnetfeld der Erde abgelenkt und führen spiralförmige Bewegungen aus. ↑1

Die Teilchen laufen hin und her und können so für lange Zeit im Magnetfeld der Erde gefangen bleiben (Elektronen bis zu etwa zwei Jahren).

Durch den Einfang geladener Teilchen entstehen um die Erde zwei Gürtel, die sich durch eine besonders hohe Dichte von bewegten Ladungsträgern und durch eine starke Teilchenstrahlung auszeichnen. Man nennt sie nach ihrem Entdecker Van-Allen-Gürtel.

Im inneren Strahlungsgürtel zwischen 700 km und 3000 km befinden sich hochenergetische Protonen.

Der äußere Gürtel liegt in Höhen zwischen 20 000 km und 25 000 km und besteht aus Elektronen.

Ein Mensch, der sich ungeschützt in einem solchen Gürtel aufhielte, würde durch diese Teilchengeschosse sofort getötet.

Neben der Lufthülle schützt auch das Magnetfeld der Erde die Menschen auf der Erde vor der, von der Sonne ausgehenden, Teilchenstrahlung.

**Das Polarlicht** Der Teilchenstrom von der Sonne prallt nicht ungehindert und direkt auf unseren Planeten. Die elektrisch geladenen Teilchen stellen einen elektrischen Strom dar und sind von einem Magnetfeld umgeben. Daher werden sie durch das Erdmagnetfeld abgelenkt und auch dieses wird durch das Magnetfeld der bewegten geladenen Teilchen des Sonnenwindes beeinflusst. ↑1, 2

Der Teilchenstrom verändert das Erdmagnetfeld erheblich. Während es auf der Tagseite stark zusammengequetscht wird, wird es auf der Nachtseite weit in den Weltraum hinein zu einem riesigen Schweif verzerrt. Die Sonnenwindteilchen strömen auf der Tagseite an der Magnetosphäre vorbei und sickern in den hinteren Teil der Magnetosphäre ein. Von dort können die Teilchen dann wieder zur Erde zurückkehren. Auf komplizierten Wegen treffen sie in Polnähe in einigen hundert Kilometern Höhe auf die oberen Luftschichten. Dort nämlich, wo die Magnetfeldlinien relativ senkrecht zur Erdoberfläche aus- bzw. eintreten, hat das Magnetfeld der Erde kaum eine Abschirmwirkung. Hier nähern sich die geladenen Sonnenwindpartikel mit hoher Geschwindigkeit und prallen mit den Atomen und Molekülen der Luft zusammen. Bei diesem Zusammenprall entsteht eine vielfarbige Leuchterscheinung, das Polarlicht. ↑3

## *Aus der Geschichte* Von der wundersamen Erscheinung des Magnetismus

Die wundersame Erscheinung des Magnetismus übte schon im Altertum eine große Anziehungskraft auf die Menschen aus. C. PLINIUS DER ÄLTERE (23–79 n. Chr.), ein weit gereister und belesener römischer Offizier, überlieferte in seiner *Naturkunde* Folgendes: Magnes, ein Hirte, wäre vom Berge Ida festgehalten worden, weil sich in seinen Sandalen eiserne Stifte befunden hätten.

Von einem Magnetberg, an dem Schiffe zerschellt sein sollen, ist auch in den indisch-arabischen *Erzählungen aus Tausendundeiner Nacht* die Rede, die aus dem 10. bis 14. Jahrhundert stammen. ↑4

4

Dem Magnetismus wurden immer wieder heilende Wirkungen nachgesagt. Vor 200 Jahren zog z. B. der vom Bodensee stammende Arzt FRANZ ANTON MESMER als *magnetischer Wunderheiler* durch Europa. Er behandelte Kranke in Bottichen mit *magnetischem Wasser* und bestrich ihre Körper mit Magneten. In Paris wurde er als Betrüger entlarvt. Obwohl man heute viel über den Magnetismus weiß, bleibt er geheimnisvoll.

Wir wissen nicht viel mehr als FARADAY, auf den die Feldlinienvorstellung zurückgeht. FARADAY schrieb vor mehr als 170 Jahren: *Die Kräfte wirken offenbar aus der Ferne. Ihre physikalische Natur ist uns unverständlich.*

Bereits im 12. Jahrhundert gab der arabische Philosoph AVERROËS folgende Erklärung: *Der Magnet verändert die Teile des Mediums, z. B. Luft oder Wasser, wenn er sie berührt, und diese verändern dann die nächsten Teile und so weiter, bis der Magnetismus das Eisen erreicht, in dem eine Wirkkraft hervorgerufen wird, die verursacht, dass es sich dem Magneten nähert.*

MICHAEL FARADAY zeigte, dass diese Erklärung falsch war, ja er ahnte, dass zwischen Magnet und Eisen gar kein Medium vorhanden sein muss: *Die Materie ist nicht unentbehrlicher für die physikalischen Linien magnetischer Kraft als für einen Licht- oder Wärmestrahl… Experimentell genommen ist der bloße Raum magnetisch… Wenn später eine andere Vorstellung von dem Zustand des Raumes oder seiner Beschaffenheit auftauchen sollte, so muss sie in das Bild dessen einverleibt werden, was heute in Bezug auf das Experiment der bloße Raum genannt wird.*

## *Aus der Natur* Brieftauben mit eingebautem Kompass

Bei Brieftauben befinden sich Magnetitkristalle im Oberschnabelgewebe; es steht mit Nervenfasern in Verbindung. Diese Magnetitkristalle ändern ihre Form, wenn sich das umgebende Magnetfeld ändert. Diese Deformation ruft an der den Kristall umgebenden Membran eine Potenzialveränderung hervor, die dann an fortführenden Nerven eine Erregung auslöst und so die Information zum Gehirn weiterleitet.

Mit solch einem Rezeptorsystem ist es Brieftauben möglich, kleinste Veränderungen des umgebenden Magnetfeldes zu „messen“. Sie können diese Informationen so verarbeiten, dass sie ihren Weg „nach Hause“ in ihren Taubenschlag finden.

5 Mit einem aufgeklebten Magneten können Tauben Magnetreize nicht mehr wahrnehmen.

## Experimente

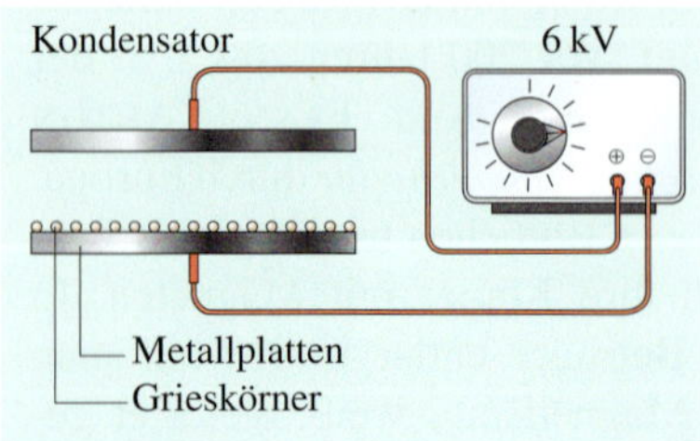

1

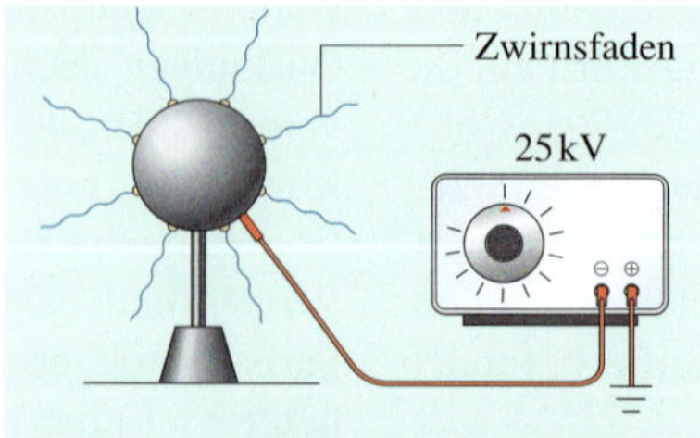

2

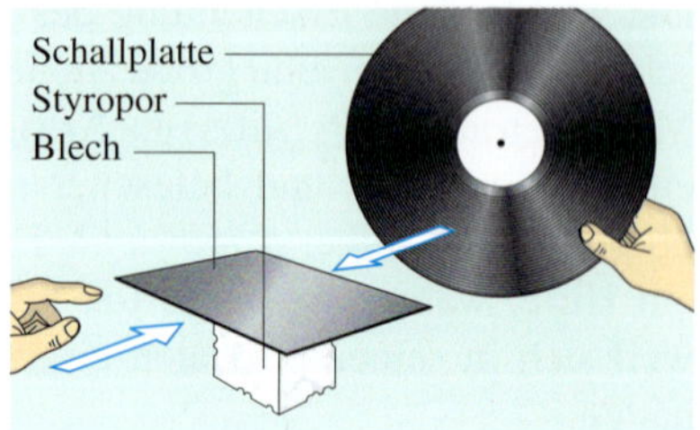

3

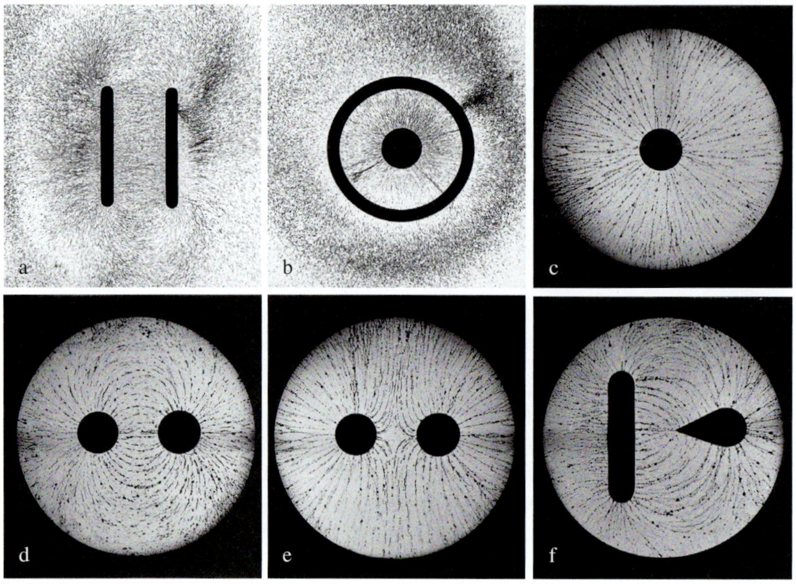

4

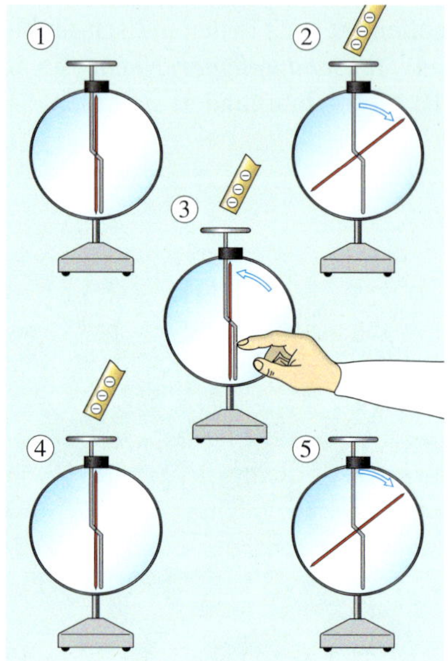

5

**1 Grießkörner**
Zwei Metallplatten werden wie in Bild 1 an eine Hochspannungsquelle angeschlossen. Deute das Verhalten der Grießkörner. ↑1

**2 Radialsymetrisches Feld**
Die Vorstellung eines elektrischen Feldes um einen geladenen Körper herum unterstützt das in Bild 2 dargestellte Experiment. ↑2
Erläutere diese Behauptung.

**3 Bilder vom elektrischen Feld**
Verschieden geformte Metallkörper befinden sich in Rizinusöl. In das Öl sind Grießkörner gestreut worden.
Wenn eine hohe Spannung angelegt wird, ergeben sich die Bilder a bis f. ↑4
In den ungeladenen Grießkörnern findet im Feld zwischen den Elektroden eine Ladungsverschiebung statt.
Beschreibe und erläutere das Ergebnis.

**4 Funken**
Lege ein Blech auf isolierendes Material (z. B. Styropor). Nähere dem Blech zunächst eine geriebene Schallplatte bis auf wenige Millimeter und dann deine andere Hand. ↑3
Was kannst du beobachten? Entferne jetzt Schallplatte und Hand und nähere dann nur die Hand dem Blech. Der Vorgang lässt sich beliebig oft wiederholen – probiere es aus. Überprüfe mit einer Glimmlampe die Ladungsarten des Blechs. Erläutere, wieso man immer wieder „Funken ziehen" kann. Hinweis: Fasst man die Glimmlampe mit der Hand an einem Anschluss an und berührt man mit dem anderen den geladenen Körper, so leuchtet das Gas um die Elektrode an der Seite des Körpers auf, wenn dieser negativ geladen ist.

**5 Elektroskop**
Ein Elektroskop wird aufgeladen. Dabei berührt der Stab das Elektroskop nicht. Ist das Elektroskop positiv oder negativ geladen? Begründe. ↑5

**GRUNDLAGEN: Das elektrische Feld – Feldlinien**

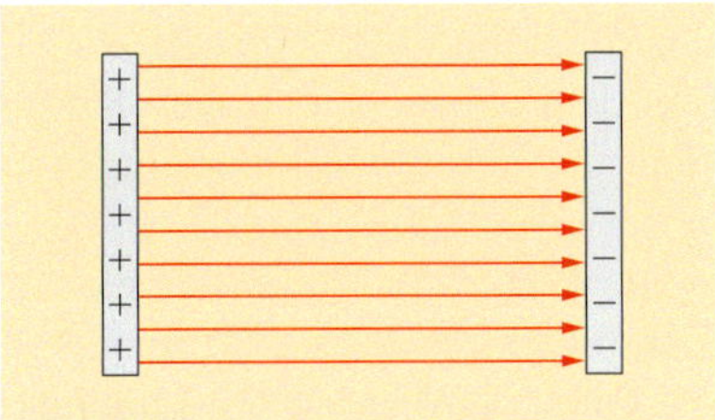

6

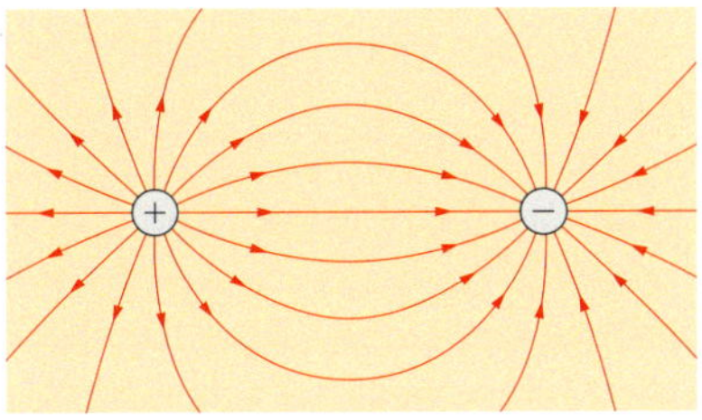

7

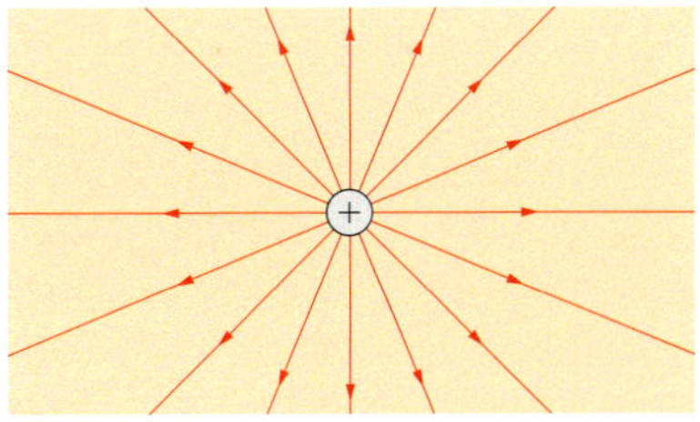

8

**Im Raum um geladene Körper besteht ein elektrisches Feld. Im elektrischen Feld werden auf Ladungsträger Kräfte ausgeübt. Man veranschaulicht sich ein elektrisches Feld durch Feldlinien. Die Richtung einer Feldlinie in einem Punkt ist durch die Richtung der Kraft auf eine kleine positive Ladung in diesem Punkt festgelegt.**

Feldlinien beginnen an einer positiven Ladung und enden an einer negativen. Ein positiv geladener Körper wird in Feldlinienrichtung beschleunigt, ein negativ geladener entgegen der Feldlinienrichtung. Im elektrischen Feld kann man sich durch jeden Punkt genau eine Feldlinie denken. Die Kraft auf ein und denselben Körper kann an verschiedenen Punkten eines Feldes unterschiedlich groß sein. Eine größere Kraft führt man auf ein stärkeres elektrisches Feld zurück. Das stärkere Feld kann man durch dichter liegende Feldlinien veranschaulichen. Feldlinien sind eine Modellvorstellung. Sie helfen, Naturerscheinungen leichter „zu verstehen". ↑6–8

*Beispiel:* Zwei unterschiedlich geladene Metallkugeln stehen einander gegenüber. Lässt man einen kleinen Wattebausch auf eine der Kugeln fallen, so fliegt er anschließend zwischen beiden Kugeln auf unterschiedlichen Bahnen hin und her. Wir erklären die Beobachtung einmal …

### Schon gewusst?

Unter dem Einfluss eines elektrischen Feldes verschieben sich Ladungen eines leitenden Körpers. Man nennt diesen Vorgang elektrische Influenz.

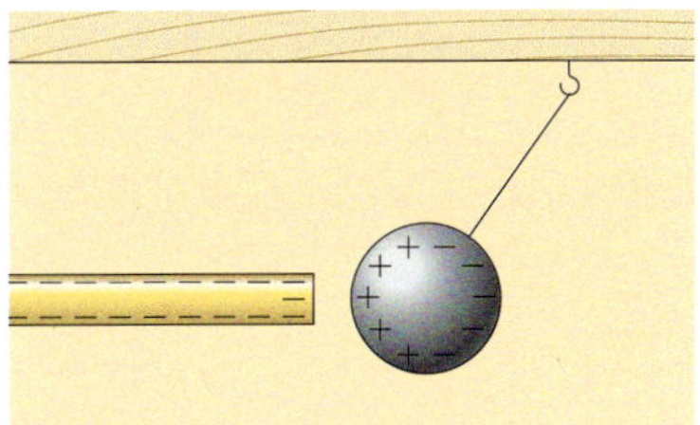

9

### … ohne Feldtheorie

Die Watte lädt sich beim Berühren der positiv geladenen Kugel positiv auf. Aufgrund der gleichnamigen Ladungen stoßen sich Kugel und Watte ab. Gleichzeitig ziehen sich aufgrund der ungleichnamigen Ladung die andere Kugel und die Watte an. Auch die Bahnen, auf denen sich die Watte bewegt, können wir erklären: Die Kraft $F$, die in einem Punkt zwischen den Kugeln auf eine positive Ladung wirkt, kann man sich als Resultierende zweier Kräfte denken. Weil der Probekörper von den Kugeln unterschiedlich weit entfernt ist, haben die anziehenden und abstoßenden Einzelkräfte verschiedene Beträge. Die Watte bewegt sich daher nicht auf dem kürzesten Weg zwischen den Kugeln hin und her.

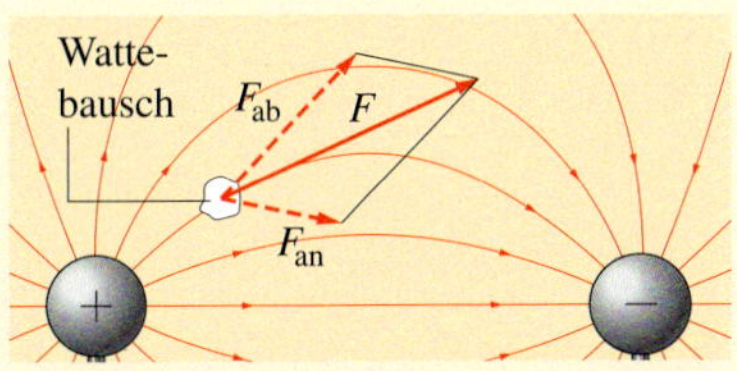


10 Die anziehende Kraft $F_{an}$ ist kleiner als die abstoßende $F_{ab}$, weil der Wattebausch sich in diesem Moment näher an der positiv geladenen Kugel befindet.

### … mit Feldtheorie

Die Watte lädt sich beim Berühren der positiv geladenen Kugel positiv auf. Im elektrischen Feld zwischen den Kugeln wird auf sie eine Kraft in Richtung der Feldlinien ausgeübt.

## GRUNDLAGEN: Elektrisches Potenzial und elektrisches Feld

Legt man an einen Leiter eine elektrische Spannung, fließt ein Strom. Im Leiter bildet sich ein elektrisches Feld, in dem auf die Elektronen Kräfte ausgeübt werden und sie sich in Richtung der Feldlinien (aber entgegen deren Orientierung) bewegen. ↑1

Beim Einschalten einer Lampe werden alle Elektronen im Leiter gleichzeitig beschleunigt, daher leuchtet die Lampe ohne jede Verzögerung.

Auch in einem elektrischen Feld (ohne Leiter) werden auf die Ladungsträger Kräfte ausgeübt. Kann man entlang den Feldlinien eine Spannung messen und jedem Punkt im Feld ein elektrisches Potenzial zuordnen?

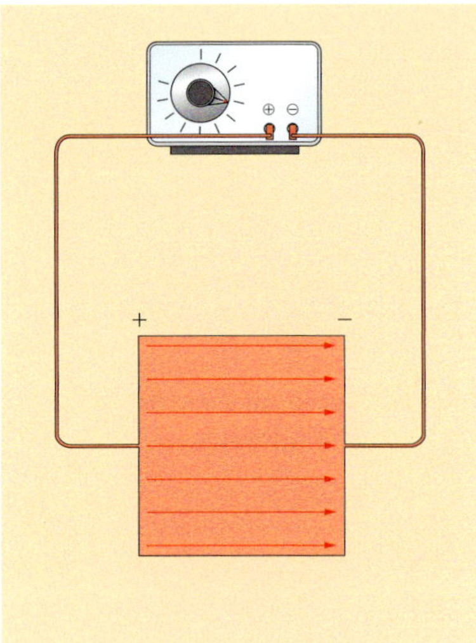


1

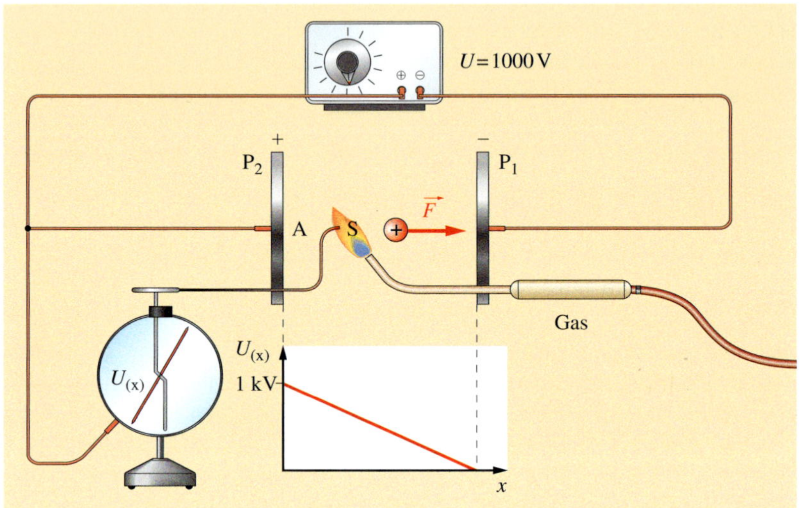


2

Das entsprechende Experiment gelingt mit einem Trick:

Wir legen an zwei Metallplatten eine Spannung von 1000 V. Das Gehäuse eines Elektroskops wird mit der einen Platte verbunden, das Zeigersystem mit einem Draht. Die Drahtspitze (S) wird in eine Gasflamme getaucht, damit Influenzladungen mit den Verbrennungsprodukten abfließen können. Führt man jetzt die Drahtspitze (S) von A langsam nach rechts, steigt die Spannung linear an. ↑2

Ordnen wir dem Punkt A (linke Platte) das Potenzial 0 V zu, hätte der Punkt S bei der eingezeichneten Stelle etwa das Potenzial 450 V; S (450 V).

Führt man die Sonde an irgendeiner Stelle von unten nach oben oder umgekehrt, bleibt der Ausschlag des Elektroskops konstant.

**Längs der Feldlinien ändert sich das Potenzial – auf Wegen senkrecht zu den Feldlinien bleibt es konstant.**

*Die elektrische Feldstärke kann man messen:*

Hier gilt für das Potenzial an der Stelle S: S (450 V) und an einem 1 cm rechts daneben liegenden Punkt P: P (550 V). Die Spannung zwischen den Punkten S und P beträgt also 100 V, ihr Abstand 1 cm. Der Feldstärke $E$ wird hier der Wert $E = 100\,\text{V/cm} = 10\,000\,\text{V/m} = 10\,\text{kV/m}$ zugeordnet. Bei Feldstärken von ca. 2000 kV/m kommt es zu einem „Durchschlag“.

## *Aus der Technik* Entstaubungsanlagen in Kohlekraftwerken

3

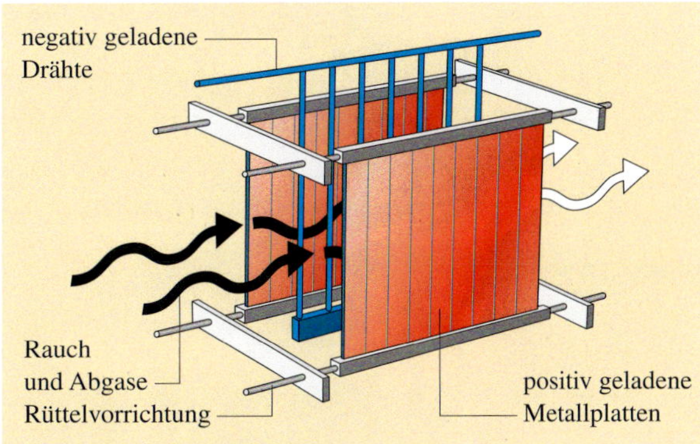


4

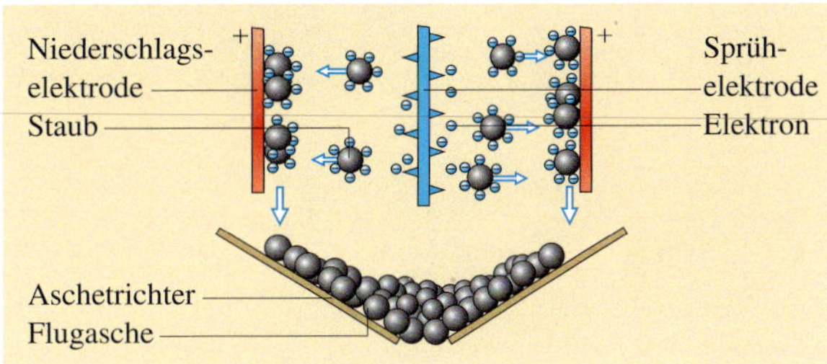


5

Wenn Kohle in einem Ofen verbrennt, bleibt ein kleines Häufchen Asche übrig. In einem Kohlekraftwerk fallen dagegen riesige Mengen Asche an. Immerhin werden in durchschnittlich großen Kraftwerken täglich 125 Waggonladungen Kohle verbrannt!

Die Kohle wird vor dem Verbrennen zermahlen und als Kohlenstaub in die Brennräume der Dampferzeuger geblasen. Beim Verbrennen entsteht eine staubfeine Asche. Ohne Gegenmaßnahmen würde die Asche mit den Verbrennungsgasen durch den Schornstein entweichen und im Umkreis von vielen Kilometern als feiner „Staubregen" niedergehen.

Die Abgase der Kraftwerke müssen deshalb „entstaubt" werden. Bei den in Kraftwerken angewendeten Verfahren spielen Ladung und elektrisches Feld eine Rolle: Eine Entstaubungsanlage ist aus mehreren hintereinander geschalteten Filterzellen zusammengesetzt. Jede dieser Filterzellen besteht aus zwei positiv geladenen Platten und dazwischen gespannten negativ geladenen Drähten. ↑4

Zwischen Platten und Drähten besteht ein starkes elektrisches Feld. Durch die Filterzellen strömt der Rauch. Das elektrische Feld um die Drähte ist so stark, dass Elektronen aus den Drähten „herausgerissen" werden und gleichsam in die Umgebung der Drähte „gesprüht" werden (*Sprühdrähte*). Diese Elektronen treffen auf die Teilchen der Flugasche und setzen sich auf diesen fest. Damit werden die kleinen Ascheteilchen selbst negativ geladen. Sie werden durch das elektrische Feld zu den positiv geladenen Platten geführt und schlagen sich dort nieder. Die Platten werden ständig gerüttelt. Die Ascheteilchen fallen daher ab und können mit Wasser aus den Filterzellen herausgespült werden. ↑5

6

**1** Begründe, warum das elektrische Feld um die Drähte so stark ist, dass Elektronen aus den Drähten „herausgerissen" werden.

**2** Wie kannst du erreichen, dass der Rauch der Kerze von der Folie angezogen wird? ↑6

## *Aus der Technik* Der faradaysche Käfig

1

Bild 1 zeigt ein Experiment, das Aufsehen erregt: Ein Auto wird vom Blitz getroffen. Meterlang ist er und er schlägt krachend in das Fahrzeug ein. Den Insassen aber passiert nichts!

Ganz ungefährlich ist aber ein Blitz für ein fahrendes Auto nicht: Der Fahrer kann erschrecken, eventuell wird er geblendet oder die Reifen werden zerstört. Dass die Insassen jedoch einen Blitzschlag erleiden, ist völlig ausgeschlossen.

Wieso sind die Insassen eines Autos vor einem Blitzschlag geschützt und wie verläuft der Blitz weiter, wenn er das Auto getroffen hat?

Bereits vor ca. 170 Jahren hat der englische Physiker MICHAEL FARADAY (1791–1867) ein Experiment durchgeführt, das uns diese Frage beantwortet: Er ließ aus Holzleisten einen Würfel mit 3 m Kantenlänge bauen und mit einem Netz aus Kupferdrähten bespannen. Von innen ließ er eine gut leitende Schicht aus Zinnfolie auf die Drähte kleben. Der Würfel wurde so aufgestellt, dass er gegen den Erdboden isoliert war.

Dann begab sich FARADAY mit einem empfindlichen Ladungsanzeiger – einem Elektroskop – in den Würfel. Anschließend wurde der Würfel von außen stark aufgeladen. Auf den Innenflächen konnte FARADAY jedoch keine Ladung nachweisen. Alle überzähligen Ladungsträger mussten also auf der Außenfläche sitzen. Im Innern des Würfels war kein elektrisches Feld vorhanden. Ähnliche Beobachtungen kann man bei allen metallischen Hohlkörpern machen: Die Ladung befindet sich stets nur an der Außenfläche, im Innern des Hohlkörpers ist kein elektrisches Feld vorhanden.

Den Würfel aus FARADAYS Experiment und ähnliche Hohlkörper aus Metall nennt man faradaysche Käfige. Auch ein Auto stellt einen faradayschen Käfig dar. Wird es vom Blitz getroffen, so bleiben die Ladungsträger auf der Außenseite der Karosserie und fließen über sie zur Erde ab. Ins Innere können sie nicht eindringen – das Autoinnere bleibt frei von durch Blitzen verursachten elektrischen Feldern.

Faradaysche Käfige werden für empfindliche elektrische Geräte (Teile in Radios, Fernsehern und Computern) verwendet, um von außen kommende elektrische Störungen zu verhindern.

Aus dem gleichen Grund benutzt man abgeschirmte Kabel zur Übertragung schwacher elektrischer Signale. Das Drahtgeflecht unter der Isolierung ist ein lang gestreckter faradayscher Käfig. Abgeschirmte Kabel sind z. B. die Verbindungskabel zwischen CD-Player und Verstärker, Mikrofon- und Antennenkabel. ↑2

2 Abgeschirmtes Kabel

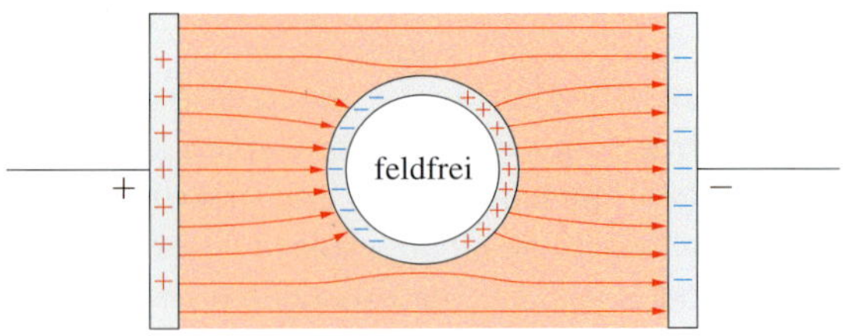


3

**1** Begründe mithilfe von Bild 3, warum das Innere eines metallischen Körpers feldfrei bleibt. ↑3

**2** Kann ein Blitz den Personen in der Kajüte eines Bootes Schaden zufügen, wenn die Kajüte
- a aus Kunststoff,
- b aus Holz,
- c aus Aluminium,
- d aus Stahl gebaut ist?

## *Aus der Technik* Blitzschutz heute

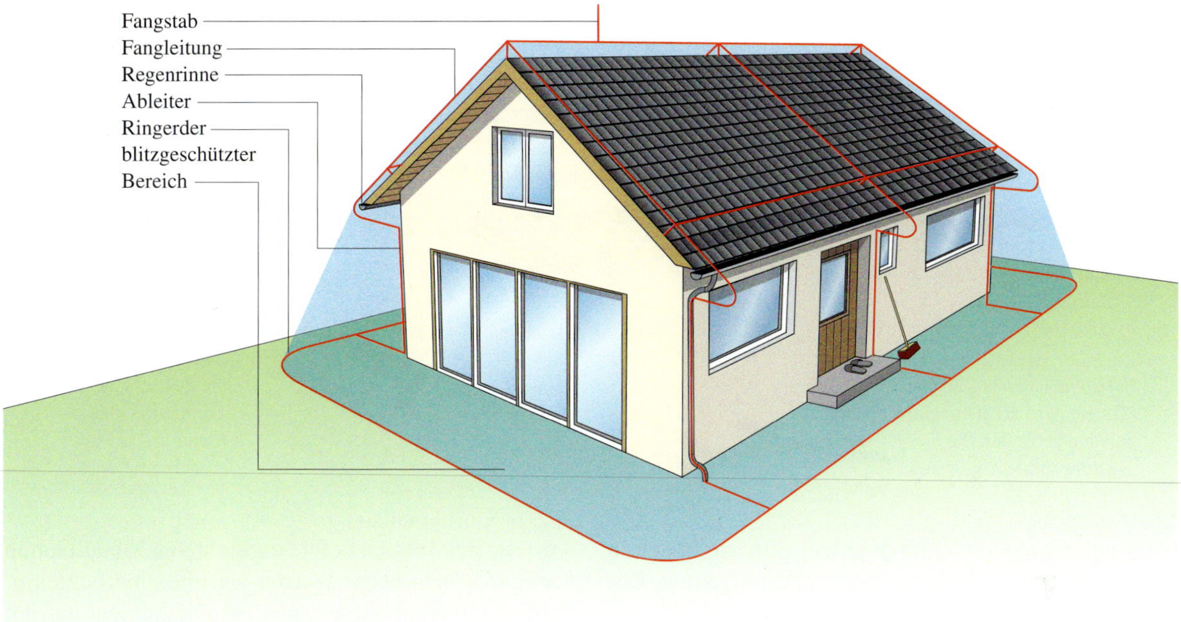

4

Fast alle Wohnhäuser sind heute mit einer Blitzschutzanlage ausgerüstet. Zwischen dem Fangstab und der elektrisch geladenen Gewitterwolke kann ein elektrisches Feld entstehen, das um den Fangstab herum besonders stark ist. Bildet sich ein Blitz, wird er über Fangstab und Fangleitung zur Erde abgeleitet – der Raum um das Haus ist „Blitz geschützt". ↑4

Durch die Blitzschutzanlage muss die elektrische Ladung des Blitzes über den Ableiter direkt zur Erde geführt werden. Dabei dürfen sich die Leitungen nicht so stark erhitzen, dass sie schmelzen; sonst würde ja die ganze Anlage wirkungslos werden Deshalb bestehen die Ableiter aus etwa 1 cm dicken Eisendrähten; sie erhitzen sich nicht zu stark.

Um eine gut leitende Verbindung zum Erdreich herzustellen, legt man heute bei Neubauten häufig einen Ringerder an. Das ist ein etwa 5 cm breites Metallband, das ungefähr 1 m tief eingegraben oder direkt im Beton des Fundaments eingegossen ist. An ihm sind alle Ableiter und die Fallrohre der Regenrinne angeschlossen.

In früherer Zeit wurden sehr oft auch Hochspannungsleitungen von Blitzschlägen getroffen. Wenn ein Blitz in solche Leitungen einschlägt, kann das schwerwiegende Folgen haben: Durch Funkenüberschläge werden Isolatoren zerstört oder es kommt zu Beschädigungen an Schaltanlagen und Transformatoren der Umspannwerke. Dann fallen die Leitungen oft tagelang für die Stromversorgung aus. Deshalb sind heute auch die Hochspannungsleitungen meistens gegen Blitzschlag gesichert. ↑5

Die Drähte, die du siehst, sind alle – bis auf einen – an große Isolatoren aus Porzellan befestigt. Und dieser eine nicht isoliert angebrachte Draht dient dem Blitzschutz. Er verbindet eine Mastspitze mit der anderen. Eigentlich ist er nichts anderes als eine sehr lange Fangleitung, die durch jeden Mast mit der Erde verbunden ist. Er stellt so den „blitzgeschützten Bereich" her, in dem sich die Hochspannungsleitungen befinden.

5

## *Aus der Technik* Wie ein Fotokopierer funktioniert

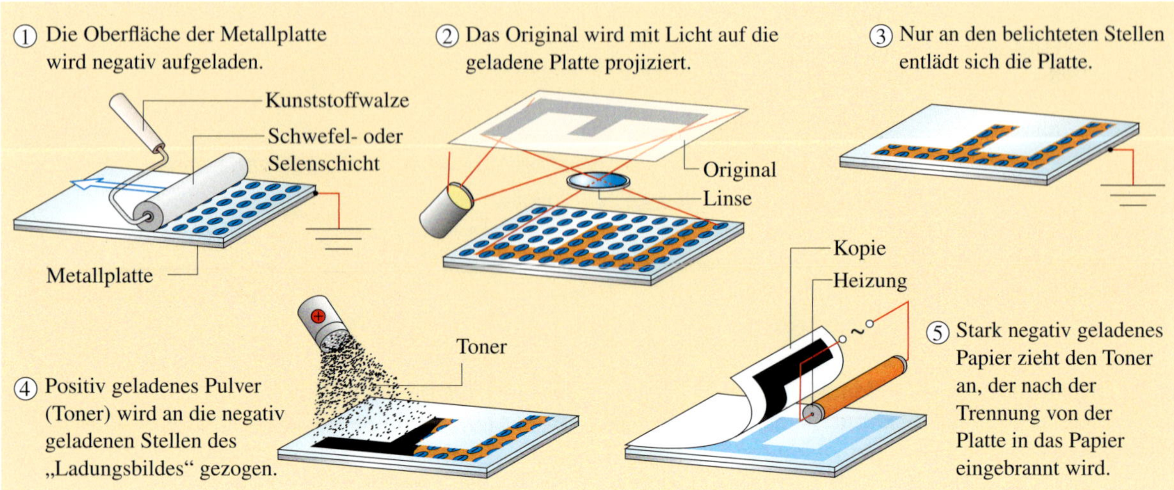


1

Fotokopierer stehen heute in jedem Büro und auch in allen Schulen. Sie liefern schnell originalgetreue Kopien der Vorlagen.

Das Kopierverfahren wurde 1935 in den USA von CHESTER F. CARLSON entwickelt. Er verwendete eine Metallplatte, die mit Schwefel beschichtet war. Dieser Stoff hat eine besondere Eigenschaft: Im Dunkeln ist Schwefel ein Nichtleiter. Durch Belichtung wird er zu einem elektrischen Leiter.

Die heutigen Kopiergeräte beruhen auf CARLSONS Erfindung. Die Ziffern ①–⑤ in Bild 1 weisen auf die Schritte des Kopierverfahrens hin. ↑1

Anstelle der mit Schwefel beschichteten Metallplatten verwendet man heute Walzen, auf die eine lichtempfindliche Schicht aufgetragen ist. Die Schicht auf der Bildtrommel besteht heute z. B. aus Selen, einem Stoff, der bei Beleuchtung zum Leiter wird. Deshalb muss es im Gehäuse eines Kopierers auch immer ganz dunkel sein – bis auf die kurze Zeit, in der die Bildtrommel belichtet wird. ↑2

CARLSON hat die lichtempfindliche Schicht mit einem Puder aus Baumharz bestreut. Als Toner nimmt man heute fein gemahlenen schwarzen Kunststoff, der leicht schmilzt.

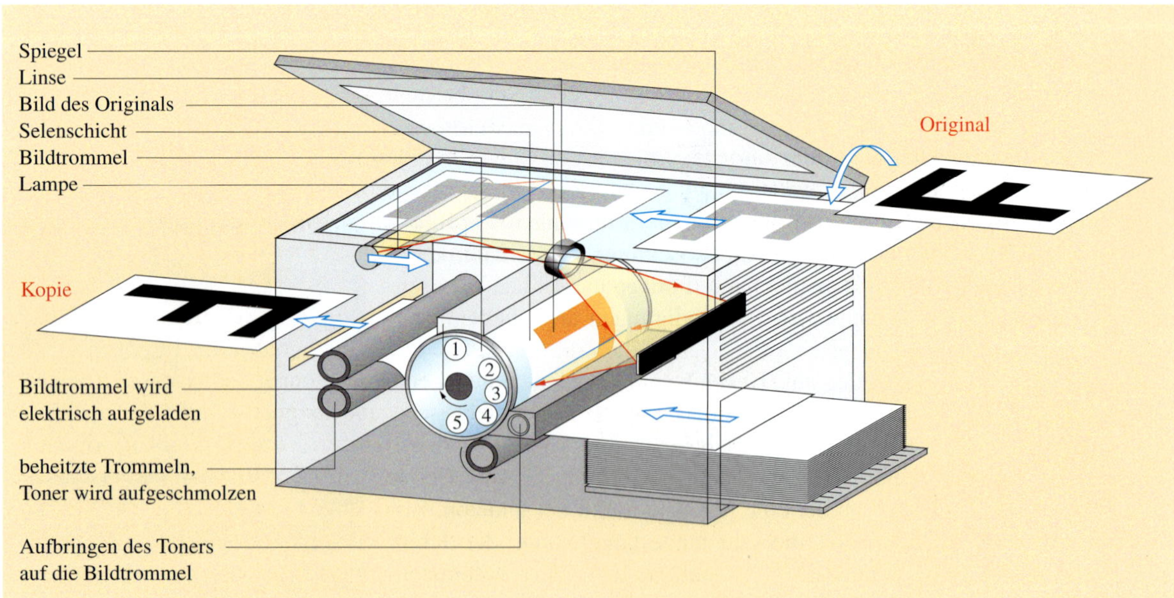


2

## Nahwirkung oder Fernwirkung? Felder

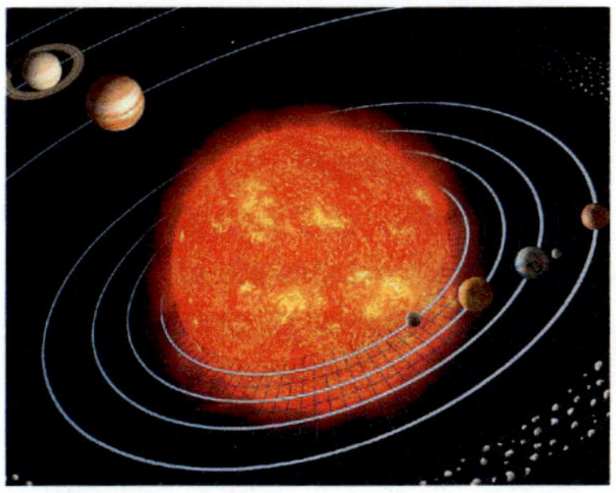
3

4

5

### 1 Problem

*Gravitation:*

Dass Isaac Newton die Planetenbewegungen aus einem physikalischen Gesetz – dem Gravitationsgesetz – berechnen konnte, beeindruckte seine Zeitgenossen. Allerdings konnte sich niemand vorstellen, wie angesichts der riesigen räumlichen Entfernungen Kraftwirkungen zwischen Sonne und Planeten zustande kommen sollten. Wie sollte eine Kraft über 150 Millionen Kilometer hinweg durch den leeren Raum hindurch wirken können? Eine solche *Fernwirkung* war nicht zu verstehen. Aber irgendwie muss diese Kraft doch übertragen werden! ↑3

Newton konnte keine Mechanismen für die Kraftübertragung angeben – und das in einer Zeit, in der man glaubte, alle Zusammenhänge mechanisch deuten zu können. Newton selbst fand *die Vorstellung einer Anziehungskraft, die über große Entfernungen im leeren Raum wirken sollte, abstoßend und einer guten Physik unwürdig.*

*Magnete und elektrisch geladene Körper:*

Auch bei Magneten oder elektrisch geladenen Körpern beobachtet man Kraftwirkungen, ohne dass sich die Körper berühren. Auf welche Weise eine Kraftwirkung stattfindet, ist auch hier nicht erkennbar. ↑4, 5

6

### 2 Modell

*Feldvorstellung:*

Der Raum um die Sonne, um den Magneten, um die elektrisch geladene Folie ist nach Faraday verändert. Um diese Veränderung zu kennzeichnen, führte er den Begriff *Feld* ein:

- Im Gravitationsfeld der Sonne wird auf die Erde eine anziehende Kraft ausgeübt.
- Im Magnetfeld des Magneten wird auf den Nagel eine Kraft ausgeübt.
- Im elektrischen Feld der geladenen Folie werden auf die Haare Kräfte ausgeübt.

Die Erde z. B. „spürt" das Gravitationsfeld der Sonne jeweils an der Stelle, an der sie sich befindet. Dieses Feld (und damit auch die Kraft auf die Erde) ist unterschiedlich stark, je nach Entfernung zur Sonne.

Faraday ersetzte damit die *Fernwirkungstheorie* durch die *Feldtheorie*. Die Vorstellung von Feldern führt zu einer gemeinsamen Beschreibung der Natur in verschiedenen Teilgebieten der Physik, die sich als sehr erfolgreich erwiesen hat, wie wir bei der Erklärung physikalischer Erscheinungen und der Funktionsweise von Geräten gesehen haben. (Z. B. Blitz, faradayscher Käfig, Erdmagnetfeld …)

Die Übertragung von Rundfunk- und Fernsehsignalen lässt sich ohne die Feldtheorie kaum verstehen. Vom Sender gelangen sich ändernde elektrische und magnetische Felder als elektromagnetische Wellen zum Handy – sie durchdringen aber auch den Körper. Man kann Feldstärken messen und untersuchen, wann es Wirkungen von elektrischen, magnetischen und elektromagnetischen Feldern auf den Menschen gibt, die ihm gefährlich werden können. ↑6

# Wenn's blitzt und donnert

Ein Blitz ist nichts anderes als ein riesiger elektrischer Funke, bei dem elektrische Ladung transportiert wird.

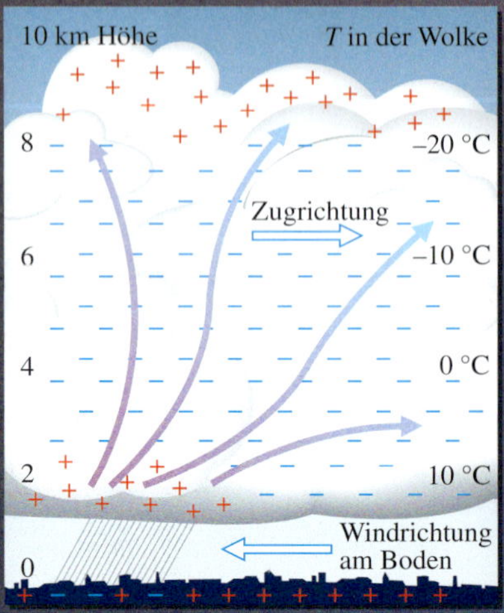


Aufwinde im Innern der Wolke bewirken eine Ladungstrennung. Am oberen Rand der Wolke befinden sich anschließend positiv geladene Eiskristalle, am unteren Rand negativ geladene Wassertröpfchen. Wenn zwischen den unterschiedlich geladenen Körpern ein Ladungsausgleich stattfindet, blitzt es – und zwar innerhalb der Wolke.

Wenn sich der untere Teil der Wolke negativ auflädt, lädt sich die darunter liegende Erde positiv auf. Zwischen Wolke und Erde baut sich eine elektrische Spannung von bis zu 10 Millionen Volt auf. Aus dem unteren Bereich der Wolke schiebt sich zuerst elektrische Ladung wie ein Schlauch ruckweise in Richtung Erde vor. Nähert sich dieser negativ geladene Leitblitz der Erde, werden weitere Elektronen in der Oberfläche der Erde abgestoßen und zur Seite gedrängt. Die Erde ist an dieser Stelle noch stärker positiv geladen. Nun erfolgt der Ladungsausgleich. Ein von der Erde ausgehender Gegenblitz trifft mit dem Leitblitz zusammen und „frisst" sich in diesen hinein. Die Funkenbahn leuchtet hell auf und der eigentliche Hauptblitz entsteht.

Wenn ein Blitz 0,2 s dauert und dabei z. B. 500 kW · h elektrische Energie transportiert, beträgt die durchschnittliche Energiestromstärke 9000 MW. Mit 500 kW · h könnte man theoretisch 500 100-Watt-Lampen 10 Stunden lang leuchten lassen. Ein großer Teil der Energie wird aber schon im Blitzkanal in Wärme, Licht und Strahlung umgesetzt.

Blitze sind für Menschen sehr gefährlich. Fließt ein elektrischer Strom durch den Menschen, kommt es zu Verbrennungen an den Eintrittsstellen. Bedingt durch die Wirkung des elektrischen Stroms auf das Nervensystem können Herzrhythmus- und Atemstörungen auftreten.

**Verhaltensregeln bei Gewitter**

- **Vermeide es, die höchste Erhebung im Gelände zu sein. Suche Bodenmulden oder Felsvorsprünge.** Einigermaßen sicher bist du auch im Innern eines Waldes, wenn du nicht zu nahe an einzelne Bäume heran gehst. Auch unter Hochspannungsleitungen bist du gegen Blitze geschützt.
- **Wenn in flachem Gelände einzelne Bäume stehen, hockst du dich mit einem Abstand von wenigstens 2 m zu Stamm und Astwerk unter einen Baum.** Durch den nahen Baum bist du vor direktem Blitzschlag sicher. Durch den Abstand zum Baum vermeidest du, dass ein Blitz aus dem Baum „abspringt“. Die Hockstellung ist wichtig, damit bei einem nahen Blitzeinschlag keine Ladung vom Erdboden durch den einen Fuß und die Beine zum anderen Fuß fließt.
- **Bade niemals bei Gewitter!**
- **Sicheren Schutz vor Blitzen bieten alle Räume, die von Metall umschlossen sind,** z. B. Autos, Waggons, Schiffe, Metallgondeln von Seilbahnen. In nicht geschützten Scheunen, Holz- oder Steinhütten hockt man sich in die Raummitte.

# Auf einen Blick

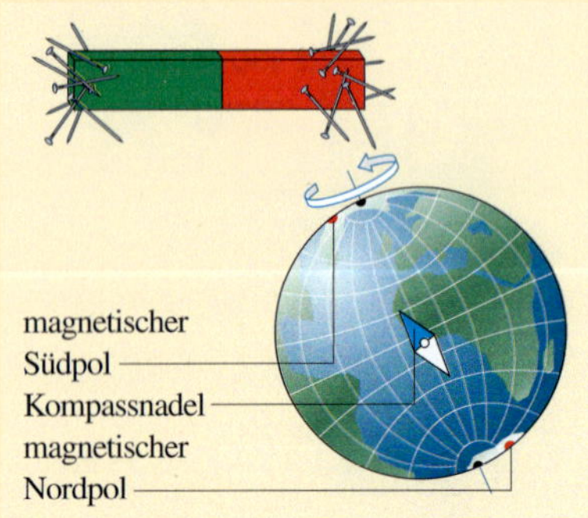


1

**Eigenschaften von Magneten** Eisen, Nickel und Cobalt sind ferromagnetische Stoffe. Magnete und Körper aus ferromagnetischen Stoffen ziehen sich gegenseitig an. Die Stellen eines Magneten, an denen die magnetische Wirkung am größten ist, nennt man Pole. ↑1
Auf der Erde richtet sich ein drehbar gelagerter Magnet in Nord-Süd-Richtung aus. Den Pol, der nach Norden zeigt, nennt man Nordpol, den anderen Südpol.
In der Nähe eines Magneten werden ferromagnetische Körper selbst zu Magneten (Magnetisierung). Wenn man den Magneten entfernt, geht die magnetische Wirkung bei manchen Körpern verloren, bei machen bleibt sie erhalten.

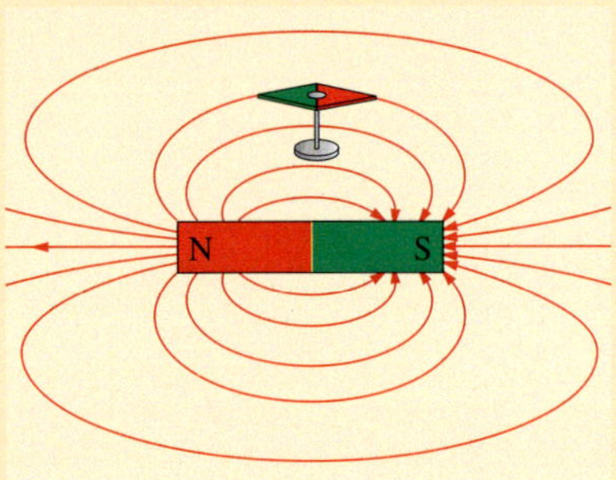


2

**Das magnetische Feld** Der Raum um einen Magneten, in dem eine magnetische Wirkung zu beobachten ist, heißt magnetisches Feld. Um magnetische Felder besser beschreiben zu können, verwendet man Feldlinien. Eine kurze Magnetnadel dreht sich an jeder Stelle des Feldes in Richtung der magnetischen Feldlinie an diesem Ort. ↑2

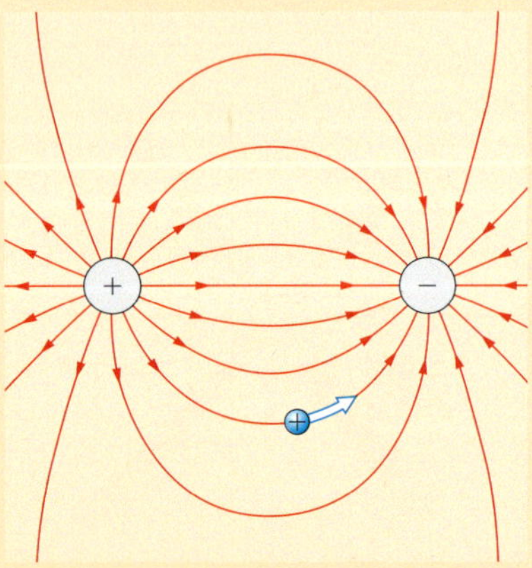

3

**Das elektrische Feld** Im Raum um geladene Körper besteht ein elektrisches Feld. In einem elektrischen Feld werden auf Ladungsträger Kräfte ausgeübt. ↑3

**Elektrische Feldstärke** Je größer an einem bestimmten Ort die Kraft auf einen Ladungsträger ist, desto stärker ist dort das elektrische Feld. Je stärker das Feld ist, umso dichter zeichnet man die Feldlinien. Man ordnet der Feldstärke die Richtung der Kraft auf einen positiv geladenen Körper zu.

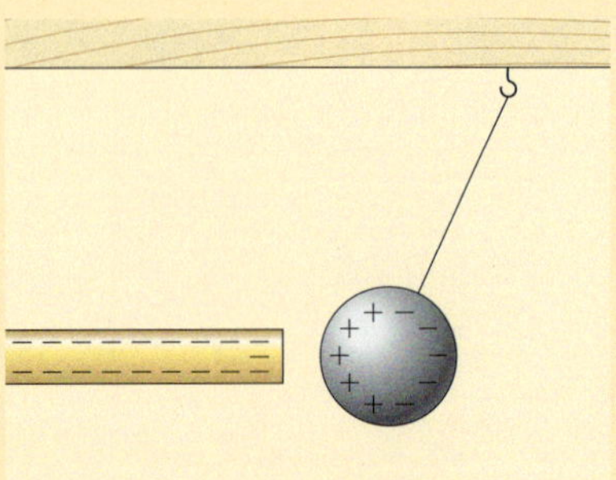

4

**Elektrische Influenz** Die Trennung der Ladungsträger eines leitenden Körpers unter dem Einfluss eines elektrischen Feldes bezeichnet man als elektrische Influenz. ↑4

# Alles klar?



**1** Viele Bauteile von Elektrogeräten müssen vor magnetischen Einflüssen abgeschirmt werden. Welches Blech kann dazu verwendet werden: Kupfer-, Aluminium-, Eisen-, Zink- oder Nickelblech? Plane auch ein Experiment, mit dem du deine Aussage beweisen kannst.

**2** Zur Orientierung bei Wanderungen kann man den Kompass zusammen mit einer Landkarte benutzen. Beschreibe, wie man dabei vorgeht.

**3** Ein Plexiglaswürfel ist mit einem Gemisch aus Silikonöl und Eisenfeilspänen gefüllt: Durch den Würfel verläuft eine Röhre, in die ein Magnet mit seinem Südpol gesteckt wurde. ↑5

a Beschreibe, wie sich die Eisenfeilspäne anordnen.

b Der Begriff „Feld“ ist ungünstig gewählt. Wie kommt man zu dieser Kritik?

**4** Schiffe aus Eisen werden durch das Magnetfeld der Erde selbst magnetisiert. Dadurch kann die Anzeige des Schiffskompasses verfälscht werden. Zur Korrektur werden zusätzliche Magnete in der Umgebung des Kompasses angebracht. Welche Aufgabe haben sie?

**5** Erläutere, warum die Geschwindigkeit eines Wattebäuschchens in der Nähe der geladenen Kugel besonders groß ist. Wende einmal die Fernwirkungstheorie und einmal die Feldtheorie an. Warum bewegt sich das Wattebäuschchen nicht auf kürzestem Wege? ↑6

**6** Warum können sich Feldlinien nicht kreuzen?

**7** Wie kommt es, dass in Bild 4 f auf Seite 78 von der Spitze der rechten Elektrode zwei Grießkörnerketten ausgehen?
(*Tipp*: Befindet sich ein Grießkorn in einem elektrischen Feld, so finden in ihm Ladungsverschiebungen statt.)

**8** Die Feldlinien einer positiv geladenen Kugel enden an Influenzladungen des umgebenden Raums. Nähert man die Kugel einem ungeladenen Leiter, so ändert sich das elektrische Feld. ↑7
Erläutere.

**9** Zeichne das Feldlinienbild für einen horizontal aufgespannten Draht, der gegenüber der Erde positiv geladen ist.

**10** Warum sammelt sich besonders viel Staub auf dem Bildschirm eines Computers an?

**11** In den Bildern 8 a–c sind die Feldlinieverläufe zwischen zwei Kugeln sowie zwischen einer Spitze und einer Platte dargestellt. Gib an, an welchen Stellen die Kraft auf einen Probekörper am größten ist und begründe deine Antwort.

5

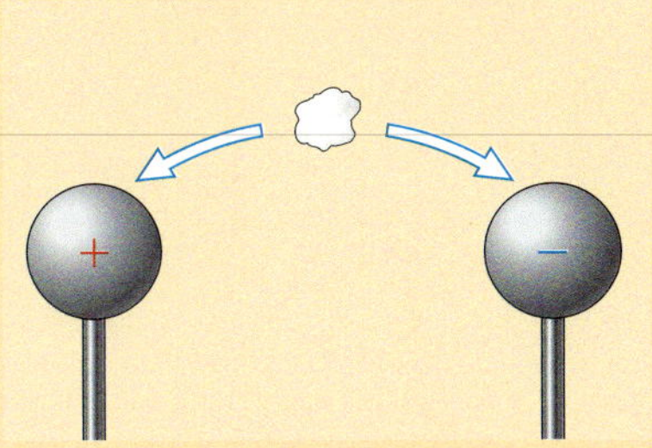


6

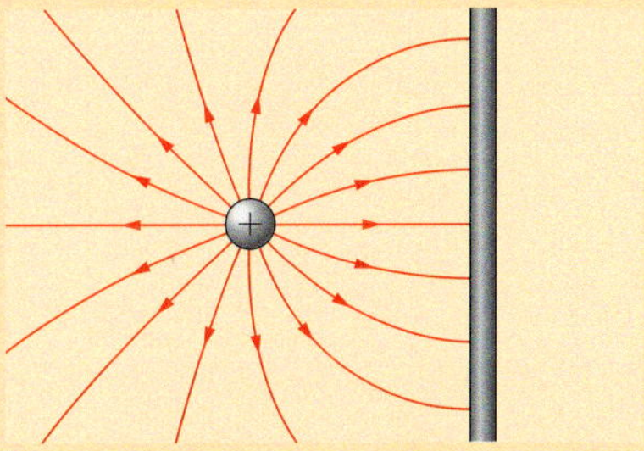


7

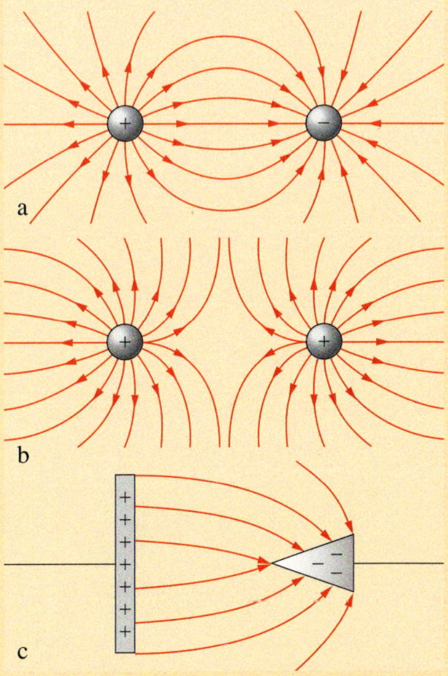


8

# Elektromotoren und Generatoren

Vor 150 Jahren begann man, die anziehenden und abstoßenden Kräfte von Elektromagneten technisch zu nutzen. 1835 baute der aus Potsdam stammende Ingenieur MORITZ HERMANN JACOBI (1801–1874) den ersten Elektromotor, der sich in der Technik anwenden ließ. Auf einer runden, drehbar gelagerten Holzscheibe brachte er vier hufeisenförmige Elektromagnete an. Vier weitere Elektromagnete befanden sich auf einer fest stehenden Holzscheibe.

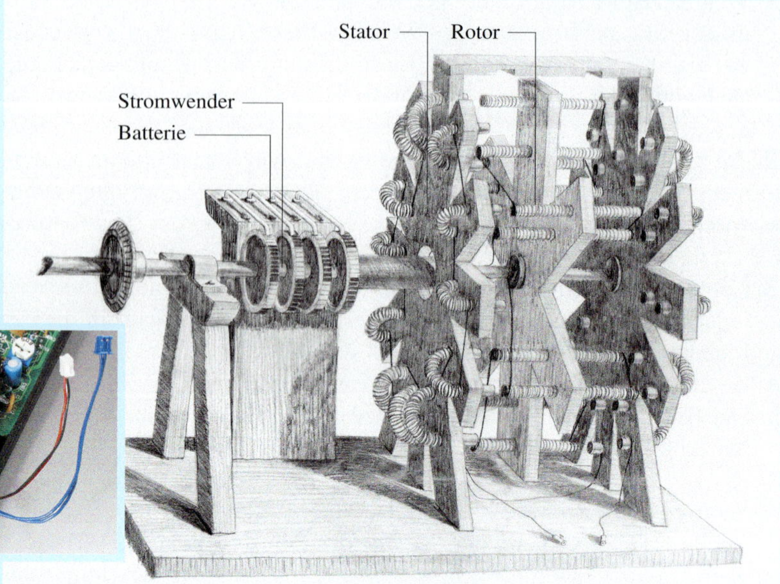


1

Für die kostspielige Weiterentwicklung seines Motors fand JACOBI einen Geldgeber, den russischen Zaren NIKOLAUS I. Daraufhin siedelte JACOBI nach St. Petersburg über. Im Jahr 1839 führte er dort seinen Elektromotor vor: Der Motor trieb die Schaufelräder eines Bootes an, das auf der Newa fuhr. Innerhalb von zwei Stunden legte dieses „elektrische Boot“ eine Strecke von 7 km zurück. Eine Zink-Platin-Batterie lieferte die nötige elektrische Energie.

In Elektrizitätswerken stehen riesige Generatoren. Ein solcher Generator erzeugt Spannungen von 27 kV und kann über eine Million Menschen mit elektrischer Energie versorgen. Im Innern des Generators dreht sich ein Elektromagnet. Angetrieben wird er durch Dampfturbinen. ↑2, 3

Ein Generator kann als Motor und ein Motor als Generator dienen. Wieso kann ein und dasselbe Gerät zwei so unterschiedliche Funktionen haben?

2

3

## Experimente

**1 Ein einfacher Elektromotor**
Bau einen einfachen Elektromotor. Als drehbarer Teil (Rotor) dient eine Kompassnadel oder ein Stabmagnet. Als fest stehenden Teil (Stator) verwendest du eine Spule mit Eisenkern. ↑4
Gelingt es dir, die Kompassnadel oder den Stabmagneten zum Drehen zu bringen?

**2 Motor mit „Schalter“**
Bei einem richtigen Elektromotor dreht sich der Rotor ständig. Niemand muss den Strom ein- bzw. ausschalten; der Rotor erledigt das selbstständig – und zwar genau im richtigen Augenblick.
a Wie du den Rotor als Schalter verwenden kannst, zeigt Bild 5. Probiere es aus. ↑5
b Überlege dir, welchen Nachteil dieser Motor hat.

**3 Eine Spule als Rotor**
Baue einen Motor mit einer Spule als Rotor und einem Hufeisenmagnet als Stator. ↑6
a Wo befinden sich bei dieser Spule die Pole?
b Wie kommt es zur Bewegung der Spule?
c Die Spule dreht sich nur ein wenig – auch wenn der Strom für längere Zeit eingeschaltet ist. Wie kannst du das erklären?
d Wie könnte man erreichen, dass die Spule um ihre Achse rotiert? Probiere es aus.

**4 Der Rotor als Magnet**
Schließe einen Motor an eine Batterie oder ein Netzgerät (4 V bis 5 V) an. ↑7
Prüfe die Funktionsfähigkeit dieses Motors. Nimm jetzt den Dauermagneten ab. Was passiert mit dem Rotor? Suche die Magnetpole des Rotors. Zeichne das Magnetfeld des Rotors.

**5 Der Stromwender**
Untersuche mit der Anordnung aus Experiment 4, warum sich der Rotor ständig dreht und nicht schon nach einer halben Umdrehung stehen bleibt.
a Untersuche, nachdem du den Dauermagneten entfernt hast, die Magnetpole der Spule. Welche Veränderungen bemerkst du, wenn du den Rotor langsam drehst? ↑8
b Erkläre, warum man die Kontakte A und B mit den Bürsten als „Stromwender“ bezeichnet.
c Wie steht der Rotor, wenn die Pole des Elektromotors vertauscht werden?
d Erkläre mit deinen Kenntnissen über Magnete, warum sich der Rotor immer weiter dreht.

**6 Der belastete Motor**
Ein Elektromotor kann Lasten hoch ziehen. Beobachte den Motor einmal im Leerlauf und einmal, wenn er eine Last hoch zieht. Wiederhole das Experiment. Miss dabei die elektrische Stromstärke bei belastetem und bei unbelastetem Motor.

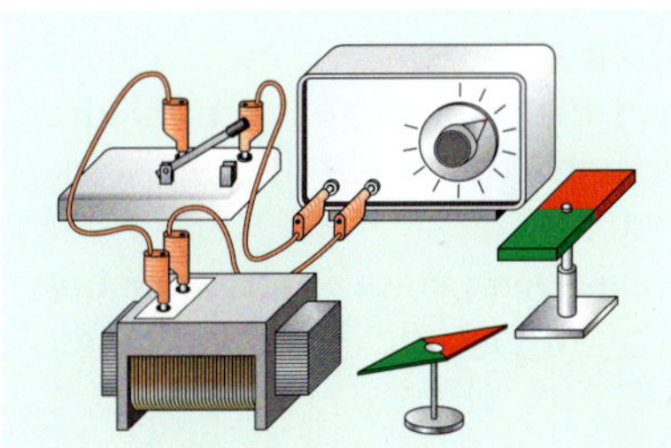
4

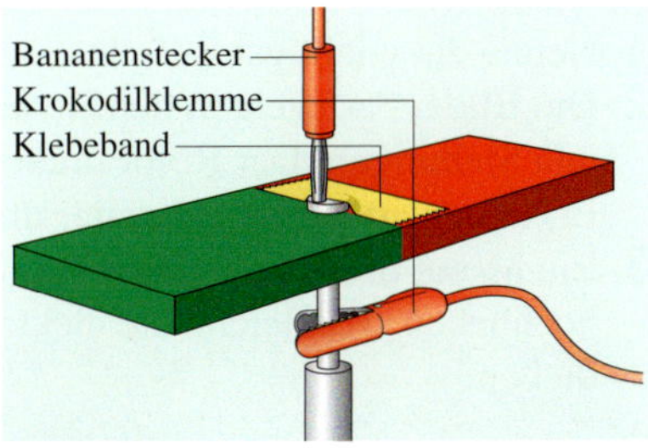

5

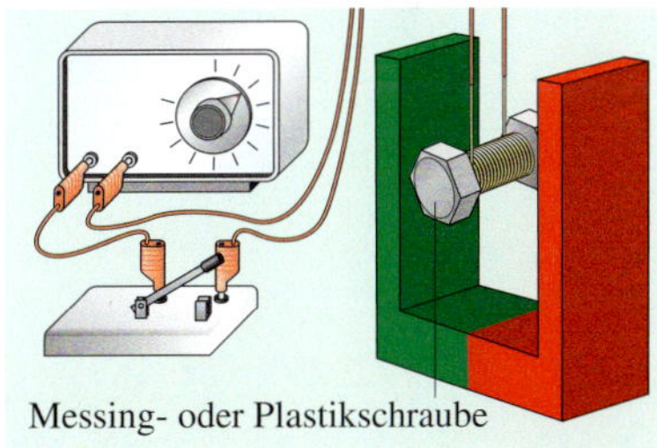

6

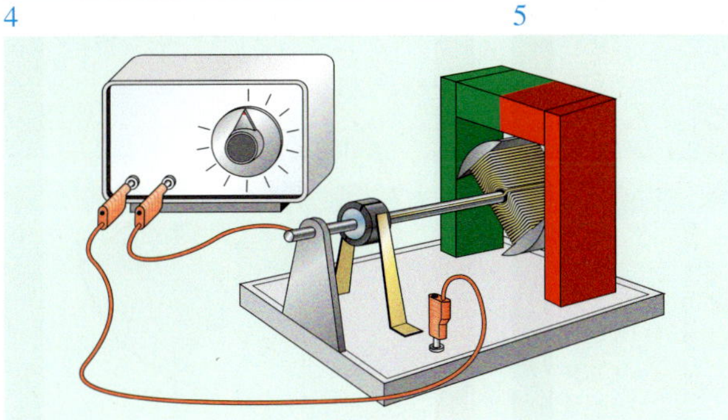
7

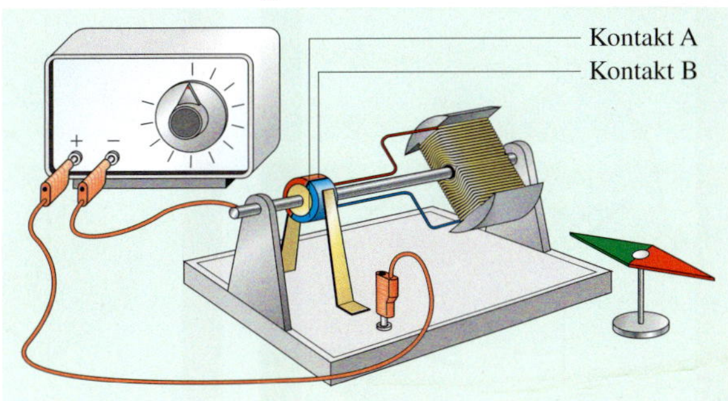

8

## GRUNDLAGEN: Elektromotoren

Die wichtigsten Teile eines Gleichstrommotors sind
- ein fest stehender Dauer- oder Elektromagnet, der Stator,
- ein drehbarer Elektromagnet, der Rotor,
- ein Stromwender, der Kommutator.

Die Drehung kommt durch Abstoßung und Anziehung der Magnetpole zustande. Der Stromwender kehrt bei jeder Drehung die Stromrichtung in der Rotorspule im richtigen Takt um und vertauscht so Nord- und Südpol des Rotors. ↑3–5

1

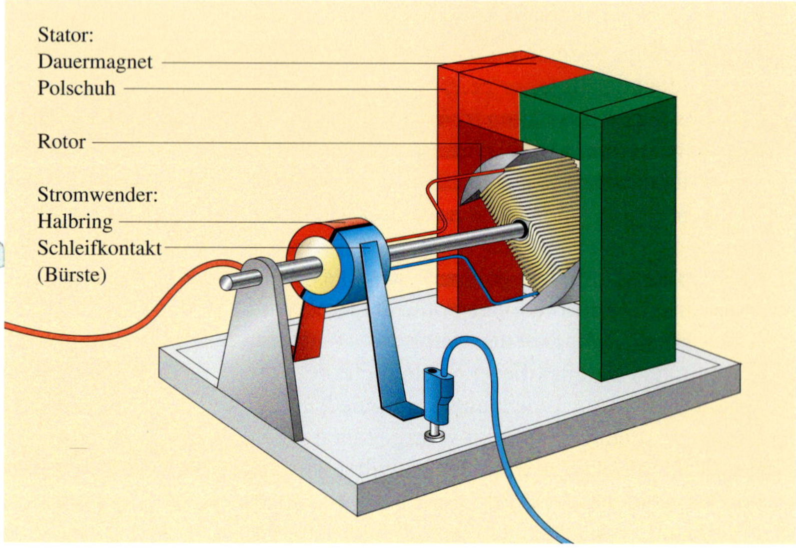


2 Aufbau eines Gleichstrommotors

## Aufgaben

**1** Nenne die wichtigsten Teile eines Elektromotors.

**2** Die Bilder 3–5 zeigen den Rotor eines Elektromotors in verschiedenen Stellungen. Der Rotor dreht sich in jeder dieser Stellungen weiter. Erkläre, warum er sich weiter dreht.

**3** Ein Motor dreht sich zuerst im Leerlauf. Dann muss er z. B. eine Last hochheben. Vergleiche die elektrischen Ströme, die durch den Motor fließen.

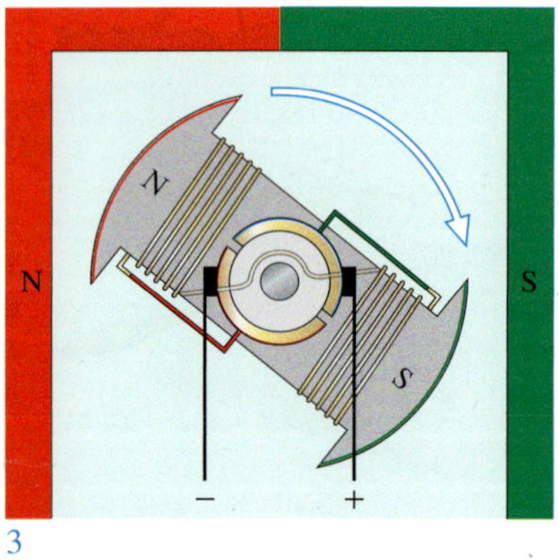


3

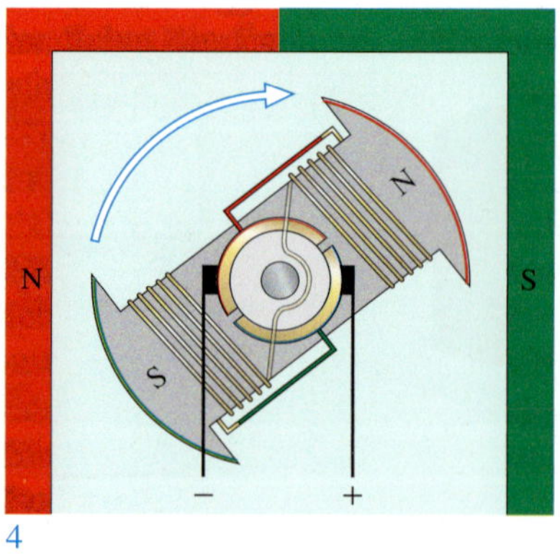


4

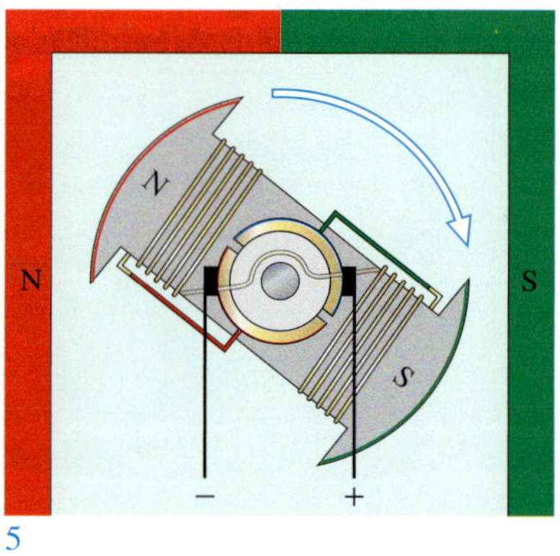


5

## *Aus der Technik* Motoren, die man nicht anwerfen muss

Dieser Rotor gehört zu einem Elektromotor, der für Schiffsmodelle bestimmt ist. Auffällig ist, dass für den Kommutator nicht zwei Halbringe verwendet werden. Der Ring ist aus vielen Teilen zusammengesetzt. ↑6
Mit zwei Halbringen kommt man aus, wenn der Rotor aus einer Spule mit Eisenkern besteht. Man bezeichnet diese Rotoren als Doppel-T-Anker. Die Form des Eisenkerns erinnert an ein aufrechtes T, an das unten ein kopfstehendes angesetzt ist. Motoren mit einem solchen Rotor müssen meist angeworfen werden, weil sie bei einer bestimmten Rotorstellung nicht von alleine anlaufen.
Diesen Nachteil haben Motoren mit einem Mehrfach-T-Anker nicht. Ihr Rotor besteht aus mindestens drei T-förmigen Teilen, um die jeweils eine Spule gewickelt ist. ↑6
Die Bilder 7a–c zeigen drei verschiedene Stellungen eines Dreifach-T-Ankers. In jeder Stellung entstehen die Magnetpole des Rotors so, dass sich die Kräfte auf die Magnetpole des Rotors nicht gegenseitig aufheben. Daher kann der Motor in jeder Stellung anlaufen.
Oft haben die Anker von Elektromotoren auch mehr als drei Spulenwicklungen und der Kommutator ist aus mehr als drei Kontakten zusammengesetzt. Auch diese Motoren laufen von selbst an.

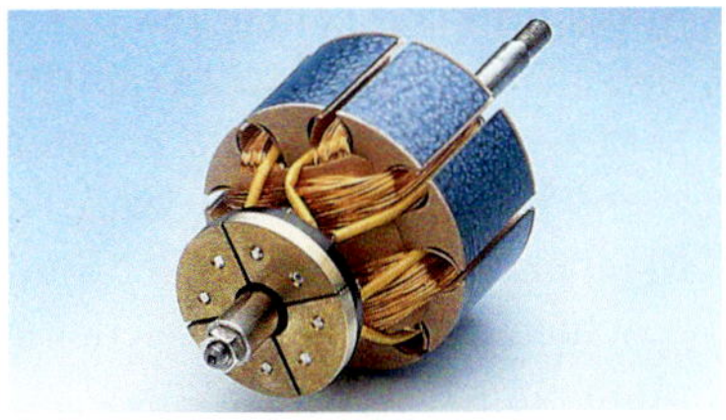
6

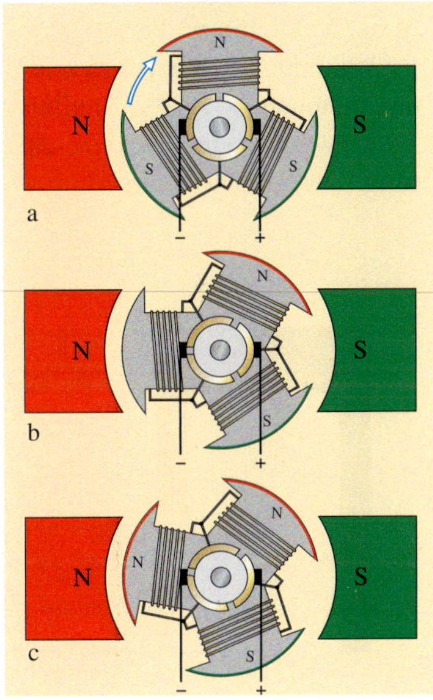

7

1 Erkläre, warum der Rotor in der Stellung von Bild 7a zwei Südpole besitzt. Was kannst du über die Stromstärken in den beiden Spulen aussagen? In welche Richtung dreht sich der Rotor? Begründe deine Antwort.
2 In Bild 7b berührt einer der beiden Schleifkontakte gleichzeitig zwei Kontakte des Kommutators. Beschreibe, wie die einzelnen Spulen geschaltet sind.

## *Aufgaben*

4 Zum Antrieb eines Druckerkopfs benötigt man Schrittmotore.
a Erkläre den Begriff „Schrittmotor“.
b Bild 8 zeigt das Funktionsprinzip eines Schrittmotors. Die Magnetnadel dreht sich in Schritten von jeweils 45° weiter, wenn die Spulen 1–4 in geeigneter Weise umgepolt werden. In der Tabelle ist angegeben, wie die Spulen in den Stellungen 0° und 45° gepolt sein müssen. Ergänze die Tabelle in deinem Heft.

| Winkel α | Spule 1 Anschluss | | Spule 2 Anschluss | | Spule 3 Anschluss | | Spule 4 Anschluss | |
|---|---|---|---|---|---|---|---|---|
| | 1 | 2 | 1 | 2 | 1 | 2 | 1 | 2 |
| 0° | – | + | + | – | + | – | + | – |
| 45° | – | + | – | + | + | – | + | – |
| 90° | ? | ? | ? | ? | ? | ? | ? | ? |
| 135° | ? | ? | ? | ? | ? | ? | ? | ? |
| 180° | ? | ? | ? | ? | ? | ? | ? | ? |
| 225° | ? | ? | ? | ? | ? | ? | ? | ? |
| 270° | ? | ? | ? | ? | ? | ? | ? | ? |
| 315° | ? | ? | ? | ? | ? | ? | ? | ? |

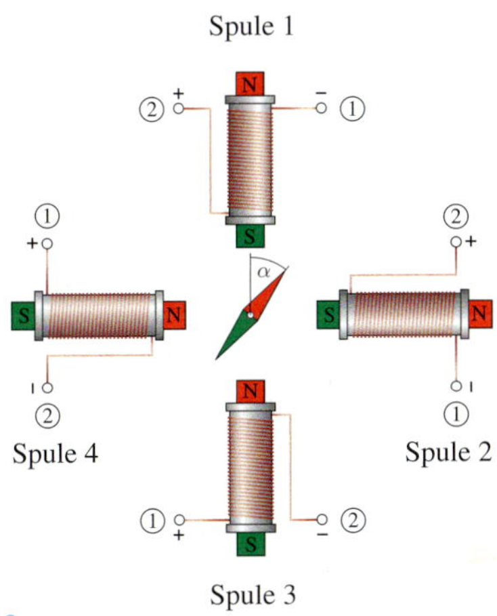

8

## Experimente

**1 Spule und Dauermagnet**

Versuche mit der Experimentieranordnung in Bild 1, die Lampe zum Leuchten zu bringen. ↑1

a Ziehe zunächst den Nord- oder den Südpol eines Magneten ruckartig aus der Spule heraus. Was geschieht, wenn du ihn wieder in den Spulenhohlraum zurück stößt?

b Bewege den Magneten mit einem der Pole schnell in der Spule hin und her.

c Bewege nun die Spule hin und her. Lass den Magneten stehen.

d Beide werden jetzt gleichzeitig in derselben Richtung bewegt. Was stellst du fest?

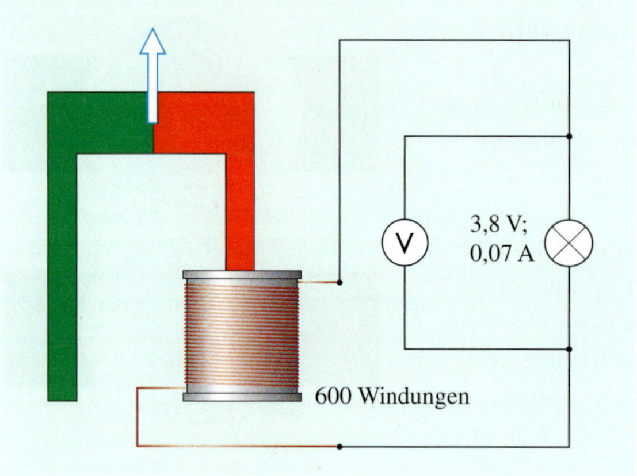


1

**2 Spule und Elektromagnet**

Erzeuge eine Spannung mithilfe eines Elektromagneten. ↑3

a Nähere den Elektromagneten rasch einer zweiten Spule, die auf einem U-Kern sitzt. An diese Spule ist ein Glühlämpchen angeschlossen.

b Der Elektromagnet wird auf einen U-Kern gesetzt. Dann wird er ein- bzw. ausgeschaltet.

**3 Betrag der Spannung**

Untersuche, wovon der Betrag der Spannung abhängt, wenn man den Magneten in der Spule bewegt. Nutze dazu die dargestellte Experimentieranordnung. ↑2

a Ändert sich die Spannung, wenn du den Magneten im Spulenhohlraum unterschiedlich schnell bewegst?

b Hängt die Spannung vom Magneten ab?

c Hat die Windungszahl der Spule einen Einfluss auf die Spannung? *Tipp:* Damit sich der Widerstand nicht ändert, schaltet man die Spulen in Reihe. ↑2

d Formuliere die Ergebnisse: „Die Spannung ist umso höher, je …“

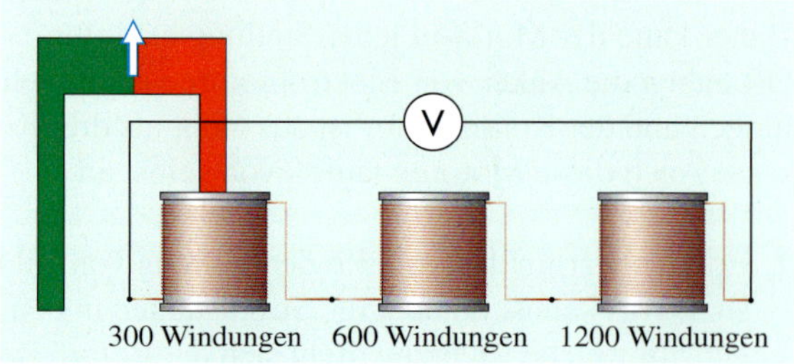


2

**4 Erste Generatoren**

So funktionierten die ersten Generatoren: Ein Dauermagnet dreht sich über einer Spule. Was ist das Besondere an der so erzeugten Spannung? ↑4

**5 Generator und Motor**

Bringe mit einem Generator ein Lämpchen zum Leuchten. ↑5

a Vergleiche beide Generatoren. ↑4, 5

b Wie könnte man den Gerator weiter verbessern?

c Wenn du den Rotor eines Elektromotors drehst, arbeitet er als Generator. Erkläre.

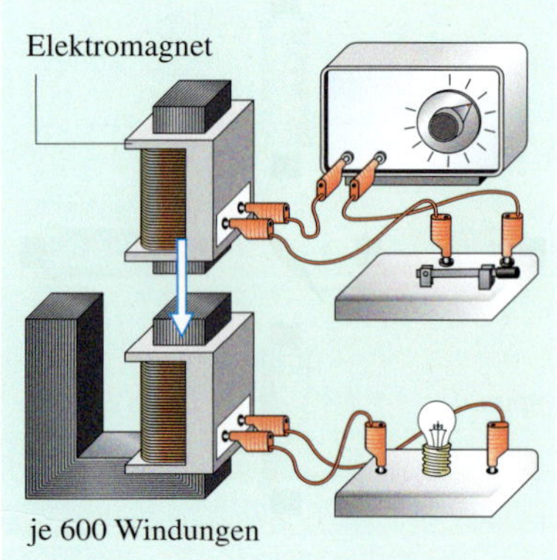


3

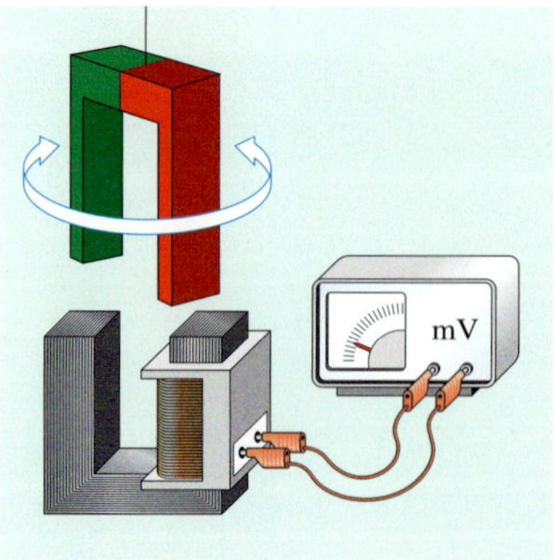


4

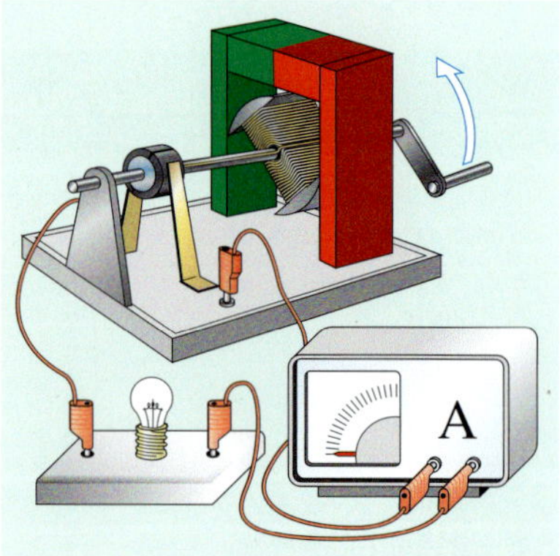


5

## Experimente

**6 Das Oszilloskop**
Untersuche mit einem Oszilloskop Spannungsverläufe.
a Mache dich mit dem Aufbau eines Oszilloskops vertraut. ↑6
b Baue die Schaltung auf (Anschluss am Oszilloskop: y). ↑7
Beobachte den Leuchtpunkt,
- wenn der Schalter betätigt wird,
- wenn das Netzgerät umgepolt wird und
- wenn die Spannung verringert oder erhöht wird.

c Die Lampe wird an eine Wechselspannung von 4 V angeschlossen. Was wird zu beobachten sein? Überprüfe deine Vermutung.

**7 Wechselspannung**
Wenn man die Seitenablenkung einschaltet, bewegt sich der Leuchtpunkt von links nach rechts über den Schirm und beschreibt dabei eine gerade Linie. Sobald der Leuchtpunkt an der rechten Seite angekommen ist, springt er nach links zurück.
a Probiere es aus. Stelle den Drehknopf *time* zunächst so ein, dass sich der Leuchtpunkt möglichst langsam bewegt.
b Schalte anschließend die Wechselspannungsquelle ein und stelle den Drehknopf *time* so ein, dass auf dem Schirm ein „stehendes Bild" erscheint. Überlege, wie dieser Bildeindruck zustande kommt.
c Schließe das Lämpchen an eine Gleichspannungsquelle an und wiederhole Experiment 6 b bei eingeschalteter Seitenablenkung.

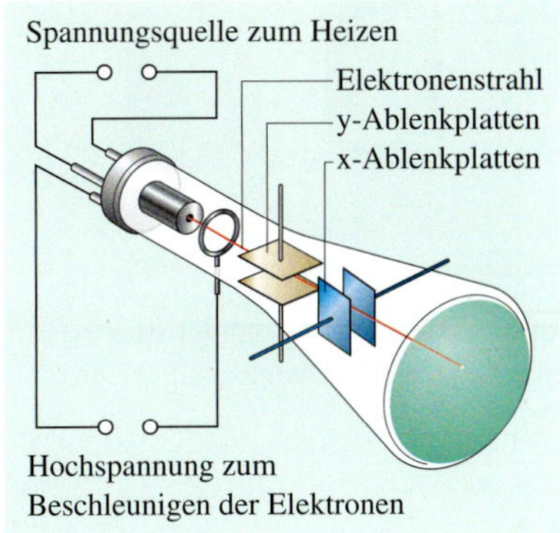

6

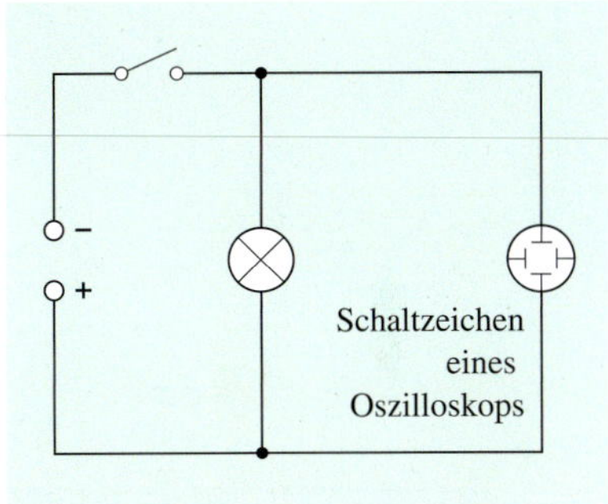

7

**GRUNDLAGEN: Spannungserzeugung durch Induktion**

Eine Spule wird zur elektrischen Energiequelle, wenn sie sich gegenüber einem Magneten bewegt. Dabei ist es egal, ob sich der Magnet bewegt oder die Spule. ↑8, 9
Zwischen den Spulenenden wird immer dann eine Spannung erzeugt, wenn sich das Magnetfeld in der Spule ändert. Diesen Vorgang bezeichnet man als Induktion.

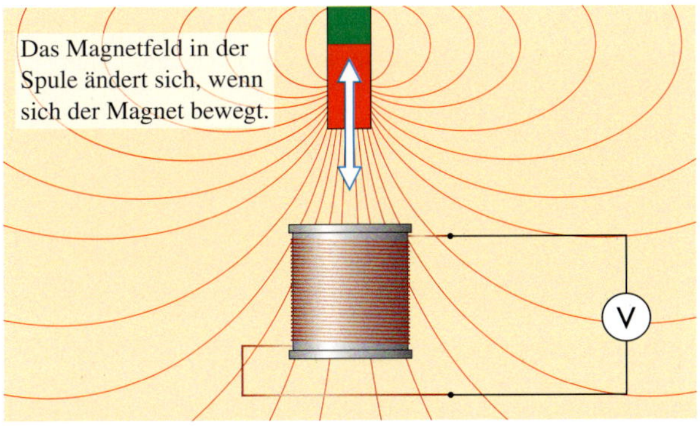

8

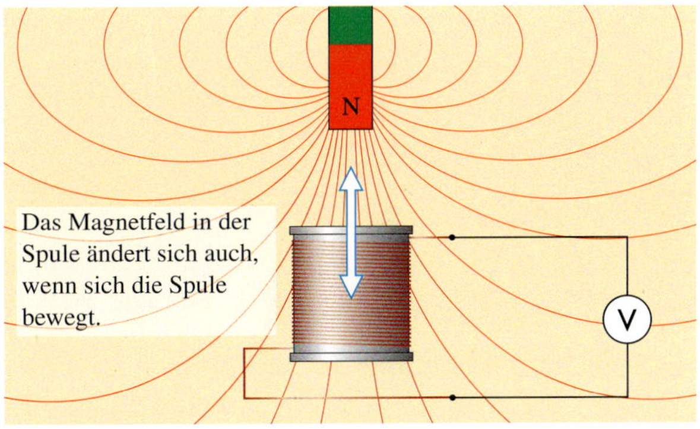

9

**Zur Induktion kommt es, wenn das Magnetfeld in der Spule stärker oder schwächer wird oder seine Richtung ändert (wenn die Pole vertauscht werden).**

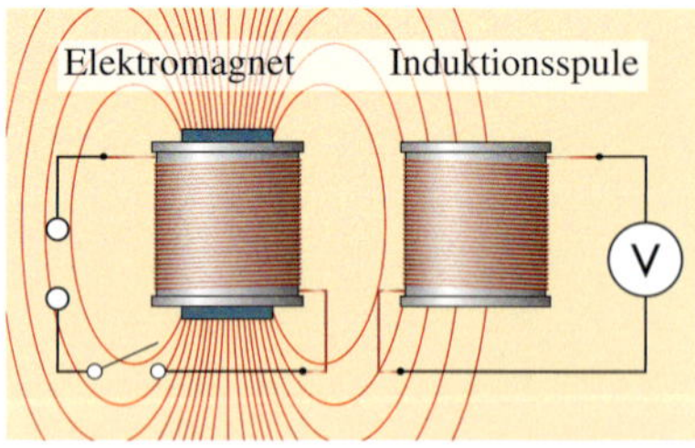


1 Das Magnetfeld in der Induktionsspule ändert sich, wenn der Elektromagnet ein- und ausgeschaltet wird.

Es ist auch möglich, dass eine Spannung entsteht, ohne dass sich die Spule oder der Magnet bewegt: Schaltet man einen Elektromagneten ein und aus, dessen Magnetfeld eine Spule (Induktionsspule) durchsetzt, so entsteht ebenfalls eine Spannung. ↑1

Beim Einschalten und Ausschalten ändert sich jeweils die Stärke des Magnetfeldes

Die Induktionsspannung in einer Spule hängt ab
- von der Schnelligkeit, mit der sich das Magnetfeld ändert,
- von der Windungszahl der Induktionsspule,
- von der Stärke des Magneten.

## GRUNDLAGEN: Die Wechselspannung

Eine Batterie treibt die Elektronen immer in gleicher Richtung an. Sie liefert eine Gleichspannung. Bei einem Dynamo ändert sich ständig die Polung. Die Elektronen werden abwechselnd in die eine und in die andere Richtung getrieben. Der Dynamo erzeugt eine Wechselspannung. Auch Netzgeräte liefern Wechselspannung. Mit einem Oszilloskop kann man den Verlauf der Wechselspannung sichtbar machen. ↑2–4

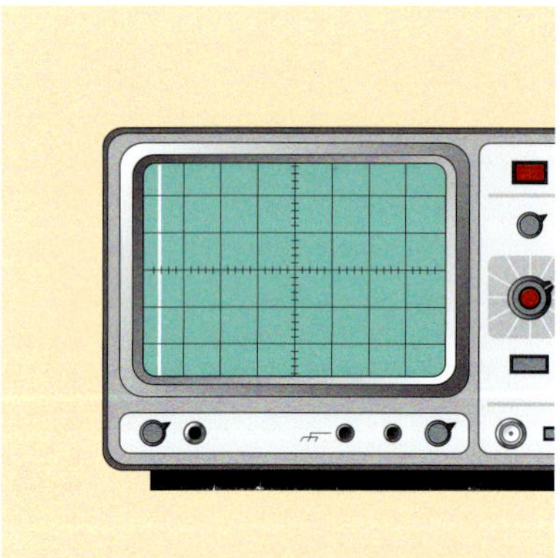

2 Wenn die Zeitablenkung nicht eingeschaltet ist, bewegt sich der Leuchtpunkt auf und ab. Man sieht einen senkrechten Strich.

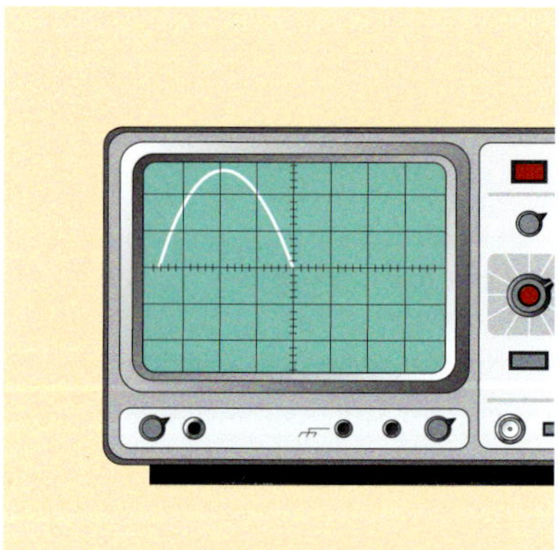

3 Der Leuchtpunkt bewegt sich zusätzlich nach rechts. Die Spannung steigt auf einen Höchstwert an und geht dann auf die Nulllinie zurück.

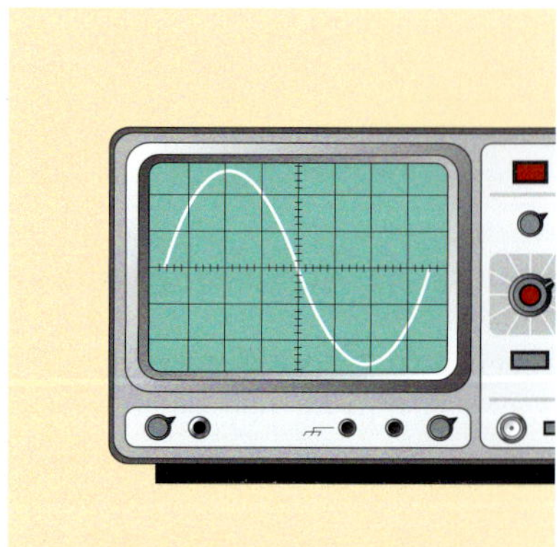

4 Beim Überschreiten der Nulllinie vertauschen sich die Pole der Energiequelle. Die Spannung erreicht dann einen Höchstwert in Gegenrichtung.

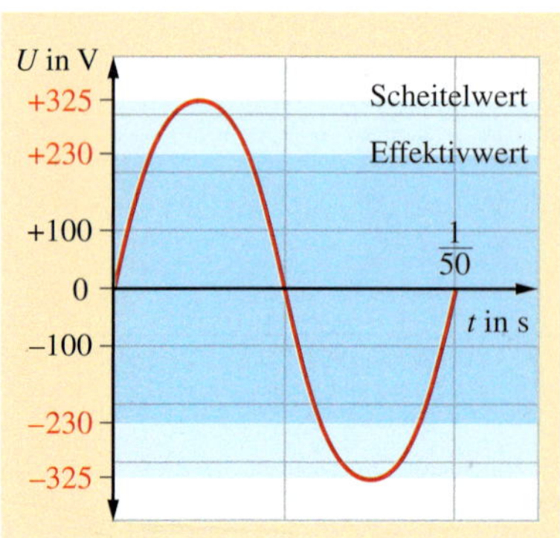


5

Bei Netzspannung durchläuft der Leuchtpunkt den Wellenzug 50-mal in jeder Sekunde. Die Wechselspannung ist genau gleich lang positiv wie negativ. Im Durchschnitt sollte sie eigentlich „0“ sein. Aber die Elektronen bewegen sich in der Lampe hin und her und erzeugen dort Licht und Wärme: Die Wirkung des Wechselstroms in Drähten ist also mit dem eines Gleichstroms vergleichbar.

Messgeräte für Wechselspannungen und -ströme zeigen jeweils den Wert an, bei dem dieselbe Wirkung wie bei Gleichspannung bzw. Gleichstrom erreicht wird. Dieser Wert heißt *Effektivwert.* ↑5

Für die Höchstwerte (Scheitelwerte) gilt:

$U_{Scheitel} = \sqrt{2} \cdot U_{effektiv}$; $I_{Scheitel} = \sqrt{2} \cdot I_{effektiv}$.

## *Aus der Technik* Das Oszilloskop

**Elektronenstrahl** Aus dem glühenden Heizdraht treten Elektronen aus. Durch die anliegende Hochspannung entsteht zwischen Glühdraht und Lochblende ein starkes elektrisches Feld, durch das die Elektronen in Richtung Lochblende beschleunigt werden. Sie fliegen durch das Loch geradlinig zum Leuchtschirm. An der Stelle, an der die Elektronen auf den Schirm treffen, entsteht ein Leuchtfleck.

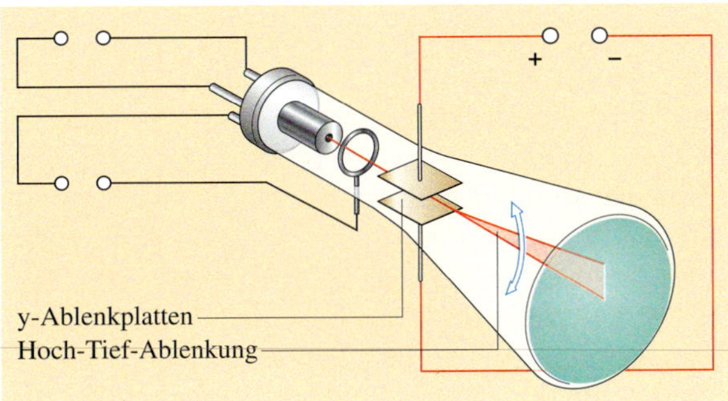

6

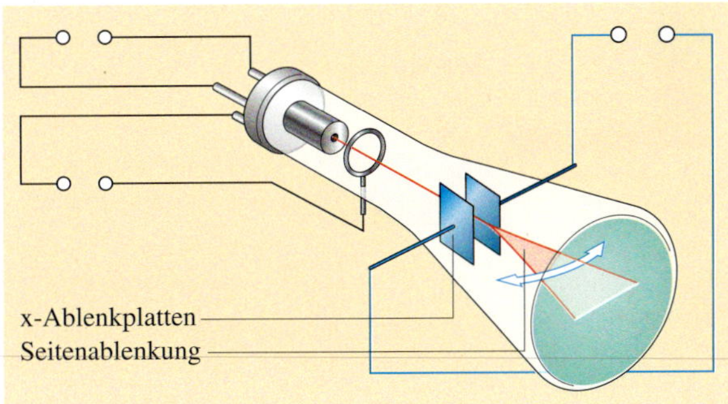

7

**Ablenksystem** Hinter der Lochblende sind Platten für die Hoch-Tief-Ablenkung angeordnet. An diese Platten wird die zu untersuchende Spannung angelegt. Wenn man z. B. die obere Platte mit dem Pluspol einer Spannungsquelle und die untere mit dem Minuspol verbindet, wird der Elektronenstrahl nach oben abgelenkt. Je höher die an die Platten anliegende Spannung ist, desto stärker ist das ablenkende elektrische Feld. Polt man die Spannungsquelle um, so wird der Elektronenstrahl nach unten abgelenkt. Wenn man eine Wechselspannung an das Plattenpaar für die Hoch-Tief-Ablenkung anschließt, sieht man auf dem Leuchtschirm einen senkrechten Strich. ↑6

Das Oszilloskop besitzt ein zweites Plattenpaar für die Seitenablenkung. An dieses Plattenpaar wird häufig eine Kippspannung angelegt. ↑7, 8

Diese Spannung lässt den Leuchtpunkt mit konstanter Geschwindigkeit von links nach rechts laufen. Hat er rechts seinen Endpunkt erreicht, springt er nach links an seinen Anfangspunkt zurück und läuft wieder nach rechts. Eine Spannungsquelle, die eine Kippspannung liefert, ist im Oszilloskop eingebaut. Mit dem Drehknopf *time* lässt sich die Zeit einstellen, in der die Spannung vom Tiefst- zum Höchstwert ansteigt. Dadurch lässt sich die Geschwindigkeit des Leuchtpunkts verändern. Den Spannungsverlauf von Bild 9 erhält man, wenn an die Platten für die Hoch-Tief-Ablenkung ein Netzgerät mit Wechselspannung angeschlossen ist. Außerdem muss dabei die Seitenablenkung gerade so eingestellt sein, dass sich der Leuchtpunkt jeweils in 1/50 s von links nach rechts bewegt. ↑9

**1** Der Leuchtpunkt ist nach oben rechts verschoben. Wie sind die Plattenpaare geladen? ↑10a

**2** An die Platten für die Hoch-Tief-Ablenkung ist ein Netzgerät mit Wechselspannung angeschlossen. Die Seitenablenkung ist eingeschaltet. In welcher Zeit bewegt sich der Elektronenstrahl von links nach rechts? ↑10b

**3** Wie kommt ein schräger Strich auf dem Leuchtschirm zustande? ↑10c

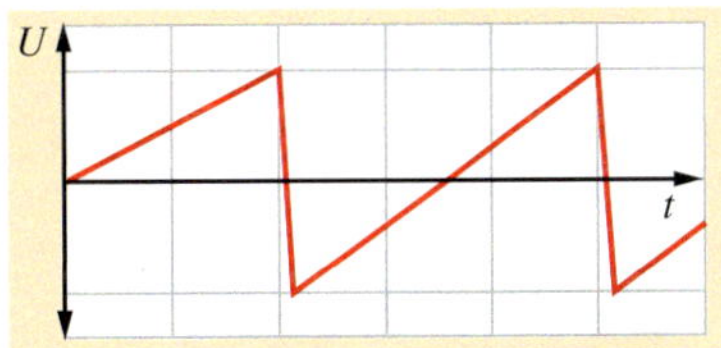

8

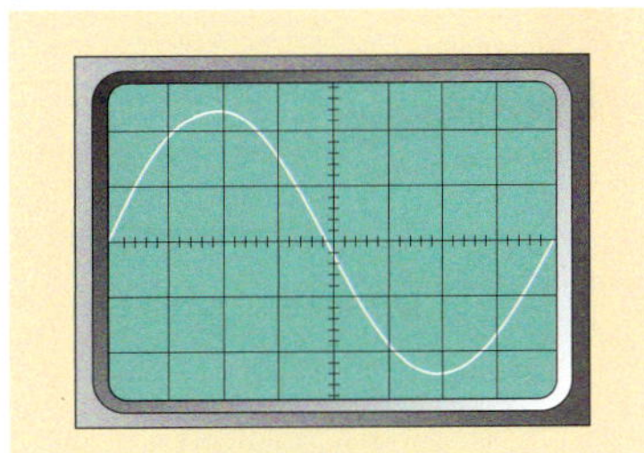
9

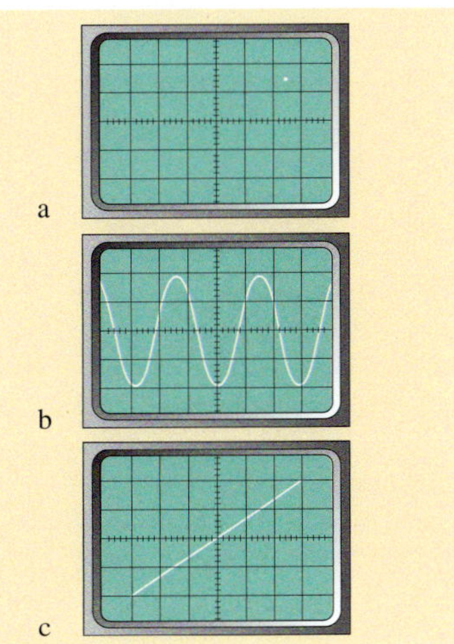

10

## GRUNDLAGEN: Die lenzsche Regel

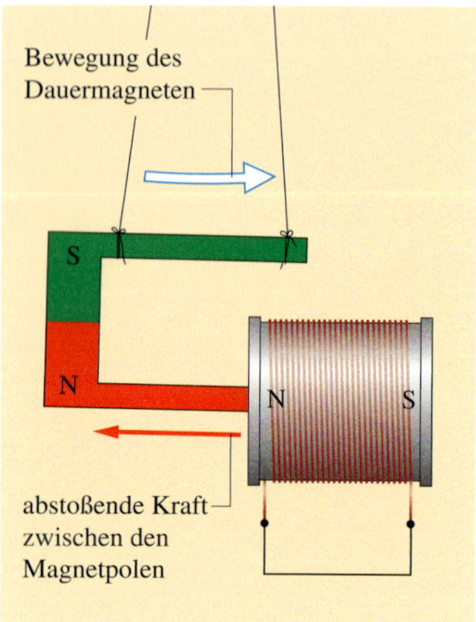

1

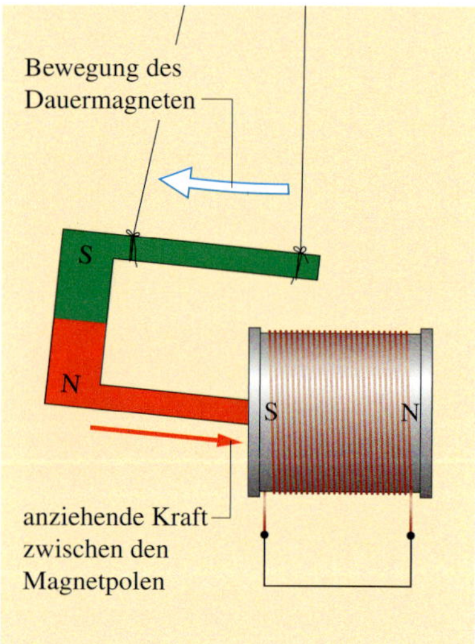

2

Eine erstaunliche Beobachtung macht man, wenn ein Magnet an einem Faden hängt und mit einem Pol in den Hohlraum einer kurzgeschlossenen Spule hinein schwingt.

**Die Richtung des Induktionsstroms** Ändert sich in einer Spule das Magnetfeld, dann wird eine elektrische Spannung induziert. Im geschlossenen Stromkreis fließt ein elektrischer Strom. Der Strom erzeugt in der Spule selbst ein Magnetfeld – sie wird zum Elektromagneten.
Die Polung dieses Magneten richtet sich nach der Bewegung des Dauermagneten. Sie ist stets so gerichtet, dass die Bewegung des Dauermagneten gebremst wird.
Bewegt sich der Dauermagnet zum Beispiel mit dem Nordpol in die Spule hinein, so entsteht an der Spule der Nordpol auf der Seite, die dem Dauermagneten zugewandt ist. Der Magnet wird durch eine abstoßende Kraft gebremst. ↑1
Bewegt sich der Dauermagnet aus der Spule heraus, dann wird der Elektromagnet umgepolt. Sein Südpol zieht den Nordpol des Dauermagneten an und bremst ihn wiederum. ↑2

**Induktion und Energieerhaltung** Stellen wir uns einmal vor, die Induktionsspannung wäre genau anders herum gerichtet, der Induktionsstrom würde also genau anders herum fließen, sodass beim Hineinstoßen der Nordpol des Dauermagneten vom Südpol des Elektromagneten angezogen würde. Durch die anziehende Kraft würde der Magnet beschleunigt. Beim Zurückziehen würde der Nordpol vom Nordpol des Elektromagneten abgestoßen. Der Dauermagnet würde wieder beschleunigt – und über seine ursprüngliche Ausgangslage hinaus schwingen. Bei jedem Schwingungsvorgang würde die Schwingung des Dauermagneten verstärkt – ohne jede Energiezufuhr von außen! Magnet und Spule wären ein Perpetuum mobile, also eine Maschine, die mehr Energie liefert, als man hineinsteckt. Sie würde dem Satz von der Erhaltung der Energie widersprechen.

**Die lenzsche Regel** Der Physiker Heinrich Friedrich Emil Lenz entdeckte diesen Zusammenhang bereits 1834, lange bevor der Energieerhaltungssatz gefunden worden war. Er beschrieb ihn mit der folgenden, allgemeinen Regel:

**Der Induktionsstrom ist stets so gerichtet, dass er der Ursache seiner Entstehung entgegenwirkt (lenzsche Regel).**

Ein Generator lässt sich umso schwerer drehen, je größer der Strom ist; Wenn er mehr elektrische Energie abgibt, muss ihm auch mehr Energie zugeführt werden. Mit der lenzschen Regel kann man das folgendermaßen erklären: Die Ursache des Induktionsstroms ist die Drehbewegung der Generatorspule. Die Spule mit ihrem Eisenkern wird zum Magneten, sobald ein Strom fließt. Der Strom ist stets so gerichtet, dass die Drehbewegung durch anziehende und abstoßende Kräfte zwischen dem festsitzenden Magneten und der Spule gehemmt wird. Je größer die Stromstärke ist, desto stärker werden die hemmenden magnetischen Kräfte.

## Aufgaben

**1** Wie kann man durch Induktion eine Spannung erzeugen, ohne Spule und Magnet zu bewegen?

**2** Von welchen Bedingungen hängt die Höhe der Induktionsspannung ab?

**3** Welche Energieumwandlungen treten in einem Wechselstromgenerator auf?
Vergleiche diese Energieumwandlungen mit denen im Elektromotor.

**4** In der Anordnung von Bild 3 wird der Magnet gedreht. Was ist am Messgerät zu beobachten? ↑3

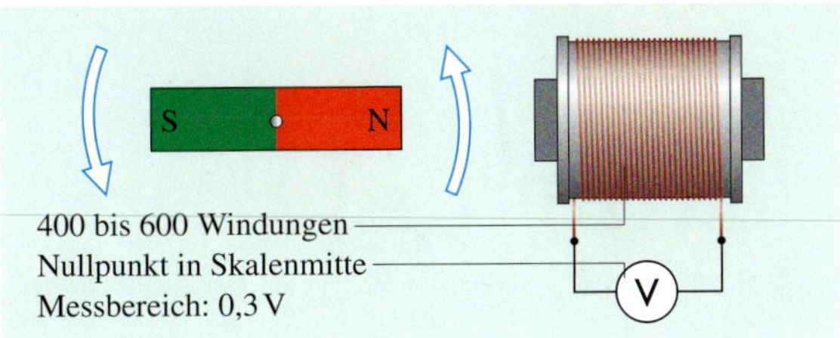


3

**5** Bei einem Generator ändert sich die Spannung so, wie es Bild 4 zeigt. Erkläre. ↑4
Was ist das besondere an dieser Spannung?

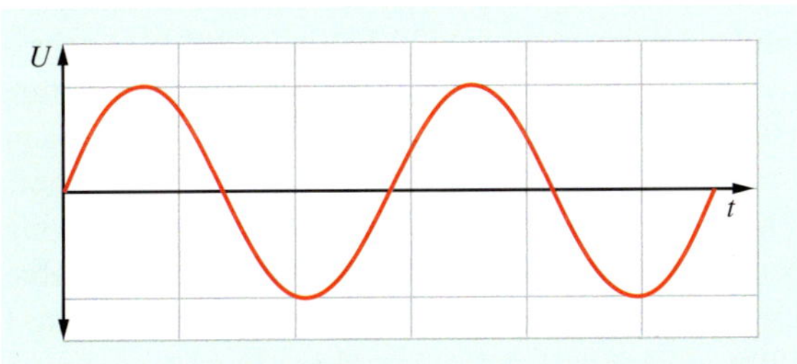


4

**6** Bei welchen der folgenden Bewegungen wird eine Spannung induziert? Gib jeweils eine Begründung!
Eine Spule wird
- a in einem homogenen Magnetfeld parallel zu den Feldlinien verschoben, ↑5a
- b in ein homogenes Feld hineinbewegt, ↑5b
- c aus einem homogenen Magnetfeld herausbewegt, ↑5c
- d innerhalb eines homogenen Feldes quer zu den Feldlinien verschoben. ↑5d

**7** In dem Experiment von Bild 6 wird der Aluminiumring einmal abgestoßen und einmal angezogen, wenn sich der Magnet bewegt. ↑6
- a Warum wird der Aluminiumring zum Magneten?
- b Warum entstehen nur dann magnetische Kräfte, wenn sich der Magnet bewegt?
- c Erkläre mit der lenzschen Regel, welche Polung das Magnetfeld des Aluminiumrings hat.

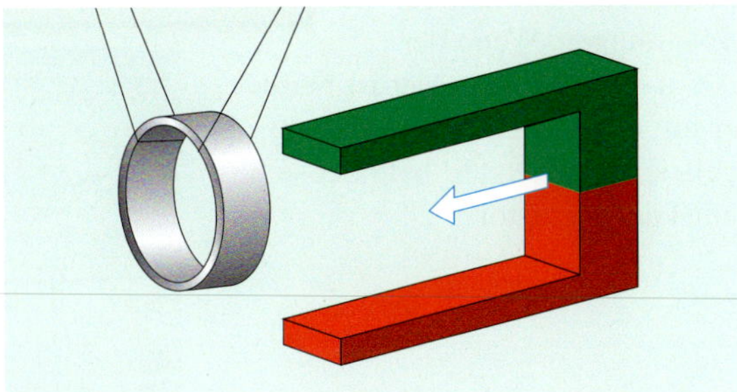

6

**8** Sobald man den Stromkreis in Bild 7 schließt, wird der Aluminiumring weggeschleudert. ↑7
- a Gib eine Erklärung. *Tipp:* Die Ursache der Induktionsspannung ist das Magnetfeld, das nach dem Einschalten aufgebaut wird.
- b Warum wird der Ring angezogen, wenn man den Schalter wieder öffnet?

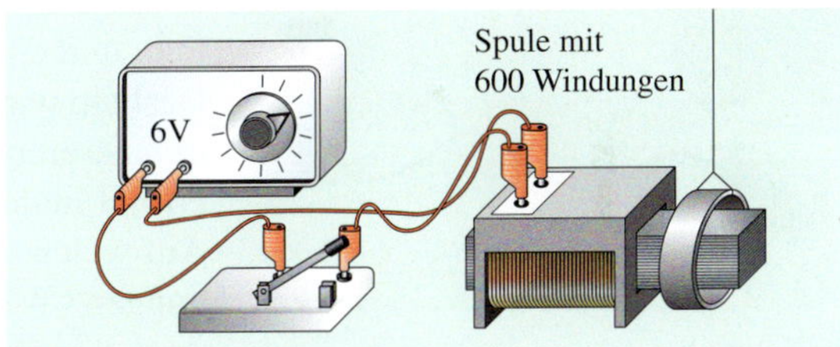


7

**9** Berechne die Scheitelwerte für folgende Effektivwerte der Wechselspannung: 1,5 V; 4,0 V; 14 V; 160 V; 230 V.

**10** Berechne die Effektivwerte für folgende Scheitelwerte des Wechselstroms: 0,05 A; 0,2 A; 1,0 A; 2,7 A; 14 A.

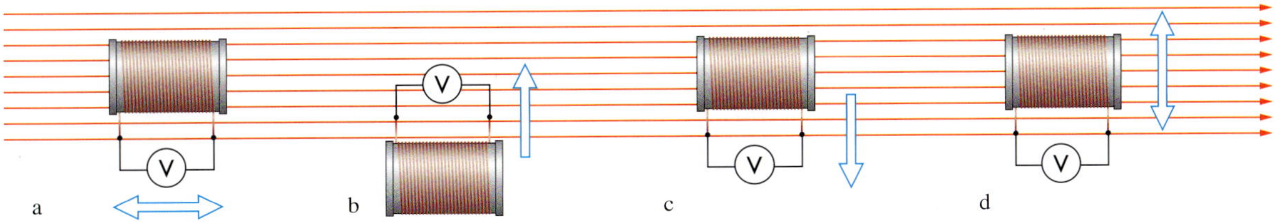


5

# Energieübertragung mit Hochspannung

Die Spannung, die von Kraftwerksgeneratoren bereitgestellt wird, beträgt etwa 20 kV. An unseren Steckdosen liegt aber nur eine Spannung von 230 V an. Für viele Zwecke benötigt man noch viel kleinere Spannungen. Wenn der Akku eines Handys leer ist, wird er mit einem Netzteil wieder aufgeladen. Im Netzteil befindet sich ein Transformator.

1

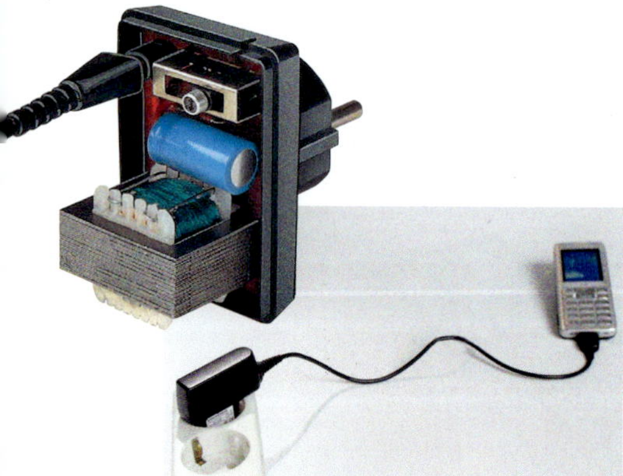

2 Netzteil

Ein wesentlicher Vorzug der elektrischen Energie besteht darin, dass sie durch Kabel übertragen werden kann. In einem Umspannwerk wird die Generatorspannung in Transformatoren auf 220 kV oder 380 kV hochtransformiert. Mit dieser Hochspannung werden dann durch die Freileitungen große Entfernungen überbrückt. Natürlich kann diese Hochspannung nicht in allen Haushalten und Fabriken verwendet werden. Sie ist sehr gefährlich, und es würden lange Funken zwischen den Leitungen überspringen. Deshalb wird die Spannung in der Nähe von Städten und Industriegebieten in mehreren Schritten bis auf 400 V bzw. 230 V heruntertransformiert. Das erfolgt in den Transformatoren der Umspannwerke. ↑3

Auf welche Weise erzeugen Transformatoren kleinere oder größere Spannungen? Welche Rolle spielen sie bei der Energieübertragung?

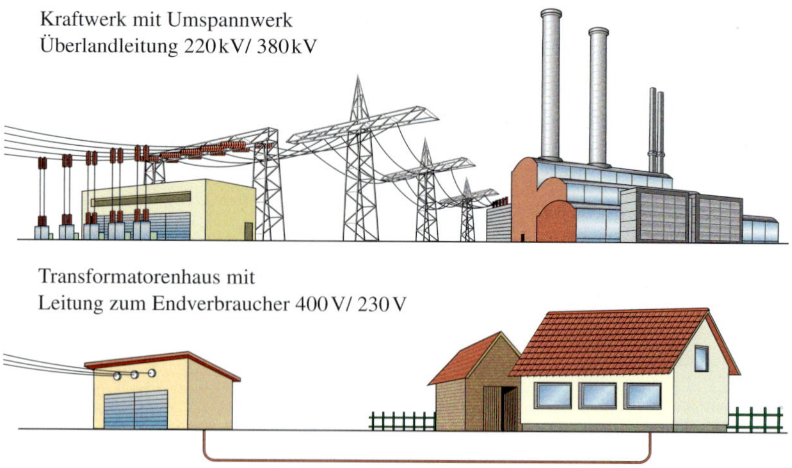


3 Schema der Energieverteilung

## Experimente

**1 Spannung am Transformator**
Mit einem Transformator werden Spannungen verändert.

a Baue das Experiment nach Bild 4 auf und miss die Ausgangsspannung. ↑4

b Ersetze die Induktionsspule durch eine Spule mit 300 Windungen und miss wieder die Ausgangsspannung.

c Wähle als Feldspule eine mit 600 Windungen und als Induktionsspule eine mit 1200 Windungen. Wie hängt die Spannung von den Windungszahlen ab?

d Entferne jetzt den oberen Teil des Eisenkerns (das Joch) und wiederhole die Experimente a bis c. Deute das Ergebnis.

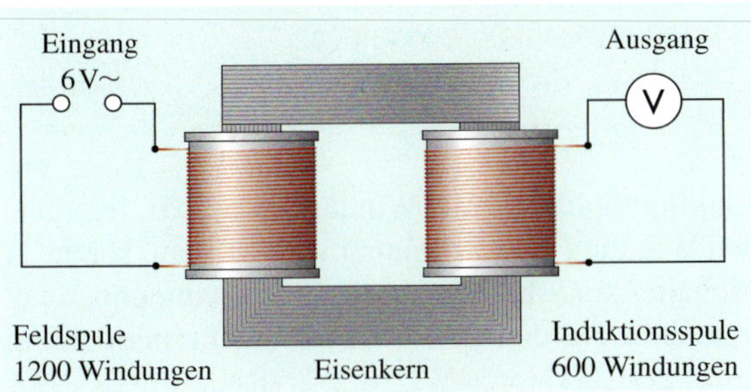

4

**2 Spannung und Windungszahl**
Überprüfe, wie die Spannung von den Windungszahlen abhängt.
Wähle für die Feldspule 150 Windungen und wickle als Sekundärspule ein Experimentierkabel in einer einzigen Wicklung um den Kern, dann mit zwei, fünf und zehn Windungen. Miss jeweils die Ausgangsspannung. ↑5

**3 Überlandleitungen**
Hochspannungsleitungen sind armdicke „Leiterseile". Wegen der großen Ladungsströme und der langen Strecken kann der Widerstand der Überlandleitungen nicht vernachlässigt werden. Wir bilden den Energietransport durch Überlandleitungen im Modellexperiment nach: Als „Überlandleitungen" dienen zwei Konstantandrähte (Durchmesser: 0,2 mm). Die Übertragungsstrecke beträgt 2 m.

a Miss in der Schaltung die Stromstärke in der Lampe. Warum leuchtet sie nicht, obwohl sie an die richtige Energiequelle angeschlossen ist? ↑6

b Mit einem Experimentiertransformator wird die Spannung der Energiequelle im Verhältnis 1 : 8 erhöht. Die „Überlandleitung" wird an die Induktionsspule angeschlossen. Damit die Lampe wieder mit der richtigen Spannung versorgt werden kann, stellt am Ende der Leitung ein Trafo die ursprüngliche Spannung wieder her. ↑7
Welche Stromstärken zeigt das Messgerät in der Übertragungsstrecke und im Lampenstromkreis jeweils an?

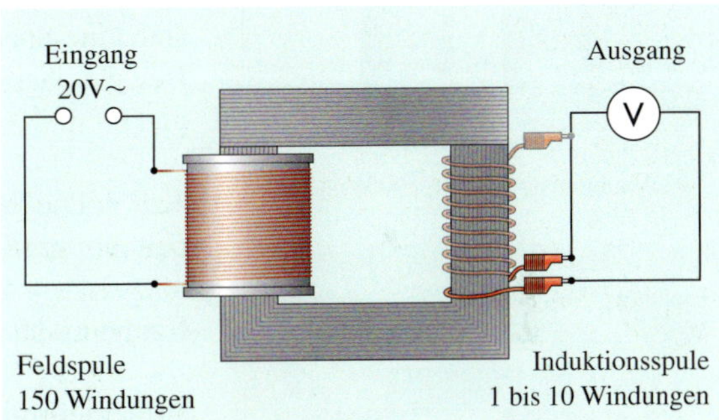

5

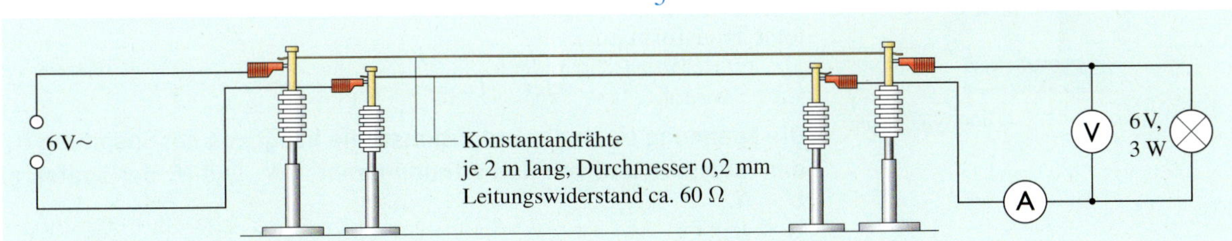

6

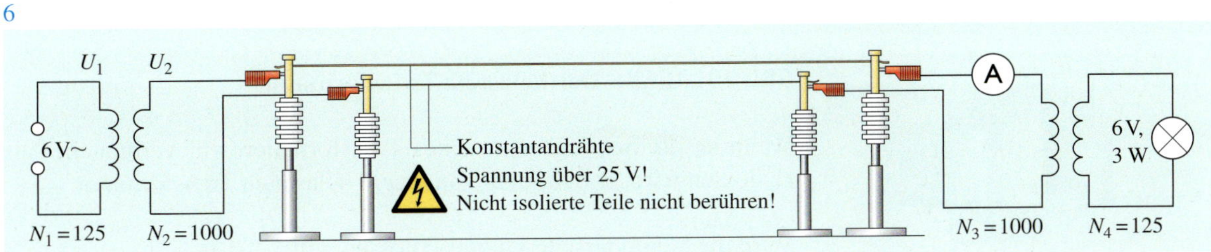

7

## GRUNDLAGEN: Spannungsverhältnisse am Transformator

**Funktionsweise des Transformators** Mit einem Transformator kann man Wechselspannungen erhöhen oder erniedrigen. Er besteht aus zwei Spulen, der Feld- und der Induktionsspule. Sie sitzen auf einem geschlossenen Eisenkern. Zwischen den Spulen gibt es keine elektrische Verbindung.

**Der Wechselstrom in der Feldspule des Transformators ruft ein Magnetfeld im Eisenkern hervor. Da sich das Magnetfeld ständig ändert, wird in der Induktionsspule eine Spannung erzeugt.**

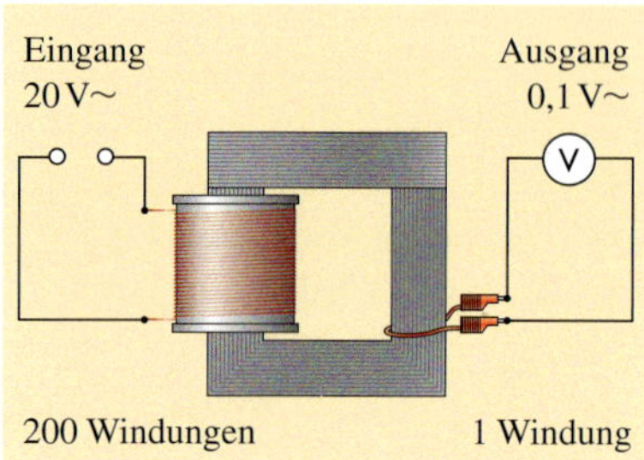

1

**Berechnung der Induktionsspannung** Die Bilder 1–3 zeigen, welche Rolle die Windungszahlen der Spulen spielen.

*Fall 1:* Auch wenn die Induktionsspule nur eine Windung hat, kann man eine Induktionsspannung messen. In unserem Beispiel beträgt sie 0,1 V. ↑1
Die Spannung für eine Windung kann man aus der Spannung $U_1$ an der Feldspule und deren Windungszahl $N_1$ berechnen:

$$U_{\text{Windung}} = \frac{U_1}{N_1}.$$

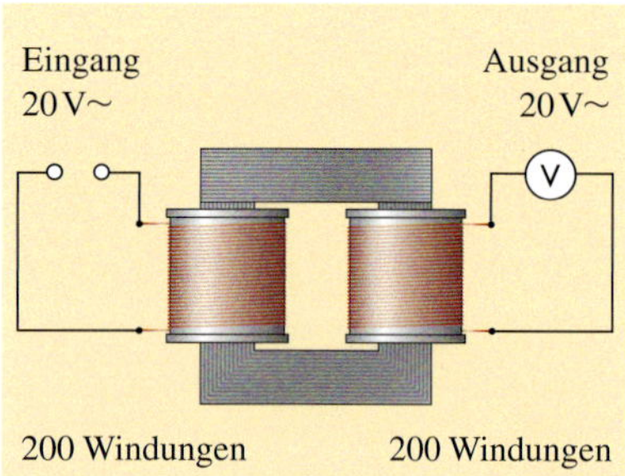

2

*Fall 2:* Wenn die Induktionsspule $N_2$ 200 Windungen besitzt, liegt an den Enden jeder einzelnen Windung eine Spannung von 0,1 V an. Da die Windungen in Reihe geschaltet sind, kann man die Einzelspannungen addieren – wie bei Batteriezellen. An den Enden dieser Induktionsspule ergibt sich eine Spannung von $200 \cdot 0{,}1\,\text{V} = 20\,\text{V}$.
Bei gleichen Windungszahlen von Feld- und Induktionsspule sind Eingangs- und Ausgangsspannung gleich. ↑2

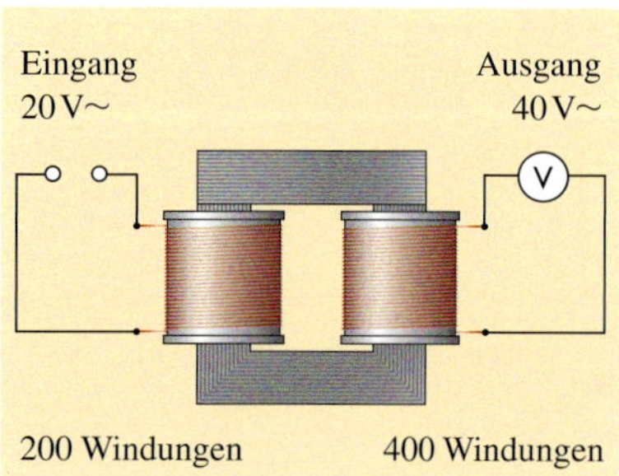

3

*Fall 3:* Die Windungszahl $N_2$ der Induktionsspule *beträgt* 400 und ist doppelt so groß wie die der Feldspule. Die Induktionsspannung beträgt $400 \cdot 0{,}1\,\text{V} = 40\,\text{V}$. Die Induktionsspannung ist doppelt so groß wie die Eingangsspannung. ↑3

Allgemein gilt für die Induktionsspannung, wenn der Stromkreis an der Induktionsspule nicht durch einen Verbraucher geschlossen ist (unbelasteter Transformator):

$$U_2 = U_{\text{Windung}} \cdot N_2 \quad \text{oder} \quad U_2 = \frac{N_2}{N_1} \cdot U_1$$

**Die Spannung $U_2$ an der Induktionsspule hängt von der Spannung $U_1$ an der Feldspule und von den Windungszahlen $N_2$ und $N_1$ der Spulen ab:**

$$\frac{U_2}{U_1} = \frac{N_2}{N_1}.$$

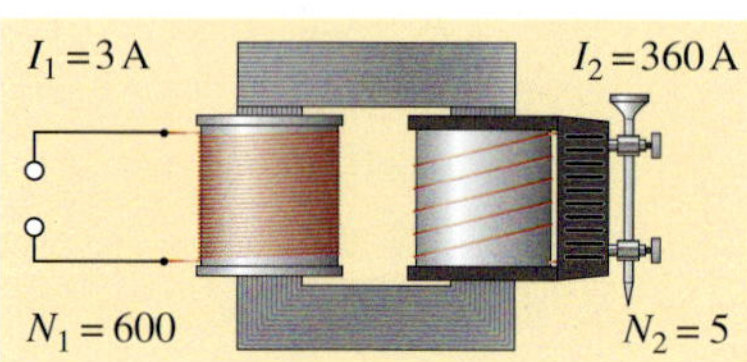

4

## GRUNDLAGEN: Der belastete Transformator

Wenn an die Sekundärseite eines Transformators ein Verbraucher angeschlossen wird, spricht man von einem belasteten Transformator.

Wird die Sekundärseite kurzgeschlossen, gilt: $\frac{I_1}{I_2} = \frac{N_2}{N_1}$.

## *Aus der Technik* Elektrisch schweißen

Mit einem elektrischen Schweißgerät werden einzelne Stahlteile zu einem Gartentor zusammengeschweißt. Der eine Pol dieser Spannungsquelle ist mit einer Klemmzange an das Tor angeschlossen. Der andere Pol wird mit einem dünnen Stahlstab, der Schweißelektrode verbunden. ↑5

Zunächst tippt man kurz mit der Elektrode auf die Schweißstelle. Der elektrische Strom ist so groß, dass das Metall an der Berührungsstelle sofort aufglüht und zum Teil verdampft. Dann hebt man die Elektrode etwas an. Der Strom fließt jetzt durch das glühend heiße Gas zwischen Elektrode und Schweißstelle; man spricht von einem Lichtbogen.

Das 2000 °C bis 5000 °C heiße Gas leuchtet sehr hell und sendet so viel Ultraviolettstrahlung aus, dass man unbedingt eine Schutzbrille vor die Augen halten muss.

An der Schweißstelle beginnt das Metall zu schmelzen und von der Elektrode tropft flüssiges Metall auf die Schweißstelle.

5

Nach kurzer Zeit hebt man die Elektrode hoch und unterbricht so den Stromkreis. Die Stahlteile sind nun fest miteinander verbunden.

Man benötigt zum Schweißen einen Lichtbogen, durch den ein sehr großer Strom fließt. Die Stromstärke liegt in der Größenordnung von 100 A. Wie kann ein Elektro-Schweißgerät, das an die Netzsteckdose angeschlossen ist, so große Ströme erzeugen? Die Sicherungen in Haushaltstromkreisen sprechen doch schon bei einer Stromstärke von 16 A an?

Das Elektro-Schweißgerät ist im Prinzip nichts anderes als ein Transformator, der eine Sekundärspannung von z. B. 23 V liefert. Die Leistung im Sekundärstromkreis beträgt also $P_2 = 23\,\text{V} \cdot 100\,\text{A} = 2300\,\text{W}$.

Damit dem Trafo über den Primärstromkreis ein Energiestrom in der gleichen Größe zufließt, ist nur ein Strom von 10 A erforderlich:
$P_1 = 230\,\text{V} \cdot 10\,\text{A} = 2300\,\text{W}$.

**1** Prinzip des Elektroschweißens:

a Ein Trafo wie in Bild 6 allerdings mit selbstgewickelter Induktionsspule wird 10 s lang eingeschaltet. Was wird zu beobachten sein?

b Anstelle der selbst gewickelten Induktionsspule wird eine Spule mit fünf dicken Kupferwindungen verwendet, sie wird mit demselben Nagel kurzgeschlossen. Was beobachtest du jetzt? Was kannst du daraus schließen?

**2** Der Querschnitt der Kupferleitungen der Induktionsspule ist etwa 100-mal so groß wie der Querschnitt der Feldspule. Warum?

**3** Der Schweißtrafo ist ein Beispiel für einen Hochstromtransformator. Wie unterscheiden sich Hochstrom- und Hochspannungstransformatoren?

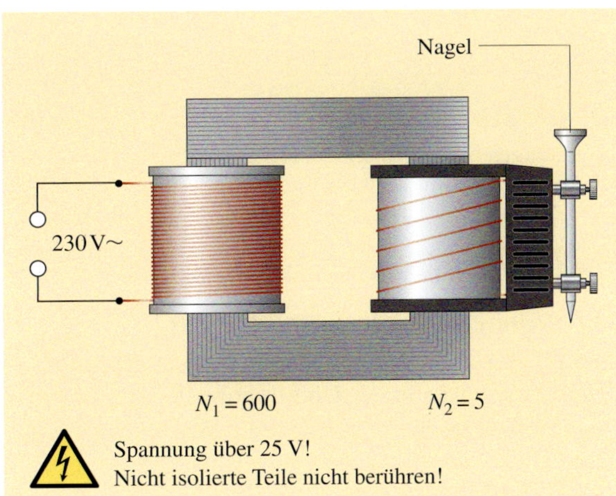

6

## GRUNDLAGEN: Transformatoren im Energieversorgungsnetz

**Übertragungsverluste in Leitern** Die elektrische Energie wird über Hunderte Kilometer von den Kraftwerken zu den Nutzern übertragen. Um den elektrischen Strom durch die langen Leiter zu treiben, muss ein Teil der Spannung an den Leitern liegen.
Für diese Teilspannung $U_{Leiter}$ gilt: $U_{Leiter} = I \cdot R_{Leiter}$.
Durch den Strom erwärmen sich die Leiter. Ein Teil des elektrischen Energiestroms wird also auf dem Transportweg in thermische Energie umgewandelt: $P_{therm} = U_{Leiter} \cdot I$.
Durch Einsetzen der Spannung erhält man: $P_{therm} = I^2 \cdot R_{Leiter}$
Der Energieverlust in den elektrischen Leitern ändert sich direkt proportional mit dem Quadrat der Stromstärke. Bei einer Stromstärke von 100 A wird 10 000-mal mehr Energie in thermische Energie umgewandelt als bei 1 A.

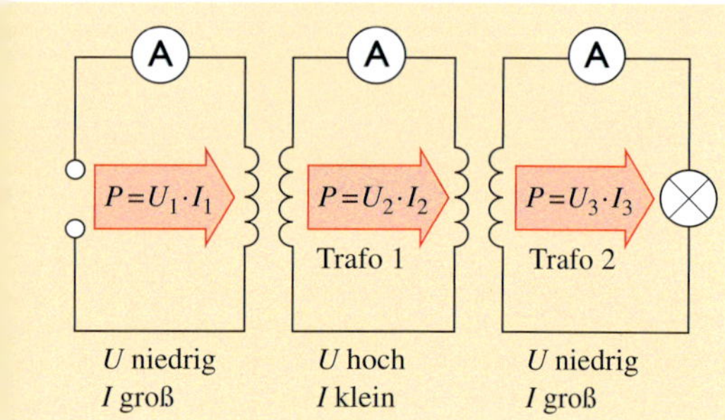

1

**Transformatoren verringern Energieverluste** Der Transformator 1 von Bild 1 überträgt Energie aus dem Stromkreis mit der Energiequelle in den Stromkreis mit den Überlandleitungen. Der Energiestrom im Hochspannungsteil ist hier fast so groß wie der zugeführte Energiestrom. ↑1
Da die Ausgangsspannung $U_2$ am Trafo 1 größer ist als die Eingangsspannung, ist die Stromstärke $I_2$ kleiner als $I_1$. Auf der Verbraucherseite wird durch den Trafo 2 wieder eine niedrigere Spannung $U_3$ hergestellt.
In den Überlandleitungen werden die Drähte durch den kleineren Ladungsstrom nicht so stark erwärmt. Die Energieverluste auf dem Transportweg werden dadurch viel geringer. ↑2

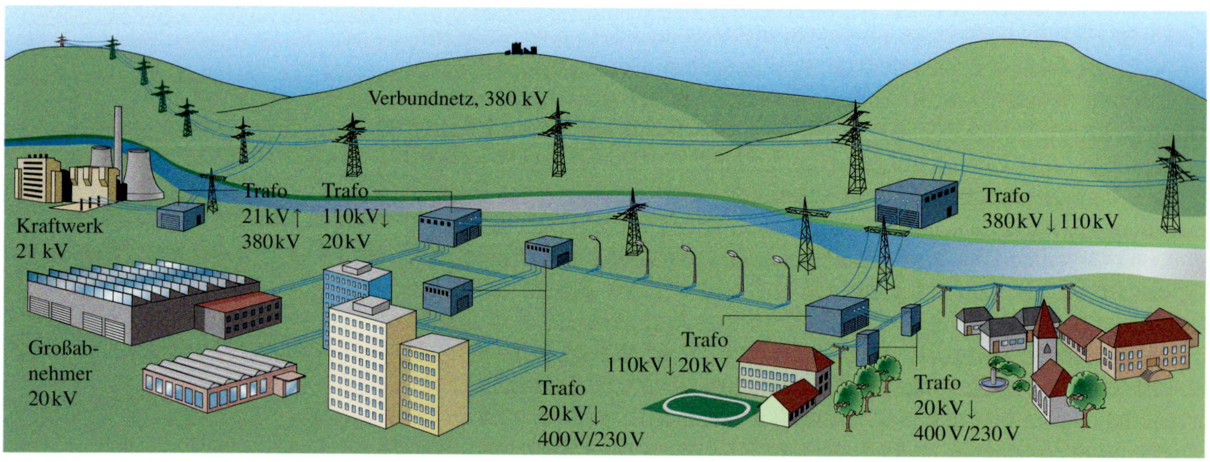

2 Spannungen bei der Energieübertragung

## Aufgaben

**1** An Hochspannungsleitungen (220 kV) ist die Spannung fast 1000-mal so hoch wie an der Steckdose. Die Stromstärke in der Übertragungsleitung verringert sich dadurch um fast 1/1000. Wie stark verringern sich dadurch die Energieverluste auf dem Transportweg?

**2** Ein Haushalt benötigt zeitweise einen elektrischen Energiestrom von 15 kW. Angenommen Elektrizitätswerk und Haushalt wären über eine Leitung ($R_L = 50\,\Omega$) direkt miteinander verbunden. Wie groß ist in diesem Fall die Verlustleistung?

## *Aus der Technik* Der europäische Energieverbund

3 Deutsches Höchstspannungsnetz (Stand 2005)

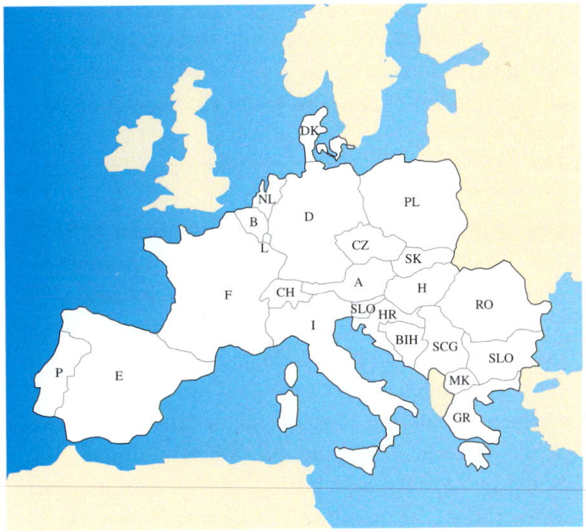


4 Mitglieder des europäischen Verbundnetzes (Stand 2007)

Die Betriebe in den deutschen Industriegebieten brauchen zeitweise mehr Energie als die Kraftwerke der Region erzeugen können. Die benötige Energie kann dann in anderen Bundesländern gekauft oder „geliehen" werden. Deutschland ist nämlich zu einem umfassenden Verbundsystem zusammengeschlossen. ↑3
Dieses Verbundnetz wird von einer Schaltzentrale in Brauweiler (bei Köln) gesteuert. An einem Arbeitsplatz wird es mit einem Computer überwacht, sodass man die Energieströme verfolgen kann. Man kann z. B. auch ein Pumpspeicherwerk zusätzlich einschalten, wenn die laufenden Kraftwerke an ihre Leistungsgrenze kommen. Oder einige Kraftwerke werden abgeschaltet, wenn die restlichen Kraftwerke nicht ausgelastet sind.

Das Übertragungsnetz endet aber nicht an der deutschen Grenze. Das europäische Verbundsystem ist ein europaweit eng vermaschtes Netz aus Hoch- und Höchstspannungsleitungen zur Stromverteilung. Die UCTE (Union for the Co-ordination of Transmission of Electricity) ist für die Koordinierung des Betriebes und die Erweiterung des europäischen Netzverbundes zuständig. Mitglieder dieses Netzwerks sind: Belgien, Bosnien-Herzegowina, Bulgarien, Dänemark, Deutschland, Frankreich, Griechenland, Luxemburg, Italien, Kroatien, Mazedonien, Niederlande, Österreich, Polen, Portugal, Rumänien, Schweiz, Serbien und Montenegro, Slowakei, Slowenien, Spanien, Tschechien und Ungarn. ↑4

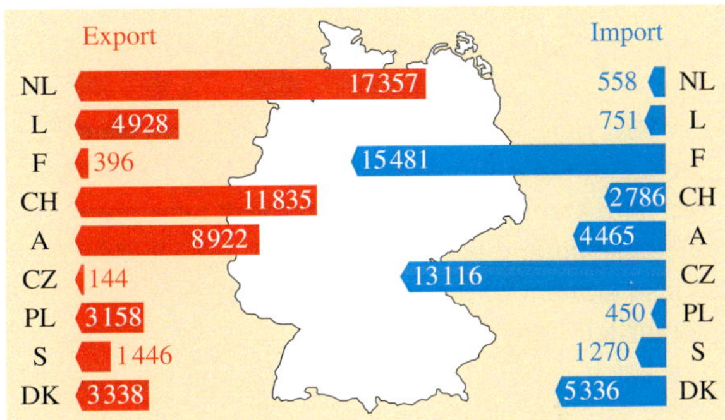


5 Energieaustausch Deutschlands mit Nachbarländern in Mio. kW · h (Stand 2005)

*Das Verbundnetz hat folgende Vorteile:*
Bei einem Ausfall von Elektrizitätswerken kann man die Energieversorgung über das Verbundnetz aufrechterhalten. Wenn z. B. in Griechenland mehrere Elektrizitätswerke ausfallen, stellt sich sofort ein Energiestrom in Richtung Griechenland ein. Dadurch steigt die Belastung sämtlicher Generatoren im Netz. Sie lassen sich schwerer drehen und die Frequenz der Wechselspannung sinkt. (Auch die Spannung sinkt geringfügig.) Auf das Absinken der Frequenz reagiert die Schaltzentrale damit, dass zusätzliche Kraftwerksleistung „hochgefahren" wird.
Andererseits kann überschüssige Energie über das Verbundnetz exportiert werden. Die Wasserkraftwerke in der Schweiz z. B. produzieren während der Schneeschmelze mehr Energie als erforderlich.

## Aufgaben

**1** Die Feldspule eines Transformators besitzt 600 Windungen und seine Induktionsspule hat 12 000 Windungen.

a Wieso handelt es sich um einen Hochspannungstransformator?

b Die Feldspule ist an die Netzspannung (230 V) angeschlossen. Berechne die Induktionsspannung $U_2$.

**2** Der Transformator einer Modelleisenbahn wird mit Netzspannung (230 V) betrieben. Die Induktionsspannung beträgt maximal 12 V. Wie viele Windungen muss die Induktionsspule des Transformators haben, wenn als Feldspule eine Spule mit 690 Windungen dient?

**3** Der Hochspannungstransformator eines Farbfernsehers hat eine Feldspule mit 400 Windungen. Seine Induktionsspule besitzt 24 000 Windungen. Wie groß ist die Induktionsspannung, wenn das Gerät an die Netzspannung angeschlossen wird?

**4** Die Feldspule eines Netzgeräts besitzt 5100 Windungen. Die Eingangsspannung beträgt 230 V. Die folgenden Ausgangsspannungen kann man einstellen: 3 V, 4,5 V, 9 V und 12 V.
Für wie viele Windungen müssen Anschlüsse an der Induktionsspule vorhanden sein?

**5** Weshalb kann man einen Transformator nicht mit Gleichspannung betreiben?

**6** Wieso können Experimente mit Transformatoren gefährlich sein?

**7** Wie hoch wird die Spannung an der Induktionsspule sein, bevor der Lichtbogen zündet? Warum sind solche Experimente lebensgefährlich? ↑1

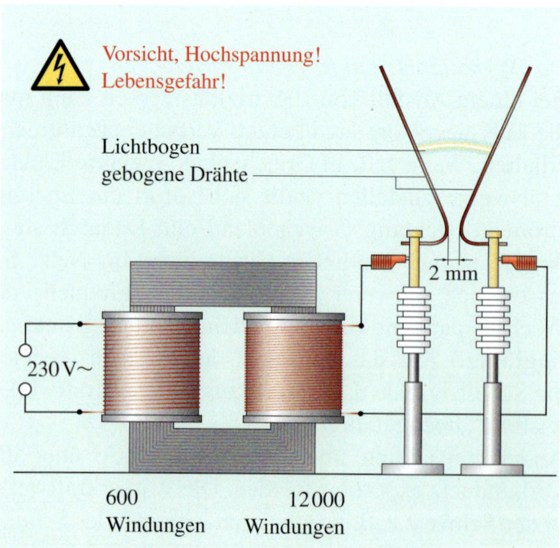


1

**8** Im Experiment zeigt der Strommesser 83 mA an. Die Spannung an der Glühlampe beträgt nur 1 V. ↑2

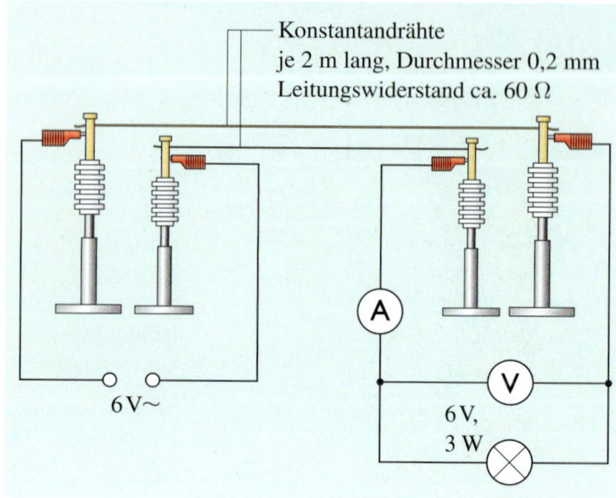


2

a Warum ist die Spannung an der Glühlampe so niedrig?

b Berechne die Stärke des Energiestroms, der von der Energiequelle ausgeht. Vergleiche sie mit der Stärke des Energiestroms, der bei der Glühlampe ankommt. Wo ist der fehlende Energiestrom geblieben?

**9** Hier beträgt die Stärke des Energiestroms, der von der Energiequelle ausgeht, 3 W. Der Strommesser zeigt eine Stromstärke von 60 mA an, die Stärke des Energiestroms, der bei der Glühlampe ankommt, beträgt nun aber 2,5 W. Erkläre. ↑3
*Tipp:* Berechne den Spannungsabfall über der „Überlandleitung".
*Hinweis:* Die Spannung an der Sekundärseite des „Hochspannungstrafos" beträgt hier 46 V.

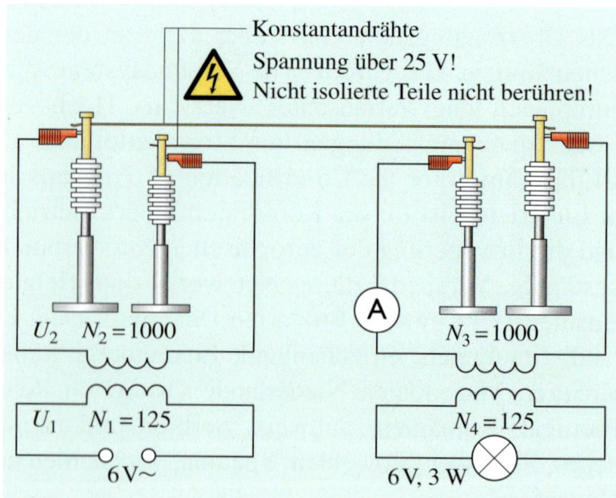


3

**Elektromotor** Ein Gleichstrommotor besteht aus:
- einem fest stehenden Dauer- oder Elektromagnet, dem Stator;
- einem drehbar gelagerten Elektromagneten, dem Rotor;
- einem Stromwender (Kommutator).

Die Drehung kommt durch die Abstoßung und Anziehung der Magnetpole von Stator und Rotor zustande. Der Stromwender kehrt bei jeder Drehung die Stromrichtung in der Rotorspule im „richtigen Takt" um und vertauscht so Nord- und Südpol des Rotors.

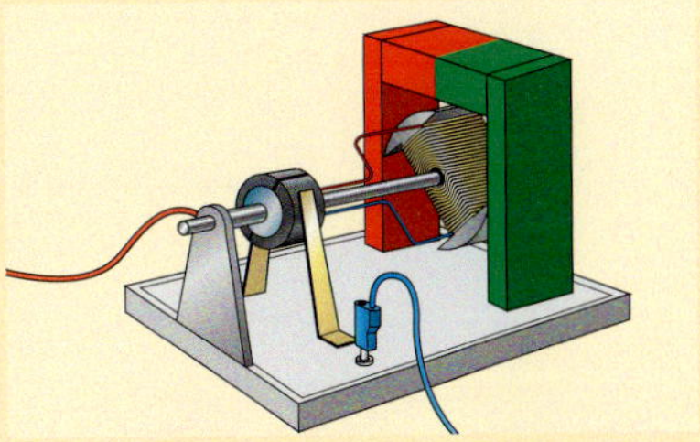
4

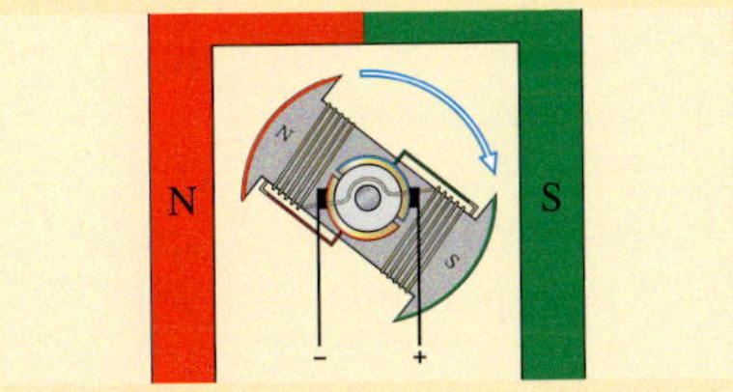

5 Gleichnamige Pole von Rotor und Stator stoßen sich gegenseitig ab. Der Rotor dreht sich.

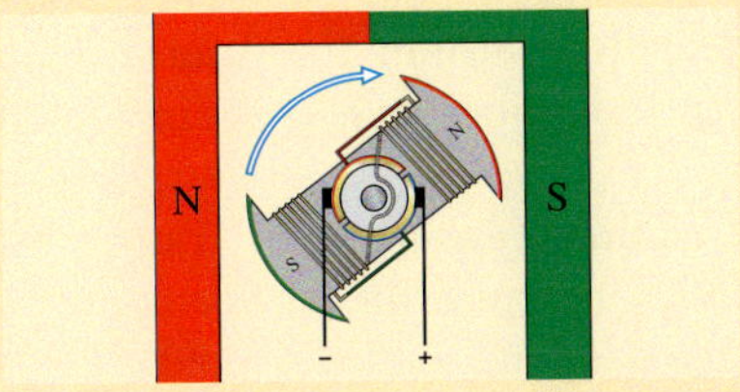

6 Ungleichnamige Pole von Rotor und Stator ziehen einander an. Die Drehung würde aufhören, wenn sich ungleichnamige Pole gegenüberstünden.

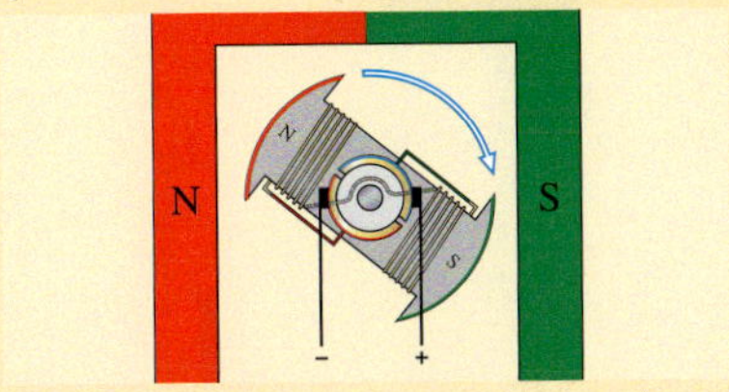

7 Der Stromwender kehrt die Stromrichtung in der Rotorspule um. Aus dem Nordpol des Rotors wird so ein Südpol und aus dem Südpol ein Nordpol. Die Drehung geht damit weiter.

---

**Spulen als Energiequellen** In einer Spule, die sich in einem geschlossenen Stromkreis befindet, fließt ein Induktionsstrom, so lange sich das Magnetfeld in der Spule ändert. Ist der Stromkreis nicht geschlossen, wird an den Enden der Spule eine Spannung induziert, so lange sich das Magnetfeld in der Spule ändert (Induktionsgesetz).

Das Magnetfeld in der Spule ändert sich zum Beispiel, wenn
- der Magnet oder die Spule bewegt werden; ↑8
- der Magnet ein- oder ausgeschaltet wird. ↑9

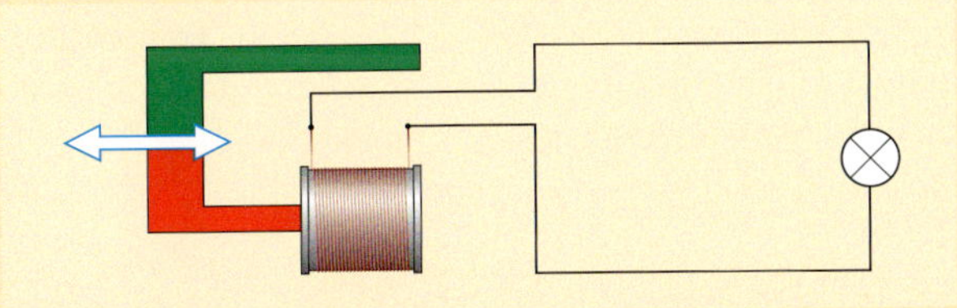
8

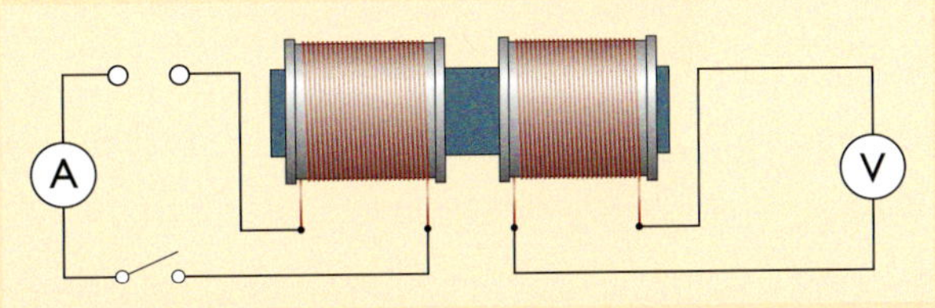

9

---

**Generatoren** Sie sind die wichtigsten elektrischen Energiequellen. Dreht sich ein Magnet vor dem Eisenkern einer Induktionsspule, entsteht eine Wechselspannung. Dasselbe geschieht, wenn die Spule zwischen den Polen eines Dauer- oder Elektromagneten gedreht wird.

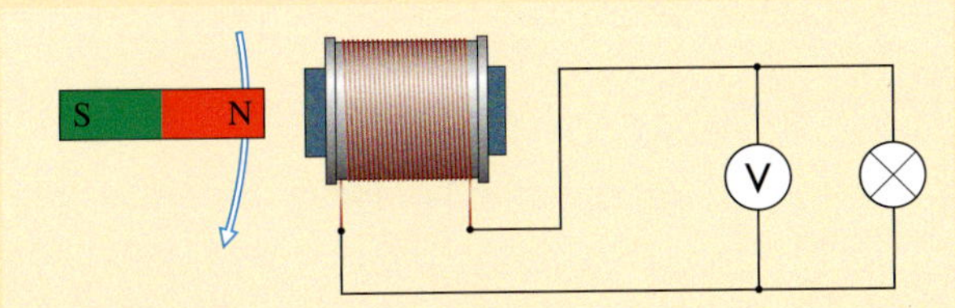

10

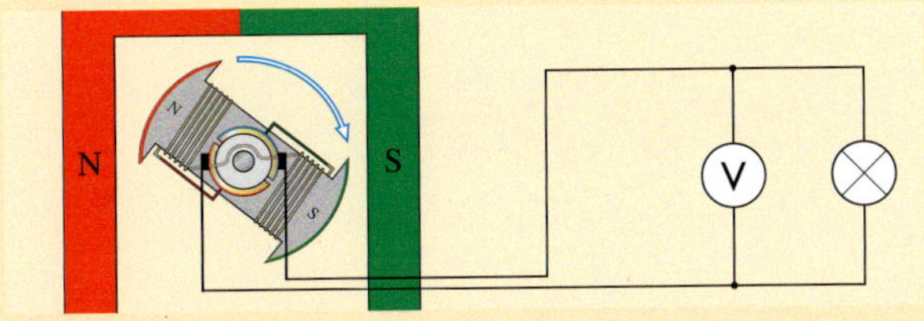

11

# Auf einen Blick

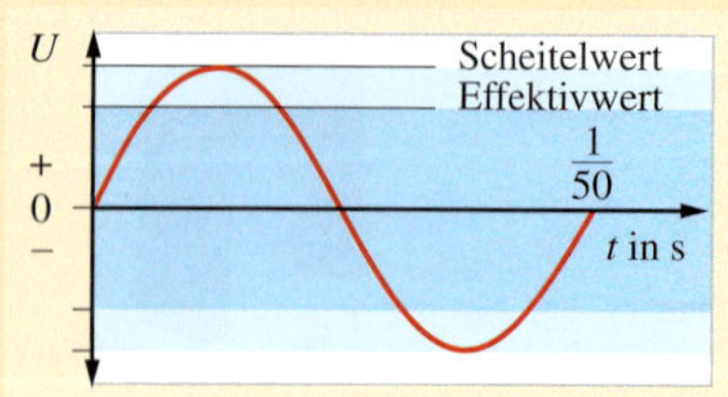

1

**Wechselspannung – Wechselstrom** Elektrische Ladungen werden durch Wechselspannungen abwechselnd in die eine oder andere Richtung getrieben. Bei der Netzwechselspannung wechselt die Richtung 100-mal pro Sekunde. Eine Hin- und Herbewegung dauert 1/50 s.
Messgeräte zeigen den Wert an, den eine Gleichspannung oder ein Gleichstrom mit derselben Wirkung hat (Effektivwert).

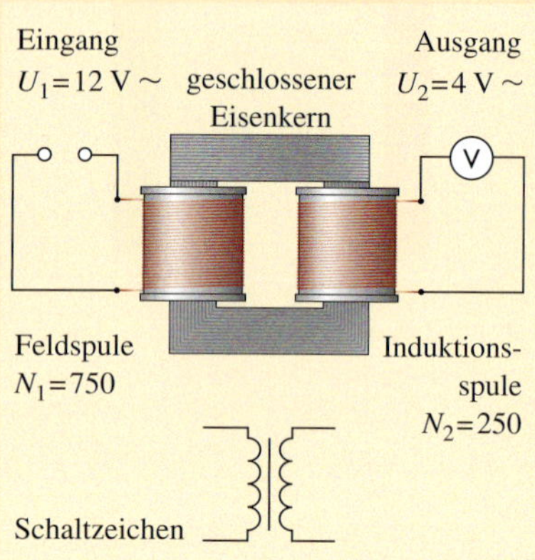

2

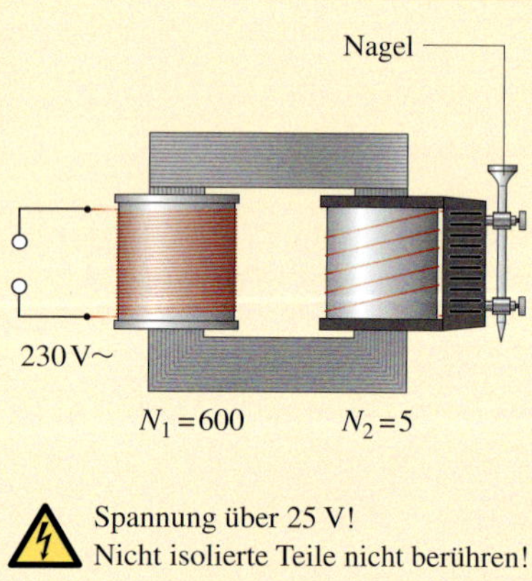

3

**Transformatoren** Ein Transformator besteht aus einer Feldspule und einer Induktionsspule (mit einem geschlossenen Eisenkern).

Bei einem unbelasteten Transformator hängt die Spannung $U_2$ an der Induktionsspule von der Spannung $U_1$ an der Feldspule und vom Verhältnis der Windungszahlen $N_1$ und $N_2$ ab:
$$\frac{U_2}{U_1} = \frac{N_2}{N_1}.$$

Wenn man an die Induktionsspule eines Trafonsformators einen Verbraucher anschließt, fließt ein elektrischer Strom $I_2$. Das ist nur möglich, weil auch in der Feldspule die Stromstärke $I_1$ ansteigt. Die Stromstärke in der Induktionsspule bestimmt die Stromstärke in der Feldspule. Die Stromstärken verhalten sich umgekehrt wie die Windungszahlen. Wird die Sekundärseite kurzgeschlossen, so gilt:
$$\frac{I_1}{I_2} = \frac{N_2}{N_1}.$$
In der Praxis gelten beide Gesetze nur näherungsweise: Bei geringer Belastung wird das Gesetz $\frac{U_2}{U_1} = \frac{N_2}{N_1}$ eher erfüllt, bei starker Belastung das Gesetz $\frac{I_1}{I_2} = \frac{N_2}{N_1}$.

Die bei der elektrischen Energieübertragung verwendeten Transformatoren sind so aufwändig und der Aufgabe angepasst gebaut, dass sie beide Gesetzmäßigkeiten nahezu exakt erfüllen.

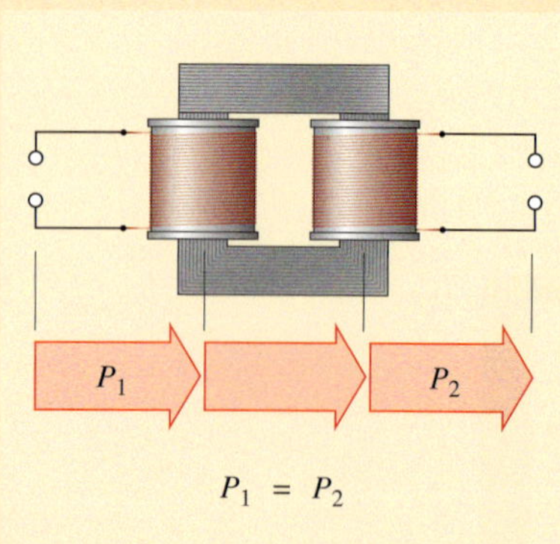

4

**Energieübertragung mit Transformatoren** Mit Transformatoren kann man elektrische Energie von einem Stromkreis auf einen anderen übertragen. Transformatoren werden zur Energieübertragung im elektrischen Verbundnetz eingesetzt.
Der Energiestrom, der auf der einen Seite eines Transformators wegströmt, muss auf der Eingangsseite zugeführt werden.
$$P_1 = P_2$$
$$U_1 \cdot I_1 = U_2 \cdot I_2$$

Durch eine hohe Spannung kann die Energie bei kleinerer Stromstärke übertragen werden. Dadurch erwärmen sich die Drähte weniger und Energieverluste werden geringer.

# Alles klar?



**1** Ein Fahrraddynamo enthält eine fest stehende Spule, an die Scheinwerfer und Rücklicht angeschlossen sind. Das zweite wichtige Bauteil ist auf der Welle des Antriebsrädchens befestigt. Um was für ein Teil wird es sich dabei handeln? Wie kannst du deine Vermutung überprüfen ohne den Dynamo zu öffnen?

**2** Ein Elektromotor treibt einen Generator an, der über einen Schalter mit einer Glühlampe verbunden ist. Warum läuft der Motor langsamer, wenn der Schalter geschlossen wird?

**3** Warum muss man besonders kräftig drehen, wenn man einen Generator antreiben will, der mit einem dicken Kupferdraht kurzgeschlossen ist?

**4** Einem Generator muss Energie zugeführt werden. Welche Energieformen werden in der Technik genutzt, um die Generatoren anzutreiben? Nenne jeweils ein Beispiel.

**5** Bild 5 zeigt den Aufbau für ein erstaunliches Experiment. Man bewegt den Nordpol eines Hufeisenmagneten möglichst schnell nach vorn in den Kupferring hinein, ohne dabei den Ring zu berühren. Der Ring setzt sich in Bewegung und dreht sich mit dem Magneten mit. Lockert man jedoch die Kunststoffschraube und wiederholt anschließend das Experiment, bewegt sich der Ring nicht. Gib dafür eine Erklärung.

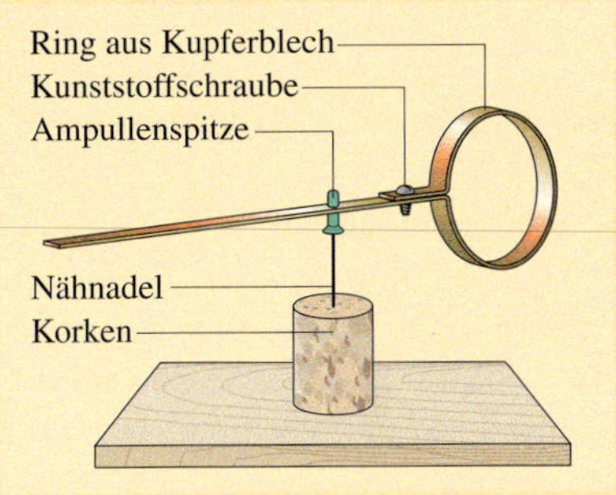

5

**6** In den Experimentieranordnungen nach den Bildern 6a und 6b wird jeweils der Schalter geschlossen. Was könntest du am Messgerät beobachten? Begründe deine Antwort!

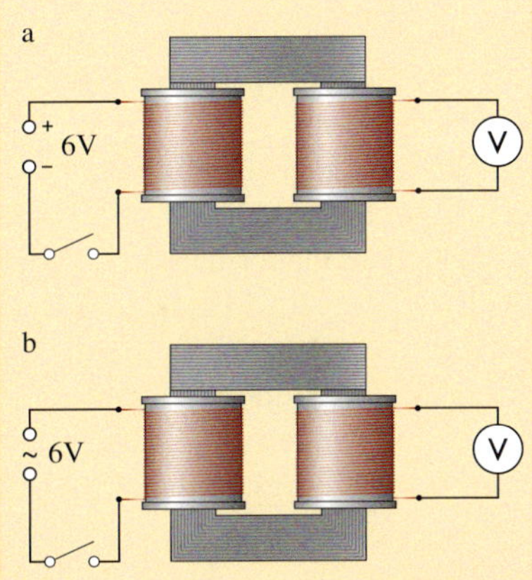

6

**7** Warum hat die Induktionsspule eines Schweißtransformators weniger Windungen als die Feldspule?

**8** In der folgenden Tabelle sind Daten von Transformatoren angegeben. Übertrage die Tabelle in dein Heft und ergänze die fehlenden Größen.

| Windungszahl | | Primärspannung | Sekundärspannung |
|---|---|---|---|
| Induktionsspule $N_1$ | Feldspule $N_2$ | $U_1$ | $U_2$ |
| 100 | 100 | 12 V | ? |
| 100 | 25 | 12 V | ? |
| 100 | 500 | 12 V | ? |
| 100 | ? | 12 V | 1,5 V |
| 1200 | ? | 230 V | 9 V |

**9** Im Haushalt wird ein Staubsauger (1 200 W) eingeschaltet. Um welchen Betrag steigt dadurch die Stromstärke in der Fernleitung (380 kV)?

Selbst erforscht

## Elektronik-Praktikum

Das Thema – Einführung in die Elektronik – könnt ihr in Form eines Praktikums bearbeiten. Mehrere Gruppen führen nacheinander Experimente zu verschiedenen Themen durch. Dabei arbeitet jede Gruppe an einem anderen Thema. Weil aber nacheinander jede Gruppe jedes Thema bearbeiten kann, ist es möglich, dass am Ende alle das Gleiche erarbeitet haben. Dein Lehrer wird dir die erforderlichen Materialien aus der Physiksammlung zur Verfügung stellen. Fertige stets sorgfältige Praktikumsprotokolle in deinem Heft an.

1

### Sinnesorgane bei Lebewesen – Sensoren in der Technik

Ständig nehmen wir Signale aus der Umwelt auf. Ohne diese Fähigkeit wären ein sinnvolles Leben und eine Orientierung in unserer Umwelt unvorstellbar.
Viele Tiere können besser hören und sehen als der Mensch. Sprichwörtlich sind die „Adleraugen" von Greifvögeln. ↑1
Andere Tiere sehen „Farben", für die wir blind sind: Bienen können z. B. ultraviolette Strahlung wahrnehmen. Dafür können sie rote Farbtöne nicht voneinander unterscheiden.
Mit den Ohren hören wir Schallsignale mit Frequenzen von 20 Hz bis 20 kHz. Was ist das aber gegen die Ohren von Hunden, Fledermäusen oder Delfinen, die Schwingungen bis zu 200 kHz hören können?
Unsere Nase erkennt Tausende von Gerüchen. In der Schleimhaut befinden sich über 10 Millionen Riechzellen. Sie melden uns Duftsignale: Hier duftet es z. B. nach Kaffee, dort riecht es nach gebrauchten Windeln. Hunde haben eine viel feinere Nase mit 10-mal so vielen Riechzellen wie der Mensch. Moskitos und Stechmücken riechen den Schweiß ihrer menschlichen „Opfer" über 70 m hinweg. Bei Käfern befinden sich die geruchsempfindlichen Zellen auf den Fühlern. ↑2
Unsere Zunge meldet uns den Geschmack von Essen und Trinken. Sie unterscheidet zwischen süß, sauer, bitter, salzig. Über den Geschmack der Tiere wissen wir wenig. Die meisten Säugetiere scheinen aber Süßes gern zu mögen.
Mit unserem Gleichgewichtsorgan können wir Beschleunigungen und Drehungen fühlen sowie das Gleichgewicht halten. Mit der Haut spüren wir Berührung, Druck, Kälte und Hitze. Manche Tiere orientieren sich mithilfe ihrer „Thermofühler". Schlangen jagen so ihre Beute. ↑3

Im Tierreich gibt es Sinnesorgane, die wir Menschen überhaupt nicht besitzen. So verfügen z. B. Haie und Rochen über einen elektrischen Sinn. Damit spüren sie die Nervensignale ihrer Beutetiere, selbst wenn die sich zur Tarnung im Sand vergraben haben.
Zugvögel finden im Herbst ihren Weg nach Afrika durch ihren Magnetsinn. Damit besitzen sie einen „inneren Kompass".

2

3

## Sensoren

### 1 Magnetfeld-Sensor

Ein Fahrradtachometer benötigt zum Berechnen der Geschwindigkeit einen Magnetfeld-Sensor an der Gabel des Vorderrads. Von diesem Sensor bekommt das elektronische Tachometer am Lenker bestimmte Signale. In dem Gehäuse steckt ein Reed-Schalter. Dieser besteht aus zwei ferromagnetischen Kontaktzungen, die im Vakuum oder einem Schutzgas in einen Glaskolben eingeschmolzenen wurden. Die Reed-Kontakte können nur von außen durch Magnete geschaltet werden.↑4–7

Nimm das Tachometer vom Fahrrad ab. In der an dem Lenker zurückbleibenden Grundplatte erkennst du zwei Kontakte. Baue mit diesen, einer Batterie und einer Lampe einen Stromkreis auf.

Was beobachtest du, wenn jemand das Vorderrad langsam oder schnell dreht?

4

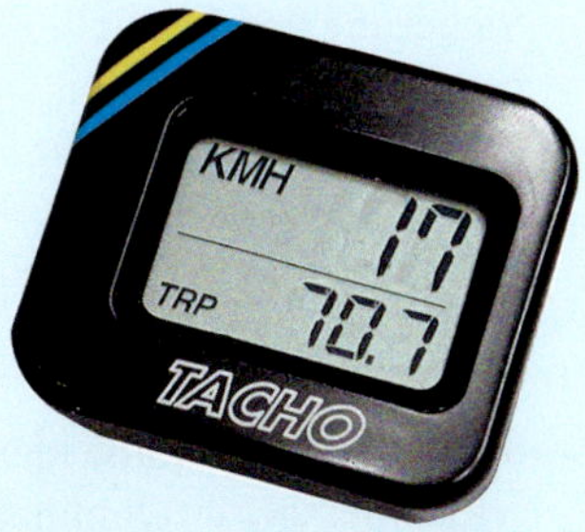

5

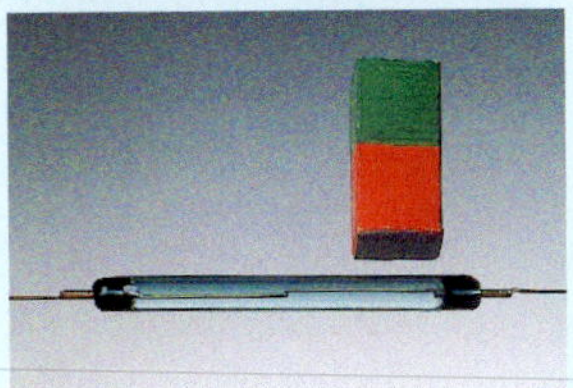
6

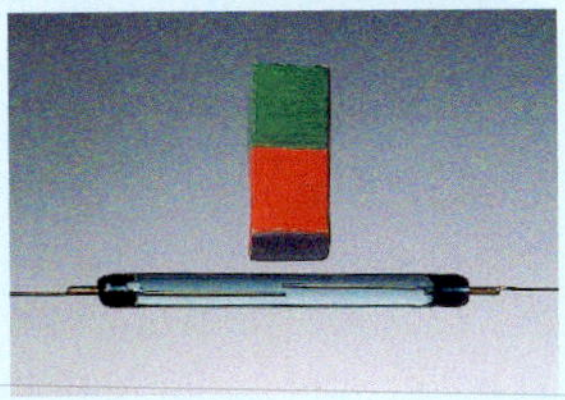
7

### 2 Temperatur-Sensoren

*Ein Thermometer aus Metall:*

Welcher Koch möchte nicht gern wissen, ob das dicke Stück Bratenfleisch innen schon gar ist? Moderne Backöfen oder Mikrowellengeräte haben deshalb einen Temperatur-Sensor. Ein solches „Braten-Thermometer“ kann exakt anzeigen, wie heiß es in einem Braten oder Kuchen ist.↑8

Schließe einen Heißleiter (Widerstand im kalten Zustand etwa 15 kΩ) zusammen mit einem Strommesser an eine 4,5-V-Batterie an. Erwärme den Heißleiter mit den Fingern. Beobachte dabei den Strommesser. Erkläre das Ergebnis.

8

Heißleiterwiderstand (NTC)

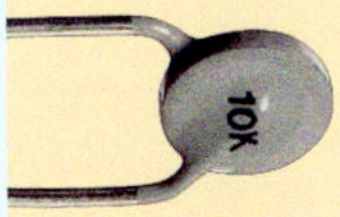


Schaltzeichen:

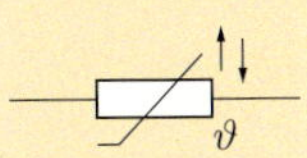


ϑ steht für thermos = Wärme

9

*Temperaturmessung ohne Berührung:*

Ein Infrarotthermometer ermöglicht die berührungslose Messung der Temperatur über die Infrarotstrahlung eines Körpers. Man muss lediglich die Öffnung des Thermometers auf den zu messenden Körper richten und schon lässt sich auf dem Display die Temperatur der Oberfläche ablesen. Dieses Thermometer misst aber nur die Temperatur der nächsten sichtbaren Oberfläche, also nicht durch eine Glasscheibe hindurch. Oft kann man mit einer Laser-Ziel-Einrichtung die zu messende Stelle genau anpeilen.↑10

Suche dir in deiner Umgebung verschieden warme Körper und bestimme jeweils deren Oberflächentemperaturen. Miss auch die Temperaturen verschiedener Materialien, wie etwa Holz, Eisen, Glas, Plastik, von denen du vermuten kannst, dass sie eigentlich alle dieselbe Temperatur haben dürften (etwa Zimmertemperatur 20 °C). Halte deine Beobachtungen im Protokoll fest und erläutere die Funktionsweise eines solchen Infrarotthermometers.

**Wichtiger Hinweis: Wenn du ein Gerät mit Laser benutzt, so musst du unbedingt darauf achten, dass der Laserstrahl niemals ins Auge trifft.**

10

Selbst erforscht

### 3 Helligkeitssensoren

Wenn es dunkel wird, schalten sich die Lampen zur Sicherung von Baustellen automatisch ein. Diese Lampen haben einen Helligkeitssensor: Ein Fotowiderstand im Gehäuse sorgt dafür, dass sie nur bei Dunkelheit arbeiten, tagsüber aber „Strom sparen". Ähnliches gilt für Bewegungsmelder, die ebenfalls am Tag ausgeschaltet bleiben. Den Fotowiderstand nennen Fachleute auch LDR (engl. *light dependent resistor*). ↑1,2

Schließe einen Fotowiderstand direkt an ein Widerstandsmessgerät (Ohmmeter) an.

Welchen Widerstand hat das Bauteil, wenn (kein, wenig, viel) Licht darauf fällt?

1

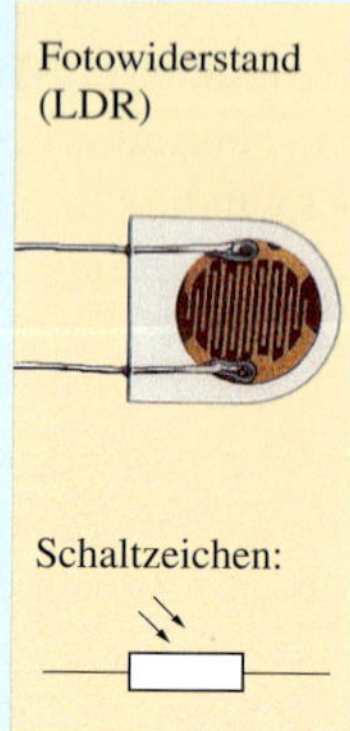

2

### 4 Kraftsensoren

Um Formveränderungen, wie Verbiegungen, Dehnungen und Stauchungen an Gegenständen messen zu können, verwendet man Dehnungsmessstreifen. ↑3,5

Dazu werden lange Leiterbahnen auf einen Träger aufgebracht. Verklebt man diesen Träger fest mit der Oberfläche eines Gegenstands, macht er alle Verformungen mit. Dabei verlängert oder verkürzt sich die Leiterbahn, woraufhin sich auch der elektrische Widerstand dieser Leiterbahn ändert. Diese Widerstandsänderung kann gemessen werden. Daraus lässt sich dann ein Maß für die Verformung bestimmen. Kennt man nun auch noch den Zusammenhang zwischen der Verformung eines Gegenstandes und der Kraft, die diese Verformung erzeugt, so lässt sich mit diesem Sensor eine Kraftbestimmung durchführen. Wir erhalten dann einen Kraftmesser.

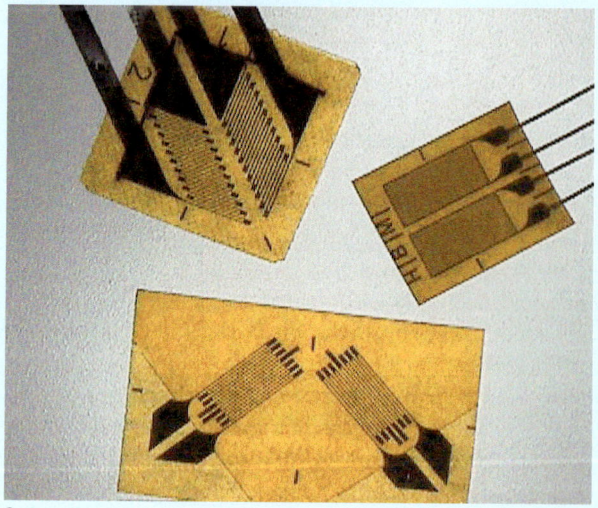
3

Schließe zunächst einen Dehnungsmessstreifen unmittelbar an ein Widerstandsmessgerät an. Beim Verbiegen des Dehnungsmessstreifens kannst du die Widerstandsänderung am Messgerät beobachten. ↑4

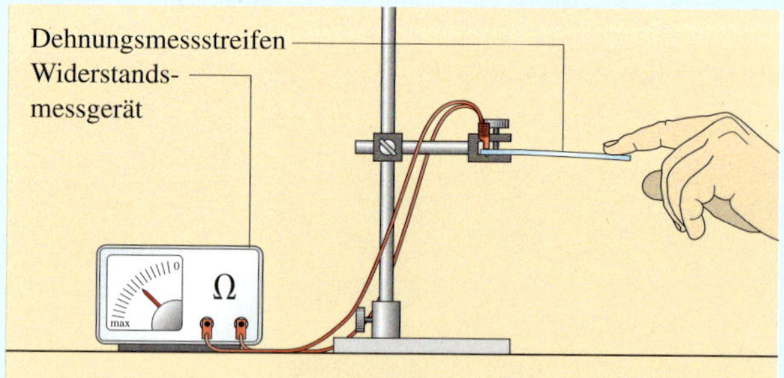

4

Kalibriere den Dehnungsmessstreifen mithilfe eines Federkraftmessers nun so, dass er danach als Kraftsensor verwendet werden kann. Protokolliere sowohl den Aufbau als auch die Durchführung der Messungen. ↑6

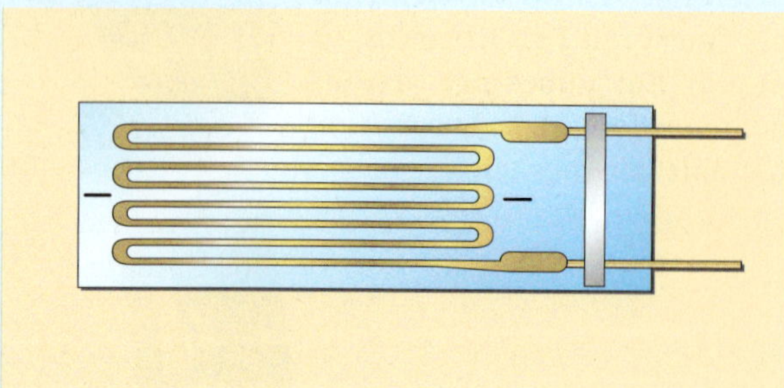
5

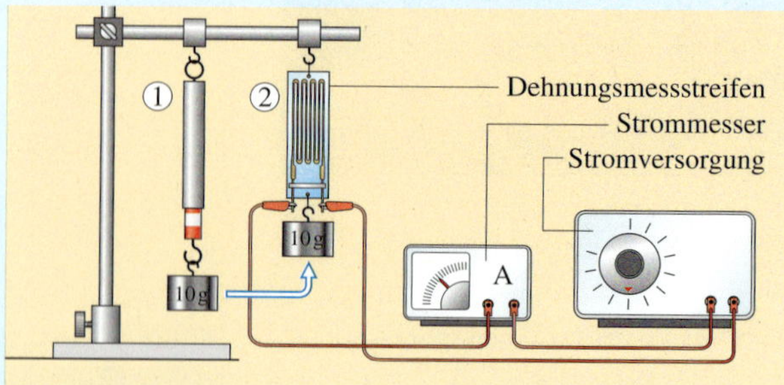

6

## Speicherung von Informationen

Erlebnisse, Gefühle, Bilder, Symbole, Töne, Texte, Formeln, Zahlen und noch viel mehr können wir im Gedächtnis behalten. Die Speicherfähigkeit unseres Langzeitgedächtnisses ist sehr hoch. Man schätzt, dass die gespeicherten Informationen dem Inhalt von mehr als 1 Million CD-ROM ($10^{15}$ Bit) entsprechen. Und jeden Tag gelangen neue Informationen in diesen „Speicher". Manches geht über kurz oder lang wieder verloren – es wird gelöscht. Wir vergessen es einfach. Um dem Vergessen entgegenzuwirken, ersannen die Menschen schon früh andere Speichermöglichkeiten für Informationen. Am meisten verbreitet ist Papier. In Form von Texten und Noten, Formeln und Zahlen, Zeichnungen und Fotos speichert es das Wissen der Menschheit aus den vergangenen Jahrhunderten. Inzwischen gibt es viele neue Speichermedien. Mal stecken die Daten in dünnen Magnetschichten, mal in kleinen Vertiefungen auf Kunststoffscheiben, mal in elektronischen Schaltkreisen. ↑7

Einige Speicher kann man nach Belieben selbst löschen. Bei anderen Speichern sind die Daten dagegen fest vorgegeben und können nicht verändert werden. Sie dienen z. B. als Speicher für Musik (CDs) oder für Programmsprachen und Rechenregeln im Computer. Man bezeichnet sie als Nur-Lese-Speicher oder kurz als ROM (engl. *read only memory*).

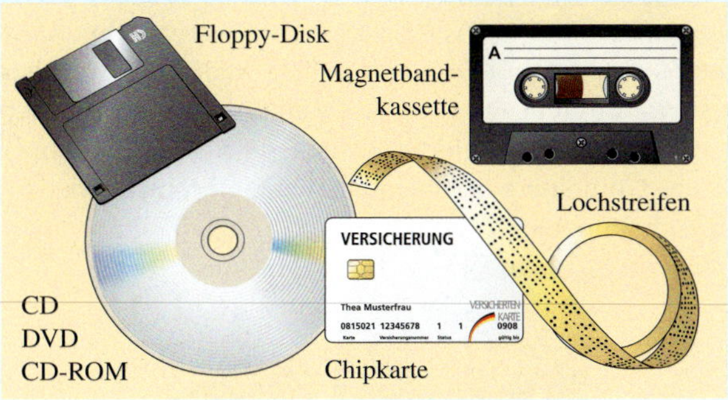

7

### 5 Die Spieluhr

„Ich habe gerade für Lena zum Geburtstag ein Gerät gekauft, auf dem Musik digital gespeichert ist", erzählt Lenas Mutter im Büro. –„Du bist wohl verrückt", erwidert ihre Kollegin. „Lena wird doch erst drei." Lenas Mutter schmunzelt und packt das Gerät aus – eine Spieluhr. Im Büro lachen alle über diesen digitalen Speicher. ↑8

Tatsächlich ist die Musik auf der Walze einer Spieluhr in digitaler Form gespeichert – genau genommen sogar in Form von Bits. Ein Bit ist die einfachste Information und kann nur zwei Werte annehmen: ein oder aus, 0 oder 1.

Untersuche eine Spieluhr genauer und arbeite Folgendes heraus:

1. Wie entstehen die verschiedenen Töne?
2. Was kann man über die Lautstärke aussagen?
3. Wie kann man das Tempo verändern?
4. Recherchiere im Internet über das sog. elektrische Klavier.

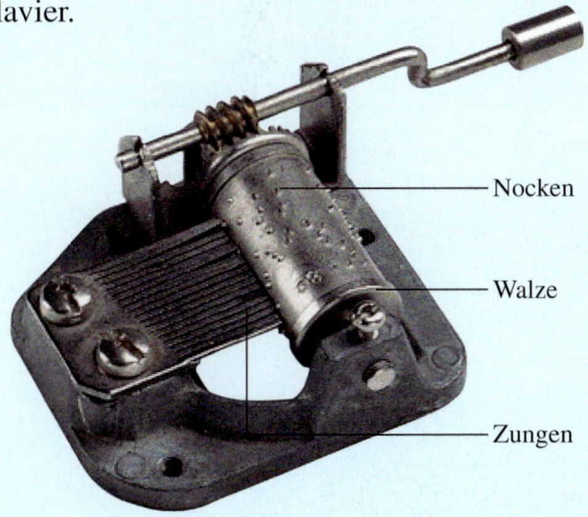

8

### 6 Die CD

Schon seit vielen Jahren hat die CD (engl. *compact disc*) die empfindlichen Schallplatten aus schwarzem Kunststoff abgelöst. Die Informationen über die gespeicherte Musik stecken in winzig kleinen Vertiefungen (Pits) der versilberten Kunststoffscheiben. Um Musik auf einer CD speichern zu können, werden die Schallsignale, die das Mikrofon empfängt, zunächst umgewandelt: Man misst dazu die Amplituden der Schallschwingungen 44 100-mal pro Sekunde. Die Messwerte sind 16-stellige Dualzahlen, die danach noch weiter verschlüsselt werden. Später prägt man entsprechend den Nullen und Einsen der Dualzahlen die Pits in die CD.

Untersuche nun eine CD:

1. Lege eine CD unter ein Mikroskop.
2. Beschreibe im Heft, was du siehst.
3. Recherchiere im Internet, wie man aus den Vertiefungen letztlich wieder hörbare Töne und Klänge macht.

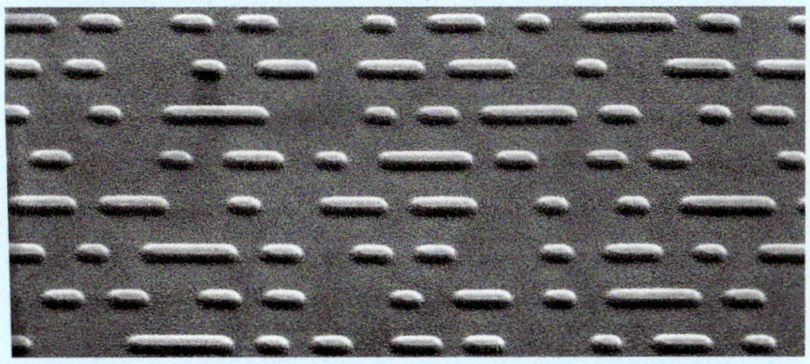
9

# Selbst erforscht

## 7 Speichern im Computer

Das Bauteil, das im Computer alle Befehle kennt und ausführt, ist der Prozessor. Sein gesamtes Wissen steckt in einem internen ROM-Speicher, den der Benutzer des Computers niemals löschen kann. Das ist auch gut so – sonst würde die „schlaue“ Kiste auch die einfachsten Rechenregeln vergessen. Alle Daten, die wir dem Computer zur Bearbeitung eingeben, müssen ihm im Dual-Code geliefert werden. Zunächst legt der Computer die Flut von Bits in seinem Arbeitsspeicher unter bestimmten Adressen ab. Ein solcher Speicher heißt RAM (engl. *random access memory:* Speicher mit wahlfreiem Zugriff). Sein Inhalt kann auf Wunsch gelöscht oder verändert werden. Die RAM-Speicher eines Computers bestehen aus winzig kleinen Transistorschaltungen. ↑1

1

Man unterscheidet je nach Bauweise statische RAM (SRAM) und dynamische RAM (DRAM). Ein SRAM besteht aus Flipflop-Schaltungen, für die jeweils zwei Transistoren nötig sind. Ein solcher Speicher behält seine Information, bis er gelöscht oder der Computer ausgeschaltet wird. Billiger und noch kleiner ist ein DRAM, der aus nur einem Feldeffekt-Transistor und einem Kondensator besteht. Der Speicherinhalt muss in kürzesten Zeitabständen immer wieder aufgefrischt werden. Der „Refresh“ erfolgt viele Millionen Mal pro Sekunde. Außerdem besitzt fast jeder Computer noch eine eingebaute Festplatte, auf der die Daten magnetisch gespeichert werden.

Untersuche nun einen (ausgemusterten) PC. Achte darauf, dass der PC nicht ans Stromnetz angeschlossen ist, damit du dich nicht in Lebensgefahr bringst!

1. Öffne den PC und finde heraus, aus welchen Einzelteilen er besteht und welche Funktion diese einzelnen Teile haben.
2. Untersuche insbesondere alle diejenigen Teile, deren Aufgabe die Speicherung von Daten ist.
3. Ergänze deine Untersuchungen durch eine geeignete Recherche im Internet.

## 8 Ein Speicher aus Dioden

In den Anfangszeiten der Computertechnik (um 1950) gab es noch keine Chips zum Speichern der Programme. Man benutzte dafür Lochstreifen und Lochkarten. In den Löchern waren die digitalen Informationen gespeichert: Ein Loch entsprach einer „1“ und kein Loch einer „0“. Man suchte nach anderen Medien zum Speichern von Daten und erfand die Diodenmatrix. Ihr Kennzeichen sind zueinander rechtwinklig verlaufende, nicht verbundene Leiterbahnen. Erst durch Dioden werden Verbindungen zwischen den Zeilen und Spalten der Matrix geschaffen. ↑2

In der 1. Zeile ist z. B. gespeichert, welche Balken der Anzeige aufleuchten müssen, um die Dezimalzahl 1 anzuzeigen. In der 3. Zeile ist die Dezimalzahl 8 gespeichert. Das ist leicht zu erkennen, weil alle Segmente über die Dioden angesteuert werden.

1. Baue mit den Geräten aus der Physiksammlung ein solches Experiment auf. Hierzu eignen sich ganz besonders gut Elektronik-Bausätze auf Steckbrettern sowie eine sog. 7-Segment-Anzeige aus dem Elektronikhandel.
2. Probiere anhand verschiedener Kombinationen die Funktionsweise eines solchen Diodenspeichers aus.
3. Wie lässt sich die Zahl 5 darstellen?
4. Was ist in den Zeilen 2 und 4 gespeichert?
5. Pole die Batterie ggf. um.

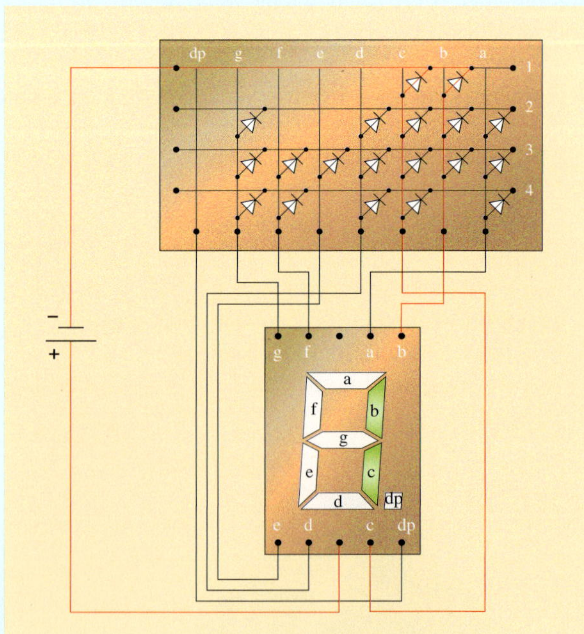


2

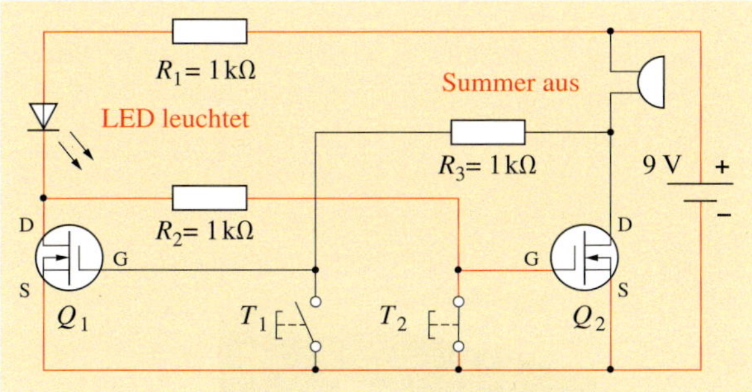


3

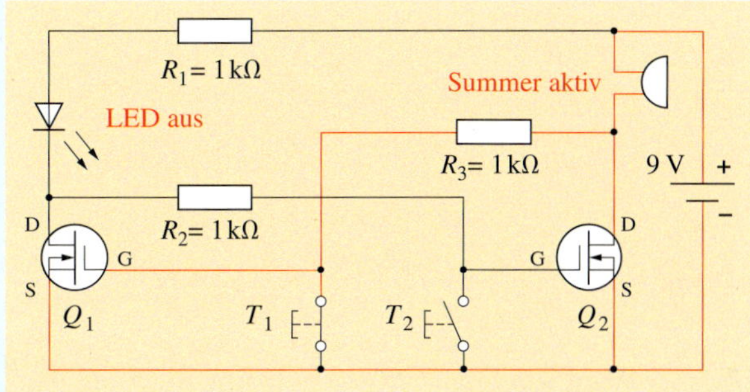


4

## 9 Ein Speicher aus zwei Transistoren

*Erster stabiler Zustand*

Schließt man den Taster 2, sind *Gate* und *Source* des Feldeffekt-Transistors $Q_2$ direkt miteinander verbunden. Die Spannung $U_{GS}$ beträgt 0 V; durch $Q_2$ fließt kein Steuerstrom. Der Feldeffekt-Transistor $Q_2$ sperrt; der Summer ertönt nicht. ↑3

Der Feldeffekt-Transistor $Q_1$ leitet, weil sein Steuerstromkreis geschlossen ist: Über den Summer, der selbst nicht ertönt, fließt nämlich ein kleiner Strom durch den Widerstand $R_3$ sowie über Gate und Source von $Q_1$. Dies ist der Steuerstrom von $Q_1$. Der Feldeffekt-Transistor $Q_1$ wirkt wie ein geschlossener Schalter: Die Leuchtdiode leuchtet.

Wenn man den Taster 2 wieder loslässt, sperrt der Feldeffekt-Transistor $Q_2$ weiterhin: Sein Gate und sein Source sind immer noch über $R_2$ und den leitenden Feldeffekt-Transistor $Q_1$ miteinander verbunden. Durch $Q_2$ fließt daher auch jetzt kein Steuerstrom. Die Schaltung befindet sich in einem stabilen Zustand.

*Zweiter stabiler Zustand*

Nun wird der Taster 1 kurz betätigt. Dadurch sind Gate und Source des Transistors $Q_1$ miteinander verbunden. Die Spannung $U_{GS}$ beträgt 0 V; der Feldeffekt-Transistor $Q_1$ sperrt; die LED geht sofort aus. ↑4

Was daraus folgt, lässt sich auf die gleiche Weise wie oben beim Feldeffekt-Transistor $Q_2$ erklären. Die Schaltung „kippt" in ihren zweiten stabilen Zustand.

*Bistabile Kippschaltung*

Die Schaltung heißt bistabile Kippschaltung. Elektroniker haben ihr einen Namen mit mehr Klang gegeben: Flipflop. In diesem Wort hört man geradezu das Umkippen der Schaltung.

Eine bistabile Kippschaltung enthält zwei Transistoren und kann speichern: „Signal gesetzt" (SET bzw. 1) oder „Signal nicht gesetzt" (RESET bzw. 0). Jedes Flipflop im SRAM eines Rechners kann 1 Bit speichern.

*Aufgabe*:

1. Baue mit den Geräten aus der Physiksammlung diese beiden Experimente auf. ↑3, 4
   Hierzu eignen sich ganz besonders gut Elektronik-Bausätze auf Steckbrettern. Du kannst diese Schaltung aber auch selbst zusammenlöten.
2. Probiere anhand verschiedener Kombinationen die Funktionsweise von solchen Flipflops aus.
3. Schreibe deine Ergebnisse und Beobachtungen ins Protokoll.

## 10 Analog-Digital-Wandler

Sicher hast du schon oft Begriffe gehört, wie Digitalkamera, digitaler Satelliten-Receiver, Digitaluhr usw. Ein Begriff, der in diesem Zusammenhang ebenfalls häufig auftritt, ist das Wort „analog".

Digital vom lateinischen „digitus" der Finger, beschreibt ein System, bei dem Parameter nicht mehr beliebige Werte annehmen können, sondern nur noch ganz bestimmte. Alle technisch möglichen Werte dazwischen sind verboten. Dies hat den unschätzbaren Vorteil, dass Fehler sofort erkannt und auch sofort korrigiert werden können.

In unserer Umwelt liegen aber sehr viele Signale, z. B. Geräusche, Töne oder optische Erscheinungen, eher in analoger als in digitaler Form vor. Aber wegen der beschriebenen Vorteile bei der Übertragung und Speicherung stellt sich häufig das Problem, analoge Signale in digitale umzuwandeln.

Verschaffe dir aus Büchern, Fachzeitschriften und dem Internet alle wichtigen Informationen, die du benötigst, um den Vorgang der Analog-Digital-Wandlung zu verstehen. Fertige eine geeignete Dokumentation über deine Nachforschungen an.

# Check up

**1** Erkläre im Modell, wie man sich bei einem Metalldraht das Vorhandensein des elektrischen Widerstands vorstellt.

**2** Zwei gegeneinander isolierte Metallstangen bilden eine schiefe Ebene und befinden sich in einem Magnetfeld. Ein Eisenstab rollt diese schiefe Ebene hinunter. ↑1

**a** Warum zeigt das Messgerät eine Spannung an?

**b** Was wird man beobachten, wenn man den Spannungsmesser durch einen dicken Metalldraht ersetzt?

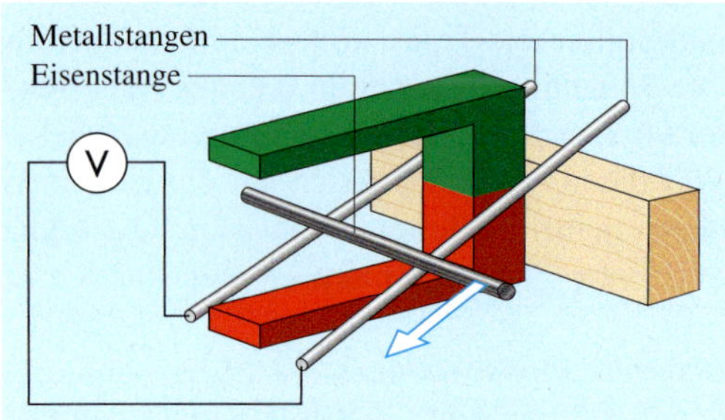


1

**3** Ein Generator erzeugt eine Spannung von $U_1 = 21\,\text{kV}$. Ein Energiestrom von $P_{\text{el}} = 154\,\text{MW}$ fließt vom Kraftwerk zum Einspeisepunkt und wird von dort auf die Verbraucher verteilt. Für die Energieübertragung auf der 10 km langen Strecke wird die Spannung auf $U_2 = 220\,\text{kV}$, also auf den rund 10-fachen Wert erhöht. Der Widerstand von 1 km des verwendeten Hochspannungsleiters beträgt $0{,}06\,\Omega$.

**a** Bestimme, wie viel Prozent der Energiestromstärke auf dieser kurzen Strecke verloren gehen.

**b** Wie viel Prozent der Energiestromstärke würden ohne Spannungserhöhung verloren gehen?

**4** Die Leiterschleife von Bild 2 wird um 360° gedreht. Ein Spannungsmesser (mit Nullpunkt in Skalenmitte) wird angeschlossen. Beschreibe, wie sich der Zeiger bewegt. Erkläre, warum er sich so bewegt.

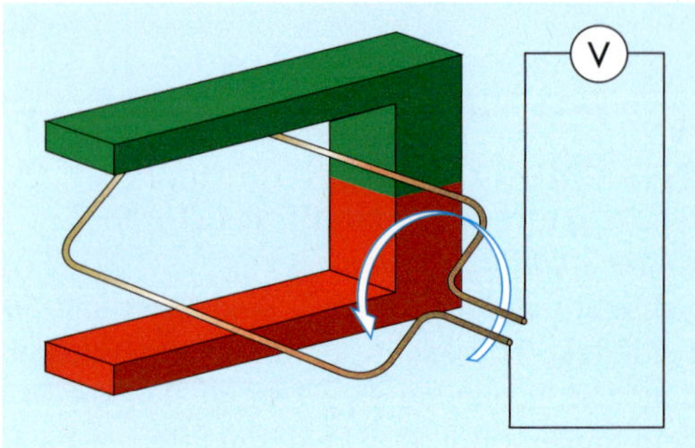


2

**5** Welche Vorteile hat ein Wechselstromnetz gegenüber einem Gleichstromnetz bei der Energieversorgung?

**6** Wie wird beim Induktionsfeuerzeug der „zündende Funken" erzeugt? ↑3, 4

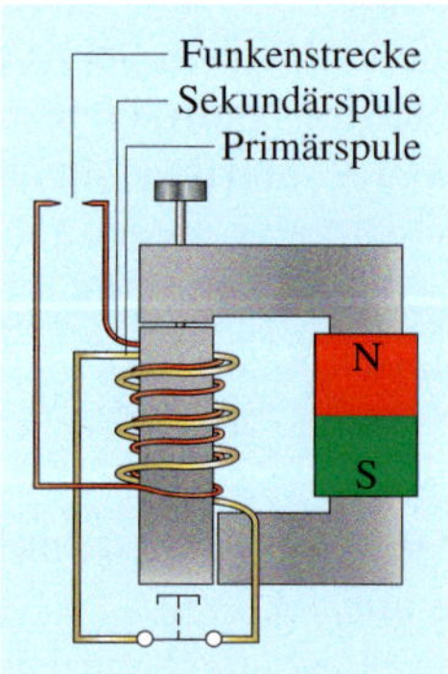


3

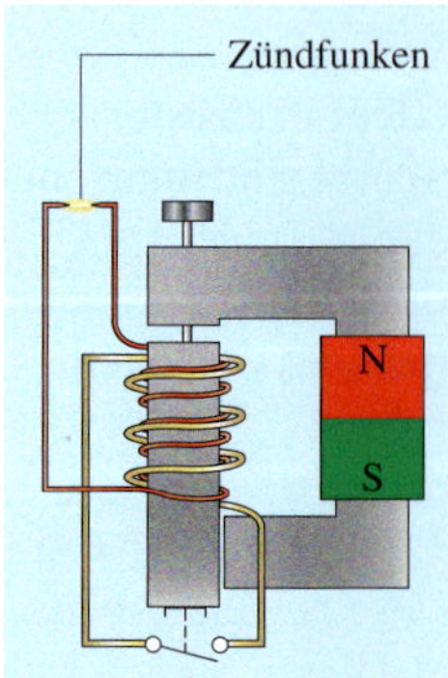


4

**Schätze deine Kenntnisse und Fähigkeiten ein!**

Ordne dazu deiner Lösung im Heft ein Smiley zu:

☺ Ich konnte die Aufgabe richtig lösen.

😐 Ich konnte die Aufgabe nicht komplett lösen.

☹ Ich konnte die Aufgabe nicht lösen.

› Die Lösungen findest du im Anhang.

| Aufgabe | Fähigkeit | Hilfe findest du auf Seite... |
|---|---|---|
| 1 | Den elektrischen Widerstand mit einem Modell erklären. | 53 |
| 2, 4, 6 | Anwenden des Induktionsgesetzes und der lenzschen Regel. | 95, 96, 98 |
| 4 | Entstehung einer Wechselspannung erklären. | 96 |
| 3, 5 | Bedeutung des Transformators für die Energieübertragung begründen. | 104 |

# Thermodynamik

Das Wetter bestimmt unseren Alltag. In jeder Nachrichtensendung wird ein Wetterbericht gegeben. Für viele Berufe ist es wichtig zu wissen, wie das Wetter sein wird. Wird im Winter gebaut, muss man wissen, ob mit Frost zu rechnen ist. In der Landwirtschaft muss das Getreide trocken sein und es darf nicht regnen, wenn es geerntet wird. Aber auch der Normalbürger möchte sich auf das Wetter einstellen können z. B. mit der Auswahl der Kleidung. Daher haben die Menschen sich schon früh dafür interessiert und Mittel und Wege ersonnen, um das Wetter vorherzusagen. Am Anfang reichten dafür Bauernregeln, die aus langjährigen Erfahrungen abgeleitet wurden. Für die modernen Menschen ist das nicht genug. Das Wetter wird wissenschaftlich untersucht. Man versucht die naturwissenschaftlichen Zusammenhänge zu verstehen, die das Wetter bestimmen.

# Strahlende Sonne – strahlende Erde

Je höher die Temperatur desto gelungener der Urlaub. Das ist für viele Menschen die Devise. Man hört dann oft den Ausspruch: „Wir hatten 30 Grad im Schatten!“ Da klingt unausgesprochen mit: „Wie hoch die Temperatur in der Sonne war, muss dann wohl nicht mehr erwähnt werden.“
Doch ist es überhaupt sinnvoll, ein Thermometer in der Sonne zu benutzen? Wird die Empfindung von warm und kalt nur durch die physikalische Größe Temperatur beschreiben?

1

Die Sonne „brennt“ nun schon den ganzen Tag aus einem strahlend blauen Himmel. Die Menschen am Strand halten es nicht sehr lange in der prallen Sonne aus und suchen unter Sonnenschirmen Schatten oder verschaffen sich im Wasser Abkühlung. Man muss schon sehr schnell über den Strand laufen, sonst verbrennt man sich die Füße. Kommt man aus dem Wasser, so reicht manchmal schon ein leichter Windhauch aus, um zu frösteln. Wie kann es sein, dass unter denselben äußeren Bedingungen der Sand unerträglich heiß, der Schatten angenehm warm, das Wasser kühl und der Windhauch kalt erscheinen?

In jedem der Bilder 2 und 3 sind zwei große Felder zu sehen, auf denen die Energie der Sonne „geerntet wird“. Die Rapspflanzen dienen der Biodieselherstellung. Sie reifen in der Sonne und in ihren Samenkörnern bildet sich Öl. Nach der Ernte wird es ausgepresst und in Biodiesel umgewandelt. Die Solarzellen müssen eine große Fläche abdecken, um möglichst viel Sonnenenergie aufzufangen und in elektrische Nutzenergie umzuwandeln. Was haben die beiden Verfahren der Energiegewinnung mit dem Strandurlaub gemeinsam? ↑2, 3

2

3

## Experimente

**1 Temperaturfühler**

In deiner Umgebung gibt es Gegenstände mit sehr hohen Temperaturen. Um sie zu messen, musst du einen geeigneten Temperaturfühler benutzen. Miss die Temperaturen von kochendem Wasser, einer Kerzenflamme, der Luft eines Föhns und einer heißen Kochplatte. ↑4

**2 Geschätzte Temperaturen**

Schätze die Temperaturen der Luft, des Fußbodens, eines Metallgegenstands, eines Kissens oder eines anderen flauschigen Gegenstands in einem Zimmer, indem du diese berührst.

a Schreibe die Gegenstände in der Reihenfolge von höheren zu tieferen Temperaturen auf.

b Miss anschließend die Temperaturen der Gegenstände mit einem Thermometer und schreibe sie auf. (Zum Messen der Oberflächentemperatur solltest du einen elektronischen Oberflächenfühler benutzen). Werden deine geschätzten Temperaturen durch die Messungen bestätigt?

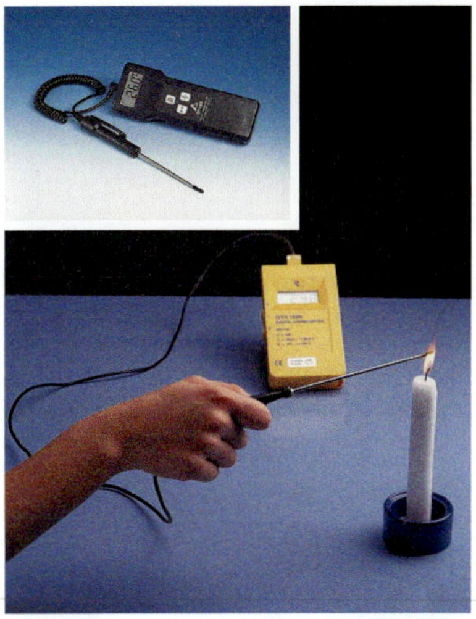

4

### GRUNDLAGEN: Gefühlte und gemessene Temperatur

Berührt man einen Gegenstand mit der Hand, fließt thermische Energie vom Gegenstand zur Hand oder von der Hand zum Gegenstand, je nachdem, ob die Temperatur des Gegenstands niedriger oder höher als die der Hand ist. Auch wenn zwei Gegenstände dieselbe Temperatur haben, können sie sich unterschiedlich warm oder kalt anfühlen. So empfinden wir bei Zimmertemperatur ein Stück Styropor als warm und ein Stück Metall als kalt. Grund dafür ist, dass Metall thermische Energie besser und daher schneller von der Hand ableitet als Styropor.

**Das menschliche Wärmeempfindungsvermögen wird durch die Stärke des Energiestroms bestimmt, der von der Haut aufgenommen oder abgegeben wird.**

Obwohl die Berührung von 100 °C heißem Wasser zu schlimmen Verbrühungen führt, kann der Mensch es in einer Sauna von 100 °C einige Zeit aushalten. Dies gelingt dadurch, dass er schwitzt. Dabei sondert die Haut Wasser ab, das in der heißen Umgebung verdunstet. Die dazu nötige Energie wird der Haut entzogen, wodurch sie gekühlt wird. Die Haut gibt durch Wärmeleitung thermische Energie an die Umgebung ab. Dadurch steigt die Temperatur der unmittelbar angrenzenden Luftschicht. Ab einer bestimmten Temperaturerhöhung steigt die erwärmte Luft auf und wird durch kühlere ersetzt. Durch flauschige Kleidung wird die Luft festgehalten. Starker Wind, der die erwärmte Luft aus der Kleidung heraus treibt, wird daher als kälter empfunden als unbewegte Luft derselben Temperatur. Um diesen Unterschied zu berücksichtigen, wird im Wetterbericht manchmal von der „gefühlten Temperatur“ gesprochen.

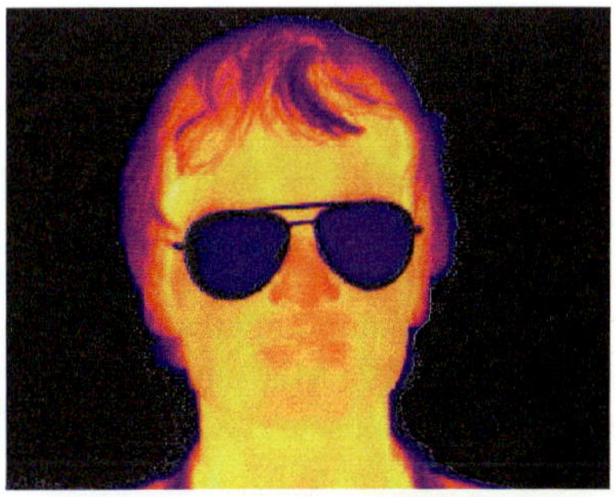

5 Wärmebild eines Kopfes

**Temperaturen allein geben keine verlässliche Auskunft darüber, ob wir etwas als warm oder kalt empfinden.**

## GRUNDLAGEN: Wie viel Sonnenenergie gelangt auf die Erde?

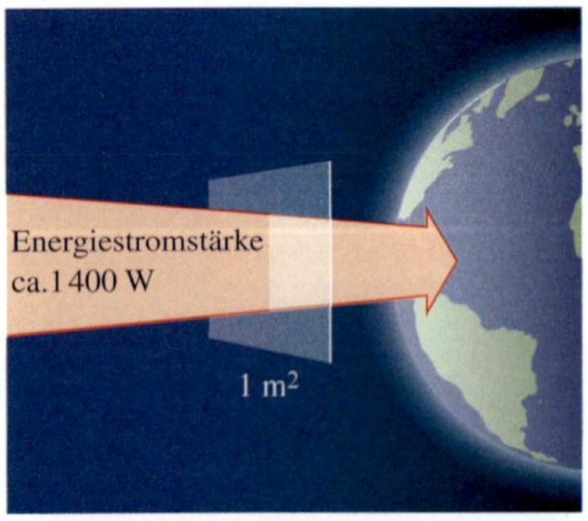

1

Während ihres jährlichen Umlaufs um die Sonne ist die Erde immer annähernd gleich weit von der Sonne entfernt. Daher ändert sich der Energiestrom von der Sonne zur Erde praktisch nicht. Pro Zeiteinheit strömt stets gleich viel Energie auf die Erde. ↑1

Wir betrachten eine Fläche von 1 m$^2$ über der Lufthülle der Erde, die senkrecht zur Sonnenstrahlung gerichtet ist. Für die Energiestromstärke durch diese Fläche misst man einen Wert von 1,37 kJ/s = 1,37 kW.

**Der durch eine senkrecht zur Sonne ausgerichtete Fläche von 1 m$^2$ fließende Energiestrom hat eine Stärke von 1,37 kW/m$^2$. Diese Größe $S_E$ heißt Solarkonstante.**

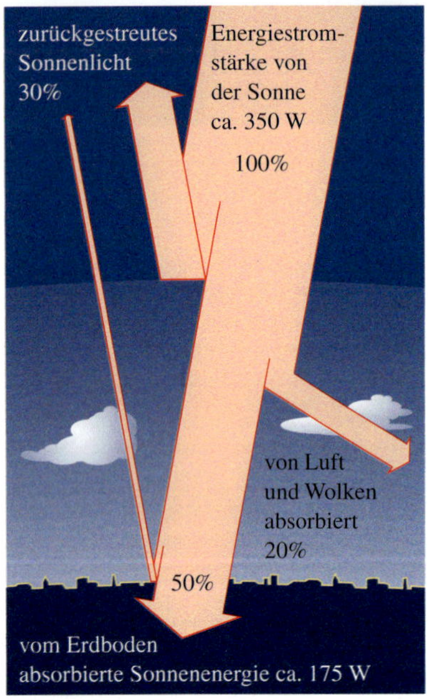

2

Das entspricht etwa dem Energiestrom, der von einer elektrischen Kochplatte auf Heizstufe 3 abgegeben wird. Aus der Solarkonstanten und dem Erdradius ($R_E$ = 6370 km) kann man die gesamte Stärke des Energiestroms $P_a$ bestimmen, der auf die Erde trifft. Dazu muss man die Solarkonstante mit der Querschnittsfläche der Erde ($\pi \cdot R_E^2$) multiplizieren. Denn durch diese Fläche strömt die Energie, die auf die Lufthülle der Erde trifft. Man erhält eine Energiestromstärke von $P_a = 174{,}5 \cdot 10^{12}$ kW.

Der Energiestrom trifft auf eine sich drehende Erdkugel mit einer Oberfläche, die viermal so groß ist wie die Querschnittsfläche ($4\pi \cdot R_E^2$).

**Global gesehen erhält ein Quadratmeter der Erdoberfläche durchschnittlich nur ein Viertel des genannten Werts, also 342 W.**

Nun wird das Sonnenlicht aber an der Luft, an Dunst und Wolken gestreut und teilweise absorbiert, so dass im Mittel nur ein Energiestrom mit einer Stärke von 175 W pro Quadratmeter als Strahlung ankommt. ↑2

Da es sich hier um einen über die ganze Erdoberfläche gemittelten Wert handelt, liegt der tatsächliche Wert je nach Breitengrad und Wolkenbedeckung darunter oder darüber. In Deutschland misst man im Durchschnitt nur etwa 110 W/m$^2$.

## Aufgaben

**1** Kann die Menschheit ihren Energiebedarf nur mit Sonnenenergie decken?

**a** Wie groß ist der Energiestrom von der Sonne im Vergleich zum gegenwärtigen Verbrauch an Energie durch die Menschen (ca. $10^{10}$ kW)?

**b** Wie groß müsste die Auffangfläche mindestens sein, um die gesamte Menschheit ausschließlich mit Sonnenenergie zu versorgen? Setze dabei voraus, dass die gesamte Sonnenenergie genutzt werden könnte.

**c** Auf der Erde leben ca. 6,67 Milliarden Menschen. Welche Fläche benötigte im Durchschnitt jeder Einzelne, um seinen Energiebedarf nur mit Sonnenenergie zu decken?

**2** Wie lange könnte die Menschheit beim derzeitigen Energieverbrauch mit der Energie auskommen, die uns die Sonne täglich zustrahlt (Primärenergieverbrauch global 2003: $4{,}37 \cdot 10^{17}$ kJ)?

**3** Welche Probleme wären zu bewältigen, wenn man die Menschheit allein aus der direkten Sonnenstrahlung mit Energie versorgen wollte?

**4** Berechne die insgesamt auf die Erde auftreffende Sonnenenergiestromstärke (Abstand der Erde–Sonne $r_{ES}$ = 150 000 000 km, Solarkonstante $S_E$ = 1,37 kW/m$^2$). Wie groß ist insgesamt die Energiestromstärke der Sonne?

## GRUNDLAGEN: Alle Gegenstände absorbieren und strahlen

Ein im Sonnenlicht liegender Stein nimmt Energie auf. Dadurch steigt seine Temperatur über die Umgebungstemperatur hinaus an. Gleichzeitig gibt er auch Energie ab. Davon merkt man zunächst nichts, weil es sich um unsichtbare Wärmestrahlung (Infrarotstrahlung) handelt. Ab einer bestimmten Temperatur kann man diese Strahlung spüren, wenn man die Hand in seine Nähe hält. Schließlich erreicht er eine Temperatur, bei der so viel Infrarotstrahlung ausgesendet wird, wie er an sichtbarem Sonnenlicht aufnimmt. Es herrscht ein Gleichgewicht zwischen aufgenommener und ausgestrahlter Energie (Strahlungsgleichgewicht). Die Energie und damit auch die Temperatur des Steins bleiben nun konstant.

3 Infrarotstrahlung sichtbar gemacht.

**Im Strahlungsgleichgewicht gibt ein Körper genauso viel Strahlung ab, wie er aufnimmt.**

Je höher die Temperatur eines Körpers ist, desto größer ist der ausgestrahlte Energiestrom. Bei niedrigeren Temperaturen bis etwa 600 °C wird die Energie durch unsichtbare Infrarotstrahlung abgegeben. Steigt die Temperatur über 600 °C, wird auch sichtbares Licht ausgestrahlt. Der Gegenstand fängt zunächst an, rot zu glühen und geht schließlich bei etwa 2000 °C in Weißglut über. Die Sonne hat eine Oberflächentemperatur von 5450 °C. ↑4

4

**Die strahlende Erde** Die im Lichte der Sonne „schwebende" Erde verhält sich ähnlich wie der Stein. Bei einer Durchschnittstemperatur von 15 °C nimmt sie im Durchschnitt pro Quadratmeter einen Energiestrom von 175 W auf und gibt genau so viel wieder ab. Da nicht nur der Sonnenstand den Energiestrom bestimmt, sondern auch die Wolkenbedeckung und die Reinheit der Luft, gibt es regionale Schwankungen. Im Unterschied zum Stein dreht sich die Erde wie ein „Bratspieß" in der Sonne, sodass immer nur eine Hälfte der Erdoberfläche Energie aufnimmt, während die Abstrahlung der unsichtbaren Wärmestrahlung stets rundherum erfolgt. ↑5

Im Gebiet von Deutschland wird im Durchschnitt mehr Energie ins Weltall abgestrahlt, als an Sonnenstrahlung aufgenommen wird. Dass es trotzdem nicht kälter wird, verdanken wir den Wettervorgängen: Durch Winde, Wolken und Meeresströme wird Energie aus den Gebieten zwischen Äquator und 40. Breitengrad in den Norden transportiert, sodass dort mehr Energie ankommt als allein durch die Einstrahlung von Sonnenenergie. ↑6

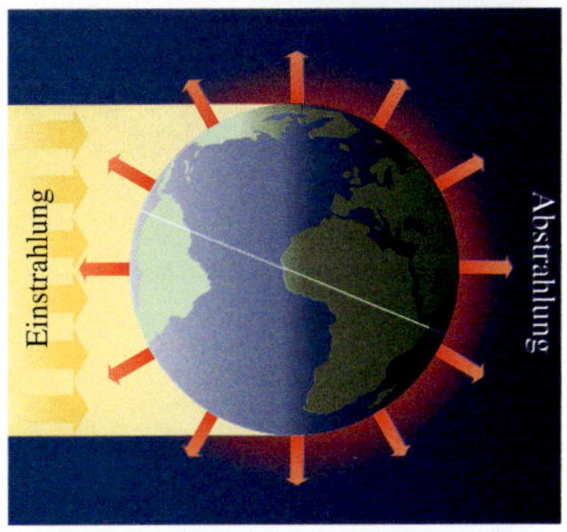

5

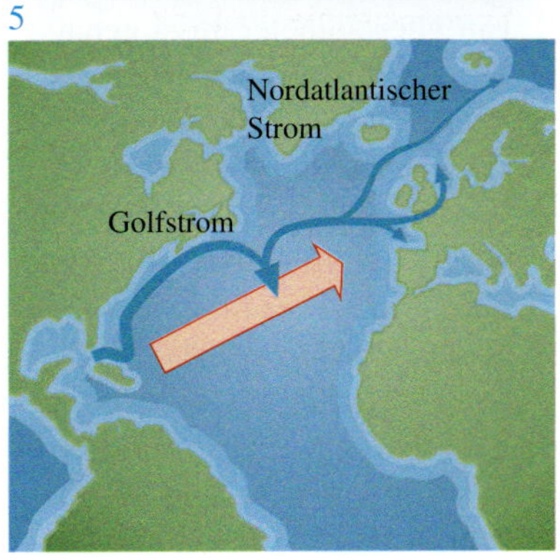

6

| Strahler | Temperatur in °C | von 1 m² abgestrahlte Energiestromstärke in kW |
|---|---|---|
| Sonne | 5450 | 64 000 |
| Mond | | |
| im Sonnenlicht | 107 | 1,2 |
| im Schatten | −173 | 0,006 |
| Erde | | |
| durchschnittlich | 15 | 0,39 |
| Wüste | 40 | 0,56 |
| Wald | 20 | 0,43 |

Einige natürliche Strahlungsquellen

## Experimente

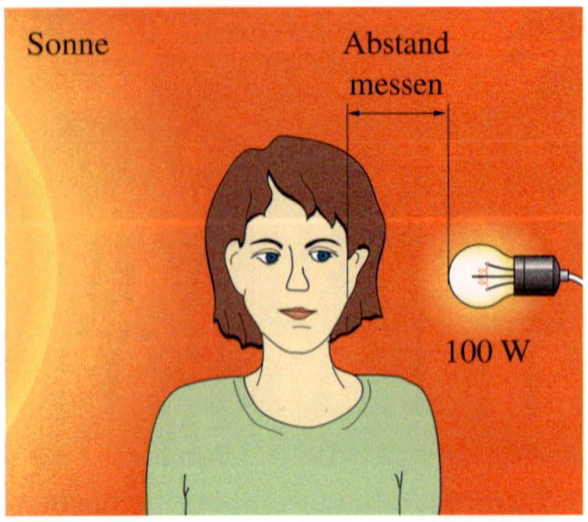


1

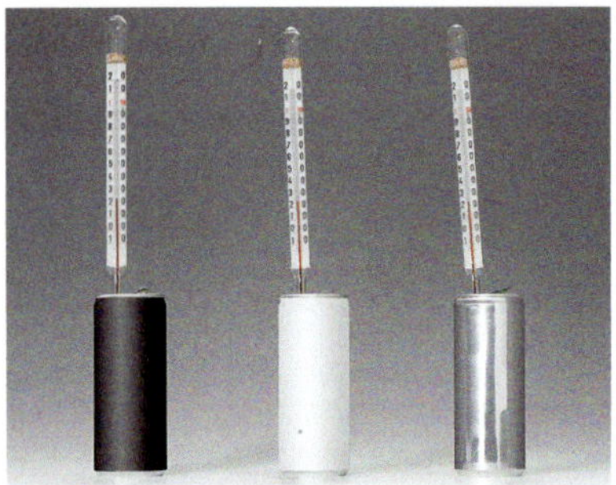

2

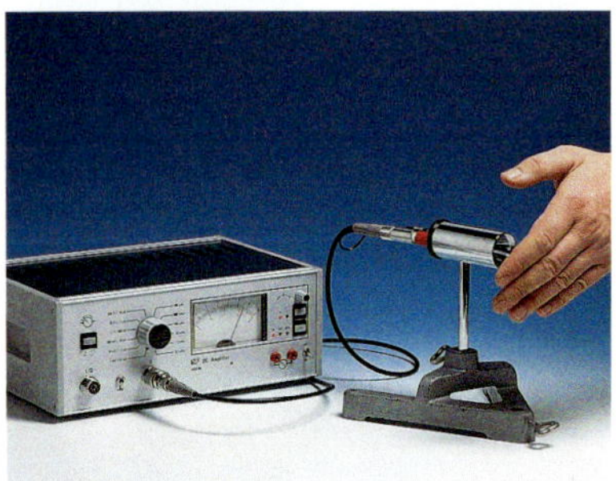

3

**1 Strahlungsenergie messen**

Mit diesem einfachen Experiment kannst du abschätzen, wie viel Strahlungsenergie der Sonne auf eine Fläche von 1 $m^2$ fällt. Deine Wangen werden als „Strahlungsmessgerät" benutzt. Halte eine Wange in die Sonne. Der gegenüberliegenden Wange wird eine 100-W-Lampe so weit genähert, bis du auf beiden Wangen das gleiche spürst. ↑1

In diesem Zustand wird der Abstand zwischen Glühwendel und Wange gemessen. *Anleitung zur Berechnung:* Wenn die Entfernung Wange–Glühwendel 9 cm beträgt, verteilt sich der Energiestrom der Lampe ($P = 100$ W) auf die Oberfläche einer Kugel mit dem Radius $r = 9$ cm. Diesen Wert kannst du dann auf 1 $m^2$ umrechnen.

**2 Strahlung und Oberfläche**

Untersuche, wie die Ausstrahlung von Energie mit der Oberfläche eines Körpers zusammenhängt. Fülle dazu eine matt schwarze, eine weiß gestrichene und eine blanke Getränkedose mit heißem Wasser gleicher Temperatur. ↑2

a Schätze die ausgestrahlte Energie ab, indem du die Temperaturabnahme in Abhängigkeit von der Zeit misst und in ein Diagramm einzeichnest.

b Wie hängt der ausgestrahlte Energiestrom von der Oberflächenbeschaffenheit der Dose ab?

**3 Wärmestrahler**

a Nähere deine Wange einem Wärmestrahler (z. B. Rotlichtlampe, Kamin). Halte eine Glasscheibe zwischen Strahler und Gesicht. Was stellst du fest?

b Halte deine Hand dicht vor deine Wange. Erkläre.

**4 Strahlungsmessgerät**

Richte die Empfängerfläche eines Strahlungsmessgeräts auf verschiedene Gegenstände: auf deine Hand, auf den Heizkörper, auf das Innere eine Kühlschranks, auf das Fenster usw. Erkläre die unterschiedlichen Anzeigen des Messgeräts. ↑3

## Aufgaben

1 Ein Thermometer misst genau genommen nicht die Temperatur des Gegenstandes, sondern die Mischtemperatur von Thermometer und Gegenstand, die sich nach einiger Zeit einstellt. Erläutere.

2 Warum fühlt man sich bei Wind in einer Windjacke wärmer als in einem flauschigen Wollpullover? Bei welchem Wetter fühlt man sich im Pullover wärmer als in der Windjacke?

3 Die Erde strahlt im Durchschnitt genauso viel Energie ab, wie sie aufnimmt. Warum sieht man von der Abstrahlung nichts? Woran kann man sie aber trotzdem erkennen?

4 Wie kommt es zu dem unterschiedlichen Wärmeempfinden, wenn man barfuß über einen Teppich oder einen Fliesenboden geht?

5 Der Energiestrom ist bei einem 1000-Watt-Bügeleisen wesentlich größer als bei einer 100-W-Glühlampe. Warum leuchtet das Bügeleisen nicht?

6 Wenn man im Winter in der Nähe eines (einfach verglasten) Fensters sitzt, hat man den Eindruck, dass es zur Fensterseite hin kalt ist, obwohl die Zimmer-(luft-)Temperatur ausreichend hoch ist.

7 In schneebedeckten Skigebieten kann man sich nur leicht bekleidet in die Sonne legen. Erkläre.

# Auf einen Blick



**Temperatur** Temperaturen misst man mit geeigneten Thermometern. Das menschliche Wärmeempfinden kann nicht eindeutig durch die Temperatur erfasst werden. Entscheidend sind die Energieströme. Ein Stoff, der die Wärme gut leitet, kann bei Umgebungstemperatur als kälter empfunden werden als ein Stoff der die Wärme weniger gut leitet. Bewegte Luft kann als kälter empfunden werden als ruhende Luft.

---

**Solarer Energiestrom** Die Solarkonstante bezeichnet den konstanten Energiestrom der Sonne, der pro Quadratmeter auf eine senkrecht zur Strahlungsrichtung orientierte Fläche auftrifft. Die oberhalb der Atmosphäre gemessene Solarkonstante beträgt $1{,}37\,kJ/m^2$. Auf der Erdoberfläche ist sie aufgrund von Energieverlusten in der Atmosphäre etwas geringer. Multipliziert man die Solarkonstante mit der Querschnittsfläche der Erde, so erhält man die mittlere solare Energiestromstärke. Sie beträgt $174{,}5 \cdot 10^{12}\,kW$.
Auf jeden Quadratmeter der viermal so großen Oberfläche treffen daher im Mittel nur 342 Watt auf. Aufgrund von Lichtstreuung und Absorption in der Atmosphäre liegt der tatsächliche Wert bei $175\,W/m^2$. In Deutschland misst man aufgrund der tief stehenden Sonne nur etwa $110\,W/m^2$.

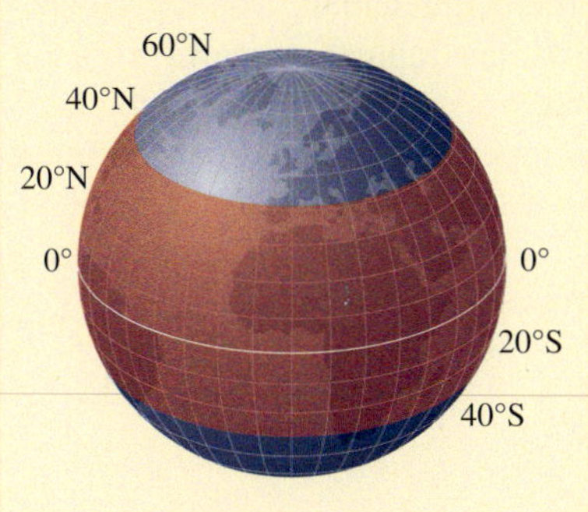

4

**Strahlende Erde** Die Sonne ist „weißglühend“, da sie ihre Energie bei einer Temperatur von ca. 5450 °C abstrahlt. Die Erde erwärmt sich durch die absorbierte Sonnenenergie auf eine mittlere Temperatur von ca. 15 °C. Bei dieser Temperatur strahlt sie im Mittel denselben Energiestrom in den Weltraum, den sie von der Sonne erhält. Da ein Körper von 15 °C nicht sichtbar glüht, kann man von der Strahlung nichts sehen, es handelt sich um Infrarotstrahlung.

## Alles klar?

**1** Wenn ein heftiger Wind weht, erscheint es kälter als bei Windstille, obwohl die Temperatur dieselbe ist. Wie kommt es zu diesem, auch „gefühlte Temperatur“ genannten, Eindruck? ↑5

5

**2** Warum kann man bei Sonnenstrahlung die Lufttemperatur nur im Schatten messen?

**3** Wie kann man feststellen, wie viel Sonnenenergie bei klarem Himmel auf einen Quadratmeter der Erde einströmt? Wie viel Sonnenenergie strömt im Durchschnitt in unseren Breiten pro Quadratmeter ein?

**4** Außer der sichtbaren Sonnenstrahlung gibt es noch unsichtbare Strahlung. Wie kann man das feststellen? Um welche Strahlungsarten handelt es sich? Welche Bedeutung haben sie für das Leben auf der Erde?

**5** Warum kann man sich in einer Sauna bei 100 °C einige Zeit problemlos aufhalten, während Wasser von 100 °C tödlich für Menschen ist?

# Energiespeicherung in Boden, Wasser und Luft

Wenn man an einem sonnigen Urlaubstag ein kühles Bad im Meer nehmen will, kann der Sand so heiß sein, dass man kaum barfuß darüber gehen kann. Obwohl das Wasser genauso wie der Sandstrand stundenlang von derselben Sonnenstrahlung erwärmt wurde haben sie völlig unterschiedliche Temperaturen. Und die Luft nimmt eine Temperatur an, die sich irgendwo zwischen der Temperatur des Wassers und des Sandes einstellt.

1

Wenn die Sonne untergegangen ist, ändern sich die Verhältnisse sehr schnell. Der Sand kühlt sich so stark ab, dass er bald kälter ist als die Luft. Wenn man dann barfuß über den Sand geht, stellt man fest, dass er in einigen Zentimetern Tiefe noch einen Teil seiner Wärme bewahrt hat. Das Meerwasser wirkt jetzt angenehm warm. Aber das ist nur eine Täuschung aufgrund der starken Abkühlung von Luft und Sand. Misst man die Wassertemperatur, so stellt man fest, dass sie sich gegenüber der am Tage gemessenen kaum verändert hat.
Warum ändern sich die Temperaturen in einer derartig unterschiedlichen Weise?

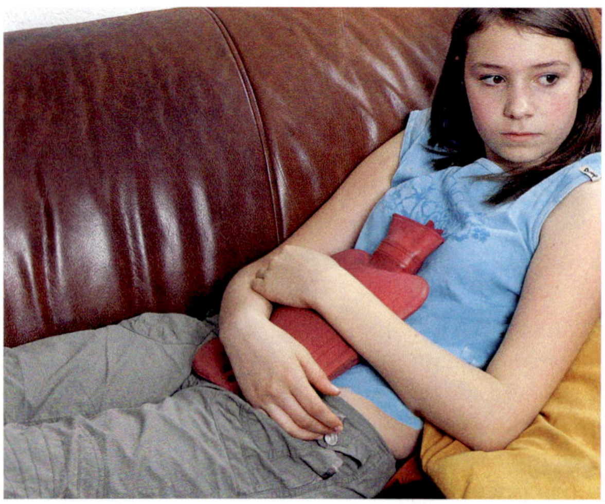

2 Energiespeicher warmes Wasser

3 Energiespeicher im Olivenhain

## Experimente

| Gruppe | Tauchsieder Leistung $P$ in W | Masse der Flüssigkeit $m$ in kg | Heizzeit $t$ in s | Temperaturerhöhung $\Delta\vartheta$ in °C | Energie $E = P \cdot t$ in J |
|---|---|---|---|---|---|
| | | | Wasser | | |
| 1 | 300 | 0,5 | 60 | | |
| 2 | 300 | 0,5 | 120 | | |
| 3 | 300 | 1,0 | 120 | | |
| 4 | 1000 | 1,0 | 60 | | |
| 5 | 1000 | 0,5 | 30 | | |
| | | | Frostschutzmittel | | |
| 6 | 1000 | 1,0 | 30 | | |

4

**1 Energiespeicherung in Sand und Wasser**

Bestrahlt einen mit Sand und einen mit Wasser gefüllten Eimer mit einer 100-W-Lampe. Damit der Energiestrom in etwa der Sonnenbestrahlung an einem Sommertag entspricht, sollte sich die Lampe 10 cm über der Oberfläche befinden. ↑5

a Beobachtet die Temperaturänderungen nahe der Oberfläche sowie in 5 cm und 10 cm Tiefe. Notiert die Temperaturen im Abstand von 5 min in einer Tabelle.

b Schaltet nach 40 min die Lampen ab. Die Temperaturmessungen werden aber fortgesetzt.

c Fertigt ein Zeit-Temperatur-Diagramm an. Stellt den Temperaturverlauf für die Sandtemperaturen in jeder der gemessenen Tiefen dar. Versucht, die unterschiedlichen Verläufe der Kurven zu erklären.

d Vergleicht die Temperaturverläufe im Sand und im Wasser. Welche Unterschiede stellt ihr fest?

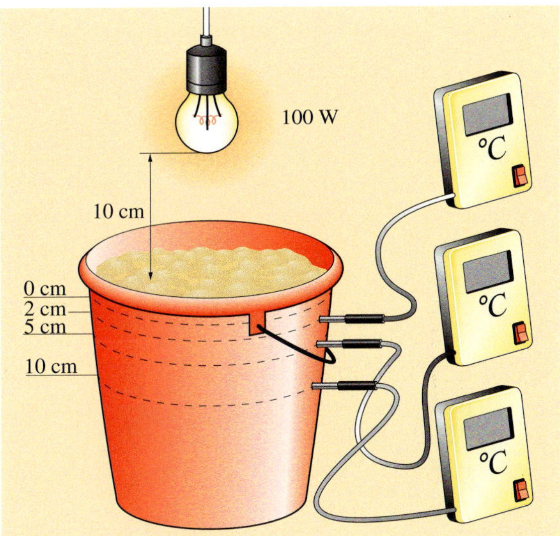


5

**2 Energiebedarf**

Untersucht in mehreren Gruppen, wie viel Energie benötigt wird, um verschiedene Flüssigkeiten zu erwärmen.

a Wiederholt eure Kenntnisse über den Zusammenhang von Energiestromstärke, Energie, Temperaturerhöhung und Masse der erwärmten Flüssigkeit.

b Plant ein Experiment, in dem ihr die Energie bestimmen könnt, die benötigt wird, um verschiedene Flüssigkeitsmengen zu erwärmen. Nutzt dazu auch die Tabelle. ↑4

c Berechnet die jeweils zugeführte Energie.

d Berechnet, wie viel Energie pro Grad Temperaturerhöhung und pro kg Masse zugeführt werden muss.

e Formuliert einen allgemeinen Zusammenhang zwischen $E$, $m$ und $\Delta\vartheta$.

**3 Mechanische Energie und Wärme**

Einem Metallzylinder wird durch Reibung mechanische Energie zugeführt. ↑6

a Welche Größen musst du bestimmen, um die mechanische Energie berechnen zu können, die für eine Umdrehung des Zylinders benötigt wird?

b Verwendet zunächst einen Aluminiumzylinder und messt die Temperaturerhöhung für 25, 50, 75, 100 und 125 Umdrehungen.

c Berechne die jeweils an den Zylinder abgegebene mechanische Energie und stelle die Temperaturerhöhung in Abhängigkeit von der zugeführten Energie in einem geeigneten Diagramm dar.

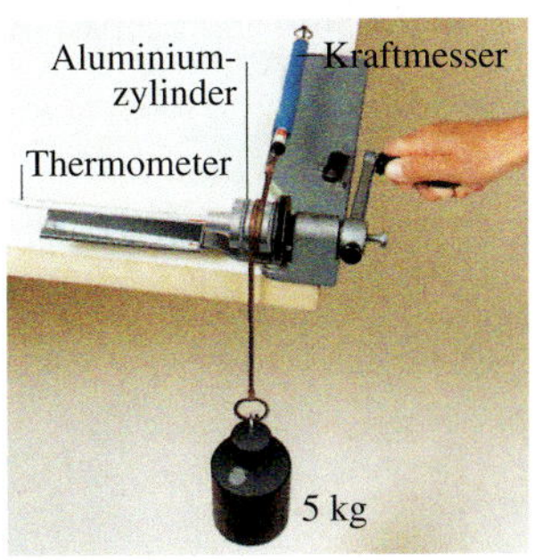


6

## GRUNDLAGEN: Jeder Stoff ist ein Energiespeicher

Wenn man einem Stoff Energie zuführt, so wird die thermische Energie erhöht. Die Energiezunahme $\Delta E_{\mathrm{th}}$ ist proportional zur Temperaturerhöhung $\Delta\vartheta = \vartheta - \vartheta_0$. Dabei ist $\vartheta_0$ die Anfangstemperatur und $\vartheta$ die Endtemperatur. Das griechische Zeichen $\Delta$ (delta) wird für Differenz benutzt.

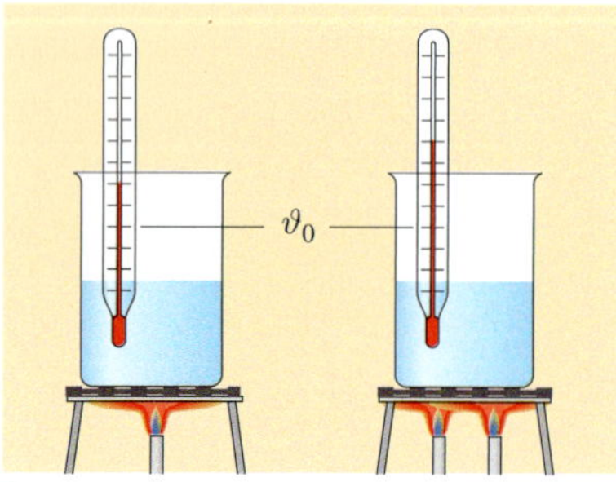

1

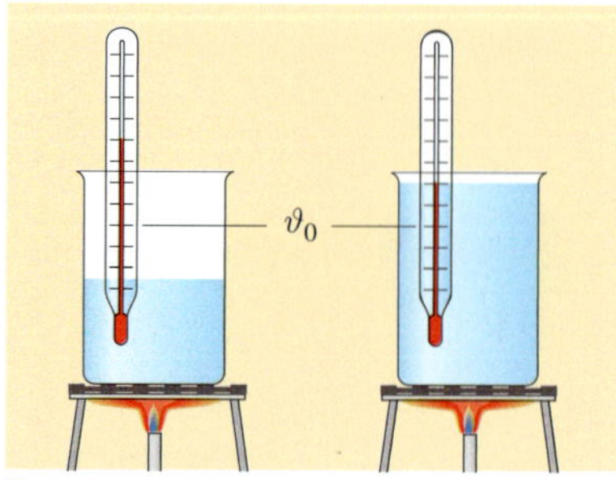

2

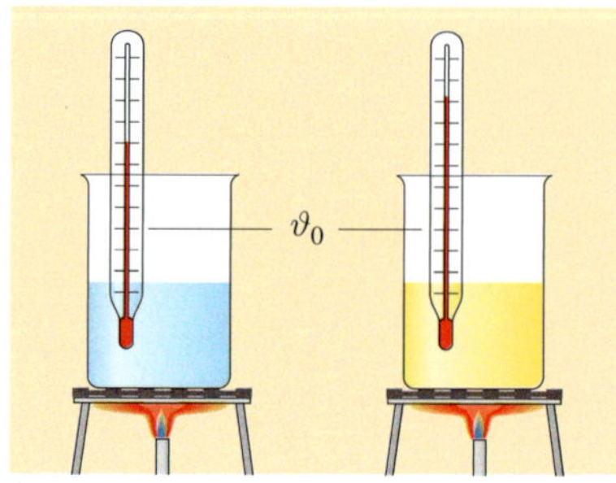

3

Bei konstanter Masse gilt also: $\Delta E_{\mathrm{th}} \sim \Delta\vartheta$. ↑4
Außerdem nimmt die Energie proportional zur Masse $m$ zu, sodass bei konstanter Temperaturdifferenz gilt: $\Delta E_{\mathrm{th}} \sim m$.
Die beiden Proportionalitäten kann man zusammenfassen: $\Delta E_{\mathrm{th}} \sim m \cdot \Delta\vartheta$.
Die Proportionalität bedeutet, dass der Quotient aus $\Delta E_{\mathrm{th}}$ und $m \cdot \Delta\vartheta$ konstant ist.

**Die spezifische Wärmekapazität $c = \frac{\Delta E_{th}}{m \cdot \Delta\vartheta}$ gibt an, wie viel Energie benötigt wird, um 1 kg eines Stoffes um 1 °C zu erwärmen.**

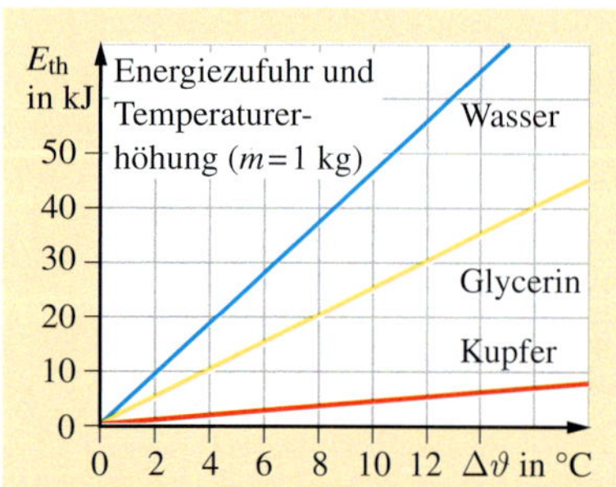

4

$c$ kennzeichnet also das Energiespeichervermögen eines Stoffes und ist von Stoff zu Stoff verschieden (siehe Tabelle). Die Wärmekapazität von Wasser ist mit 4,19 kJ/(kg · °C) eine der Größten überhaupt. Wasser ist also ein sehr guter Speicher thermischer Energie.
Die Wärmekapazität vieler natürlicher Stoffe, wie Sand und Stein beträgt nur etwa ein Fünftel der des Wassers. Metalle sind noch schlechtere Energiespeicher. Das merkt man daran, dass sie sich schon bei kleiner Energiezufuhr (z. B. Silberlöffel in heißem Tee) sehr schnell eine hohe Temperatur annehmen.

**Bei einer Temperaturerhöhung um $\Delta\vartheta$ beträgt die Energiezunahme eines Stoffes mit der Masse $m$ und der spezifischen Wärmekapazität $c$: $\Delta E_{\mathrm{th}} = c \cdot m \cdot \Delta\vartheta$.**

| Stoff | $c$ in $\frac{\mathrm{kJ}}{\mathrm{kg} \cdot {}^\circ\mathrm{C}}$ | Stoff | $c$ in $\frac{\mathrm{kJ}}{\mathrm{kg} \cdot {}^\circ\mathrm{C}}$ |
|---|---|---|---|
| Blei | 0,13 | PVC | 1,3 bis 2,1 |
| Kupfer | 0,38 | Styropor | 1,5 |
| Eisen | 0,45 | Holz | ca. 1,5 |
| Granit | 0,75 | Motoröl | 2,0 |
| Glas | 0,80 | Eis | 2,06 |
| Sand | 0,84 | Spiritus | 2,43 |
| Beton | 0,84 | Glykol | 2,43 |
| Aluminium | 0,89 | Wasser | 4,19 |

# Methode



## Zusammenfassen von Proportionalitäten

Eine physikalische Größe hängt von mehreren anderen Größen ab. Man untersucht diese Abhängigkeiten experimentell, indem man immer nur eine physikalische Größe verändert, alle anderen aber konstant lässt:
- Abhängigkeit $\Delta E_{th}$ von $m$, wenn Stoff und $\Delta\vartheta$ konstant
- Abhängigkeit $\Delta E_{th}$ von $\Delta\vartheta$, wenn Stoff und $m$ konstant
- Abhängigkeit $\Delta E_{th}$ vom Stoff, wenn $m$ und $\Delta\vartheta$ konstant

Für jeden Zusammenhang kann man dann ein Ergebnis formulieren.
In der Realität ändern sich aber oft mehrere Größen gleichzeitig.
*Beispiel:* Die Temperatur einer Flüssigkeit der Masse $m$ wird durch Zufuhr der Energie $\Delta E_{th}$ um $\Delta\vartheta$ erhöht. Es soll nun so viel Energie zugeführt werden, dass bei einer Verdreifachung der Masse eine Verdopplung der Temperaturdifferenz $\Delta\vartheta$ erreicht wird. Man kann diesen Vorgang in zwei Schritten durchführen:

**1** *Energiezufuhr bei konstanter Masse m:*
Für eine doppelte Temperaturzunahme $\Delta\vartheta$ ist eine doppelte Energiezufuhr $\Delta E_{th}$ erforderlich.

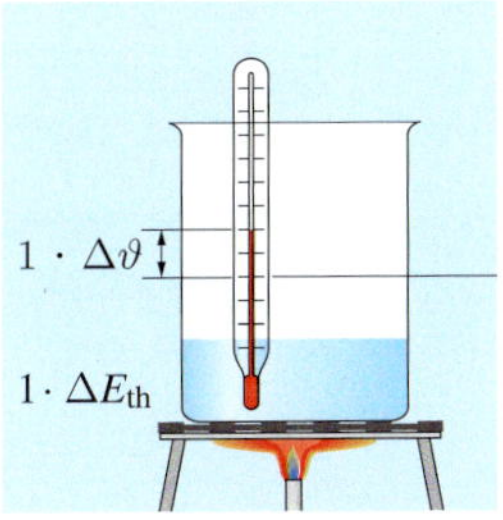


5

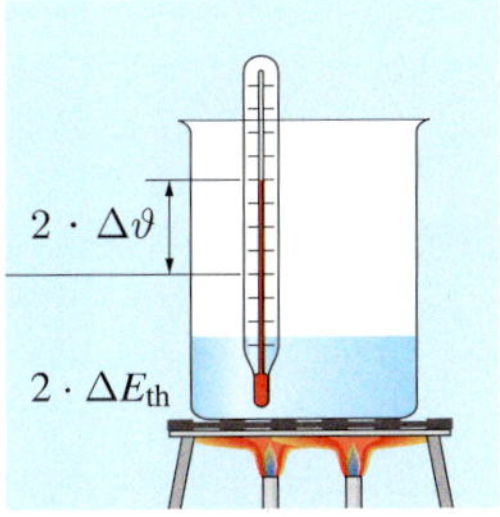


6

**2** *Energiezufuhr bei konstanter Temperaturzunahme $\Delta\vartheta$:*
Verdreifacht man die Masse $m$, so ist eine dreimal so große Energiezufuhr $\Delta E_{th}$ nötig.

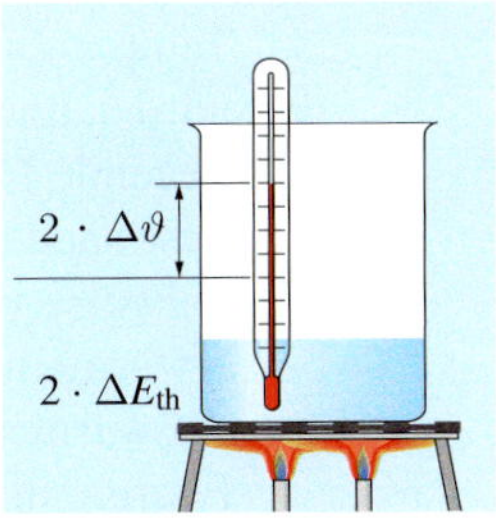


7

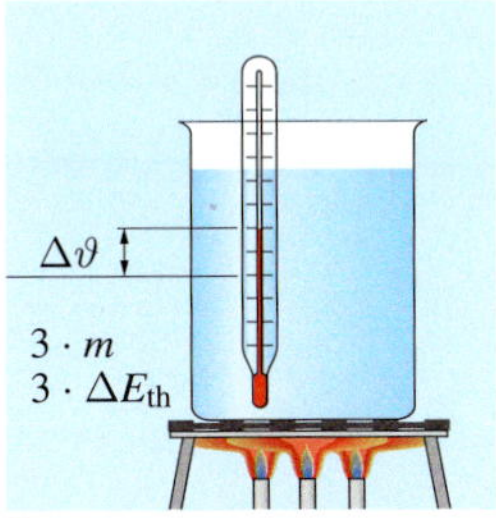


8

Die Schritte 1 und 2 können in der Reihenfolge vertauscht werden, aber auch gleichzeitig stattfinden. Immer haben sich das Produkt $m \cdot \Delta\vartheta$ und auch $\Delta E_{th}$ versechsfacht. Entsprechende Überlegungen zeigen, dass das Produkt $m \cdot \Delta\vartheta$ und $\Delta E_{th}$ stets in gleichem Maße wachsen: $m \cdot \Delta\vartheta \sim \Delta E_{th}$.

Das beschriebene Zusammenfassen der Proportionalitäten kann man an einem Quader veranschaulichen. Sein Volumen ist proportional zur Länge (bei konstanter Breite) und proportional zur Breite (bei konstanter Länge). Insgesamt ist das Volumen proportional zum Produkt aus Länge und Breite. Proportionalitätskonstante ist die Höhe.

## Aufgaben

**1** Beim Duschen lässt man sich 5 Minuten lang von 40 °C warmem Wasser „berieseln". Die Stärke des Wasserstroms beträgt 0,1 ℓ/s. Beim Vollbad werden 250 ℓ Wasser von 40 °C benötigt.
a Vergleiche die Energien zum Heizen des Wassers ($\vartheta_0 = 10\,°C$).
b Berechne, wie groß die Energiestromstärke beim Duschen ist. Schätze vor dem Rechnen. Vergleiche mit dem Energiestrom einer 60-Watt-Glühlampe.

**2** Ein Wasserkocher hat eine Leistung von 1750 W. Wie lange braucht er, um 1 ℓ Wasser von 10 °C auf 90 °C zu erwärmen?

**3** Nach einem heißen Sommertag kann man abends noch lange auf der Terrasse sitzen, weil die Hauswand tagsüber gespeicherte Energie in Form von Wärme abgibt.
a Berechne, wie viel Energie in 1 kg Beton (Granit ...) bei Erwärmung um 10 Grad gespeichert wird.
b Wo werden Steine als Wärmespeicher benutzt? Welche Eigenschaften besitzen gute Wärmespeicher?
c Beschreibe ein Experiment, durch das man eine Gesteinsart anhand ihrer Energiespeicherfähigkeit bestimmen kann.

## GRUNDLAGEN: Die Erwärmung von Erdboden und Wasser durch die Sonnenstrahlung

Luft lässt Sonnenstrahlung fast ungehindert durch, sodass der Erdboden von dem unverminderten Energiestrom getroffen wird. Ein großer Teil der Energie wird von der Erde absorbiert, ein Teil wird reflektiert. In Sand und Erde kann die Strahlung nur einige Zentimeter tief eindringen, sodass die Temperatur nur in einer dünnen Oberflächenschicht zunimmt. Die Energie wird dann an darunter liegende Erd- oder Sandschichten und an die darüber liegende Luftschicht weiter geleitet. ↑2–4
Demnach absorbiert nur die oberste Schicht Sonnenenergie und strahlt sie teilweise vor allem als Infrarotstrahlung wieder ab. Die unmittelbar an den erwärmten Boden angrenzende Luftschicht wird durch den Kontakt mit der warmen Bodenschicht erwärmt. Die aufsteigende Luft transportiert die Energie in höhere Luftschichten.

In Gewässern sind die Verhältnisse anders. Da die Sonnenstrahlung bis zu 100 m tief in das Wasser eindringt, kann eine viel größere Wassermasse, als die flache Bodenschicht, Energie aufnehmen. Diese Masse ist ein wesentlicher Grund dafür, dass die Temperaturerhöhung erheblich geringer ist als im Boden. Ein weiterer Grund für die geringe Temperaturerhöhung ist die große Wärmekapazität des Wassers. Bei flachen Gewässern stellt man während des Tages durchaus eine merkliche Temperaturzunahme fest.

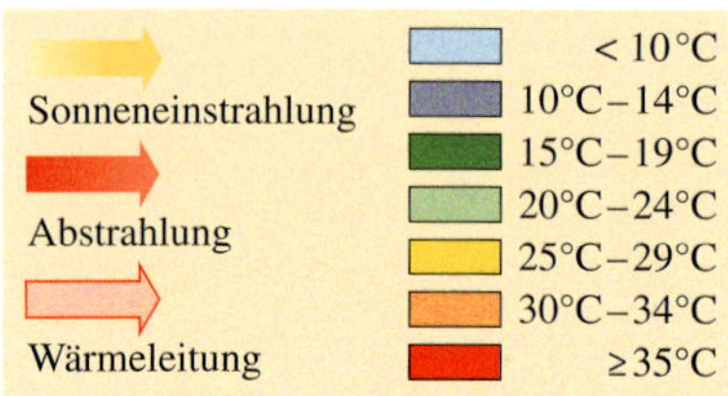


1

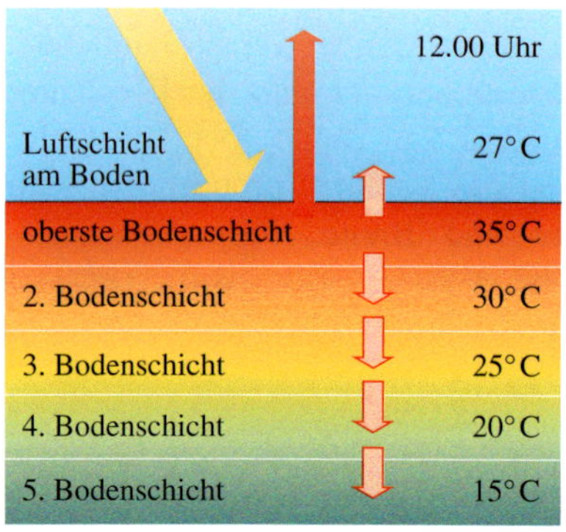


2

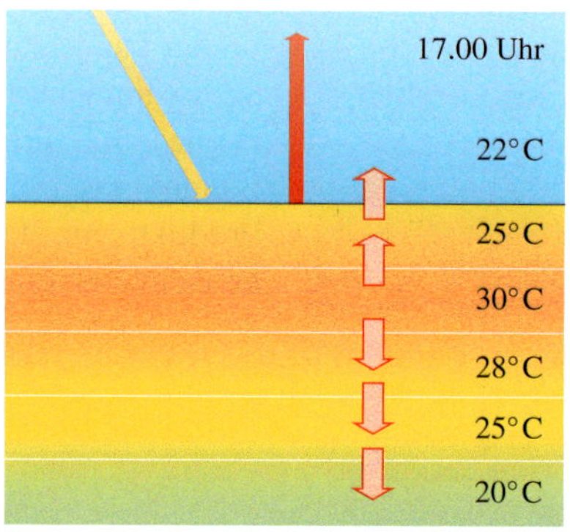


3

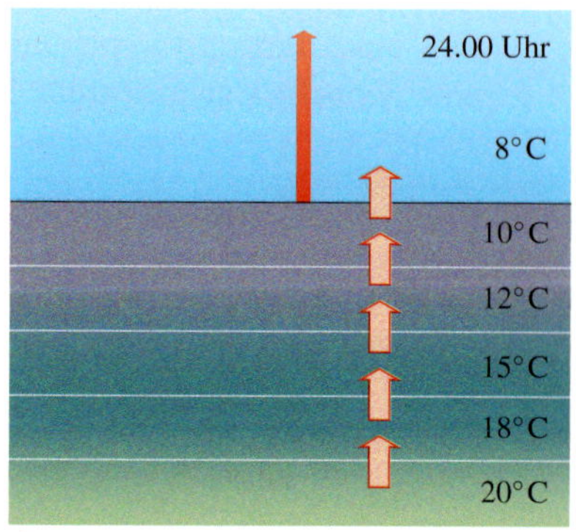


4

## Aufgaben

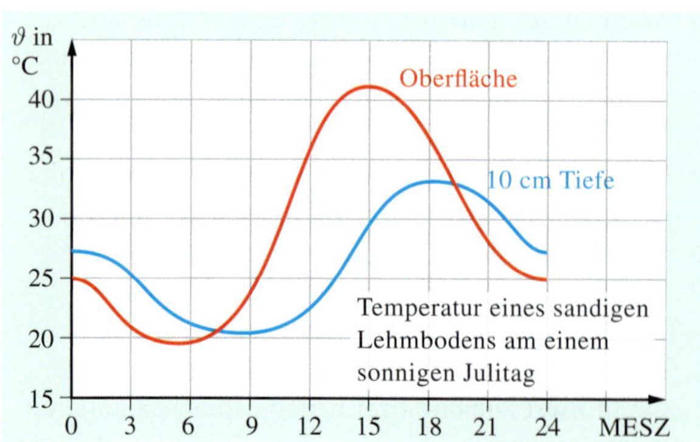


5

**1** Im Diagramm sieht man den Temperaturverlauf des Erdbodens an einem typischen Sommertag.
Die blau gezeichnete Kurve stellt die Temperatur in 10 cm Tiefe dar, die rote wurde an der Oberfläche gemessen. ↑5

a Warum erreicht der Boden in der Tiefe erst am Spätnachmittag seine höchste Temperatur?

b Warum sind die Temperaturschwankungen in der Tiefe geringer als an der Oberfläche?

c Unterhalb von 1 m Tiefe ändert sich die Temperatur im Boden in unseren Breiten das ganze Jahr über nicht. Warum nicht?

## GRUNDLAGEN: Energie ist erhalten

Wenn wir von Energieübertragungen sprechen oder vom Energietransport, so gehen wir davon aus, dass die Energie sich wie eine Flüssigkeit verhält, die vom einen zum anderen System fließt. Damit ist aber die Vorstellung verbunden, dass sich die Menge der Energie nicht verändert.
Dass Energie nicht aus dem Nichts erzeugt werden kann, zeigt sich zum Beispiel darin, dass es den Menschen nie gelungen ist, ein Perpetuum mobile zu bauen. Aber auch, dass ein aus einer bestimmten Höhe fallen gelassener Ball beim Zurückspringen diese Höhe niemals überschreitet, spricht für diese Erfahrung.
Dass der Ball bei jedem Zurückspringen über immer weniger Höhenenergie verfügt, heißt nicht, dass Energie vernichtet wird. Sie wird in thermische Energie des verformten Balls und des Bodens verwandelt. Mit einer Thermokamera können Spuren dieser Energieumwandlung gezeigt werden. ↑6
Es bedarf allerdings sorgfältiger Experimente, um zu zeigen, dass die thermische Energie, die ein System aufnimmt, auch zahlenmäßig der mechanischen Energie entspricht, die ein anderes System abgibt (siehe Experiment 3 auf Seite 125). Alle Experimente bestätigen:

**Energie ist erhalten. Sie kann weder erzeugt noch vernichtet, sondern nur umgewandelt werden.**

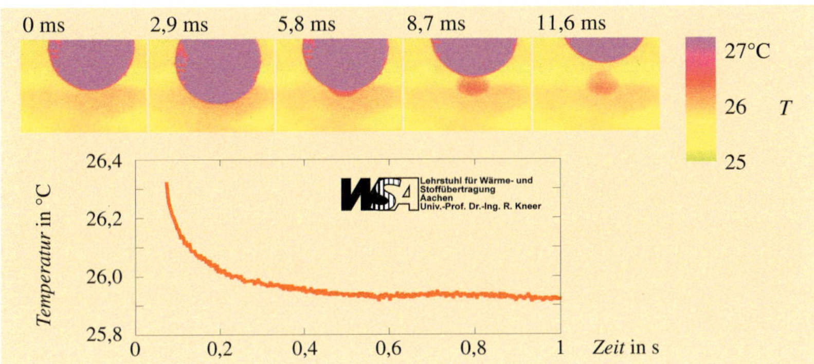


6 Die obere Bildsequenz zeigt eine Infrarotaufnahme vom Aufprallen und Zurückspringen eines Balls. Mithilfe des Farbcodes kann man die Temperatur ermitteln. Der Ball hinterlässt eine warme Stelle, die zunächst eine Temperatur von etwas mehr als 26,3 °C aufweist. Das Diagramm zeigt, dass die erwärmte Stelle innerhalb einer Sekunde fast schon wieder Umgebungstemperatur angenommen hat.

## Aufgaben

**2** Nenne zwei wesentliche Gründe dafür, dass sich die Temperatur von Gewässern während eines Tages viel weniger ändert als die des Erdbodens.

**3** Warum dauert es im Frühjahr und Sommer sehr lange, bis das Wasser am Meer warm genug zum Baden ist? Warum ist es im Herbst umgekehrt?

**4** Thermische Energie ist im Vergleich zur mechanischen und elektrischen Energie sehr unauffällig. Aus welcher Höhe müsste man einen Pkw (1000 kg) fallen lassen, damit so viel Energie frei wird, wie man benötigt, um 1 Liter Wasser von 20 °C auf 100 °C zu erwärmen?

**5** Wo bleibt die chemische Energie, die Menschen und andere Lebewesen mit der Nahrung aufnehmen? Wie äußert sich die Abgabe von Energie durch den Menschen vor allem?

**6** Ein Mensch gebe einen Energiestrom von durchschnittlich 150 Watt ab. Wie viel Zucker müsste er pro Tag zu sich nehmen, um diesen Energiestrom aufrecht zu erhalten? (1 kg Zucker enthält etwa 16 800 kJ an chemischer Energie).

**7** Erfüllt ein 5 kg schwerer Stein als „Wärmflasche“ seinen Zweck ebenso gut wie ein Behälter mit 5 Liter Wasser? Begründe deine Antwort.

## *Aus der Geschichte* Mayer und Joule – die „Väter" des Energiesatzes

1 R. J. Mayer (1814–1878)

*„Kräfte sind Ursachen; mithin findet auf dieselben volle Anwendung der Grundsatz: causa aequat effectum (Die Ursache ist gleich der Wirkung)... Diese erste Eigenschaft aller Ursachen nennen wir ihre Unzerstörlichkeit... Die Fähigkeit, verschiedene Formen annehmen zu können, ist die zweite wesentliche Eigenschaft aller Ursachen".* (R. J. Mayer: Bemerkungen über die Kräfte der unbelebten Natur)

Dieser Text enthält eine der ersten Formulierungen der Energieerhaltung. Seinem Autor, dem Heilbronner Arzt Robert Julius Mayer (1814–1878), stand der Energiebegriff noch nicht zur Verfügung. Mit Worten wie „Kräfte" und „Ursachen", deren physikalische Bedeutung noch nicht geklärt war, tastete er sich an einen neuen physikalischen Sachverhalt heran, den er allerdings schon deutlich vor Augen hatte:

*„Wenn wir..., die auf mechanischem Wege entwickelte Wärmemenge, sowie die dazu verbrauchte Arbeitskraft bemessen, und diese Größen miteinander vergleichen, so finden wir sofort, dass dieselben in der denkbar einfachsten Beziehung, d. h. in einem, unveränderlichen, geraden Verhältnisse zueinander stehen, und dass das nämliche Verhältnis auch statthat, wenn umgekehrt mit Hilfe der Wärme wieder Arbeitskraft erzeugt wird. Diese Tatsachen in kurze, klare Worte gefasst, sagen wir. Wärme und Bewegung verwandeln, sich ineinander."* (R. J. Mayer: Bemerkungen über das mechanische Äquivalent der Wärme".)

2 J. P. Joule (1818–1889)

Deutlich tritt die Wesensgleichheit von „Arbeitskraft" und „Wärme" zutage. Mayer blieb bei dieser qualitativen Feststellung nicht stehen und fand einen Wert für das „mechanische Äquivalent der Wärme". In heutigen Worten lautet sein Ergebnis: Die Energie, die zur Erwärmung von 1 kg Wasser um 1 Grad erforderlich ist, ist genauso groß wie die Energie, um dieselbe Wassermenge auf eine Höhe von 427 m anzuheben.

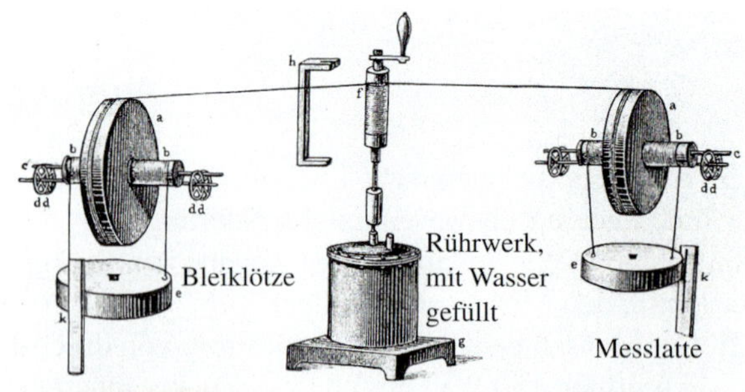


3 Joules Experimentieranordnung bestand aus einem wassergefüllten Gefäß und einem Rührer. Dieser wurde durch herabsinkende Bleizylinder angetrieben und hatte die Aufgabe, das Wasser durcheinander zu wirbeln. Durch Reibung erhöhte sich die Wassertemperatur. Bei diesem Experiment wird die Höhenenergie der Bleiklötze fast vollständig in thermische Energie des Wassers umgewandelt.

Mayer erkannte bereits die große Bedeutung der Wärme und Arbeit umfassenden Größe, die er hier noch als Kraft bezeichnet und die später Energie genannt wurde: *„Es gibt nur eine einzige Kraft. Im ewigen Wechsel kreist dieselbe in der toten wie in der lebenden Natur. Dort wie hier kein Vorgang ohne Formveränderung der Kraft."*

James Prescott Joule (1818–1889), Brauereibesitzer in Salford (Manchester) und Zeitgenosse Mayers, war bekannt für sein experimentelles Geschick. Bei seinen Versuchen zur Umwandlung mechanischer Energie in thermische Energie gelang es ihm, das mechanische Wärmeäquivalent sehr präzise zu bestimmen. Die Einheit der Energie, 1 Joule (1 J), wurde ihm zu Ehren benannt. ↑3

# Auf einen Blick

**Wärmekapazität** Sie gibt an, wie viel Energie benötigt wird, um 1 kg eines Stoffes um 1 °C zu erwärmen.
Bei einer Temperaturerhöhung um $\Delta\vartheta$ beträgt die Energiezunahme eines Stoffes mit der Masse $m$ und der spezifischen Wärmekapazität $c$:
$\Delta E_{th} = c \cdot m \cdot \Delta\vartheta$.

**Energiespeicherung** Nehmen feste, flüssige und gasförmige Systeme Energie auf, steigt ihre Temperatur. Die Energie wird gespeichert. Die spezifische Wärmekapazität gibt das Energiespeichervermögen eines Stoffes an. Dieses Energiespeichervermögen ist bei Wasser besonders groß, bei Bodenstoffen (Sand, Erde, Gestein) nimmt es einen mittleren Wert ein und bei Luft ist es sehr klein. Das hat wesentliche Auswirkungen auf die Wettererscheinungen.

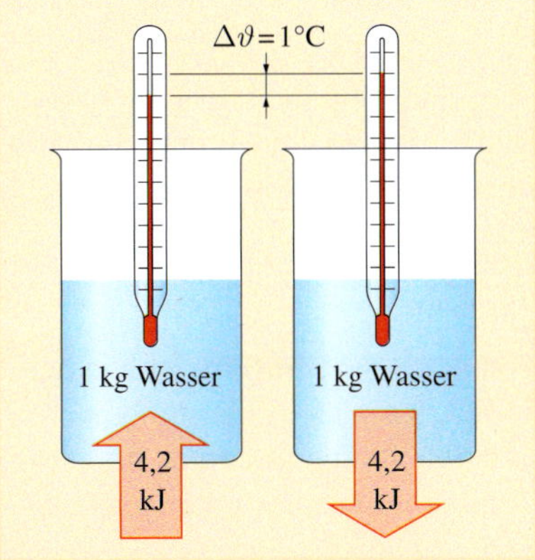

4

**Energieerhaltung** Energie verhält sich wie eine Flüssigkeit. Sie kann weder erzeugt noch vernichtet werden. Sie ist erhalten. Der Erfahrungssatz von der Erhaltung der Energie wird auch als 1. Hauptsatz der Thermodynamik bezeichnet.

## Alles klar?

**1** Warum wird man hinter einer Glasscheibe nicht so leicht braun, auch wenn die Sonnenstrahlung unvermindert zu wärmen scheint?

**2** Warum ist es bei Sonnenschein so viel heißer auf dem erwärmten Sand als auf einer Grasfläche oder gar im Wasser?

**3** Beschreibe, warum ein Gegenstand in der Sonne eine Temperatur annimmt, die höher ist als die Umgebungstemperatur. Warum steigt die Temperatur nicht beliebig an?

**4** Wie kann man feststellen, wie viel Energie in einem Gegenstand gespeichert wird, wenn man ihn auf eine bestimmte Temperatur über Umgebungstemperatur erwärmt?

**5** Eine gleich große Masse von Wasser und Sand wird von einem gleich großen Energiestrom während derselben Zeit erwärmt. Welcher der beiden Stoffe nimmt eine höhere Temperatur an? Wie groß ist die aufgenommene Energie, wenn man Energieverluste vernachlässigt? ↑5

**6** Was bedeutet Energieerhaltung? Wie sind die Physiker darauf gekommen, dass Energie erhalten ist?

**7** Beschreibe ein Experiment, mit dem man feststellen kann, dass die Energie erhalten bleibt, wenn man mechanische Energie in thermische Energie umwandelt.

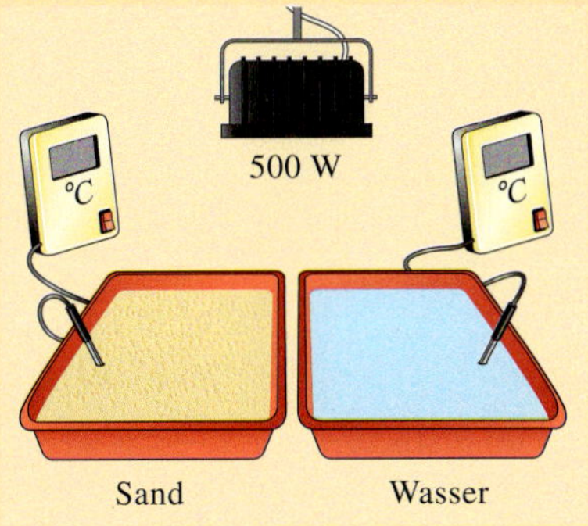

5

# Die Atmosphäre – Lufthülle der Erde

Auf dem Mondboden herrscht im Sonnenschein eine Temperatur von über 100 °C. Schon eine Stunde nach Sonnenuntergang sinkt die Bodentemperatur auf unter –100 °C. Obwohl die Erde etwa gleichweit von der Sonne entfernt ist wie der Mond, hat man es hier mit ganz anderen Temperaturen zu tun. Die Temperaturenschwankungen sind verhältnismäßig gering.

1

2

Der Unterschied kommt dadurch zustande, dass die Erde eine Lufthülle, die Atmosphäre, besitzt, während der Mond „nackt" und ungeschützt den Verhältnissen im Weltall ausgesetzt ist. Die Lebewesen auf der Erde leben auf dem Grund eines riesigen Luftmeeres, das die gesamte Erde umgibt und einen Druck – Luftdruck – ausübt. Die Lufthülle wirkt wie eine Art Treibhaus und bewirkt, dass die mittleren Temperaturen auf der Erde wesentlich höher sind, als es ohne sie der Fall wäre. ↑3

Der Magdeburger Bürgermeister OTTO VON GUERICKE hat um 1660 in einem spektakulären Schauversuch gezeigt, dass Luft unter einen hohen Druck steht: Sechzehn Pferde schafften es nicht, zwei luftdicht aneinander gelegte und dann luftleer gepumpte Halbkugeln auseinander zu ziehen. Der auf den Halbkugeln lastende Luftdruck war zu groß. ↑2

Wie kommt es zum Luftdruck? Wie kann man die Stärke des Luftdrucks bestimmen? Warum wirkt die Lufthülle wie ein Treibhaus? Um diese und andere Fragen beantworten zu können, müssen wir uns mit den Eigenschaften von Gasen und den physikalischen Vorgängen in der Luft vertraut machen.

3

## Experimente

**1 Infrarote Strahlung**
Sichtbares Licht kann Luft und Glas durchdringen. Gilt das auch für infrarote Strahlung? Halte deine Hand 20 cm neben eine 100-Watt-Glühlampe. Schiebe dann eine Glasplatte zwischen Lampe und Hand. Verwende danach ein Bügeleisen (eine Kochplatte) als Strahlungsquelle. Was kannst du beobachten? ↑4

**2 Leistung und Temperatur**
Bestrahle 5 min lang zwei gleiche Glasplatten – die eine mit einer 200-W-Glühampe, die andere mit einer Kochplatte bei gleicher Energiestromstärke (Leistungsmessgerät). Miss danach mit einem Temperaturfühler die Temperatur der Glasplatten.
Welche Unterschiede stellst du fest?

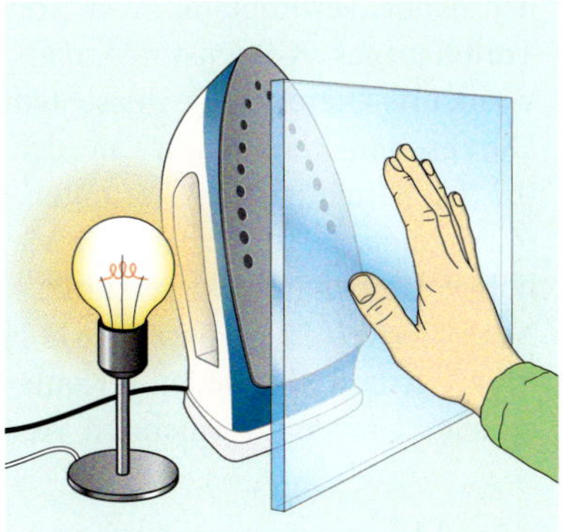

4

## GRUNDLAGEN: Glas und Luft absorbieren Wärmestrahlung

Das weiße Licht einer Glühlampe geht fast ungehindert durch eine Glasscheibe hindurch. Die bei viel niedrigerer Temperatur ausgesandte Wärmestrahlung einer Kochplatte wird fast vollständig von der Glasplatte absorbiert. Dadurch steigt ihre Temperatur und sie wird selbst zum Strahler, indem sie die aufgenommene Energie nach beiden Seiten abstrahlt.
Sandboden absorbiert einen Teil des sichtbaren Lichts, erwärmt sich und strahlt die aufgenommene Energie als Wärmestrahlung zurück. Lässt man das Licht vorher durch eine Glasscheibe gehen, so gerät die Energie in eine Falle. Der Sandboden absorbiert das sichtbare Licht und erwärmt sich. Er schickt die Energie als Wärmestrahlung in Richtung Scheibe zurück, wobei sie diesmal in der Scheibe „stecken" bleibt und sie aufheizt. Es stellt sich ein Strahlungsgleichgewicht ein, bei dem die Glasscheibe einen genau so großen Energiestrom nach außen abstrahlt, wie von der Lampe eingestrahlt wird. Da die Scheibe jeweils die Hälfte der Energie nach oben und unten abstrahlt, ist im „Treibhaus" unter der Scheibe ein doppelt so großer Energiestrom unterwegs wie von der Lampe ausgeht. Das macht sich in einer höheren Temperatur bemerkbar. ↑5
Dieses „Treibhausmodell" lässt sich auf das Zusammenspiel von Erde und Lufthülle übertragen. Die Lufthülle absorbiert einen großen Teil der Infrarotstrahlung der Erdoberfläche und strahlt sie nicht nur ins Weltall hinaus, sondern auch zum Boden zurück. Die Temperatur der Erdoberfläche steigt dadurch so lange an, bis sie auch diese zusätzliche Energie vollständig abstrahlen kann.

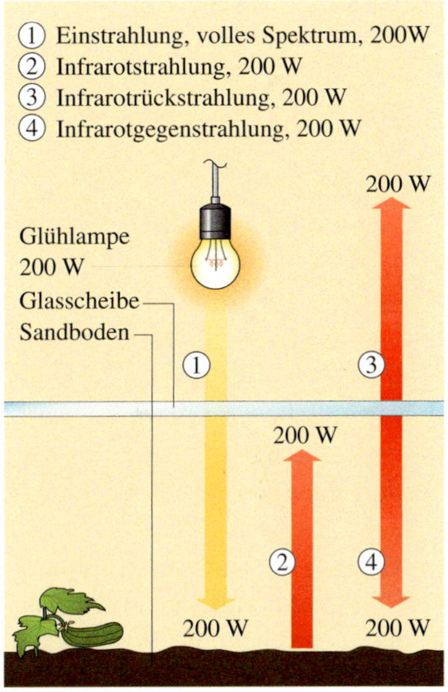


5

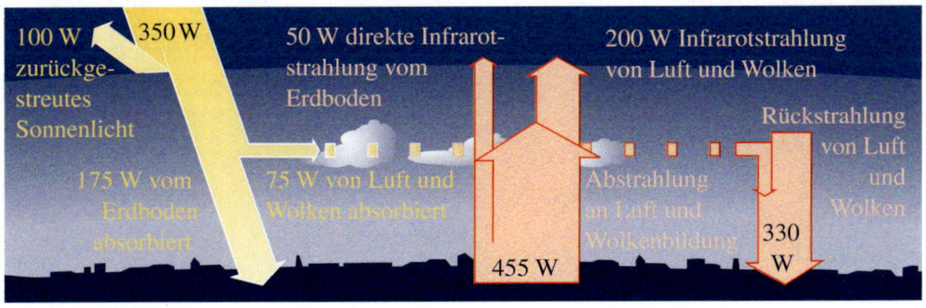


6

## *Aus der Umwelt* Der Treibhauseffekt

In den letzten hundert Jahren wird durch die rasch zunehmende Verbrennung von Kohle, Gas und Öl das Treibhausgas Kohlenstoffdioxid in der Atmosphäre vermehrt. Gleichzeitig misst man eine Zunahme der Durchschnittstemperatur an der Erdoberfläche um 0,7 °C. Klimaforscher vermuten, dass beide Effekte miteinander zu tun haben, der Mensch also den natürlichen Treibhauseffekt verstärkt.

Normalerweise wird durch die Fotosynthese der grünen Pflanzen das $CO_2$ wieder in Kohlenstoff und Sauerstoff zerlegt. Um den vermehrten Ausstoß von $CO_2$ auszugleichen, müssten die Pflanzen auf der Erde zunehmen. Das Gegenteil ist der Fall. Vor allem durch Brandrodung werden jährlich Millionen Hektar der Urwälder zerstört. Ein weiterer Temperaturanstieg mit dramatischen Folgen (z. B. Anstieg des Meeresspiegels und Verschiebung der Klimazonen) sind zu befürchten.

**1** Erkundige dich, welchen Anteil der gestiegene $CO_2$-Ausstoß an der Zunahme des Treibhauseffekts hat.

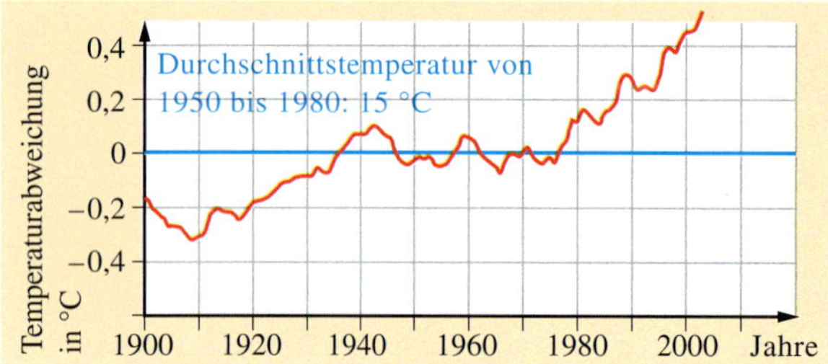

1

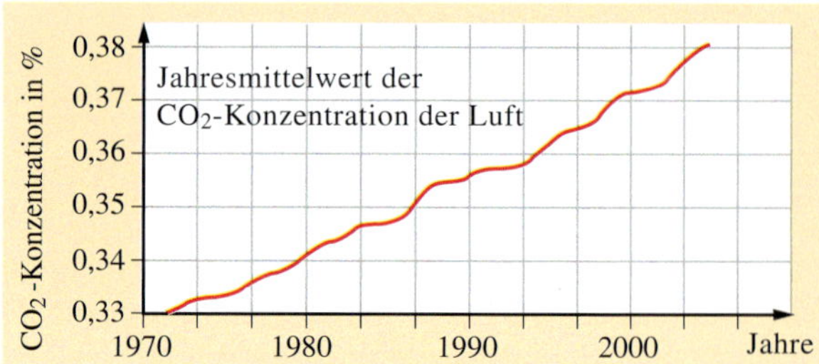

2

## *Experimente*

**1 Schwebendes Wasser**

a Fülle ein Wasserglas mit Wasser und decke es mit einer Postkarte ab. Halte die Karte auf das Glas und drehe es um. Dann lass die Postkarte los.

b Verschließe das Glas mit einem Nylonstrumpf und gieße durch den Strumpf hindurch Wasser ins Glas. Drehe das Glas vorsichtig um, indem du deine Hand über den Nylonstrumpf hältst. Was passiert, wenn du die Hand wegnimmst?

c Stelle Vermutungen darüber an, wie das Phänomen des „schwebenden" Wassers mit dem Luftdruck erklärt werden könnte.

**2 Luftmasse**

Bestimme die Masse von 1 ℓ Luft.

a Pumpe die Luft aus einem Rundkolben heraus und verschließe ihn mit dem Hahn. Bestimme seine Masse auf 10 mg genau.

b Öffne den Hahn, sodass die Luft einströmt und wiege erneut. Notiere den Unterschied.

c Stelle das Volumen des Kolbens fest, indem du durch den Hahn Wasser einströmen lässt. Das Wasservolumen ist so groß wie das Luftvolumen, das herausgepumpt wurde. Berechne daraus die Masse von 1 ℓ Luft.

**3 Zehn Meter Wasser**

Ein 11 m langer durchsichtiger Schlauch wird unter Wasser luftfrei mit Wasser gefüllt und an einem Ende fest verschlossen. Dann zieht man den Schlauch aus einem mindestens 10 m hohen Fenster oder in einem hohen Treppenhaus nach oben aus dem Wasser heraus, sodass das offene Ende stets unter Wasser bleibt. Das Wasser kann nicht aus dem Schlauch heraus fließen, weil die Luft auf das Wassergefäß und damit auf das untere Ende der Wassersäule drückt. Beschreibe, was passiert, wenn der Schlauch in etwa die 10-m-Marke erreicht. ↑3, 4

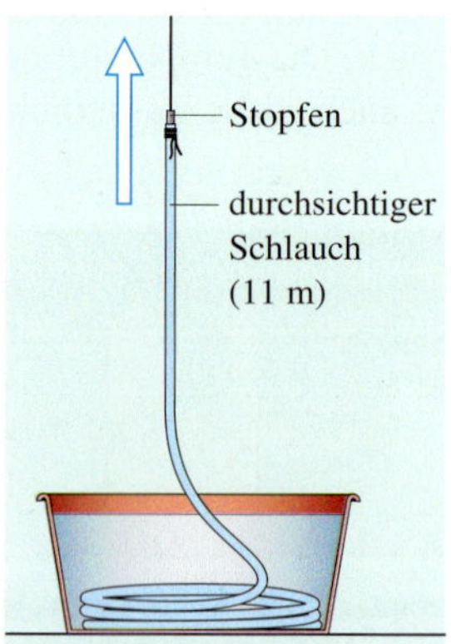

3

4

## GRUNDLAGEN: Vom Druck der Luft

Je tiefer man in Wasser eintaucht, desto größer wird der Druck den man in den Ohren spürt: Das Trommelfell wird nach innen gewölbt. Tauchkugeln für die Tiefsee müssen sehr dicke Stahlwände haben, um nicht eingedrückt zu werden. Das Wasser steht aufgrund seines Gewichts unter Druck, der mit der Tiefe zunimmt. Durch den Druck werden Kräfte ausgeübt, und zwar von allen Seiten, auch von unten. Ein Luftballon bleibt daher auch unter Wasser rund. Da Luft wie Wasser von der Erde angezogen wird und ein Gewicht besitzt, steht sie ebenfalls unter Druck.

**Druck macht sich durch Kräfte bemerkbar, die auf die Begrenzungsfläche von Gegenständen ausgeübt werden.**

Je größer die Fläche $A$, desto größer ist die Kraft $F$, die aufgrund des Drucks ausgeübt wird. Die Größe des Drucks wird durch den Quotienten aus der Kraft und der Fläche bestimmt:

$$p_L = \frac{F_L}{A}.$$

Die Einheit $N/m^2$ wird zu Ehren von BLAISE PASCAL (1623–1662) mit Pascal (Pa) bezeichnet. Es hat sich eingebürgert, den Luftdruck in Hektopascal (hPa) anzugeben (1 hPa = 100 Pa).
Das Experiment mit dem wassergefüllten Schlauch zeigt, dass bei etwa 10 m die Wassersäule im Schlauch plötzlich stehenbleibt. Dann sind Luftdruck und Wasserdruck gleich groß.
Eine Wassersäule von $h = 10$ m Höhe und 1 $m^2$ Querschnittsfläche hat eine Masse von $m_W = 10\,000$ kg. Sie übt eine Kraft von $F_W = m_W \cdot g \cdot h$ und somit einen Druck von $p_W = m_W \cdot g \cdot h/A = 98\,100\,N/m^2 = 981$ hPa aus. Genauso groß ist der Luftdruck, der dem Wasserdruck die Waage hält. Der durchschnittliche Luftdruck in Meereshöhe beträgt 1013 hPa.

**Messung des Luftdrucks** Mit einem mehr als 10 m langen durchsichtigen Schlauch den Luftdruck zu messen, ist natürlich sehr unpraktisch. Bereits EVANGELISTA TORRICELLI (1608–1647), der als Erster den Luftdruck messen konnte, füllte eine oben zugeschmolzene Glasröhre mit Quecksilber, das wegen der großen Dichte ($\varrho = 13{,}6\,g/cm^3$ bei 0 °C) 13,6-mal so schwer ist wie Wasser. Er kam daher mit einem sehr viel kürzeren Rohr aus. Die Quecksilbersäule musste nur etwa 760 mm lang sein, um dem Luftdruck standzuhalten. TORRICELLI stellte außerdem fest, dass sich die Länge der Quecksilbersäule im Laufe von Tagen änderte. Er führte die Schwankungen der Quecksilbersäule auf Änderungen des Luftdrucks zurück. ↑6
Geräte, mit denen man den Schweredruck der Luft messen kann, heißen Barometer. Obwohl noch heute manchmal Quecksilberbarometer verwendet werden, haben sich die handlicheren Dosenbarometer durchgesetzt. ↑7
Wichtigster Teil des Dosenbarometers ist die fast luftleere Druckdose aus Blech. Je stärker die Luft von außen auf den gewellten Deckel drückt, desto mehr wird er eingedellt. Mit dem Deckel ist eine Feder verbunden. Sie überträgt die Bewegung des Deckels auf den Zeiger. ↑8
Den Druck eingesperrter Gase (z. B. Luftdruck im Autoreifen) misst man mit einem Manometer. Das „unter Druck stehende" Gas verformt dabei z. B. über eine Membran eine Feder.

5 Historisches Barometer

6 TORRICELLI misst den Luftdruck.

7

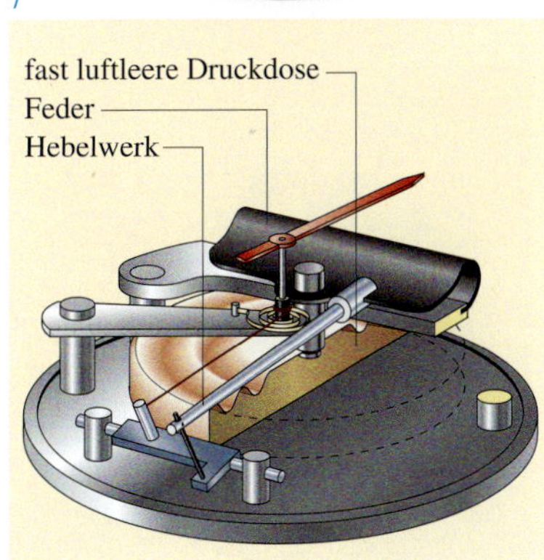


8

## GRUNDLAGEN: Der Luftdruck nimmt mit der Höhe ab

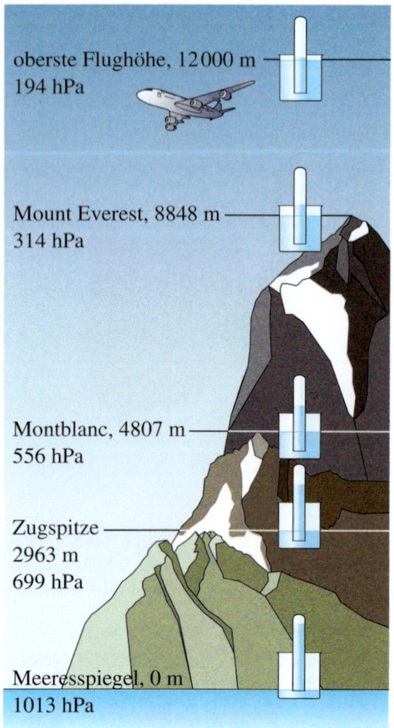

1

Der Luftdruck nimmt mit der Höhe ab. Denn je höher man kommt, desto kürzer wird die darüber befindliche Luftsäule. Würde der Luftdruck ähnlich wie der Wasserdruck proportional zur Höhe abnehmen, wäre bei einer Höhe von etwa 8 km der obere Rand der Atmosphäre erreicht. Die höchsten Berge der Erde würden mit der Spitze aus der Atmosphäre herausragen.
Der Unterschied zum Wasser besteht darin, dass sich die Luft zusammenpressen lässt. Da die auf einen Quadratmeter drückende Luftmasse mit der Höhe abnimmt, werden die oberen Schichten weniger stark zusammengedrückt: Die Dichte der Luft nimmt normalerweise mit der Höhe ab, oder: Die Luft wird nach oben hin dünner.

In Meereshöhe nimmt der Luftdruck um 12 hPa ab, wenn man sich um 100 m nach oben bewegt. Die Druckabnahme beträgt nur noch 6 hPa, wenn man sich in einer Höhe von 5500 m um 100 m nach oben bewegt. In 5500 m Höhe ist der Luftdruck nur noch etwa halb so groß wie auf Meeresniveau. Es befindet sich also die Hälfte der Luftmasse unterhalb von 5500 m. Nach weiteren Höhenzunahmen von jeweils 5500 m, also in einer Höhe von 11 km, 16,5 km, 22 km ... halbiert sich der Luftdruck. Reiseflugzeuge fliegen meist in Höhen zwischen 9000 m und 12 000 m. Dort ist die Luft nur noch etwa ein Viertel so dicht wie am Erdboden. Zum Atmen reicht die Luft hier nicht mehr aus. Die Kabinen der Flugzeuge sind deshalb luftdicht verschlossen, der Druck in der Kabine wird so eingestellt, dass er einer Höhe von 2000 m bis 2400 m entspricht. ↑1
Der Luftdruck nimmt nach oben hin immer langsamer ab. Wegen der immer geringer werdenden Dichte treten immer kleinere Druckänderungen auf.

## *Aus der Umwelt* Luftdruckänderung

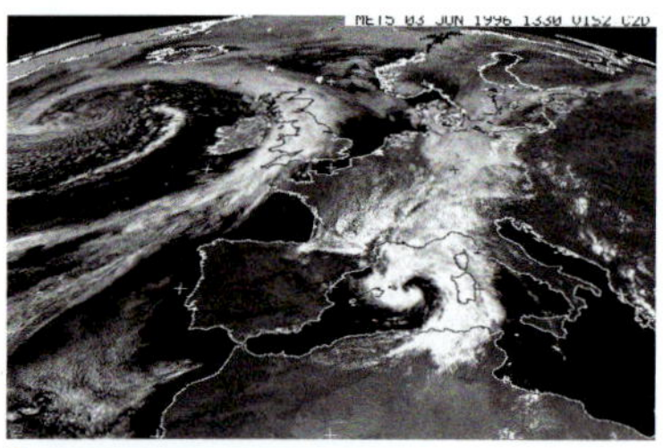
2

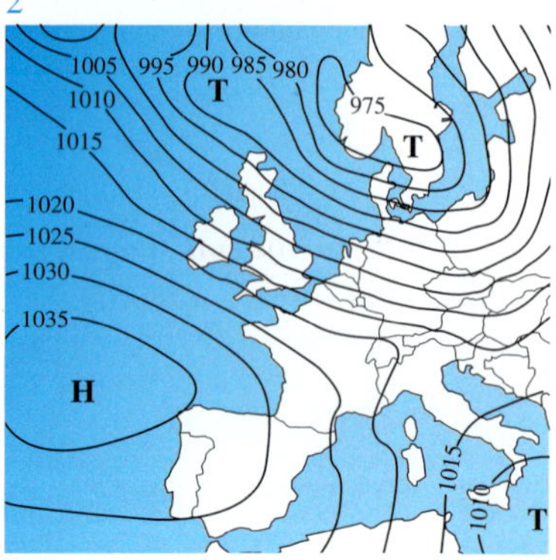

3

Durch Änderungen des Wetters kann sich der äußere Luftdruck ändern. So dehnt sich Luft durch Erwärmung aus. Warme Luft hat also eine geringere Dichte als kalte Luft. Die Sonne erwärmt die Luft in den verschiedenen Gebieten der Erde unterschiedlich stark. Daher ergeben sich Luftbewegungen – Winde. Außerdem bilden sich riesige Luftwirbel mit hohem (Hochdruckgebiete) und solche mit niedrigem Druck (Tiefdruckgebiete). Die Hochs und Tiefs bestimmen unser Wetter: Bei einem Hoch ist der Himmel meist klar, Tiefs bringen Wolken und Regen mit sich. Bei extremen Wetterlagen kann der Luftdruck bis auf 1080 hPa steigen oder bis auf 880 hPa fallen.
Auf Wetterkarten sind Hoch- und Tiefdruckgebiete dargestellt. Die Linien verbinden Orte mit gleichem Luftdruck. Die Zahlen an den Linien geben den Druck in hPa an. Wie groß der Luftdruck an einem Ort ist, hängt auch von der Höhe des Ortes über dem Meeresspiegel ab. Auf der Wetterkarte werden die Höhenunterschiede nicht berücksichtigt. Es ist immer der Druck genannt, der herrschen würde, wenn der Ort in Meereshöhe läge. ↑3
Dosenbarometer werden so eingestellt, dass sie den auf Meereshöhe bezogenen Luftdruck anzeigen. Auf einem Quecksilberbarometer dagegen liest man den tatsächlichen Luftdruck ab. Kennt man die Höhe des Ortes, so kann man den Druck leicht auf Meereshöhe umrechnen.

## Probier 's mal!

**1 Druckmessungen**
Bau dir mithilfe von Bild 4 ein Druckmessgerät. ↑4
Gehe mit der Flasche in den Keller und verschließe dort den Hahn. Steige anschließend mit der Flasche ins höchste Stockwerk des Hauses.

a Wie ändert sich die Wassersäule im U-Rohr? Wie lässt sich die Änderung deuten?

b Miss den Höhenunterschied zwischen Keller und oberstem Stockwerk. Wie hängt er mit der Veränderung der Wassersäule zusammen?

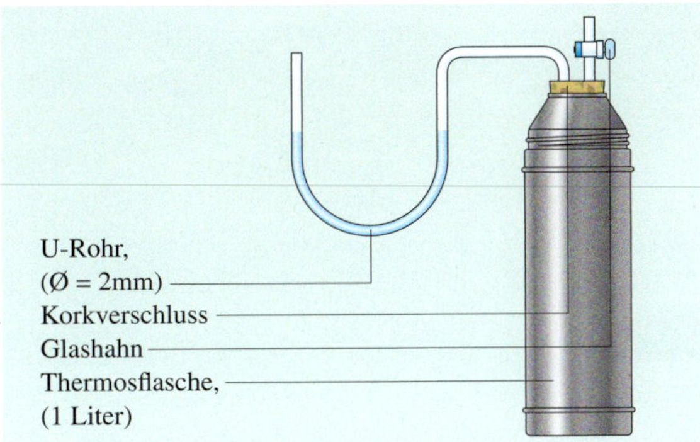


4

**2 Luftdruck und Zeitung**
Unter einer glatt gestrichenen Zeitung liegt ein 10 cm · 10 cm großes Brettchen. In seiner Mitte ist ein Faden befestigt, der durch ein kleines Loch in der Zeitung nach oben geführt wird. ↑6
Versuche, das Brettchen mit einem Ruck nach oben zu ziehen. Ziehe auch einmal ganz langsam. Was stellst du fest?

**3 Dosenbarometer**
Bild 5 zeigt ein einfaches „Dosenbarometer" zum Selbstbauen. Mit dem Gerät lassen sich Luftdruckschwankungen nachweisen, wie sie mit dem sich ändernden Wetter einhergehen. Um das Gerät auszuprobieren, kann man es unter eine Vakuumglocke stellen und den Druck verringern. ↑5
Was wird zu beobachten sein? Erkläre.

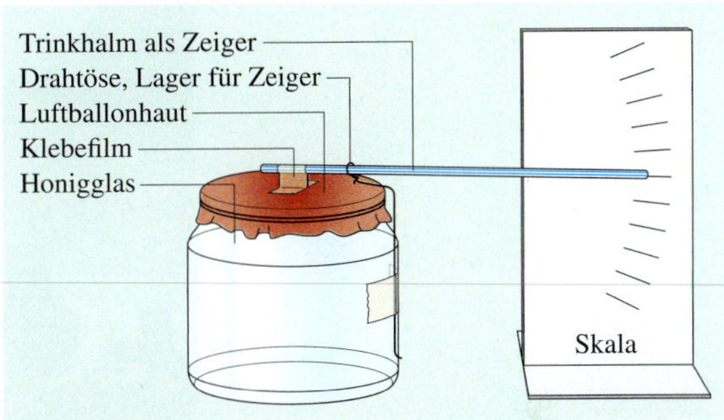


5

6

## Aufgaben

**1** Warum sorgen nach Süden gerichtete Isolierglasfenster für höhere Temperaturen im Raum?

**2** Inwiefern können Energieströme, die vom Erdboden aufgenommen werden, größer als der eingestrahlte Energiestrom von der Sonne sein?

**3** Manche Kamine werden gegen Funkenflug durch eine Glasscheibe abgeschirmt. Wenn du dich in die Nähe der Scheibe begibst, kannst du deutlich die Strahlungswärme spüren. Da Glas für Wärmestrahlung (Infrarotstrahlung) undurchlässig ist, müsste man sich eigentlich über diese Erfahrung wundern. Oder?

**4** Erkläre, warum die Luft um uns herum unter Druck steht. Warum spüren wir davon nichts?

**5** In München (530 m über dem Meeresspiegel) wird mit einem Quecksilberbarometer ein Druck von 940 hPa gemessen. Berechne daraus den Luftdruck, der auf Meereshöhe herrschen würde.

**6** Warum nimmt in warmer Luft der Luftdruck langsamer mit der Höhe ab als in kalter Luft?

**7** Ein mit Helium gefüllter Luftballon, dessen Masse so austariert wird, dass er in einem geheizten Raum gerade nicht mehr aufsteigt, steigt in einem kühleren Raum zur Decke. Begründe.

**8** Am Tag vor einem Gewitter sinkt der Luftdruck von 1030 hPa auf 990 hPa. Um welche Strecke sinkt dabei der Flüssigkeitsspiegel eines Quecksilberbarometers?

# Winde – bewegte Luft

Der Sage nach flog IKARUS mit Flügeln aus Federn, die durch Wachs zusammengehalten wurden. Als er der Sonne entgegen flog, muss er wohl zu hoch gekommen sein, sodass das Wachs zu schmelzen begann und die Flügel zerfielen. Wird es nach oben hin wirklich wärmer?

1

Jeder Bergwanderer weiß, dass dies nicht der Fall ist. Man weiß aber auch, dass warme Luft und Wasserdampf aufsteigen und es unter der Decke eines geheizten Zimmers stets wärmer ist als am Fußboden. Verblüffenderweise zeigt sich, dass die Lufttemperatur nach oben hin nicht zunimmt, obwohl ständig warme Luft aufsteigt.
Niederschläge führen uns vor Augen, dass riesige Mengen Wasserdampf über den Meeren aufsteigen, durch Winde über das Festland getrieben werden und über Land zum Beispiel als Regen niedergehen.
Bei diesen komplexen Vorgängen spielen offenbar Zustandsänderungen der Luft eine wesentliche Rolle, wobei die Aufnahme und Abgabe von Energie der verschiedensten Formen von Bedeutung ist.

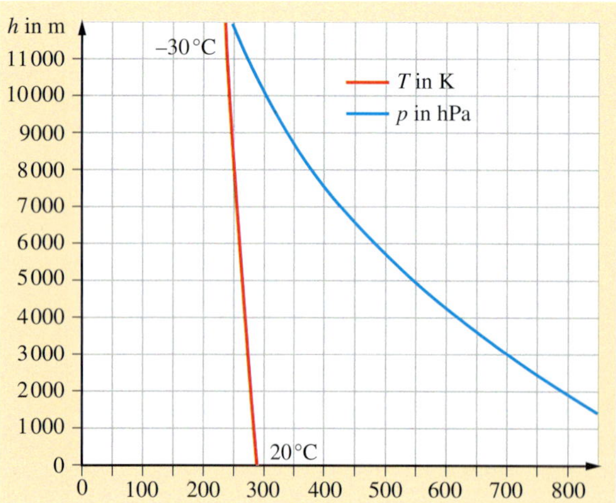


2

3

## Experimente

**1 Körper im Wasser**
Tauche einen an einem Gummiband hängenden Stein in ein Gefäß mit Wasser. Achte auf die Länge des Gummibandes. Was stellst du fest?

**2 Körper im Vergleich**
Stellt eine Knetgummikugel her, die in Luft genau so viel wiegt wie eine Eisenschraube. Lasst nun beide Köper ganz in Wasser eintauchen und vergleicht die Auslenkung einer Federwaage oder eines Gummibandes. Was stellt ihr fest?

**3 Knetgummiboot**
Forme aus einer Knetgummikugel, die im Wasser versinkt, ein kleines Boot. Lass das Boot auf dem Wasser schwimmen. Vergleiche das Verhalten der Kugel und des Bootes. Erkläre.

**4 Ballonmasse**
Die Masse eines (leeren), möglichst großen kugelförmigen Luftballons wird mit einer Waage bestimmt. Anschließend wird der Ballon aufgeblasen und erneut gewogen. Was stellst du fest? Erkläre.

## GRUNDLAGEN: Auftrieb in Flüssigkeiten und in Gasen

Taucht man einen Gegenstand in eine Flüssigkeit ein, so nimmt die Kraft, mit der man ihn halten muss, ab. Man sagt, der Gegenstand erfährt eine Auftriebskraft oder kurz: einen Auftrieb. Die Kraft nimmt genau um die Gewichtskraft der verdrängten Flüssigkeit ab.
Wenn die Gewichtskraft $F_G$ eines ganz eingetauchten Gegenstandes kleiner ist als die Gewichtskraft der verdrängten Flüssigkeit $F_W$, steigt er so weit aus der Flüssigkeit auf, bis $F_W$ gleich $F_G$ ist; er schwimmt. Ist $F_W$ kleiner als $F_G$, sinkt er. Sind beide Kräfte gleich groß, schwebt er.
Da das Volumen eines unter getauchten Gegenstandes gleich dem Volumen der verdrängten Flüssigkeit ist, hängt es von der Dichte $\rho_G$ des Gegenstandes und $\rho_F$ der Flüssigkeit ab, ob der Gegenstand sinkt, aufsteigt oder schwebt. ↑4

**Die Auftriebskraft eines Gegenstandes ist umso größer, je größer die Dichte der Flüssigkeit ist.**

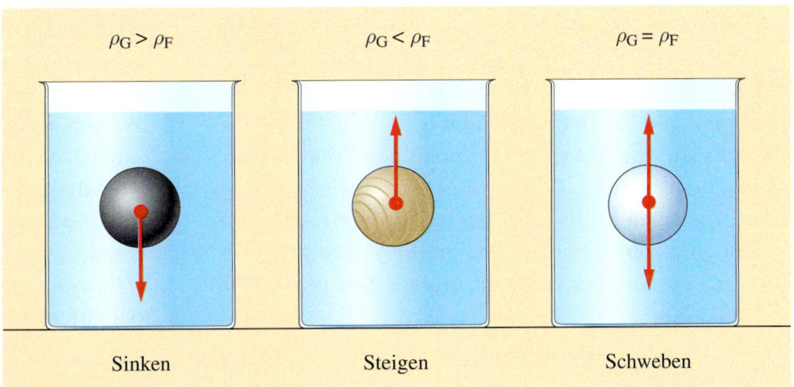

4

Auch Gase üben eine Auftriebskraft aus. Diese ist aufgrund der verhältnismäßig geringen Dichte von Gasen meist sehr klein. Nur bei leichten Gegenständen mit großem Volumen macht sich der Auftrieb deutlich bemerkbar: So steigen beispielsweise Helium gefüllte Luftballons in der Luft auf.

Nicht nur feste Körper, sondern auch Flüssigkeiten (oder Gase) erfahren in Flüssigkeiten (oder Gasen) einen Auftrieb. Erwärmt man ein Gas von unten, so dehnt es sich aus. Seine Dichte wird kleiner als die des dadurch verdrängten Gases. Es steigt auf und wird durch nachströmendes kühleres Gas ersetzt. Dieses erwärmt sich ebenfalls steigt auf usw. Der so entstehende Kreislauf wird als **Konvektion** bezeichnet. Für Flüssigkeiten gilt entsprechendes.

## GRUNDLAGEN: Warme Luft steigt auf

Obwohl das Land und die See denselben Energiestrom von der Sonne erhalten, steigt die Temperatur des Landes wesentlich schneller an. Denn zum einen dringt das Sonnenlicht viel tiefer in das Wasser ein als in die Erde. Dadurch verteilt sich die Energie auf ein viel größeres Volumen als auf dem Festland. Zum anderen ist die spezifische Wärmekapazität der Erde kleiner als die des Wassers. Der erwärmte Boden gibt daher mehr thermische Energie an die angrenzende Luft ab.

Die Luft erwärmt sich, dehnt sich aus und steigt auf. Dabei wird die darüber liegende Luft verdrängt, und es fließt kühlere Luft von den Seiten nach, die dann ebenfalls erwärmt wird. Wenn sich die aufsteigende Luft abgekühlt hat, steigt sie nicht weiter auf. Weil aber von unten ständig erwärmte Luft nachströmt, muss die abgekühlte Luft zur Seite abfließen. Es entsteht ein Luftkreislauf. Die von der Seite nachströmende bodennahe Luft von der See zum Land nehmen wir als *Seewind* wahr. Diese Konvektionsströmung hält so lange an, wie die Sonne scheint. ↑1

Nachts kehren sich die Verhältnisse um. Da sich das Land nach Sonnenuntergang stärker abkühlt als das Wasser, sinkt nunmehr hier die Luft ab und führt zu einem bodennahen *Landwind* vom Land zur See.

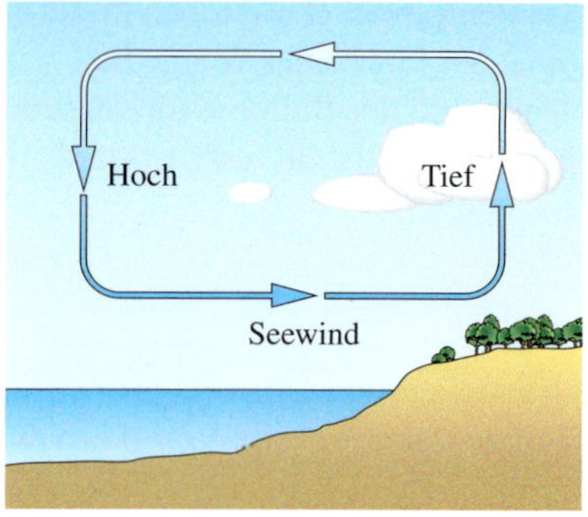

1

## *Experimente*

**1 Kochplatte und Röhre**

Stelle eine Papprröhre, die seitlich unten eine kleine Öffnung besitzt, über eine eingeschaltete Kochplatte. Achte darauf, dass keine brennbaren Gegenstände, die Kochplatte berühren!

a Halte die Hand über die Öffnung der Röhre. Was beobachtest du?

b Stülpe einen Müllsack über die Papprröhre, der mit seinem unteren Ende locker an die Röhre gepresst wird. Beschreibe, was nach einiger Zeit passiert und erkläre.

**2 Lavalampe**

Setze eine Lavalampe in Betrieb. Beschreibe, was nach einiger Zeit passiert. Achte genau auf die Formung und Ablösung der Blase.

a Warum dauert es einige Zeit, bis die Lavalampe in Gang kommt und warum bleibt sie noch einige Zeit in Funktion, nachdem die Heizung abgestellt wurde?

b Was passiert mit der Blase, nachdem sie oben angekommen ist? Erkläre.

c Erkundige dich (z. B. im Internet) über die genauere Funktionsweise dieser Lampe.

d Vergeiche die Vorgänge in der Lavalampe mit denen in der Erdatmosphäre. Welche Gemeinsamkeiten und welche Unterschiede stellst du fest?

**3 Teelichtkreis**

Stelle viele Teelichter kreisförmig auf und zünde sie an. ↑2

a Beobachte die einzelnen Flammen.

b Warum richten sich die äußeren Flammen nach innen? Welche Rückschlüsse auf den Luftdruck lässt diese Beobachtung zu?

c Welche Luftbewegungen kannst du am äußeren Rande des Teelichtkreises feststellen? (*Hinweis:* Taste die Gegend mit einer Flaumfeder oder einer Kerzenflamme ab.)

2

## Experimente

**4 Modelllandschaft**
Baut mit einem Wasserbecken, einem Sandbecken und einem darüber angebrachten Wärmestrahler eine Modelllandschaft. Über einen dazwischen gestellten Schlauch kann Rauch zugeführt werden. ↑3

a Warte zunächst bis beide Thermometer dieselbe Temperatur anzeigen und blase Rauch durch den Schlauch. Wie verhält sich der Rauch?

b Der Strahler wird eingeschaltet. Lies die Temperaturen nach etwa 15 Minuten ab. Was stellst du fest?

c Blase nun noch mal sehr langsam Rauch durch den Schlauch. Was beobachtest du?

d Beschreibe die gesamte Strömung der Luft.

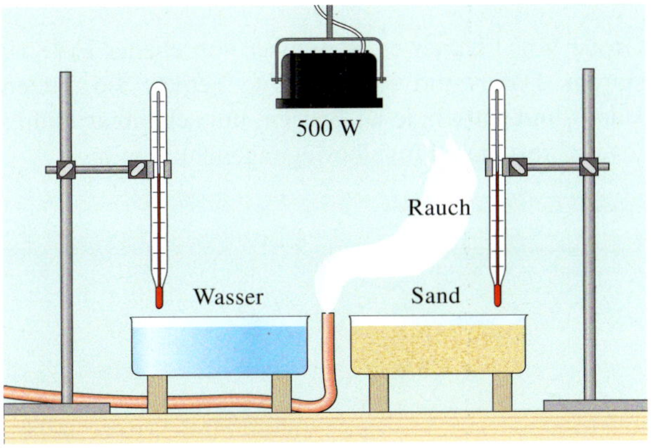

3

## *Aus der Natur* Winde

**See- und Landwinde** Der Seewind am Gardasee wird wegen der Pünktlichkeit, mit der er vormittags einsetzt, Ora (lat. *hora:* Stunde) genannt. Früher ließen sich die Fischer durch ihn vom nächtlichen Fischfang zum Hafen zurücktreiben. Abends gelangten sie mit dem dann einsetzenden Landwind wieder zu den Fischgründen. ↑5
Auch an anderen großen Binnenseen und an den Küsten der Meere kann man bei ansonsten ruhigem Wetter Land- und Seewinde im regelmäßigen Wechsel beobachten.
Damit es zu Winden kommt, müssen sich Gebiete geringeren und höheren Luftdrucks einstellen. Dabei spielt die unterschiedliche Erwärmung von Wasser und Land durch die Sonne und die Abgabe der Wärme an die angrenzende Luftschicht eine wichtige Rolle.

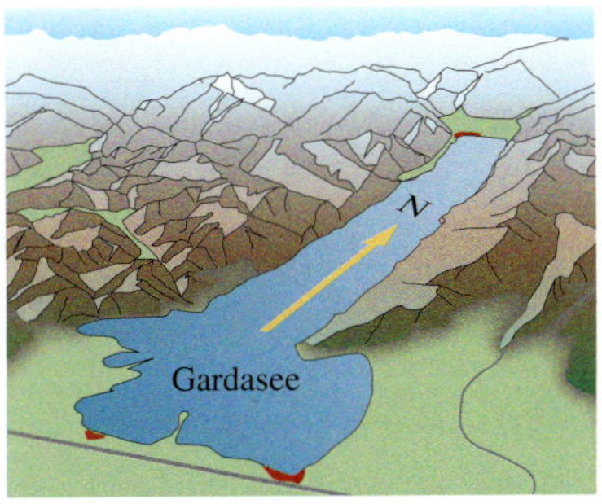

5

**Bodenwinde, Passate** Vom Boden erwärmte aufsteigende Luft wird von Greifvögeln, Drachenfliegern und Segelflugzeugen genutzt, um sich bis zu einigen Hundert Metern hoch tragen zu lassen. Da die aufsteigende warme durch nachströmende kalte Luft ersetzt wird, hat man es mit Luftkreisläufen zu tun. Ein Beispiel ist der Luftkreislauf über einer Kerzenflamme, ein anderes sind die gewaltigen Windsysteme, die durch die unterschiedliche Erwärmung der Erde am Äquator und in den höheren Breiten entstehen. ↑6

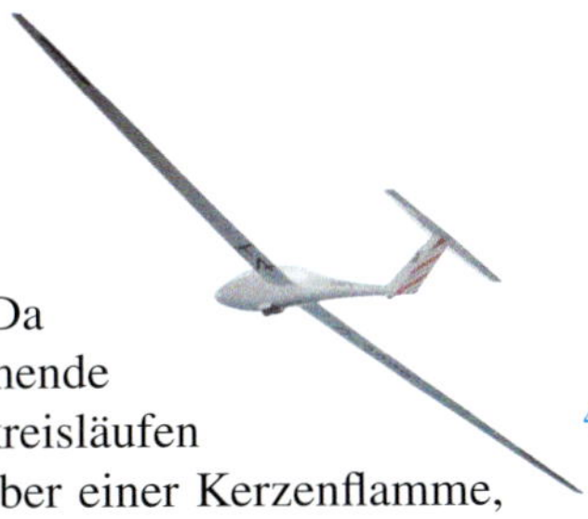
4

Physikalisch handelt es sich um den gleichen Vorgang wie bei der Entstehung von See- und Landwinden: Das Gebiet des Äquators erhält das ganze Jahr über viel Energie von der Sonne. Hier dehnt sich die Luft besonders stark aus und drückt die darüber liegende Luft nach oben. In Höhen von 16 km bis 20 km strömt dadurch Luft nach Norden und Süden ab. Nördlich und südlich der Tropen, in den so genannten Subtropen, sinkt die Luft wieder ab. Von dort strömt die Luft als Bodenwind oder Passat wieder zum Äquator zurück. ↑7

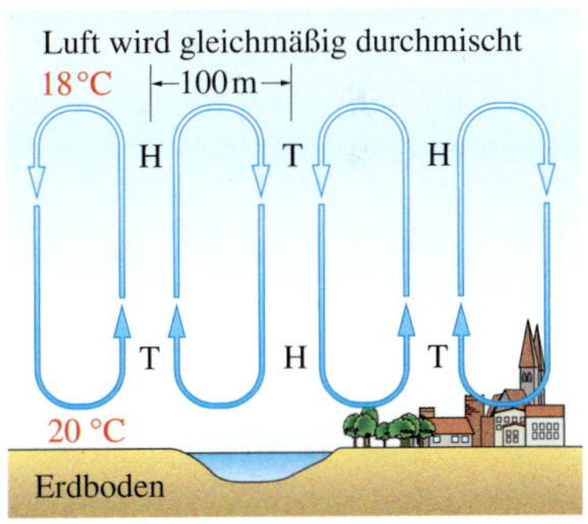

6

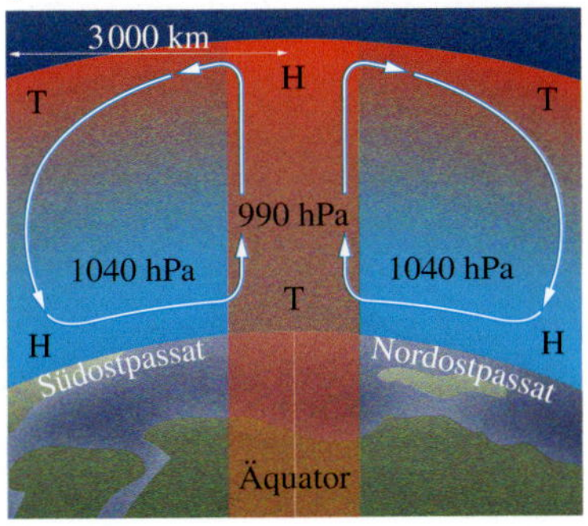

7

Selbst erforscht

## Wie man Aufwinde und Thermik zum Fliegen nutzen kann

Große Vögel haben es oft schwer von ebener Erde zu starten. Dafür sind sie sehr gute Segler. Sie nutzen Hang- und Aufwinde an Bergen, um scheinbar mühelos und fast ohne Flügelbewegungen zu segeln.

1

2

3

Der Mensch hat es ihnen inzwischen nachgemacht. Mithilfe von modernen Gleitschirmen gelingt es ihm, die Luftströmungen der Hangaufwinde und der Thermik zu nutzen. Sehr lange und in großer Höhe kann er sich in der Luft halten. Dabei gelingt es ihm, große Entfernungen zu überwinden.

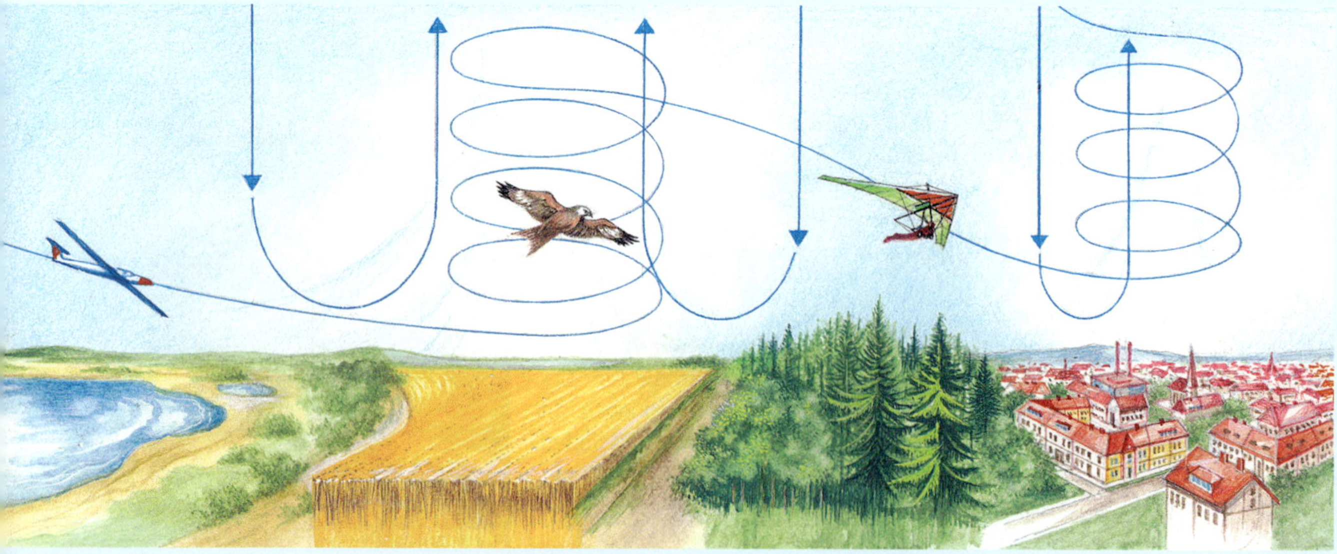

4

Ihr sollt zunächst herausfinden, unter welchen Bedingungen sich Gegenstände in bewegter Luft halten können. Dazu könntet ihr Drachen, Hängegleiter oder Fallschirme näher untersuchen.

Mit den Untersuchungsergebnissen könnte dann die Frage beantwortet werden, wie Hangaufwinde oder Thermiken auf die Flugobjekte wirken.
In Teilprojekten sollten dann verschiedene Aspekte des Gleitschirmfliegens näher betrachtet und mithilfe einfacher Modelle untersucht werden.

5

### Vorschläge für Teilthemen:

1. Historische Entwicklung des Gleitschirms; Wie kam es zur Idee der Entwicklung des Gleitschirms?
2. Wie ist ein Gleitschirm gebaut? Welche Unterschiede bestehen zum Fallschirm? Welche Rolle spielen die modernen Materialien?
3. Wie groß muss ein Gleitschirm mindestens sein, damit er einen Menschen tragen kann? Welche Geschwindigkeiten kann man bei Aufwinden erwarten? Wie wird ein Gleitschirm gesteuert.
4. Bau eines Modellgleitschirms der in einem Modellaufwind (z. B. Gebläse) zum Schweben gebracht wird.

### Tipps:

Ihr solltet bei der Planung und der Verwirklichung von komplizierten Modellen überlegen, ob man nicht auch mit einfacheren Mitteln auskommt.
Bei der Beschaffung von Materialien solltet ihr ebenfalls flexibel sein. Es müssen nicht unbedingt dieselben Stoffe sein wie bei einem richtigen Gleitschirm. Dünne Kunststofffolien tun es in vielen Fällen auch.

Am Ende des Projekts könnte ein Wettbewerb stehen: Welches Gleitschirmmodell segelt am weitesten?

6

7

Physik erlebt

# Der tropische Wirbelsturm – eine Wärmekraftmaschine des Wetters

Wer schon einmal einen Orkan am Meer erlebt hat, kann sich einen ungefähren Eindruck von der enormen Bewegungsenergie und der Zerstörungskraft verschaffen, die von bewegter Luft ausgehen kann. Das Wettergeschehen erzeugt im Atlantik und im Ostpazifik noch weitaus kräftigere Winde – die Hurrikane. Diese ausgewachsenen tropischen Wirbelstürme können Windgeschwindigkeiten von mehr als 250 km/h hervorrufen.

Tropische Wirbelstürme entstehen über warmem Meerwasser ab einer Temperatur von etwa 26,5 °C. Neben einer hohen Wassertemperatur sind drei weitere Bedingungen für die Entwicklung eines Hurrikans notwendig: Wenig Wind, Gewitterwolken und der passende Breitengrad. Dass ausgerechnet eine Flaute Geburtshelfer eines solchen Ungetüms sein soll, mag erstaunen. Aber stärkere Winde verhindern, dass sich größere Wolkentürme bilden. Damit aus ungeordneten Gewitterwolken ein Wirbelsturm wird, muss er sich mindestens 5 Breitengrade weit vom Äquator entfernt befinden. Nur dann ist der Einfluss der Erddrehung groß genug, um die bewegte Luft in Rotation zu versetzen.

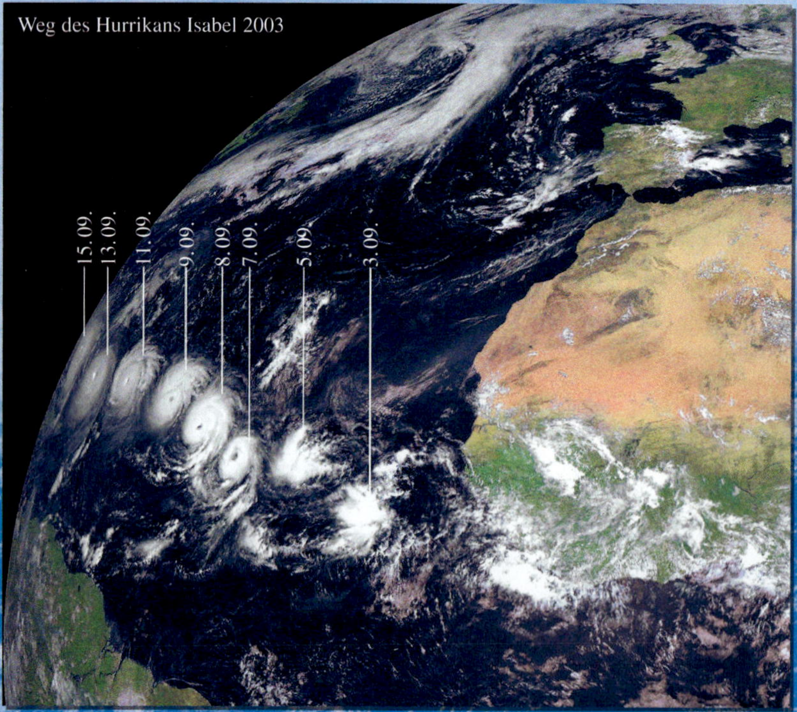

Weg des Hurrikans Isabel 2003

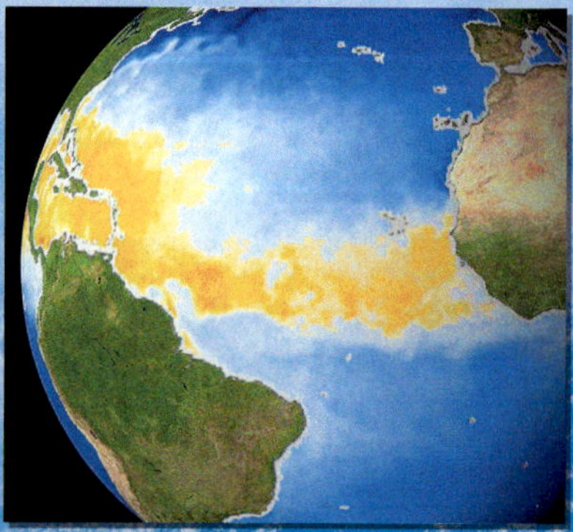

Wirbelstürme sind riesige natürliche Wärmekraftmaschinen, in denen die Luft einen Kreislauf durchläuft: In den Gewitterwolken des Wirbelsturms steigt die warme, feuchte Luft auf. In der kalten Höhenluft kondensiert der Wasserdampf und geht als Regen nieder. Die an die Luft abgegebene Kondensationswärme beschleunigt diese bis in Höhen von ungefähr 15 km. Außerhalb des Wirbelsturms sinkt die trockene Luft ab und strömt direkt oder über einen Umweg in sein Zentrum zurück. Dabei wird feuchte warme Meeresluft mitgerissen, die den Sturm weiter „anheizt“ und in Gang hält.

Der Wirbel als Ganzes bewegt sich nur sehr langsam (20 km/h bis 30 km/h). Seine zerstörerische Wirkung geht von den Begleiterscheinungen aus:
- hoher Wellengang – bis zu 30 m Höhenunterschied zwischen Wellental und Wellenberg,
- große Sturmfluten – der Wirbelsturm treibt ungeheure Wassermassen vor sich her.

Erreicht der Wirbelsturm das Land, wird er von seiner Energiequelle abgeschnitten. Innerhalb weniger Stunden kommt er zur Ruhe. Dabei gehen gewaltige Regenmengen nieder, die meist zu zerstörerischen Überschwemmungen führen. In den äußeren Gewitterwolken der Hurrikane bilden sich häufig Tornados – Windrüssel, die von der Unterseite der Wolken bis zum Boden reichen und auf kleinstem Raum äußerst zerstörerisch wirken können.

Wirbelstürme treten auch auf anderen Planeten auf. Am bekanntesten ist der Große Rote Fleck des Jupiters. Mit einer Größe vom doppelten Erddurchmesser ist er der größte Wirbelsturm im Sonnensystem.

## Aufgaben

**1** Diskutiere die Aussage, dass ein Körper mit einer größeren (geringeren) Dichte als die der Flüssigkeit sinkt (schwimmt). Welche Besonderheiten sind bei Körpern zu beachten, die hohl oder gewölbt sind?

**2** Warum ist es leichter in Salzwasser zu schwimmen?

**3** Was passiert, wenn man eine Eisenkugel in Quecksilber (Dichte $\varrho = 13{,}53\,\mathrm{g/cm^3}$) taucht?

**4** Wann schwimmt oder geht ein Körper in einer Flüssigkeit der Dichte $\varrho_F$ unter? Was passiert, wenn der Körper dieselbe Dichte wie die Flüssigkeit hat?

**5** In Flüssigkeiten hängt der Auftrieb eines voll eingetauchten Körpers nicht davon ab, in welcher Höhe er sich befindet. Gilt das auch für Luft? Begründe.

**6** Was passiert mit Helium gefüllten Ballons, die in der Luft aufsteigen, ↑1

a wenn sich ihr Volumen nicht ändert (starre Hülle),

b wenn sich ihr Volumen ändert?

1

**7** Was würde geschehen, wenn ein Astronaut einer Raumstation einen aufgeblasenen Luftballon unter Wasser drücken und dann loslassen würde?

**8** Welche Bedeutung haben Hoch- und Tiefdruckgebiete für das Wetter?

**9** Erkläre, warum leichte Gegenstände untergehen, schwere dagegen schwimmen können. Warum schwimmt ein Schiff aus Eisen, während eine Eisenkugel untergeht?

**10** Wie kann man berechnen, wie tief ein bestimmter schwimmender Körper in Wasser eintaucht?

**11** Was passiert, wenn man vorsichtig Wasser und Öl zusammen in ein Gefäß schüttet?

**12** Eine Weihnachtspyramide kann als einfaches Modell eines Luftkreislaufs angesehen werden. ↑2

2

a Erkläre, wie es zur Drehung des Flügelrades kommt.

b An welchen Stellen würde man einen tieferen und an welchen einen höheren Luftdruck feststellen?

**13** Heizkörper erwärmen die Zimmer auch an den gegenüberliegenden Wänden, obwohl Luft ein sehr schlechter Wärmeleiter ist. Wie kommt die warme Luft dorthin?

**14** Erkundige dich wie Passatwinde entstehen? Warum kommen die Passate nicht direkt aus Norden oder Süden, sondern immer aus östlichen Richtungen.

**15** Allgemein gilt die Regel: Der Luftdruck nimmt mit der Höhe ab. In warmer Luft nimmt der Luftdruck nach oben hin aber langsamer mit der Höhe ab als in kalter Luft. Warum?

## Experimente

3

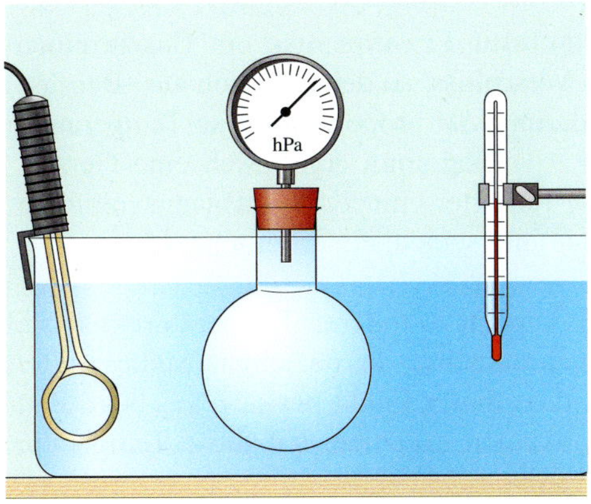


4

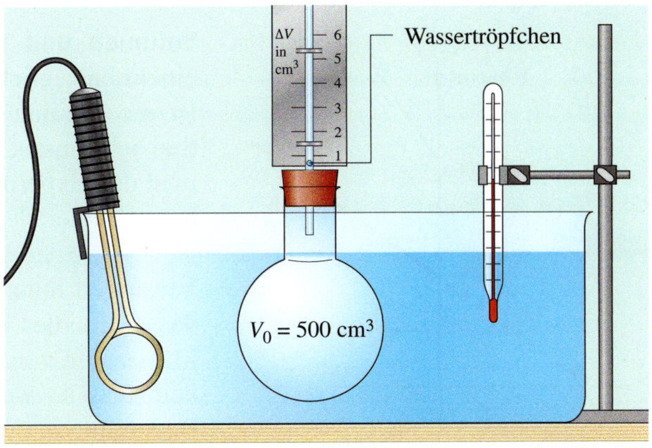


5

**1 Pneumatisches Feuerzeug**
In einer dickwandigen Plexiglasröhre kann ein Kolben luftdicht gleiten. Auf den Boden der Röhre wird ein mit Petroläther getränktes Watteкügelchen befestigt. Der Kolben wird fest in die Röhre gestoßen. Beschreibe deine Beobachtung.
Deute deine Beobachtung energetisch. ↑3

**2 Druck und Temperatur**
Untersucht mit der dargestellten Experimentieranordnung den Zusammenhang zwischen Temperatur und Druck von Luft oder eines anderen Gases. Das Druckmessgerät zeigt normalerweise den äußeren Luftdruck von 1013 hPa an. ↑4

a Die Luft im Kolben wird in Schritten von etwa 10 °C erwärmt, indem ihr das Wasserbad mit dem Tauchsieder erwärmt. Fertigt ein Druck-Temperatur-Diagramm an.
b Welchen Zusammenhang zwischen $\Delta p$ und $\Delta\vartheta$ könnt ihr feststellen?

**3 Volumen und Temperatur**
Der Zusammenhang zwischen Volumen und Temperatur von Luft kann mit der dargestellten Anordnung untersucht werden. Das Glasröhrchen ist mit einem Wassertröpfchen verschlossen, das sich bei Ausdehnung der Luft nach oben bewegt. ↑5

a Die Temperatur des Wasserbades wird in Schritten von 10 °C erwärmt.
b Lest die Zunahme des Volumens $\Delta V$ an der Skala ab und tragt die Werte für $\Delta V$ und $\Delta\vartheta$ in eine Tabelle und ein Diagramm ein.
c Welchen Zusammenhang zwischen $\Delta V$ und $\Delta\vartheta$ kann man feststellen?
d Berechnet, um wie viele Grad Celsius man die Luft abkühlen müsste, bis das Volumen ganz verschwunden wäre.
e Wiederholt das Experiment mit unterschiedlich großen Kolben.

## Probier 's mal!

**1 Ausströmende Luft**
Lass die Luft aus einem aufgepumpten Autoreifen strömen, indem du das Ventil rasch herausschraubst. Halte die Hand in den Luftstrom und beschreibe deine Empfindung.

**2 Komprimierte Luft**
Fülle so viel Wasser in ein Fläschchen, dass dieses gerade noch auf Wasser schwimmt. Stecke es dann mit der Öffnung nach unten in eine durchsichtige Kunststoffflasche, die vollständig mit Wasser gefüllt ist. Verschließe die Flasche und drücke sie an verschiedenen Stellen stark zusammen. Wie verändert sich das Volumen der Luft im Fläschchen? ↑6

6

## GRUNDLAGEN: Der Zusammenhang zwischen Volumen, Druck und absoluter Temperatur

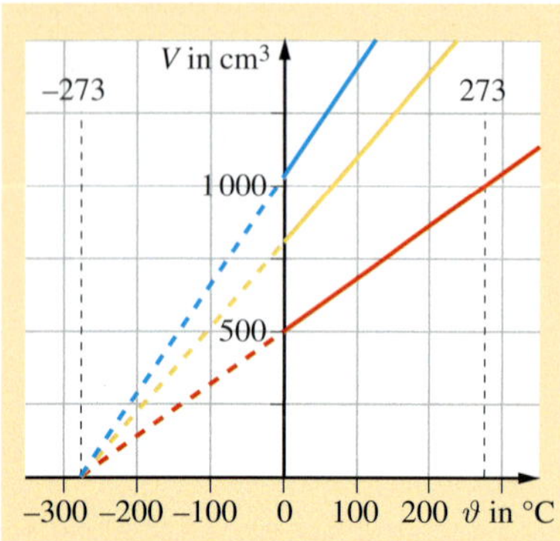

1

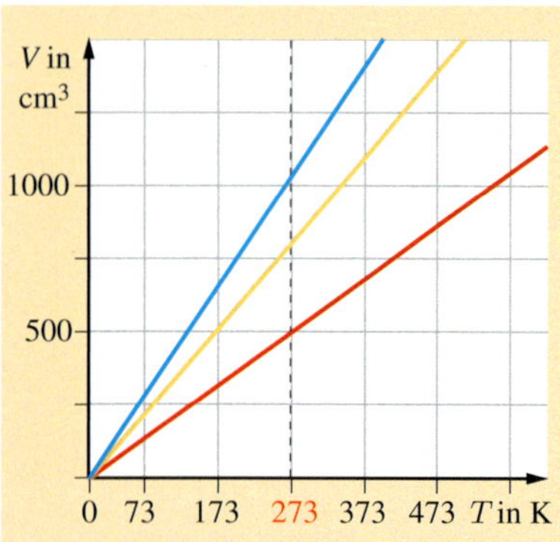

2

**Volumen und Temperatur** Erwärmt man ein Gas in einem Gefäß mit einem beweglichen Verschluss, so dehnt es sich aus. Bei fast allen Gasen ist die Volumenänderung $\Delta V$ proportional zur Temperaturänderung $\Delta\vartheta$ (bei $p$=konst.). Im $\vartheta$-$V$-Diagramm ergibt sich eine Gerade. Wiederholt man das Experiment für unterschiedliche Ausgangsvolumina $V_0$, so ergeben sich Geraden mit unterschiedlicher Steigung. ↑1

Verlängert man die Geraden zu tieferen Temperaturen, so stellt man fest, dass alle die Temperaturachse an derselben Stelle treffen. Genauere Messungen zeigen, dass dieser Punkt bei −273 °C liegt. Zwar kann man kein Gas so weit abkühlen, trotzdem hat diese Temperatur eine große Bedeutung in der Physik.

**Bei −273 °C liegt der Nullpunkt der absoluten Temperatur. Es ist unter keinen Umständen möglich, eine tiefere Temperatur zu erreichen. Die von diesem Punkt aus zählende Skala heißt absolute oder Kelvin-Temperaturskala.**

Die Skala der absoluten Temperatur $T$ unterscheidet sich von der Celsiusskala nur durch eine Nullpunktverschiebung um −273 °C. Die absolute Temperatur $T$ wird in der Einheit 1 Kelvin (1 K) gemessen. Temperaturdifferenzen haben in Grad Celsius und in Kelvin denselben Zahlenwert.
Verschiebt man die $V$-Achse zum absoluten Nullpunkt der Temperatur, so ergeben sich Ursprungsgeraden. ↑2
Daran erkennt man:

**Das Volumen eines idealen Gases ist proportional zur absoluten Temperatur $V \sim T$.**

**Druck und Temperatur** Um Luft in einer verschlossenen Luftpumpe zusammenzupressen, muss man eine immer größer werdende Kraft aufwenden. Je kleiner das Volumen wird, desto größer wird also die Kraft, die von der Luft auf die Gefäßwände ausgeübt wird. Mit anderen Worten: Mit abnehmendem Volumen nimmt der Druck eines Gases zu.
Erwärmt man ein Gas in einem fest verschlossenen Kolben, der mit einem Druckmessgerät verbunden ist, so stellt man fest, dass der Druck zunimmt. Ähnlich wie beim Zusammenhang von Volumen und Temperatur zeigt sich:

**Der Druck eines idealen Gases ist proportional zur absoluten Temperatur: $p \sim T$.**

Die beiden Proportionalitäten $V \sim T$ und $p \sim T$ kann man zusammenfassen: $p \cdot V \sim T$.

Daraus ergibt sich auch: Bei konstanter Temperatur ist das Produkt aus Druck und Volumen eines idealen Gases konstant (Gesetz von BOYLE-MARIOTTE).

### Schon gewusst?

Ein ideales Gas ist ein Modellgas, für das die Gesetzmäßigkeiten, die für reale Gase näherungsweise gelten, exakt erfüllt sind. Es besteht aus Teilchen, die nicht miteinander wechselwirken und keine Ausdehnung haben. Daher kann ein solches Gas auch bei sehr niedrigen Temperaturen nicht flüssig werden. Obwohl es in Wirklichkeit kein ideales Gas gibt, können die einfachen Gesetze in vielen Fällen näherungsweise angewandt werden.

## GRUNDLAGEN: Nach oben wird es kalt

Jeder Bergwanderer weiß, dass die Lufttemperatur mit zunehmender Höhe abnimmt. Sie nimmt so rasch ab, dass im Hochgebirge der Schnee sogar im Sommer liegen bleibt. Selbst der Gipfel des Kilimandscharo (5895 m), der direkt am Äquator liegt, ist ständig schneebedeckt. Warum nimmt die Temperatur mit der Höhe ab? Die Frage soll anhand einer einfachen Modellannahme plausibel gemacht werden.

3

Wir gehen von trockener Luft aus, sodass Kondensations- und Verdampfungsvorgänge keine Rolle spielen. Die unteren Luftschichten werden von der durch die Sonne aufgeheizten Erdoberfläche erwärmt. Eine erwärmte Luftschicht kann man wie ein „Luftpaket" betrachten, das durch gedachte Wände von der kälteren Umgebungsluft getrennt ist. Die erwärmten Luftpakete steigen auf. ↑4
Der Luftdruck des aufsteigenden Luftpakets passt sich stets dem mit der Höhe abnehmenden Druck der Umgebung an und sinkt daher ebenfalls. Infolgedessen dehnt sich das Luftpaket aus. Dabei muss Umgebungsluft verdrängt werden, was mechanische Energie erfordert. Diese Energie und die zunehmende Höhenenergie des Luftpakets kann nur durch Umwandlung der thermischen Energie des Luftpakets aufgebracht werden. Denn es steigt so schnell auf, dass es zu keinem nennenswerten Austausch von Energie mit der Umgebung kommt. Wie wir von dem Experiment mit dem pneumatischen Feuerzeug und der ausströmenden Luft aus einem Reifen wissen, hängt die Temperatur eines Gases von der thermischen Energie ab. Mit der Abnahme der thermischen Energie des Luftpakets nimmt daher auch die Temperatur ab. Das Luftpaket steigt solange, bis seine Dichte mit der der umgebenden Luft übereinstimmt. Dann ist auch seine Temperatur auf die der Umgebung abgesunken.
Die in gleichem Maße absinkende Luft gerät zunehmend unter Druck und wird dadurch erwärmt.

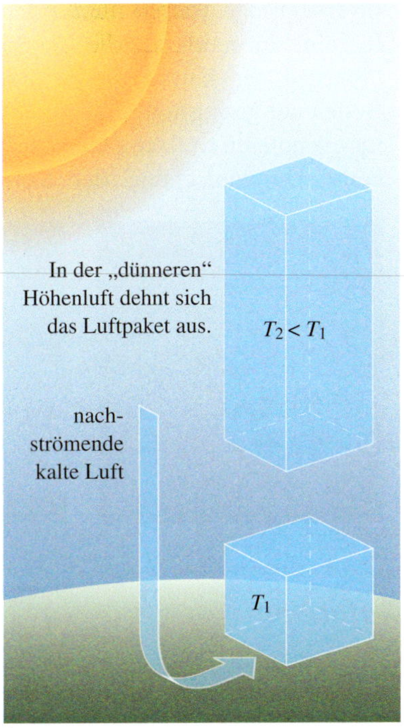

4

In wolkenfreier Atmosphäre ändert sich die Lufttemperatur um 1 °C je 100 m Höhenunterschied. Bei Wolkenbildung (Übergang von Wasserdampf in Wasser) wird Wärme frei, wodurch die Luft erwärmt wird. Es kommt zu Abweichungen vom „normalen" Temperaturverlauf.

5

## *Aus der Umwelt* Inversionswetterlagen

Im Herbst und im Winter bildet sich in Tälern oft dichter Nebel. Es ist kalt – von der Sonne keine Spur. Nur wenig höher auf den Bergen scheint die Sonne, und es herrschen frühlingshafte Temperaturen. ↑1

Bei diesen Wetterlagen sind die Temperaturverhältnisse in der Atmosphäre regelrecht umgekehrt: Unten ist es kalt und oben ist es warm. Man spricht von einer Inversionslage (lat. *inversio:* Umkehrung). Ursache für eine Inversion ist die geringe Sonnenstrahlung. Während der kurzen Wintertage erwärmt sich der Boden nur geringfügig. Die Erde fällt als „Heizplatte" für die unteren Luftschichten aus. In dieser Zeit gibt es keine Durchmischung der Luft durch Kreisläufe. Schwere, kalte Luft fließt in die Täler und sammelt sich dort oft tagelang an. Durch den fehlenden Luftaustausch reichern sich in der Inversionsschicht die Schadstoffe an – es entsteht Smog. ↑2, 3

Über der Wetterschicht gibt es in 10 km bis 15 km Höhe ständig eine Inversion: Dort wird die ultraviolette Sonnenstrahlung von Sauerstoff- und Ozonmolekülen absorbiert und die Luft erwärmt. Aufsteigende Luftmassen können die warme Luftschicht nicht durchstoßen. Die Kreisläufe der Hoch- und Tiefdruckgebiete enden hier oben. Daher können Flugzeuge immer über den Wolken fliegen. ↑4

1

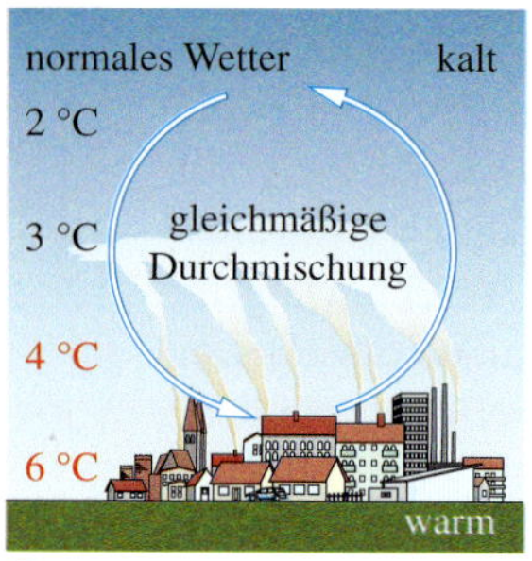

2

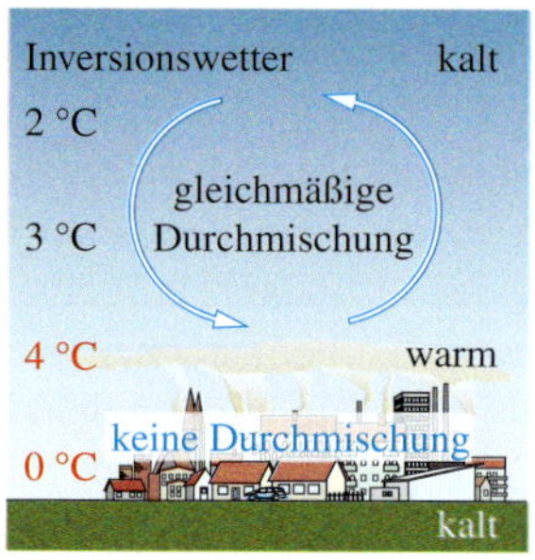

3

4

## *Aufgaben*

**1** Wenn man mit der Hand auf eine aufgeblasene Papiertüte schlägt, zerplatzt die Tüte. Erkläre.

**2** Der Zusammenhang zwischen Druck $p$ und Volumen $V$ eines Gases wurde bei konstanter Temperatur untersucht. Es ergaben sich folgende Werte:

| $p$ in hPa | 600 | 800 | 1000 | 1200 | 1400 | 1600 |
|---|---|---|---|---|---|---|
| $V$ in $cm^3$ | 19 | 14,6 | 11,9 | 9,5 | 8,3 | 7,2 |

Überprüfe, ob es sich dabei um ein ideales Gas handeln könnte.

**3** Der Kolben einer Fahrradpumpe wird bei zugehaltener Öffnung mit einer Kraft von 50 N hineingepresst. Welcher Druck herrscht im Gas, wenn die Kolbenfläche 5 $cm^2$ beträgt?

**4** Lässt man sein Fahrrad in der prallen Sonne stehen, kann es vorkommen, dass der Reifen platzt. Erkläre.

**5** Bei welcher Temperatur auf der Kelvinskala gefriert Wasser, bei welcher siedet es?

**6** Welche Aufgabe erfüllen luftgefüllte Autoreifen? Welche Eigenschaft der Luft nutzt man dabei?

**7** Der Kilimandscharo erhebt sich ungefähr 4500 m über das umgebende Hochland. Wie groß sollte die Temperatur auf dem Berggipfel sein, wenn man davon ausgeht, dass auf der Hochebene eine Temperatur von ca. 40 °C herrscht?

**8** Nach dem Abstieg von einem hohen Berg stellst du fest, dass die Plastikflasche, die du auf dem Berg leer getrunken und anschließend verschlossen hast, so wie in Bild 5 aussieht. Erst wenn du den Verschluss öffnest, nimmt sie ihre alte Form an. Was ist geschehen? ↑5

5

**Lufthülle der Erde** Die Atmosphäre ist die Lufthülle der Erde, die wie alle anderen Körper von der Erde angezogen wird. Die Lufthülle ist für alle Lebens- und Wettervorgänge von großer Bedeutung. Die Luft lässt sichtbares Sonnenlicht durch, sodass es von der Erdeoberfläche absorbiert und teilweise reflektiert werden kann.

**Luftdruck** Die Luft hat wie alle anderen Körper eine Masse und übt eine Gewichtskraft auf die Erde aus. Den Quotienten aus Gewichtskraft und Fläche nennt man Druck. Der Luftdruck nimmt nach oben hin ab, weil mit zunehmender Höhe die auf einen Quadratmeter drückende Luftmenge und auch die Dichte der Luft abnehmen. Da Luft kompressibel ist, hat sie wegen des größeren Drucks in Erdnähe dort auch eine größere Dichte.

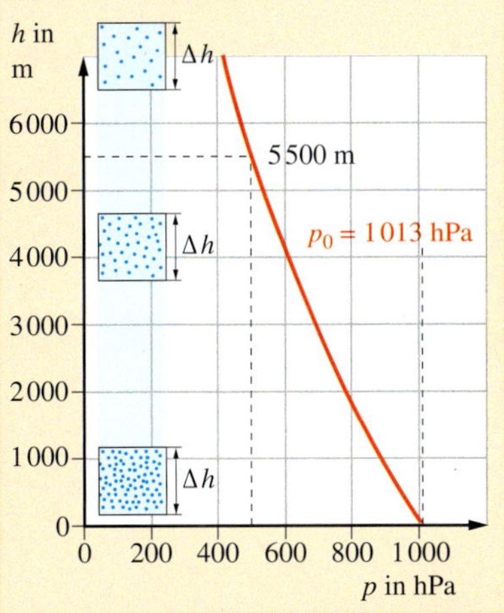

6

**Treibhauseffekt** Das von der Erde absorbierte Sonnenlicht wird als Infrarotstrahlung wieder ausgestrahlt. Für Infrarotstrahlung ist die Atmosphäre undurchsichtig, sie wird daher absorbiert und führt zur Erwärmung. Aufgrund der Erwärmung strahlt die Atmosphäre Infrarotlicht zur Erde zurück. Daher kommt es zu einer zusätzlichen Erwärmung.

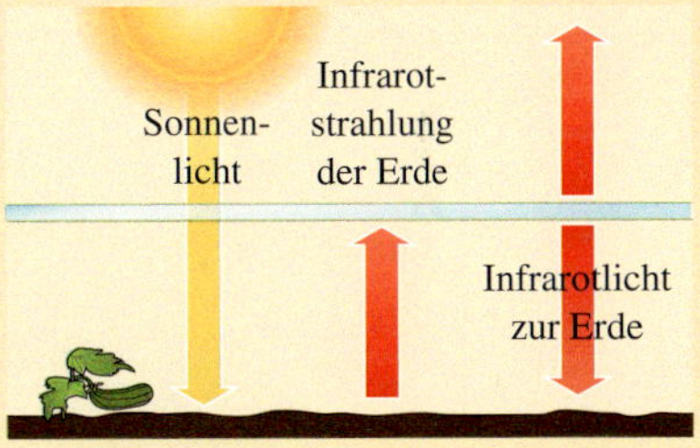

7

**Messung des Luftdrucks** Der Druck in der Atmosphäre wird mit Barometern gemessen. Er kann sich durch Veränderungen des Wetters ändern. Künstlich erzeugter Luftdruck z. B. in Autoreifen wird mit Manometern gemessen.

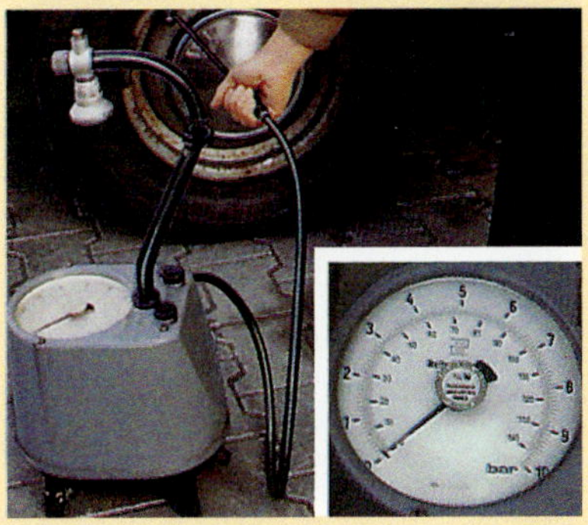
8

**Auftrieb in Flüssigkeiten und Gasen** Flüssigkeiten oder Gase üben auf Körper, die in sie eintauchen, eine Kraft nach oben aus. Bei einem schwimmenden Körper ist die Auftriebskraft genau so groß wie seine Gewichtskraft.

**Thermische Konvektion in Flüssigkeiten und Gasen** Wenn eine Flüssigkeit oder ein Gas an ihrer Unterseite erwärmt werden, dehnen sie sich aus, steigen auf und werden durch absinkende dichtere Flüssigkeit oder dichteres Gas ersetzt. Es kommt zu einer umlaufenden Bewegung (Konvektion).

# Auf einen Blick

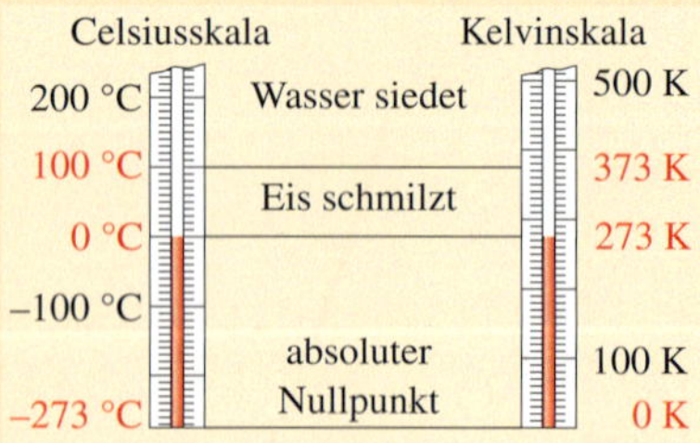


1

**Absolute Temperatur** Kein Körper kann auf tiefere Temperaturen als –273 °C abgekühlt werden. Diese Temperatur nennt man den absoluten Nullpunkt. Von absoluter Temperatur spricht man, wenn man die Temperaturskala auf den absoluten Nullpunkt bezieht. Die absolute Temperatur wird in Kelvin (K) gemessen. Eine Temperatur von x °C entspricht einer absoluten Temperatur von (273 + x) K.

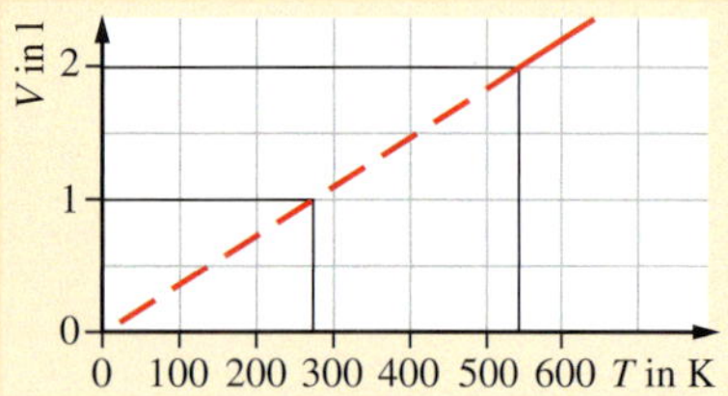


2

**Gasgesetze des idealen Gases**

- Bei konstantem Volumen ist der Druck proportional zur absoluten Temperatur.
- Bei konstantem Druck ist das Volumen proportional zur absoluten Temperatur.
- Das Produkt von Druck und Volumen ist proportional zur absoluten Temperatur. Es ist konstant bei konstanter Temperatur.

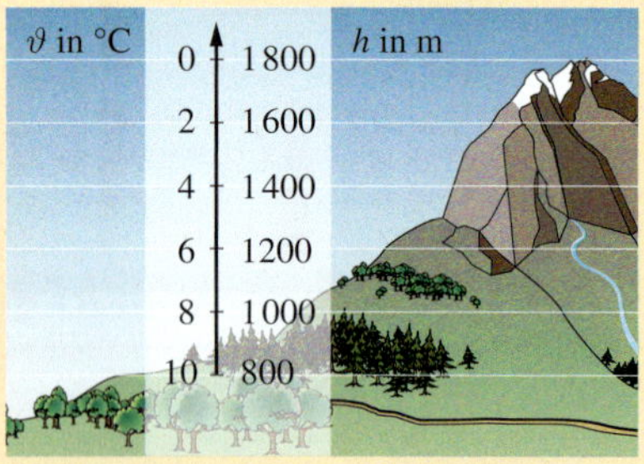


3

**Abnahme der Temperatur mit der Höhe** In der untersten Schicht der Atmosphäre (Troposphäre) nimmt die Temperatur (bei trockener Luft) mit zunehmender Höhe alle 100 m um ca. 1 °C ab. Diese Temperaturabnahme ist eine Folge der aufsteigenden Luft. Die von der sonnenbeschienenen Erdoberfläche erwärmte Luft steigt auf und dehnt sich aus, wobei die Dichte der Luft abnimmt. Dafür ist Energie nötig: Höhenenergie und Energie, um die Luft gegen den Luftdruck wegzudrücken. Sie wird der thermischen Energie der Luft entnommen, was zu einer Temperaturabnahme führt.

# Alles klar?

4

**1** Beschreibe die Vorführung von Otto von Guericke mit seinen Magdeburger Halbkugeln. Woher stammt die Kraft, gegen die die Pferde anarbeiten müssen? ↑4

**2** Glas und Luft sind durchsichtig. Gilt diese Aussage für jede Art von Licht? Begründe deine Antwort.

**3** Was versteht man unter dem Treibhauseffekt? Unterscheide dabei zwischen natürlichem und anthropogenem (vom Menschen verursachten) Treibhauseffekt.

**4** In der Erdatmosphäre herrscht ein Druck.
a Wie kommt der Luftdruck zustande?
b Wie groß ist der Luftdruck auf der Erde?
c Welche bekannten Phänomene sind auf den Luftdruck zurückzuführen? Nenne mindesten fünf Beispiele.

# Alles klar?



**5** Wie kann man den Luftdruck messen? Beschreibe verschiedene Methoden. ↑5

**6** Wodurch kann der Luftdruck verändert werden?

**7** Warum ändert sich der Luftdruck mit der Höhe?

**8** Woran kann man feststellen, dass der Luftdruck auf einem hohen Berg kleiner ist als im Tal?

**9** Unter welchen Bedingungen steigt ein Ballon auf?

**10** Was steckt physikalisch hinter der Aussage:
Erwärmte Luft steigt auf? Welche Vorgänge werden außerdem in Gang gesetzt, wenn warme Luft aufsteigt?

**11** Erkläre das Zustandekommen von Winden. Gehe insbesondere auf den Unterschied zwischen Land- und Seewinden ein.

**12** Wie verändert sich das Volumen einer in Wasser aufsteigenden Blase, wenn sich der Druck des Wassers halbiert?

**13** Welches Gesetz steckt hinter der Erfahrung, dass (bei konstantem Druck) beim Erwärmen eines Gases das Volumen zunimmt?

**14** Den Druck von Autoreifen soll man nicht unmittelbar nach einer schnellen Fahrt prüfen. Welchen Grund hat diese Empfehlung?

**15** Was versteht man unter dem absoluten Nullpunkt? Wie kann man den absoluten Nullpunkt ermitteln?
Der absolute Nullpunkt hat zu einer neuen Temperaturskala geführt. Beschreibe diese Temperaturskala.

**16** Wie ist der merkwürdige Sachverhalt zu erklären, dass warme Luft aufsteigt und es nach oben hin immer kälter wird?
Warum stimmt diese Aussage in der freien Natur, aber nicht für ein geheiztes Zimmer?

**17** Wenn du dir abends nach Erreichen der Hütte auf einem hohen Berg die Zahnpastatube öffnest, spritzt ein Strahl Zahnpasta von selbst heraus. Erkläre.

**18** Mit welcher Temperatur musst du auf dem Gipfel eines Berges rechnen, wenn du bei 20 °C und schönem Wetter 1000 m hoch steigst?

**19** Nachts ist es oft am Boden kalt und in der Höhe wärmer.
Warum kommt eine solche Temperaturschichtung an einem sonnigen Tag nicht vor?

5

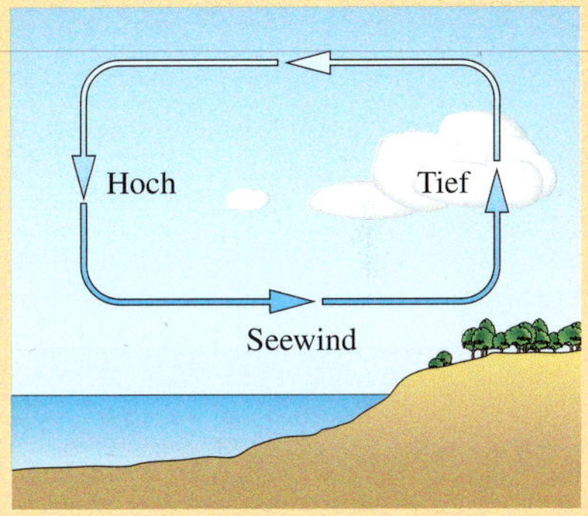

6

# Zwischen Energieerhaltung und Entropieerzeugung

Zwei Freunde, Ralf und Benno, wollen in einem Neubaugebiet für ihre Familien ein Wohnhaus vom selben Typ mit den gleichen Bau- und Wärmedämmmaterialien bauen. Nur bei der Heizungsanlage sind sie unterschiedlicher Meinung.

1

2

Ralf möchte eine Elektroheizung installieren. Sie sei sauber, platzsparend und fast wartungsfrei. Benno schwärmt für eine Heizung, die durch eine Wärmepumpe in Verbindung mit einer Fußbodenheizung betrieben wird: „Die Wärmepumpe benötigt zwar auch elektrische Energie, aber sie liefert ein Mehrfaches an Heizenergie.“

Das will Ralf nicht einleuchten. Denn Energie zu vervielfachen, das scheint ihm gegen den Energieerhaltungssatz zu verstoßen. Daraufhin erklärt Benno, dass die zusätzliche Energie nicht aus dem Nichts erzeugt wird, sondern aus der Umgebung stammt und mithilfe der Wärmepumpe auf eine höhere Temperatur gebracht wird. „Das würde ja bedeuten, dass thermische Energie von ‚Kalt‘ nach ‚Warm‘ fließt“, höhnt Ralf. „Stimmt!“, entgegnet Benno, „es ist aber trotzdem möglich, wenn gleichzeitig wertvolle elektrische Energie verbraucht wird.“

Ob Benno Recht hat? Wenn ja, müsste man wissen, wie viel thermische Energie maximal gewonnen werden kann. Denn nur so ließe sich abschätzen, ob sich der zusätzliche Aufwand für eine Wärmepumpe lohnt.

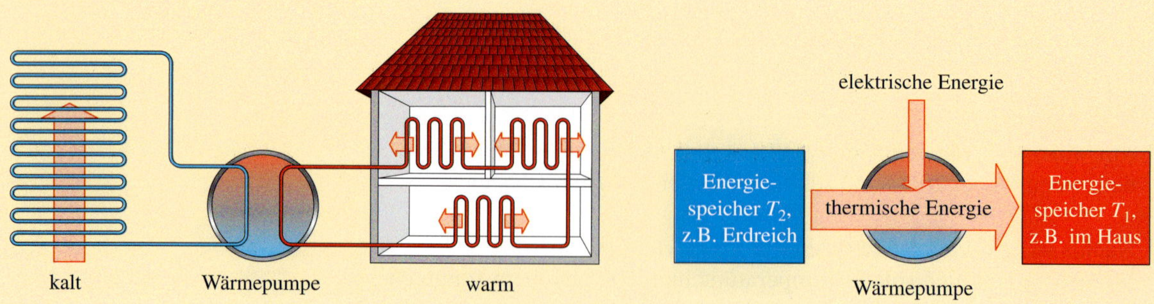


3

## Experimente

**1 Thermogenerator**
Der Thermogenerator mit wassergefüllten Behältern wird mit elektrischer Energie betrieben. ↑4

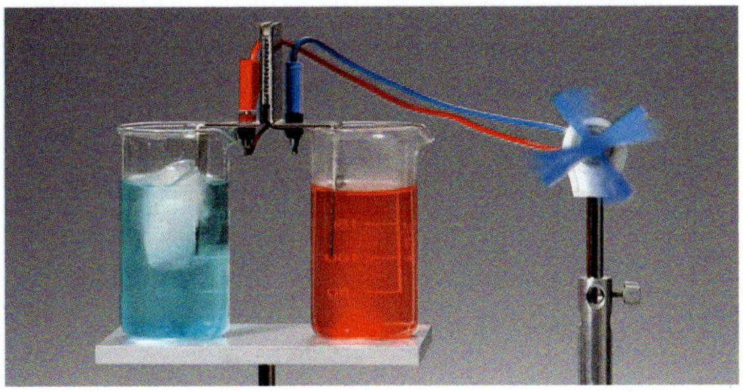

4

a Miss den Temperaturverlauf in den beiden Behältern (Beobachtungszeit etwa 15 Minuten).
b Deute das Ergebnis mithilfe der Begriffe Energie und Energieentwertung.
c Fülle einen der Behälter mit heißem Wasser (z. B. 80 °C), den anderen mit möglichst kaltem Wasser. Schließe an den elektrischen Eingang einen Propellermotor an. Beobachte und erkläre.

**2 Trinkente**
Einer Trinkente genügt es, einen nassen Schnabel und Kopf zu haben, um in Bewegung zu bleiben. ↑5

5

a Kommt die Trinkente ohne thermische Energie aus? Wenn nicht muss ein Temperaturunterschied vorhanden sein. Welche Funktion erfüllt der nasse Kopf?
b Stelle die Ente mit trockenem Kopf mit dem Hinterteil in die Strahlung einer Rotlichtlampe u. ä. Beschreibe deine Beobachtung. Inwiefern ist diese Situation mit der oben beschriebenen vergleichbar?
c Was passiert, wenn nicht nur das Hinterteil, sondern die ganze Ente bestrahlt wird? Erkläre.
d Gib der Ente statt Wasser Spiritus „zu trinken". Beschreibe und erkläre den Unterschied?

**3 Stirlingmotor**
Ein Stirlingmotor wird auf eine Tasse mit Wasser von ca. 45 °C gestellt. Nach kurzer Anwärmzeit wird das Schwungrad kurz in der einen oder anderen Richtung angestoßen. Anschließend wird der stetig „arbeitende" Motor mit einer intensiven Lichtquelle (z. B. Rotlichtleuchte) von oben bestrahlt. ↑6

6

a Wird die zusätzliche Zufuhr thermischer Energie zu einer schnelleren Bewegung des Motors führen? Beschreibe, was tatsächlich passiert.
b Du wirst feststellen, dass sich der Motor auch noch einige Zeit dreht, wenn du ihn von der Tasse heruntergenommen und auf den Tisch gestellt hast. Begründe.
c Stelle den, von der heißen Tasse herunter genommenen, Motor auf einen Kälte-Akku aus der Tiefkühltruhe und warte einige Zeit. Stoße den Motor erneut an. Beschreibe deine Beobachtung und vergleiche mit dem Fall des heißen Wassers. Woher bekommt der Stirlingmotor in diesem Fall seine Energie?

**4 Energieentwertung**
Mithilfe eines Motors werden Wägestücke angehoben. Der Motor bezieht seine Energie über einem Thermogenerator, der
a 200 g Wasser von 60 °C und
b 100 g Wasser von 90 °C zur Verfügung hat.
In beiden Fällen beträgt die Temperatur des Kühlwassers 0 °C (Eiswasser).
In welchem der beiden Fälle wird das Wägestück höher gehoben? Beschreibe die Vorgänge mithilfe der Energieentwertung.

## GRUNDLAGEN: Entropieerzeugung als Maß der Energieentwertung

**Energieentwertung** Um beurteilen zu können, ob sich der Einbau einer Wärmepumpe zu Heizzwecken lohnt, muss man wissen, wie viele Joule an thermischer Energie gewonnen werden können, wenn 1 Joule an elektrischer Energie eingesetzt wird. Dazu muss man die Energieentwertung messen können. Um zu einem Messverfahren zu kommen, erinnern wir uns an einige wesentliche Merkmale der Energieentwertung:

1 Eine Tasse Tee kühlt sich auf Zimmertemperatur ab. Die thermische Energie wird entwertet.

2 Zwei Tassen Tee derselben Anfangstemperatur kühlen sich auf Zimmertemperatur ab.
Doppelt so viel Energie wird entwertet.

**Die Energieentwertung ist proportional zur entwerteten Energiemenge.**

Ein Tauchsieder ist jeweils 5 Minuten in Betrieb. In einem Fall überträgt er Energie an die Umgebung, im anderen Fall an die Tasse mit Tee.

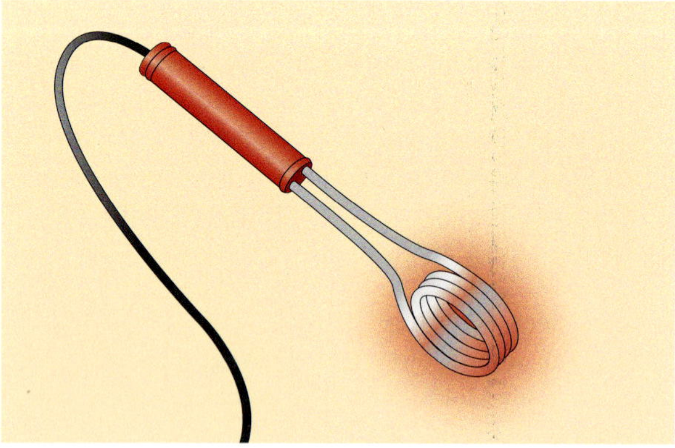

3 Elektrische Energie wird vollständig entwertet. Die Temperatur des Zimmers steigt kaum.

4 Elektrische Energie wird in thermische Energie umgewandelt. Die Energie wird nur teilweise entwertet, denn das Teewasser ist heißer als die Umgebung.

**Die mit der Energieübertragung verbundene Energieentwertung, ist umso größer, je niedriger die Temperatur des Systems ist, das die Energie aufnimmt.**

Bei der Umwandlung von elektrischer Energie in mechanische Energie und umgekehrt tritt im Idealfall keine Energieentwertung auf.
Die Erfahrungen mit der Energieentwertung haben zur Einführung einer neuen Größe geführt, mit deren Hilfe es möglich ist, die Energieentwertung zu messen. Bei dieser Größe handelt es sich um die Entropie *S*.
Ähnlich wie bei der Energie *E* wird nicht der absolute Wert festgelegt, wie viel Entropie *S* ein System enthält, sondern wie sich bei Änderungen des Zustands eines Systems die Entropie verändert:

**Wird einem System mit der Temperatur $T$ die thermische Energie $\Delta E$ zugeführt, so wächst die Entropie um den Betrag $\Delta S = \Delta E / T$. Wird dem System die thermische Energie entzogen, so wird Entropie vom gleichen Betrag abgegeben.**

Bei der Zufuhr oder Abgabe elektrischer oder mechanischer Energie ändert sich die Entropie des Systems nicht.
Die Einheit der Entropie *S* ist Joule/Kelvin (J/K).

### Schon gewusst?

Ein idealer Elektromotor wandelt elektrische Energie vollständig in mechanische um. Wenn er als Generator verwendet wird, kann die mechanische Energie vollständig in elektrische Energie zurück verwandelt werden. Deswegen tritt bei „reinen" elektrischen oder mechanischen Vorgängen keine Energieentwertung auf. Die im Physikunterricht verwendeten Generatoren sind von diesem Ideal weit entfernt. Die Generatoren in einem Kraftwerk kommen ihm aber ziemlich nahe.

**Entropieerzeugung** Die Festlegung des Entropiebegriffes hat Konsequenzen, die zunächst etwas merkwürdig anmuten.
Betrachten wir folgende Situation:
Eine Raumheizung wird mit 60 °C betrieben. Die Raumtemperatur wird auf konstant 20 °C gehalten. Die Heizung gibt dann mit jeweils 1000 J Energie eine Entropie von $\Delta S = 1000\,\text{J}/333\,\text{K} = 3{,}33\,\text{J/K}$ ab. Im Raum nimmt die Entropie aber um $\Delta S = 1000\,\text{J}/293\,\text{K} = 3{,}41\,\text{J/K}$ zu. Die Zunahme der Entropie im Raum ist pro 1000 J Energie um ca. 0,08 J/K größer als die Entropieabgabe durch den Heizkörper. Im Gesamtsystem aus Heizkörper und Raum wird also Entropie erzeugt.

5
**Entropie $S$ kann erzeugt werden.**

Diese Eigenschaft der Entropie steht im Gegensatz zu den Eigenschaften der Energie. Eine genauere Betrachtung zeigt, dass z. B. immer dann Entropie erzeugt wird, wenn thermische Energie von einem System mit höherer Temperatur an ein System mit niedrigerer Temperatur abgegeben wird. Das sind aber gerade Beispiele dafür, dass Energie entwertet wird. Damit haben wir das Ergebnis:

**In einem (Gesamt-) System mit konstanter Energie findet Energieentwertung statt, wenn in diesem System Entropie erzeugt wird. Die Entropieerzeugung $\Delta S_{erz}$ ist ein Maß für die Energieentwertung.**

## GRUNDLAGEN: Entropiesatz oder 2. Hauptsatz der Thermodynamik

Wenn ein Teilsystem höherer Temperatur $T_O$ thermische Energie $\Delta E_{th}$ an ein Teilsystem niedriger Temperatur $T_U$ abgibt, wird in dem Gesamtsystem Entropie $\Delta S_{erz}$ erzeugt. $\Delta S_{erz}$ ist gleich der Differenz der aufgenommenen und der abgegebenen Entropie:

$$\Delta S_{erz} = \frac{\Delta E_{th}}{T_U} - \frac{\Delta E_{th}}{T_O}$$

Da niemals thermische Energie von Teilsystemen mit niedrigerer Temperatur von selbst zu Teilsystemen mit höherer Temperatur fließt, ist die Entropiezunahme des Energie aufnehmenden Teilsystems immer größer als die Entropieabnahme des Energie abgebenden Teilsystems. Das bedeutet: In einem System mit konstanter Energie kann die Entropie zunehmen, aber nicht abnehmen.

**Entropie kann nicht vernichtet werden. Die Aussage, dass Entropie zwar erzeugt, aber nicht vernichtet werden kann, bezeichnet man als Entropiesatz oder 2. Hauptsatz der Thermodynamik.**

1

*Spezialfälle:*
Einem Tauchsieder wird elektrische Energie zugeführt. Dabei wird keine Entropie übertragen. Der Tauchsieder gibt thermische Energie und damit Entropie an das Wasser ab. Die gesamte abgegebene Entropie muss also bei der Übertragung der Energie durch den Tauchsieder an das Wasser erzeugt worden sein.
Beim Umwandeln elektrischer Energie $\Delta E_{el}$ in thermische Energie $\Delta E_{th}$ wird stets Entropie erzeugt. Wie viel Entropie erzeugt wird, hängt nur davon ab, bei welcher Temperatur $T$ die thermische Energie abgegeben wird:

$$\Delta S_{erz} = \frac{\Delta E_{th}}{T}.$$

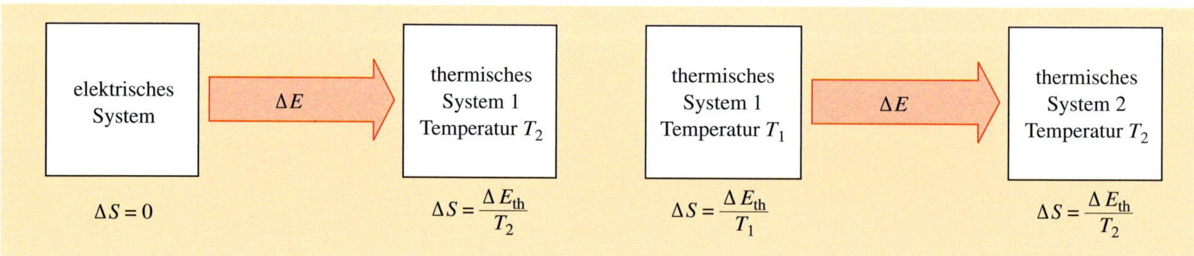


2

Das Wasser hat eine niedrigere Temperatur als der Tauchsieder. Dadurch wird vom Wasser mehr Entropie aufgenommen als vom Tauchsieder abgegeben wird. Bei der Energieabgabe vom Tauchsieder an das Wasser wird noch einmal Entropie erzeugt.
Hängt man den Tauchsieder in eine volle Badewanne mit 20 °C warmem Wasser, so steigt die Temperatur nur sehr langsam an. Solange die Temperatur bei etwa $\vartheta_W = 20\,°C$ bleibt, kann man die Entropieerzeugung leicht berechnen:

$$\Delta S_{erz} = \frac{\Delta E}{T_T} + \left(\frac{\Delta E}{T_W} - \frac{\Delta E}{T_T}\right) = \frac{\Delta E}{T_W}.$$

Das ist die gleiche Entropieerzeugung als wäre die gesamte elektrische sofort in thermische Energie der Temperatur $T_W$ umgewandelt worden. Die Entropieerzeugung ist also unabhängig davon, ob die Energie in einem Schritt oder in mehreren Schritten entwertet wird.

Die Erfahrung zeigt, dass ein Stein niemals von allein in die Höhe springt, obwohl das nach dem Energieerhaltungssatz möglich wäre. Er könnte die dazu nötige Höhenenergie durch Abkühlung gewinnen. Der Entropiesatz beschreibt diese Erfahrung dadurch, dass bei einem solchen Vorgang die Entropie abnehmen würde.

**Die Wärmepumpe transportiert Wärme von Kalt nach Warm** Der Thermogenerator kann als Modell für eine Wärmepumpe benutzt werden. Unter Einsatz von elektrischer Energie wird thermische Energie von einem Wasserbehälter zum anderen transportiert. Dabei kühlt sich der eine ab und der andere erwärmt sich. Nach einer gewissen Zeit ändern sich die Temperaturen in dem kalten und warmen Behälter nicht mehr. Dann sind die Energieströme vom warmen Behälter an die vergleichsweise kalte Umgebung und der Energiestrom von der vergleichsweise warmen Umgebung zum kalten Behälter gleich groß. Wenn man nun den warmen Behälter als Heizkörper in einem abgeschlossenen Raum betrachtet, wird Heizenergie von der kalten Umgebung ins warme Zimmer transportiert. ↑3 Dadurch wird der Entropiesatz nicht verletzt, weil gleichzeitig hochwertige elektrische Energie verbraucht wird. Die damit verbundene Entropiezunahme gleicht die Entropieabnahme aufgrund des Energiestroms von der kalten Umgebung zum warmen Zimmer aus.

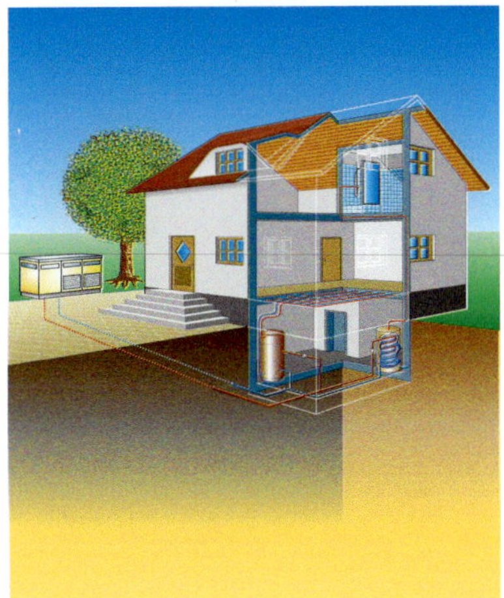
3

*Beispiel:* Um ein Zimmer auf 20 °C zu halten, benötigt man pro Stunde die elektrische Energie $\Delta E_{el}$ für die Wärmepumpe. Das Wievielfache an thermischer Energie $\Delta E_W$ aus dem Grundwasser kann damit mindestens gewonnen werden, wenn die Grundwassertemperatur 10 °C ($T_W = 283\,K$) und die Temperatur der Fußbodenheizung 40 °C ($T_H = 313\,K$) betragen?

1. $\Delta E = \Delta E_{el} + \Delta E_W$. (Energiesatz)
2. $\Delta S_{erz} = \Delta S_W + \Delta S_H \geq 0$ (Entropiesatz), wobei

$\Delta S_W = \frac{\Delta E_W}{T_W}$ die Entropieabnahme des Grundwassers und

$\Delta S_H = \frac{\Delta E}{T_H} = \frac{\Delta E_{el} + \Delta E_W}{T_H}$ die Entropiezunahme der Heizung darstellt.

Daraus folgt: $\frac{\Delta E_{el} + \Delta E_W}{T_H} - \frac{\Delta E_W}{T_W} \geq 0$. Nach $\Delta E_W$ aufgelöst:

$$\Delta E_W \leq \Delta E_{el} \cdot \left( \frac{T_W}{T_H - T_W} \right).$$

Setzt man die Temperaturwerte ein, so erhält man: $\Delta E_W \leq 9{,}4 \cdot \Delta E_{el}$.

Mit einer Wärmepumpe würde man also unter diesen Bedingungen maximal das 9,4-fache an thermischer Energie gewinnen können.
Mit einer realen Wärmepumpe erhält man das 2,5- bis 3-fache.

## Schon gewusst?

Die Energieabgabe eines Heizkörpers an ein Zimmer kann gesteigert werden, indem man die Fläche des Heizkörpers vergrößert oder die Heizwassertemperatur erhöht. Normale Heizkörper werden in der Regel mit Wasser einer Temperatur von 60 °C versorgt. Eine Heizung, die mit einer Wärmepumpe betrieben wird, arbeitet umso effektiver, je niedriger die Temperatur des Heizkörpers ist. Daher muss die Fläche der Heizkörper so groß wie möglich gemacht werden. Bei einer Fußbodenheizung dient der gesamte Fußboden als Heizkörper. In der Regel genügt eine Heizwassertemperatur von 30 °C – 40 °C, um eine Zimmertemperatur von 20 °C aufrechtzuerhalten.

## GRUNDLAGEN: Modell einer Wärmekraftmaschine

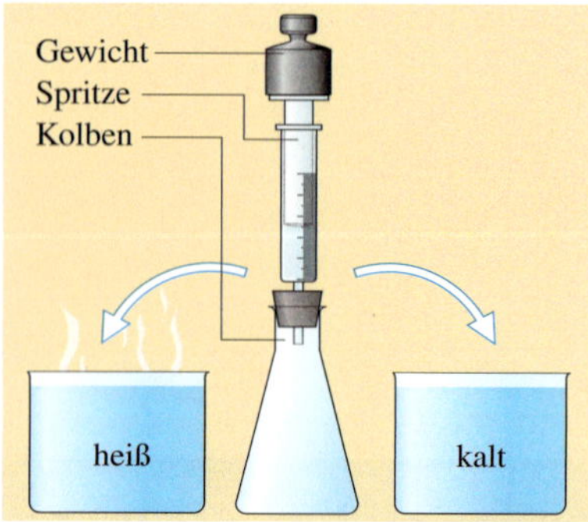

1

In einer Wärmekraftmaschine wird periodisch thermische Energie in mechanische Energie umgewandelt. Wie das praktisch geschehen könnte, soll an einem einfachen Modell veranschaulicht werden: Ein mit Luft gefüllter Kolbenprober wird in eine Wanne mit heißem Wasser getaucht. Die Luft nimmt thermische Energie auf und dehnt sich aus, wobei durch den Kolben ein Gewichtstück angehoben wird. Dabei geht thermische Energie in mechanische Energie über. ↑1

Damit dieser Vorgang erneut ablaufen kann, muss die Luft wieder komprimiert und dadurch in ihre Ausgangslage zurück gebracht werden. Eine Möglichkeit, das zu tun wäre, den Kolben wieder herunterzudrücken. Damit wäre aber nichts gewonnen, weil man dann mindestens die mechanische Energie, die man gerade gewonnen hat, wieder hineinstecken würde. Erfolgversprechender ist die Möglichkeit, den Kolbenprober in eine Wanne mit kaltem Wasser zu stellen. Die erwärmte Luft gibt dann Wärme ab und zieht sich wieder zusammen. Der Kolben geht in die alte Stellung zurück. Man spricht von einem Kreisprozess. Wenn man diesen Vorgang automatisiert, hat man eine funktionierende Wärmekraftmaschine. Aber auch diese Möglichkeit ist nicht ganz ohne Energieentwertung (Entropieerzeugung) zu haben. Denn es wird thermische Energie an das kalte Wasserbad abgegeben, und die bekommt man erfahrungsgemäß nie wieder zurück.

Aufgrund der Abgabe von thermischer Energie an das Kühlwasser wird nur ein Bruchteil $\eta = \frac{\Delta E_m}{\Delta E_1}$ der vom Kolben aufgenommenen thermischen Energie $\Delta E_1$ in mechanische Energie $\Delta E_m$ umgewandelt. Der maximale Wirkungsgrad $\eta_C$ kann mithilfe des Energie- und Entropiesatzes bestimmt werden.

Er lautet: $\eta_C \leq 1 - \frac{T_2}{T_1}$

und wird zu Ehren des französischen Ingenieurs Sadi Carnot (1796–1832) **carnotscher Wirkungsgrad** genannt. $\eta_C$ hängt nur von den absoluten Temperaturen $T_1$ des heißen und $T_2$ des kalten Wärmebades ab. Eine möglichst hohe Temperatur in dem einen und eine möglichst niedrige Temperatur in dem anderen Wärmebad steigern den Wirkungsgrad der Umwandlung.

### Schon gewusst?

Die Wassermengen der Wannen müssen so groß sein, dass ihre Temperaturen sich näherungsweise nicht verändern. Ein System, dessen Temperatur sich trotz Energieaustausch nicht ändert, nennt man Wärmebad.

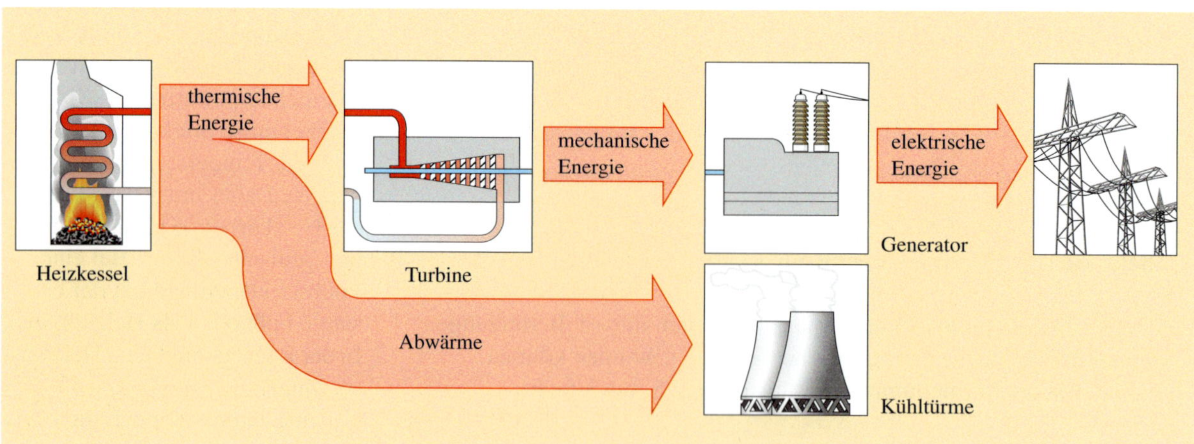

2

*Der carnotsche Wirkungsgrad*

Wir gehen davon aus, dass das heiße Wärmebad der Temperatur $T_1$ die thermische Energie $\Delta E_1$ an die Wärmekraftmaschine abgibt. Ein Teil davon wird in mechanische Energie $\Delta E_m$ umgewandelt. Die restliche Energie wird als thermische Energie $\Delta E_2$ an das Wärmebad der Temperatur $T_2$ abgegeben.

Mit der Abgabe von $\Delta E_1$ ist eine Entropieabnahme $\Delta S_1 = -\frac{\Delta E_1}{T_1}$ und mit der Aufnahme von $\Delta E_2$ durch das kalte Reservoir eine Entropiezunahme $\Delta S_2 = \frac{\Delta E_2}{T_2}$ verbunden. Für die Gesamtentropieänderung gilt:

$$\Delta S = -\frac{\Delta E_1}{T_1} + \frac{\Delta E_2}{T_2} \geq 0.$$

Nach dem Energiesatz ist $\Delta E_2 = \Delta E_1 - \Delta E_m$. Setzt man dies ein, so erhält man:

$$\Delta S = -\frac{\Delta E_1}{T_1} + \frac{\Delta E_1 - \Delta E_m}{T_2} \geq 0.$$

Mit $\Delta E_m = \eta \cdot \Delta E_1$ folgt $\Delta S = \Delta E_1 \cdot \left(\frac{1}{T_2} - \frac{1}{T_1} - \frac{\eta}{T_2}\right) \geq 0.$

Daraus folgt: $\eta \leq \frac{T_1 - T_2}{T_1} = 1 - \frac{T_2}{T_1}.$

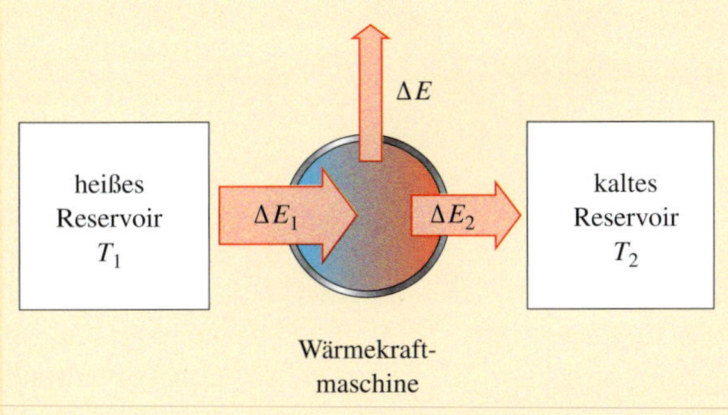

3

Man erkennt, dass der Wirkungsgrad $\eta$ umso größer wird, je größer die Temperaturdifferenz zwischen heißem und kaltem Reservoir ist.

## Experimente

**1 Dampfjetboot**
Beim Dampfjetboot werden die Rohre mit Wasser gefüllt. Eine Kerzenflamme heizt den „Dampfkessel". Das Geräusch des Bootes lässt auf einen rhythmischen Vorgang schließen. ↑4

a Beschreibe, wie die Bewegung des Bootes zustande kommt.
b Warum müssen die Rohre in gutem Kontakt mit dem Schiffsrumpf sein?
c Warum gibt es einen Vortrieb, obwohl Wasser ausgestoßen und eingesogen wird?

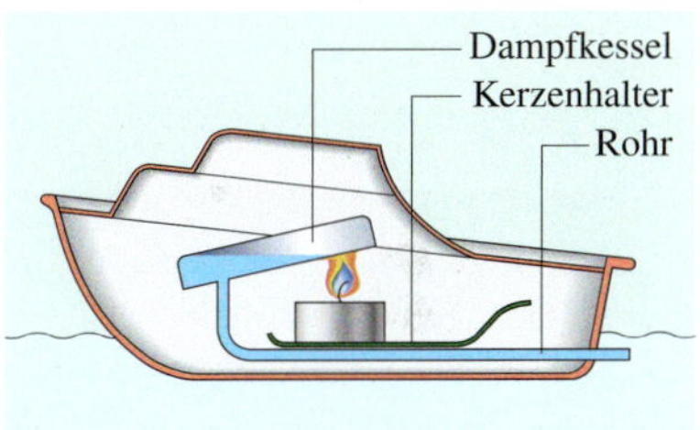

4

**2 Wärmekraftmaschine**
Mit der Vorrichtung von Bild 1 kann man thermische Energie in mechanische Energie umwandeln. ↑1

a Der mit einem Wägestück belastete Kolbenprober wird in eine Wanne mit heißem Wasser getaucht. Beschreibe was du beobachtest. Erkläre.
b Um das Wägestück erneut anzuheben, muss der Kolben in seine Ausgangslage zurückgebracht werden. Das kann man erreichen, indem man den Kolbenprober in eine Wanne mit kaltem Wasser taucht. Erkläre.
c Denke dir eine Möglichkeit aus, die Abkühlungsphase zu automatisieren.

**3 Lichtwippe**
Die dargestellte Lichtwippe wippt solange auf und ab wie die Kerze brennt. Entscheidend für den Antrieb ist eine Bimetallspirale, die die rote Kugel zur anderen Seite dreht. Was passiert dann? Erkläre. ↑5

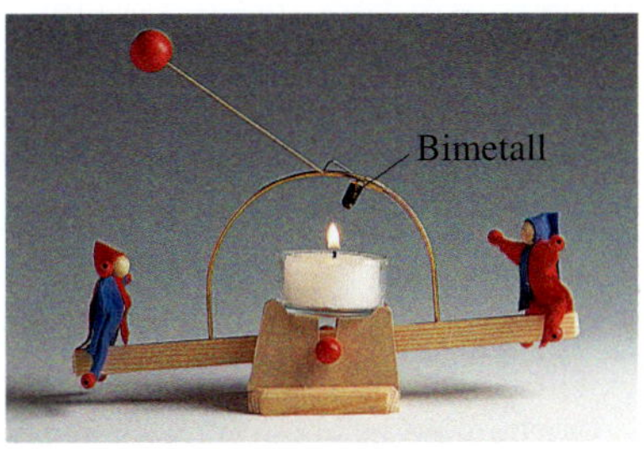

5

## *Aus der Geschichte* Clausius (er)findet die Entropie

1 R. CLAUSIUS (1822–1888)

2 H. POINCARÉ (1854–1912)

Nach der Entdeckung des Energiesatzes zeigte sich immer mehr, dass bei energetischen Vorgängen die Erhaltung nur die halbe Wahrheit sein konnte. Die andere Hälfte war die Erfahrung, dass bei allen realen Vorgängen stets Energie als thermische Energie an die Umgebung verloren ging, niemals aber das Umgekehrte auftrat. Dies musste ebenfalls auf einen Begriff gebracht werden. WILLIAM THOMSON veröffentlicht im Jahre 1852 eine Arbeit über „die universelle Tendenz in der Natur zur Entwertung (Dissipation) von mechanischer Energie". Daran anschließend zeigt RUDOLF CLAUSIUS (1854), dass THOMSONS Aussage gleichbedeutend ist mit dem Satz: Nie kann Wärme aus einem kälteren in einen wärmeren Körper übergehen, wenn nicht gleichzeitig eine andere damit zusammenhängende Veränderung eintritt.

CLAUSIUS erkennt in dieser fast selbstverständlich erscheinenden Feststellung das allgemeine Prinzip der Unumkehrbarkeit (Irreversibilität) selbst ablaufender Vorgänge. Er bringt es auf den Begriff der Entropie, die er als gleichrangig neben die Energie stellt. Wörtlich heißt es:

„1. Die Energie des Weltalls ist konstant. 2. Die Entropie der Welt strebt einem Maximum zu."

Der enge Zusammenhang zwischen Energie und Entropie, der schon von THOMSON erkannt wird, wird später von HENRI POINCARÉ mit „Entwertung der Energie" umschrieben.

Der Energieerhaltungssatz und der Entropiesatz werden auch als 1. und 2. Hauptsatz der Thermodynamik bezeichnet.

**1** Was wäre in einem (abgeschlossenen) System als Endzustand zu erwarten, wenn die Entropie ständig zunimmt? Man hat diesen Zustand auch als Wärmetod der Welt bezeichnet. Was steckt hinter dieser Bezeichnung?

**2** Begründe, dass die Entropieänderung mit den Eigenschaften übereinstimmt, die wir bisher rein qualitativ mit der Energieentwertung verbunden haben.

## *Aufgaben*

**1** Ein Tauchsieder mit einer Leistung $P = 500\,\text{W}$ wird 5 Minuten lang betrieben. Berechne jeweils, wie viel Entropie erzeugt wird.

a Es wird Luft von $T = 291\,\text{K}$ (18 °C) erwärmt. Die Lufttemperatur bleibt dabei in etwa gleich.

b Es wird Wasser ($m = 0{,}5\,\text{kg}$) mit $T = 291\,\text{K}$ (18 °C) erwärmt. Berechne zunächst die Temperaturzunahme des Wassers. Verwende dann für die Berechnung der Entropieänderung den Mittelwert der Anfangs- und Endtemperatur des Wassers.

**2** Erkläre, warum die Abkühlung eines Systems oberhalb der Umgebungstemperatur mit Entropiezunahme, unterhalb aber mit Entropieabnahme verbunden ist.

**3** Ein 60 °C heißer Heizkörper gibt pro Minute eine Energie $\Delta E = 240\,\text{kJ}$ an ein 20 °C warmes Zimmer ab.

a Berechne die Temperaturen in Kelvin.

b Berechne die Entropieabnahme des Heizkörpers und die Entropiezunahme des Zimmers.

c Wie groß ist die gesamte Entropieänderung.

d Was würde sich bei einer Fußbodenheizung ändern?

**4** Der Niedertemperatur-Stirlingmotor (Bild 6 auf S. 155) funktioniert auch, wenn man ihn statt auf eine heiße auf eine eiskalte Unterlage stellt. Heißt das, dass man auch aus „Kälte" Energie gewinnen kann? Erkläre, indem du zeigst, dass der Prozess des Motors in voller Übereinstimmung mit dem Entropiesatz abläuft.

## *Aus der Technik* Kraftwerke mit Gas- und Dampfturbinen

Bei der Verbrennung von Kohle, Erdöl und Erdgas in den Wärmekraftwerken entsteht neben anderen Verbrennungsrückständen Kohlenstoffdioxid ($CO_2$). Dieses Gas trägt zu etwa 50 % zur Verstärkung des Treibhauseffekts durch menschliche Aktivitäten bei. Daher sollte der Ausstoß von $CO_2$ so weit wie möglich vermindert werden. Die Entstehung von $CO_2$ lässt sich jedoch niemals ganz vermeiden. Deshalb werden die Anstrengungen darauf gerichtet, noch mehr elektrische Energie als bisher aus den fossilen Brennstoffen zu gewinnen, d. h. den Wirkungsgrad zu erhöhen.
Zum einen versucht man, die Dampftemperatur weiter zu erhöhen. Das ist vor allem ein Problem der Materialentwicklung. Denn das ohnehin schon durch die hohen Drehzahlen beanspruchte Material der Turbinenräder wird durch die hohen Temperaturen zusätzlich belastet.
Zum anderen bemüht man sich durch technische Verbesserungen den tatsächlich erreichten Wirkungsgrad weiter an den bei der gegebenen Dampftemperatur maximalen (carnotschen) Wirkungsgrad anzunähern.

3 Dampfturbine

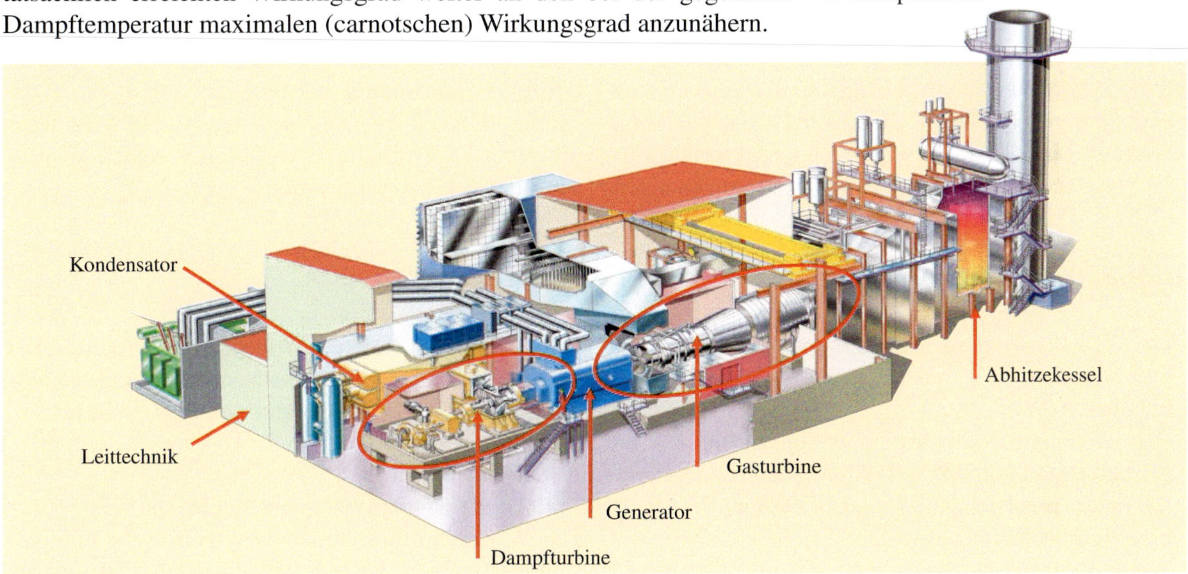


4 GuD-Kraftwerk

Herkömmliche Kraftwerke arbeiten mit Dampfturbinen. In einem bis zu 200 m hohen Kessel wird Dampf bei einer Temperatur von 500 °C bis 580 °C und einem Druck von 200 bar bis 290 bar in die Turbinen geleitet. Schon heute werden 90 % der Bewegungsenergie des Dampfes in mechanische Energie der Turbine umgewandelt. Kraftwerke mit Dampfturbinen erreichen insgesamt einen Wirkungsgrad von über 40 %.
In Gasturbinen wird Luft angesaugt, auf 10 bar bis 20 bar verdichtet und mit Gasbrennern erhitzt. Das Gas dehnt sich aus und tritt mit sehr hoher Geschwindigkeit aus der Brennkammer aus. Der Gasstrom treibt die Turbinen an. Kraftwerke mit Gasturbinen arbeiten heute mit einem Wirkungsgrad von 38 %. In einem GuD-Kraftwerk werden beide Turbinentypen kombiniert. Die heißen Abgase der Gasturbinen werden zur Dampferzeugung für eine Dampfturbine genutzt. Man erreicht dadurch einen hohen Wirkungsgrad, er liegt bei fast 60 %, also sehr nahe am maximal möglichen carnotschen Wirkungsgrad.

## *Aus der Natur* Das Wettergeschehen als globale Wärmekraftmaschine

Das Wettergeschehen wird im Wesentlichen dadurch bestimmt, dass die Lufthülle der Erde ständig umgewälzt wird. Heiße Luft steigt auf und wird durch kältere Luft ersetzt, diese kann erneut erwärmt werden und aufsteigen. Mit dem Kreislauf der Luft ist ein weiterer Kreislauf verbunden. Auf der Erdoberfläche verdunstetes Wasser, steigt auf und kommt schließlich irgendwann an einer anderen Stelle wieder als Niederschlag (Regen, Hagel, Schnee) auf die Erde zurück.

„Die Feuerstelle" dieser Kraftmaschine ist die, durch die Sonnenstrahlung, erwärmte Erdoberfläche. Als „Kühler" kann die kalte Luft in größeren Höhen angesehen werden. Die von der Erde aufgenommene thermische Energie wird, wie bei einer Wärmekraftmaschine, teilweise in mechanische Energie verwandelt, die sich in der Bewegung der Luft- und Wassermassen bemerkbar macht. Die in diesen Bewegungen zum Ausdruck kommende Bewegungsenergie treibt weitere Vorgänge an: Horizontale Ausgleichsströmungen der Luft (Winde) werden genutzt, Windmühlen zu betreiben, in denen die Bewegungsenergie in elektrische Energie umgewandelt wird.
Das Regenwasser, das schließlich in Bächen und Flüssen von höheren Lagen zum Meer hin strebt, ist von jeher mithilfe von Wassermühlen in mechanische Energie umgewandelt und vor Ort genutzt worden. Auch heute noch wird die Höhenenergie des aufgestauten Wassers in Wasserkraftwerken in elektrische Energie umgewandelt.

Aber auch für das Wachstum der Pflanzen und die in ihnen gespeicherte chemische Energie kann die globale Wärmekraftmaschine des Wetters als Antrieb angesehen werden. Mit den Winden wird u. a. die für das Wachstum der Pflanzen nötige kohlenstoffdioxidhaltige Luft gleichmäßig auf der Erde verteilt. Auch das für die Pflanzen lebensnotwendige Wasser wird durch die globalen Stoffströme von wasserreichen zu wasserarmen Stellen transportiert.

## Aufgaben

**1** Der Wirkungsgrad eines modernen Wärmekraftwerks erreicht 40 %, bei Wasserkraftwerken liegt er bei über 90 %.

a Warum können Wärmekraftwerke nicht den Wirkungsgrad von Wasserkraftwerken erreichen? (*Hinweis*: Vergleiche die jeweils beteiligten Energieumwandlungen.)

b Wie groß ist der maximale (carnotsche) Wirkungsgrad eines Wärmekraftwerks, wenn die Kesseltemperatur 580 °C nicht übersteigt und in den Kühltürmen eine Temperatur von 50 °C herrscht?

c Welchen Bruchteil des carnotschen Wirkungsgrads erreicht man in einem Wärmekraftwerk?

d Warum arbeiten Wärmekraftwerke im Winter mit höherem Wirkungsgrad? Berechne die Steigerung des Wirkungsgrads. Nimm an, dass im Winter die (Verdunstungs-) Kühlung bei einer um 20 K niedrigeren Umgebungstemperatur als im Sommer erfolgt.

**2** Durch Kraft-Wärme-Kopplung kann der Wirkungsgrad eines Kraftwerks weiter gesteigert werden.

a Recherchiere über Kraftwerke, bei denen das Kühlwasser nicht in Kühltürmen auf Umgebungstemperatur abgekühlt wird, sondern durch Rohrleitungssysteme für Heizzwecke genutzt wird. Stelle die Ergebnisse deiner Recherche vor.

b Berechne, um welchen Wert sich der Wirkungsgrad eines Wärmekraftwerks verbessert, wenn das Kühlwasser mit einer Temperatur von 50 °C statt im Kühlturm zu verdampfen für Heizzwecke weiter verwendet wird.

c Stelle die Ergebnisse deiner Recherche vor.

**3** In Wärmekraftmaschinen wird thermische Energie in mechanische Energie umgewandelt. Das funktioniert aber nur, wenn thermische Energie „in Bewegung" kommt, also von einem heißen zu einem kalten System fließt. Begründe, dass mit dem Fließen von thermischer Energie zwangsläufig Entropie erzeugt wird.

**4** Begründe, dass es sich bei der Lichtwippe (s. S. 161, Bild 5) auch um eine Wärmekraftmaschine handelt, indem du die einzelnen wesentlichen Bestandteile einer Wärmekraftmaschine ausfindig machst und den Kreisprozess darstellst.

**5** Warum arbeiten Wärmekraftwerke nicht bei viel höheren Temperaturen, um den Wirkungsgrad zu erhöhen?
Warum müssen Atomkraftwerke bei noch niedrigeren Kesseltemperaturen arbeiten? Wie wirkt sich die niedrigere Kesseltemperatur auf den Wirkungsgrad aus?

# Auf einen Blick



**Entropieerzeugung** Die Entropieerzeugung $\Delta S_{erz}$ ist ein Maß zur Beschreibung der Energieentwertung. Die mit einer Energieübertragung verbundene Entropieerzeugung wird beschrieben als Differenz der Entropiezunahme $\Delta S_2 = \frac{\Delta E}{T_2}$, des Systems 2 und der Entropieabnahme des Systems 1, $\Delta S_1 = \frac{\Delta E}{T_1}$: $\Delta S_{erz} = \Delta S_2 - \Delta S_1$.

**Entropiesatz** Der Entropiesatz besagt, dass die Entropieänderung in einem geschlossenen System niemals negativ sein kann: Das geschlossene System setzt sich aus allen an einem Vorgang (Energieübertragung) beteiligten Systemen zusammen. Der Entropiesatz wird auch als 2. Hauptsatz der Thermodynamik bezeichnet: $\Delta S_{erz} \geq 0$.

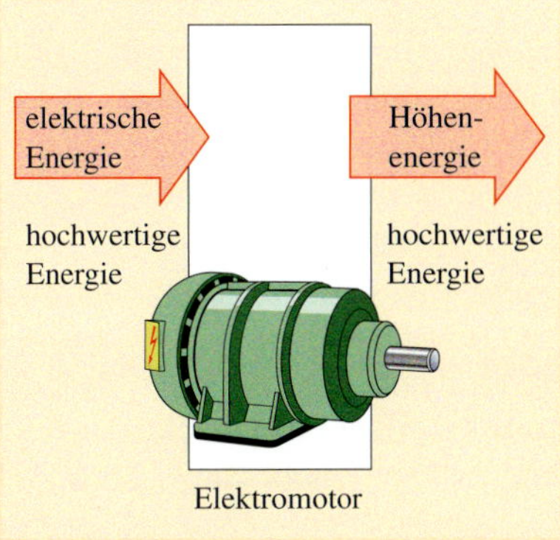


1

**Wärmekraftmaschine** Eine Wärmekraftmaschine gewinnt aus dem Energieübergang von einem heißen Wärmebad (Dampfkessel) zu einem kalten Wärmebad (Kühler) mechanische Energie, die anschließend durch einen Elektrogenerator in elektrische Energie umgewandelt werden kann.

**Carnotscher Wirkungsgrad** Er ist der unter Berücksichtigung vom 1. und 2. Hauptsatz der Thermodynamik maximale Wirkungsgrad einer Wärmekraftmaschine. Er hängt nur von der Temperatur $T_1$ des heißen und der Temperatur $T_2$ des kalten Wärmebads ab:

$$\eta_c = 1 - \frac{T_2}{T_1}.$$

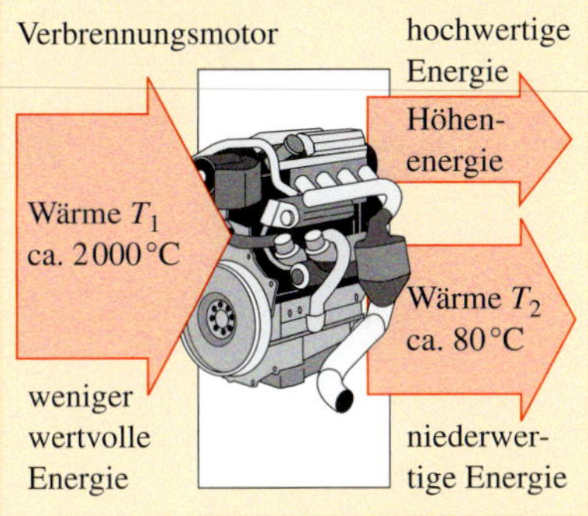


2

# Alles klar?

**1** Irreversible Vorgänge sind mit Entwertung von Energie verbunden. Worin äußert sich die Energieentwertung?

**2** Entropieerzeugung ist ein Maß für die Energieentwertung. Begründe.

**3** Was sagt der zweiten Hauptsatz der Thermodynamik (Entropiesatz) aus?

**4** Wie funktioniert eine Wärmekraftmaschine?

**5** Was versteht man unter dem Wirkungsgrad einer Wärmekraftmaschine? Was bedeutet die Aussage, dass der Wirkungsgrad einer Wärmekraftmaschine 40 % beträgt? Was passiert mit den übrigen 60 % der Energie?

**6** Wovon hängt der Wirkungsgrad einer Wärmekraftmaschine ab? Durch welche Maßnahmen ließe er sich weiter steigern?

**7** Berechne den carnotschen Wirkungsgrad eines Stirlingmotors der bei einer Warmwassertemperatur von 40 °C und einer Umgebungstemperatur von 25 °C arbeitet.

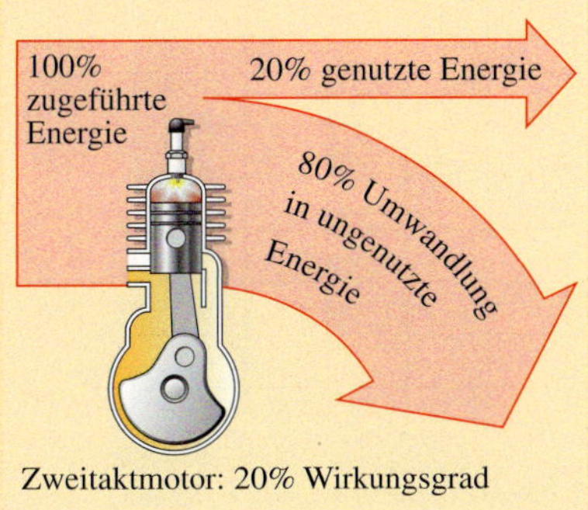


3

# Wasser – flüssig, dampfförmig, fest

Früher sah man sie häufiger – die Wäscheleine. Heute benutzt man zum Wäschetrocknen meistens einen Wäschetrockner.
Nasse Haare trocknen nur langsam von selbst. Deswegen benutzt man einen Haartrockner. Dieser bläst warme Luft auf das feuchte Haar und es dauert nicht lange, bis es trocken ist.

1

2

Die Verdunstung ist nicht der einzige Vorgang, bei dem Wasser dampfförmig wird. Beim Sieden kann man den stürmischen Übergang von Wasser in Wasserdampf direkt beobachten. Doch halt! Wasserdampf ist wie Luft unsichtbar. Was man als Nebel über dem siedenden Wasser aufsteigen sieht, ist kein Wasserdampf, genauer: ist kein Wasserdampf mehr. Der Dampf ist bereits wieder in kleine Wassertröpfchen übergegangen. Meistens kondensiert der Wasserdampf jedoch an kühlen Stellen, z. B. an Fensterscheiben. ↑3

Im Frühjahr kann es zu Frosteinbrüchen kommen, die für Obstplantagen zu einer Gefahr werden. Die jungen Blüten und Blätter sind sehr frostempfindlich. Als Schutz dagegen werden die Plantagen oft mit Wasser besprengt. Das versprühte Wasser gefriert auf den Blüten und Blättern und überzieht sie mit einer dünnen Eisschicht. Warum schützt das gefrierende Wasser die Blüten vor dem Erfrieren? ↑4

3

4

## Probier 's mal!

**1 Wasser verdunstet**
Fülle etwas Wasser in eine flache Schale, sodass sie gerade etwas bedeckt ist und stelle sie auf die Heizung.
a Stelle fest, wie lange es dauert, bis die Schale wieder trocken ist.
b Wie lange dauert die Verdunstung, wenn du mit einem Föhn waagerecht über die Schale bläst?

**2 Verdunstungskälte**
Befeuchte den Handrücken der einen Hand mit etwas Wasser, den der anderen mit etwas Eau de Toilette. Was spürst du? Was spürst du, wenn du sacht gegen den feuchten Handrücken bläst? Welchen Unterschied stellst du zwischen beiden Flüssigkeiten fest?

**3 Verdunstung quantitativ**
Fülle je eine flache Schale gleich hoch mit Wasser, Spiritus und Waschbenzin. ↑5
a Bestimme die Ausgangstemperaturen der Flüssigkeiten und die Masse der gefüllten Schalen durch Wägung mit einer empfindlichen Waage.
b Miss die Temperaturen alle 15 Minuten und trage die Werte in eine Tabelle ein.
c Wie viel Gramm der einzelnen Flüssigkeiten sind nach einer Stunde verdunstet?

5

## GRUNDLAGEN: Verdunstung und Energieentwertung

Flüssigkeiten in offenen Gefäßen gehen allmählich in den gasförmigen Zustand über, auch wenn ihre Temperatur weit unter der Siedetemperatur liegt. Die Flüssigkeit verdunstet. Wie kommt es zur Verdunstung? Jeder flüssige oder gasförmige Stoff neigt dazu, sich von selbst mehr oder weniger schnell auf den zur Verfügung stehenden Raum zu verteilen. Ein Tropfen Parfüm, der auf dem Handrücken verteilt wird, ist bald auch in einiger Entfernung wahrzunehmen.

6

**Diese Tendenz zur Verteilung ist die Ursache für die Verdunstung.**

Solche Verteilungsvorgänge laufen von selbst ab und sind daher mit Energieentwertung verbunden (ebenso wie die Abkühlung eines heißen Gegenstandes oder das Zur-Ruhe-Kommen bewegter Körper). Bei der Verteilung der Flüssigkeit werden Teilchen voneinander getrennt. Dazu ist Energie nötig. Woher stammt diese Energie? Beim Verdunsten beobachtet man, dass sich die Flüssigkeit abkühlt (Verdunstungskühlung). Das heißt, ihre thermische Energie nimmt ab. Die zum Verdunsten nötige Energie wird also hauptsächlich der Flüssigkeit selbst entzogen.
Auf den ersten Blick scheint es dem Entropiesatz zu widersprechen, wenn sich Wasser unter die Umgebungstemperatur abkühlt. Denn die Abkühlung ist mit einer Abnahme der Entropie verbunden. Durch den irreversiblen Vorgang der Verteilung des Wasserdampfes im Raum wird jedoch Entropie erzeugt, sodass insgesamt die Entropiebilanz positiv bleibt.

## GRUNDLAGEN: Verdunstung im Teilchenmodell

Im Teilchenmodell kann man sich den Verdunstungsvorgang so vorstellen: Die Teilchen, aus denen z. B. ein Wassertropfen besteht, sind in ständiger unregelmäßiger Bewegung. Aber nicht alle haben die gleiche Bewegungsenergie. Die einen bewegen sich langsamer, andere schneller.
Auf ein Teilchen an der Oberfläche des Tropfens werden Kräfte von den Nachbarteilchen ausgeübt, die es in der Flüssigkeit halten. Um den Tropfen zu verlassen, ist daher viel Energie erforderlich.
Die Bewegungsenergie der meisten Teilchen reicht dazu nicht aus. Nur besonders schnelle Teilchen haben genügend Energie, um sich aus dem Zusammenhalt der Flüssigkeit zu befreien. Die Folge ist, dass die mittlere Bewegungsenergie der Teilchen im Tropfen abnimmt und die Temperatur sinkt. Das Verdunsten hört aber nicht auf, solange noch Wasser vorhanden ist. Durch Zusammenstöße erhalten immer wieder Teilchen die nötige Energie, um die Flüssigkeit verlassen zu können. ↑1, 2

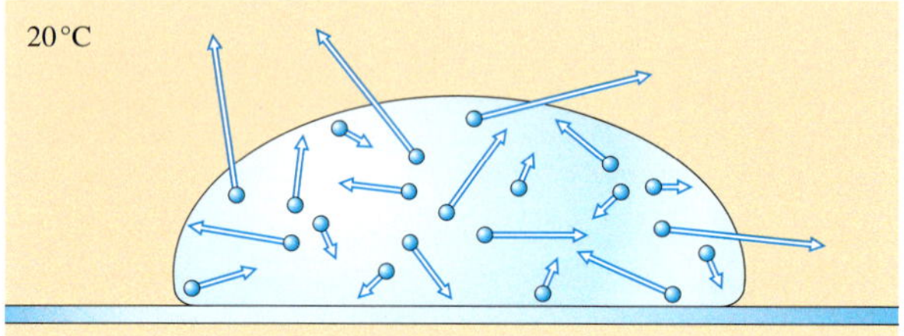

1

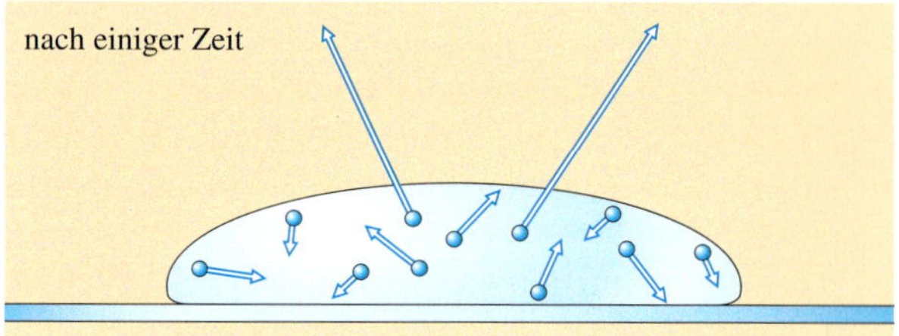

2

Bei Flüssigkeiten in offenen Gefäßen findet eine ständige Verdunstung statt. In abgeschlossenen Gefäßen hört das Verdunsten schnell auf. Teilchen, die die Flüssigkeit verlassen haben, kehren nämlich auch wieder in die Flüssigkeit zurück. Das geschieht umso öfter, je mehr Teilchen sich im Raum über der Flüssigkeit befinden. Schließlich stellt sich ein Gleichgewichtszustand ein: In jeder Sekunde treten ebenso viele Teilchen in die Flüssigkeit ein, wie die Flüssigkeit verlassen.
Da bei der Rückkehr der Teilchen wieder dieselbe Energiemenge an die Flüssigkeit abgegeben wird, wie beim Verlassen der Flüssigkeit aufgenommen wurde, bleibt die mittlere Bewegungsenergie unverändert. In einem abgeschlossenen Gefäß sinkt daher die Temperatur der Flüssigkeit nicht unter die Umgebungstemperatur.

An schwülen Sommertagen verhält sich die Umgebung ähnlich wie ein geschlossenes Gefäß. Dann befindet sich bereits so viel verdunstetes Wasser in der Luft, dass sie nicht mehr Wasser aufnehmen kann. In jeder Sekunde kondensiert dann genauso viel Wasser wie verdunstet.
In der Regel wird aber durch die von der Erdoberfläche erwärmten und dadurch aufsteigenden warmen Luftmassen dafür gesorgt, dass auch der Wasserdampf in größere Höhen gelangt und dort in Form von Wolken wieder kondensiert. Die auf diese Weise von Wasserdampf befreite absinkende kalte Luft, die die aufsteigende Warmluft ersetzt, bewirkt, dass die Luftfeuchte nicht zu stark ansteigt.
Das in den Wolken gespeicherte Wasser erreicht als Regen wieder die Erde, und der ganze Vorgang kann von vorn beginnen. Dieser Wasserkreislauf wird mithilfe der Sonnenenergie aufrechterhalten.

## *Aus der Umwelt* Vom Schwitzen und Hecheln

Säugetiere und Vögel sind Warmblüter. Sie haben eine konstante Körpertemperatur – unabhängig von der Umgebung. An heißen Tagen nutzen sie die Verdunstungskühlung, um zu verhindern, dass die Körpertemperatur ansteigt.

Die Körpertemperatur des Menschen liegt mit 37 °C in der Regel deutlich über der Umgebungstemperatur. Daher kann die von unserem Körper ständig erzeugte thermische Energie meist problemlos an die Umgebung abgegeben werden. An heißen Tagen ist aber das Temperaturgefälle zwischen Körper und Umgebung zu gering. Der Energiestrom vom Körper zur Umgebung reicht dann nicht mehr aus, um die erzeugte thermische Energie abzuführen. Bei Umgebungstemperaturen über 37 °C würde sich der Energiestrom sogar umkehren.

In solchen Fällen beginnt der Mensch zu schwitzen. Wasser tritt aus dem Körperinnern durch die Haut und benetzt sie. Der Schweiß verdunstet. Die dazu nötige Energie wird dem Körper entzogen. Auf diese Weise führt das Schwitzen zur Abkühlung. ↑3

3

An schwülen Sommertagen ist die Luft bereits mit Wasserdampf „gesättigt". Wir empfinden solche Tage als unerträglich, denn die Verdunstungskühlung durch das Schwitzen ist stark eingeschränkt.

Auch andere Warmblüter „wehren" sich mit der Verdunstungskühlung gegen eine drohende Überhitzung. Zum Beispiel beginnen Hunde zu hecheln. Sie öffnen das Maul und lassen die Zunge heraushängen. ↑4
Gleichzeitig atmen sie stoßweise ein und aus. Dadurch verdunstet die Feuchtigkeit der Zunge und der Mundhöhle wesentlich schneller. Ohne die zusätzliche Luftbewegung wäre die Luftfeuchtigkeit im Maul so hoch, dass es wie im geschlossenen Gefäß zum Stillstand der Verdunstung käme. Durch das Wegblasen der feuchten Luft kommt wieder trockenere Luft an die feuchten Stellen.

4

## *Aufgaben*

**1** Wenn in einer Sauna ein Aufguss gemacht wird und Wasser auf dem Saunaofen verdampft, wird es schnell unerträglich heiß. Die Temperatur in der Sauna ändert sich dabei aber nicht. Wodurch entsteht der Eindruck eines Temperaturanstiegs?

**2** Die Temperatur in einem offenen Gefäß mit Wasser sinkt unter die Umgebungstemperatur. Warum sinkt sie nur geringfügig, obwohl die Verdunstung ständig weitergeht?

**3** In tropischen Ländern sind die Zimmer häufig mit Deckenventilatoren ausgestattet. Sie sollen den Aufenthalt in der feuchtwarmen Luft erträglicher machen. Die Ventilatoren sind an der Decke angebracht, also an Stellen höherer Temperatur, und können den Menschen unmöglich kühle Luft zuwedeln. Welche Ursachen liegen der kühlenden Wirkung der Ventilatoren zugrunde? ↑5

5

## Experimente

**1 Kaltes Wasser**
Fülle ein Trinkglas mit kaltem Wasser, das vorher ca. 30 Minuten im Kühlschrank gestanden hat und stelle es auf den Tisch. Beschreibe deine Beobachtungen. Etwas Ähnliches kannst du beobachten, wenn du einen Weinkühler mit Wasser füllst und auf den Tisch stellst. Worin besteht der Unterschied?

1

**2 Hygrometer**
Verfolge die Anzeige eines Hygrometers in einem abgeschlossenen Raum, während ein Topf mit Wasser siedet.

**3 Luftfeuchte und Temperatur**
Stelle ein Hygrometer und ein Thermometer in ein gasdicht verschließbares Glas. Lies, nachdem sich das Glas eine Stunde im Kühlschrank befand, die Temperatur und die Luftfeuchte ab. Beobachte, wie sich die Anzeige im Laufe der Zeit verändert, indem du nach jeweils zwei Minuten die Werte abliest und in eine Tabelle einträgst.

**4 Nebel**
Verschließe einen Rundkolben, in dem sich ein wenig Wasser befindet, mit Stopfen, Hahn und Kolbenprober. ↑2

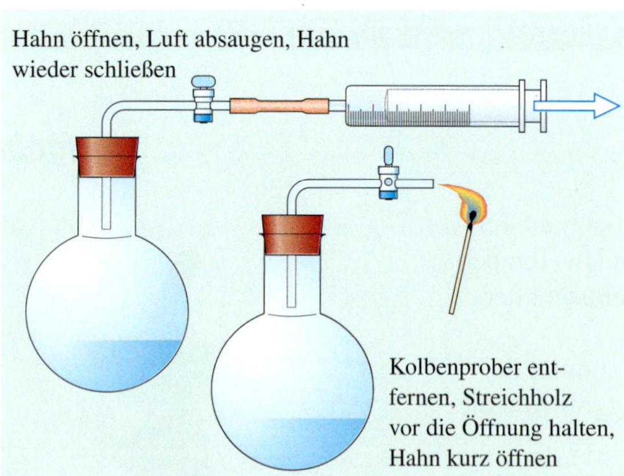

2

a Zieh den Kolben schnell heraus. Beobachte.
b Wiederhole das Experiment, nachdem du vorher Rußteilchen einer Flamme in den Kolben eingeleitet hast.

**5 Sieden**
Ein Topf mit 0,5 Liter Wasser wird auf einer Heizplatte erhitzt.
a Lies alle 2 Minuten die Temperatur des Wassers ab und trage die Werte in eine Tabelle ein. Nachdem das Wasser zu sieden begonnen hat, sind noch zwei Messungen durchzuführen.
b Erkläre den Verlauf der Temperatur-Zeit-Kurve.
c Wo bleibt die Energie, die auch nach dem Sieden dem Wasser zugeführt wird?

**6 Siedetemperatur und Druck**
a In einem Rundkolben wird Wasser bis zum Sieden erhitzt. Dann klemmt man den Schlauch mit einer Zange einige Sekunden lang zu. Beobachte das Wasser und die Temperaturanzeige. ↑3

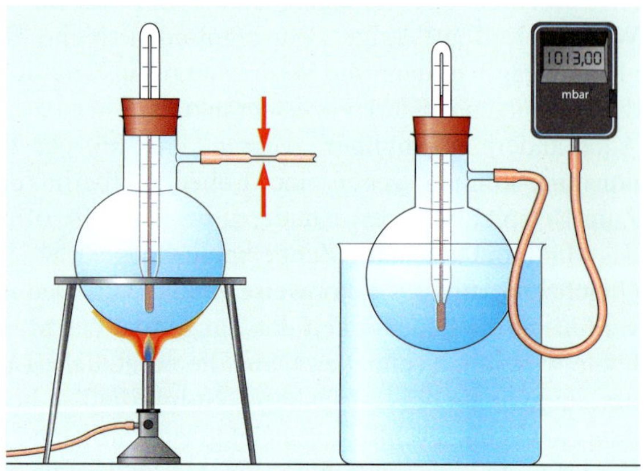

3

b Jetzt schließt man den Kolben mit dem heißen Wasser an eine Pumpe an – das Wasser siedet. Beobachte die Temperatur.
c Nach einigen Minuten befindet sich keine Luft mehr im Kolben – nur noch Wasser und Wasserdampf. Nun verbindet man den Kolben mit einem elektronischen Barometer. Im Wasserbad wird der Kolben schrittweise abgekühlt. Notiere zu jeder Temperatur den Druck, der sich in dem Kolben einstellt. Zeichne zu den Messwerten ein Druck-Temperatur-Diagramm.
d Beobachte, was geschieht, wenn die Temperatur anschließend wieder schrittweise erhöht wird.

**7 Sieden im Vakuum**
Stellt ein Glas mit Wasser unter eine Vakuumglocke. Was passiert, wenn die Luft abgepumpt wird? Beschreibt eure Beobachtungen. Erklärt.

## GRUNDLAGEN: Nebel und Wasserdampf

Wasser verdunstet und erfüllt den zur Verfügung stehenden Raum mit Dampf. Wenn dieser Raum geschlossen ist, steigt mit der Dampfmenge auch die Tendenz, dass Dampf wieder kondensiert. Es entsteht schließlich ein dynamisches Gleichgewicht zwischen Verdampfung und Kondensation. Den Druck, der in diesem Gleichgewicht auf die Gefäßwand ausgeübt wird, nennt man *Dampfdruck*. Je höher die Temperatur im Raum, desto höher ist der Dampfdruck. Jedem Wert des Dampfdrucks entspricht eine bestimmte Masse an Wasserdampf (Feuchte). Im Diagramm kann man ablesen, wie viel Wasserdampf sich bei einer gegebenen Temperatur maximal in einem Kubikmeter befinden kann. ↑4

Bei 20 °C sind es 17,8 g/m³, bei 0 °C sind es 4,8 g/m³. Diese Werte geben die Sättigungsfeuchte an. Weil die Sättigungsfeuchte stark von der Temperatur abhängt, ist die Angabe der tatsächlichen Feuchte in einer bestimmten Situation nicht sehr aussagekräftig. Man bezieht daher die tatsächliche Feuchte auf die Sättigungsfeuchte:

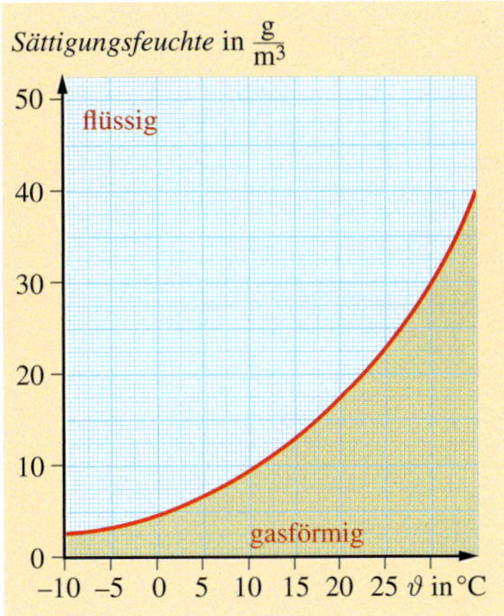


4

**Das Verhältnis aus tatsächlicher Feuchte und Sättigungsfeuchte nennt man relative Luftfeuchte. Diese wird von Hygrometern angezeigt.**

*Beispiel:* Bei 25 °C befinden sich 10 g/m³ Wasserdampf in der Luft. Dieser Temperatur entspricht gemäß Tabelle eine Sättigungsfeuchte von 23 g/m³. Die relative Luftfeuchte $r_F$ beträgt daher:

$$r_F = \frac{\text{tatsächliche Feuchte}}{\text{Sättigungsfeuchte}} = \frac{10}{23} = 0{,}435 = 43{,}5\,\%$$

Die relative Luftfeuchte hängt von der Temperatur ab.

Da eine relative Luftfeuchte von mehr als 100 % die Sättigungsfeuchte übersteigt, kondensiert der „überschüssige" Wasserdampf. Es bilden sich winzige Wassertröpfchen, die als Nebel oder als Tau in Erscheinung treten. Daher nennt man die Temperatur, bei der die tatsächlich Feuchte gleich der Sättigungsfeuchte ist, Taupunkt. Wassertröpfchen kondensieren bevorzugt an Salz- und Staubteilchen in der Luft.

| Temperatur in °C | –10 | –5 | 0 | 5 | 10 | 15 | 20 | 25 | 30 |
|---|---|---|---|---|---|---|---|---|---|
| Sättigungsfeuchte in g/m³ | 2,36 | 3,32 | 4,8 | 6,8 | 9,2 | 12,8 | 17,8 | 23,1 | 30,4 |

### Aufgaben

**1** Warum entsteht Nebel meist in der Nacht und nicht am Tage?

**2** In einem vorher abgekühlten Zimmer, das nunmehr aufgeheizt wird, verschwindet das an den Scheiben kondensierte Wasser von oben nach unten. Warum verschwinden die Wassertröpfchen? Warum verschwinden sie zunächst in den oberen Bereichen? ↑5

**3** Welche Wassermasse muss kondensieren, wenn bei einer relativen Luftfeuchte von 80 % und nach einem Temperaturrückgang von 25 °C auf 5 °C der Taupunkt überschritten wird?

**4** Warum bildet sich nachts meist nur Tau und kein Nebel?

5

## GRUNDLAGEN: Sieden und Dampfdruck

Wird eine Flüssigkeit erwärmt, steigt die Temperatur bis zur Siedetemperatur an. Trotz weiterer Energiezufuhr bleibt dann die Temperatur konstant. Die gesamte zugeführte Energie dient dazu, die Flüssigkeit zu verdampfen, d. h. in den gasförmigen Zustand zu überführen.
Im Teilchenmodell betrachtet nimmt die Geschwindigkeit der Teilchen so stark zu, dass sie sich voneinander trennen und in Dampfblasen sammeln. Damit sich im Wasser Dampfblasen bilden können, muss der durch die Teilchenbewegung erzeugte Druck – Dampfdruck – größer sein als der auf dem Wasser lastende Luftdruck.

**Eine Flüssigkeit siedet, wenn der Dampfdruck größer ist als der äußere Luftdruck. Die Temperatur, bei der die Flüssigkeit siedet, nennt man Siedetemperatur.**

**Der Dampfdruck von Wasser** In einem Gefäß, das nur Wasser und Wasserdampf enthält, nimmt der Druck des über dem Wasser befindlichen Dampfes mit der Temperatur zu, weil immer mehr Flüssigkeit verdampft. ↑1

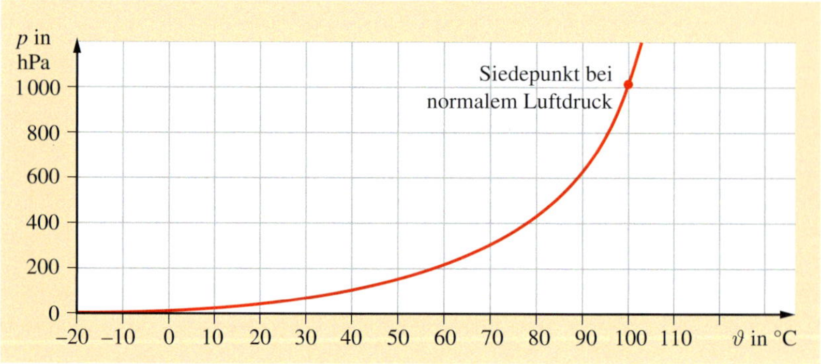


1

Bei einer Temperatur von 100 °C beträgt der Dampfdruck 1013 hPa. Das ist der Wert, den der Luftdruck unter Normalbedingungen besitzt. Wenn in einem offenen Gefäß der Dampfdruck diesen Wert erreicht, siedet das Wasser. Auch bei anderen Flüssigkeiten besteht ein charakteristischer Zusammenhang zwischen Dampfdruck und Temperatur.

## Aufgaben

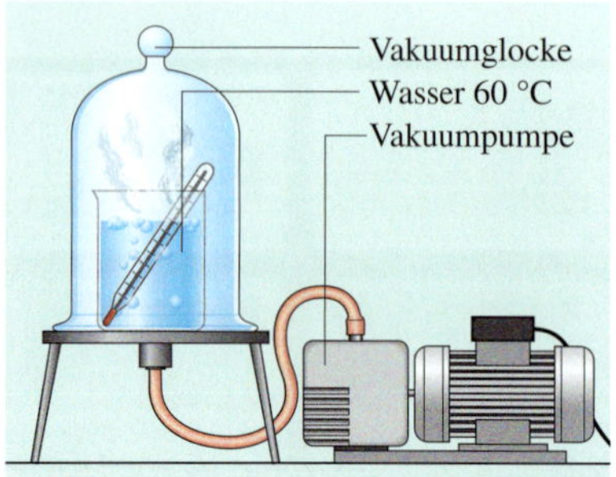


2

**1** Im Wetterbericht wird ein Tiefdruckgebiet angesagt. Was bedeutet das für die Siedetemperatur des Wassers?

**2** Worin besteht der Unterschied zwischen Verdunsten und Verdampfen?

**3** Was passiert, wenn man ein Glas Wasser unter eine Vakuumglocke stellt und die Luft herauspumpt? ↑2

**4** Erkundige dich, wie es zu dem Spruch kommt: Heiß wie in einer Waschküche?

**5** Ein heißer Sommertag wird bei großer Luftfeuchte als unangenehm schwül; bei geringer Luftfeuchte (Trockenheit) als angenehm empfunden. Erkläre.

## Experimente

**1 Gefühlte Wärme**

a Halte einen Esslöffel 2 min lang etwa 15 cm über eine eingeschaltete Kochplatte. Fühle anschließend die Temperatur mit der Wange.

b Halte anschließend den Esslöffel in den aufsteigenden Dampf eines Topfes mit siedendem Wasser. Überprüfe erneut die Temperatur. Wie kommt es zu dem Unterschied?

**2 Verdampfungswärme**

Bestimme experimentell, wie viel Energie zum Verdampfen von 1 g Wasser erforderlich ist.

a Fülle ein Reagenzglas etwa 2 cm hoch mit Wasser, und gib ein paar Siedesteinchen dazu. Miss dann die Anfangstemperatur.

b Wie lange dauert es, bis das Wasser bei kleiner Brennerflamme seine Siedetemperatur erreicht? Ermittle anschließend die Zeit, die vergeht, bis das Wasser vollständig verdampft ist.

c Man kann davon ausgehen, dass der Gasbrenner in jeder Sekunde gleich viel Energie an das Wasser abgibt. Wievielmal mehr Energie ist zum Verdampfen als zum Erhitzen auf Siedetemperatur erforderlich?

d Um 1 g Wasser um 1 K zu erhitzen, braucht man 4,2 J. Wie viel Energie musste pro Gramm Wasser zugeführt werden, bis das Wasser siedete?

e Berechne mit der Antwort von Teil c die Energie, die zum Verdampfen von 1 g Wasser nötig ist.

**3 Schmelztemperatur**

Fülle ein Becherglas zu Hälfte mit zerstoßenen Eiswürfeln. Gib Leitungswasser hinzu, bis es voll ist. Stelle das Glas über eine kleine Brennerflamme. Beobachte die Temperatur, bis alles Eis geschmolzen ist. Rühre dabei gleichmäßig und kräftig um.

**4 Schmelzwärme**

In einen ungefähr 500 g schweren Eisblock ist ein 300-Watt-Tauchsieder eingefroren.

a Wie viel Schmelzwasser entsteht, wenn der Tauchsieder 100 s lang eingeschaltet wird? Überlege, worauf es bei der Durchführung des Experiments ankommt.

b Berechne, wie viel Energie zum Schmelzen von 1 kg Eis nötig ist.

**5 Kältemischung**

Kühle Wasser in einer „Kältemischung" ab. ↑3 Lies alle 30 s die Temperatur ab, bis das Wasser gefroren ist. Stelle die Messwerte in einem Diagramm dar.

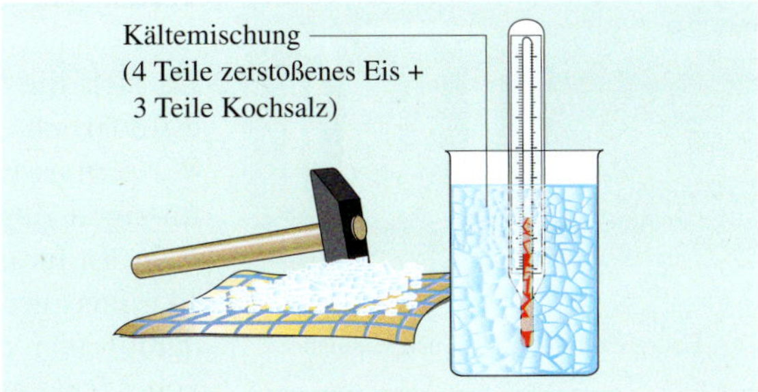


3

**6 Sieden bei niedriger Temperatur**

Füllt eine Kochflasche zu drei Vierteln mit Wasser. Bringt das Wasser anschließend bei offener Flasche zum Sieden. Das Wasser muss einige Minuten sieden, damit man davon ausgehen kann, dass sich keine Luft mehr im oberen Teil der Flasche befindet. Verschließt die Flache fest mit einem Stopfen und nehmt sie vorsichtig (Handschuh!) von der Wärmequelle. Fixiert die Flasche anschließend mit dem Stopfen nach unten und wartet einige Zeit.

a Was passiert, wenn die geschlossene Flasche, die bereits deutlich unter die Siedetemperatur abgekühlt ist, mit einem feuchten Tuch oder einem kleinen Guss Wasser im oberen Bereich gekühlt wird? ↑4

b Wiederholt den Vorgang nach weiterer Abkühlung des Wassers.

c Erkläre das Verhalten des Wassers in der Flasche. (Hinweis: In der Flasche befindet sich über dem Wasser nur Wasserdampf).

d Vergleiche den Ausgang des Experiments mit der Erfahrung, dass im Hochgebirge Wasser bereits bei einer Temperatur siedet, die deutlich unter 100 °C liegt.

4

## GRUNDLAGEN: Verdampfungs- und Kondensationswärme

1

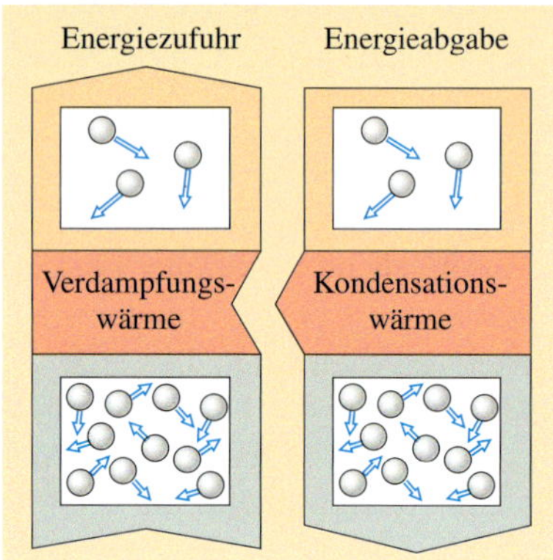


2

Bringt man Wasser zum Sieden, steigt die Temperatur zunächst bis zur Siedetemperatur von ca. 100 °C an. Dann steigt die Temperatur nicht mehr, obwohl das Wasser nach wie vor denselben Energiestrom aufnimmt. ↑1

**Zum Verdampfen von Wasser ist Energie nötig. Man bezeichnet sie als Verdampfungswärme.**

Da sich die Wasserteilchen im flüssigen Zustand anziehen, ist Energie erforderlich, um sie voneinander zu trennen. Außerdem nimmt dieselbe Wassermasse als Dampf ein sehr viel größeres Volumen ein, als im flüssigen Zustand. Da das Wasser unter dem Luftdruck der Atmosphäre steht, ist für die Volumenvergrößerung Energie nötig.
1 kg flüssiges Wasser nimmt ein Volumen von 1 ℓ bzw. 0,001 $m^3$ ein. Verdampft man diese Wassermenge, so nimmt der Wasserdampf ein Volumen von 1,7 $m^3$ ein. Für die Trennung der Wassermoleküle von 1 ℓ flüssigem Wasser und der Vergrößerung des Volumens um das 1700-fache ist eine Energie von 2256 kJ erforderlich.

**Die spezifische Verdampfungswärme von Wasser beträgt 2256 kJ/kg.**

Die Verdampfungswärme ist etwa siebenmal so groß wie die Energie, die zum Sieden derselben Wassermasse von Zimmertemperatur gebraucht wird. Wenn Wasserdampf kondensiert und wieder den flüssigen Zustand annimmt, wird dieselbe Energie wieder an die Umgebung abgegeben. Kondensations- und Verdampfungswärme sind gleich groß. ↑2

## *Aufgaben*

**1** In Restaurants wird Teewasser in wenigen Sekunden dadurch erhitzt, dass Wasserdampf in das kalte Teewasser geleitet wird. Erkläre. ↑3

**2** Warum ist eine Verbrühung durch Wasserdampf von 100 °C gefährlicher als durch Wasser von 100 °C?

3

**3** Aufsteigende Luft (ohne Wasserdampf) kühlt sich je 100 m um 1 °C ab. Wasserdampf enthaltende Luft, die in großer Höhe zur Wolkenbildung führt, kühlt sich hingegen nur um 0,6 °C je 100 m ab. Warum ist die Temperaturabnahme bei Wolkenbildung geringer?

**4** Das Wasser einer Pfütze (Oberfläche 0,5 $m^2$, Wassertiefe durchschnittlich 1 cm) wird von der Sonne bestrahlt und nimmt einen Energiestrom von 400 W auf. Wie lange dauert es, bis alles Wasser verdunstet ist?

**5** In Gasheizungen verbrennt Erdgas. Dabei bildet sich neben Kohlenstoffdioxid Wasserdampf. Bei 1 kg Erdgas entstehen 2 kg Wasserdampf. Wie viel Energie ließe sich zusätzlich gewinnen, wenn man den Dampf noch innerhalb der Heizungsanlage zu 100 °C heißem Wasser kondensieren ließe?

**6** Erreicht Wasser den Siedepunkt, bleibt die Temperatur konstant, obwohl die Wärmequelle weiterhin Energie an das Wasser abgibt. Was passiert mit dieser Energie?

## GRUNDLAGEN: Schmelzen und Erstarren

Wenn man einem festen Körper Energie zuführt, steigt seine Temperatur so lange, bis er beim Erreichen der Schmelztemperatur zu schmelzen beginnt. Obwohl er weiterhin Energie erhält, bleibt die Temperatur dann gleich, bis der ganze Körper flüssig geworden ist. Die Energie wird benötigt, um die festen Bindungen zwischen den Teilchen des Körpers zu lösen.

**Ein fester Stoff schmilzt bei einer für den Stoff typischen Schmelztemperatur. Bei Eis beträgt sie 0 °C. Zum Schmelzen ist eine Energie nötig, die so genannte Schmelzwärme. Die spezifische Schmelzwärme gibt an, wie viel Energie zum Schmelzen von 1 kg eines Stoffes nötig ist.**

4

Wenn ein Körper erstarrt, gibt er Energie an die Umgebung ab. Diese Energie ist genau so groß wie die Energie, die der feste Körper beim Schmelzen aufnimmt.

**Erstarrungswärme und Schmelzwärme ein und desselben Körpers sind gleich groß.**

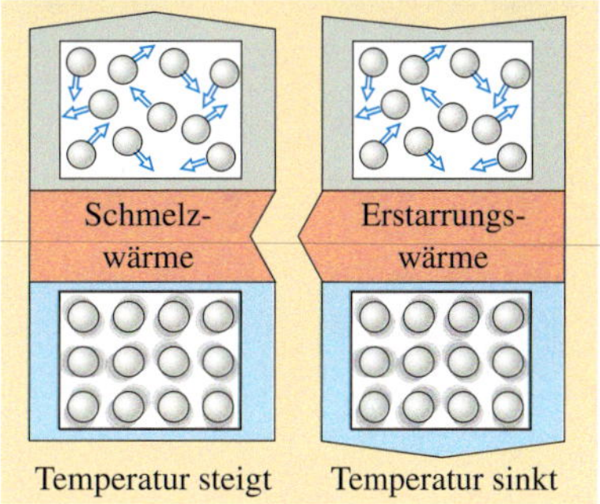


5

Die spezifische Schmelzwärme von Wasser ist größer als bei den meisten anderen Stoffen. Dies ist für die natürliche Umwelt und das Leben auf der Erde von großer Bedeutung.

| Stoff | Siedetemperatur in °C bei 1013 hPa | Spezifische Verdampfungswärme in kJ/kg, bei 1013 hPa | Schmelztemperatur in °C bei 1013 hPa * bei 2,6 MPa | Spezifische Schmelzwärme in kJ/kg |
|---|---|---|---|---|
| Blei | 1740 | 8600 | 327 | 26 |
| Ethanol | 78,4 | 842 | –114,2 | 108 |
| Glycerin | 290 | 853 | 18 | 188 |
| Helium | –269 | 25 | –270* | |
| Kupfer | 2600 | 4790 | 1083 | 205 |
| Luft | –193 | 190 | –213 | |
| Methanol | 64,7 | 1100 | –97,7 | 69 |
| Quecksilber | 357 | 285 | –39 | 11 |
| Sauerstoff | –183 | 213 | –219 | |
| Wasser | 100 | 2260 | 0 | 334 |
| Wasserstoff | –252,8 | 454 | –259,3 | 59 |
| Wolfram | 5700 | 4350 | 3350 | 192 |
| Zinn | 2350 | 2450 | 232 | 59,6 |

### Aufgaben

**1** Getränke werden oft durch Eiswürfel (0 °C) gekühlt. Warum kühlt man die Flüssigkeit nicht gleich auf 0 °C ab?

**2** Die Eisdecke eines zugefrorenen Sees bleibt bei Temperaturen um den Gefrierpunkt noch lange erhalten. Bei anhaltendem Regem taut sie jedoch schnell auf. Weshalb?

**3** Eine tief gefrorene Suppe (1 kg) von –18 °C wird direkt in den Kochtopf gegeben und bis zum Sieden erhitzt.
Wie lange dauert es mindestens, bis die Suppe auf einer 1000-Watt-Kochplatte siedet? (Die Suppe besteht überwiegend aus Wasser).

# Auf einen Blick

**Verdunsten** In offenen Gefäßen gehen Flüssigkeiten in den gasförmigen Zustand über. Dafür ist Energie nötig, die der Umgebung entnommen wird. Dabei kann es zu einer messbaren Temperaturabnahme der verdunstenden Flüssigkeit kommen.

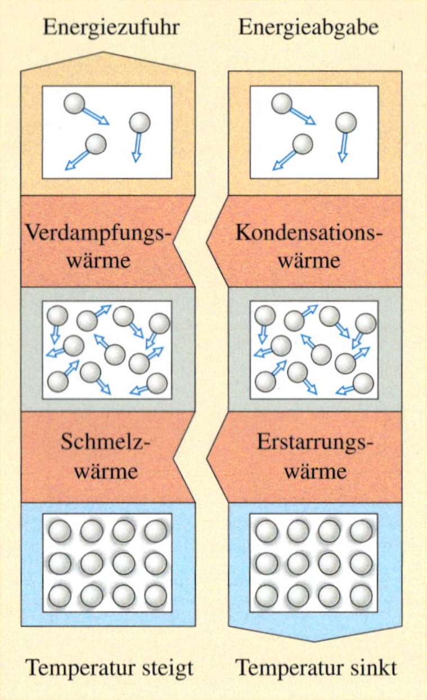

1

**Sieden und Verdampfen** Jede Flüssigkeit hat einen Siedepunkt. Das ist die Temperatur, bei der der Dampfdruck der Flüssigkeit gleich dem äußeren Luftdruck ist. Die Flüssigkeit verdampft dann nicht nur an der Oberfläche, sondern auch im Innern der Flüssigkeit. Es steigen Gasblasen auf.

**Kondensieren** Wenn ein Gas abgekühlt wird, geht es bei derselben Temperatur, bei der die Flüssigkeit verdampft, der Siedetemperatur, in den flüssigen Zustand über.

**Verdampfungs- und Kondensationswärme** Wenn eine Flüssigkeit erwärmt wird, steigt die Temperatur. Wenn der Siedepunkt erreicht ist, bleibt die Temperatur trotz unverminderter Energiezufuhr konstant. Die Energie (Verdampfungswärme) dient nunmehr ausschließlich der Verdampfung der Flüssigkeit. Die zur Verdampfung von 1 kg einer bestimmten Flüssigkeit nötige Energie nennt man spezifische Verdampfungswärme. Anschaulich gesprochen dient sie der Vergrößerung des Volumens gegen den äußeren Luftdruck und der Trennung der in der Flüssigkeit zusammen haftenden Teilchen.
Wenn Dampf kondensiert, wird die vorher als Verdampfungswärme aufgenommene Energie als Kondensationswärme wieder abgegeben.

**Luftfeuchte** In der Atmosphäre befindet sich nicht nur Luft, sondern auch Wasserdampf. Der Wasserdampfgehalt wird Luftfeuchte genannt. Die bei einer gegebenen Temperatur pro Kubikmeter maximal enthaltene Masse an Wasserdampf nennt man Sättigungsfeuchte.

**Nebel** Wenn durch eine Temperaturabnahme die Sättigungsfeuchte unterschritten wird, muss ein Teil des Wasserdampfes kondensieren. Es entstehen kleinste Wassertröpfchen, die das Licht streuen und daher als Nebel wahrgenommen werden. Die Temperatur, bei der die Sättigungsfeuchte erreicht wird, heißt Taupunkt.

2

**Schmelzen und Gefrieren** Ein fester Stoff schmilzt bei einer für den Stoff typischen Schmelztemperatur. Bei Eis beträgt sie 0 °C. Zum Schmelzen ist Energie, die so genannte Schmelzwärme, nötig. Sie dient der Lockerung der in einem festen Stoff besonders stark gebundenen Teilchen.
Die spezifische Schmelzwärme gibt an, wie viel Energie zum Schmelzen von 1 kg eines Stoffes nötig ist.
Bei derselben Temperatur, bei der sie schmilzt, gefriert eine Flüssigkeit (Gefrierpunkt). Die beim Schmelzen aufgenommene Energie wird beim Gefrieren an die Umgebung abgegeben.
Die Schmelzwärme von Wasser ist besonders groß. Dies ist von großer Bedeutung für das Leben auf der Erde.

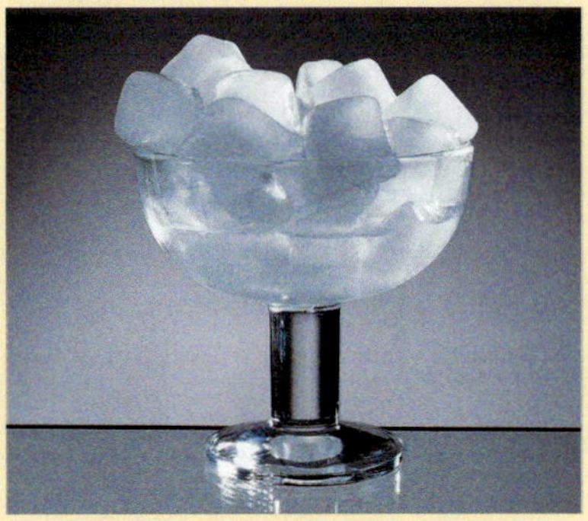
3

## Alles klar?

**1** Warum wird nasse Wäsche an der Wäscheleine trocken?

**2** Was hat die Verdunstung von Wasser mit dem Satz von der Entwertung der Energie zu tun?

**3** Nasse Kleidung sollte man nicht am Körper trocknen. Erkläre.

**4** Erkläre den Verdunstungsvorgang im Teilchenmodell.

**5** Unter welchen Bedingungen kondensiert Wasserdampf? Gib Beispiele für die Kondensation von Wasser an.

**6** Welche Funktion hat das Schwitzen? ↑4

**7** Warum wird der Handrücken kühl, wenn man Parfüm darauf tropft?

**8** Was ist Nebel? Wie entsteht Nebel? Was bedeutet es, wenn Nebel nur in bestimmten Niederungen in Form von Nebelbänken auftritt? Warum verschwindet der Nebel meistens, wenn die Sonne höher steigt?

**9** Im Freien aufgehängte Wäsche trocknet an einem kalten Wintertag oft schneller als an einem schwülen Sommertag. Erkläre.

**10** Warum muss die Verdampfungswärme stets gleich der Kondensationswärme sein? Welcher Erfahrungssatz steckt dahinter?

**11** Welche Alltagserscheinungen sind darauf zurückzuführen, dass beim Verdunsten Energie benötigt wird und beim Kondensieren Energie frei wird?

**12** Wenn man Eis in Wasser gibt, ändert sich die Temperatur des Eiswassers über eine lange Zeit nicht, auch wenn die Umgebungstemperatur erheblich höher liegt. Welche Temperatur nimmt das Eiswasser an? Begründe.

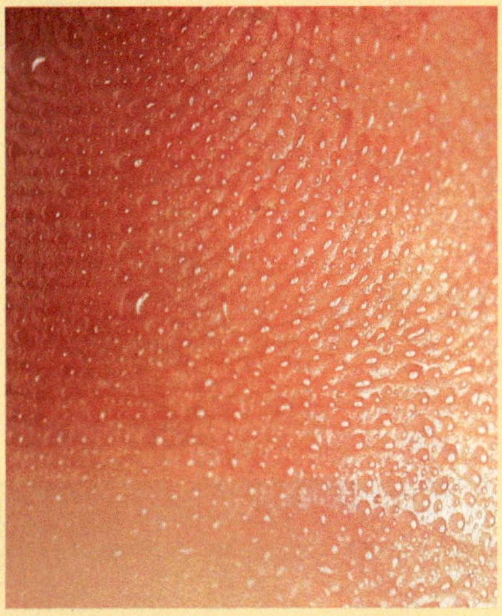
4

## Wolken und Niederschläge

Wolken bestimmen das Aussehen des Himmels in unseren Breiten. Es gibt keine Wolke, die der anderen gleicht. Dennoch lassen sich die Wolken in verschiedene Typen einteilen. Aus dem Aussehen der Wolken, aus der Höhe, in der sie am Himmel vorbeiziehen, aus ihrer Größe und Farbe lassen sich Rückschlüsse auf das Wetter ziehen.

1

Es gibt Wolken, die sich so gut wie nicht verändern und solche, die nach kurzer Zeit ganz anders aussehen. Es gibt Schönwetterwolken, Regenwolken und Gewitterwolken. Und doch haben sie alle eines gemeinsam. Sie bestehen aus Wasser in den verschiedensten Formen: Wasser, Dampf und Eiskristalle.

2

3

Warum fallen uns die Wolken nicht auf den Kopf? Mittlere Haufenwolken enthalten oft Tausende Tonnen Wasser in Form von mehr oder weniger kleinen Tröpfchen. Wasser hat eine größere Dichte als Luft und müsste eigentlich herunterfallen.
Manchmal fallen sie herunter, in Form von Niederschlägen. In Bild 3 ist eine dunkle Wolkenfront zu sehen, aus der es so stark regnet, dass sie geradezu auszufransen scheint. Die Dunkelheit lässt auf die Dicke der Wolkenfront schließen. Es kommt kein Sonnenlicht mehr hindurch.
Unter welchen Bedingungen regnet sich eine Wolke ab? Wann kommt das Wasser in Form von Schnee oder Hagel auf die Erde?

## Probier 's mal!

**1 Wetter im Einmachglas**
Fülle ein Einmach- oder Konservenglas etwa 3 cm hoch mit heißem Wasser. Lege den Deckel umgedreht auf die Öffnung und bedecke ihn mit mehreren Eiswürfeln. ↑4
a Was beobachtest du?
b Wodurch werden die Prozesse im Glas angetrieben?

4

**2 Wetter unter der Plastikplane**
Lege eine Plastikplane bei Sonnenschein auf eine Wiese. Schau dir die Plane nach einiger Zeit genau an. Beschreibe deine Beobachtungen.

**3 Wetter auf dem Stövchen**
Mische ein wenig Silikonöl mit Metallpulver (z. B. Kupferpulver) und fülle eine flache Schicht in einen flachen Dosendeckel. Heize den Dosendeckel auf einem Stövchen mit Teelichtern von unten auf. Beschreibe deine Beobachtung. Schaue dir mit einer Lupe die einzelnen Zellen genau an und versuche eine Erklärung des Phänomens. ↑5

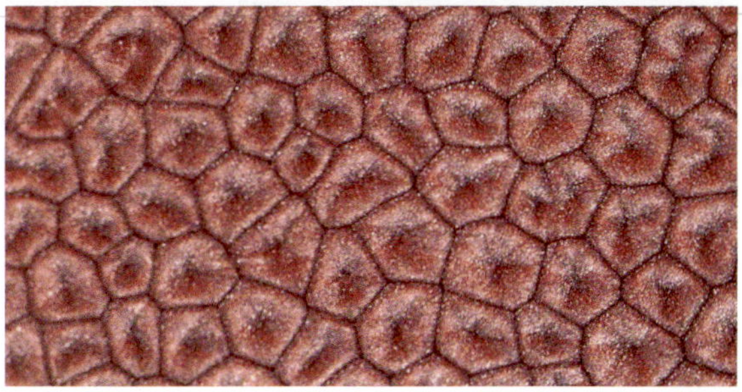
5

## Experimente

**1 Niederschlagsmenge**
Miss an einem Regentag die Wassermenge, indem du das Wasser im Auffangbehälter wiegst. ↑6
a Berechne aus der Auffangfläche des Trichters die Niederschlagsmenge in $kg/m^2$.
b Wie hoch (in mm) würde das Wasser nach dem Niederschlag stehen, wenn es nicht versickern oder abfließen könnte?

6

**2 Modellregentropfen**
Fülle ein Reagenzglas mit Salatöl. Lass mit einem Trinkhalm verschieden große Wassertropfen im Öl fallen. ↑7
a Warum fallen die Wassertropfen im Salatöl?
b Beschreibe und vergleiche die Sinkgeschwindigkeit von unterschiedlich großen Tropfen.

**3 Wassertröpfchen**
Zerstäube mit einem Zerstäuber etwas Wasser im Raum. Wie lange halten sich die Tröpfchen in der Luft?

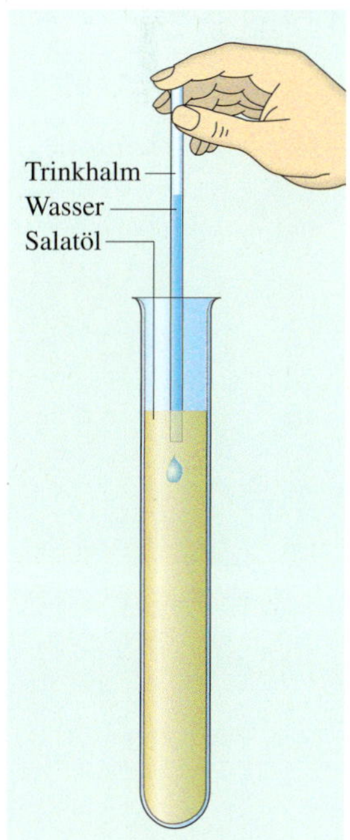

7

## GRUNDLAGEN: Wolkenbildung und Kreislauf des Wassers

1

Wolken bestehen aus winzigen Wassertröpfchen oder Eiskristallen. Sie sind aus dem unsichtbaren Wasserdampf entstanden, der mit der erwärmten Luft in die Höhe getragen wurde.
Während der Wasserdampf zusammen mit der Luft aufsteigt, sinkt ihre Temperatur. Dadurch steigt die relative Luftfeuchtigkeit. Ist die Sättigungsfeuchte erreicht, führt jede weitere Abkühlung zur Kondensation von Wasserdampf. Da das Sonnenlicht an Wassertröpchen gestreut wird, sind sie insgesamt als Wolken zu sehen. In größeren Höhen können die Tropfen sogar zu Eiskristallen erstarren.

Gleichzeitig mit aufsteigender warmer feuchter Luft sinkt kalte Luft ab. Sie erwärmt sich bereits während des Absinkens, weil sie unter höheren Druck gerät. Die absinkende Luft wird schließlich durch die erwärmte Erdoberfläche weiter erwärmt, um schließlich erneut aufzusteigen. Luft und Wasserdampf beschreiben einen Kreislauf (Konvektion). Unter bestimmten Bedingungen bilden die entstehenden Wolken ein Muster. Daraus erkennt man ein ganzes System von umlaufenden Konvektionsströmungen. ↑1
Während Wolken bei aufsteigender feuchter Luft (Tiefdruckgebiet) entstehen, können sie bei absinkender feuchter Luft wieder vergehen. Denn mit abnehmender Höhe gerät die Luft unter Druck (Hochdruck) und erwärmt sich. Dadurch steigt die Sättigungsfeuchte und die mitgeführten Wassertröpfchen verdunsten.
Die in der Wolke entstehenden Wassertropfen werden teilweise durch Aufwinde nach oben gerissen. Diese entstehen durch die frei werdende Kondensationswärme. Tropfen die dennoch aus den Wolken herausfallen, verdunsten. Die Wolke behält auf diese Weise relativ lange ihre Form und fällt als solche nicht auf die Erde.

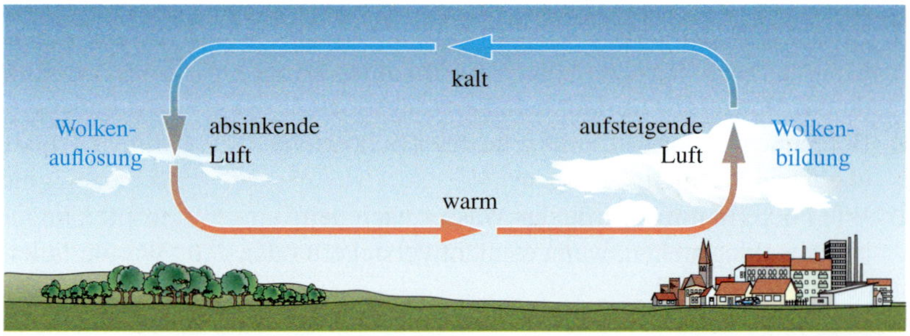

2

3

## *Aus der Natur* Wolkenentstehung durch Hebungsvorgänge

Wolken entstehen nicht nur durch thermische Konvektion. Oft sind andere Luftmassenbewegungen im Spiel, die auch zur Bildung von Wolken führen. So kommt es zu einer Kaltfrontbewölkung, wenn schwere Kaltluftmassen auf einer Breite von Hunderten Kilometern gegen eine Warmluftmasse strömen. Die schwere Luft einer solchen Kaltfront schiebt sich rasch unter die warme Luft und treibt diese in die Höhe. Es entsteht ein geschlossenes Band riesiger Haufenwolken. Sie können zu starken Regenschauern, aber auch zu Hagel und Gewitter führen. Die Wolkenfelder einer Kaltfront sind viel ausgedehnter als bei einer thermischen Konvektion. ↑5

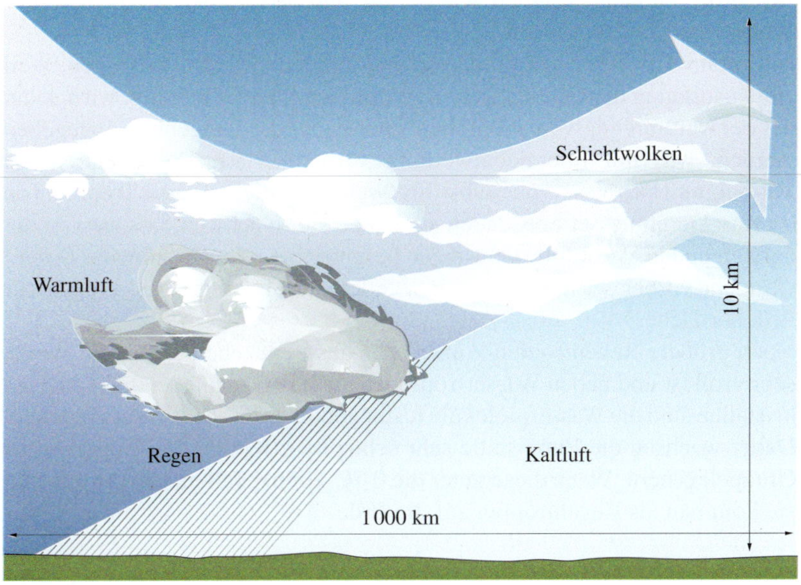

4

5

6

Wird eine Warmluftmasse gegen kältere Luft getrieben, dann strömt sie in der Höhe über die zusammengesackte kältere Luft. Es bildet sich eine keilförmige Aufgleitfläche. Die Hebung der Warmluft an dieser Warmfront verläuft viel langsamer als bei einer senkrechten Konvektion. Die Bewölkung ist schichtförmig: dünne Schleierwolken am oberen Anfang der Aufgleitfläche verdichten sich bis zu mächtigen Regenwolken an ihrem unteren Ende. ↑4, 6

Strömt Luft gegen einen Gebirgszug, dann stauen sich die Luftmassen und werden zum Aufsteigen gezwungen. Über den Gebirgskämmen bilden sich Haufenwolken, die sich zu einer geschlossenen „Wolkenmauer" verdichten können. Man spricht von einer Staubewölkung. Hebungen der Luft, die durch die Landschaft verursacht werden, führen nicht immer zu Wolkenbildungen. Der Anstieg und die Feuchte müssen groß genug sein.

**1** Vergleiche eine Kaltfront- oder eine Warmfrontbewölkung mit einer Bewölkung, die durch thermische Konvektion hervorgerufen wird. Welche Gemeinsamkeiten und welche Unterschiede stellst du fest?

**2** Nebel sind Wolken, die bis zum Boden reichen. Was haben Nebel- und Wolkenbildung gemeinsam? Worin unterscheiden sie sich?

**3** Nenne vier Möglichkeiten, wie Luftmassen angehoben werden können und Wolken entstehen.

## GRUNDLAGEN: Wie Niederschlag entsteht

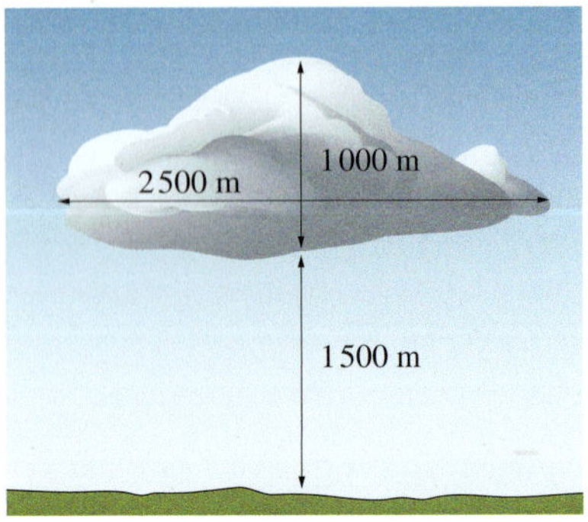

1

Eine mittelgroße Haufenwolke enthält etwa 5000000 kg Wasser. Das klingt nach sehr viel. Schätzt man jedoch die Größe der Wolke ab, dann kommt man auf ein Volumen von 5000000000 $m^3$. Rechnet man aus, wie viel Wasser auf 1 $m^3$ kommt, dann erhält man einen Wert von 1 g. Das ist sehr wenig. Das Wasser ist in winzig kleinen Tropfen von ca. 0,02 mm Durchmesser enthalten, die wegen ihrer Winzigkeit nur sehr langsam zu Boden sinken. Da Wolken immer in aufsteigender Luft entstehen, wird daher verständlich, dass derart winzige Tröpfchen immer nach oben getragen werden. Verlassen Tröpfchen dennoch die Wolke, dann verdunsten sie sofort, steigen eventuell wieder auf und kondensieren erneut in der Wolke.

Nur wenn Tröpfchen zusammenstoßen, können sie sich vereinigen. Weil zur Ausbildung der Oberfläche von Tröpfchen Energie benötigt wird, kann bei der Vereinigung von Tröpfchen Energie an die Umgebung abgegeben werden, was mit Energieentwertung verbunden ist. Daher laufen die Vereinigungsprozesse von selbst ab. Wenn auf diese Weise Tropfen von 0,2 mm Durchmesser entstanden sind, sind sie so schwer, dass sie von der aufsteigenden Warmluft nicht mehr aufgetrieben werden können. Sofern sie nicht vorher wieder verdunsten, fallen sie als feiner Nieselregen zur Erdoberfläche.

Noch größere Regentropfen können nur dann entstehen, wenn die Wolke sehr groß ist und neben Wassertröpfchen auch Eiskristalle enthält. An Eiskristallen sind die Wassermoleküle fester gebunden als an Wassertröpfchen. Daher wachsen die Eiskristalle sehr schnell auf Kosten der Tröpfchen zu Graupelkörnern. Wenn diese unter die 0-°C-Grenze fallen, taut das Eis und sie kommen als Regentropfen auf die Erde.

## *Aufgaben*

**1** Wolken bestehen aus Wassertröpfchen oder sogar Eiskristallen. Müssten sie uns da nicht auf den Kopf fallen? (*Hinweis:* Überlege, was passiert, wenn die Wassertröpfchen der Wolken in tiefere Gebiete gelangen).

**2** Der Konvektionsvorgang des im Öl enthaltenen Metallpulvers verläuft ganz ähnlich wie die Konvektion, die zur Bildung von Wolken führt. Vergleiche diese beiden Vorgänge. Welchen Teilen des Konvektionsmusters entsprechen die Wolken?

**3** Schaue dir den „Rauch", der aus dem Schornstein eines Heizkraftwerkes aufsteigt, genau an. ↑2

a Was fällt dir dabei auf?

b Wie kannst du diese Erscheinung erklären?

**4** Die Kondensstreifen eines Flugzeugs entstehen durch die Abgase der Triebwerke. Wie kommt es zu dieser Nebelbildung? (Zur Beantwortung der Frage musst du wissen, woraus die Abgase im Wesentlichen bestehen). ↑3

**5** Wenn du eine Sprudelflasche öffnest, kannst du in der Öffnung und darüber eine kleine Wolke beobachten. Wie kommt es dazu?

**6** Wenn es sehr kalt ist, kannst du deinen Atem als hellen Nebel sehen. Wie kommt es dazu? Warum vergeht der Atemnebel in einiger Entfernung?

2

3

## *Aus der Natur* Föhn

Linsenförmige Wolken wie die von Bild 4 künden von schönem Wetter. Die Luft wird sich um 10 °C bis 20 °C erwärmen und es wird strahlend blauen Himmel geben. Auch die Fernsicht wird außergewöhnlich gut sein. Oft tritt aber auch ein starker Wind auf, der von den Höhen der Alpen herab ins Alpenvorland bläst. Kurzum: Es kommt zum Föhn. ↑4

Doch manchen wetterfühligen Menschen macht der Wetterumschwung stark zu schaffen, weil sie unter der trockenen, warmen Luft leiden.

Bei der Entstehung eines solchen Fallwinds ist immer ein Gebirge im Spiel. So zwingen z. B. die Alpen die Luft, die von Italien nach Norden weht, zum Aufsteigen in große Höhen. Dabei kühlt sich die Luft um ca. 0,6 °C je 100 m ab. Der Wasserdampf kondensiert und bildet Wolken. Aus ihnen fällt Regen oder Schnee herab. Die Luft, die über die Alpenkämme nach Norden strömt, enthält also nur noch wenig Feuchtigkeit. Beim Absinken von den Bergen erwärmt sie sich wieder, weil sie trocken ist, aber um 1 °C je 100 m. Die relative Luftfeuchtigkeit sinkt so, dass der Taupunkt unterschritten wird. Die restlichen Wolken lösen sich auf und lassen einen strahlend blauen Himmel und einen warmen trocknen Wind zurück. ↑5

4

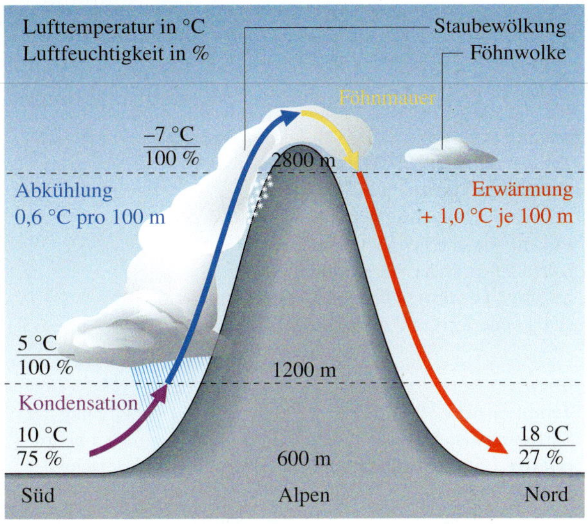


5

1 Wieso gehören zum Föhn ein wolkenloser Himmel und eine gute Fernsicht?

2 Erkläre, warum der Föhn in Baden-Württemberg und Bayern warme und trockene Luft bringt.

3 Wann kann es südlich der Alpen Föhnwetter geben?

4 Informiere dich, ob es außer dem Föhn noch weitere Arten von Fallwinden gibt.

## *Aufgaben*

1 Um wie viel Prozent verringert sich die Oberfläche zweier gleich großer kugelförmiger Wassertröpfchen, wenn sie sich vereinigen und sich eine gemeinsame Oberfläche teilen?

2 Wieso muss eine Wolke an ihrer Oberseite eine Temperatur von weniger als −10 °C haben, damit Regen aus ihr fallen kann?

3 Aufsteigende wolkenlose Luft kühlt sich je 100 m um 1 °C ab. Bilden sich Wolken beträgt die Abkühlung nur 0,6 °C je 100 m. Erkläre die geringere Temperaturabnahme.

4 Nach einem heftigen Regen haben sich im Regenmesser mit einem Durchmesser von 11,3 cm 300 g Wasser angesammelt.

a Welche Wassermasse fiel als Regen auf 1 m$^2$?

b Regenmengen werden meist in „mm" angegeben. Wie hoch stünde das Wasser nach diesem Niederschlag, wenn es nicht abfließen könnte?

5 Wie entstehen große Regentropfen?

6 Erkläre, warum sich die Wolken in absinkender Luft auflösen.

## *Aus der Natur* Wettervorhersage aus der Beobachtung von Wolken

Ob es aus einer Wolke kräftig regnen kann, hängt davon ab, ob in ihr Eiskristalle vorhanden sind. Das wiederum setzt voraus, dass die Wolke mit ihrer Oberseite in einen Temperaturbereich von weniger als –10 °C hineinreicht. Denn das Wasser in einer Wolke liegt normalerweise als unterkühlte Flüssigkeit vor. Erst unterhalb von –10 °C beginnt es zu gefrieren.

Wenn am Boden eine Temperatur von 15 °C herrscht und die Wolkenbildung in einer Höhe von 1500 m beginnt, dann herrscht dort eine Temperatur von 0 °C. Dabei sind wir davon ausgegangen, dass die Temperatur um 1 °C pro 100 m Höhe abnimmt. Da in einer Wolke die Temperatur nur etwa um 0,6 °C abnimmt, muss sie etwa 2000 m dick sein, um einen Temperaturbereich von –12 °C zu erreichen.

Oft kann man den Wolken die Vereisung ansehen. In der Wolke links von der Bildmitte ist der obere Teil glatt und strähnig. Das deutet auf Eiskristalle hin. Bei dieser Bewölkung ist also mit Regen zu rechnen. ↑2

Dagegen reichen die Wolken in Bild 3 nicht in die Höhe hinauf, in der sie vereisen könnten. Es handelt sich um flache Schönwetterwolken. ↑3

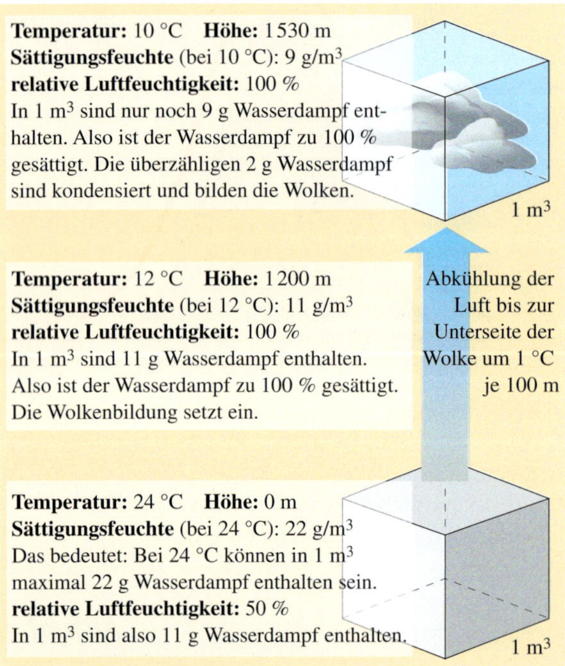

1

2

3

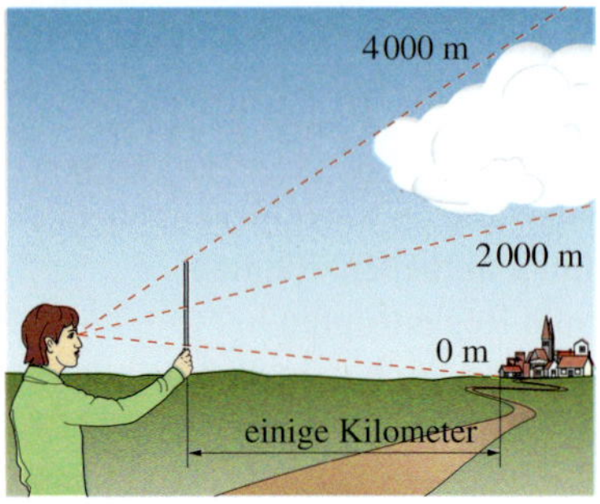

4

Woher weiß man, wie hoch eine Wolke ist?

Aus der Lufttemperatur am Boden, der relativen Luftfeuchtigkeit und der Sättigungsfeuchte lässt sich die Höhe der Wolkenunterseite abschätzen (Die Werte für die Sättigungsfeuchte findest du auf S. 171). Meist liegt die Wolkenunterseite zwischen 1000 m und 2000 m. ↑1

Wenn die Wolke einige Kilometer entfernt ist, kann man die Wolkenhöhe abschätzen. Man peilt die Wolke an und prüft, wie oft der Winkel zwischen Boden und Wolkenunterseite in die Wolke hineinpasst. ↑4

Um das Vielfache dieses Winkels ist die Wolkenoberseite dann höher als ihre Unterseite.

# Auf einen Blick

**Wolken** Sie bestehen aus winzigen Wassertröpfchen und/oder Eiskristallen und wurden als unsichtbarer Wasserdampf mit erwärmter Luft in die Höhe getragen. Der Wasserdampf kondensiert oder/und gefriert in großen Höhen, in denen die Lufttemperatur sehr niedrig ist. Hohe Wolken enthalten daher nur Eiskristalle, mittelhohe Wolken enthalten Eiskristalle und Tropfen und tiefe Wolken bestehen nur aus Wassertröpfchen.

5 Federwolken

6 Hohe Schäfchenwolken

7 Hohe Schichtwolken

8 Hohe Haufenwolken

9 Schichtwolken

10 Haufenwolken

11 Regenwolken

12 Gewitterwolke

**Niederschläge** Als Wasser, Eis oder Schnee fallen Niederschläge aus den Wolken zur Erde. Wenn Wassertröpfchen in den Wolken zu größeren Tropfen verschmelzen, die nicht wieder verdunsten oder durch Aufwinde in die Wolke zurückbefördert werden, erreichen sie als Niederschlag die Erde. Größere Regentropfen entstehen aus Eiskristallen.

# Alles klar?

**1** Wie kommt es zur Entstehung von Wolken? Woraus bestehen Wolken? Warum fallen uns die Wolken nicht auf den Kopf?

**2** Warum müssen Wolken, aus denen Schnee, Hagel oder große Wassertropfen fallen, besonders hoch hinauf reichen?

**3** Wie kommt es zu Niederschlägen? Unter welchen Bedingungen nieselt es und wann gibt es größere Regentropfen?

**4** Was hat es mit der Entstehung von Wolken durch „Aufgleiten" auf sich?

**5** Welche Vorhersagen für das bevorstehende Wetter lassen sich bereits aus der Beobachtung der Wolken treffen?

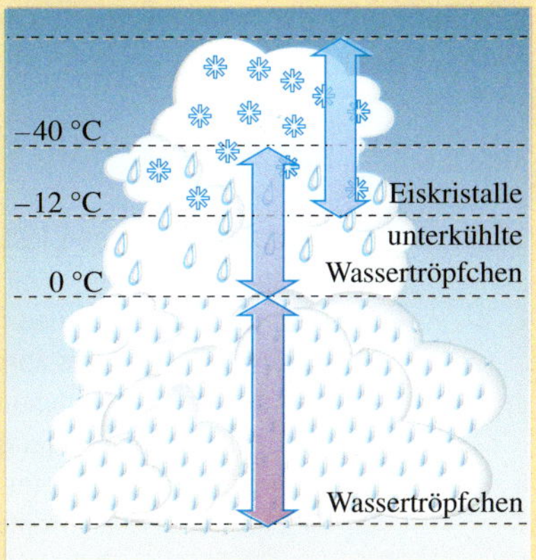

13

# Check up

**1** Wie kann man durch Messungen auf der Erde abschätzen, wie groß der gesamte Energiestrom ist, der von der Sonne in alle Richtungen ausgestrahlt wird?

**2** In den Tropen und bis zu den 40iger Breitengraden wird der Erde von der Sonne mehr Energie zugestrahlt, als sie ins Weltall zurückstrahlt.

**a** Wie ist dies mit dem Energieerhaltungssatz zu vereinbaren?

**b** Wie sieht die Strahlungsbilanz in den übrigen Gebieten der Erde aus?

**3** Auf Satellitenaufnahmen der Erde sind die Umrisse der Kontinente zu erkennen. Die Ozeane erscheinen teilweise blauschwarz, die Wolken und die Wüstengebieter sind hell. Die einzelnen Farben sind von unterschiedlicher Intensität. Was kannst du daraus über die Lichtabgabe von der Erde in den Weltraum schließen? ↑1

1

**4** Wie entstehen Winde?

**5** Beobachte die Vorgänge in einer Lavalampe. Welche physikalischen Vorgänge spielen sich hier ab? Welchen Weg nimmt dabei die Energie? ↑2

2

**6** Warum verstößt die Bewegung der Trinkente (s. Bild 5 auf Seite 155) weder gegen den 1. noch gegen den 2. Hauptsatz der Thermodynamik?

**7** Der Kühlturm eines Kraftwerks erfüllt die gleiche Funktion wie das Schwitzen eines Menschen, dem zu warm ist. Begründe.

**8** Begründe, warum sich über Gebirgskämmen oft ganze „Mauern“ von Haufenwolken bilden.

3

## Schätze deine Kenntnisse und Fähigkeiten ein!

Ordne dazu deiner Lösung im Heft ein Smiley zu:

☺ Ich konnte die Aufgabe richtig lösen.
😐 Ich konnte die Aufgabe nicht komplett lösen.
☹ Ich konnte die Aufgabe nicht lösen.

› Die Lösungen findest du im Anhang.

| Aufgabe | Fähigkeit | Hilfe findest du auf Seite... |
|---|---|---|
| 1 | Bestimmen der Energiestromstärke; Anwendung mathematischer Hilfsmittel | 120 |
| 2, 3 | Anwenden des Energieerhaltungssatzes, Anwendung der Begriffe Absorption und Emission | 121, 128, 133 |
| 4, 5, 8 | Anwendung thermodynamischer Vorgänge zur Erklärung atmosphärischer Vorgänge | 139, 140, 181, 183 |
| 6 | Anwendung des Energieerhaltungs- und Entropiesatzes | 156, 158, 160 |
| 7 | Beschreibung der Vorgänge bei Aggregatzustandsänderungen | 167, 168, 174 |

# Mechanik

Zum Fallschirm-Springen gehört Mut. Aber man braucht auch Kenntnisse über physikalische Gesetze, denn nur dann gelingt es, solche Figuren am Himmel zu bilden. Und die Springer müssen genau wissen, wann es Zeit ist, die Reißleinen zu ziehen, damit sie unverletzt am Boden aufkommen.

Man kann die Bewegung fallender Körper, anfahrender Züge, bremsender Autos oder um die Erde kreisender Satelliten mathematisch beschreiben und vorhersagen.

Die physikalischen Größen Energie, Geschwindigkeit, Beschleunigung, Masse, Kraft und Impuls hängen miteinander zusammen und spielen bei allen Bewegungsvorgängen eine entscheidende Rolle.

# Bewegungsänderungen

Wenn der beste Fahrer das beste Auto fährt, sollte klar sein, wer das Rennen gewinnt. Aber welches ist das beste Auto? Ist es das Auto, das die höchste Geschwindigkeit erreicht? Oder ist auch wichtig, wie schnell das Auto beim Start und nach Kurven aus niedrigen Geschwindigkeiten heraus stark beschleunigen kann?

1

2

Es kann durchaus sein, dass das Auto mit der niedrigeren Spitzengeschwindigkeit in kürzerer Zeit eine Geschwindigkeit von 100 km/h erreicht. Man sagt dann, dass das Auto über das bessere Beschleunigungsvermögen verfügt. Die Spitzengeschwindigkeit wird immer nur auf langen, fast geraden Abschnitten erreicht. Nur auf Rennstrecken, die solche Abschnitte aufweisen, hat das Auto mit der höheren Spitzengeschwindigkeit Vorteile. Auf kurvenreichen Strecken wirkt sich dagegen das Beschleunigungsvermögen stärker aus.

Bungee-Jumping ist eine Herausforderung, zu der man Mut, aber auch Vertrauen braucht. Die Betreiber der Anlage müssen die Gesetze der Physik beachtet haben, damit der Sprung sicher und unfallfrei abläuft. Wenn der Bungee-Springer gesprungen ist, wird er zunächst immer schneller. Seine Bewegungsenergie nimmt zu. Die gesamte Bewegungsenergie muss er wieder abgegeben haben, bevor er den Boden erreicht. Wovon hängt es ab, wie viel Bewegungsenergie er maximal hat, und wovon hängt es ab, ob die anschließende Energieabgabe unfallfrei ablaufen kann? ↑2

Mechanische Energie wird immer dann übertragen, wenn ein Körper eine Strecke zurücklegt und dabei eine Kraft auf den Körper wirkt, die nicht senkrecht zur Bewegungsrichtung gerichtet ist.
Ist die Kraft in Bewegungsrichtung gerichtet, nimmt die Energie zu. Damit Energie abgegeben werden kann, muss die Kraft entgegengesetzt zur Bewegung gerichtet sein.

## Experimente

**1 Bungee-Springen**

a Befestige ein Wägestück an einem Gummiband und spanne das andere Ende des Gummibandes in einem Stativ ein. Das Wägestück wird in Höhe des Stativs gehalten. Welche Höhe muss das Stativ haben, damit das fallende Wägestück den Boden gerade nicht berührt?

b Wiederhole das Experiment mit einem Wägestück größerer Masse.

**2 Wasserbomben**

a Aus welcher Höhe muss man Wasserbomben (kleine mit Wasser gefüllte Ballons) fallen lassen, damit sie beim Aufprall zerplatzen?

b Wiederhole das Experiment, wobei du die Wasserbomben auf eine dünne Schaumstoffmatte fallen lässt. Was stellst du fest?

**3 Energie und Hangabtriebskraft**

Ein Wagen rollt ein schräg gestelltes Brett hinab.

a Bestimme, wie viel Höhenenergie $\Delta E$ auf der gesamten Länge $l$ des Brettes umgewandelt wird. Überlege zunächst, welche Größen gemessen werden müssen. Bestimme dann den Quotienten aus $\Delta E$ und der Länge $l$ des Brettes.

b Miss die Hangabtriebskraft $F_H$ und vergleiche sie mit dem Quotienten $\Delta E/l$. ↑3

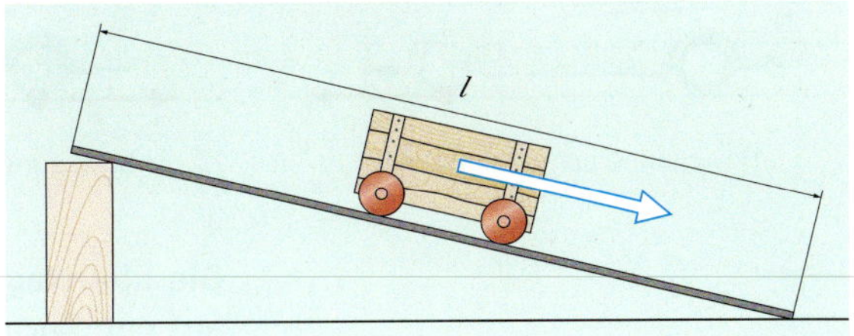


3

## Aufgaben

**1** Wiederhole den Zusammenhang zwischen übertragener Energie und ausgeübter Kraft sowie den Zusammenhang zwischen Gewichtskraft und Masse. Wie viel Energie muss ein Bungee-Springer ($m = 80\,\text{kg}$) abgeben, wenn er aus 45 m Höhe abspringt und 1 m über der Erde zur Ruhe kommt? Wo bleibt diese Energie?

**2** Ein Bungee-Springer ($m = 80\,\text{kg}$) springt aus 20 m Höhe ab. Das Gummiband ist 10 m lang. Wie groß ist die durchschnittliche Kraft beim Abbremsen des Springers, wenn er bis auf 5 m an den Erdboden heran kommt?

**3** Wie groß ist die Energie, die auf einer Strecke von 1 m maximal auf einen Körper übertragen werden kann, wenn eine Kraft von 100 N auf den Körper wirkt? Unter welchen Umständen wird tatsächlich diese Energie übertragen? Wann wird überhaupt keine Energie übertragen?

**4** Autos besitzen eine Knautschzone, die bei einem Unfall zusammen gedrückt wird. Erläutere den Sinn dieser Knautschzone. ↑4

**5** Erkläre, warum für einen Radfahrer ein Aufprall auf ein Hindernis mit einer Geschwindigkeit von 20 km/h eine größere Gefahr darstellen kann als ein Sturz in den Straßengraben bei 40 km/h.

**6** Äußere dich zu der Behauptung „Bei Tempo 100 ist das Fahren 2-mal so gefährlich wie bei Tempo 50."

**7** Alexander soll eine schwere Kiste von einer Ecke des Lagers in eine andere Ecke schieben. Er sagt zu seinem Chef, der ihm den Auftrag erteilt hat: „Ich kann pro 1 m Strecke maximal 500 N · m Energie auf einen Körper übertragen. Um diese Kiste zu verschieben, müsste ich aber pro 1 m Strecke 600 N · m Energie übertragen."
Formuliere die Aussage Alexanders so um, dass etwas über Kräfte ausgesagt wird.

**8** Wie versiert Fußballspieler sind, zeigt sich auch daran, wie gut sie „Bälle annehmen" können. Bei weniger guten Spielern springt ein zu ihm hin geschossener Ball manchmal meterweit ab. Bei guten Spielern sieht es aus, als bliebe der Ball am Fuß kleben. Was müssen gute Spieler machen, um den Ball gekonnt anzunehmen? Erläutere die physikalische Seite des Problems.

**9** Wovon hängt es ab, ob eine Wasserbombe beim Aufprall zerplatzt? Erläutere!

4

## GRUNDLAGEN: Energie und Kraft

Je größer die Kraft ist, mit der wir einen Wagen anschieben, desto schneller ändert sich die Geschwindigkeit des Wagens. Kräfte sind die Ursache für Geschwindigkeitsänderungen. Wenn ein Körper seine Geschwindigkeit ändert, ändert sich auch seine Bewegungsenergie. Daher wird mechanische Energie übertragen. ↑1–3

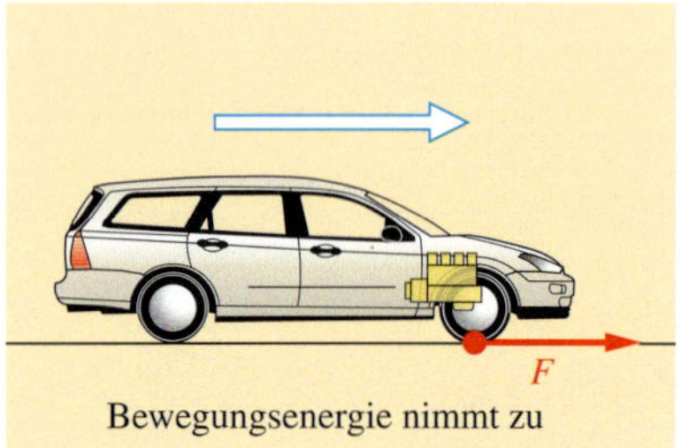

1

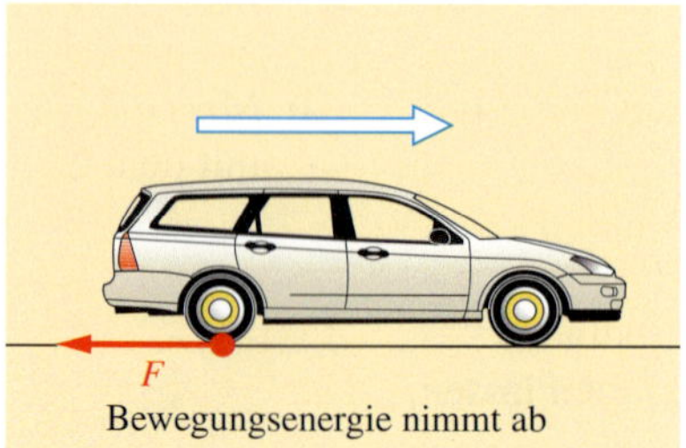

2

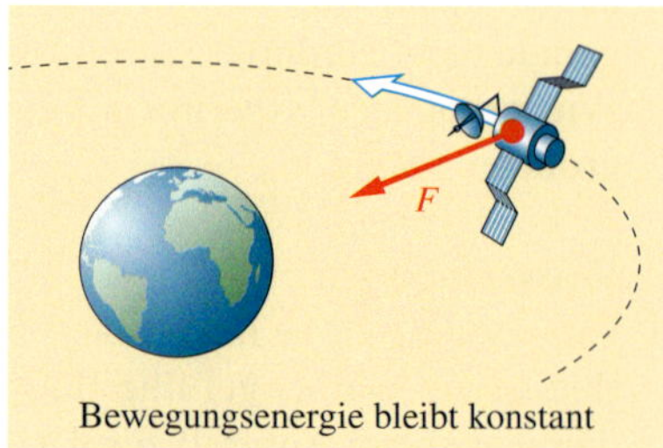

3

**Die übertragene Energie ist umso größer, je größer die Kraft ist, die auf den Körper ausgeübt wird, und je länger die Strecke ist, längs der die Kraft ausgeübt wird. Es gilt: $\Delta E = F \cdot \Delta s$.**

4 Der Sicherheitsgurt ist immer noch der wichtigste Schutz im Auto.

Damit man die Energie mit dieser Formel berechnen kann, muss die Kraft $F$ längs des Weges $\Delta s$ konstant sein. Wenn auf den bewegten Körper eine Kraft in Bewegungsrichtung ausgeübt wird, wird Energie auf den Körper übertragen. Wird die Kraft entgegengesetzt zur Bewegungsrichtung ausgeübt, gibt der Körper Energie ab. Der Zusammenhang zwischen mechanischer Energieänderung und Kraft kann umgeformt werden zu:

$$F = \frac{\Delta E}{\Delta s}.$$

**Die Kraft gibt an, wie viel Energie $\Delta E$ längs der Strecke $\Delta s$ übertragen wird. Ist die Kraft nicht konstant, gibt der Quotient die durchschnittliche Kraft an.**

5 Für Kinder gibt es spezielle Sitze und Gurte.

Damit wird verständlich, warum sich Autofahrer anschnallen müssen. Fährt das Auto mit einer bestimmten Geschwindigkeit, haben die Fahrzeuginsassen eine bestimmte Bewegungsenergie. Prallt das Auto gegen ein Hindernis und kommt zum Stehen, müssen die Fahrzeuginsassen sämtliche Bewegungsenergie abgeben. Damit ist der Wert von $\Delta E$ festgelegt. Wie groß die mittlere Kraft ist, die auf die Fahrzeuginsassen ausgeübt wird, hängt davon ab, auf welcher Strecke $\Delta s$ sie diese Energie abgeben. Je größer die Strecke $\Delta s$ ist, desto kleiner ist die mittlere Kraft. Wenn die Fahrzeuginsassen nicht angeschnallt wären, würden sie sich zunächst ungebremst weiter bewegen und dann auf den Rahmen des Autos prallen. Sie würden ihre Energie dann auf einer extrem kurzen Strecke abgeben. Die Kraft würde riesengroß. Der Sicherheitsgurt soll dafür sorgen, dass die Bewegungsenergie auf einer möglichst großen Strecke abgegeben wird und die dadurch auftretenden Kräfte möglichst klein werden.
Die Knautschzone eines Autos ist ein Bereich, der bei einem Unfall zusammengedrückt werden kann. Für angeschnallte Personen im Auto verlängert die Knautschzone die Strecke, auf der sie abgebremst werden, und verringert dadurch die auftretenden Kräfte.

## Experimente

**1 Fahrradbeschleunigungen**
Wie schnell kann man ein Fahrrad aus dem Stand heraus beschleunigen? Messt eine ca. 25 m lange gerade, ebene Beschleunigungsstrecke ab. Achtet darauf, dass sie eine genügend lange Auslaufstrecke besitzt, auf der gefahrlos wieder abgebremst werden kann.
Im Abstand von jeweils 5 m werden Schüler mit Stoppuhren postiert. Auf ein Kommando startet der Fahrer und die Stoppuhren werden in Gang gesetzt. Die gemessenen Zeiten werden in eine $t$-$s$-Tabelle eingetragen. Wiederholt das Experiment mit verschiedenen Gängen. Zeichnet jeweils das $t$-$s$-Diagramm der Bewegung.

**2 Beschleunigte Kugel**
Lasst eine Kugel eine leicht geneigte Tischplatte hinunterrollen. Markiert die Position der Kugel in konstanten Zeitabständen. Beschreibt die Bewegung der Kugel. Welche Kraft bewirkt, dass es sich um eine beschleunigte Bewegung handelt?

**3 Fallende Kugel**
Mit einer elektronischen Stoppuhr wird eine $t$-$s$-Messreihe aufgenommen. Die Uhr startet, wenn die Eisenkugel die Haltevorrichtung verlässt, und stoppt, wenn sie das Ende der Messstrecke erreicht. ↑6
Stelle die Messwerte in einer Tabelle und in einem Diagramm dar.

**4 Fallende Leiter**
Eine „Leiter" fällt durch eine Lichtschranke. Mit einem Computer wird gemessen, zu welchen Zeiten die Sprossen die Lichtschranke unterbrechen. Ermittle aus den Messwerten die Fallbeschleunigung. ↑7

**5 Fallschnur**
Die Fallschnur ist ein langes Band, in das Metallschrauben oder -muttern in bestimmten Abständen eingeknotet sind. Man lässt sie z. B. in einem Treppenhaus fallen und horcht auf die Geräusche der aufschlagenden Schrauben. Wie kann man es erreichen, dass die Schrauben in gleichen Zeitabständen auftreffen? Probiere es aus.

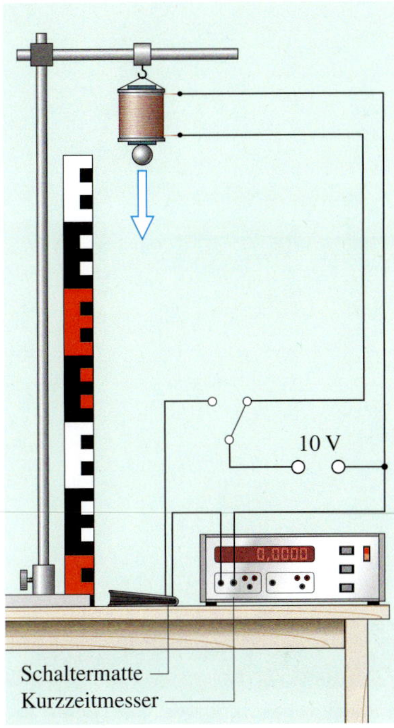

6

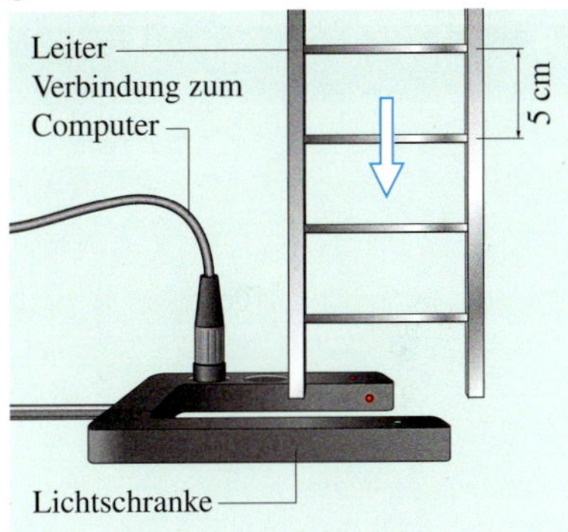

7

## GRUNDLAGEN: Die Geschwindigkeit

Ein Fahrzeug fährt mit konstanter Geschwindigkeit $v$, wenn es in gleich langen Zeitabschnitten $\Delta t$ gleich lange Streckenabschnitte $\Delta s$ zurücklegt. Zeichnet man das $t$-$s$-Diagramm einer solchen Bewegung, erhält man eine Gerade. Je größer die Geschwindigkeit des Fahrzeugs, desto steiler verläuft die Gerade, desto größer ist der Quotient $\Delta s/\Delta t$. Dieser Quotient ist also ein Maß für die Geschwindigkeit: $v = \Delta s/\Delta t$ ↑8
Gilt zum Zeitpunkt $t=0$ für die zurückgelegte Strecke $s=0$, kann man die Gleichung ohne $\Delta$ schreiben: $v = s/t$.
Die Geschwindigkeit $v$ wird in der Einheit 1 m/s gemessen. Im Straßenverkehr ist die Einheit km/h gebräuchlich.
Es gilt: $1\,\text{km/h} = 1000\,\text{m}/3600\,\text{s} = 0{,}278\,\text{m/s}$ bzw. $1\,\text{m/s} = 3{,}6\,\text{km/h}$.

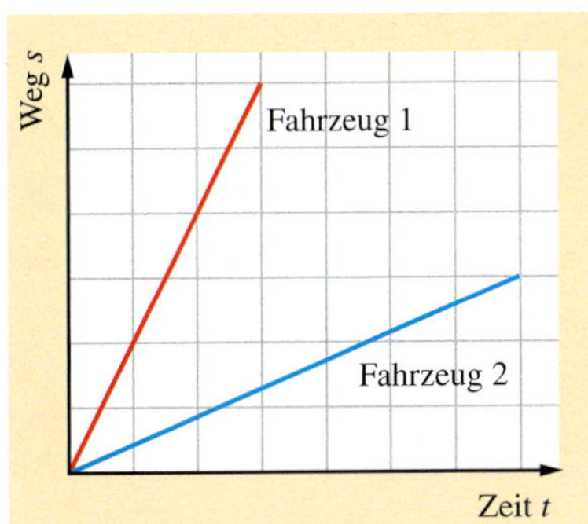

8 $t$-$s$-Diagramm

## GRUNDLAGEN: Beschleunigte Bewegungen

Im Straßenverkehr ist es recht schwierig, längere Zeit mit der gleichen Geschwindigkeit zu fahren. Hindernisse zwingen immer wieder zum Bremsen und zum anschließenden Beschleunigen des Fahrzeugs.
Wir wissen, dass die Geschwindigkeit von Körpern durch Kräfte verändert wird. Ein Körper, auf den überhaupt keine Kraft ausgeübt wird, bewegt sich mit konstanter Geschwindigkeit immer geradeaus weiter. Wenn man Gesetzmäßigkeiten finden will, wie sich die Geschwindigkeit eines Körpers ändert, ist es ratsam, darauf zu achten, dass sich die Geschwindigkeit unter dem Einfluss einer konstanten Kraft ändert. Reibungskräfte können nicht ganz vermieden werden. Sie sollten aber klein gehalten werden, da sie sich mit zunehmender Geschwindigkeit ändern können.

Solche Bedingungen sind z. B. beim Anfahren von Zügen und Autos oder wenn man beim Fahrradfahren aus dem Stand startet, recht gut gegeben. Im Physikraum kann man solche Bedingungen auf Luftkissenbahnen gut realisieren. Auf einem Luftkissen gleitet das Fahrzeug fast reibungsfrei. Durch aus einer kleinen Düse ausströmende Luft oder ein angehängtes Wägestück wird das Fahrzeug mit einer konstanten Kraft beschleunigt.

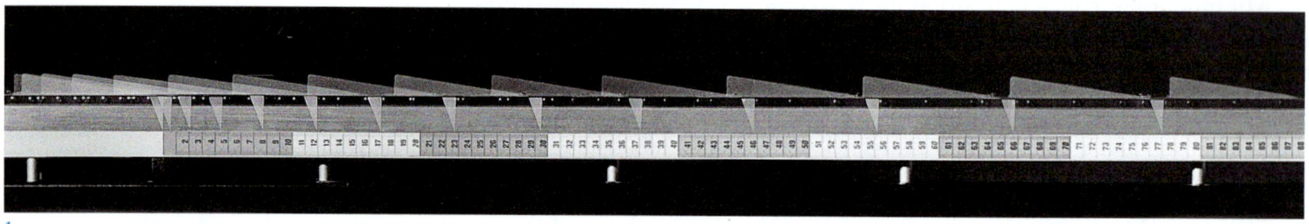

1

Der Wagen wird aus dem Stand beschleunigt; die Anfangsgeschwindigkeit beträgt 0 m/s. Der Meterstab ist so angelegt, dass der Wagen zur Zeit $t = 0$ s bei $s = 0$ m startet. (Blitzfolge: 0,6 s) ↑1
Die ermittelten Werte werden grafisch dargestellt. Die Kurve verläuft immer steiler. Daran erkennt man die ständige Zunahme der Geschwindigkeit. ↑2

Um zu ermitteln, wie die Geschwindigkeit zunimmt, sind weitere Messungen notwendig. Dazu lässt man den Wagen mehrere Male die gleiche Bewegung ausführen. Dabei wird an verschiedenen Stellen des Weges eine Lichtschranke aufgestellt. ↑3

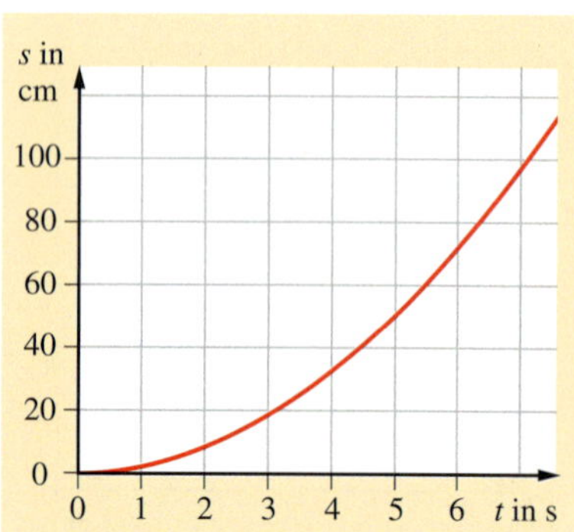


2 *t*-*s*-Diagramm

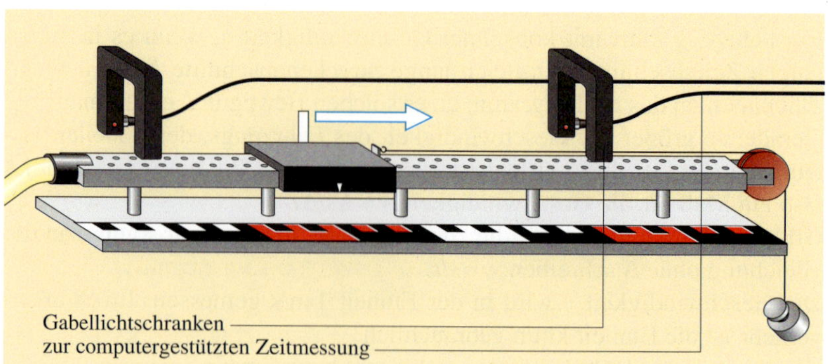


3 Experimentieranordnung

Man misst jeweils zwei Zeiten:
- die Zeit $t$, die der Wagen vom Start bis zur Lichtschranke benötigt, und
- die Zeit $\Delta t$, während der ein am Wagen befestigter Stab der Breite $\Delta s = 5{,}0\,\text{mm}$ die Lichtschranke unterbricht.

| $s$ in m | $t$ in s | $\Delta t$ in s | $v = \frac{\Delta s}{\Delta t}$ in m/s |
|---|---|---|---|
| 0 | 0 | 0 | 0 |
| 0,10 | 2,95 | 0,0735 | 0,068 |
| 0,20 | 4,06 | 0,0522 | 0,096 |
| 0,30 | 5,11 | 0,0427 | 0,117 |
| 0,40 | 5,89 | 0,0362 | 0,138 |
| 0,50 | 6,58 | 0,0322 | 0,155 |
| 0,60 | 7,22 | 0,0297 | 0,168 |
| 0,70 | 7,78 | 0,0272 | 0,184 |
| 0,80 | 8,34 | 0,0253 | 0,198 |

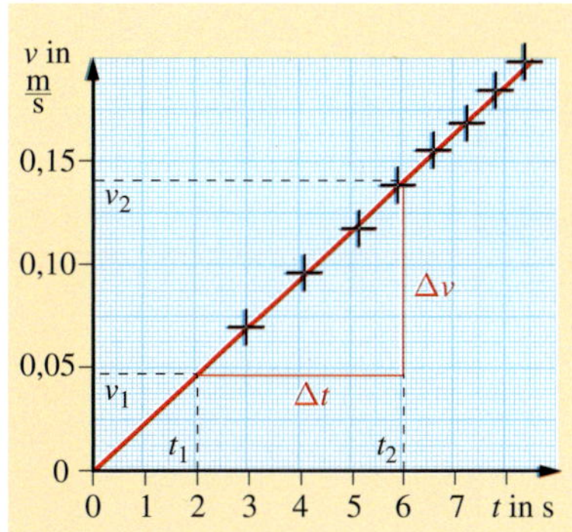


4 $t$-$v$-Diagramm

Als Ausgleichskurve ergibt sich eine Gerade durch den Ursprung. Die Geschwindigkeit wächst also proportional mit der Zeit. Wiederholt man das Experiment mit einer größeren Düse oder einem größeren Wägestück, wird der Wagen stärker beschleunigt. Im $t$-$v$-Diagramm ergibt sich wieder eine Gerade, aber die Steigung ist größer. Die Steigung der Geraden im $t$-$v$-Diagramm ist ein Maß für die Beschleunigung des Wagens. ↑4, 5

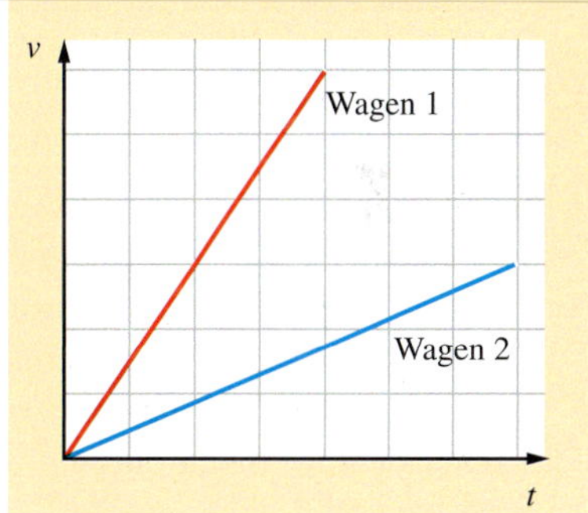


5 $t$-$v$-Diagramm für unterschiedliche Beschleunigungen

**Die Beschleunigung $a$ ist definiert als Quotient aus der Geschwindigkeitszunahme $\Delta v$ und der Zeitspanne $\Delta t$:**

$$a = \frac{v_2 - v_1}{t_2 - t_1} = \frac{\Delta v}{\Delta t}.$$

Wenn zur Zeit $t_1 = 0\,\text{s}$ die Geschwindigkeit $v_1 = 0\,\text{m/s}$ beträgt, kann man die Gleichung vereinfachen. Man erhält: $a = \frac{v}{t}$.

Bewegungen, bei denen die Geschwindigkeit in jeder Zeiteinheit um den gleichen Wert zunimmt, heißen gleichmäßig beschleunigte Bewegungen.

**Wird ein Körper durch eine konstante Kraft beschleunigt, so führt er eine gleichmäßig beschleunigte Bewegung aus.**

**Negative Geschwindigkeiten und Beschleunigungen** Bei einer anderen Darstellung der Bewegung eines Wagens ergibt sich ebenfalls eine Gerade im $t$-$v$-Diagramm. Die Werte für die Geschwindigkeit werden aber mit zunehmender Zeit immer kleiner, schließlich sogar negativ. ↑6

Der Wagen wird zunächst immer langsamer, bis er still steht. Danach setzt er sich in Gegenrichtung wieder in Bewegung. Negative Geschwindigkeiten ergeben sich bei Bewegungen gegen eine Richtung, die vorher als positiv festgelegt wurde.

Da die Gerade im $t$-$v$-Diagramm fällt, ist ihre Steigung negativ. Daher ist auch die Beschleunigung während der gesamten Zeit negativ. Zunächst bewegt sich der Körper in die positiv festgelegte Richtung und wird langsamer. Dann bewegt sich der Körper entgegen der als positiv festgelegten Richtung und wird schneller.

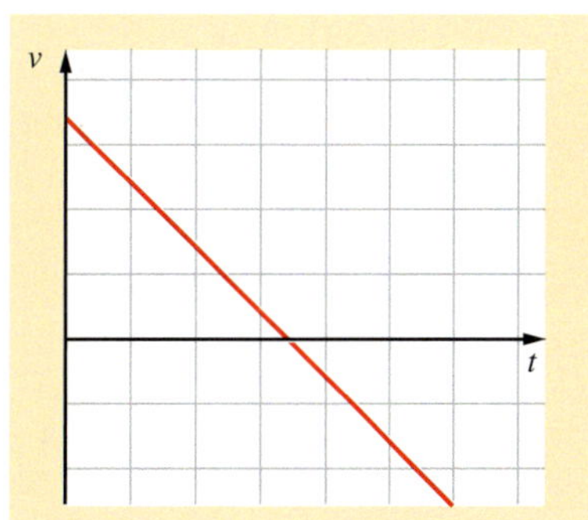


6 $t$-$v$-Diagramm mit negativer Steigung der Geraden

# Methode

## Berechnung durch Vergleich mit Flächeninhalten

Durch Umformen der Beziehung $a = v/t$ ergibt sich $v = a \cdot t$ als Geschwindigkeit-Zeit-Gesetz für die gleichmäßig beschleunigte Bewegung aus dem Stillstand. Wie hängen Weg und Zeit bei der gleichmäßig beschleunigten Bewegung zusammen?

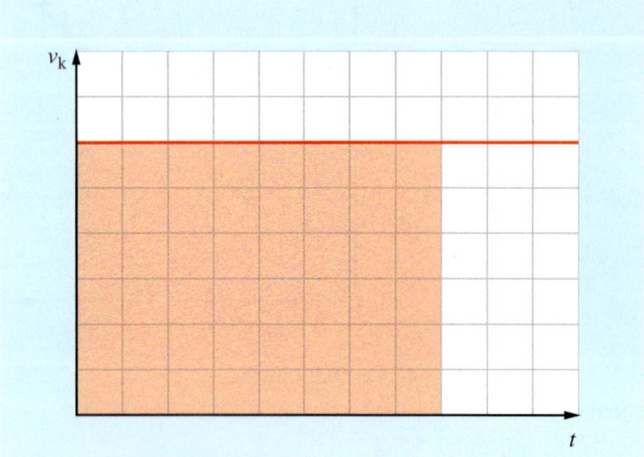


1 Gleichförmige Bewegung

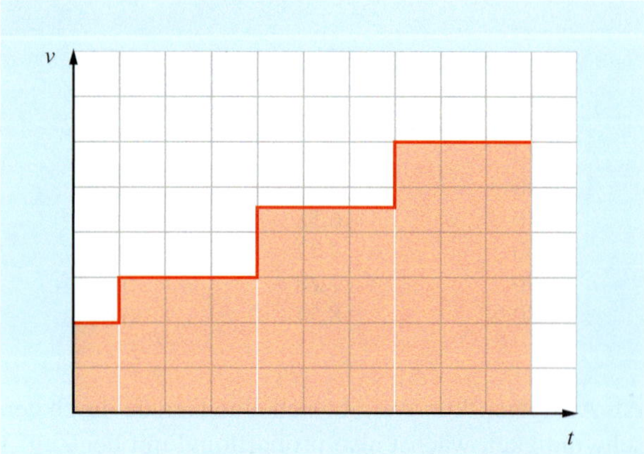


2 In jedem Abschnitt ist die Bewegung gleichförmig.

**1** *Vergleich mit gleichförmiger Bewegung*
Bei einer Bewegung mit konstanter Geschwindigkeit $v_k$ ergibt sich die zurückgelegte Strecke $s$ aus der Gleichung $s = v_k \cdot t$. Im Bild 1 ist zu erkennen, dass sich die Strecke $s$ auch aus der Fläche unter dem Graphen durch das Produkt der Maßzahlen von $v_k$ und $t$ ergibt. ↑1

**2** *Ableiten neuer Zusammenhänge*
Auch in Bild 2 stimmen für jeden Zeitabschnitt mit konstanter Geschwindigkeit die Maßzahlen der Fläche und für die in diesem Zeitabschnitt zurückgelegte Strecke überein. Daher müssen auch die Maßzahlen für die Gesamtfläche unter dem Streckenzug und für die gesamte zurückgelegte Strecke übereinstimmen. Das gilt auch dann, wenn sich die Geschwindigkeit noch viel öfter ändert. Wir gehen daher davon aus, dass auch dann die Maßzahlen für die Fläche unter dem $t$-$v$-Graph und die zurückgelegte Strecke übereinstimmen, wenn sich die Geschwindigkeit kontinuierlich ändert wie bei der gleichmäßig beschleunigten Bewegung. ↑3
Für die Fläche des Dreiecks gilt:

$$A = \frac{1}{2} \cdot t \cdot v = \frac{1}{2} \cdot t \cdot a \cdot t = \frac{1}{2} \cdot a \cdot t^2$$

Daher gilt auch für die zurückgelegte Strecke $s$ bei der gleichmäßig beschleunigten Bewegung aus dem Stillstand: $s = \frac{1}{2} \cdot a \cdot t^2$.

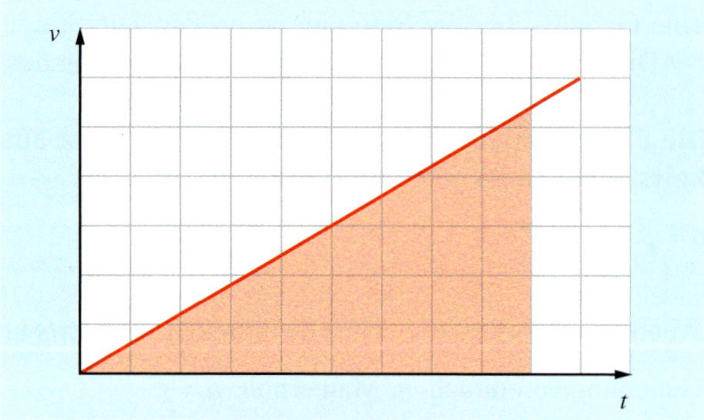


3 Gleichmäßig beschleunigte Bewegung

**3** *Zusammenfassung*
Gesetze für die gleichmäßig beschleunigte Bewegung aus dem Stillstand:

$$a = \text{konstant}; \; v = a \cdot t; \; s = \frac{1}{2} \cdot a \cdot t^2$$

Der $t$-$s$-Graph ist eine Parabel durch den Ursprung. Der $t$-$v$-Graph ist eine Gerade durch den Ursprung. Die Maßzahl des Flächeninhalts der Fläche unter der Kurve im $t$-$v$-Diagramm ist gleich der Maßzahl der zurückgelegten Strecke. Das gilt auch für beliebige Bewegungen.

*Für beliebige gleichmäßig beschleunigte Bewegungen* (die dann nicht aus dem Stillstand heraus erfolgen müssen), ist der $t$-$v$-Graph ein Teilstück einer beliebigen Gerade, die nicht durch den Ursprung gehen muss.

## Nachweis, dass eine Bewegung gleichmäßig beschleunigt ist

Für die in der Zeit $t$ zurückgelegte Strecke gilt:

$s = \frac{1}{2} \cdot a \cdot t^2$ (beim Start aus dem Stillstand).

Der Graph im $t$-$s$-Diagramm muss also eine Parabel ergeben. Der Graph in Bild 4 sieht tatsächlich wie der Teil einer Parabel aus. Allerdings kann man einer Kurve nicht mit Sicherheit ansehen, ob es eine Parabel ist oder nicht. Eine sichere Bestätigung erhält man, wenn man zu den $t$-Werten in der Tabelle die $t^2$-Werte berechnet und das $t^2$-$s$-Diagramm zeichnet. Wenn sich eine Gerade durch den Ursprung ergibt, liegt eine gleichmäßig beschleunigte Bewegung aus dem Stand vor. Die Steigung dieser Geraden beträgt $a/2$.
Aus der Steigung im $t^2$-$s$-Diagramm kann daher die Beschleunigung $a$ ermittelt werden. ↑5

Dazu wählt man einen Punkt auf der Geraden, der möglichst weit vom Ursprung entfernt ist. Für diesen Punkt berechnet man den Quotienten $\frac{2 \cdot s}{t^2}$ und erhält so den Wert für die Beschleunigung $a$.

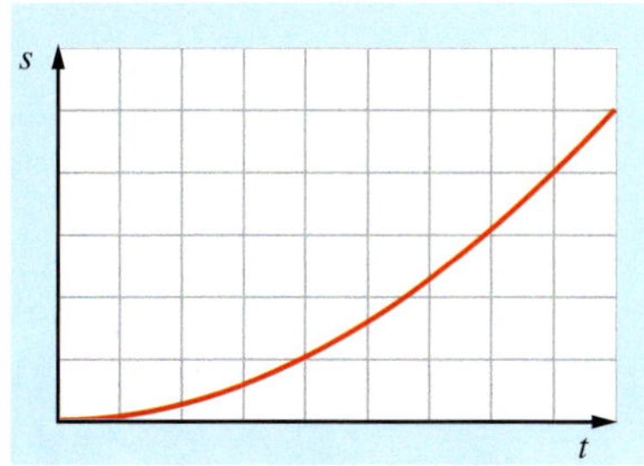

4

5

## Aufgaben

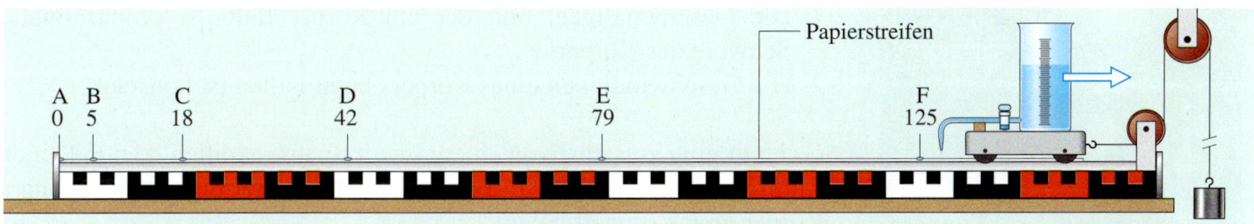

6

**1** Bei dem im Bild 6 dargestellten Experiment tropft das Wasser im 1-s-Takt. Zeichne das Zeit-Weg-Diagramm. Weise nach, dass es sich hier um eine gleichmäßig beschleunigte Bewegung handelt.

**2** Ein Auto fährt mit einer Geschwindigkeit von 60 km/h und beschleunigt dann 5 s lang mit $a = 2\,\text{m/s}^2$. Welche Geschwindigkeit erreicht das Auto?

**3** Welches Diagramm gehört zu einer gleichförmigen Bewegung und welches zu einer gleichmäßig beschleunigten Bewegung?
Begründe. ↑7

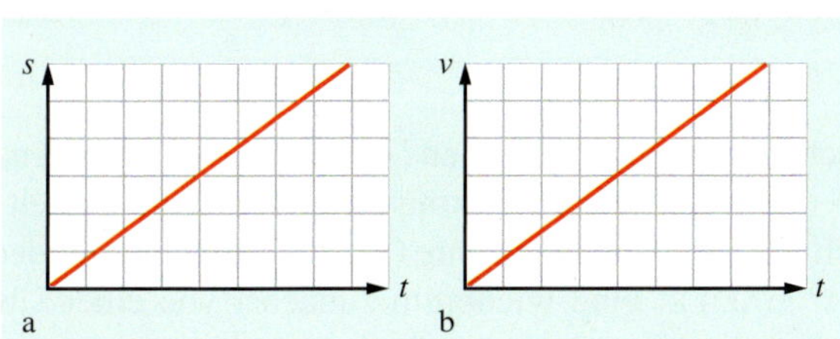

7

**4** Für das Hinabrollen einer Kugel auf einer geneigten Ebene ergeben sich folgende Messwerte:

| $t$ in s | 0 | 0,5 | 1,0 | 1,5 | 2,0 | 2,5 |
|---|---|---|---|---|---|---|
| $s$ in cm | 0 | 3,1 | 12,1 | 27,4 | 94,6 | 77,1 |

Weise zeichnerisch und rechnerisch nach, dass die Kugel eine gleichmäßig beschleunigte Bewegung ausführt.

**5** Die Beschleunigung eines beladenen Güterzuges beträgt $a = 0{,}1\,\text{m/s}^2$. Wie lange benötigt der Zug nach einem Halt, bis er eine Geschwindigkeit von 60 km/h erreicht hat? Welche Strecke hat er in dieser Zeit zurückgelegt?

**6** Ein Mofafahrer beschleunigt aus dem Stand 4 s lang gleichmäßig mit $a = 1{,}5\,\text{m/s}^2$. Welche Geschwindigkeit erreicht er? Welchen Weg legt er beim Beschleunigen zurück?

## *Aus der Geschichte* Der freie Fall

1 GALILEI untersucht die *verlangsamte Fallbewegung* einer Kugel

2 ARISTOTELES

Eine Watteflocke fällt viel langsamer zu Boden als ein Stein. Wie ist es aber, wenn ein Tischtennisball und ein Stein gleichzeitig fallen gelassen werden? ARISTOTELES und GALILEI hatten ganz verschiedene Ansichten darüber, wie Körper fallen.

ARISTOTELES' Lehre beruhte auf zwei Annahmen:

1. Die Geschwindigkeit mit der ein Körper fällt, ist proportional zur Schwere des Körpers.
2. Die Geschwindigkeit eines Körpers beim Fallen ist konstant.

GALILEI ging zunächst von einem Idealfall aus, nämlich dem Fallen ohne Luftreibung (freier Fall). Er behauptete, dass unter dieser Bedingung alle Körper gleich schnell fielen.

Solange die Luftreibung keine wesentliche Rolle spielt, würde die Abweichung vom Idealfall gering sein. Ein Stein wird also nach GALILEI nahezu in der gleichen Zeit von einem Turm zu Boden fallen wie ein gleich großes (mehr als doppelt so schweres) Eisenstück, beide werden die gleiche Fallbewegung ausführen. GALILEI ersann ein Gedankenexperiment, um ARISTOTELES' erste Annahme zu widerlegen:

GALILEIS Gedankenexperiment: Nach ARISTOTELES fällt ein leichter Stein langsamer als ein schwerer. In Gedanken werden beide Steine durch einen dünnen Faden verbunden. Einerseits muss der langsamere Stein den schnelleren in seiner Bewegung hemmen, beide zusammen sind also langsamer als der schwere Stein allein. Andererseits ist durch das Zusammenfügen der beiden Steine ein noch schwererer Körper entstanden, der schneller fallen müsste als jeder Stein einzeln. Aus der Annahme des ARISTOTELES ergibt sich also ein Widerspruch, daher muss diese Annahme falsch sein.

Ändert sich die Geschwindigkeit beim Fallen? Ein Stück Watte sinkt nach ganz kurzer Beschleunigungsstrecke mit konstanter Geschwindigkeit zu Boden. Erreicht auch ein Stein eine konstante Geschwindigkeit, mit der er dann zu Boden fällt? GALILEI ging wiederum zunächst von einer Überlegung aus, die sich auf die Überzeugung stützte, dass Naturgesetze einfach sind.

GALILEIS Überlegungen: Wenn ein Stein hochgeworfen wird, wird er langsamer bevor sich seine Bewegung umkehrt und er wieder zu Boden fällt. Nach GALILEIS Überzeugung muss die Abwärtsbewegung spiegelbildlich zur Aufwärtsbewegung erfolgen. Ein Stein ist also beim Fallen erst ganz langsam und wird dann immer schneller. Die Geschwindigkeitszunahme soll sich außerdem mit einfachen Gesetzen beschreiben lassen. Die Geschwindigkeit soll entweder auf gleichen Wegabschnitten oder in gleichen Zeitabschnitten um gleiche Beträge zunehmen. Die Annahme, dass die Geschwindigkeit in gleichen Wegabschnitten um gleiche Beträge wächst, lässt sich durch Messungen nicht bestätigen. Also müsste die Geschwindigkeit in gleichen Zeitabschnitten um gleiche Beträge wachsen. Das heißt, beim Fallen aus der Ruhelage heraus müsste die Geschwindigkeit proportional zur Zeit sein; $v \sim t$ oder $v(t) = a \cdot t$.
Damit kann sich GALILEI auch das Weg-Zeit-Gesetz der Fallbewegung überlegen. Wenn der Körper die Zeit $t$ aus der Ruhelage heraus fällt, hat er am Ende die Geschwindigkeit $a \cdot t$ erreicht. GALILEI leitet als Durchschnittsgeschwindigkeit in dieser Zeit den Wert $1/2 \cdot (a \cdot t)$ her. (Während der zweiten Hälfte der Zeit ist der Körper zwar schneller, aber dafür ist er während der ersten langsamer.) Für den zurückgelegten Weg ergibt sich somit $s(t) = 1/2 \cdot (a \cdot t^2)$. Der zurückgelegte Weg wächst nach diesen Überlegungen mit dem Quadrat der Zeit.

Er ließ es nicht bei den Überlegungen bewenden und begann systematische Experimente anzustellen, um die Überlegungen zu überprüfen. Für seine Zeit war das ein sehr ungewöhnliches Vorgehen, von den Anhängern des ARISTOTELES wurde es strikt abgelehnt.
Aber um große Geschwindigkeiten zu messen, wie sie beim Fall auftreten, fehlte ihm eine Uhr, mit der man auch kurze Zeiten messen konnte. Sonnenuhren und Räderwerke in Kirchtürmen waren dazu nicht geeignet. Zunächst nutzte GALILEI seinen Pulsschlag als Uhr. Man erzählt sich, er habe dann in einer Kirche das Pendeln eines Kerzenleuchters beobachtet, der an einem langen Seil hing. Mithilfe seines Pulsschlags fand er heraus, dass die Dauer eines Pendelschlags immer gleich groß ist und nicht davon abhängt, wie weit das Pendel schwingt. Damit konnte er das Pendel als Uhr einsetzen. Und noch eine andere Methode wurde von ihm zur Messung eingesetzt: Er füllte einen Eimer, in dem sich ein kleines Loch befand, mit Wasser. Das ausströmende Wasser wurde in einer Schale aufgefangen und mit einer Waage gewogen. Das Gewicht des ausgelaufenen Wassers diente als Maß für die verflossene Zeit.
Da mit diesen Methoden immer noch keine ganz kurzen Zeiten gemessen werden konnten, versuchte GALILEI das Fallen der Körper mit anderen ähnlichen, aber langsamer ablaufenden Vorgängen zu vergleichen. Er ließ eine Messingkugel immer und immer wieder eine hölzerne Rinne hinablaufen. Er veränderte auch die Neigung der Rinne. Bei allen Versuchen wurde das vermutete Weg-Zeit-Gesetz bestätigt. Daher gelangte er zu der Annahme, dass dieses Gesetz auch für große Neigungswinkel der Rinne, ja sogar für den Neigungswinkel 90° – also beim freien Fall – gilt. ↑1
Heute stehen uns sehr genaue Uhren für Kurzzeitmessungen zur Verfügung. Die Beschleunigung beim freien Fall kennzeichnet man mit dem Buchstaben $g$. Es gilt $g = 9{,}81\ \mathrm{m/s^2}$.

3 Historische Messinstrumente

**1** Im Gedankenexperiment von GALILEI ergibt sich auch dann ein Widerspruch zu ARISTOTELES, wenn man von zwei gleich schweren Körpern ausgeht, und sie zu einem doppelt so schweren Körper verbindet. Zeige diesen Widerspruch auf.

## *Aus dem Alltag* Beschleunigungen in der Umwelt

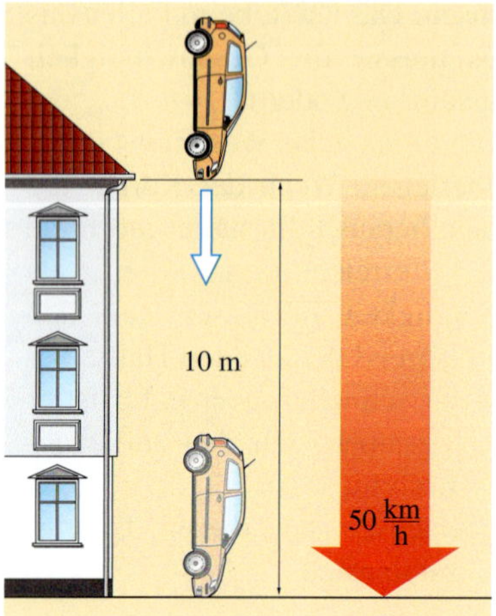

1

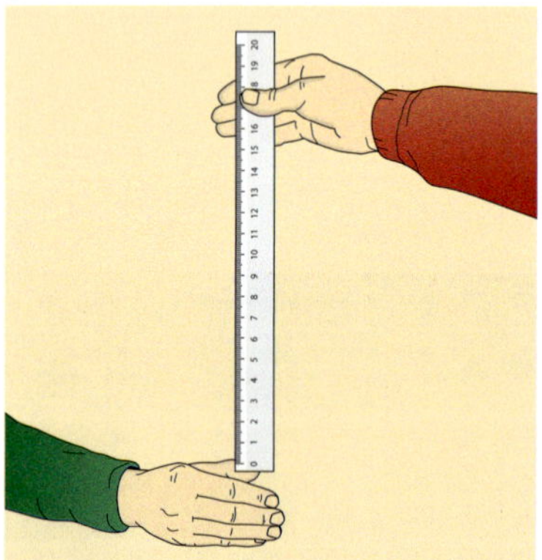
2

Bewegungen in unserer Umwelt sind in der Regel nicht gleichmäßig beschleunigt, aber oft lassen sich Bewegungsabschnitte näherungsweise als gleichmäßig beschleunigt auffassen.
Das Fallen eines Körpers gehört zu den gleichmäßig beschleunigten Bewegungen, solange die Luftreibung vernachlässigbar gering ist.
Die Fallbewegung kann dazu dienen, die Gefährlichkeit des Aufpralls eines Autos auf ein Hindernis bei einer Geschwindigkeit von 50 km/h zu demonstrieren. Wird das Auto aus 10 m Höhe fallen gelassen, prallt es gerade mit einer Geschwindigkeit von 50 km/h auf die Erde. Diese Demonstration lässt erkennen, mit welcher Wucht sich ein Unfall bei 50 km/h abspielt. ↑1

Wenn man die Fallbeschleunigung kennt, kann man mit einem einfachen Verfahren Reaktionszeiten bestimmen. Man benötigt dazu nur ein Lineal. Das Lineal wird so gehalten, dass sich die 0-Marke zwischen den Fingern der Testperson befindet. Ohne Ankündigung wird das Lineal losgelassen. Die Testperson versucht – so schnell wie möglich – das Lineal mit den Fingern festzuhalten. Aus der Strecke, um die das Lineal gefallen ist, lässt sich die Reaktionszeit bestimmen. ↑2

Bild 3 zeigt das Zeit-Geschwindigkeit-Diagramm einer Autofahrt. Der Fahrer versuchte, sein Auto in möglichst kurzer Zeit aus dem Stand auf 100 km/h zu beschleunigen. Die Bewegung ist nicht gleichmäßig beschleunigt. Einzelne Teilstücke der Kurve können aber ziemlich gut durch Geradenstücke ersetzt werden. Für diese Abschnitte können wir die Bewegung als gleichmäßig beschleunigt ansehen.
Auf kurzen Strecken kann man auch bei anderen Fahrzeugen davon ausgehen, dass die Beschleunigung konstant ist.

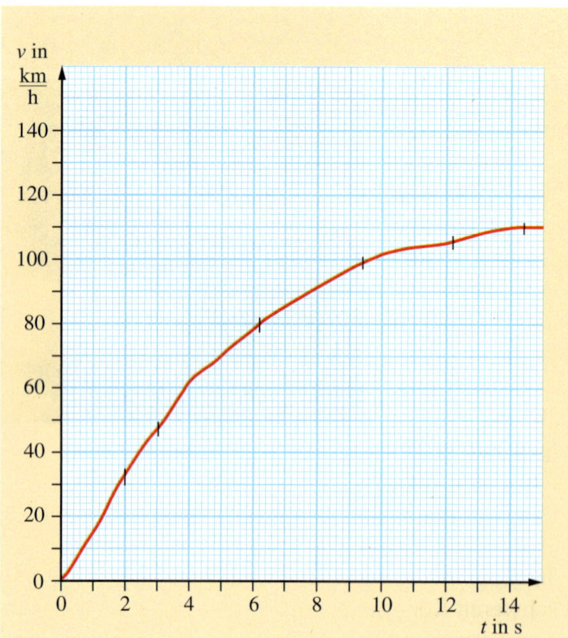

3

| Typische Beschleunigungswerte | |
|---|---|
| Anfahren eines ICE-3-Zugs | $0{,}86\,m/s^2$ |
| Start eines Verkehrsflugzeugs | $2{,}9\,m/s^2$ |
| Anfahren einer U-Bahn | $0{,}6\,m/s^2$ |
| Anfahren eines Mittelklasse-Autos | $3{,}0\,m/s^2$ |
| Rennwagen | $8{,}0\,m/s^2$ |
| Geschoss im Lauf | $500\,000\,m/s^2$ |

1 Rechne nach, ob ein Auto beim freien Fall aus 10 m Höhe tatsächlich eine Geschwindigkeit von 50 km/h erreicht.

2 Ermittle aus Bild 3 die Beschleunigungen während der Abschnitte, in denen man die Beschleunigung als konstant ansehen kann. ↑3

3 Bestimmt eure Reaktionszeiten mit der oben beschriebenen Methode. ↑2
(Die Reaktionszeit gilt nur für Ereignisse, bei denen man weiß, was passieren wird. Bei unvorhergesehenen Ereignissen ist sie wesentlich länger.)

## *Aus dem Alltag* Bremsen – eine besondere Beschleunigung

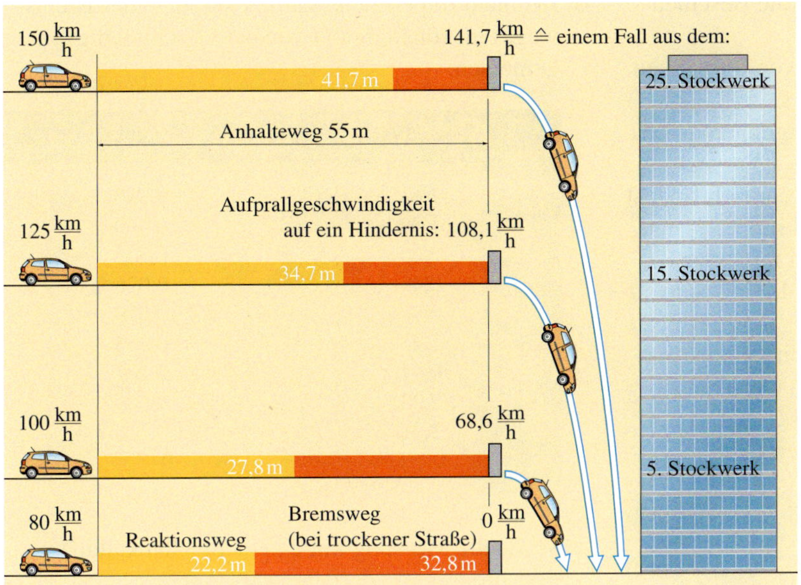


4

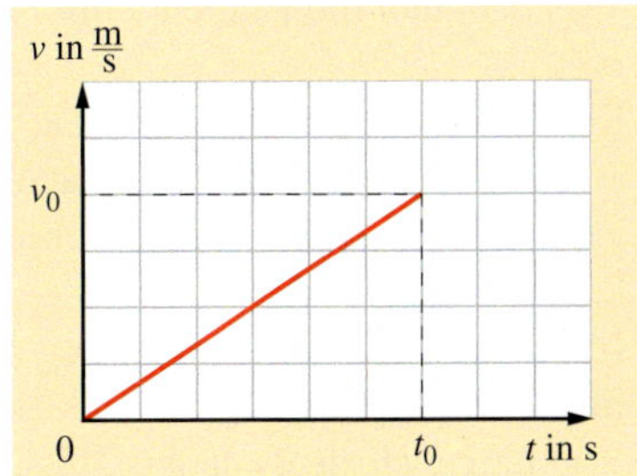


5

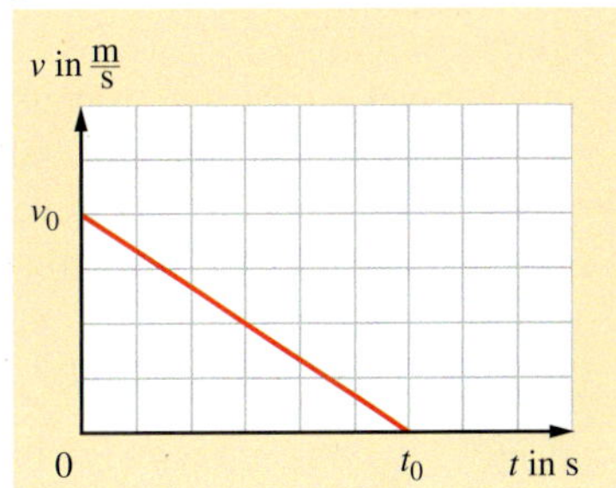


6

Bild 4 zeigt ganz unten ein Auto, das mit 80 km/h fährt. Der Fahrer bemerkt ein Hindernis auf der Straße, als er noch 55 m von dem Hindernis entfernt ist. Er schafft es gerade, das Auto vor dem Hindernis abzubremsen. Von dem gesamten Anhalteweg entfallen 22,2 m auf den Reaktionsweg und 32,8 m auf den Bremsweg. Darüber wird gezeigt, was passiert, wenn das Auto nur 20 km/h schneller unterwegs ist, also mit 100 km/h gefahren wird. Das Auto prallt mit einer Geschwindigkeit von 68,6 km/h auf das Hindernis. Diese Aufprallgeschwindigkeit wird beim freien Fall aus dem 6. Stockwerk eines Hochhauses erreicht. Je schneller das Auto fährt, desto größer ist die Aufprallgeschwindigkeit auf das Hindernis.
In Bild 4 wird von einer Reaktionszeit von 1 s ausgegangen. Das ist die Zeit vom Erkennen des Hindernisses bis zum Ansprechen der Bremsen. Ferner wird angenommen, dass die Beschleunigung beim Bremsen $-0{,}75 \cdot g$ beträgt. Sowohl Reaktionszeit als auch Bremsbeschleunigung sind aus der Erfahrung heraus gewonnen. Als Höhe eines Stockwerks werden 3 m angesetzt. ↑4

Die Bilder 5 und 6 zeigen $t$-$v$-Diagramme zweier Fahrzeuge. Das erste Fahrzeug beschleunigt gleichmäßig aus dem Stillstand bis zur Geschwindigkeit $v_0$. Das zweite Fahrzeug bremst in gleicher Zeit $t_0$ mit konstanter Beschleunigung von der Geschwindigkeit $v_0$ bis zum Stillstand. 5, 6

Für das erste Fahrzeug gilt: $v_0 = a \cdot t_0$ und $s_0 = \frac{1}{2} a \cdot t_0^2$.
Aus der ersten Gleichung folgt $t_0 = \frac{v_0}{a}$. Setzt man diesen Wert in die zweite Gleichung ein, erhält man:
$s_0 = \frac{1}{2} a \cdot t_0^2 = \frac{1}{2} a \cdot \left[\frac{v_0}{a}\right]^2 = \frac{v_0^2}{2a}$
Da die Flächen unter den Graphen in den Bildern 5 und 6 gleich groß sind, gilt auch für den Bremsweg $s_B$ eines Fahrzeugs, das von der Geschwindigkeit $v_0$ bis zum Stillstand abbremst: $s_B = \frac{v_0^2}{-2a}$. Im Nenner steht $-a$, da $a$ für das Fahrzeug im unteren Bild einen negativen Wert besitzt.
*Wichtig:* Der Bremsweg wächst mit dem Quadrat der Anfangsgeschwindigkeit. Für ein Fahrzeug ist der Bremsweg bei einer Geschwindigkeit von 100 km/h 4-mal so lang wie bei einer Geschwindigkeit von 50 km/h.

| | |
|---|---|
| Vollbremsung eines Autos | bis $-7{,}5\,m/s^2$ |
| Vollbremsung eines Fahrrads | $-2{,}5\,m/s^2$ |
| Vollbremsung eines Personenzugs | bis $-1{,}0\,m/s^2$ |

**1** Für Autobahnfahrten empfiehlt die Polizei als Sicherheitsabstand die halbe Tachoanzeige in Metern, bei 100 km/h also 50 m. Reichen 50 m Abstand, wenn das vorausfahrende Auto auf ein Hindernis prallt und zum Stehen kommt? Erläutere, wie es zu Serienunfällen kommt.

## Aufgaben

**1** Was bedeutet die Einheit 1 m/s$^2$ für die Beschleunigung?

**2** Ein Rennwagen beschleunigt in 3 s von 0 km/h auf 100 km/h, ein Pkw braucht dazu 10 s.
Berechne die (mittleren) Beschleunigungen der beiden Fahrzeuge.

**3** In Science-Fiction-Filmen fliegen Raumschiffe fast mit Lichtgeschwindigkeit (300 000 km/s).
Wie lange würde es dauern, bis man mit einer Beschleunigung von 10 m/s$^2$ die halbe Lichtgeschwindigkeit erreicht hat?

**4** Mit einer elektronischen Stoppuhr wird eine Messreihe aufgenommen. Die Uhr startet, wenn die Eisenkugel die Haltevorrichtung verlässt, und stoppt, wenn sie das Ende der Messstrecke erreicht.

| $s$ in mm | 0 | 100 | 200 | 300 | 400 | 500 | 600 | 700 | 800 |
|---|---|---|---|---|---|---|---|---|---|
| $t$ in ms | 0 | 144 | 203 | 249 | 288 | 321 | 352 | 380 | 406 |

Zeichne das $t$-$s$- und das $t^2$-$s$-Diagramm.

**5** Bild 1 stellt den Bewegungsablauf eines Fahrzeugs dar. Erläutere die einzelnen Phasen der Bewegung. Zeichne das $t$-$v$-Diagramm. ↑1

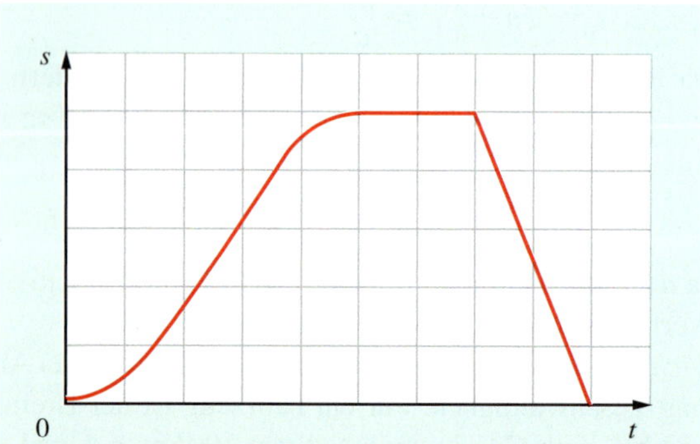

1

**6** Fallschirmspringer landen mit einer Geschwindigkeit von 15 km/h. Aus welcher Höhe müssen sich Fallschirmspringer (ohne Fallschirm) fallen lassen, um eine solche Landung zu üben?

**7** Bestimme die Beschleunigung aus der Stroboskopaufnahme (Blitzfolge: 0,4 s). ↑2

**8** In einem Experiment wurde die Länge des Bremsweges in Abhängigkeit von der Geschwindigkeit gemessen:

| $v$ in m/s | $s_B$ in m |
|---|---|
| 1,61 | 0,310 |
| 1,39 | 0,260 |
| 2,05 | 0,503 |
| 0,43 | 0,028 |
| 0,77 | 0,070 |
| 1,43 | 0,263 |
| 0,91 | 0,105 |
| 2,23 | 0,600 |
| 1,28 | 0,208 |
| 0 | 0 |

a Werte die Messung mit einem Tabellenkalkulationsprogramm oder einem GTR aus.
b Formuliere das Ergebnis des Experiments.
c Welche Schlussfolgerungen kannst du aus diesem Ergebnis für das Verhalten im Straßenverkehr ziehen?

**9** Betrachte das $t$-$v$-Diagramm der dargestellten Bewegung. ↑3

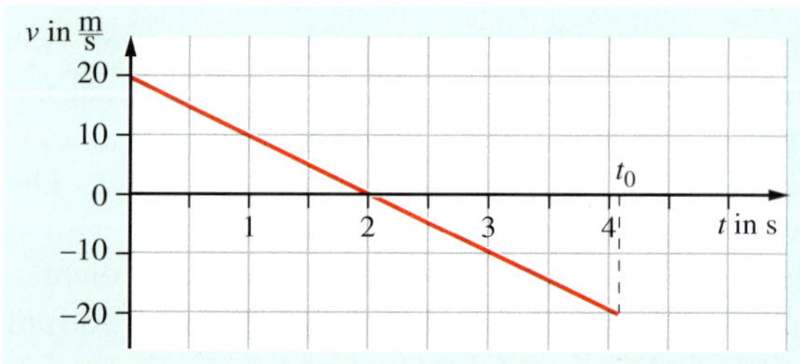

3

a Interpretiere den Bewegungsvorgang. Was bedeutet es, dass der Geradenabschnitt eine negative Steigung hat? Was bedeutet es, wenn die Geschwindigkeitswerte negativ werden?
b Wo tauchen ähnliche Bewegungsvorgänge in unserer Umwelt auf?
c Wie weit ist der Körper zum Zeitpunkt $t_0$ vom Startpunkt entfernt?

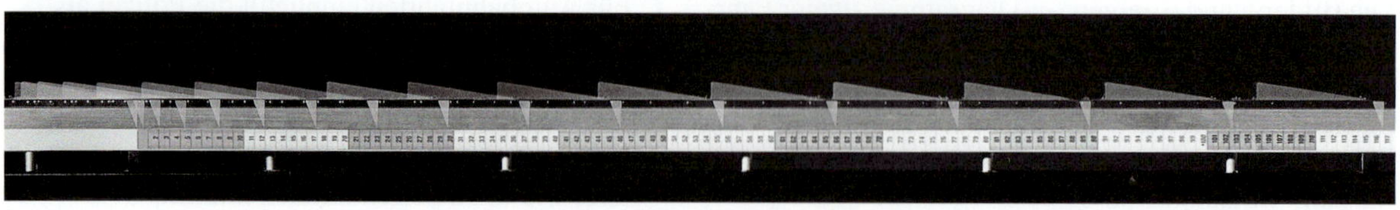
2

**Änderung der Bewegungsenergie** Um mechanische Energie zu übertragen, sind Kraft und Bewegung erforderlich. Um viel mechanische Energie $\Delta E$ auf kurzer Strecke $\Delta s$ zu übertragen, ist eine große Kraft $F$ erforderlich:

$F = \frac{\Delta E}{\Delta s}$.

**Beschleunigung** Wenn sich die Geschwindigkeit $v$ eines Körpers im Zeitabschnitt $\Delta t$ um den Betrag $\Delta v$ ändert, beträgt die mittlere Beschleunigung $a$ in diesem Zeitabschnitt: $a = \Delta v / \Delta t$. Wenn $\Delta t$ genügend klein ist, kann der Quotient als momentane Beschleunigung angesehen werden.

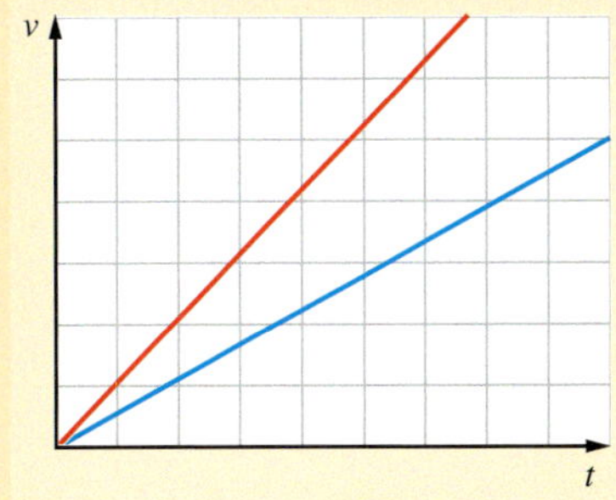

4

**Gleichmäßig beschleunigte Bewegungen** Wenn auf einen Körper eine konstante Kraft wirkt, führt er eine gleichmäßig beschleunigte Bewegung aus. Die Geschwindigkeit wächst in gleichen Zeiten um gleiche Beträge. Im $t$-$v$-Diagramm ergibt sich eine Gerade. ↑4

Wird ein Körper aus der Ruhe bei $s = 0$ zum Zeitpunkt $t = 0$ gestartet, gilt bei der gleichmäßig beschleunigten Bewegung:

$s \sim t^2$; $(s = \frac{1}{2} \cdot a \cdot t^2)$ und $v \sim t$; $(v = a \cdot t)$

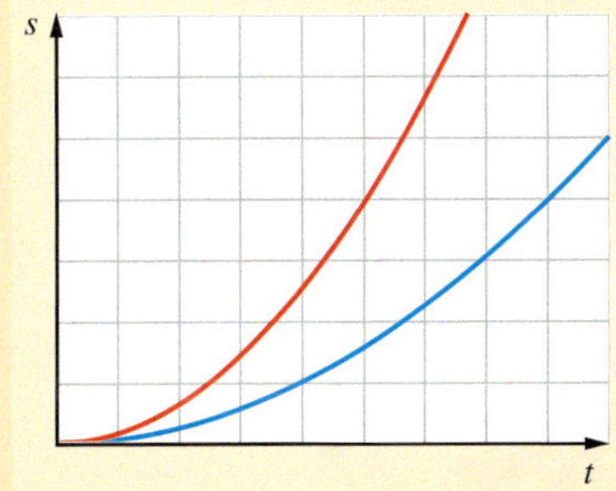

5

**Der freie Fall** Auf einen Körper an der Erdoberfläche wird die Gewichtskraft mit 9,81 N pro Kilogramm ausgeübt. Beim freien Fall werden keine weiteren Kräfte ausgeübt. Im Vakuum führt ein frei fallender Körper eine gleichmäßig beschleunigte Bewegung aus.

Der Fall in Luft ist kein freier Fall. Bei genügend großer Fallstrecke stellt sich ein Kräftegleichgewicht zwischen Reibungskraft und Gewichtskraft ein. Der Körper bewegt sich dann mit einer konstanten Geschwindigkeit.

## Alles klar?

**1** Überlege dir ein Messverfahren, mit dem du die mittlere Beschleunigung eines anfahrenden Zugs oder einer U-Bahn bestimmen kannst. Wie kann man prüfen, ob die Beschleunigung konstant ist?

**2** Bei einem Unfall prallt ein Auto mit einer Geschwindigkeit von 50 km/h auf ein festes Hindernis. Durch Verformung der Knautschzone ergibt sich ein Bremsweg von 40 cm für das Auto. Durch die Dehnung des Sicherheitsgurts vergrößert sich dieser Weg für die Insassen um 20 cm. Berechne die mittlere Beschleunigung (Verzögerung) der Insassen.

**3** Bild 6 zeigt das $t$-$v$ Diagramm eines Bewegungsvorgangs.

a Beschreibe den Bewegungsvorgang mit Worten.

b Berechne die insgesamt zurückgelegte Strecke.

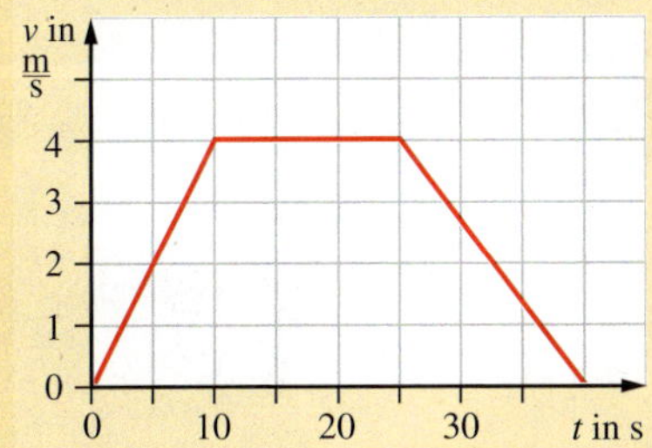

6

# Kraft und Beschleunigung

Der Airbag kann Leben retten. Er darf aber nur auslösen, wenn es zum Unfall kommt. Es muss also eine technische Vorrichtung – ein Messgerät oder einen Sensor – geben, die einen schweren Auffahrunfall von plötzlichen heftigen Bremsmanövern und leichten Unfällen beim Einparken unterscheiden kann.

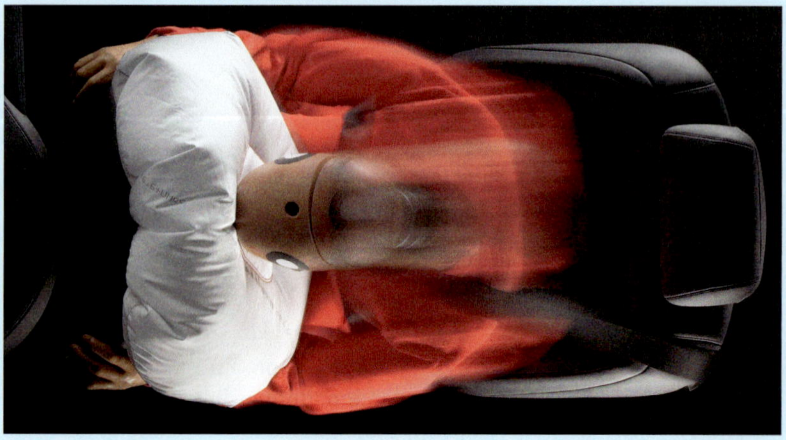

1

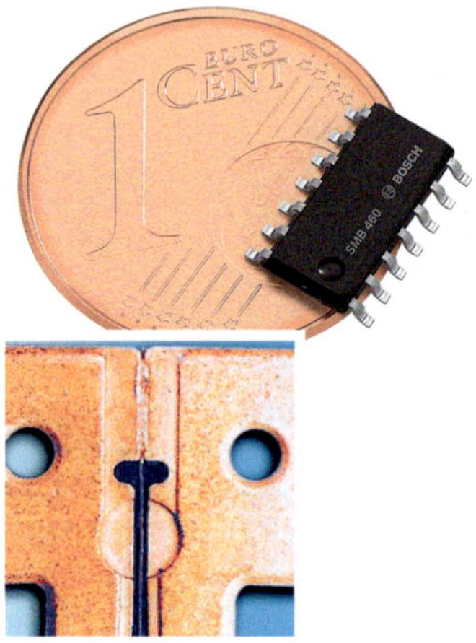


2 Beschleunigungssensor

Bremsmanöver und Auffahrunfall unterscheiden sich durch die Beträge der auftretenden Beschleunigungen. Der Betrag der Beschleunigung ist bei einem Auffahrunfall deutlich größer als bei einem Bremsmanöver. Die Geräte sind daher so konstruiert, dass es einen bestimmten Wert für den Betrag der Beschleunigung gibt, ab dem der Airbag ausgelöst wird. Dazu gibt es Beschleunigungssensoren. ↑2

Um ihre Wirkungsweise zu verstehen, müssen wir berücksichtigen, dass Körper nur beschleunigt werden, wenn eine Kraft auf sie ausgeübt wird. Tatsächlich sind Beschleunigungssensoren genau genommen Kraftmessgeräte. Im Sensor befindet sich ein kleiner Messkörper. Es wird die Kraft gemessen, die nötig ist, diesen Messkörper zu beschleunigen. Die Werte für die gemessene Kraft werden durch die eingebaute Elektronik automatisch in Messwerte für die Beschleunigung umgerechnet. Um solche Sensoren bauen zu können, muss also der Zusammenhang zwischen der auf einen Körper ausgeübten Kraft und seiner Beschleunigung bekannt sein.

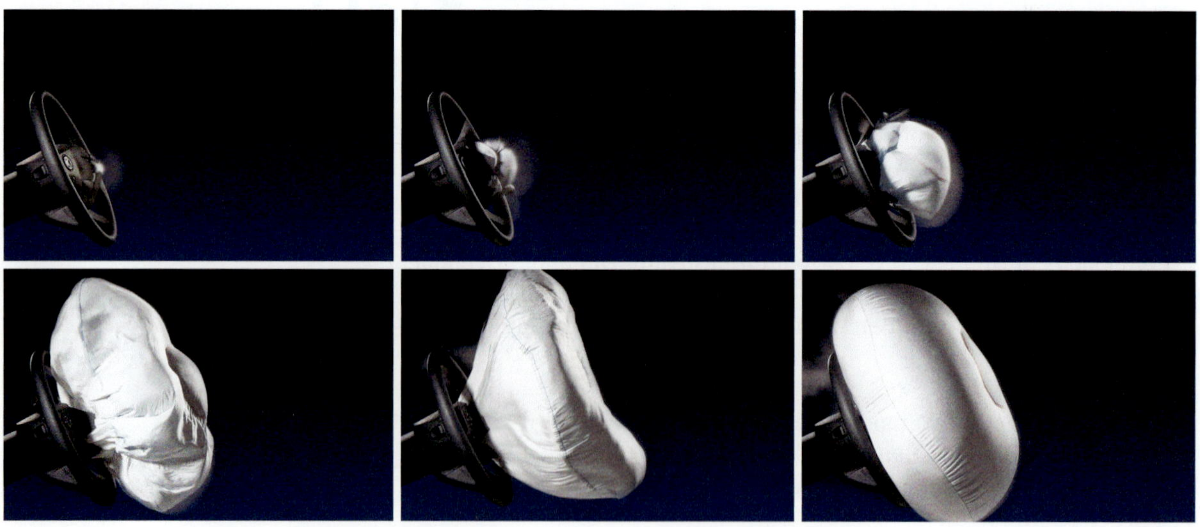

3 Auslösen eines Airbag

## Experimente

**1 Fahrradbeschleunigungen**
Im Experiment 1 auf Seite 191 habt ihr bereits Fahrradbeschleunigungen bestimmt.
Wovon hängt es nun ab, wie schnell man mit dem Fahrrad beschleunigen kann?
Messt auf dem Schulhof oder einem anderen freien Platz wieder eine ca. 25 m lange gerade, ebene Strecke ab, die eine genügend lange Auslaufstrecke besitzt, auf der gefahrlos abgebremst werden kann. Ermittelt die Zeit, die Schüler brauchen, um diese Strecke bei Start aus dem Stillstand zurückzulegen. Damit das Experiment ungefährlich bleibt und die erreichte Geschwindigkeit nicht zu hoch wird, solltet ihr ein Fahrrad mit Gangschaltung verwenden und von Anfang an einen großen Gang einlegen.

a Messt die Zeiten, die von verschiedenen Schülerinnen und Schülern erreicht werden und berechnet daraus die mittleren Beschleunigungen.

b Das Experiment wird wiederholt, wobei ein Schüler auf dem Gepäckträger Platz nimmt.

c Wovon hängt es ab, welche mittlere Beschleunigung jeweils erreicht wird?

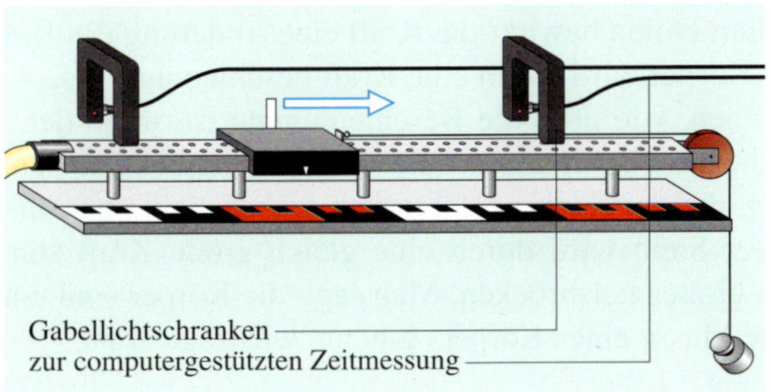

4

**2 Beschleunigung auf der Luftkissenbahn**
Ein Schlitten auf der Luftkissenbahn soll durch Wägestücke beschleunigt werden. ↑4
Da die Wägestücke an einem Faden hängen, der über eine Umlenkrolle läuft und am Schlitten befestigt ist, wird nicht nur der Schlitten beschleunigt. Auch der Faden, die Umlenkrolle und die Wägestücke werden beschleunigt. Hängt man ein zusätzliches Wägestück an den Faden, so verändert man die Masse, die beschleunigt wird. Man legt deshalb am Anfang mehrere Stücke auf den Schlitten. Wenn man dann ein Wägestück vom Schlitten nimmt und an den Faden hängt, ändert man zwar die beschleunigende Kraft, aber nicht die beschleunigte Masse.

a Ermittle durch Messung von Weg und Zeit die Beschleunigung. Führe die Messungen für verschiedene beschleunigende Kräfte durch. Notiere auch die (konstante) beschleunigte Masse.

| $F$ in N | $s$ in m | $t$ in s | $a$ in m/s$^2$ |
|---|---|---|---|
| ? | ? | ? | ? |

b Untersuche experimentell, wie die Beschleunigung von der beschleunigten Masse abhängt. Die beschleunigende Kraft muss konstant bleiben. Verändere nur die Masse des Schlittens durch Auflegen von Platten. Notiere die Messwerte in einer Tabelle.

| $m$ in kg | $s$ in m | $t$ in s | $a$ in m/s$^2$ |
|---|---|---|---|
| ? | ? | ? | ? |

## Probier 's mal!

**1 Eine Luftblase als Beschleunigungsmesser**
Mit diesem Spielzeug kannst du einen Beschleunigungsmesser bauen. Wichtig ist die kleine Luftblase in der Glasglocke. ↑5
Wo befindet sich die Luftblase, wenn sich die Glocke mit konstanter Geschwindigkeit bewegt? Wo befindet sie sich, wenn die Glocke beschleunigt wird?

5

**2 Beschleunigungsmesser**
Wie verhält sich das Massestück, wenn das Fahrzeug mit konstanter Geschwindigkeit fährt? ↑6
Wie verhält es sich, wenn die Geschwindigkeit erhöht oder verringert wird? Versuche das Messgerät nachzubauen und überprüfe deine Antworten experimentell.

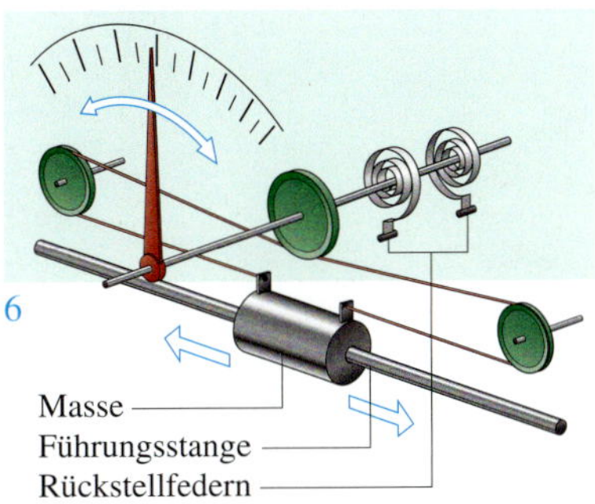

6

## GRUNDLAGEN: Kraftmessung – Grundgleichung der Mechanik

1

2

3

In all den dargestellten Fällen bewirkt die Kraft eine Änderung des Bewegungszustands: Ein Körper wird durch eine Kraft beschleunigt. ↑1, 2, 3
Um angeben zu können, wie groß die Beschleunigung ist, muss der Zusammenhang zwischen der Kraft und der Beschleunigung bekannt sein.
Die Beschleunigung, die ein Körper erfährt, hängt aber nicht nur von der Kraft ab: Ein kleiner Stein wird durch eine gleich große Kraft stärker beschleunigt als ein großer Felsbrocken. Man sagt, die Körper sind unterschiedlich träge. Die Masse eines Körpers gibt an, wie träge er ist.

**Die Beschleunigung eines Körpers hängt also von der Kraft auf den Körper und von seiner Masse ab.**

Misst man experimentell die Beschleunigung eines Körpers in Abhängigkeit von der Kraft und lässt dabei die beschleunigte Masse konstant, so erhält man stets ein Ergebnis, wie es in Bild 4 dargestellt ist. Es zeigt sich, dass $a \sim F$ gilt. ↑4

**Die Beschleunigung *a* eines Körpers ist proportional zur Kraft auf den Körper, wenn die Masse des Körpers konstant ist.**

Lässt man die Kraft konstant und untersucht den Zusammenhang von Beschleunigung und Masse des beschleunigten Körpers, erhält man Ergebnisse, wie sie in Bild 5 dargestellt sind. Die Kurve im Diagramm könnte der Graph eines antiproportionalen Zusammenhangs sein. Um das zu überprüfen, trägt man in einem anderen Diagramm $a$ gegen $1/m$ auf. Tatsächlich ergibt sich eine Nullpunktsgerade. ↑5, 6

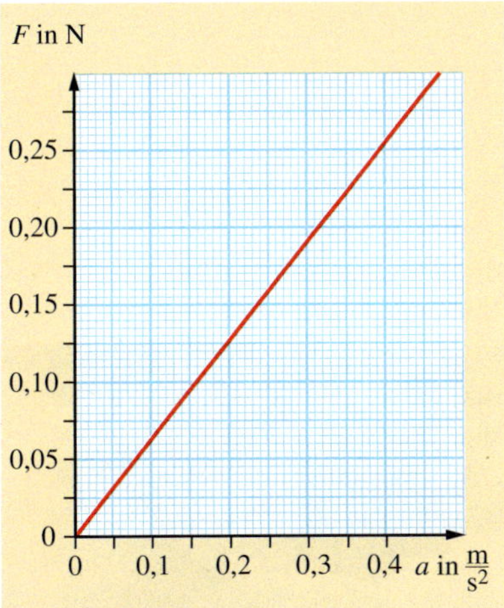


4 Beschleunigung durch verschiedene Kräfte ($m$ = konstant)

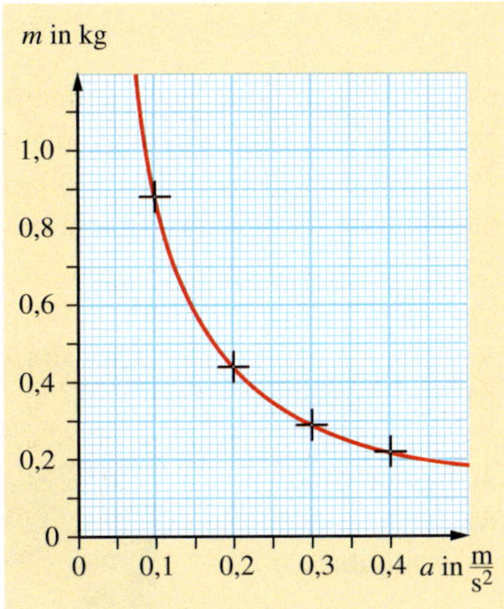


5 Beschleunigung verschiedener Massen ($F$ = konstant)

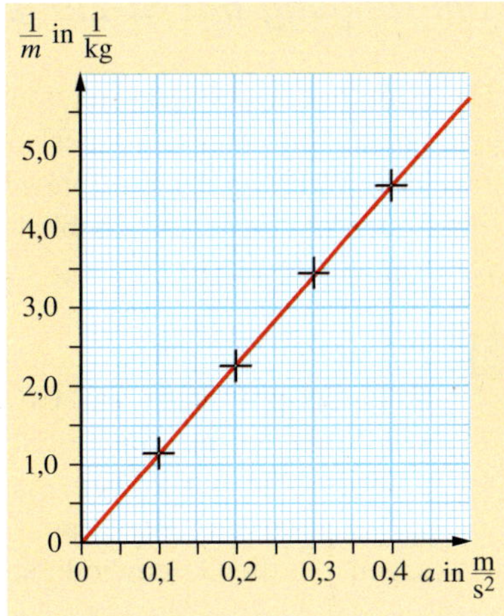


6 Überprüfen der Proportionalität $1/m \sim a$ ($F$ = konstant)

Damit konnte bestätigt werden:

**Die Beschleunigung $a$ ist antiproportional zur Masse $m$, wenn die Kraft auf den Körper konstant ist.**

Die beiden Beziehungen $a \sim F$, wenn $m$ = konstant und $a \sim 1/m$, wenn $F$ = konstant können zu einer Beziehung zusammengefasst werden: $a \sim F/m$.
Man kann diese Beziehung überprüfen, indem die Wertepaare für $a$ und $F/m$ in ein Diagramm eingetragen werden. Für die Messungen ergibt sich dann das Diagramm in Bild 7.
Die Beziehung $a \sim F/m$ kann man umformen: $F \sim m \cdot a$.

Der Quotient aus $F$ und $m \cdot a$ ist konstant und hat bei allen Messungen ziemlich genau den Wert $1\,\text{N}/(1\,\text{kg} \cdot \text{m/s}^2)$. Dieser Zahlenwert ist kein Zufall. Wegen der Proportionalität von $F$ und $m \cdot a$ kann man Kräfte messen, indem man das Produkt $m \cdot a$ misst. Als Einheit der Kraft hat man die Kraft gewählt, die einem Körper der Masse 1 kg eine Beschleunigung von $1\,\text{m/s}^2$ verleiht. Diese Kraft hat man 1 N genannt. Also gilt definitionsgemäß: $1\,\text{N} = 1\,\text{kg} \cdot \text{m/s}^2$. Misst man bei einem Körper von 2 kg Masse eine Beschleunigung von $3\,\text{m/s}^2$, so wurde diese Beschleunigung durch eine Kraft von $6\,\text{kg} \cdot \text{m/s}^2$ oder 6 N hervorgerufen. Misst man die Kraft in dieser so festgelegten Einheit, stimmen die beiden Seiten der Proportionalitätsbeziehung also immer zahlenmäßig überein.
Es gilt: $F = m \cdot a$.

**Um einen Körper mit der Masse $m$ die Beschleunigung $a$ zu erteilen ist eine Kraft $F$ nötig. Es gilt die Beziehung $F = m \cdot a$.**

Diese Gleichung wird als **Grundgleichung der Mechanik** bezeichnet. Diese Gleichung ist von großer Bedeutung, da sie es ermöglicht, Bewegungsvorgänge vorherzusagen. Bei der Beschreibung der Grundzusammenhänge der Mechanik durch NEWTON taucht sie an zweiter Stelle auf. Daher nennt man sie auch 2. newtonsches Axiom.

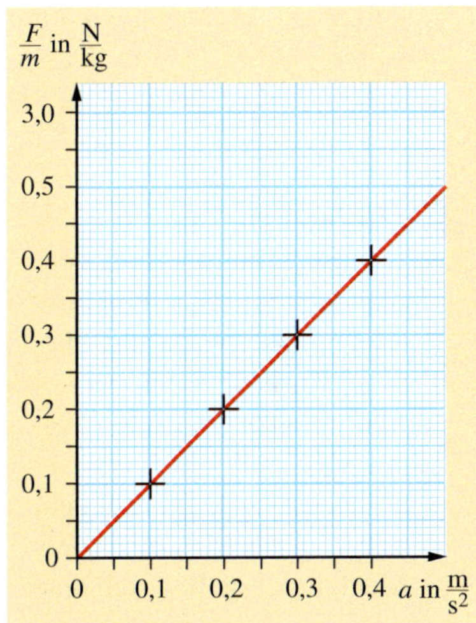


7 Überprüfen der Proportionalität $F/m \sim a$

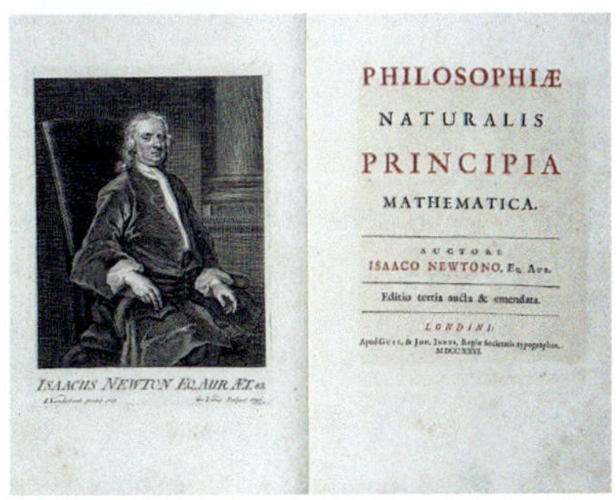


8 ISAAC NEWTON (1643–1727)

# Methode

## Vom Umgang mit SI-Einheiten

„Das Auto hat 50 000 gekostet.“ Dieser Aussage kann man nicht entnehmen, ob das Auto nun sehr teuer oder sehr billig war. Das hängt davon ab, in welcher Währung der Kaufpreis bezahlt wurde. Zwischen Euro, Dollar, Rubel oder Yen bestehen erhebliche Unterschiede. Die Währung legt die „Geldeinheit“ fest.

**1** *Physikalische Größen und ihre Einheiten*
Auch bei physikalischen Größen ist die Angabe von Einheiten notwendig. „Ich habe einen Bußgeldbescheid bekommen, weil ich in der Stadt 20 gefahren bin.“ Das könnte ein Wissenschaftler sagen, der die Geschwindigkeit in m/s angibt.

**2** *Sinnvolle Einheiten*
Die Wahl der Einheit hängt immer davon ab, um welche Bewegung (welchen physikalischen Vorgang) es geht und für welchen Personenkreis die Information bestimmt ist. Für viele Menschen ist es wohl am aufschlussreichsten, wenn die Geschwindigkeit in km/h angegeben wird. Darunter können sich z. B. Autofahrer etwas Konkretes vorstellen. In der Physik gibt man Geschwindigkeiten eher in m/s an. Das liegt daran, dass hier sehr oft mit diesen Größenangaben gerechnet werden muss.

**3** *SI-Einheiten*
Um Berechnungen zu vereinfachen, beschränkt man sich auf Basiseinheiten und daraus abgeleitete Einheiten. Da fast alle Länder der Erde nur diese Basiseinheiten verwenden, spricht man von SI-Einheiten (*Système International d'Unités*). In der Mechanik beschränkt man sich auf drei Basiseinheiten: 1 m für Längen, 1 s für Zeitspannen und 1 kg für Massen. Alle anderen Einheiten der Mechanik ergeben sich dann daraus.

| Basisgröße | Basiseinheit | |
|---|---|---|
| | Name | Zeichen |
| Länge | Meter | m |
| Masse | Kilogramm | kg |
| Zeit | Sekunde | s |
| elektrische Stromstärke | Ampere | A |
| Temperatur | Kelvin | K |
| Stoffmenge | Mol | mol |
| Lichtstärke | Candela | cd |

SI-Basiseinheiten

1 Das Avogadro-Experiment oder wie viel Atome passen in ein Mol?

**4** *Rechnen mit SI-Einheiten*
Setzt man Größenangaben, in denen nur SI-Einheiten vorkommen, in eine physikalische Formel ein, so hat das Ergebnis automatisch eine Einheit, in der wieder nur SI-Einheiten vorkommen: In der Einheit 1 N für die Kraft kommen nur SI-Einheiten vor:

$$1\,\mathrm{N} = \frac{1\,\mathrm{kg}\cdot\mathrm{m}}{\mathrm{s}^2}.$$

Wenn ein Körper mit der Masse 0,1 kg durch eine Kraft von 2 N beschleunigt wird, kann die Beschleunigung mithilfe der Grundgleichung der Mechanik berechnet werden. Aus $F = m \cdot a$ folgt:

$$a = \frac{F}{m} = \frac{2\,\mathrm{N}}{0{,}1\,\mathrm{kg}} = \frac{2\,\mathrm{kg}\cdot\mathrm{m}}{0{,}1\,\mathrm{kg}\cdot\mathrm{s}^2} = 20\,\frac{\mathrm{m}}{\mathrm{s}^2}.$$

Die Rechnung liefert automatisch die richtige Einheit der Beschleunigung.

**5** *Umformen von Gleichungen*
Die Beschränkung auf SI-Einheiten vereinfacht Berechnungen, schützt aber nicht vor Fehlern beim Umformen von Gleichungen. Um eine Umformung zu kontrollieren, sollte man daher überprüfen, ob sich tatsächlich die richtige Einheit ergibt.

## *Aus der Umwelt* Der Stein und die Windschutzscheibe

Ein kleiner Stein, der hoch gewirbelt wird und die Windschutzscheibe eines schnell fahrenden Autos trifft, kann die Scheibe zerstören. Beim Zusammenprall der Windschutzscheibe mit dem Stein muss sie den Stein auf einer extrem kurzen Strecke, die durch die Elastizität der Scheibe bestimmt ist, auf die Geschwindigkeit des fahrenden Autos bringen. Dabei muss sie dem Stein eine riesige Beschleunigung verleihen. Das geht nur, wenn sie eine sehr große Kraft auf den Stein ausübt. Nach dem Wechselwirkungsprinzip übt der Stein eine gleich große Wechselwirkungskraft auf die Scheibe aus. Die Scheibe wird zerstört, wenn sie diese Kraft nicht aushalten kann. ↑2
Aus dem gleichen Grund sind Zusammenstöße schnell fliegender Militärflugzeuge mit Vögeln gefürchtet.

Immer wenn große Beschleunigungen auftreten, werden oft auch große Kräfte ausgeübt, die zerstörende Wirkung haben können. Die Flugschreiber in Flugzeugen müssen deshalb sehr stabil konstruiert werden. Die elektronischen Bauteile im Innern sollen ja einen Flugzeugabsturz überstehen. Sie werden deshalb so gebaut, dass sie sogar noch Bremsbeschleunigungen von $3500\,g$ (Fallbeschleunigung $g = 9{,}81\,\text{m/s}^2$) aushalten können. ↑3
Auch kleine Kräfte können bereits sehr große Beschleunigungen bewirken, wenn die Masse des beschleunigten Körpers entsprechend klein ist. Z. B. werden in Fernsehgeräten Elektronen mit einer Kraft in der Größenordnung von $10^{-13}\,\text{N}$ beschleunigt. Da Elektronen aber nur eine Masse von etwa $10^{-30}\,\text{kg}$ haben, ist ihre Beschleunigung außerordentlich groß. ↑4

2 Steinschlag

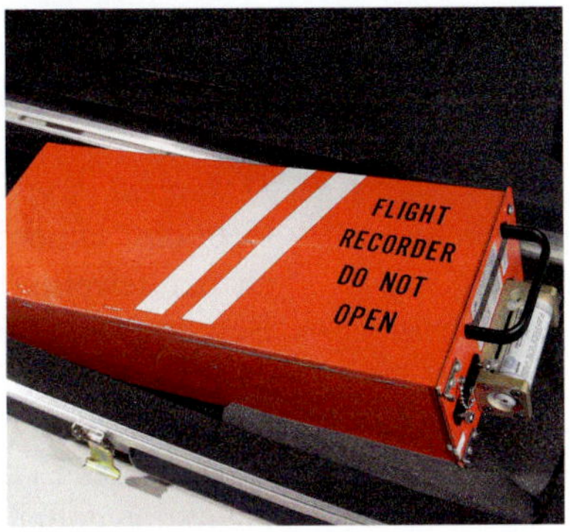

3 Flugschreiber

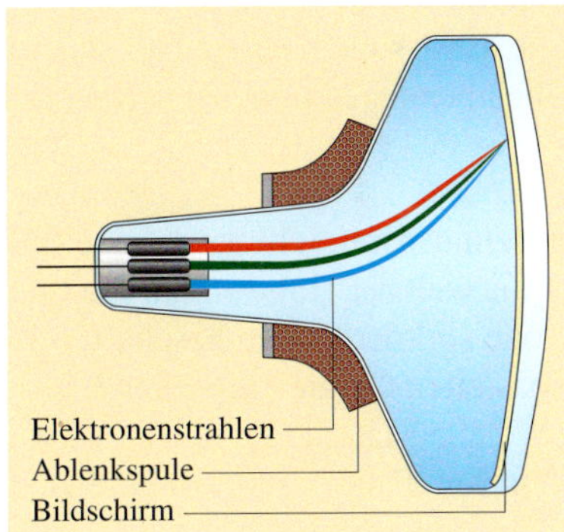

4 $v_{\text{Elektron}} \approx 100\,000\,\text{km/s}$

**1** Beim Fußballspielen erreicht ein straff geschossener Ball die Geschwindigkeit von $v = 100\,\text{km/h}$. Wenn der Torwart einen solchen Ball fangen will, muss er auf einer Strecke von ungefähr 30 cm die Geschwindigkeit des Balls auf 0 km/h herabsetzen. Wie groß ist die durchschnittliche Kraft, die der Ball ($m = 450\,\text{g}$) dabei auf den Torwart ausübt?

**2** Welche Kräfte haben die Kniegelenke im Mittel auszuhalten, wenn jemand von einer 2,0 m hohen Mauer herunter springt? ($m = 70\,\text{kg}$; Bremsstrecke ca. 0,5 m)

**3** Die Kolben in Verbrennungsmotoren bestehen aus Aluminium. Welche Vorteile haben möglichst leichte Kolben?

## *Aufgaben*

**1** Auf einem Flugzeugträger können Flugzeuge bis zu einer Masse von 36 000 kg mit dem Katapult gestartet werden. Dabei werden sie auf einer Strecke von 76 m auf eine Geschwindigkeit von 260 km/h gebracht.
a Welche Kraft muss das Katapult ausüben?
b Wie groß ist die Kraft im Verhältnis zur Gewichtskraft?
c Wie groß ist die Kraft, die auf den Piloten ausgeübt wird?

**2** Ein Pkw ($m = 1000\,\text{kg}$) beschleunigt in 10 s von 0 auf 100 km/h. Wie groß sind die mittlere Beschleunigung und die durchschnittliche Kraft auf das Auto?

**3** Welche Beziehung besteht zwischen der Masse eines Körpers und der auf ihn ausgeübten Gewichtskraft?

**4** Die Aussage: „Ein Körper ändert seine Geschwindigkeit nicht, wenn keine Kraft auf ihn ausgeübt wird" ist ein Spezialfall der Grundgleichung der Mechanik. Zeige, dass diese Behauptung richtig ist.

Selbst erforscht

## Fallversuche mit rohen Eiern

Aus welcher Höhe kann man rohe Eier fallen lassen, ohne dass sie zerbrechen?

Eier sind zerbrechliche Gegenstände. Wenn man sie fallen lässt, gehen sie in der Regel zu Bruch. Damit sie beim Fallen nicht zerbrechen, muss man Vorkehrungen treffen:
- Man kann das Fallen durch Fallschirme oder ähnliches verlangsamen.
- Man kann den Aufprall durch Verpacken der Eier mildern.
- Man kann die Eier in ein Sprungtuch fallen lassen.

### Präzisierung des Projektthemas:

Rohe Eier sollen einen Fall aus einer vorgegebenen Höhe überstehen ohne zu zerbrechen.

*Vorgehen*:
Legt zunächst möglichst genaue Bedingungen fest.
- Aus welcher Höhe sollen die Eier fallen?
- Wie soll der Boden beschaffen sein, auf den die gebastelten Geräte aufprallen?
- Welche Materialien dürfen verwendet werden?
- Dürfen Fallschirme eingesetzt werden? Wie groß dürfen diese sein?

*Durchführung:*
Von den gebastelten Geräten sollen vor und nach dem Versuch Fotos gemacht werden. Die Versuchsdurchführung kann zusätzlich mit einer Videokamera aufgenommen werden. Messt Fallzeit und Fallhöhe.

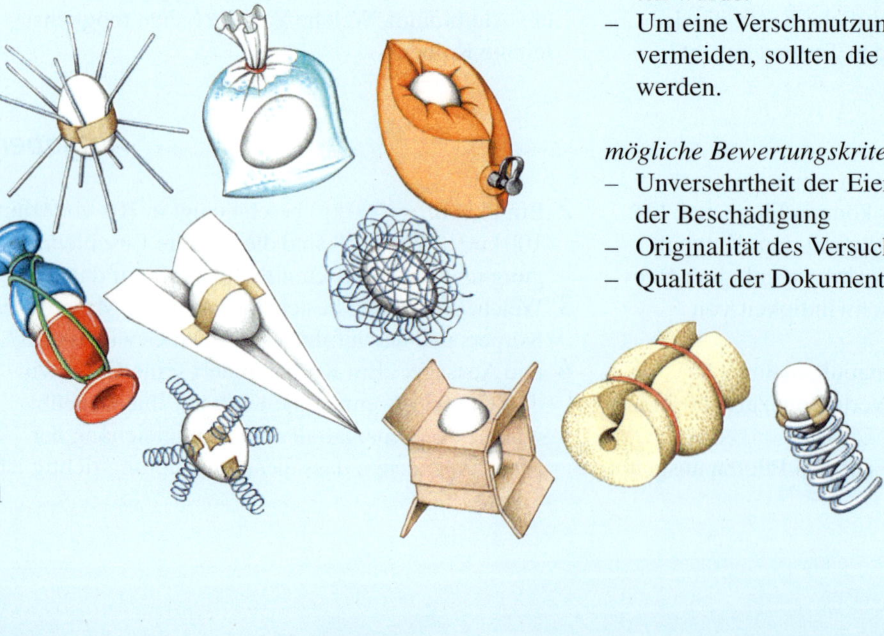

1

2

*Dokumentation:*
Gebt die Namen der Schüler und Schülerinnen an, die an der jeweiligen Konstruktion mitgearbeitet haben. Beschreibt eure Konstruktion und erläutert eure Ideen, die zum Bau der Konstruktion führten. Neben den Fotos sollten auch Fallhöhe, Fallzeit und natürlich die Angabe, ob das Ei den Fall überstanden hat, in der Dokumentation enthalten sein. Für den Fall, dass das Ei den Fall nicht überstanden hat, solltet ihr Verbesserungsvorschläge für eure Konstruktion machen.

*Hinweise:*
- Ihr solltet die Versuche möglichst mit Eiern durchführen, deren Haltbarkeitsdatum bereits überschritten wurde.
- Um eine Verschmutzung durch zerberstende Eier zu vermeiden, sollten die Eier in Folienbeutel gepackt werden.

*mögliche Bewertungskriterien:*
- Unversehrtheit der Eier oder gegebenenfalls Stärke der Beschädigung
- Originalität des Versuchsgeräts
- Qualität der Dokumentation

## Aufgaben

**1** In JULES VERNES Roman „Die Reise zum Mond" wird eine bemannte Rakete zum Mond aus einem Kanonenrohr abgeschossen. Es soll untersucht werden, ob ein solches Unternehmen durchführbar ist. Dazu muss man wissen, dass die Abschussgeschwindigkeit mindestens 11,2 km/s betragen muss, damit die Rakete den Mond erreicht.

a Welche mittlere Beschleunigung ergäbe sich bei einem 500 m langen Kanonenrohr? Um welchen Faktor übertrifft die beschleunigende Kraft die Gewichtskraft des Piloten?

b Wie lang müsste das Kanonenrohr sein, damit bei einer mittleren Beschleunigung von $10\,\mathrm{m/s^2}$ die nötige Abschussgeschwindigkeit erreicht wird?

c Wie lang müsste das Kanonenrohr sein, wenn damit ein unbemannter Satellit in eine Erdumlaufbahn geschossen werden sollte? Die Abschussgeschwindigkeit muss dafür mindestens 7,8 km/s betragen. Der Satellit kann Beschleunigungen von $35\,\mathrm{km/s^2}$ aushalten.

**2** Im *t*-*v*-Diagramm in Bild 3 kann man die Beschleunigung abschnittsweise als konstant annehmen. Die Masse des Autos, mit dem das Diagramm aufgenommen wurde, beträgt 850 kg. Bestimme die beschleunigende Kraft in den einzelnen Abschnitten. ↑3

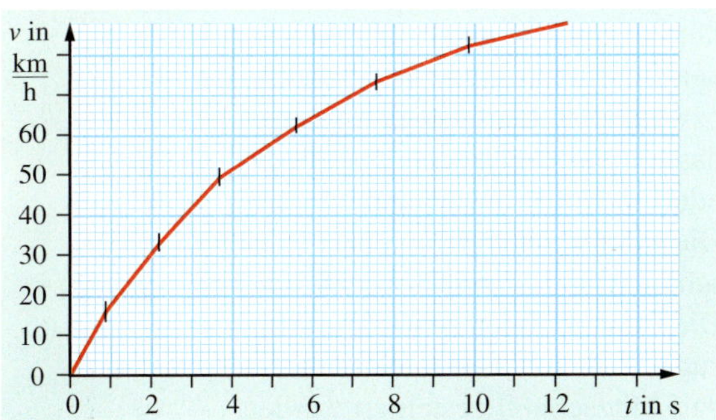


3

**3** Ein Fahrgast steht in einem Aufzug auf einer Personenwaage. Während der Aufzug steht, zeigt die Waage eine Masse von 80 kg an. Während der Fahrt zeigt die Waage mal mehr, mal weniger an.

a Misst die Waage wirklich die Masse? Begründe, warum die Waage unterschiedliche Werte anzeigt.

b Während der Aufwärtsbewegung zeigt die Waage für einige Zeit 90 kg an. Warum zeigt die Waage mehr an? Berechne die Aufwärtsbeschleunigung.

c Wie groß müsste die Abwärtsbeschleunigung sein, damit die Waage nur noch 60 kg anzeigt?

**4** Die Masse des Spaceshuttles beträgt beim Start zusammen mit der Trägerrakete $2 \cdot 10^6\,\mathrm{kg}$.

a Wie groß ist die Schubkraft, wenn die Rakete unmittelbar nach dem Start gerade schwebt?

b Die tatsächliche Schubkraft der Rakete beträgt $3 \cdot 10^7\,\mathrm{N}$. Welche Beschleunigung kann der Rakete damit verliehen werden?

c Wie lange benötigt die Rakete für den ersten Kilometer und welche Geschwindigkeit hat sie am Ende dieser Strecke erreicht?

d Warum kann über eine längere Flugstrecke die Beschleunigung nicht mehr als konstant angenommen werden?

**5** Berechne die Beschleunigung, mit der sich der Wagen von Bild 4 in Bewegung setzt. ↑4

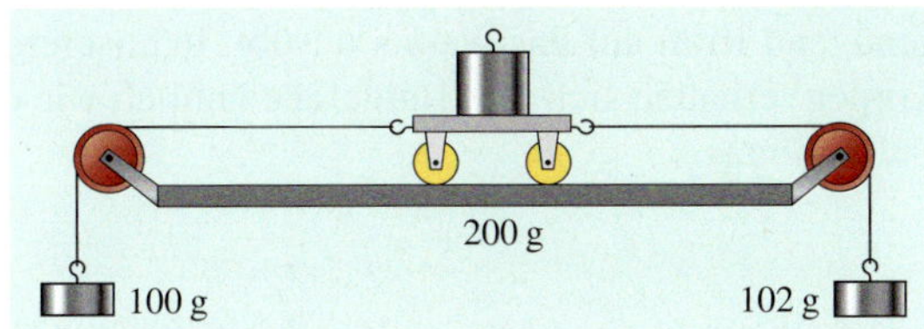


4

**6** Bei einem Unfall wird ein Autofahrer mit der Masse $m = 75\,\mathrm{kg}$ durch einen Sicherheitsgurt auf einer Strecke von 0,4 m von 70 km/h auf 0 km/h abgebremst. Berechne die Beschleunigung. Wie groß ist die auf den Fahrer ausgeübte Kraft im Vergleich zu seiner Gewichtskraft?

**7** Ein Stein wird hochgeworfen und fällt wieder zu Boden. Welche Richtung hat die Beschleunigung des Steins beim Hochsteigen und beim Fallen? Welchen Betrag hat die Beschleunigung im höchsten Punkt der Bahn?

**8** Lässt man auf dem Mond einen Stein aus 10 m Höhe fallen, dauert es 3,5 s, bis er auf dem Boden aufschlägt. Berechne aus dieser Angabe die Gewichtskraft auf einen Stein der Masse 1,0 kg.

**9** Welcher Körper übt die Kraft auf ein anfahrendes Auto aus?

**10** Wird ein Federpendel ausgelenkt, bewegt es sich zunächst in seine Ruhelage zurück. Warum? Weshalb bewegt es sich dann weiter und schwingt über diese Ruhelage hinaus?
Würde ein Federpendel auch in einer nicht angetriebenen Raumstation, in der es (scheinbar) keine Schwerkraft gibt, schwingen können?
Könnte man in einer solchen Raumstation auch ein Fadenpendel schwingen lassen? Begründe.

# Beschleunigung und Kräfte

Wenn du in einem startenden Flugzeug sitzt, spürst du die auf dich ausgeübten Kräfte. Die Rückenlehne übt die beschleunigende Kraft zunächst nur auf deinen Rücken aus. Über Knochen, Sehnen und Muskeln wird erreicht, dass Kräfte auf alle Körperteile ausgeübt und diese mit beschleunigt werden. Häufig spüren wir diese Kräfte besonders im Magenbereich. Auch das Blut in unserem Körper muss mit beschleunigt werden. Wie das vor sich geht, kann man in einem Modellexperiment beobachten:
Man füllt einen Luftballon mit Wasser, fasst ihn am Hals an und beschleunigt ihn. Der Luftballon wird lang gezogen, so lang, bis die gespannte Gummihaut genügend Kraft auf das Wasser ausübt. In unserem Körper verhalten sich die Blutgefäße ähnlich wie der Luftballon.

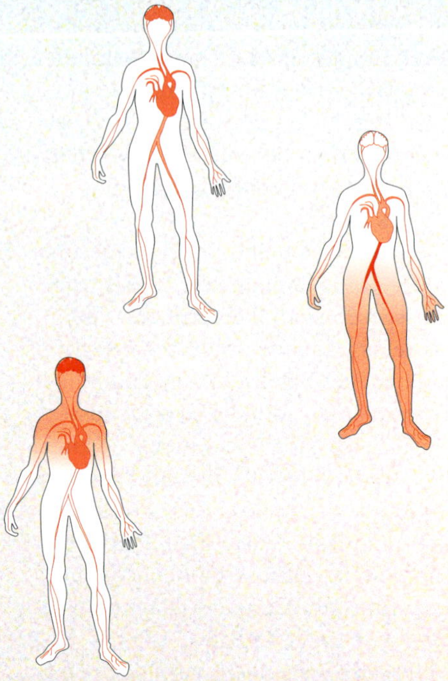

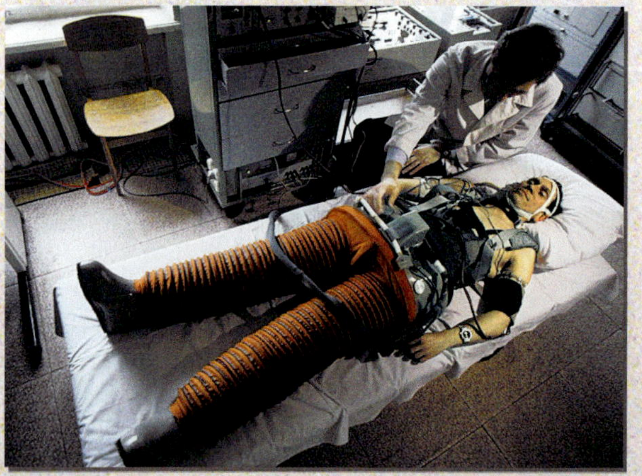

In Militärflugzeugen und in Raumfahrzeugen können die auftretenden Beschleunigungen nach oben bzw. nach unten so groß werden, dass zuviel Blut in den Kopf fließt oder im Kopf Blutmangel entsteht. Die Piloten sehen dann einen Rotschleier bzw. einen Grauschleier. Die Piloten tragen besondere Anzüge, in denen der Druck bei Bedarf blitzschnell gesteigert werden kann. Dadurch kann verhindert werden, dass zu viel Blut in die unteren Körperregionen fließt.

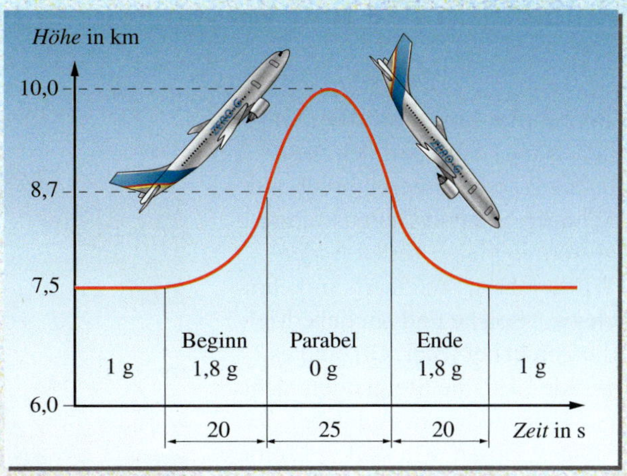


In so genannten Parabelflügen und in Simulatoren werden die Piloten auf ihre Aufgaben vorbereitet. Im Parabelflug selbst herrscht scheinbare Schwerelosigkeit. Beim Übergang in den Parabelflug beträgt die Beschleunigung etwa 1,8 *g*. In den Simulatoren können Beschleunigungen bis 30 *g* erreicht werden.

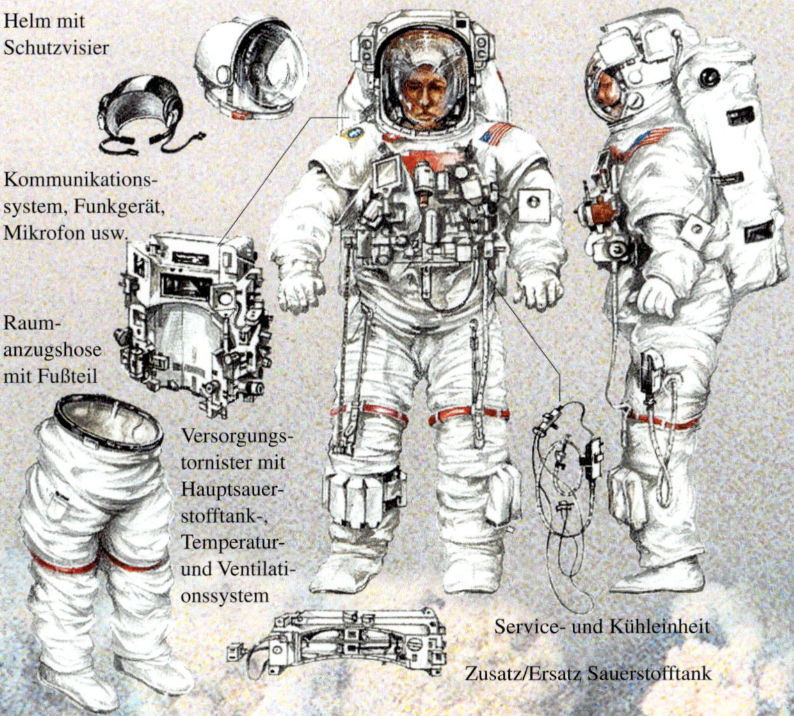

# Reibungskräfte und Verkehrssicherheit

„Verstopfte Bundesstraßen, kilometerlange Staus auf den Autobahnen – der Wintereinbruch mit Schneeregen und Glatteis führte gestern in vielen Teilen Baden-Württembergs zu einem Verkehrschaos.“ Solche und ähnliche Meldungen kennt jeder. Oft sind es gerade Lkw, die Steigungen nicht bewältigen können und daher die Staus auslösen. Ein starker Motor allein hilft also nicht. Ohne ausreichende Reibungskraft zwischen den Rädern und der Straße ist eine Fortbewegung unmöglich. Reibung ist bei Bewegungen nicht immer nur hinderlich, sondern sogar notwendig.

1

2 Verminderung der Reibung

Du hast sicher schon die Erfahrung gemacht, dass man einen leer geräumten Schrank leichter verschieben kann als einen gefüllten. Wir können daraus schließen, dass die Reibungskraft, die das Verschieben des Schranks behindert, von der Gewichtskraft des Schranks abhängt.

Wenn du ein Auto auf rutschiger Straße anschieben musst, kann es passieren, dass das Auto sich keinen Millimeter bewegt, du aber nach hinten wegrutschst. Wenn dann ein schwererer Schüler kommt, kann es sein, dass er das Auto in Bewegung setzt. Damit man ein Auto anschieben kann, muss eine genügend große Reibungskraft zwischen Schuhen und Boden das Wegrutschen verhindern. Auch hier ist die Reibungskraft von der Gewichtskraft abhängig.

Dasselbe Problem tritt auf, wenn eine Lok einen Zug zieht. Zwischen den Rädern der Lok und der Schiene treten Reibungskräfte auf, welche die Fortbewegung ermöglichen. Zwischen den Rädern der Wagen und den Schienen treten Reibungskräfte auf, welche die Fortbewegung behindern.

3 Was für den Eisstock gut ist, ist für den Sportler eher von Nachteil.

## Experimente

**1 Haftreibungskraft**

Wie gut haftet ein Reifen auf der Fahrbahn?

4

a Miss die „Haftung". Ziehe den Reifen erst vorsichtig und dann immer stärker (aber nie ruckartig). Welchen Höchstwert erreicht die Zugkraft unmittelbar bevor der Reifen wegrutscht? ↑4

b Untersuche die Haftung auf möglichst verschiedenen Unterlagen (Rasen, Asphalt, Sand …).

c Die auf den Reifen ausgeübte Kraft, die ihn am Wegrutschen hindert, wird Haftreibungskraft $F_{Haft}$ genannt. Vergleiche Betrag und Richtung dieser Kraft mit Betrag und Richtung der Zugkraft.

d Welchen maximalen Betrag $F_{Haft,\,max}$ hatte die Haftreibungskraft in den Aufgaben a und b?

**2 Auflagefläche**

a Hängen die Reibungskräfte von der Größe der Auflagefläche ab? Lege einen Holzquader nacheinander auf seine verschieden großen Seitenflächen und ziehe ihn jeweils mit einem Kraftmesser über die Tischplatte. Miss dabei die maximale Haftreibungskraft und die Gleitreibungskraft (Tabelle).

b Wiederhole Experiment a mit Schleifpapier, Papier oder einem Gummistreifen als Unterlage.

**3 Geschwindigkeit**

Untersuche mit der dargestellten Experimentieranordnung die Abhängigkeit der Gleitreibungskraft von der Geschwindigkeit. Der Gummistreifen soll dabei mit unterschiedlicher Geschwindigkeit bewegt werden. Miss die jeweilige Gleitreibungskraft. Was stellst du fest? ↑5

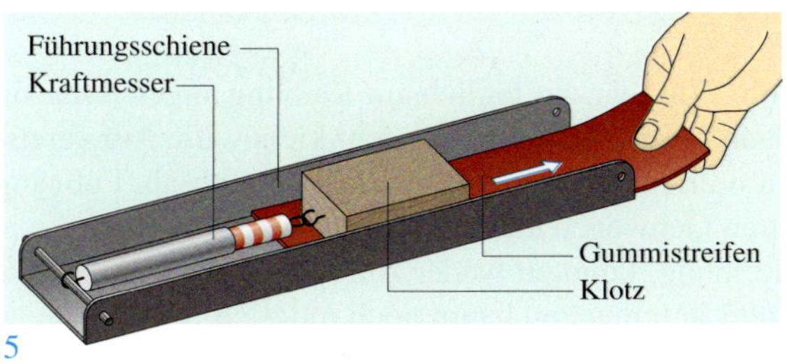


5

**4 Haft- und Gleitreibung**

Die senkrecht zur Fahrbahn ausgeübte Kraft, die den Reifen auf die Straße presst, heißt Anpresskraft $F_N$ (oder Normalkraft). Untersuche wie Reibungskräfte von der Anpresskraft und der Art der Unterlage abhängen. Lege eine Tabelle an:

| Unterlage | $F_N$ in N | $F_{Haft,\,max}$ in N | $F_{Gleit}$ in N | $\mu_{Haft}$ | $\mu_{Gleit}$ |
|---|---|---|---|---|---|
| Tischplatte | ? | ? | ? | ? | ? |
| … | | | | | |

a Du benötigst ein Stück Fahrradreifen, ein Wägestück und einen Kraftmesser. ↑6

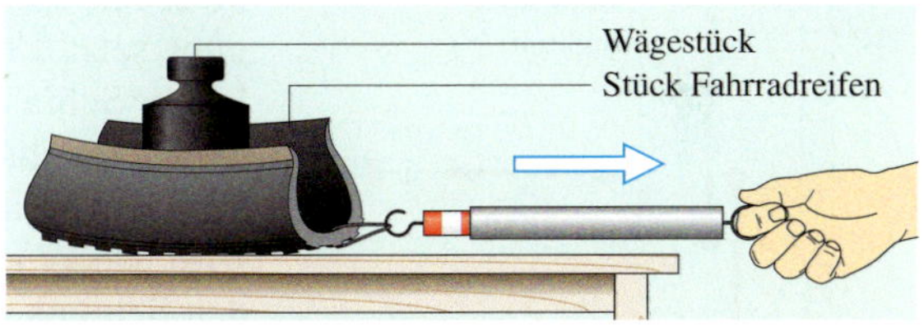


6

Bestimme, wie groß die maximale Haftreibungskraft für einen Reifen auf einer Tischplatte ist: Erhöhe wieder allmählich die Zugkraft und lies ihren Höchstwert ($F_{Haft,\,max}$) ab, unmittelbar bevor sich der Reifen in Bewegung setzt. Wie groß ist die Anpresskraft?

b Auch wenn du das Reifenstück mit konstanter Geschwindigkeit langsam über eine Unterlage ziehst, wird eine Reibungskraft auf den Reifen ausgeübt. Man bezeichnet sie als Gleitreibungskraft $F_{Gleit}$. Miss, wie groß diese Kraft ist, wenn du den Reifen über die Tischplatte ziehst.

c Verändere jetzt die Anpresskraft, indem du verschiedene Wägestücke auflegst. Miss zu jeder Anpresskraft die maximale Haftreibungskraft und die Gleitreibungskraft.

d Wiederhole die Experimente für andere Unterlagen. Verwende auch ein Stück von einem alten Reifen mit abgefahrenem Profil.

e Berechne die Haftreibungszahl $\mu_{Haft}$ und die Gleitreibungszahl $\mu_{Gleit}$:

$$\mu_{Haft} = \frac{F_{Haft,\,max}}{F_N} \text{ und } \mu_{Gleit} = \frac{F_{Gleit}}{F_N}.$$

Vergleiche für die verschiedenen Reibungspartner Haft- und Gleitreibungszahlen.

## GRUNDLAGEN: Verschiedene Reibungsarten

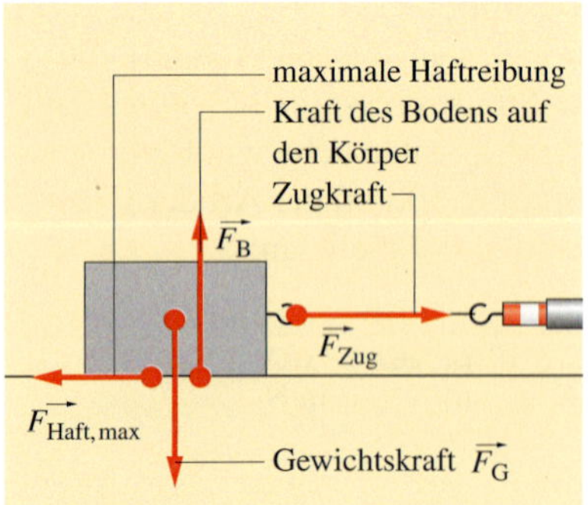


1 Der Körper setzt sich gerade noch nicht in Bewegung.

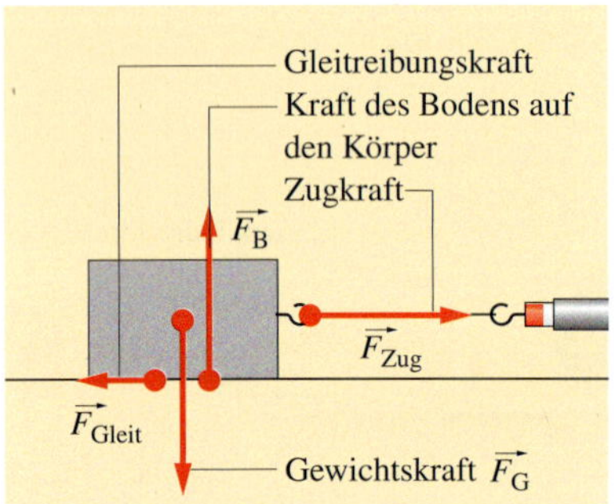


2 Der Körper wird mit gleich bleibender Geschwindigkeit gezogen.

**Haft- und Gleitreibung** Will man einen Schrank verrücken, muss man kräftig ziehen und schieben, damit er sich von der Stelle bewegt. Ist die Zugkraft nicht groß genug, bleibt er stehen: Er haftet auf dem Fußboden. Sein Bewegungszustand ändert sich nicht – er ist also im Kräftegleichgewicht. Außer der Zugkraft muss noch eine weitere Kraft auf den Schrank wirken. Sie wird vom Fußboden ausgeübt.

**Wenn ein Gegenstand auf einer Unterlage haftet, übt die Unterlage eine Kraft auf ihn aus. Diese Kraft ist der Zugkraft entgegengerichtet. Sie heißt Haftreibungskraft $\vec{F}_{Haft}$.**

Die Haftreibungskraft ist immer genauso groß wie die (parallel zur Unterlage ausgeübte) Zugkraft. Mit der Zugkraft wird auch die Haftreibungskraft größer. Überschreitet die Zugkraft einen bestimmten Wert, so setzt sich der Schrank in Bewegung. Für die Haftreibungskraft gibt es also einen Höchstwert (maximale Haftreibungskraft $\vec{F}_{Haft,\,max}$). Er ist erreicht, wenn die Zugkraft so groß ist, dass sich der Körper gerade noch nicht in Bewegung setzt. ↑1
Ist der Schrank einmal in Bewegung, muss man weiterhin eine Kraft ausüben, um ihn in Bewegung zu halten – obwohl man weder seine Geschwindigkeit noch seine Bewegungsrichtung ändern will. Die Zugkraft wird wieder gebraucht um ein Kräftegleichgewicht herzustellen. Denn auf den Schrank wird außer der Zugkraft noch eine Reibungskraft ausgeübt, sie ist der Bewegung entgegengerichtet. ↑2

**Die Kraft, die auftritt, wenn ein Körper über eine Unterlage gleitet, heißt Gleitreibungskraft $\vec{F}_{Gleit}$.**

Um den Betrag der Gleitreibungskraft zu messen, lässt man den Körper mit konstanter Geschwindigkeit über die Unterlage gleiten. Die gemessene Zugkraft ist dann genauso groß wie die Gleitreibungskraft. Diese hängt nicht von der Geschwindigkeit ab.

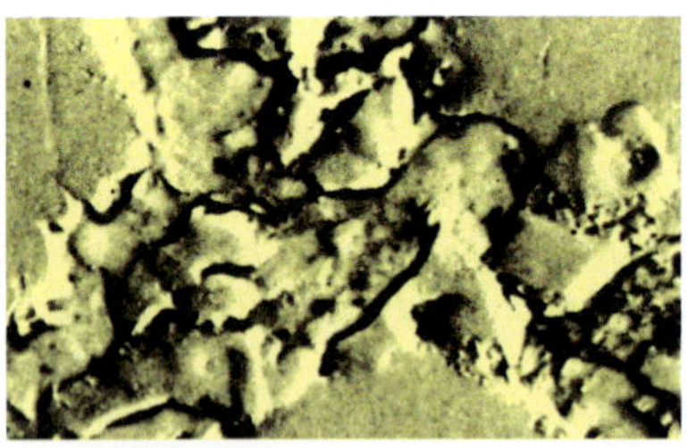

3 Glatte Oberfläche durch ein Mikroskop betrachtet

**Ursache der Reibung** Die Oberfläche eines Körpers ist nie vollkommen glatt, immer gibt es kleinste Unebenheiten. Man kann sich nun vorstellen, dass sich die Oberflächen zweier Körper „verhaken“, wenn die Körper gegeneinander gepresst werden. Wie stark sich ein Körper mit seiner Unterlage verhakt, hängt davon ab, wie die Oberflächen beschaffen sind und wie stark der Körper auf seine Unterlage gepresst wird. Die maximale Haftreibungskraft und die Gleitreibungskraft hängen daher vom Betrag der Anpresskraft $F_N$ (Normalkraft) ab, die senkrecht zur Unterlage ausgeübt wird.

**Reibung und Antrieb** Wie sehr wir täglich auf Reibung angewiesen sind, spüren wir oft erst dann, wenn sie unerwartet sehr klein wird. Auf vereister Fahrbahn drehen Autoreifen sehr schnell durch und auch als Fußgänger kommt man auf glatten Gehwegen kaum voran.
Gäbe es gar keine Reibung, könnten weder Autos noch Fahrräder anfahren. Selbst Gehen und Laufen wären kaum noch möglich.

**Reibungszahlen** Presst man einen Körper mit unterschiedlichen Kräften auf eine Unterlage und misst die Reibungskräfte, stellt man fest: Sowohl $F_{\text{Haft, max}}$ als auch $F_{\text{Gleit}}$ sind proportional zu $F_{\text{N}}$. Das heißt, die Quotienten aus den Beträgen von Reibungskraft und zugehöriger Anpresskraft sind konstant. Man nennt sie Haftreibungs- bzw. Gleitreibungszahl.

$\mu_{\text{Haft}} = \frac{F_{\text{Haft, max}}}{F_{\text{N}}}$ bzw. $\mu_{\text{Gleit}} = \frac{F_{\text{Gleit}}}{F_{\text{N}}}$.

*Beispiel:* Beträgt die maximale Haftreibungskraft eines Holzklotzes auf einer Tischplatte 1,8 N und die Anpresskraft (Gewichtskraft) 4 N, so ergibt sich: $\mu_{\text{Haft}} = \frac{1{,}8\,\text{N}}{4\,\text{N}} = 0{,}45$.

Einige Reibungszahlen:

| Reibungspartner | Reibungszahlen | |
|---|---|---|
| | $\mu_{\text{Haft}}$ | $\mu_{\text{Gleit}}$ |
| Holz auf Stein | 0,70 | 0,30 |
| Holz auf Holz | 0,50 | 0,30 |
| Stahl auf Stahl | 0,15 | 0,12 |
| Stahl auf Stahl (geschmiert) | 0,10 | 0,05 |
| Stahl auf Eis | 0,03 | 0,01 |
| Autoreifen auf: | | |
| … trockenem Asphalt | 1,0* | 0,9 |
| … nassem Asphalt | 0,8 | 0,6 |
| … vereistem Asphalt | 0,2** | 0,1*** |
| M- und S-Reifen auf Eis | 0,4 | 0,16 |

*$\mu_{\text{Haft}} = 1$ bedeutet: Die Haftreibungskraft auf jeden Reifen ist genauso groß wie die Anpresskraft. Die Reifen haben eine gute Haftung, das Auto lässt sich gut lenken und sicher bremsen.
**$\mu_{\text{Haft}} = 0{,}2$ bedeutet: Die Haftreibungskraft ist jetzt fünfmal kleiner als die Anpresskraft. Der Bremsweg wird entsprechend länger.
***$\mu_{\text{Gleit}} = 0{,}1$ bedeutet: Die Reibungskräfte verringern sich nochmals um 50%. Das geschieht, wenn die Räder beim Bremsen blockieren und die Reifen nur noch rutschen oder wenn die Räder beim Anfahren durchdrehen.

**Weitere Reibungsarten** Haft- und Gleitreibungskräfte beim Verrücken eines Schrankes lassen sich vermeiden, wenn man den Schrank auf Rollen setzt. Beim Schieben ist dann nur noch die wesentlich kleinere Rollreibungskraft zu überwinden. Sie hängt vom Material der Räder und von der Unterlage ab, aber auch vom Durchmesser der Räder. Sie ist umso geringer, je härter Rad und Unterlage sind und je größer der Durchmesser der Räder ist.
In Achslagern z. B. am Fahrrad will man Gleitreibung vermeiden. Deshalb verwendet man Kugellager oder Wälzlager. Dort rollen die Flächen aufeinander ab ohne zu gleiten. ↑4

Reibung gibt es nicht nur zwischen festen Körpern. Reibung tritt auch auf, wenn feste Körper in Gasen oder Flüssigkeiten bewegt werden. Dann gelten aber andere Gesetze als bei festen Körpern. Insbesondere sind in diesen Fällen die Reibungskräfte von der Geschwindigkeit abhängig.

4

## *Aus der Umwelt* Auf die Haftreibung kommt es an!

1

2

3

Auf einer vereisten, spiegelglatten Fahrbahn kann man ein Auto praktisch nicht bremsen. Auch das Anfahren auf Glatteis ist fast unmöglich. Gute Bremsen und ein „starker" Motor allein reichen nicht aus, um den Bewegungszustand eines Autos zu ändern. Auch Fahrbahn und Reifen spielen eine wichtige Rolle. Damit möglichst große Antriebs- oder Bremskräfte auf das Auto ausgeübt werden können, müssen die Reifen auf der Fahrbahn haften. ↑1

Der Antrieb auf das Auto kommt so zustande: Durch die Reibung können die Räder eine nach hinten gerichtete Kraft auf die Fahrbahn ausüben. Dass diese Kraft nach hinten gerichtet ist, erkennt man, wenn Steinchen auf der Straße liegen. Sie werden nach hinten geschleudert. Wegen der Wechselwirkung übt die Fahrbahn eine nach vorn gerichtete Kraft auf die Räder und damit auf das Auto aus.

Wenn man mehr Gas gibt, wird die Kraft der Antriebsräder auf die Straße größer – und damit auch die Antriebskraft auf das Auto. Gibt man zu viel Gas, drehen die Räder durch. Sie gleiten dann über die Fahrbahn und auf das Auto wird plötzlich nur noch die viel kleinere Gleitreibungskraft ausgeübt. Die Antriebskraft, die auf ein Fahrzeug ausgeübt wird, kann also nie größer sein als die maximale Haftreibungskraft. Diese Kraft bestimmt also auch, wie schnell man fahren kann.

Ganz ähnlich ist es beim Bremsen eines Autos. Bei einer Scheibenbremse dreht sich zusammen mit dem Rad die Bremsscheibe. Beim Bremsen werden von beiden Seiten die Bremsbeläge gegen die laufende Scheibe gepresst. Auf die sich drehende Scheibe (und damit auf das Rad) wird eine Gleitreibungskraft ausgeübt, die die Drehbewegung hemmt. ↑2

Als Folge üben die Räder eine nach vorn gerichtete Kraft auf die Straße aus – und die Straße eine nach hinten gerichtete Haftreibungskraft auf das Auto. Tritt man zu stark auf die Bremse, blockieren die Räder. ↑3

Die Kraft, die die Straße auf das Auto ausübt, lässt schlagartig nach, da jetzt nur noch Gleitreibung auftritt. Wie stark ein Fahrzeug höchstens abgebremst werden kann, wird also ebenfalls durch die maximale Haftreibungskraft bestimmt.

**1** Die Rollreibung hängt von den Materialien der Räder und der Schiene und von der Radgröße ab. Bei den Rädern der Bundesbahn beträgt die Rollreibungszahl bei Stahl auf Stahl etwa 0,001.
Kann eine Lokomotive mit einer Masse von 100 t einen Zug mit einer Masse von 10 000 t in Bewegung setzen?

**2** Die maximale Bremsverzögerung, die ein Auto erreichen kann, hängt von der maximalen Haftreibungskraft zwischen Reifen und Straße ab. Wieso kommt es bei rollenden Reifen auf Haftreibung und nicht auf Rollreibung an?

**3** Wenn die Räder blockieren, ist die Bremswirkung nicht mehr optimal. Begründe.

## *Aus der Technik* Vom $c_W$-Wert zum Benzinverbrauch

Ein Auto, das mit konstanter Geschwindigkeit fährt, verbraucht Benzin. Der Grund dafür liegt darin, dass ständig ein Teil der Bewegungsenergie des Autos an die Luft und den Boden abgegeben wird. Aus Erfahrung weiß jeder Autofahrer, wovon es abhängt, wie viel Benzin beim Fahren mit konstanter Geschwindigkeit verbraucht wird. Sicher von der Geschwindigkeit! Aber auch vom Autotyp. Je größer die Querschnittsfläche $A$ des Autos ist, desto größer ist der Bewegungswiderstand. Auch bei gleicher Querschnittsfläche kann es noch Unterschiede geben. Es gibt Autos mit besonders windschnittigen Formen, die weniger verbrauchen als andere. Der so genannte $c_W$-Wert gibt Auskunft über die Windschnittigkeit der Karosserie. Die Leistung, die aufgebracht werden muss, um bei konstanter Geschwindigkeit den Strömungswiderstand der Luft zu überwinden, wird durch eine Formel angegeben, welche alle diese Faktoren berücksichtigt:

$$P = \frac{1}{2} \cdot c_W \cdot A \cdot \rho \cdot v^3.$$

Darin bedeutet $\rho$ die Dichte der Luft und $A$ die Querschnittsfläche des Autos.

Bei niedrigen Geschwindigkeiten überwiegt der Rollwiderstand. Er ist weitgehend unabhängig von der Geschwindigkeit. Die Leistung zur Überwindung des Rollwiderstands beträgt: $P = F_{Roll} \cdot v$.

Beim VW-Golf misst man z. B. folgende Werte:
$A = 1{,}8\,m^2$, $c_W = 0{,}32$, $F_{Roll} = 267\,N$.
Für die Dichte der Luft gilt: $\rho = 1{,}3\,kg/m^3$.

Um den Benzinverbrauch bestimmen zu können, muss man zusätzlich noch wissen, dass in einem Liter Benzin 30 MJ Energie enthalten ist und wie viel Prozent der im Benzin enthaltenen Energie in Bewegungsenergie umgewandelt werden können. Bild 5 zeigt, wie groß dieser Prozentsatz in Abhängigkeit von der Geschwindigkeit ist. ↑5

4

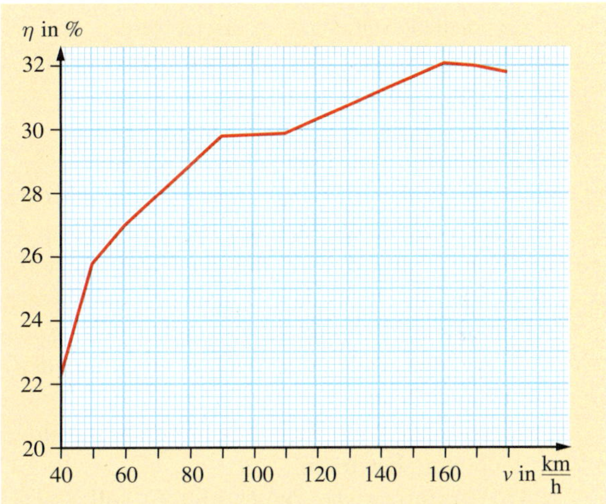


5

**1** Wie ändert sich der Strömungswiderstand eines Fahrzeugs, wenn sich die Geschwindigkeit verdoppelt?

**2** Berechne aus den Angaben im Text den Benzinverbrauch eines VW-Golf, der mit einer konstanten Geschwindigkeit von 90 km/h auf ebener Strecke 100 km zurücklegt. Vom Hersteller wird der Verbrauch mit 6,3 ℓ auf 100 km angegeben. Vergleiche.

**3** Um wie viel Prozent erhöht sich der Benzinverbrauch, wenn die Geschwindigkeit um 50 % gesteigert wird?

**4** „Um schneller zu fahren benötigt man mehr Leistung und daher mehr Benzin. Für eine bestimmte Strecke braucht man dann aber auch nur eine kürzere Zeit. Insgesamt benötigt man für die Strecke also nicht mehr Benzin." Wo steckt der Denkfehler bei dieser Überlegung?

**5** Wo bleibt die Energie, die vom Motor nicht in Bewegungsenergie umgewandelt werden kann?

**6** Bild 5 erweckt den Eindruck, es sei besonders wirtschaftlich, schnell zu fahren, da dann der Wirkungsgrad des Motors höher ist. Nimm Stellung zu dieser Hypothese.

# Methode

## Das Zusammenwirken von Kräften

Ziehen zwei gleich starke Schlepper in entgegengesetzter Richtung an einem Schiff, bleibt das Schiff in Ruhe, es besteht ein Kräftegleichgewicht. Ziehen zwei gleiche Lokomotiven in die gleiche Richtung addieren sich die Beträge der Einzelkräfte. Welche Wirkung haben zwei Kräfte, die an einem Körper angreifen, aber in beliebige Richtungen gerichtet sind? ↑1

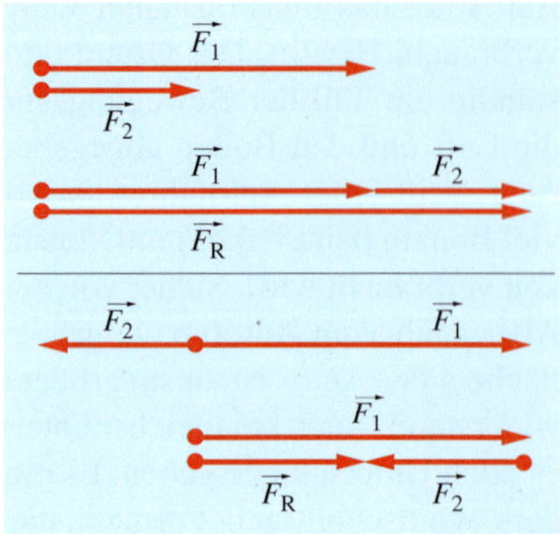

1

**1** *Kräfteaddition bei beliebigen Richtungen*

Man kann die gemeinsame Wirkung zweier Kräfte herausfinden, indem durch eine dritte Kraft ein Kräftegleichgewicht hergestellt wird. Zeichnet man die Kraftpfeile, sieht man: $\vec{F}_1$ und $\vec{F}_2$ zusammen halten $\vec{F}_{Gl}$ das Gleichgewicht. Dasselbe bewirkt auch die Kraft $\vec{F}_R$, die den gleichen Betrag wie $\vec{F}_{Gl}$ hat, aber entgegengesetzt gerichtet ist. Man bezeichnet $\vec{F}_R$ als die Resultierende von $\vec{F}_1$ und $\vec{F}_2$.

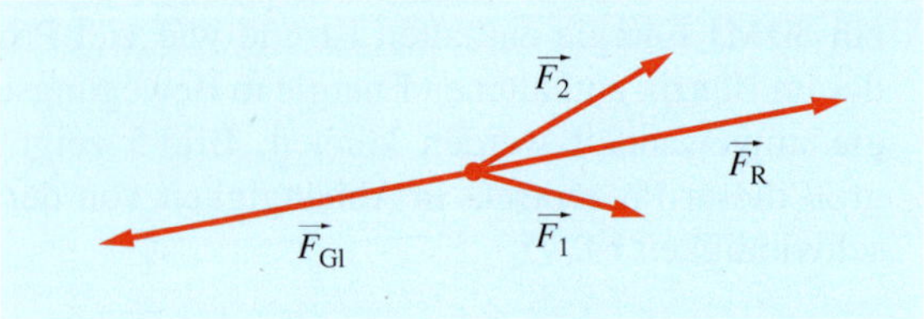

2 $\vec{F}_1$ und $\vec{F}_2$, die den gleichen Angriffspunkt haben, können durch die Resultierende $\vec{F}_R$ ersetzt werden, die genauso groß wie $\vec{F}_{Gl}$, aber entgegengesetzt gerichtet ist.

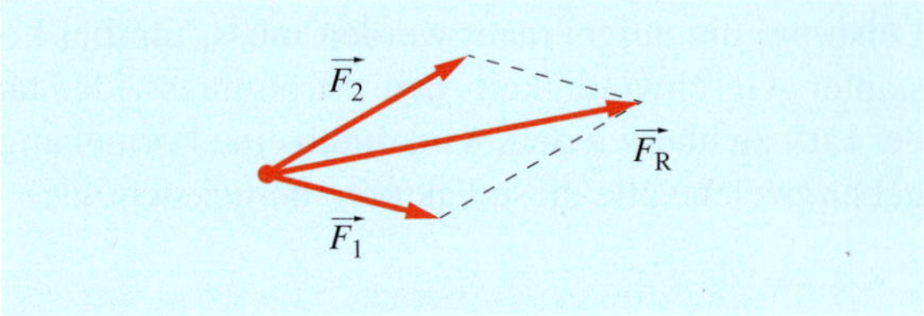

3 Um $\vec{F}_R$ zu bestimmen, zeichnet man das Kräfteparallelogramm mit den Seiten $\vec{F}_1$ und $\vec{F}_2$. Die Diagonale, die im Angriffspunkt beginnt, entspricht dem Kraftpfeil von $\vec{F}_R$.

**2** *Kräftezerlegung*

An einem Hang wird ein Schlitten nach unten gezogen. Wie groß die Beschleunigung ist, hängt nicht nur von der Gewichtskraft ab, sondern auch davon, wie steil der Hang ist. Da der Schlitten auch gegen den Hang gedrückt wird, übt der Hang eine entgegengesetzte Kraft auf den Schlitten aus. Wir denken uns zwei Kräfte $\vec{F}_1$ und $\vec{F}_2$, die am Schlitten angreifen und die folgenden Bedingungen erfüllen:

– $\vec{F}_1$ soll den Wagen nur beschleunigen und den Wagen nicht gegen den Hang drücken.
– $\vec{F}_2$ soll den Wagen nur gegen den Hang drücken und keine Beschleunigung bewirken.
– Die Resultierende von $\vec{F}_1$ und $\vec{F}_2$ soll gleich der Gewichtskraft auf den Schlitten sein.

Daraus folgt: $\vec{F}_1$ muss parallel zum Hang gerichtet sein, $\vec{F}_2$ muss senkrecht zum Hang gerichtet sein. Die Gewichtskraft $\vec{F}_G$ wurde in die Komponenten $\vec{F}_1$ und $\vec{F}_2$ zerlegt. ↑4

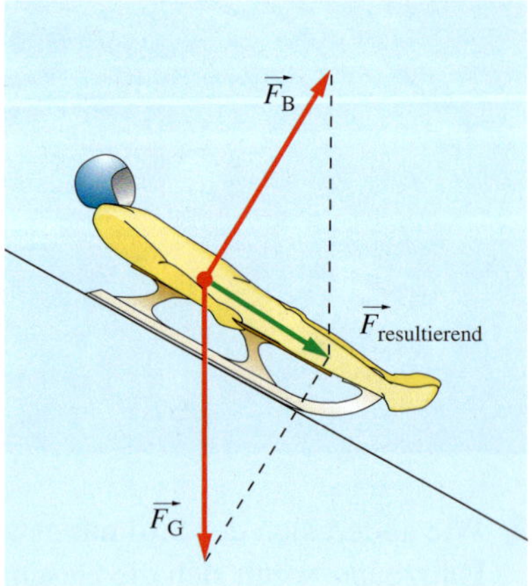

4

5 Ein Seil wird zwischen zwei Pfeilern gespannt. In der Mitte hängt eine Person am Seil.

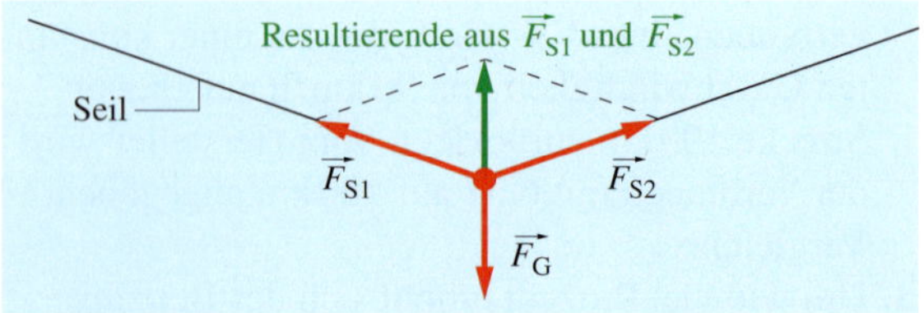

6 $\vec{F}_G$ kann durch zwei Zugkräfte $\vec{F}_{S1}$ und $\vec{F}_{S2}$ ersetzt werden, die viel größer sind als die Gewichtskraft der Person.

## Aufgaben

**1** Ein Schrank (80 kg) aus Holz soll auf einem Steinfußboden verrückt werden. Welche Zugkraft ist erforderlich, damit sich der Schrank in Bewegung setzt? Wie groß muss die Zugkraft sein, wenn er in Bewegung gekommen ist?

**2** Carsten zieht seine Schwester (30 kg) auf einem Schlitten (8 kg) mit Stahlkufen über einen zugefrorenen See. Wie groß muss die Zugkraft während der Fahrt mindestens sein?

**3** Ein Fahrrad wird mit der Felgenbremse abgebremst. Welche Art von Reibung tritt an der Bremse auf? Warum lässt die Bremswirkung bei Regen nach?

**4** Damit man nicht ausrutscht, muss die Haftreibungskraft zwischen Schuhsohlen und Fußboden ausreichend groß sein. Unter welchen Umständen ist die maximale Haftreibungskraft klein? Wie kann man die maximale Haftreibungskraft vergrößern?

**5** Eine Holzkiste ($F_G = 600\,\text{N}$) wird auf einer Steinrampe hochgeschoben. Die Rampe ist um 30° gegen die Erdoberfläche geneigt. Bestimme mithilfe einer maßstäblichen Zeichnung den Betrag der Anpresskraft? Bestimme die Gleitreibungskraft. Welche Zugkraft ist erforderlich?

**6** Zwischen Rad und Achse werden Kugellager eingebaut. Welchen Vorteil haben sie?

**7** Jeder der beiden Jungen in Bild 7 zieht mit einer Kraft von 280 N. Mit welcher Kraft muss das Mädchen ziehen, wenn die beiden Seilenden der Jungen einen Winkel von 120° einschließen? ↑7

7

**8** Die Kräfte, die eine gespannte Wäscheleine aushalten muss, sind viel größer als die Summe der Gewichtskräfte, die auf die aufgehängten Wäschestücke ausgeübt werden. Begründe!

**9** Die Gewichtskraft auf einen Pendelkörper wurde in zwei Komponenten zerlegt. ↑8
Begründe, dass diese Zerlegung sinnvoll ist. Welche Wirkungen haben die beiden Komponenten?

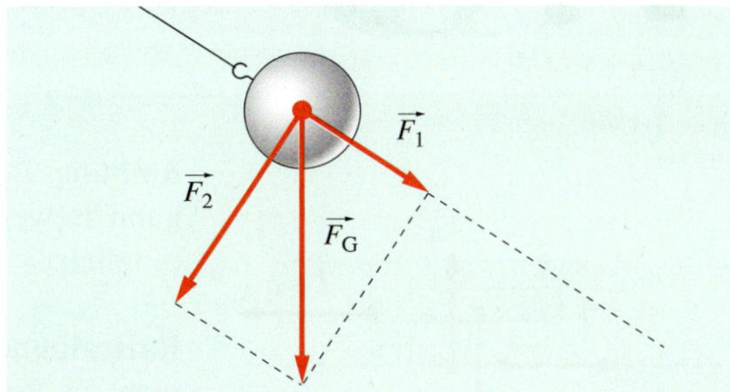


8

**10** Polygonzugregel und Kräfteparallelogramme

a Überprüfe, ob folgende Regel für die Addition von Kräften mit gemeinsamen Angriffspunkt (Polygonzugregel) zum gleichen Ergebnis führt wie die Parallelogrammregel: Zwei Kräfte werden addiert, indem man den Kraftpfeil von $\vec{F}_2$ parallel zu sich verschiebt und zwar so, dass der Anfangspunkt von $\vec{F}_2$ mit dem Endpunkt von $\vec{F}_1$ zusammen fällt. Die Resultierende ergibt sich durch den Kraftpfeil, der vom Anfangspunkt von $\vec{F}_1$ zum Endpunkt von $\vec{F}_2$ gerichtet ist. ↑9a

b Übertrage folgende Figuren in dein Heft und addiere jeweils die Kräfte nach der in a angegebenen Methode. ↑9b

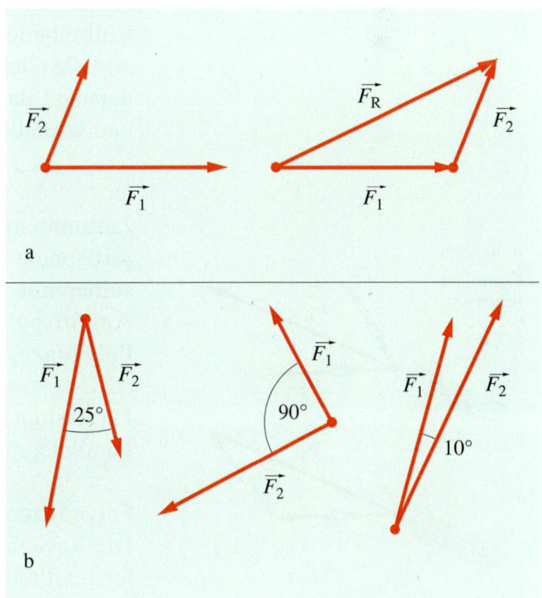


9

# Auf einen Blick

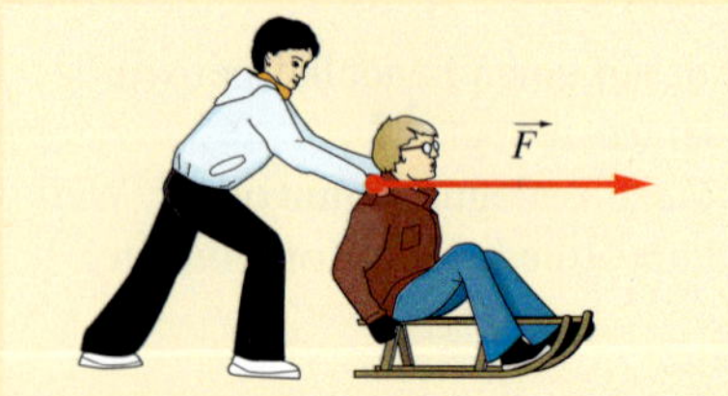


1

**Grundgleichung der Mechanik** Wird eine Kraft $F$ auf einen Körper der Masse $m$ ausgeübt, so erfährt er eine Beschleunigung $a$. ↑1
Diese ist umso größer, je größer $F$ ist und je kleiner $m$ ist.
Es gilt die Beziehung: $F = m \cdot a$.
Die Formel für die Gewichtskraft $F_G = m \cdot g$ ist ein Spezialfall dieser Grundgleichung.

---

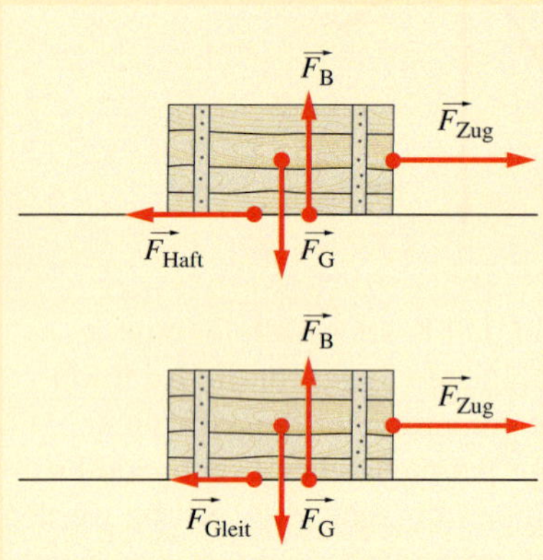


2

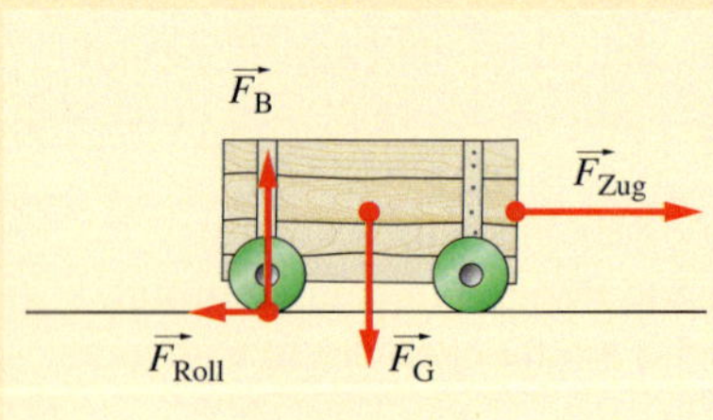


3

**Reibung** Bei der Reibung treten zwei Körper in Wechselwirkung. Reibung kann Bewegung behindern. Reibung macht Bewegung aber häufig erst möglich.

**Haftreibung und Gleitreibung** Wenn man an einer Kiste zieht, sie aber nicht in Bewegung setzen kann, liegt Haftreibung zwischen Kiste und Boden vor. Solange sich die Kiste nicht bewegt, ist die Zugkraft immer exakt so groß wie die Haftreibungskraft. Beide Kräfte sind einander entgegen gerichtet. Wenn man die Kiste dann über den Boden schleift, liegt Gleitreibung vor. Die maximale Haftreibungskraft und die Gleitreibungskraft hängen von der Beschaffenheit der Oberflächen der reibenden Körper und der Normalkraft $F_N$ ab, mit der die Körper aneinandergepresst werden. Es gilt: $F_{Haft} = \mu_{Haft} \cdot F_N$ und $F_{Gleit} = \mu_{Gleit} \cdot F_N$.
Die Gleitreibungskraft ist kleiner als die maximale Haftreibungskraft. ↑2

**Haftreibung und Gleitreibung bei Rädern; Rollreibung** Werden die Räder eines Autos angetrieben oder gebremst, liegt Haftreibung zwischen Reifen und Fahrbahn vor, solange die Räder nicht durchdrehen bzw. blockieren. Da die maximale Haftreibungskraft größer ist als die Gleitreibungskraft, kann man mit nicht blockierten Rädern schneller bremsen als mit blockierten.
Rollen die Räder antriebslos und ungebremst, liegt Rollreibung vor. Die Rollreibungskraft ist meist viel kleiner als die maximale Haftreibungskraft und die Gleitreibungskraft. Die Rollreibung sorgt aber neben dem Luftwiderstand dafür, dass nicht angetriebene Autos immer langsamer werden und schließlich stehen bleiben. ↑3

---

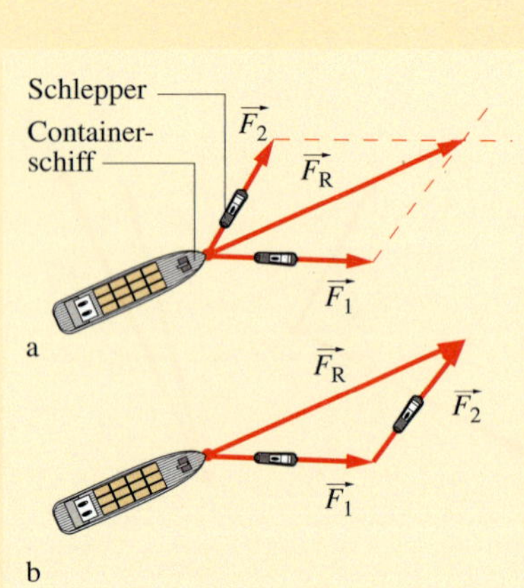


4

**Zusammenwirken von Kräften** Wenn mehrere Kräfte am gleichen Angriffspunkt angreifen, können alle Kräfte durch eine einzige Kraft, die Resultierende, ersetzt werden. Die Resultierende von Kräften mit gleichem Angriffspunkt bestimmt man nach der Parallelogrammregel oder nach der Polygonzugregel. ↑4

**Parallelogrammregel** Die Resultierende ergibt sich als Diagonale des Parallelogramms, das von den Einzelkräften aufgespannt wird. ↑4a

**Polygonzugregel** Die Pfeile der Einzelkräfte werden aneinander gehängt. Die Resultierende reicht vom Anfang des ersten Pfeils bis zum Ende des letzten Pfeils. ↑4b

**Komponentenzerlegung von Kräften** Oft ist es günstig, eine gegebene Kraft durch zwei andere mit gleichem Angriffspunkt zu ersetzen. Diese Kräfte heißen Komponenten der gegebenen Kraft. ↑5
Grundsätzlich gibt es zu jeder Kraft unendlich viele Möglichkeiten, sie in Komponenten zu zerlegen. Von diesen unendlich vielen Möglichkeiten sind aber nur ganz wenige physikalisch sinnvoll.

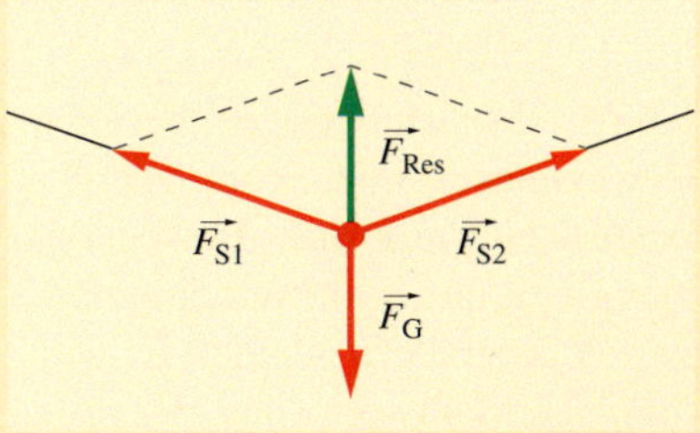

5

## Alles klar?

**1** Bei gleicher Motorkraft kann ein Motorrad schneller beschleunigen als ein Pkw. Begründe.

**2** Wie groß ist die Antriebskraft eines Pkw der Masse 1000 kg, wenn er mit einer Beschleunigung von 1,5 m/s² anfährt? ↑6

**3** Eine Lokomotive mit der Masse 200 t bewirkt eine Zugkraft von 200 kN. 8 Wagons haben je eine Masse von 40 t.
a Wie groß ist die Beschleunigung des Zuges?
b Welche Geschwindigkeit erreicht der Zug nach 1 Minute?

**4** Ein Beschleunigungssensor ist genau genommen nichts anderes als ein Kraftmesser. Erläutere diese Aussage.

**5** Auf ein Fahrzeug werden zwei Kräfte ausgeübt, eine mit einem Betrag von 500 N und eine mit einem Betrag von 700 N.
a Warum kann aus diesen Angaben nicht geschlossen werden, welchen Betrag die Resultierende hat?
b Welchen Betrag hat die resultierende Kraft mindestens, welchen Betrag hat sie höchstens?

**6** Um die Reibung zwischen festen Körpern zu verringern, kann man Flüssigkeiten als Schmiermittel benutzen. Nenne einige Beispiele. Auch Wasser kann ein Schmiermittel sein, z. B. zwischen den Reifen und der Straße. Weshalb ist dieses „Schmiermittel" unerwünscht? ↑7

**7** Auf einen Körper werden zwei Kräfte von 5 N und 8 N ausgeübt. Die beiden Kräfte bilden einen Winkel von 60° miteinander. Welchen Betrag hat die resultierende Kraft? Löse die Aufgabe mithilfe einer Zeichnung.

**8** Ein Auto ($F_G$ = 10 000 N) steht auf einer stark abschüssigen Straße. Der Winkel zwischen Straße und der Waagerechten beträgt 20°. ↑8
a Zerlege die Gewichtskraft in zwei Komponenten. Eine Komponente soll parallel zur Straße, die andere senkrecht zur Straße sein.
b Bestimme die Beträge der beiden Komponenten.
c Warum ist es physikalisch sinnvoll, die Gewichtskraft gerade in dieser Weise zu zerlegen?

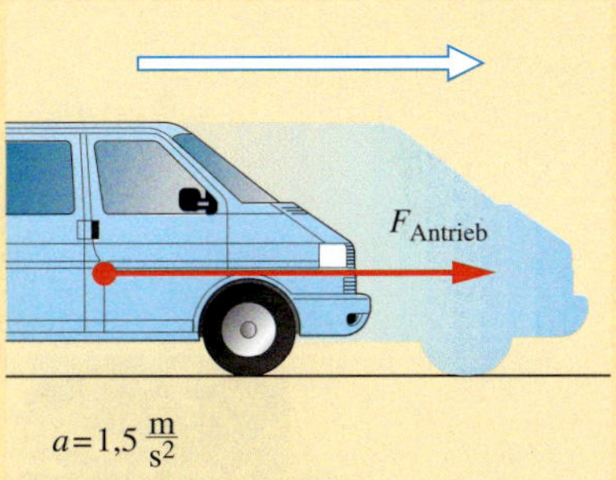

6

7 Aquaplaning

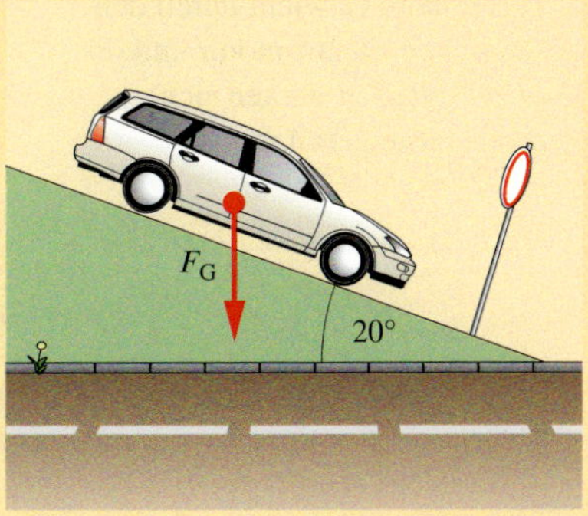

8

# Wie groß ist die Bewegungsenergie?

Körper, die sich bewegen, besitzen Bewegungsenergie. Schon vor langer Zeit wurde diese Bewegungsenergie mithilfe von Windmühlen und Wasserrädern genutzt. Es wurden z. B. Mahlwerke und Hammerwerke angetrieben. In heutiger Zeit kann jeder die Bewegungsenergie von Wind und Wasser nutzen.
In modernen Windparks und Wasserkraftwerken wird sie in elektrische Energie umgewandelt und kommt so in jedes Haus.

1

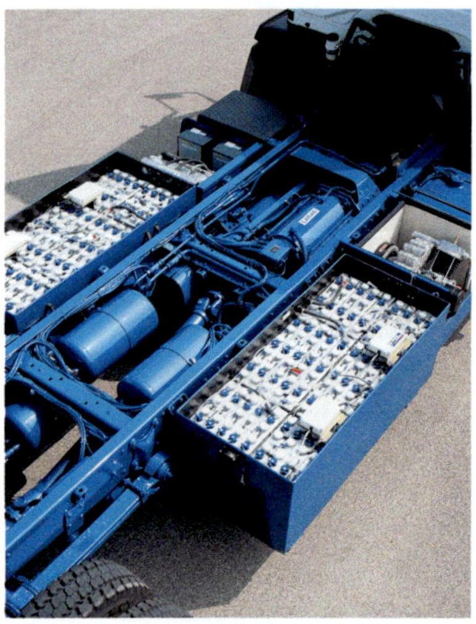

2 Das höhere Gewicht durch den zusätzlichen Elektromotor und die großen Batterien wirken sich verbrauchssteigernd aus.

Um Fahrzeuge in Bewegung zu setzen, muss ihnen Energie zugeführt werden. Beim nächsten Bremsmanöver wird die Bewegungsenergie des Fahrzeugs in thermische Energie umgewandelt, sodass eine erneute Beschleunigung wieder neue Energie erfordert. Besonders im Stadtverkehr macht sich dieser ständige Energiebedarf beim Benzinverbrauch deutlich bemerkbar.
Es gibt Autos, die über ein Energierückgewinnungssystem verfügen. Sie besitzen neben einem Benzin- oder Dieselmotor einen zusätzlichen Elektromotor. Im Stillstand und bei langsamer Fahrt wird der Verbrennungsmotor abgeschaltet. Das Anfahren erfolgt mit dem Elektromotor. Erst ab einer höheren Geschwindigkeit wird auf den Verbrennungsmotor umgeschaltet. Beim Bremsen wird der Elektromotor als Generator benutzt und die Batterie wird aufgeladen. So wird die Bewegungsenergie in Form von chemischer Energie in der Batterie gespeichert. ↑2, 3
Im Stadtverkehr wird der Kraftstoffverbrauch dadurch deutlich gesenkt. Das spart nicht nur Geld, sondern es hilft auch dabei, die Luftverschmutzung in den Städten zu reduzieren.
Zur Optimierung der Energierückgewinnungssysteme muss man wissen, wie viel Energie beim Bremsen höchstens zurück gewonnen werden kann.

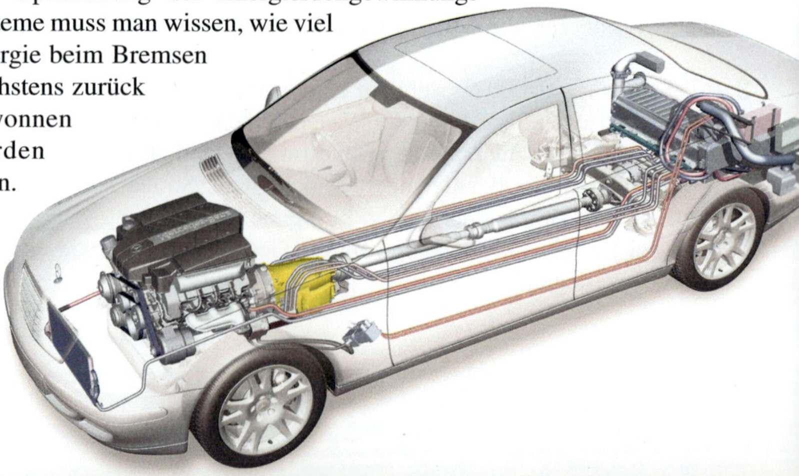

3

## Experimente

**1 Höhe und Bewegungsenergie**

a Lasst eine Kugel ein schräg gestelltes Brett hinab und auf glattem Fußboden ausrollen. Messt die Zeit, die sie braucht, um auf dem Boden eine vorher abgemessene Strecke zurückzulegen. Berechnet die Geschwindigkeit der Kugel auf dem Boden.

b Startet die Kugel jetzt in der doppelten Höhe. Bestimmt die Geschwindigkeit auf dem Boden.

c In welchem Verhältnis stehen die Bewegungsenergien am Boden bei den beiden Experimenten? Wächst die Geschwindigkeit der Kugel proportional zur Bewegungsenergie?

**2 Höhe und Geschwindigkeit**

Auf verschieden geformten Bahnen fahren Spielzeugautos aus einer vorgegebenen Höhe hinab. ↑4

a Wie lange brauchen die Autos, um auf den verschiedenen Bahnen nach unten zu gelangen?

b Vergleiche die Geschwindigkeiten der Autos am unteren Ende der Bahnen? Überlege zunächst und kontrolliere deine Antwort, indem du die Autos durch eine Lichtschranke fahren lässt.

**3 Pendel**

Ein Metallzylinder wird so an einem Faden aufgehängt, dass er pendeln kann. ↑5

a Beschreibe die Energieumwandlungen, die auftreten, wenn das Pendel schwingt.

b Der Pendelkörper wird seitlich ausgelenkt und dabei um die Strecke $h$ angehoben. Vergleiche die Geschwindigkeit $v_0$ des Pendelkörpers im tiefsten Punkt mit der Geschwindigkeit $v_1$, welche der Pendelkörper hätte, wenn er im freien Fall um die Strecke $h$ fallen würde?

c Berechne aufgrund der Überlegung in b die Geschwindigkeit $v_0$ des Pendelkörpers.

d Überprüfe, ob die Vorhersage stimmt, indem du den Pendelkörper durch eine Lichtschranke schwingen lässt und die Verdunklungszeit misst.

**4 Fadenpendel und Bewegungsenergie**

Hänge an einen Haken ein etwa 1 m langes Pendel und lass es pendeln. Hänge ein zweites Pendel so an den zweiten Haken, dass du die Pendellänge verändern kannst. Wähle die Pendellänge genau so, dass es in gleicher Zeit genau doppelt so viele Schwingungen ausführt wie das erste. Miss die Längen $l_1$ und $l_2$ der beiden Pendel. Lenke jetzt beide Pendel um den gleichen Winkel aus und lass sie dann pendeln. ↑6

a Wie groß ist das Verhältnis $l_1/l_2$ der beiden Pendellängen?

b Wie groß ist das Verhältnis $h_1/h_2$ der Höhen, um die beide Pendel angehoben werden, wenn sie ihre maximale Auslenkung haben?

c Wie groß ist das Verhältnis $E_{\text{Höhe}\,1}/E_{\text{Höhe}\,2}$ der Höhenenergien zum Zeitpunkt der maximalen Auslenkung bei beiden Pendeln?

d Wie groß ist das Verhältnis der Bewegungsenergien $E_{\text{Bew}\,1}/E_{\text{Bew}\,2}$ im jeweils tiefsten Punkt der Bahn?

e Wie groß ist das Verhältnis der Strecken, welche die beiden Pendel in einer bestimmten Zeit zurücklegen?

f Wie groß ist das Verhältnis der Geschwindigkeiten der beiden Pendel im tiefsten Punkt der Bahn?

g Kann es nach diesen Überlegungen möglich sein, dass ein Pendel bei doppelter Geschwindigkeit doppelt so viel Bewegungsenergie besitzt?

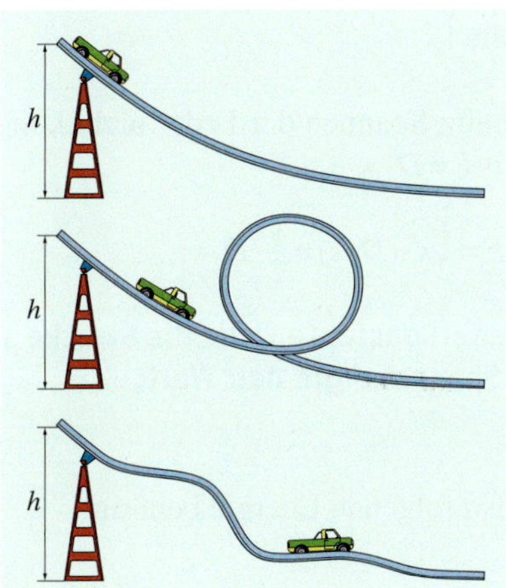


4

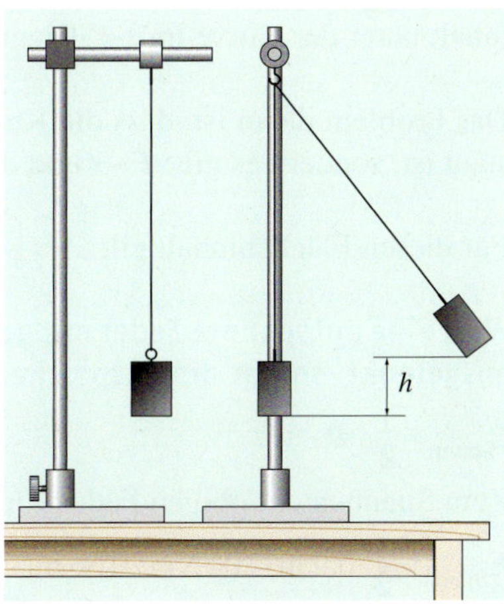


5

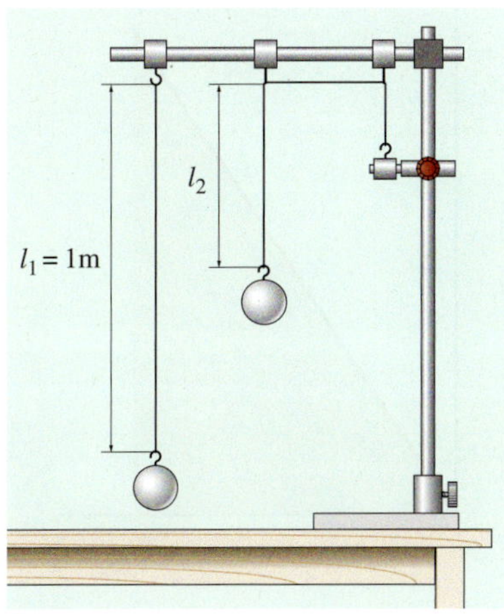


6

## GRUNDLAGEN: Berechnung der Bewegungsenergie

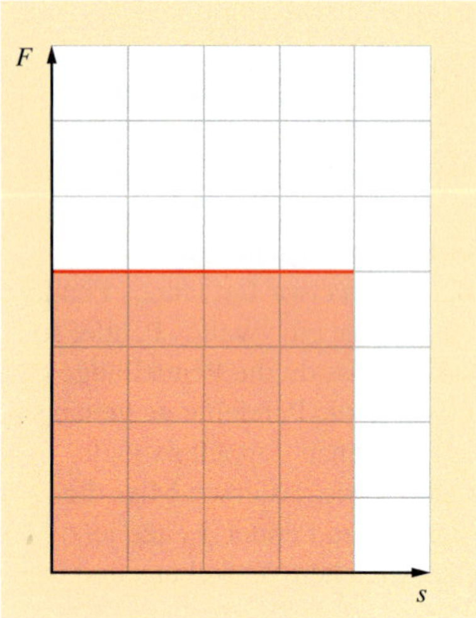

1

Mechanische Energie kann übertragen werden, wenn sich ein Körper bewegt und wenn eine Kraft auf den Körper ausgeübt wird. Wenn ein Körper eine Strecke $\Delta s$ zurücklegt und dabei eine Kraft $F$ in Bewegungsrichtung ausgeübt wird, wird dem Körper die Energie $\Delta E = F \cdot \Delta s$ zugeführt. Wird diese Energie nicht in andere Energieformen umgewandelt, z. B. durch Reibung, ist die zugeführte Energie als Bewegungsenergie im Körper gespeichert. Wenn der Körper mit der Masse $m$ aus dem Stand durch eine konstante Kraft $F$ beschleunigt wird, entspricht die zugeführte Energie dem Flächeninhalt unter der Kurve im $s$-$F$-Diagramm. ↑1

Es gilt: $\Delta s = s = \frac{1}{2} \cdot a \cdot t^2$ und $F = m \cdot a$.

Da der Körper anfangs ruhte, ist die zugeführte Energie gleich der gesamten Bewegungsenergie: $E = \Delta E$.

Wir erhalten dann: $E = \Delta E = m \cdot a \cdot \frac{1}{2} \cdot a \cdot t^2 = \frac{1}{2} \cdot m \cdot (a \cdot t)^2$.

Wegen $v = a \cdot t$ gilt schließlich: $E = \frac{1}{2} \cdot m \cdot v^2$.

Die Bewegungsenergie eines Körpers hängt also nur von der Masse des Körpers und von der erreichten Geschwindigkeit ab. Wie groß die Bewegungsenergie ist, hängt nicht von der Beschleunigung ab. Ist die Beschleunigung kleiner, dauert der Vorgang der Energieübertragung nur ein wenig länger. Daher gilt das Ergebnis auch dann, wenn die Kraft während des Beschleunigungsvorgangs nicht konstant war.

**Ein Körper mit der Masse $m$ und der Geschwindigkeit $v$ hat die Bewegungsenergie:**

$$E_{\text{Bew}} = \frac{1}{2} m \cdot v^2.$$

## GRUNDLAGEN: Spannenergie einer Feder

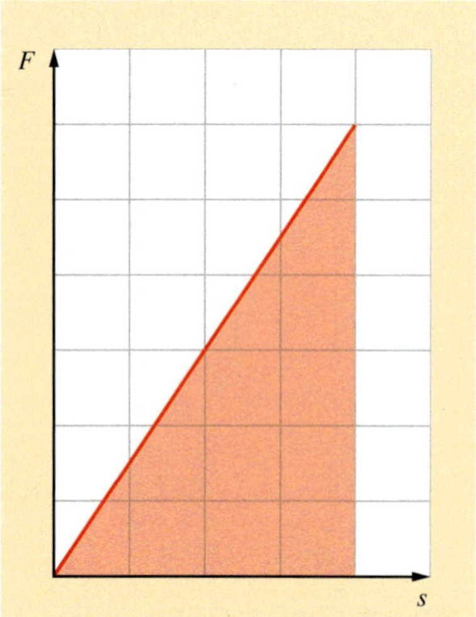

2

Wie viel Energie wird beim Spannen einer Feder gespeichert, wenn die Feder um 0,2 m verlängert wird und dafür eine maximale Kraft von 200 N notwendig ist? Auch hier entspricht die zugeführte Energie dem Flächeninhalt unter der Kurve im $s$-$F$-Diagramm. ↑2

Das Problem dabei ist, dass die Kraft beim Spannen der Feder nicht konstant ist, sondern es gilt: $F \sim s$ und damit $F = D \cdot s$.

Für diesen Flächeninhalt gilt: $A = \frac{1}{2} \cdot s \cdot F = \frac{1}{2} s \cdot (D \cdot s) = \frac{1}{2} \cdot D \cdot s^2$.

**Wird eine entspannte Feder mit der Federkonstante $D$ um die Strecke $s$ ausgelenkt, so hat die gespeicherte Spannenergie den Wert:**

$$E_{\text{Spann}} = \frac{1}{2} \cdot D \cdot s^2.$$

Zum Spannen der obigen Feder wird also folgende Energie benötigt:

$E_{\text{Spann}} = \frac{1}{2} \cdot 0{,}2\,\text{m} \cdot 200\,\text{N} = 20\,\text{N} \cdot \text{m}$.

## Induktives und deduktives Verfahren

Wie kommt man in der Physik zu Erkenntnissen? Selbstverständlich durch Experimente! Wenn man sich den Text auf Seite 224 *Berechnung der Bewegungsenergie* anschaut, stellt man fest, dass das Ergebnis $E_{Bew} = 1/2 \cdot (m \cdot v^2)$ nicht durch Experimente, sondern durch Schlussfolgerungen aus bereits vorher gefundenen Ergebnissen abgeleitet wurde. Beide Vorgehensweisen sind typisch für die Naturwissenschaften. Man spricht vom induktiven und deduktiven Verfahren.

*Induktives Verfahren:* Man gelangt zu Gesetzmäßigkeiten durch die Auswertung von Experimenten.

*Deduktives Verfahren:* Man gelangt zu Gesetzmäßigkeiten durch Folgerungen aus vorher gefundenen Ergebnissen.

3

4

**1** *Induktion und Deduktion*

In Wirklichkeit lässt sich die Arbeitsweise der Physiker nicht so einfach in diese zwei Verfahren unterteilen. Die Vorgehensweise der Physiker ist ein ständiges Ineinandergreifen der beiden Methoden.

Aus induktiv gefundenen Ergebnissen werden Folgerungen gezogen, die auch wieder experimentell überprüft werden.

Deduktiv gefundene Erkenntnisse müssen anschließend im Experiment überprüft werden.

Erst die Tatsache, dass immer wieder Folgerungen aus Lehrsätzen ausgedacht werden und diese Folgerungen wieder im Experiment überprüft werden, gibt den Naturwissenschaften die große Sicherheit und rechtfertigt die Bezeichnung „exakte Wissenschaft“.

**2** *Experimentelle Überprüfung*

Auch bei der Berechnung der Bewegungsenergie muss experimentell überprüft werden, ob der Term $1/2 \cdot (m \cdot v^2)$ richtig ist. Durch Anwendung des Energieerhaltungssatzes können bei der Umwandlung von Höhen- in Bewegungsenergie entsprechende Messwerte gewonnen werden:

Ein zylinderförmiges Wägestück wird an einem Faden befestigt, sodass es pendeln kann. Das Pendel wird seitlich ausgelenkt und es wird gemessen, wie hoch es dabei angehoben wird. Im tiefsten Punkt der Pendelbahn ist eine Lichtschranke angebracht. Die Verdunklungszeit wird gemessen und die Geschwindigkeit des Pendels im tiefsten Punkt der Bahn berechnet. Dann werden die Höhenenergie im höchsten Punkt der Bahn und die Bewegungsenergie im tiefsten Punkt der Bahn berechnet und verglichen.

# Methode

## Der Energieerhaltungssatz hilft Probleme zu lösen

Wenn man ein Pendel auslenkt und loslässt, fängt es an zu pendeln. Du kennst das, weil es oft genug in unserer Umwelt vorkommt. Wie ist es aber, wenn man eine Stange als Hindernis einbaut, sodass das Pendel nicht mehr frei pendeln kann. Wie hoch gelangt es dann? ↑1

Der Energieerhaltungssatz gibt die Antwort: Wenn der Pendelkörper die maximale Auslenkung erreicht, ist nur noch Höhenenergie vorhanden. Die Bewegungsenergie ist gleich null. Wenn das Hindernis starr ist und keine Energie aufnimmt, muss also der Pendelkörper links die gleiche Höhe erreichen, unabhängig davon, ob das Hindernis eingebaut ist oder nicht.

Das Problem kann noch etwas erweitert werden. Der Startpunkt soll jetzt so hoch liegen, dass das Pendel seine ursprüngliche Höhe nicht mehr erreichen kann, weil der Faden zu kurz ist.
Überlege, was nach dem Energieerhaltungssatz passieren muss, und überprüfe deine Vorhersage im Experiment.

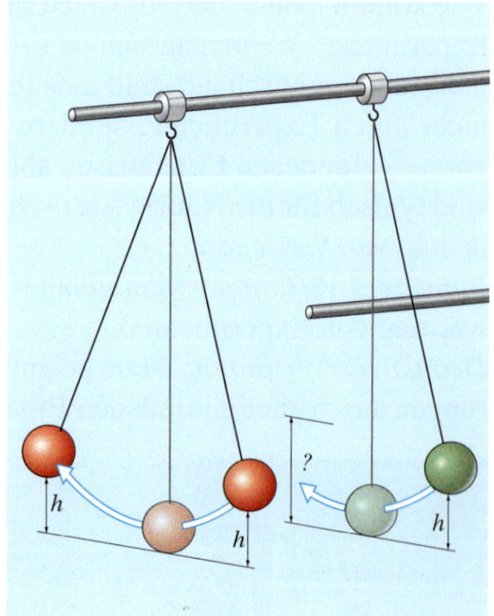

1

**1** Mit welcher Geschwindigkeit trifft ein Stein, der aus einer Höhe von 10 m herab fällt, auf dem Boden auf?

**2** Ein Artist (60 kg) springt aus 5 m Höhe auf ein Trampolin. In jeder Hand hält er einen Sandsack (je 20 kg). Wenn das Trampolin seinen tiefsten Punkt erreicht, wirft er die Säcke zur Seite. Benutze beim Lösen der folgenden Aufgaben jeweils energetische Ansätze. Es soll davon ausgegangen werden, dass die gesamte mechanische Energie erhalten bleibt.
- Wie hoch wird der Artist geschleudert?
- Mit welcher Geschwindigkeit trifft der Artist auf das Trampolin? Mit welcher Geschwindigkeit verlässt er das Trampolin?

## Probier 's mal!

**1 Bewegungsenergie von Münzen**
Nimm ein langes stabiles Lineal aus Holz. Lege bei der 5-cm-Marke einen Faserschreiber unter das Lineal.
An der 10-cm-Marke und an der 15-cm-Marke legst du jeweils eine Münze auf das Lineal. Schlage nun mit einem Finger kräftig auf die 0-cm-Marke des Lineals. ↑2

a Beobachte, wie hoch die beiden Münzen geschleudert werden. Wie viel Bewegungsenergie hatten die Münzen beim Verlassen des Lineals?

b Vergleiche die Geschwindigkeit der Münzen, wenn sie das Lineal verlassen.

c Erläutere, dass dieses Experiment eine Bestätigung für den Zusammenhang $E_{Bew} \sim v^2$ ist.

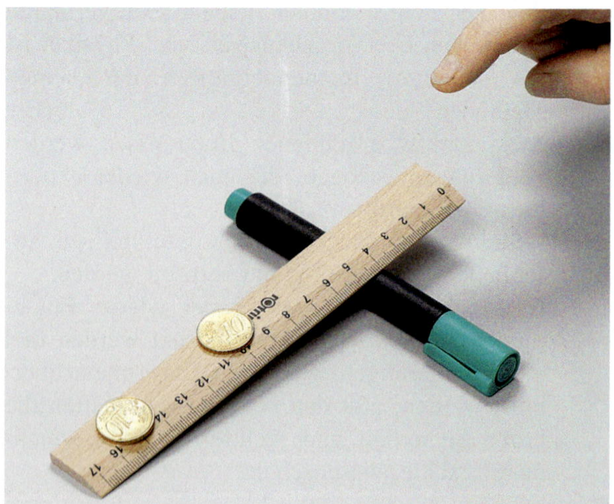
2

## Aufgaben

**1** Ein beladener Lkw hat eine Masse von 40 t. Berechne, wie viel Energie die Bremsen jeweils aufnehmen müssen, wenn er bei einer Geschwindigkeit von 25 km/h bzw. 50 km/h die Geschwindigkeit jeweils um 10 km/h reduziert.

**2** Ein Ball fällt aus 5 m Höhe auf den Boden.

a Zeichne den Verlauf von Höhenenergie und Bewegungsenergie des Balles in Abhängigkeit von der Höhe des Balls über dem Erdboden.

b Zeichne den Verlauf von Höhenenergie und Bewegungsenergie des Balles in Abhängigkeit von der Zeit.

**3** Wie viel Energie wird umgewandelt, wenn ein Bus ($m = 16$ t) aus einer Geschwindigkeit von 50 km/h bis zum Stillstand abbremst?

**4** Im Stadtverkehr ist damit zu rechnen, dass Busse durchschnittlich pro Kilometer dreimal von 50 km/h bis zum Stillstand abbremsen müssen. Wie viel Bewegungsenergie wird auf einer Strecke von 100 km in thermische Energie umgewandelt ($m = 16$ t)? ↑3

3

**5** Wenn ein Lkw bergab fährt, wird Höhenenergie in Bewegungsenergie umgewandelt. In den Bremsen wird die Bewegungsenergie zu thermischer Energie.

a Wie viel Energie wird insgesamt umgewandelt, wenn ein Fahrzeug mit 3 t Masse eine 5 km lange Strecke mit 6 % Gefälle hinab fährt? ↑4

b Um wie viel Kelvin kann man mit dieser Energie 100 kg Eisen erwärmen?

c Warum müssen Lastwagen bei langen Bergabfahrten stets den Motor zum Bremsen einsetzen und mit sehr niedriger Geschwindigkeit fahren?

**6** Die Feder eines Kugelschreibers hat eine Federkonstante von $D = 2$ N/cm und eine Masse von 0,25 g. Die Feder wird um 2 cm zusammengedrückt und dann losgelassen. ↑5

a Wie hoch springt die Feder, wenn alle Spannenergie in Höhenenergie umgewandelt wird?

b Miss, wie hoch die Feder springt und bestimme die Federkonstante. Vergleiche das Ergebnis der Rechnung mit dem experimentellen Ergebnis.

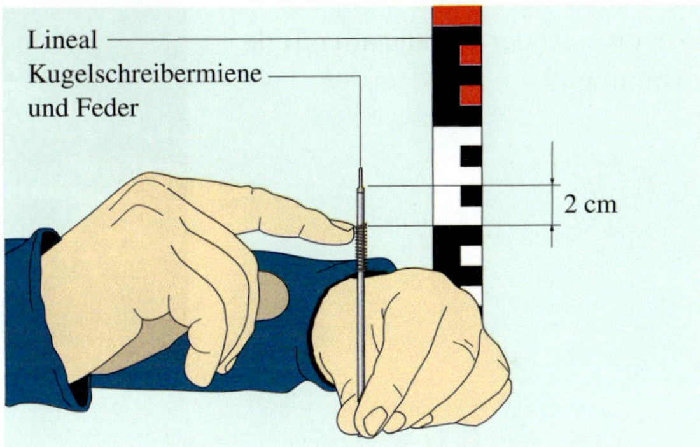


5

**7** Mit dem Fahrrad erreichst du den Beginn einer Steigungsstrecke mit 5 %. Deine Geschwindigkeit beträgt 35 km/h. Wie hoch rollst du, ohne zu treten, wenn die Reibungsverluste 10 % betragen? ↑6

6

**8** Warum ist es anstrengend, einen Berg hinunterzugehen? Es wird doch keine Energie benötigt.

4

# Wechselwirkung und Impulserhaltung

Die explodierenden und verbrennenden Teile der Feuerwerksraketen zeichnen faszinierende Farbspiele an den nächtlichen Himmel. Wie schafft man es, dass die explodierenden Teile so schön kugelförmig auseinander fliegen? Alle auseinanderfliegenden Teile der Rakete haben einen Impuls. Wie groß ist der Impuls aller Teile zusammen?

1

2 Springende Stahlkugel

3 Springender Flummi

Wenn du einen Ball auf den Boden fallen lässt, springt er nach dem Aufprall wieder hoch. Er erreicht aber nicht wieder die Ausgangshöhe. Flummis springen besonders gut, aber auch sie verlieren nach jedem Aufprall Höhe. Beim Aufprall wird ein großer Teil der Bewegungsenergie des Balls zunächst in Spannenergie und dann wieder in Bewegungsenergie umgewandelt. Ein Teil der mechanischen Energie wird in thermische Energie umgewandelt. Solche „Energieverluste" treten bei allen Wechselwirkungen in mehr oder minder starker Form auf. Wie viel Energie in nichtmechanische Energieformen umgewandelt wird, hängt von den elastischen Eigenschaften der wechselwirkenden Körper ab. Daher kann man häufig nicht vorhersagen, wie viel mechanische Energie nach der Wechselwirkung noch vorhanden ist. Es gibt aber auch Wechselwirkungen, bei denen von Anfang an feststeht, wie viel mechanische Energie nach der Wechselwirkung noch vorhanden ist. Diese Vorhersagemöglichkeit ergibt sich daraus, dass bei der Wechselwirkung der Impuls vollständig erhalten bleiben muss.

Beim Herunterfallen nimmt der Impuls des Flummis zu. Beim Aufprall auf den Boden ändert der Flummi seine Bewegungsrichtung. Also ändert sich die Richtung des Impulses. Wie ist das mit dem Impulserhaltungssatz vereinbar?

Der Energieerhaltungssatz gilt für alle Vorgänge. Die Gesamtenergie in einem abgeschlossenen System bleibt konstant. Der Energieerhaltungssatz gilt auch für alle Stoßprozesse. Bei einem elastischen Stoß bleibt die Summe der Bewegungsenergien der Stoßpartner unverändert. Bei einem unelastischen Stoß wird ein Teil der Bewegungsenergie in thermische Energie umgewandelt. Was passiert aber dabei mit dem Impuls in einem abgeschlossenen System?

## Experimente

**1 Impuls von Kugeln**
Zwei gleiche Stahlkugeln werden bifilar aufgehängt, sodass sie nur in einer Richtung pendeln können. An der Berührungsstelle wird bei beiden etwas Plastilin angedrückt. ↑4
Eines der Pendel wird seitlich ausgelenkt und losgelassen. Beim Auslenken wird es um die Höhe $h$ angehoben. Beim Zusammenprall kleben die Kugeln aneinander.

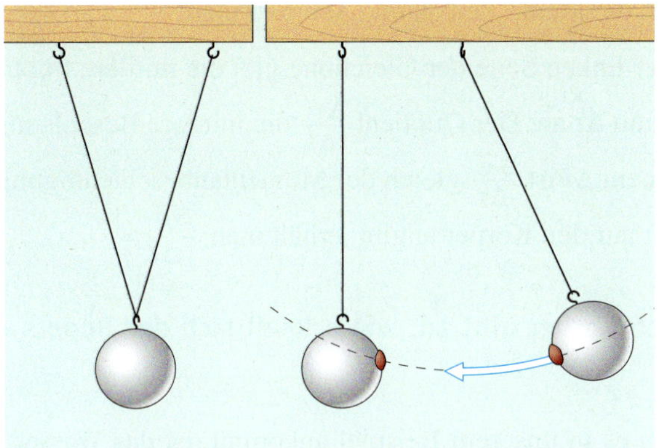

4

a Was kannst du nach dem Zusammenprall beobachten? Beschreibe.
b Was kannst du über den Impuls der Kugeln unmittelbar vor und nach dem Zusammenprall sagen?
c Die Geschwindigkeit der ausgelenkten Kugel unmittelbar vor dem Aufprall ist $v$. Berechne aus dem Impulserhaltungssatz einen Term für die Geschwindigkeit der beiden zusammengeklebten Kugeln unmittelbar nach dem Zusammenprall.
d Welche Höhe müssen die beiden Kugeln gemeinsam erreichen?
e Überprüfe das Ergebnis der Rechnung in einem Experiment.
f Wie viel mechanische Energie wird beim Zusammenprall der Kugeln in nichtmechanische Energie umgewandelt?

**2 Nägel**
Lege zwei Kanthölzer mit einem Abstand von etwa 70 cm auf den Boden und eine Latte quer darüber. Versuche nun an verschiedenen Stellen einen Nagel in die Latte zu schlagen, und zwar einmal dort, wo die Latte auf dem Kantholz aufliegt, und auch genau zwischen den Kanthölzern. Welchen Unterschied stellst du fest? Versuche deine Beobachtungen zu erklären.

**3 Impuls- und Energiemessung**
Mit der dargestellten Anordnung, sollen die Bewegungsenergie und der Impuls bestimmt werden. Beim Zusammenstoß bohrt sich die Nadel in das Plastilin. Dadurch wird erreicht, dass die Wagen nach dem Zusammenprall zusammen bleiben. ↑5
a Messt mit zwei Lichtschranken die Verdunklungszeiten vor und nach dem Zusammenprall. Berechnet aus der Breite des Stabes und der Verdunklungszeit die Geschwindigkeiten unmittelbar vor und nach dem Zusammenprall.
b Berechnet die gesamte Bewegungsenergie vor und nach dem Zusammenprall.
c Berechnet den gesamten Impuls vor und nach dem Zusammenprall.

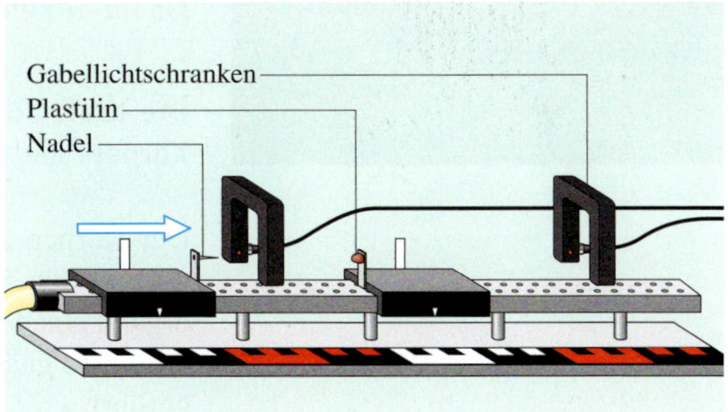


5

**4 Raketenstart**
Eine Rakete wird mit Wasser und Druckluft gefüllt. Wird das Ventil geöffnet, startet die Rakete. ↑6
Erkläre.
Wie hoch die Rakete fliegt, hängt vom Druck und von der eingefüllten Wassermenge ab. Wieso ist es ungünstig, sehr viel oder sehr wenig Wasser einzufüllen? Probiere, wie viel Wasser am günstigsten ist.

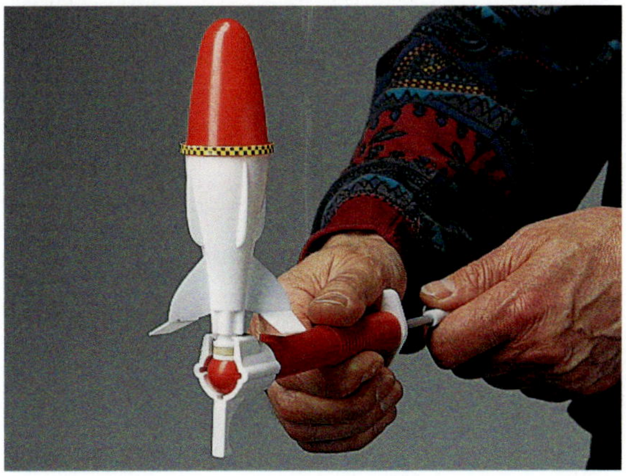

6

## GRUNDLAGEN: Kraft und Impulsänderung

1

Wie ist es möglich, dass Wasser eine so große Kraft ausüben kann, dass sogar ein Auto hochgehoben wird? Diese Frage lässt sich mithilfe des Impulsbegriffs beantworten. ↑1

Nach dem Trägheitssatz behält ein Körper, auf den keine Kraft ausgeübt wird, seinen Bewegungszustand bei. Da die Masse des Körpers konstant ist, bleibt auch der Impuls gleich.

Der Impuls ändert sich nur, wenn eine Kraft auf den Körper ausgeübt wird. Wie hängen Impulsänderung und Kraft zusammen? Für die Impulsänderung eines Körpers der Masse $m$ gilt: $\Delta\vec{p} = m \cdot \Delta\vec{v}$

Dividiert man durch die kleine Zeitspanne $\Delta t$ erhält man: $\frac{\Delta\vec{p}}{\Delta t} = m \cdot \frac{\Delta\vec{v}}{\Delta t}$

Der Quotient auf der linken Seite der Gleichung gibt die mittlere Impulsänderung im Zeitraum $\Delta t$ an. Der Quotient $\frac{\Delta\vec{v}}{\Delta t}$ die mittlere Beschleunigung. Bei sehr kleinem $\Delta t$ ist $\frac{\Delta\vec{v}}{\Delta t}$ gleich der Momentanbeschleunigung.

Da $(m \cdot \vec{a})$ die Kraft auf den Körper angibt, erhält man: $\frac{\Delta\vec{p}}{\Delta t} = \vec{F}$

**Die Kraft auf einen Körper gibt an, wie schnell sich der Impuls des Körpers ändert.**

Der Körper, auf den es in unserem Beispiel ankommt, ist das Wasser. Es wird in den Schläuchen seitlich zugeführt und tritt mit hoher Geschwindigkeit aus den nach unten gerichteten Düsen aus. Der Impuls des Wassers wird also geändert. Wenn das Wasser gleichmäßig von allen Seiten herangeführt wird, ist die resultierende Impulsänderung genau nach unten gerichtet. Auf das Wasser wird also eine Kraft nach unten ausgeübt. Daher übt es eine nach oben gerichtete Kraft auf die Rohre und das Auto aus. ↑2

Treten aus einer Düse pro Sekunde z. B. 10 ℓ Wasser mit $v = 40\,\text{m/s}$ aus, ergibt sich: $F = \frac{\Delta p}{\Delta t} = \frac{10\,\text{kg} \cdot 40\,\text{m}}{1\,\text{s} \cdot \text{s}} = 400\,\text{N}$

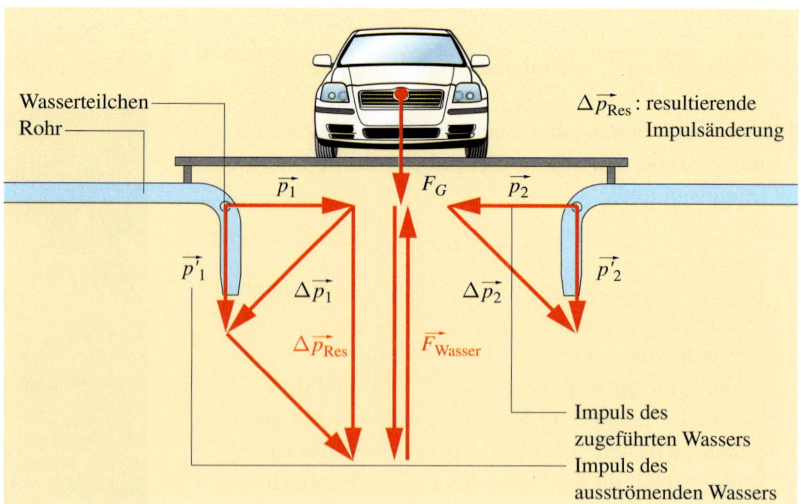


2

Nach dem Wechselwirkungsprinzip treten Kräfte grundsätzlich paarweise auf. Sie sind gleich groß und entgegengesetzt gerichtet:
$\vec{F}_1 = -\vec{F}_2$.
Wegen $\vec{F} = \frac{\Delta \vec{p}}{\Delta t}$ gilt also: $\frac{\Delta \vec{p}_1}{\Delta t} = -\frac{\Delta \vec{p}_2}{\Delta t}$.
Das bedeutet, dass immer zwei gleich große entgegengesetzt gerichtete Impulsänderungen auftreten müssen. Anschaulich formuliert: Den Impuls, den einer der Körper abgibt, muss der andere aufnehmen. Dadurch kann der Gesamtimpuls beider Körper zusammen nicht verändert werden.

**In einem System, das nicht mit anderen Systemen in Wechselwirkung tritt, kann sich der Gesamtimpuls nicht ändern. Diese Aussage nennt man Impulserhaltungssatz.**

Der Impulserhaltungssatz ergibt sich unmittelbar aus dem Wechselwirkungsprinzip. Auf das System darf von außen keine Kraft ausgeübt werden.
Bei Wechselwirkungen bleibt der Impuls auf jeden Fall erhalten. Die Energie bleibt zwar auch erhalten, es kann aber mechanische Energie in nichtmechanische Energie umgewandelt werden. Wenn zwei Körper zusammenprallen und sich beim Zusammenprall verhaken, ist ihre Geschwindigkeit unmittelbar nach dem Zusammenstoß schon durch den Impulserhaltungssatz festgelegt. Dadurch ist dann auch festgelegt, wie viel Energie in nichtmechanische Energie umgewandelt werden muss.

Wir können jetzt auch die Bahn der Feuerwerksraketen erklären. Der Gesamtimpuls der Feuerwerksrakete wird durch die Explosion nicht beeinflusst. Der Impuls aller Teilchen zusammen ist in jedem Augenblick genau so groß, als wenn die Rakete nicht explodiert wäre. Zusätzlich zu diesen Bewegungen führen alle Teilchen eine Fallbewegung aus. Zu allen kleinen Teilchen, die von diesem Punkt aus in eine bestimmte Richtung geschleudert werden, muss es andere Teilchen mit gleich großem aber entgegengesetzt gerichtetem Impuls geben. ↑3

3

## Aufgaben

**1** Aus einem 22-mm-Mundstück der Druckleitungen der Feuerwehr treten bei einem Druck von 800 kPa in einer Minute 895 ℓ Wasser mit einer Geschwindigkeit von etwa 40 m/s aus. Schätze die Kraft ab, mit der der Feuerwehrmann die Düse halten muss. (Die Geschwindigkeit des Wassers im Schlauch vor dem Mundstück wird vernachlässigt.) ↑4

**2** Mit einem Gewehr (Masse: 10 kg) wird eine Kugel der Masse 10 g mit einer Geschwindigkeit von 400 m/s abgeschossen.

a Berechne, welche Geschwindigkeit das Gewehr nach dem Schuss hätte, wenn es nicht abgebremst würde.

b Berechne die durchschnittliche Kraft auf den Schützen, wenn er den Rückstoß des Gewehrs in 0,1 s abfängt.

c Beim Schießen muss der Schütze das Gewehr gegen die Schulter pressen. Im anderen Fall kann es zu erheblichen Verletzungen kommen. Begründe.

4

1 Raketentriebwerk im Test

2

## GRUNDLAGEN: Raketenantrieb

Raketen sind Flugkörper mit Strahlantrieb. Die Verbrennungsgase werden mit großer Geschwindigkeit nach hinten ausgestoßen. Auf die Verbrennungsgase wird dabei eine große nach hinten gerichtete Kraft ausgeübt. Nach dem Wechselwirkungsprinzip üben die Verbrennungsgase dann eine nach vorn gerichtete Kraft auf die Rakete aus. ↑1, 2

Wie groß ist die Antriebskraft auf die Rakete? In der Zeit $\Delta t$ werden Verbrennungsgase mit der Masse $\Delta m$ und der Geschwindigkeit $\vec{v}_0$ ausgestoßen. Der Impuls des ausgestoßenen Treibstoffs ändert sich um $\Delta m \cdot \vec{v}_0$. Da sich der Impuls des Systems aus Rakete und Verbrennungsgasen insgesamt nicht ändert, muss die Rakete (zusammen mit dem Resttreibstoff) eine gleich große, entgegengesetzt gerichtete Impulsänderung erfahren. Die Rakete ändert ihren Impuls also ebenfalls um $\Delta \vec{p} = \Delta m \cdot \vec{v}_0$.

Wegen $\vec{F} = \frac{\Delta \vec{p}}{\Delta t}$ wirkt auf die Rakete die Antriebskraft $\vec{F} = \vec{v}_0 \cdot \frac{\Delta m}{\Delta t}$.

**Die Antriebskraft eines Strahltriebwerks hängt nur davon ab, wie schnell die Verbrennungsgase ausgestoßen werden und wie viel Masse pro Zeit abgegeben wird.**

Das gilt für alle strahlgetriebenen Flugkörper, also auch für Düsenflugzeuge. Der Unterschied zwischen Raketen und strahlgetriebenen Flugzeugen liegt darin, dass Raketen alle zur Erzeugung des Antriebsstrahls nötigen Stoffe mit sich führen. Strahlgetriebene Flugzeuge entnehmen den zur Verbrennung der Treibstoffe notwendigen Sauerstoff der umgebenden Luft. Raketen können daher im Weltraum fliegen, Flugzeuge nicht.

Wenn die pro Zeiteinheit ausgestoßene Treibstoffmasse und die Ausströmgeschwindigkeit konstant sind, ist auch die Antriebskraft auf die Rakete konstant. Nicht konstant ist dagegen die Beschleunigung, da die zu beschleunigende Masse durch den Ausstoß des Treibstoffs immer kleiner wird. Die Ausströmgeschwindigkeit erreicht bei den zur Zeit verwendeten Triebwerken je nach Treibstoff bis zu 4600 m/s. Bei der Wahl des Treibstoffs sind jedoch auch noch Sicherheitsaspekte, die Höhe der Verbrennungstemperatur und die Dichte des Treibstoffs zu berücksichtigen. Um möglichst viel Masse in kurzer Zeit zu verbrennen, kann es günstiger sein, Treibstoff mit größerer Dichte (z. B. Kerosin) zu verwenden, auch wenn dann die Ausströmgeschwindigkeit niedriger ist. Bei Kerosin als Treibstoff beträgt die Ausströmgeschwindigkeit etwa 2500 m/s.

## Aufgaben

**1** Die Masse einer einstufigen Rakete setzt sich aus der Masse $m_R$ der Rakete und der Treibstoffmasse $m_T$ zusammen.

**a** Die ersten Raketen, hatten eine Gesamtmasse von 12 500 kg. Davon waren 8800 kg Treibstoff. Die Ausströmgeschwindigkeit der Verbrennungsgase betrug 2000 m/s. Berechne, welche Geschwindigkeit sie erreicht hätten, wenn der gesamte Treibstoff beim Start verbrannt worden wäre.

**b** Wenn eine bestimmte Menge Treibstoff während des Flugs verbrannt und ausgestoßen wird, ist die erreichbare Endgeschwindigkeit niedriger, als wenn sie beim Start ausgestoßen wird. Begründe mit dem Impulserhaltungssatz.

**2** Vergleiche das Abbremsen eines Schiffs und eines Lastwagens im Hinblick auf die Impulsübertragung.

## Aufgaben

**3** Erläutere die Impulserhaltung bei einem Flugzeug, das auf einem Flugplatz startet, und bei einem, das auf einem Flugzeugträger startet.

**4** Wenn eine Rakete im Weltraum explodiert, hat die Explosion keinen Einfluss auf die Geschwindigkeit des Schwerpunkts der Rakete bzw. ihrer Trümmerteile. Erläutere.

**5** Stell dir vor, du befindest dich in einem Boot in der Mitte eines Sees. Du hast kein Ruder und darfst auch nicht mit den Händen paddeln. Das Boot ist mit vollen und mit leeren Dosen beladen.

a Wie kannst du zum Ufer zurückkommen?

b Du könntest zunächst die leeren Dosen mit Wasser füllen und sie nach hinten wegschleudern, danach auch noch die vollen Dosen. Welches Vorgehen könnte man mit dem Raketenantrieb, welches mit dem Antrieb eines Düsenflugzeugs vergleichen?

**6** Hubschrauber können auf der Stelle fliegen. Sie drücken mit ihren Rotorblättern ständig die Luft nach unten. Der Impuls dieser Luft ändert sich. Der Impuls des Hubschraubers ändert sich aber nicht. Ist der Impulserhaltungssatz verletzt?

**7** Auf einem Wagen ist ein Pendel befestigt. ↑3
Wenn man das Pendel auslenkt und loslässt, bewegt sich der Wagen hin und her. Begründe.

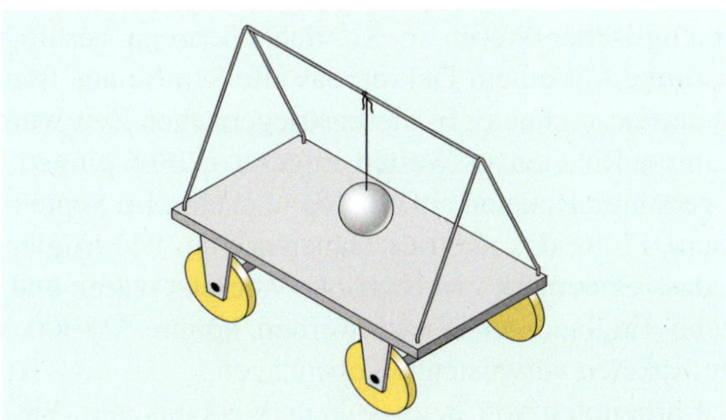

3

**8** Stell dir vor, du befindest dich auf einem reibungsfrei beweglichen Wagen. Wie reagiert der Wagen, wenn du dich in Bewegung setzt? Wie reagiert er, wenn du wieder aufhörst dich zu bewegen? Ist es dir möglich, ohne Berührung der Fahrbahn, den Wagen über eine längere Strecke zu bewegen?

**9** Wenn man auf einem Schlitten auf waagerechter Schneefläche steht, kann man sich, ohne den Boden zu berühren, nur durch geschickte Bewegungen über eine längere Strecke bewegen. Wie ist das möglich? (*Tipp*: Beachte den Unterschied zwischen Gleit- und Haftreibung.)

**10** Bei diesem Kugelspiel kann man eine, zwei oder auch drei Kugeln auslenken und auf die anderen Kugeln prallen lassen. ↑4

4

a Überprüfe, ob der Impulserhaltungssatz beim Zusammenprall stets erfüllt ist.

b Erreichen die Kugeln ihre maximale Auslenkung, so ist die Geschwindigkeit 0 m/s. Wo ist dann der Impuls geblieben? Woher kommt der Impuls, wenn sich die Kugeln anschließend wieder in Bewegung setzen?

**11** Wenn Autos zusammenstoßen, geschieht das in so kurzer Zeit, dass kaum Impuls an die Erde abgegeben werden kann. Man kann daher davon ausgehen, dass der Impuls beider Autos zusammen beim Zusammenstoß erhalten bleibt.
Nimm an, ein Auto A ($m_A = 1600\,\text{kg}$, $v_A = 100\,\text{km/h}$) und ein Auto B ($m_B = 1000\,\text{kg}$, $v_B = 80\,\text{km/h}$) stoßen frontal zusammen. Sie verhaken sich bei dem Unfall ineinander, sodass sie ihre Bewegung gemeinsam fortsetzen.

a Stelle dafür den Impulserhaltungssatz auf.

b Bestimme die Anfangsgeschwindigkeit, mit der sie ihre gemeinsame Bewegung ausführen.

c Welche Geschwindigkeitsänderungen ergeben sich für die beiden Autos?

**12** Ein Holzklotz der Masse 500 g ist an einem Faden aufgehängt, sodass er pendeln kann. Mit einem Gewehr wird eine Kugel der Masse 10 g in den Holzklotz geschossen, sodass sie dort stecken bleibt. Der Holzklotz fängt an zu pendeln und wird dabei um 20 cm angehoben.

a Berechne die Geschwindigkeit des Holzklotzes unmittelbar nach dem Einschlag der Kugel.

b Berechne die Geschwindigkeit der Kugel vor dem Einschlag.

c Welchen Erhaltungssatz kannst du jeweils anwenden? Begründe.

## *Aus der Geschichte* Die Entwicklung des Raketenantriebs

1 Raketen als Kriegsgerät

2 Raketen zur Seenotrettung

Es fing ganz friedlich an. Die ersten Raketen wurden im 12. Jahrhundert in China für Feuerwerke hergestellt. Doch bald schon dienten sie kriegerischen Zwecken. Als im Jahr 1232 Mongolen die chinesische Stadt Kai-Fung-Fu belagerten, vertrieben die Eingeschlossenen die Belagerer mit „Pfeilen fliegenden Feuers". ↑1

Zu Beginn des 19. Jahrhunderts wurden britische Reitertruppen in Indien beim Kampf gegen den Prinzen von Mysore durch den Einsatz von Brandraketen vernichtend geschlagen. Der britische Offizier WILLIAM CONGREVE befasste sich daraufhin eingehend mit Raketen als Waffen.

Zu jener Zeit wurde fast ganz Europa von NAPOLEON beherrscht. England und Schweden gehörten zu den Gegnern NAPOLEONS, Dänemark versuchte neutral zu bleiben. 1806 verkündete NAPOLEON die Kontinentalsperre, welche die Einfuhr englischer Waren in Kontinentaleuropa verhindern sollte. England antwortete mit einem Dekret, das alle Schiffe aus französischen Häfen als Beute bezeichnete. In dieser kriegerischen Zeit wurden zum ersten Mal in Europa Raketen als Waffen eingesetzt. 1806 gingen 200 der von CONGREVE gebauten Raketen auf Boulogne nieder. Im September 1807 griff die britische Flotte das neutrale Dänemark an. Die Engländer wollten verhindern, dass Dänemark von NAPOLEON besetzt würde und die dänische Flotte gegen England eingesetzt werden könnte. 25000 von Schiffen abgefeuerte Raketen verwüsteten Kopenhagen.

CONGREVES Raketen arbeiteten wie heutige Feuerwerksraketen. Sie bestanden aus röhrenförmigen Blechgehäusen, die mit Schießpulver gefüllt waren. Eine Rakete wog etwa 16 kg. Der militärische Erfolg war so groß, dass viele andere Länder eigene Raketenabteilungen für ihre Streitkräfte aufbauten.

Gegen Ende des 19. Jahrhunderts begann die Wissenschaft sich mit dem Raketenantrieb zu befassen: 1890 der russische Mathematiker ZIOLKOWSKI, ab 1910 der Amerikaner GODDARD, 1923 der Deutsche HERMANN JULIUS OBERTH. In seinem Buch „Die Rakete zu den Planetenräumen" wies OBERTH nach, dass mit Raketen eine Fahrt zu anderen Planeten unseres Sonnensystems möglich ist. 1927 wurde in Berlin ein Verein gegründet, der sich zum Ziel setzte, die Ideen OBERTHS zu verwirklichen. Dazu wurden in der Nähe Berlins auch Versuche ausgeführt. Begeistert von den Ideen, trat WERNHER VON BRAUN diesem Verein bei.

3 K. E. ZIOLKOWSKI (1857–1935)

1936 wurde die deutsche Wehrmacht auf die Versuche des Berliner Vereins aufmerksam und gründete in Peenemünde auf der Ostseeinsel Usedom die Heeresversuchsanstalt für Raketenforschung. Hier arbeiteten die Wissenschaftler weiter. WALTER DORNBERGER, der Entwicklungsleiter, schrieb über seine Arbeit: *„Die Rakete A3, die wir damals entwickelten, war nicht dazu eingerichtet, Nutzlast mitzunehmen. Sie war ein reines Versuchsgerät. Da wir immer und immer wieder den Chef der Heeresleitung um Geld für die Weiterentwicklung angingen, erhielten wir die Antwort, nur für die Entwicklung von Raketen, die große Nutzlasten mit guter Treffsicherheit auf weite Entfernungen zu schleudern in der Lage sind, könnten die erforderlichen Geldmittel zur Verfügung gestellt werden. In jugendlichem Eifer versprachen wir alles und ahnten nicht, welche Schwierigkeiten sich dadurch vor uns auftürmen würden."*

Die so entwickelte Rakete A4 wurde in V2 umbenannt (V steht für „Vergeltung"). Gegen Ende des Zweiten Weltkriegs wurden mehrere tausend V2-Raketen eingesetzt. Die V2 hatte eine Startmasse von 12,5 t und transportierte 1 t Sprengstoff. Die Reichweite betrug 300 km, ihre Höchstgeschwindigkeit etwa 5000 km/h. ↑4

Nach dem Zweiten Weltkrieg wurde diese Rakete sowohl für friedliche als auch für militärische Zwecke weiterentwickelt. WERNHER VON BRAUN wurde einer der führenden Raketenforscher in Amerika.

Raketen werden als Transportmittel für Satelliten verwendet und dienen so z. B. der Erforschung der Atmosphäre sowie des Magnetfelds der Erde. Im militärischen Bereich stellen die Interkontinentalraketen mit atomaren Sprengköpfen eine Bedrohung für die Menschheit dar.

4 V2-Rakete

5 H. J. OBERTH im Vordergrund; rechts W. v. BRAUN

6 R. GODDARD. Der Amerikaner startete 1926 die erste Flüssigkeitsrakete

7 S. KOROLJOW entwickelte Trägerraketen (R7 für Sputnik 1, 1959)

**1** DORNBERGER spricht von Schwierigkeiten, die sich auftürmten. Er meint damit Schwierigkeiten bei der Bewältigung technischer Probleme. Welche Gründe gibt es dafür, dass nicht vor allem an die Bewältigung moralischer Probleme gedacht wurde?

**2** 1992 sollte am 50. Jahrestag des ersten erfolgreichen Raketenstarts in Peenemünde eine Gedenkfeier veranstaltet werden. Diese Feier wurde wegen starker Proteste aus dem In- und Ausland abgesagt. Warum wurde protestiert? Hätte man eine Feier veranstalten sollen? Wie ist deine Meinung?

# Kreisbewegungen und Zentripetalkraft

Warum fällt die Kiste vom Dach? Sei nicht vorschnell bei der Antwort. Überlege zunächst die Antwort auf die Frage, warum es das Auto schafft, die Kurve zu durchfahren?

1

Ein Autofahrer fährt im Winter auf einer zunächst geraden Straße. Die Straße ist trocken. Dann macht die Straße eine Kurve. Der Autofahrer stellt mit Schrecken fest, dass die Kurve vereist ist. Solche Situationen kommen immer wieder vor und immer bekommt der Autofahrer erhebliche Probleme. Ursache dieser Probleme ist die Tatsache, dass auf vereister Fahrbahn die Reibungskraft zwischen Straße und Auto sehr klein wird. Wegen der Trägheit des Autos ist aber sowohl eine Kraft nötig, um das Auto zu verlangsamen als auch um die Fahrtrichtung des Autos zu ändern. Es besteht also die große Gefahr, dass das Auto in der Kurve ungebremst geradeaus fährt und sich ein Unfall ergibt.
In einer Linkskurve würde das Auto rechts von der Straße abkommen. Warum „fliegt das Auto aus der Kurve"?
In welche Richtung muss eine Kraft ausgeübt werden, damit das Auto die Linkskurve durchfahren kann?

2

3

## Experimente

**1 Kreisscheibe und Tischtennisball**
Befestige auf einer waagerechten Kreisscheibe, die von einem Motor gedreht wird, mit etwas Knetmasse leicht einen Tischtennisball. Versetze dann die Scheibe in Drehung und steigere die Drehzahl so lange, bis der Ball wegfliegt. Wiederhole das Experiment mehrfach und beobachte genau, in welche Richtung der Ball wegfliegt.

**2 Magnet und Stahlkugel**
Eine (unmagnetisierte) Stahlkugel soll durch einen Magneten aus ihrer Bahn abgelenkt werden.
Wo müsste sich der Magnet befinden?
Welche Richtung hat die Kraft auf die Kugel?

**3 Hypothese und Experiment**
Auf einem Modelleisenbahnwagen liegt eine Stahlkugel auf einer Schraubenmutter. Der Wagen wird auf dem geraden Schienenstück vorsichtig in Bewegung gesetzt. ↑4
Was wird passieren, wenn der Wagen in die Kurve fährt? Stelle eine Hypothese auf. Vergleiche anschließend das Ergebnis des Experiments mit deiner Hypothese.

4

### GRUNDLAGEN: Kräfte bei der Kreisbewegung

Wenn ein Auto durch die Kurve fahren soll, muss es ständig seine Richtung ändern. Damit das geschieht, muss ständig eine genügend große Kraft auf das Auto ausgeübt werden. Körper, auf die keine Kraft ausgeübt wird, bewegen sich geradlinig mit konstanter Geschwindigkeit. Da auf die Kiste auf dem Dach keine genügend große Kraft ausgeübt wird, macht sie die Kreisbewegung des Autos nicht mit. Sie bewegt sich geradlinig weiter und fällt vom Dach des Autos. ↑1
Die Kraft auf das Auto wird durch die Reibung zwischen Autoreifen und Straße hervorgerufen. Wenn auf das Auto kaum eine Kraft ausgeübt wird, z. B. weil die Straße vereist ist, bewegt sich das Auto geradlinig weiter und rutscht von der Straße.

Der Hammer wird von der Hammerwerferin im Kreis herum geschleudert. Dazu muss sie die Richtung des Hammers ständig ändern. Die Hammerwerferin muss daher ständig eine nach innen gerichtete Kraft auf den Hammer ausüben. ↑5

5

**Damit sich Körper auf einer Kreisbahn bewegen können, muss ständig eine zum Kreismittelpunkt gerichtete Kraft auf den Körper ausgeübt werden. Diese Kraft wird Zentripetalkraft $F_Z$ genannt (lat. *petere*: hinstreben).**

Befindet sich ein Körper auf einer Kreisbahn, können wir sicher sein, dass auf ihn eine Zentripetalkraft ausgeübt wird. Diese Zentripetalkraft kann im Einzelfall eine Reibungskraft zwischen Straße und Reifen sein, es kann sich um die Gravitationskraft handeln oder auch um elektrische und magnetische Kräfte. Der Begriff Zentripetalkraft sagt also nichts über die Natur der Kraft aus, sondern nur darüber, was die Kraft bewirkt. ↑6

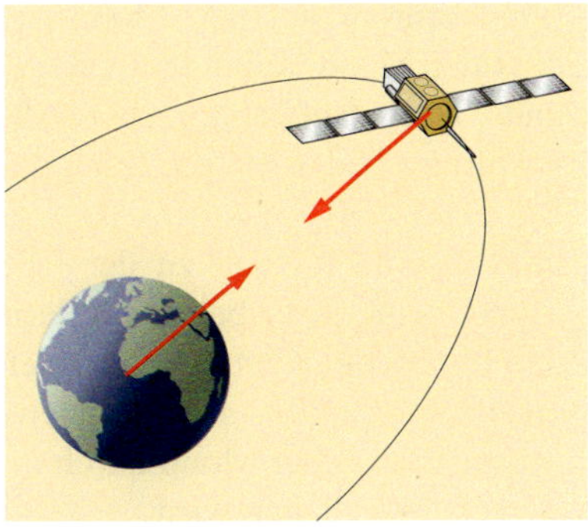
6

## *Aus der Natur* Die Bewegung des Mondes – Das Gravitationsfeld

1

2

3

Warum beschreibt der Mond eine Umlaufbahn um die Erde? In früheren Jahrhunderten wäre diese Frage als sinnlos abgetan worden.

Nach ARISTOTELES, der zwischen himmlischen und irdischen Vorgängen unterschied, gehörte die Bewegung des Mondes zu den himmlischen Vorgängen. Sie war vollkommen – eine ewige Kreisbewegung, die keine Ursache benötigte.

Diese Sichtweise war so beherrschend, dass auch KOPERNIKUS, der Schöpfer eines neuen Weltbilds, sich nicht von ihr trennen mochte. Zweifel an der Vollkommenheit der Himmelskörper ergaben sich, als GALILEI sein Fernrohr auf den Mond richtete und erkannte, dass der Mond keine glatte Kugel ist, sondern Berge und Täler aufweist. Aber auch er sah keinen Erklärungsbedarf für die Bahn des Mondes.

Der Astronom JOHANNES KEPLER (1571–1630) kam in mühevoller Arbeit zu der Überzeugung, dass der Mond keine Kreisbahn, sondern eine Ellipsenbahn beschreibt. Bei KEPLER finden sich erste Ansätze, nach einer Erklärung für die Mondbewegung zu suchen. Er nahm an, dass der Mond durch magnetische Kräfte in Bewegung gehalten wird.

In diesem historischen Umfeld stellte es eine radikale Umwälzung dar, dass NEWTON die von ihm formulierten Gesetze der Mechanik nicht nur auf irdische, sondern auch auf himmlische Vorgänge bezog. Noch radikaler war es, dass er so verschiedene Vorgänge wie das Fallen eines Apfels auf der Erde mit der Bewegung des Mondes verknüpfte.

Der Mond beschreibt eine Umlaufbahn um die Erde, weil aufgrund der Gravitation ständig eine zur Erde hin gerichtete Kraft auf den Mond ausgeübt wird. Selbstverständlich wird auf die Erde auch eine genau so große zum Mond gerichtete Kraft ausgeübt. Aufgrund der wesentlich größeren Masse der Erde ergibt sich für die Erde eine Beschleunigung, die nur etwas über 1 % der Beschleunigung des Mondes beträgt.

NEWTON konnte die Kraft zwischen Erde und Mond durch eine Formel ausdrücken. Er verallgemeinerte die Formel zum allgemeinen Massenanziehungsgesetz: Wenn zwei Körper mit den Massen $m_1$ und $m_2$ den Abstand $r$ voneinander haben, üben sie gegenseitig Kräfte der Größe $F$ aufeinander aus, wobei gilt:

$$F = G \cdot \frac{m_1 \cdot m_2}{r^2}.$$

Von vielen Zeitgenossen wurde NEWTON wegen des Gravitationsgesetzes angegriffen. Körper können Kräfte aufeinander ausüben, wenn sie sich unmittelbar berühren. Etwas anderes war nicht vorstellbar. NEWTON aber behauptete, dass Körper, die Tausende, ja Millionen von Kilometern voneinander entfernt sind, Kräfte aufeinander ausüben. Und NEWTON konnte nicht sagen, wie diese Kräfte zustande kommen. Er behauptete die Existenz der Kräfte, ohne zu sagen, wie sie über so große Entfernungen hinweg wirksam werden können!
Ein solches Vorgehen erschien vielen Menschen als ein Rückfall in den Okkultismus.

Um das Problem zu lösen, hat die Physik die Feldtheorie entwickelt. Jede Masse ist von einem so genannten Gravitationsfeld umgeben. Gravitationsfelder sind gerade dadurch erkennbar, dass sie Kräfte auf Massen hervorrufen. Der Mond spürt also gar nicht die Erde selbst, sondern nur das Gravitationsfeld der Erde. Umgekehrt spürt die Erde das Gravitationsfeld des Mondes. Die Formel beschreibt dann die Kräfte, die auf zwei Körper mit den Massen $m_1$ und $m_2$ im Feld der jeweils anderen Masse ausgeübt werden.

Die Feldtheorie wird immer dann angewendet, wenn Körper Kräfte aufeinander ausüben, ohne sich zu berühren. Das ist z. B. auch bei Magneten oder bei elektrisch geladenen Körpern der Fall.

In jedem Punkt eines Feldes wird eine Kraft auf einen Körper ausgeübt. Feldlinien sind Linien, deren Richtung in jedem Punkt die Richtung der Kraft angibt. Durch Einzeichnen von Feldlinien kann man die Struktur eines Feldes deutlich machen. Bild 4 zeigt die Struktur des Gravitationsfeldes der Erde. Bild 5 zeigt die Struktur des Feldes in einem kleinen Ausschnitt davon, z. B. in einem Klassenzimmer. Die Feldlinien verlaufen fast parallel. ↑4, 5
In der heutigen Zeit kann man sogar Bahnstörungen von Erdsatelliten messen, die sich daraus ergeben, dass das Schwerefeld der Erde nicht völlig gleichmäßig ist. Die unterschiedlichen Farben in Bild 6 zeigen solche Unregelmäßigkeiten. Es wurde aus den Bahnstörungen von 30 Erdsatelliten berechnet. Die Unregelmäßigkeiten ergeben sich, weil die Masse im Erdinneren nicht gleichmäßig verteilt ist. Sind die Unregelmäßigkeiten bekannt, können sie in die Bahnberechnungen einbezogen werden, die dann noch genauer werden.

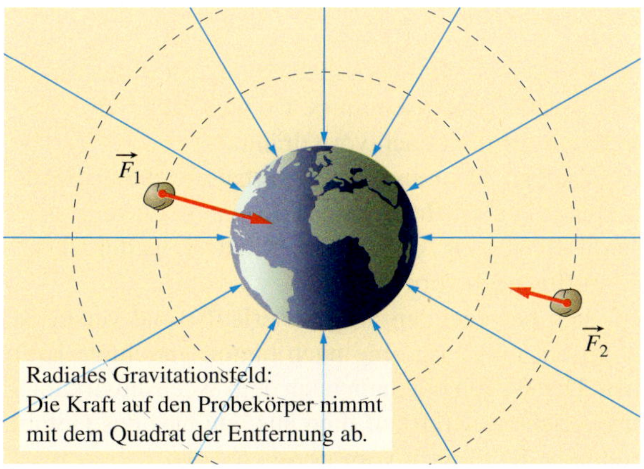


4

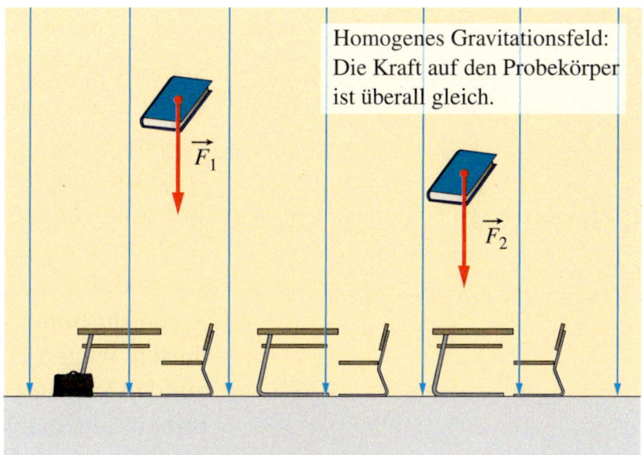


5

1 „Ein Stein wird von der Erde angezogen.“ Dieser Satz entspricht genau genommen dem Fernwirkungsmodell. Erläutere.
Formuliere diese Aussage mithilfe des Feldmodells.
2 Auch Magnete üben Kräfte auf andere Gegenstände aus, ohne diese zu berühren. Man spricht von einem Magnetfeld. Begründe mithilfe des Feldmodells, warum ein Eisennagel von einem Magneten angezogen wird.
3 Wie weit reicht das Gravitationsfeld der Erde?

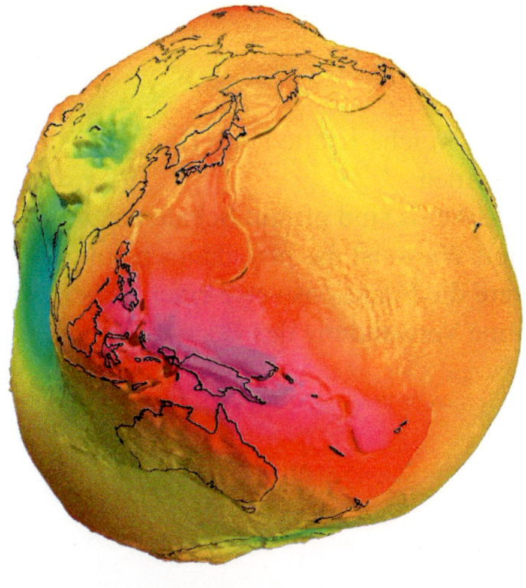

6

## *Aus der Umwelt* Zentrifugalkraft bei der Kreisbewegung?

1

Wenn eine Hammerwerferin ihren Hammer vor dem Wurf vom Boden hoch hebt, muss sie eine Kraft auf ihn ausüben, denn der Hammer wird ja von der Erde angezogen.

Schleudert die Werferin den Hammer kurz vor dem Wurf im Kreis herum, muss sie eine viel größere Kraft nach innen auf den Hammer ausüben. Der Grund ist diesmal jedoch nicht, dass der Hammer durch einen anderen Körper nach außen gezogen wird – denn da ist ja keiner. Die Kraft auf den Hammer ist vielmehr erforderlich, damit er nicht geradeaus weiter fliegt, sondern kontinuierlich seine Richtung ändert. ↑1

Da alle Kräfte Wechselwirkungskräfte sind, übt der Hammer bei der Kreisbewegung eine gleich große entgegengesetzt gerichtete Kraft auf die Hammerwerferin aus. Sie kann deshalb den Eindruck haben, der Hammer werde nach außen gezogen.
So kann man erklären, dass bei Kreisbewegungen häufig von einer nach außen gerichteten Kraft, der so genannten *Zentrifugalkraft*, gesprochen wird.

**Scheinbare Kräfte nicht nur bei der Kreisbewegung** Stell dir vor, du stehst in einem Bus, der plötzlich bremsen muss. Du hast Mühe, dich festzuhalten. Gibt es eine Kraft, die dich nach vorn drängt?
Die Antwort kennst du schon: Du musst dich festhalten, damit du die Bremsbewegung des Busses mitmachen kannst. Könntest du dich nicht festhalten, würdest du die Bewegung, die du vorher hattest, weiter fortsetzen und dich dadurch im Bus nach vorn bewegen.
Wenn du hinter einem sich bewegenden Wagen herläufst und versuchst, diesen Wagen abzubremsen, musst du eine nach hinten gerichtete Kraft auf den Wagen ausüben. Der Wagen übt dann nach dem Wechselwirkungsprinzip eine nach vorn gerichtete Kraft auf dich aus. Du hast das Gefühl, der Wagen würde durch eine Kraft nach vorn gezogen.

## *Aufgaben*

1 Erläutere, welche Kräfte beim Hammerwerfen ausgeübt werden.
2 Schnelle Autos sind oft mit Schalensitzen ausgestattet. Wieso ist das physikalisch sinnvoll?
3 Erläutere die Funktionsweise einer Wäscheschleuder (ohne Verwendung des Begriffs Zentrifugalkraft).
4 Begründe, warum ein hochbeladener Lkw nach außen umkippen kann, wenn er zu schnell eine Kurve durchfährt?
5 „In drehenden Karussells spürt man doch, dass man nach außen gezogen wird. Also muss es doch die Zentrifugalkraft geben.“ Nimm Stellung zu dieser Behauptung.

## Probier 's mal

**1 Bewegte Wasserflasche**

a Fülle eine durchsichtige Wasserflasche mit möglichst glatter Wand fast vollständig mit Wasser, sodass nur eine kleine Luftblase in der Flasche enthalten ist. Halte die Flasche so in der Hand, dass die Längsachse der Flasche parallel zum Erdboden gerichtet ist und drehe dich im Kreis herum. Beobachte die Luftblase, wenn du dich bewegst. ↑2

b Fülle die Flasche vollständig mit Wasser und gib ein kleines Stück Kork hinein. Wiederhole das Experiment und beobachte das Korkstück. Gib eine Metallschraube in die Flasche. Wiederhole das Experiment und beobachte die Schraube.

c Versuche, alle Beobachtungen zu erklären.

2

**2 Bewegtes Teelicht**

Für dieses Experiment benötigst du einen alten Plattenspieler. Setze ein Teelicht auf den Rand des Plattentellers. Schneide einen ca. 7 cm breiten Streifen aus Pappe aus und forme ihn zu einem Ring, dessen Umfang ein wenig größer ist als das Teelicht. Schneide an einem Ende mehrere Laschen (ca. 0,5 cm) ein und klappe sie hoch, sodass sie den Luftzutritt in den Pappring ermöglichen. Stülpe nun den Ring mit den Laschen nach unten über das brennende Teelicht. Setze den Plattenteller mit 45 Umdrehungen pro Minute in Bewegung und beobachte die Kerzenflamme. Erkläre deine Beobachtung. ↑3

3

**3 Bewegter Ballon?**

Nimm einen mit leichtem Gas gefüllten Ballon bei einer Autofahrt mit. Halte den Ballon so, dass er sich zu allen Seiten bewegen kann. Beobachte den Ballon, wenn das Auto eine enge Kurve durchfährt. Beobachte den Ballon auch beim Anfahren und beim Abbremsen des Autos. Erkläre deine Beobachtungen.

## Aufgaben

**6** Beschreibe den Funkenflug und erkläre, warum die Funken gerade in diese Richtung fliegen. ↑4

4

**7** Ein schwerer Stein wird an einem dünnen Faden im Kreis herum geschleudert. Der Faden reißt. Begründe, warum der Faden gerissen ist.

**8** Alexandra sagt: „In Raumstationen kreisen Menschen schwerelos um die Erde." Tobias antwortet: „Wenn die Raumstation schwerelos wäre, könnte sie nicht um die Erde kreisen." Nimm Stellung zu diesem Gespräch.

**9** Ein Hammerwerfer dreht den Hammer gegen den Uhrzeigersinn im Kreis herum. In welchem Punkt der Bahn muss der Werfer loslassen, damit der Hammer das Ziel Z erreicht? ↑5

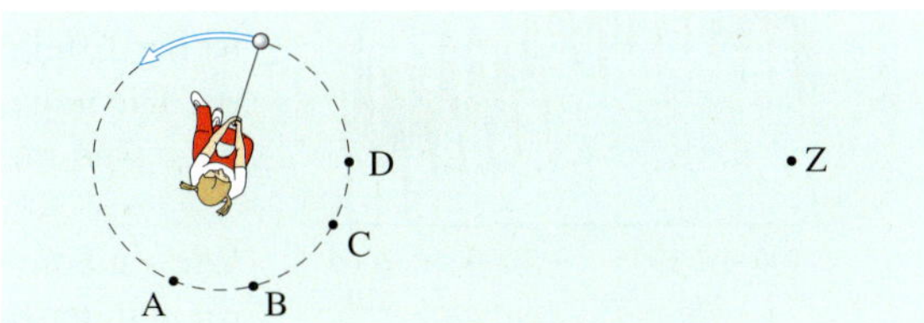


5

# Rotationsenergie und Drehimpuls

Die Eiskunstläuferin dreht sich bei einer Pirouette mit atemberaubender Geschwindigkeit. Wie schafft sie es nur, sich so schnell zu drehen?

1

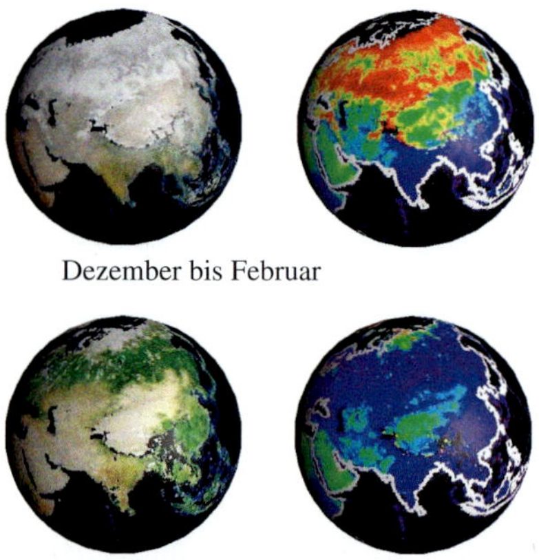


2 Jahreszeitliche Veränderung der Erdoberfläche

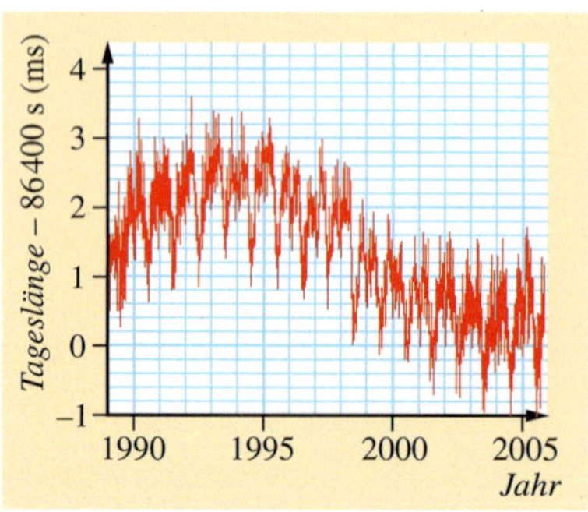


3 Jahreszeitliche Veränderung der Tageslänge

Wenn man genau beobachtet, kann man sehen, dass die Eiskunstläuferin ihre Pirouette mit weit abgespreizten Armen beginnt. Dabei dreht sie sich zunächst gar nicht so schnell.
Die hohe Drehgeschwindigkeit erreicht sie in dem Augenblick, in dem sie ihre Arme anzieht. Wenn sie ihre Drehbewegung beenden will, spreizt sie die Arme wieder ab.

Ähnlich wie die Eiskunstläuferin dreht auch die Erde ihre Pirouetten. Jeweils in ungefähr 24 Stunden dreht sie sich einmal um die eigene Achse. Die Astronomen haben aber festgestellt, dass sich auch die Erde nicht immer gleich schnell dreht. Sie wird im Frühling *schneller* und dann im Herbst wieder *langsamer*. Es ist so, als ziehe die Erde im Frühling die Arme an und spreize sie im Herbst wieder ab.

Tatsächlich ändert sich die Verteilung der Teilmassen der Erde im Verlauf der Jahreszeiten. Außerdem haben nicht alle Teilmassen feste Geschwindigkeiten. Die Erde ist in großen Höhen von kräftigen Winden umgeben, den so genannten Strahlströmen. Und wenn sich deren Geschwindigkeit ändert, hat das Einfluss auf die Geschwindigkeit der restlichen Erde. Da im Vergleich zur Gesamtmasse der Erde nur ein winziger Bruchteil nach außen bzw. nach innen gebracht wird oder seine Geschwindigkeit ändert, ist der Effekt bei der Erde natürlich viel kleiner als bei der Eiskunstläuferin. Die Tageslänge schwankt daher nur um Bruchteile von Sekunden. Die Tage sind im Sommer etwa 0,002 s kürzer als im Winter. ↑3

Wie sind die unterschiedlichen Drehgeschwindigkeiten der Eiskunstläuferin und der Erde zu erklären?

## Experimente

**1 Zwei Dosen**
Du benötigst zwei leere Milchdosen, Schaumstoff und lange Nägel (ca. 80 g). Die Dosen werden mit dem Schaumstoff gefüllt. In diesen werden die Nägel gedrückt – bei einer Dose am Rand, bei der anderen im Zentrum. Die beiden mit Nägeln bestückten Dosen müssen die gleiche Masse haben. Lass die Dosen gleichzeitig eine leicht geneigte Ebene hinabrollen. Wiederhole das Experiment mehrfach. Vergleiche die Bewegung der Dosen. Erkläre deine Beobachtung. ↑4

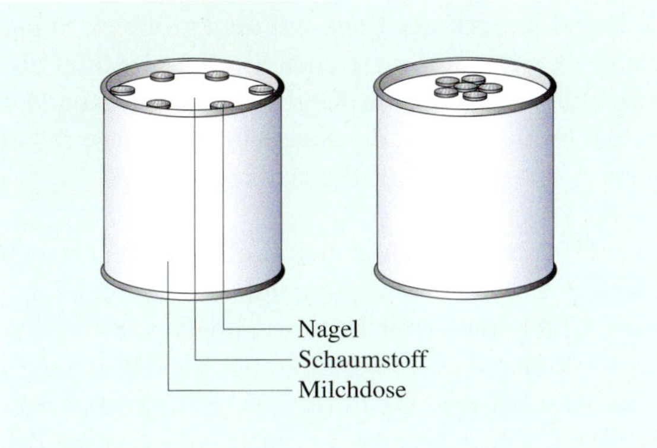

4

**2 Zwei Kugeln**
Aus zwei Stativstangen lässt sich eine Schiene bauen, auf der eine Kugel rollen kann. Baue zwei Schienen nebeneinander auf. ↑5
Bei einer Schiene sollen sich die Stativstangen berühren, bei der anderen sollen die Stangen so weit voneinander entfernt sein, dass die Kugel gerade noch gehalten wird. Beide Schienen werden gleich geneigt.
Setze auf beide Schienen gleiche Kugeln und lass sie gleichzeitig los. Beschreibe und erkläre die Beobachtung.

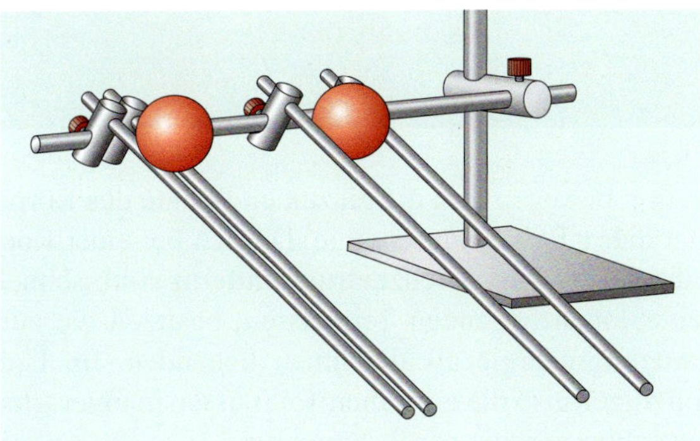
5

**3 Maxwellsches Rad**
Ein Rad mit einer dünnen Achse wird mithilfe eines langen Fadens aufgehängt. ↑6
Durch Drehen des Rads wird der Faden aufgewickelt. Dann lässt man das *maxwellsche Rad* los. Beschreibe deine Beobachtungen. Warum fällt das Rad nicht schneller hinunter? Analysiere das Experiment auch aus energetischer Sicht. Welche Arten der Energie spielen hier eine Rolle?

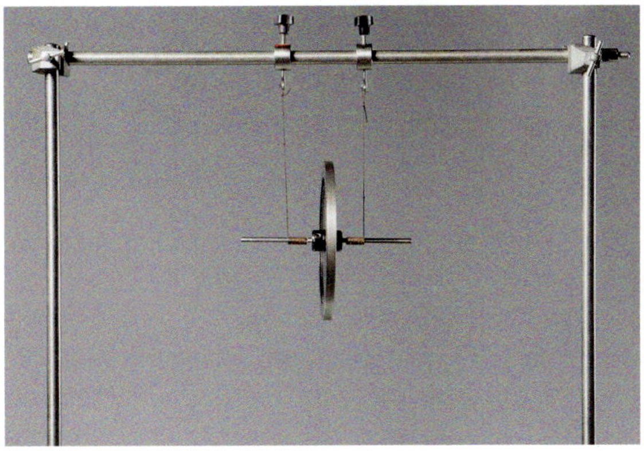
6

**4 Eine kreisende Schraube**
Eine Metallschraube wird mit der Experimentieranordnung aus Bild 7 in eine kreisende Pendelbewegung versetzt. Zugleich wird der Faden nach oben gezogen, sodass der Kreis enger wird. Wie wirkt sich das auf die Drehbewegung der Schraube aus?

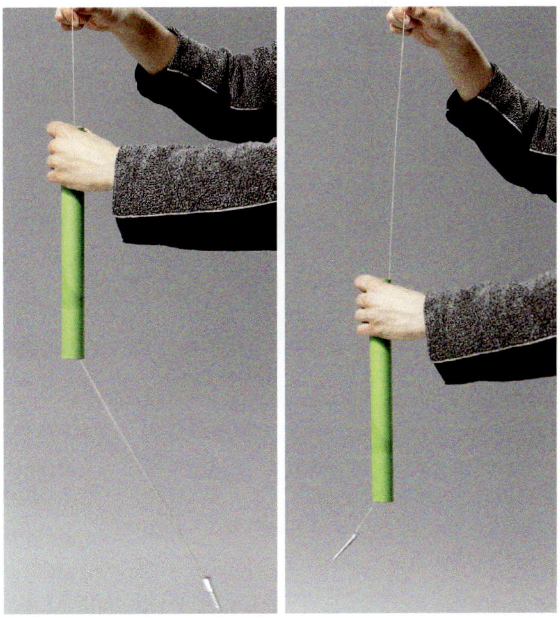
7

## GRUNDLAGEN: Energie der Translation und der Rotation

Das maxwellsche Rad (Experiment 3 auf S. 243) fällt sehr langsam, viel langsamer als beim freien Fall. In beiden Fällen verliert es aber die gleiche Menge an Höhenenergie, wenn es um die gleiche Strecke gefallen ist. Wo bleibt diese Energie beim maxwellschen Rad? Sie kann nicht verschwunden sein, denn obwohl das Rad so langsam fällt, erreicht es beim Aufsteigen fast wieder seine alte Höhe. (Dass das Rad nicht vollständig seine alte Höhe erreicht, ist auf Reibung zurückzuführen.)
Stell dir vor, die Kugeln auf den Bahnen in Experiment 2 (S. 243) legen beide in einer Sekunde eine Strecke von 10 cm zurück. Sind sie dann gleich schnell? Auf den ersten Blick erscheint die Antwort selbstverständlich: Wenn beide Kugeln in gleicher Zeit die gleiche Strecke zurücklegen, sind sie gleich schnell. Schaut man etwas genauer hin, ist die Antwort nicht mehr so einfach. Die Kugel, die auf der Bahn mit dem größeren Stangenabstand hinunter rollt, dreht sich auf der gleichen Strecke viel öfter als die Kugel auf der anderen Bahn. Wenn beide Kugeln in einer Sekunde eine Strecke von 10 cm zurücklegen, hat sich die erste Kugel in dieser Sekunde viel öfter um die eigene Achse gedreht als die andere Kugel.

Um die Bewegungen auf den beiden Bahnen wirklich vergleichen zu können, müssen wir also zwei Arten der Bewegung unterscheiden: die *Translation* und die *Rotation*. Unter einer Translation verstehen wir eine Bewegung, bei der sich jeder Punkt des Körpers parallel zur Bewegung des Schwerpunktes des Körpers bewegt. Wenn du z. B. mit einem Schlitten einen Hang hinunter fährst, führst du eine Translationsbewegung durch. Bei Rotationen drehen sich alle Punkte des Körpers um eine Achse. Die Räder eines auf Sattel und Lenker stehenden Fahrrades führen eine Rotation aus. ↑1
Häufig werden beide Bewegungsarten gleichzeitig ausgeführt. Die Räder eines fahrenden Fahrrads nehmen an der Translation des Fahrrads teil, rotieren aber auch. Auch die Kugeln im Experiment 2 und das maxwellsche Rad führen gleichzeitig eine Translation und eine Rotation aus. ↑2

1

2

Bei einer reinen Rotation bewegen sich die einzelnen Punkte des Körpers. Jede Teilmasse besitzt daher Bewegungsenergie. Da sich bei einer Rotation die Teilmassen, die weiter vom Drehzentrum entfernt sind, schneller bewegen als die weiter innen liegenden Teilmassen, besitzen die außen liegenden mehr Bewegungsenergie als die innen liegenden. Im Unterschied zur Translation tragen also die einzelnen Teilmassen in unterschiedlichem Maße zur Bewegungsenergie der Rotation bei.

Durch Berücksichtigung beider Bewegungsarten kann das Ergebnis des Experiments mit dem maxwellschen Rad erklärt werden. Die Höhenenergie des maxwellschen Rades wird nur zum Teil in Bewegungsenergie der Translation umgewandelt. Der größere Teil wird in Bewegungsenergie der Rotation umgewandelt. Wenn das Rad wieder hoch läuft, wird die Rotationsenergie in Höhenenergie zurückverwandelt.

Auch die anderen Experimente lassen sich erklären, wenn neben der Translationsenergie noch die Rotationsenergie berücksichtigt wird.

## Experimente

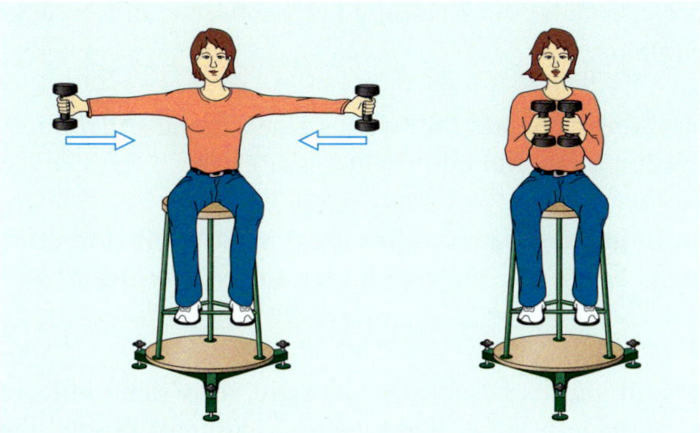
3

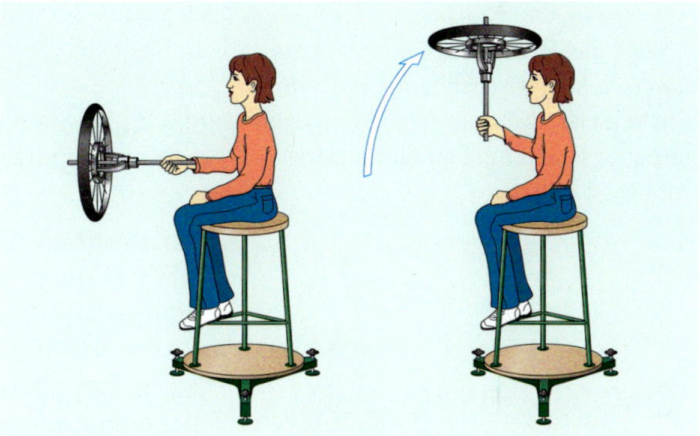
4

**1 Drehschemel und Hanteln**
Für dieses Experiment musst du schwindelfrei sein. Setze dich auf einen Drehschemel, der sich sehr leicht drehen lässt und halte in jeder Hand eine Hantel. Spreize die Hanteln weit vom Körper ab und lass dich von einem Mitschüler in eine leichte Drehbewegung versetzen. Ziehe dann die beiden Hanteln langsam an den Körper heran. ↑3
Wenn es dir zu schnell wird, spreizt du die Hanteln wieder weit vom Körper ab.

**2 Drehschemel und Kreisel**
Statt der Hantel wird diesmal ein Kreisel verwendet. ↑4

a Die Achse des Kreisels wird zunächst parallel zur Drehachse des Drehschemels gehalten. Was beobachtest du, wenn der Kreisel mit der Hand in Bewegung versetzt wird? Was geschieht, wenn der Kreisel wieder gestoppt wird? Was passiert, wenn danach der Kreisel mit entgegengesetzter Drehrichtung in Bewegung gesetzt wird?

b Die Achse des Kreisels wird nun senkrecht zur Drehachse des Schemels gehalten. Dann lässt man den Kreisel wieder rotieren. Was kannst du jetzt beobachten?

**3 Kreisel**
Ein Kreisel wird in die Mulde am oberen Ende der Stange gesetzt und in schnelle Rotation versetzt. Warum fällt der Kreisel nicht herunter, obwohl sein Schwerpunkt deutlich über dem Unterstützungspunkt liegt? ↑5
Was geschieht, wenn man das obere Ende der Kreiselachse kurz anstößt, um den Kreisel umzukippen?

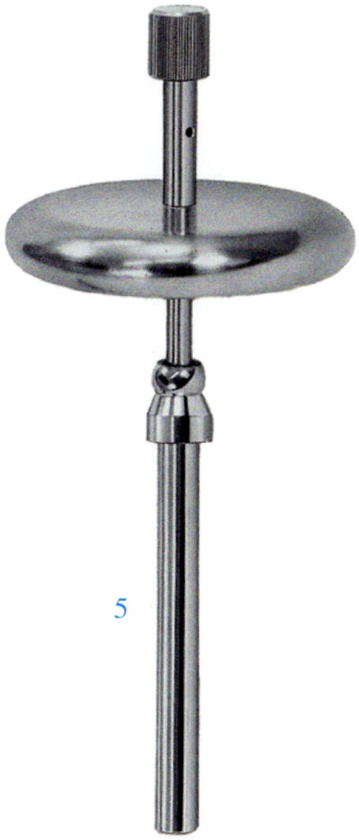
5

## GRUNDLAGEN: Der Drehimpuls

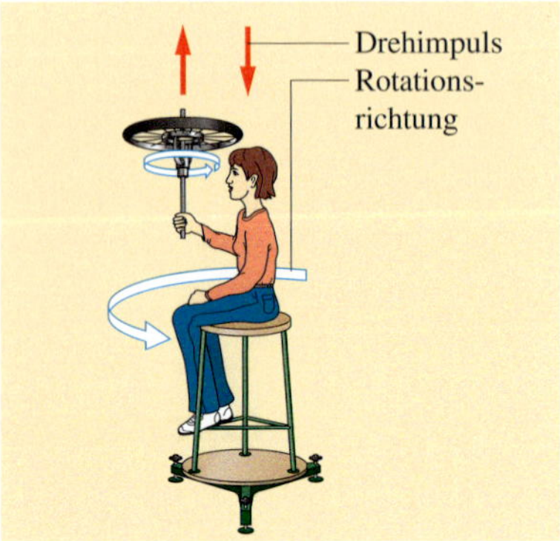


1 Wird das Rad durch die Person auf dem ruhenden Drehschemel in Rotation versetzt, dreht sie sich in entgegengesetzter Richtung. Der Gesamtdrehimpuls ist null.

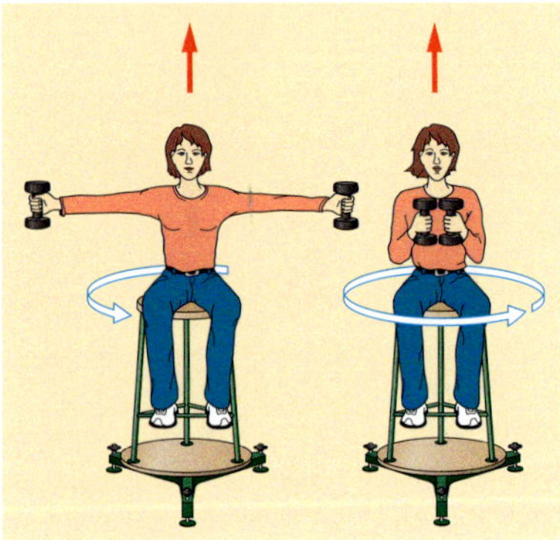

2 Der Drehimpuls bleibt konstant.

Der Kreisel in Bild 5 auf Seite 245 rotiert auf einer Stange ohne herunter zu fallen. Im Laufe der Zeit wird er durch Reibung langsamer und irgendwann fällt er dann doch herunter. Offenbar ist also die genügend schnelle Rotation die Ursache dafür, dass er anfangs nicht herunter fällt. Das ist durch energetische Überlegungen allein nicht zu erklären. Beim Herunterfallen würde sich ja die Rotationsenergie nicht ändern. Zur vollständigen Beschreibung der Vorgänge bei Drehbewegungen braucht man eine weitere Größe, die die Richtung der Drehachse berücksichtigt.
Bei der Translation reichte der Begriff der Bewegungsenergie auch nicht aus, um alle Vorgänge vollständig zu beschreiben. Es wurde der Impuls eingeführt, der die Bewegungsrichtung berücksichtigt. Bei Rotationen ist es genau so. Die Größe, welche die Richtung der Drehachse mit berücksichtigt, ist der *Drehimpuls*.

Die Analogie ist noch weitreichender. So wie es einen Impulserhaltungssatz gibt, gibt es auch einen Drehimpulserhaltungssatz:

**Der Drehimpuls kann nur übertragen, aber nicht vernichtet und auch nicht erzeugt werden. In einem abgeschlossenen System bleibt der Drehimpuls erhalten.** ↑1

Die Erhaltung des Drehimpulses besagt insbesondere, dass sich die Lage der Drehachse nicht verändern kann, wenn kein Drehimpuls übertragen wird. Der Drehimpuls ist umso größer, je größer die Drehzahl ist. So wie die Rotationsenergie hängt der Betrag des Drehimpulses aber auch von der Massenverteilung ab. Bei fester Drehzahl und fester Masse ist der Drehimpuls umso größer, je weiter die Massen von der Drehachse entfernt sind. Bei der Schülerin auf dem Drehschemel bewirkt die Drehimpulserhaltung, dass die Drehzahl immer größer wird, wenn Teilmassen immer dichter an die Drehachse heran geführt werden. ↑2

| Translation | Rotation | Anmerkungen |
|---|---|---|
| Die Bewegungsenergie der Translation ist abhängig von der Masse und der Geschwindigkeit, aber unabhängig von der Bewegungsrichtung. | Die Rotationssenergie ist abhängig vom Abstand der Teilmassen von der Drehachse und der Drehzahl, aber unabhängig von der Richtung der Drehachse. | Der Energieerhaltungssatz muss beide Energiearten berücksichtigen. |
| Der Impuls ist abhängig von der Masse, der Geschwindigkeit und der Richtung der Bewegung. | Der Drehimpuls ist abhängig vom Abstand der Teilmassen von der Drehachse, der Drehzahl und der Richtung der Drehachse. | Es gelten die Erhaltungssätze für den Impuls und den Drehimpuls. |
| Translationsenergie und Impuls können nur durch eine Kraft geändert werden. | Rotationsenergie und Drehimpuls können nur durch eine Kraft geändert werden. | |

## *Aus der Umwelt* Energie der Rotation und Drehimpuls in der Natur

Unsere Erde führt sowohl eine Translation um die Sonne als auch eine Rotationsbewegung durch. Die Translation wird kaum gebremst, da das Weltall fast völlig leer ist. Die Flutberge der Gezeiten wirken für die Rotation der Erde wie zwei riesige Bremsbacken. Die Rotationsenergie nimmt daher ab, die Erde dreht sich im Laufe der Zeit immer langsamer. Das hat zur Folge, dass die Tage allmählich immer länger werden und die Anzahl der Tage im Jahr immer weiter abnimmt. Das Ganze läuft aber so langsam ab, dass man den Effekt kurzfristig nur mit supergenauen Atomuhren feststellen kann.

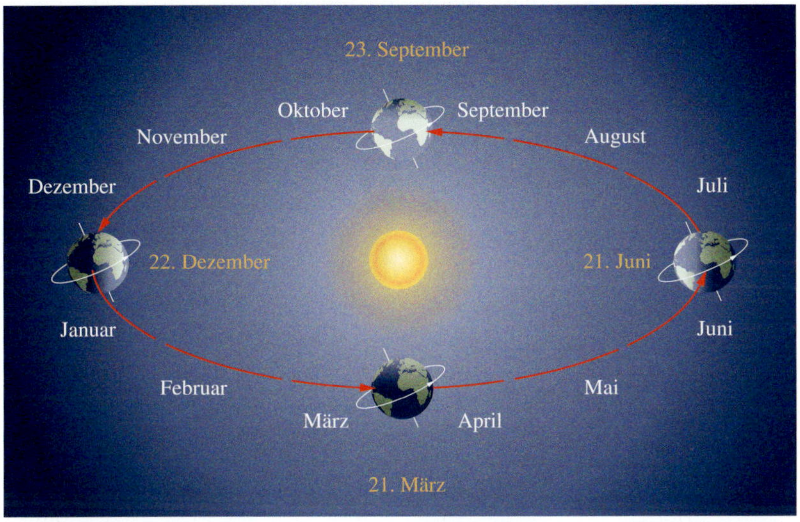

3

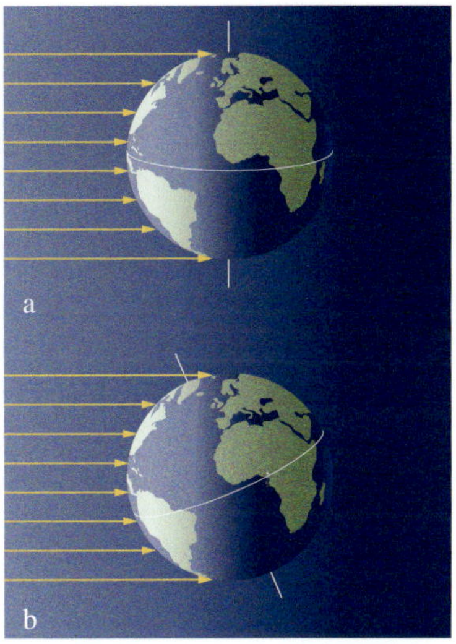

4

Warum gibt es Jahreszeiten auf der Erde? Häufig wird vermutet, das liege daran, dass die Erde auf einer Ellipsenbahn um die Sonne läuft und daher der Abstand zur Sonne mal größer und mal kleiner ist. Diese Vermutung ist jedoch falsch. Dann müssten nämlich Nordhalbkugel und Südhalbkugel der Erde gleiche Jahreszeiten haben, was aber nicht der Fall ist. Außerdem hat die Erde im Januar ihren kleinsten Abstand zur Sonne; am weitesten entfernt ist sie im Juli.
Die richtige Antwort lautet vielmehr: Weil die Rotationsachse der Erde schräg zur Bahnebene der Erde um die Sonne steht. (Diese Ebene wird Ekliptik genannt). ↑3

Tatsächlich kann man sich anhand von Bild 4a leicht vorstellen: Stünde die Rotationsachse genau senkrecht zur Ekliptik, wäre es in äquatornahen Zonen noch heißer als heute und in Polargebieten noch kälter. Die Sonneneinstrahlung würde sich im Jahresverlauf nicht ändern. Also gäbe es auch keine Jahreszeiten. ↑4a

Die Antwort auf die am Anfang gestellte Frage ist aber noch nicht ganz vollständig. Erst die Tatsache, dass die Drehachse der Erde beim Umlauf der Erde um die Sonne ihre Richtung beibehält, also nur parallel zu sich selbst verschoben wird, führt zur Entstehung der Jahreszeiten. Auf der Nordhalbkugel ist Sommer, wenn sie zur Sonne hin geneigt ist. ↑4b

## Aufgaben

**1** Wie lautet der Energieerhaltungssatz der Mechanik, wenn man die Bewegungsenergie nach Translation und Rotation aufteilt?

**2** Versuche das unterschiedliche Verhalten der beiden Zylinder auf der geneigten Ebene im Experiment 1 auf Seite 243 zu erklären.

**3** Eine Diskusscheibe kann man wesentlich weiter werfen als eine gleich schwere Kugel. Erkläre diese Erfahrung mithilfe des Bildes. ↑1

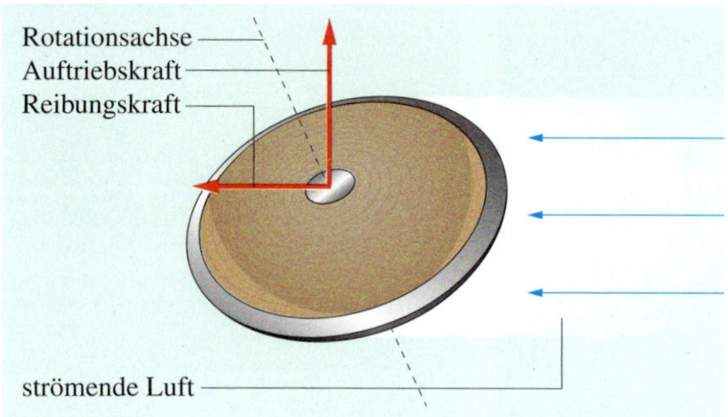

1

**4** Erkläre, wie es möglich ist, dass ein geworfener Stein mehrfach auf eine Wasseroberfläche prallt und „reflektiert" wird. Wie sollte der Stein am besten geformt sein? Wie sollte er geworfen werden? ↑2

2

**5** Pulsare sind Sterne, deren Durchmesser in der Regel nur wenige Kilometer beträgt. Sie rotieren äußerst schnell und benötigen für eine Umdrehung nur Bruchteile von Sekunden. Pulsare haben sich in sehr langer Zeit aus riesigen Sternen entwickelt, indem sie sich immer weiter zusammenzogen.
Wie ist die sehr hohe Geschwindigkeit bei der Umdrehung zu erklären?

**6** Wegen der Gezeitenreibung dreht sich die Erde im Laufe der Jahrhunderte immer langsamer.
Wo bleibt der Drehimpuls?

**7** Wenn neben der Zentripetalkraft eine gleich große nach außen gerichtete Zentrifugalkraft wirken würde, könnte sich der Körper nicht mehr auf einer Kreisbahn bewegen. Wie würde sich der Körper bewegen, wenn zwei gleich große entgegengesetzt gerichtete Kräfte auf ihn ausgeübt werden?

**8** Turmspringer und Eiskunstläufer müssen bei Pirouetten und Saltos eine große Drehgeschwindigkeit bekommen. Wie erreichen sie das? Begründe diese Maßnahme physikalisch. ↑3

3

**9** Beim Kreiselkompass nutzt man den Drehimpulserhaltungssatz. Erläutere diese Aussage. ↑4

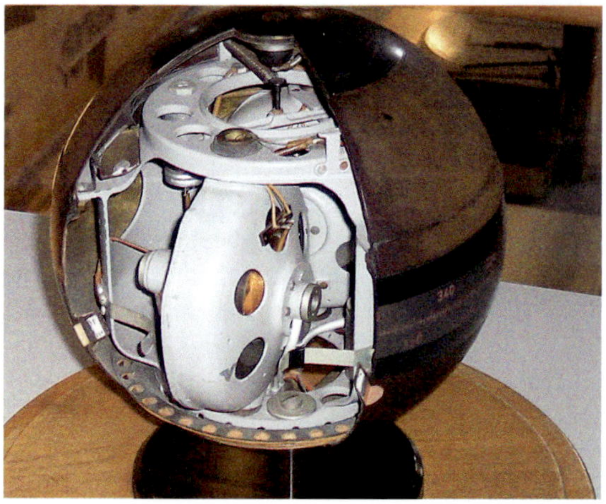
4

**10** Bild 5 zeigt ein beliebtes Spielgerät auf Kinderspielplätzen. Beschreibe und erkläre die Funktionsweise dieses Spielgerätes. ↑5

5

**Bewegungsenergie** Um die Geschwindigkeit von Körpern zu erhöhen, muss ihnen Energie zugeführt werden. Diese zugeführte Energie ist als Bewegungsenergie in den Körpern gespeichert. Um einen Körper mit der Masse $m$ aus der Ruhe auf die Geschwindigkeit $v$ zu bringen, muss folgende Energie zugeführt werden:

$E=\frac{1}{2}\cdot m\cdot v^2.$

Beim freien Fall wird Höhenenergie in Bewegungsenergie umgewandelt. Die Geschwindigkeit, die ein Körper erreicht, wenn er aus der Ruhe um die Höhe $h$ gefallen ist, kann man aus dem Ansatz $\Delta E_{\text{Höhe}}=\Delta E_{\text{Bew}}$ berechnen:

$m\cdot g\cdot h=\frac{1}{2}\cdot m\cdot v^2.$

Daraus ergibt sich: $v=\sqrt{2\cdot g\cdot h}$.

6

**Spannenergie** In gespannten Federn ist Energie gespeichert. Diese kann z.B. in Bewegungsenergie umgewandelt werden. Wird eine entspannte Feder um die Stecke $s$ gespannt, wird die Energie $E=\frac{1}{2}\cdot D\cdot s^2$ gespeichert.

**Impulsänderung** Um den Impuls eines Körpers zu ändern, muss eine Kraft auf den Körper ausgeübt werden. ↑7

Es gilt die Beziehung: $\vec{F}=\frac{\Delta\vec{p}}{\Delta t}$.

Das bedeutet, dass die Kraft ein Maß dafür ist, wie schnell sich der Impuls eines Körpers ändert.

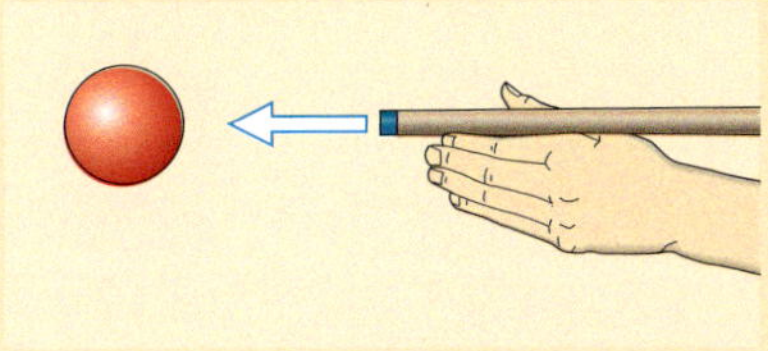
7

**Impulserhaltung** Nach dem Wechselwirkungssatz gilt bei allen Wechselwirkungen: $\vec{F}_1=-\vec{F}_2$.

Daraus folgt: $\frac{\Delta\vec{p}_1}{\Delta t}=-\frac{\Delta\vec{p}_2}{\Delta t}$ also $\frac{\Delta\vec{p}_1}{\Delta t}+\frac{\Delta\vec{p}_2}{\Delta t}=0$

Bei einer Wechselwirkung zwischen zwei Körpern ändert sich der Gesamtimpuls beider Körper zusammen nicht.

Wenn kein Körper eines Systems mit Körpern außerhalb des Systems in Wechselwirkung tritt, kann sich der Gesamtimpuls des Systems nicht ändern.

8

**Bewegungsenergie und Impuls** Je schneller ein Körper ist, desto größer ist seine Bewegungsenergie und desto größer ist sein Impuls. Bewegungsenergie und Impuls hängen beide von der Masse des Körpers und der Geschwindigkeit ab. Der Unterschied zwischen den Größen liegt darin, dass der Impuls eine Richtung hat, die Bewegungsenergie nicht.

Zwei Körper, die jeweils die Bewegungsenergie $E_1$ bzw. $E_2$ besitzen, haben zusammen die Bewegungsenergie $E_1+E_2$.

Zwei Körper, die beide jeweils den Impuls $\vec{p}_1$ bzw. $\vec{p}_2$ besitzen, können zusammen den Impuls 0 haben. Das gilt dann, wenn die beiden Impulse $\vec{p}_1$ und $\vec{p}_2$ gleich groß und entgegengesetzt gerichtet sind. ↑9

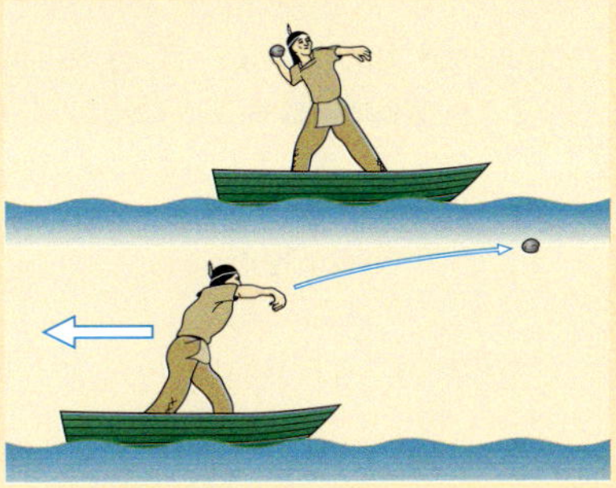
9

# Auf einen Blick

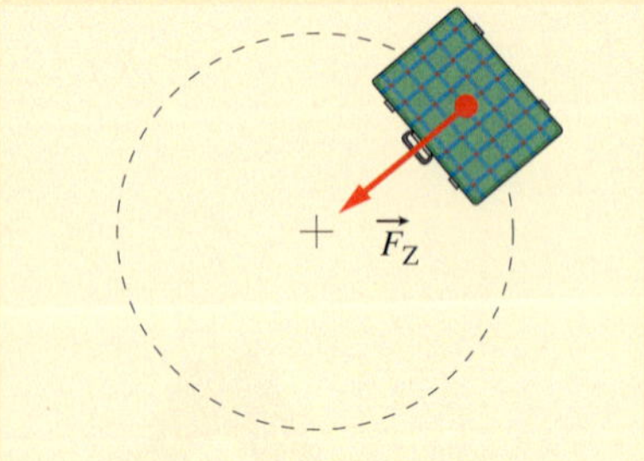

1

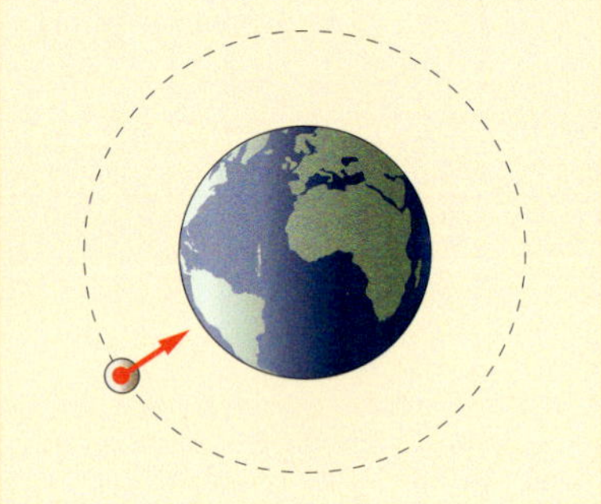
2

**Zentripetalkraft** Damit sich ein Körper auf einer Kreisbahn bewegen kann, muss eine Kraft auf den Körper ausgeübt werden, die ständig die Bewegungsrichtung des Körpers ändert. Diese Kraft wird Zentripetalkraft genannt. Die Zentripetalkraft (lat. *petere*: hinstreben) ist stets zum Mittelpunkt der Kreisbahn gerichtet. ↑1
Ein nicht befestigter Koffer auf dem Dach eines Autos, das durch eine Kurve fährt, bewegt sich tangential zur ursprünglichen Bewegung weiter und fällt dadurch vom Dach.
Der Begriff Zentripetalkraft sagt nur etwas über die Wirkung der Kraft aus, nicht darüber, durch welche Art Wechselwirkung sie hervorgerufen wird. Beim Auto, das durch die Kurve fährt, findet eine Wechselwirkung zwischen Reifen und Straße statt. Die Zentripetalkraft ist die Wechselwirkungskraft, die von der Straße auf die Reifen ausgeübt wird.
Der Mond befindet sich im Gravitationsfeld der Erde. In diesem Feld wird ständig eine Gravitationskraft auf den Mond ausgeübt. Die Gravitationskraft ist in diesem Fall die Zentripetalkraft und hält den Mond auf seiner Bahn um die Erde. ↑2

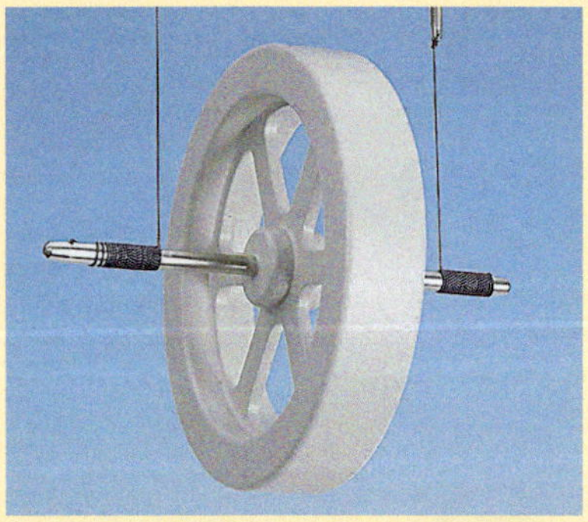
3

**Rotationsenergie** Bei einem Rad, das sich um eine Achse dreht, bewegt sich jede Teilmasse. Daher besitzt jede Teilmasse auch Bewegungsenergie. Je weiter eine Teilmasse von der Achse entfernt ist, desto schneller bewegt sie sich. Daher besitzen gleich große Teilmassen unterschiedlich viel Bewegungsenergie, wenn sie unterschiedlich weit von der Achse entfernt sind. Die gesamte Bewegungsenergie eines sich um eine ruhende Achse drehenden Rades wird Rotationsenergie genannt. Bei einem fahrenden Auto besitzen die Räder sowohl Bewegungsenergie der Translation als auch der Rotation.

4

**Drehimpuls** Solange ein Kreisel sich schnell genug dreht, fällt er nicht um. Eine sich drehende Frisbee-Scheibe gleitet auf einem Luftpolster langsam zur Erde. Ohne die Drehung würde sie sich beim Herunterfallen mehrfach überschlagen. Ursache für dieses besondere Verhalten ist der Drehimpuls. Dieser Drehimpuls hat im Unterschied zur Rotationsenergie eine Richtung. Und die Richtung des Drehimpulses kann nicht ohne weiteres geändert werden. Je schneller die Drehbewegung erfolgt, desto stabiler ist die Achse der Drehbewegung.
Für den Drehimpuls gilt wie für den Impuls bei der geradlinigen Bewegung ein Erhaltungssatz. Das führt dazu, dass sich Eisläufer sehr schnell bewegen, wenn sie die Arme ganz dicht an die Drehachse heranführen.
Auch die Erde ist ein Kreisel. Es gibt Jahreszeiten auf der Erde, weil die Achse der Drehbewegung schräg zur Bahnebene steht. Wegen des Drehimpulses der Erde ändert sich die Richtung der Drehachse über Jahrtausende kaum.

# Alles klar?

**1** Aus welcher Höhe muss ein Stein fallen, damit er mit einer Geschwindigkeit von 40 km/h auf dem Boden aufprallt?

**2** Wie viel Energie kann man in einem Auto mit Energierückgewinnung ($m = 1300$ kg) zurückgewinnen, wenn man es aus einer Geschwindigkeit von 60 km/h in den Stand abbremst? ↑5

**3** Wie viel Energie muss zugeführt werden, um ein Auto ($m = 1500$ kg) von 0 auf 50 km/h zu beschleunigen? Wie viel Energie muss zugeführt werden, um das gleiche Auto von 50 km/h auf 100 km/h zu beschleunigen?

**4** Wenn ein fahrendes Auto nicht mehr angetrieben wird, wird es langsamer. Es verliert dann Bewegungsenergie und Impuls. Wo bleibt die Energie, wo bleibt der Impuls?

**5** Zwischen zwei Spielzeugautos ist eine Feder gespannt, welche die Autos auseinanderdrückt. Die Autos werden zunächst durch ein Band zusammen gehalten. Dann wird das Band durchgebrannt. Beide Autos setzen sich in Bewegung. Beide Autos erhalten Bewegungsenergie und Impuls. Woher kommt die Bewegungsenergie der beiden Autos? Woher kommt der Impuls der beiden Autos? ↑6

**6** Fährt man mit einem Auto über eine Wiese, wird die Erde in die Profilrillen der Reifen gedrückt. Wenn man dann anschließend wieder schnell auf der Straße fährt, kann man hören, wie die Erde gegen die Kotflügel geschleudert wird. Fertige eine Skizze an mit Rad und Kotflügel und zeichne eine mögliche Bahn ein, auf der ein Stück Erde sich vom Reifen zum Kotflügel bewegt. Begründe, warum die Erde gegen den Kotflügel geschleudert wird.

**7** Ein Raumfahrer soll aus seiner Raumstation aussteigen und sie einmal in einem großen Kreis umrunden. Welche Probleme ergeben sich? Wie kann er diese Aufgabe trotzdem erledigen?

**8** Beim sich drehenden Kettenkarusell muss die Kette zwei Kräfte auf die Gondel ausüben. Fertige eine Skizze an, in der du alle Kräfte einzeichnest, die auf die Gondel ausgeübt werden. ↑7

**9** Zwei Dosen sehen außen völlig gleich aus und haben auch die gleiche Masse. Man weiß, dass beide Dosen hohl sind und sich in einer Dose der größte Teil der Masse in der Dosenmitte, bei der anderen Dose am Rand befindet. Wie kannst du die beiden Dosen unterscheiden, ohne sie zu beschädigen?

**10** Zwei Wäscheschleudern haben unterschiedliche Radien ($r_1 = 30$ cm; $r_2 = 20$ cm). Die erste Schleuder dreht sich mit 1000 U/min, die Zweite mit 1500 U/min. Welche Schleuder trocknet besser? Begründe.

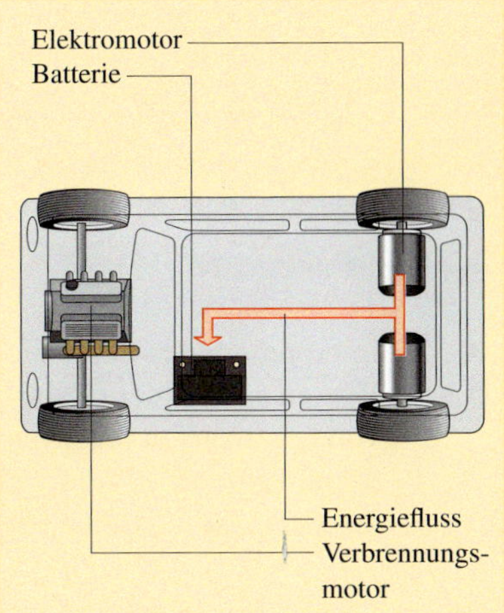

5

6

7

# Check up

**1** Bild 1 zeigt das $t$-$v$-Diagramm eines Flummis, der in einer bestimmten Höhe über dem Boden losgelassen wird.

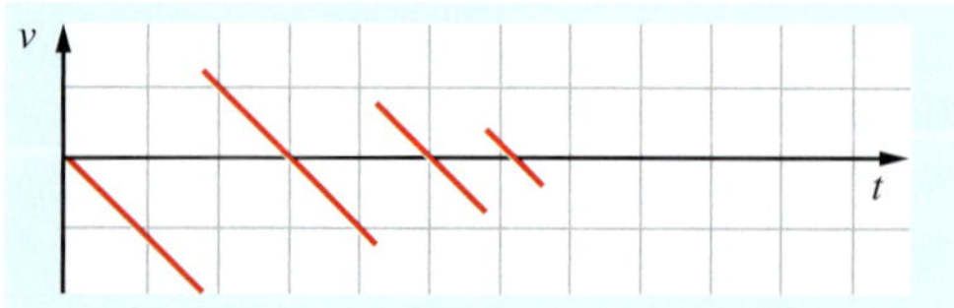


1

**a** Interpretiere den Graphen.
**b** Warum springt der Graph an einigen Stellen von negativen zu positiven $v$-Werten?
**c** Warum werden die durchgezogenen Strecken des Graphen immer kürzer?

**2** Um Steine mit der Masse $m = 200\,\text{kg}$ in ein 10 m hoch gelegenes Stockwerk zu befördern, verwendet man die dargestellte Konstruktion. Man füllt im oberen Stockwerk 210 kg Wasser in den Behälter. ↑2
**a** Mit welcher Beschleunigung setzen sich die Steine in Bewegung?
**b** Welche Geschwindigkeit haben die Steine, wenn sie oben ankommen? Reibungskräfte sollen unberücksichtigt bleiben.

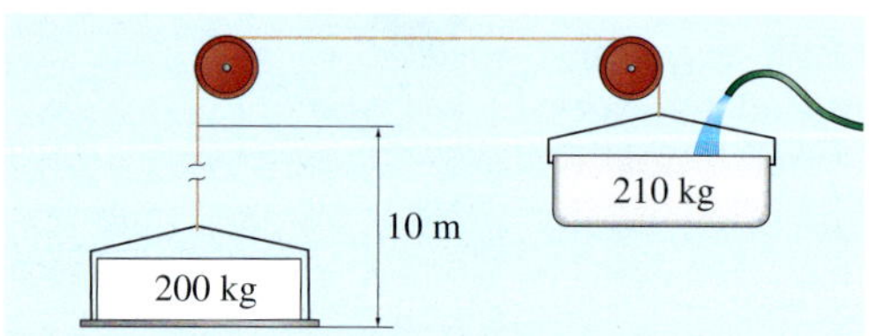


2

**3** Ein Fahrzeug ($m = 1500\,\text{kg}$) wird auf einer Strecke von 200 m durch eine konstante Kraft aus dem Stand auf 100 km/h beschleunigt.
**a** Wie viel Energie wurde dem Fahrzeug zugeführt?
**b** Wie groß war die beschleunigende Kraft?
**c** Wie groß war die Beschleunigung?
**d** Wie lange dauerte der Vorgang?

**4** Beim Kegeln gibt es das Spiel „Abräumen“. Mit möglichst wenigen Würfen muss versucht werden, alle 9 Kegel umzuwerfen. Nach einem Wurf werden alle Kegel hochgezogen. Die nicht gefallenen Kegel werden wieder aufgestellt. Oft kommt es vor, dass folgende drei Kegel stehen bleiben. ↑3
Wie muss man werfen, damit diese drei Kegel in einem einzigen Wurf umgeworfen werden? (*Hinweis:* Die Kugel ist gerade dick genug, um gleichzeitig zwei benachbarte Kegel umzuwerfen.) Begründe.

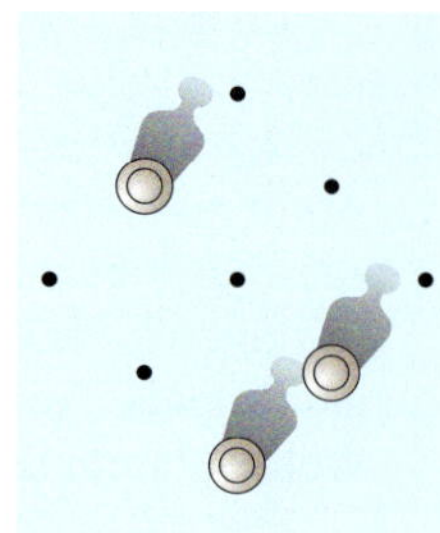

3

**5** Ein aus einem Fahrrad ausgebautes Rad fällt sofort um, wenn man versucht, es frei hinzustellen. Schiebt man es dagegen so an, dass es schnell rollt, kann es lange Strecken zurücklegen, ohne umzufallen. Warum fällt das Rad nicht sofort um? Wann fällt das Rad um?

## Schätze deine Kenntnisse und Fähigkeiten ein!

Ordne dazu deiner Lösung im Heft ein Smiley zu:
☺ Ich konnte die Aufgabe richtig lösen.
😐 Ich konnte die Aufgabe nicht komplett lösen.
☹ Ich konnte die Aufgabe nicht lösen.

❯ Die Lösungen findest du im Anhang.

| Aufgabe | Fähigkeit | Hilfe findest du auf Seite… |
|---|---|---|
| 1 | Interpretieren von Diagrammen | 193 |
| 2 | Berechnen von Beschleunigungen und Geschwindigkeiten | 191, 192, 224 |
| 3 | Anwenden der newtonschen Axiome | 190, 204 |
| 4 | Anwendung des Impulses | 230 |
| 5 | Anwendung des Drehimpulses | 244, 246 |

# Astronomische Weltbilder

Unscheinbare Nebelflecken, die man mit bloßem Auge bei sehr dunklem Himmel gerade noch ahnen kann, zeigen auf Fotos zum Teil regelmäßige Formen. Auf Bildern moderner Teleskope erweisen sie sich als gigantische Ansammlungen von Sternen, die den Gedanken nahe legen, dass die Erde, wir selbst, Teil eines solchen Sternsystems sind. Wie kann uns der Blick zum Sternenhimmel Auskunft über die Erde und über unser Sonnensystem geben und uns anregen, uns über unsere Stellung in der Welt Gedanken zu machen?

# Das geometrische Universum

Wenn ein modernes Teleskop auf eine möglichst dunkle Stelle des Himmels sieht, dann „sieht" es, wenn es lange genug das Licht sammelt, nahezu unendlich viele Lichtflecken, die sich alle als Galaxien, Ansammlungen unvorstellbar vieler Sterne, herausstellen. Das Bild zeigt einen Ausschnitt aus dem so genannten „Hubble Deep Field". Diesen nur 1/30 Monddurchmesser großen Himmelsausschnitt hat das Weltraum-Teleskop Hubble während 10 aufeinander folgenden Tagen fotografiert.

1

2 Blick auf die „Kante" einer Spiralgalaxie

In einer klaren und mondlosen Sommernacht kann man ein schwach leuchtendes „milchiges" Band entdecken, das sich über den ganzen Himmel spannt. Diese Milchstraße erweist sich in einem Fernglas als eine Ansammlung aus unzähligen einzelnen Sternen.

Vielleicht entdeckt man beim „Spazierensehen" mit dem Fernglas auch den so genannten Andromeda-Nebel. Erst 1929 hat EDWIN HUBBLE mit dem größten damaligen Teleskop sehen können, dass dieser nebelartige Fleck aus einzelnen Sternen besteht (siehe vorhergehende Seite).

Viele dieser „Galaxien" zeigen uns in der Draufsicht eine spiralige Struktur, die an die Wolken eines Wirbelsturmes (vgl. S. 144) erinnert. Anderen sieht man auf die Kante. Solche „Kantengalaxien" haben wohl die Menschen auf die Idee gebracht, dass die Milchstraße am Nachthimmel die Innenansicht einer Galaxie darstellt: unserer Galaxis.

Der Blick in die Tiefe des Weltalls ermöglicht es uns auf diese Weise, den Blick zurück auf uns zu richten. Dadurch erkennen wir uns als Teil eines sich drehenden Sternsystems, das selbst nur ein winziges Teilchen in einem „Gas" aus unendlich vielen Sternsystemen ist.

### Schon gewusst?

„Galaxis" ist das griechische Wort für Milchstraße. Die Bezeichnung der Nebelflecken am Himmel als „Galaxien" wurde erst üblich, als sich die Überzeugung durchgesetzt hatte, die Nebel und die Milchstraße zeigten, von außen bzw. von innen betrachtet, ähnliche Ansammlungen von ungeheuer vielen Sternen.

3 Der Anblick der Milchstraße am Nachthimmel

## Beobachtungen

**1 Hubble-Space-Telescope**
Besorge dir im Internet Informationen über das Hubble-Weltraum-Teleskop, über das von ihm aufgenommene Hubble Deep Field, über die Andromeda-Galaxie und über Galaxien allgemein.

**2 Sternbilder**
Beschaffe dir Informationen über die Sternbilder Großer Wagen, Kassiopeia, Orion, Löwe, Schwan, Pegasus und Stier.
a Wie sehen sie aus?
b In welcher Gegend des Himmels kann man sie finden?
c Zu welcher Tages- bzw. Jahreszeit kann man sie sehen?
d Versuche, sie am Himmel zu finden.

**3 Veränderung des Sternenhimmels**
Sieh von immer demselben Beobachtungsort zum Sternenhimmel. Versuche, seine Veränderung von Tag zu Tag (Woche zu Woche, Stunde zu Stunde) wahrzunehmen und zu beschreiben.

**4 Drehung der Erde**
Lege dich in einer warmen klaren Sommernacht ins Gras (ein Liegestuhl tut's auch) und beobachte den Sternenhimmel über dir. Versuche dir vorzustellen, wie sich die Erde unter dem Sternenhimmel nach Osten dreht – und du mit ihr!

**5 Milchstraße**
Suche in klaren mondlosen Nächten an einem möglichst dunklen Beobachtungsort die Milchstraße am Sternenhimmel.

**6 Fotografien des Sternenhimmels**
Versuche, eigene Bilder des Sternenhimmels zu „schießen":
a mit einer Digitalkamera und möglichst langer Belichtungszeit,
b mit einer Analogkamera in einer Serie von Aufnahmen, bei der du von Mal zu Mal die Belichtungszeit verdoppelst. Montiere die Kamera möglichst auf ein Stativ.

## GRUNDLAGEN: Sternbilder

Damit man Veränderungen am Sternenhimmel wahrnehmen kann, braucht man Orientierungsmarken, um bestimmte Stellen des Himmels unabhängig von ihrer Stellung über dem Horizont erkennen zu können. Dazu verwendet man auffällige Anordnungen von Sternen, die ihre relative Lage zueinander nicht verändern. In diese Sternbilder denkt man sich (Sagen-)Gestalten hinein. Tatsächlich haben die Sterne eines Sternbildes nichts miteinander zu tun; sie haben völlig unterschiedliche Entfernungen von der Erde.
Der Große Wagen, ein Teil des Sternbildes Große Bärin, ist die bekannteste Sternenkonstellation. Da er immer am Himmel zu sehen ist, kann er als Wegweiser zu vielen anderen Sternbildern verwendet werden. ↑4–6

4 Sternbild Große Bärin (Ausschnitt)

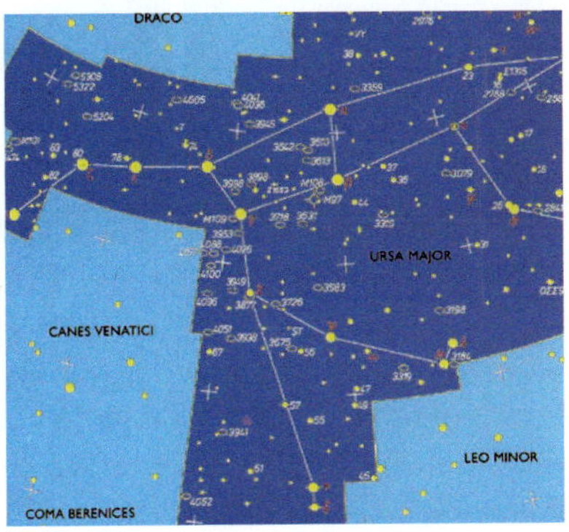

5 Sternkartenbild Große Bärin

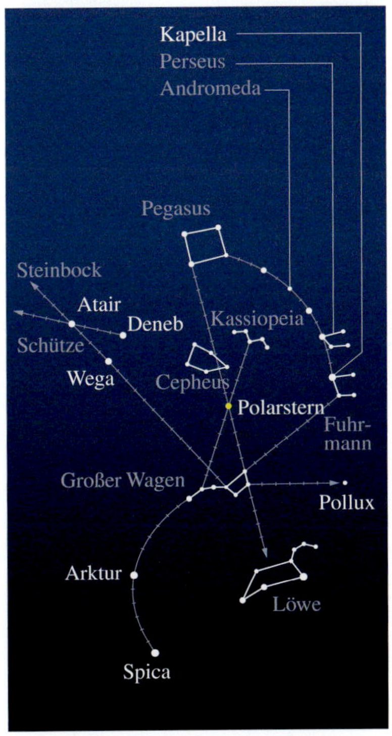

6 Der Große Wagen als Wegweiser

## Schon gewusst?

Der Polarstern ist kein besonders auffälliger Stern am Himmel, aber mithilfe des Großen Wagens kannst du ihn leicht finden. Der Polarstern steht immer genau im Norden. Und wenn du weißt, wo Norden ist, kennst du auch die anderen Himmelsrichtungen.

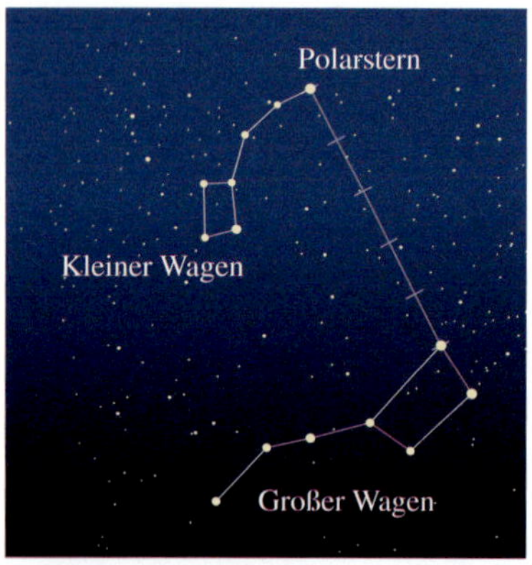

1

## GRUNDLAGEN: Die Drehung des Himmels und die Drehung der Erde

Wenn man den klaren Sternenhimmel von einem festen Standort aus längere Zeit beobachtet, bemerkt man, dass alle Sterne ihre Stellung bezüglich der Umgebung (z. B. Häuser oder Bäume) verändern. Diese Veränderung erweist sich, z. B. auf lange belichteten Fotos, als eine Drehung des gesamten Sternenhimmels von Osten nach Westen um eine Achse, die durch den Beobachter und den Polarstern verläuft: Die Sterne behalten ihre Stellung zueinander bei, aber sie wandern alle auf parallelen Kreisen, die umso größer sind, je weiter der Stern vom Polarstern entfernt ist. Sterne gehen am Osthorizont auf, erreichen im Süden ihre höchste Stellung über dem Horizont und gehen am Westhorizont unter. Nur der Polarstern verändert seine Position am Himmel (fast) nicht. ↑2

2 Die Drehung des Himmels, sehr lange mit feststehender Kamera fotografiert.

Ein Beobachter, der von einem der Sterne zur Erde sehen könnte, hätte einen ganz anderen Eindruck: Er sähe, wie sich die Erde von Westen nach Osten um ihre Achse dreht. Die Achse geht durch Nordpol und Südpol und zeigt Richtung Polarstern. Heute können Raumsonden diese Drehung filmen. ↑3

3 Die Drehung der Erde von einem Satelliten aus dem Weltall fotografiert.

Aber die Menschen sind der sich drehenden Erde schon viel früher auf die Spur gekommen. Bereits ARISTARCH VON SAMOS kam um 300 v. Chr. auf die Idee, die Beobachtungen am Sternenhimmel darauf zurückzuführen, dass sich die Erde dreht.

## *Aus der Geschichte* Antike Vorstellungen über Himmel und Erde

Die Menschen der damaligen Zeit haben begonnen, die Bewegungen von Sternen, Sonne, Mond und Planeten systematisch zu beobachten, aufzuzeichnen und für Kalenderzwecke zu nutzen. Sie beschrieben dabei das Weltgebäude so, wie es sich ihnen darstellte: Als einen geschlossenen Saal mit einer flachen Erde als Boden, die von Wasser umgeben war. Darüber spannte sich der Himmel als flache Decke oder gewölbte Kuppel, der außen abgestützt werden musste – bei den Chaldäern durch einen ringförmigen Wall, bei den Ägyptern durch vier Säulen.

Die Griechen übernahmen zunächst das Weltbild von den Chaldäern. Um 600 v. Chr. wurde jedoch aus der Himmelskuppel eine Himmelskugel, zunächst als Halbkugel, dann als Vollkugel. Damit war ein wichtiger Schritt getan: Die sichtbaren Bewegungen der Gestirne vom Aufgang im Osten zu ihrem Untergang im Westen wurden gedanklich unter dem Horizont fortgesetzt und zu Kreisen ergänzt. In der Mitte dieser Kugel schwebte die Erde, zunächst als Scheibe. Durch die Pythagoräer entstand dann im 5. Jh. v. Chr. die Idee der Erde als Kugel. Deshalb schwebte spätestens seit dem 4. Jh. die Erde als Kugel in der Weltmitte. Die Sterne waren an einer kristallnen Kugel befestigt, die sich einmal am Tag um die Erde drehte, und zwar um eine raumfeste Achse, die durch den Mittelpunkt und die damals noch unerreichbaren Pole der Erde ging.

4 Die Wiege der Astronomie steht im Vorderen Orient, in Mesopotamien, Babylon, im heutigen Irak. Von dort sind uns viele sehr frühe Zeugnisse über Himmelsbeobachtungen und die Vorstellungen der Menschen über den Aufbau ihrer Welt überliefert.

5 Chaldäisches Weltbild

6 Ägyptisches Weltbild

### *Aufgaben*

**1** Sven beobachtet um 20:16:00 Uhr, dass ein heller Stern hinter einer senkrechten Hauskante verschwindet. Fünf Tage später sieht er von derselben Stelle aus den Stern um 19:56:20 Uhr verschwinden. Was kann er daraus schließen?

**2** ARISTARCHS Idee einer sich drehenden Erde konnte sich in der Antike nicht durchsetzen. Welche Argumente haben dabei wohl eine Rolle gespielt?

**3** Wie lange wurde Bild 2 auf der vorhergehenden Seite ungefähr belichtet? ↑2

**4** Stelle einen Globus so in das Sonnenlicht, dass die Sonne senkrecht auf den Äquator scheint. Klebe eine Reißzwecke, auf die eine kleine Pappscheibe aufgespießt ist, mit dem Kopf auf deinen Wohnort.

a Drehe den Globus so, dass an deinem Wohnort die Sonne im Osten auf- und im Westen untergeht. Wie verändert sich dabei der Schatten der Spitze der Reißzwecke?

b Achte bei der Drehung auf den Winkel zwischen der Spitze und der Erdachse. Was zeigt dir dieser Winkel an?

c Sieh während der Drehung aus Richtung des Polarsternes auf die Erde. Beschreibe deine Beobachtungen.

d Stelle den Globus so in die Sonne, dass dein Wohnort genau oben ist und die Achse mit ihrer Nordspitze nach Norden zeigt (Kompass!). In welchen Ländern der Erde ist gerade Nacht? Wo ist früher Morgen? Wo geht die Sonne gerade unter?

## *Aus der Geschichte* Die Himmelsscheibe von Nebra

1 Wintersonnenwende in Stonehenge

Aus dem Vorderen Orient und Altägypten gibt es eine große Anzahl von Bildern, aus denen auf das Leben und die Vorstellungen der Menschen in der Antike geschlossen werden kann. Aus Mitteleuropa sind dagegen keinerlei Bilder überliefert. Auf das astronomische Wissen und die Vorstellungen, die die dort lebenden Menschen über ihre Welt hatten, konnte deshalb bis vor kurzem nur aus der Orientierung steinzeitlicher Gräber und Ringanlagen geschlossen werden. So gibt es z. B. bei der Anlage von Stonehenge viele Visierlinien, die zu astronomisch bedeutsamen Himmelsrichtungen ausgerichtet sind, z. B. zum Untergangspunkt der Sonne am Tag der Wintersonnenwende. ↑1

Im Jahr 1999 jedoch fanden Schatzgräber auf dem Mittelberg in der Nähe von Nebra eine etwa 30 cm große Bronzescheibe, die sie über Vermittler dem Berliner Museum für Vor- und Frühgeschichte für eine Million DM (ca. 500 000 Euro) anboten. Bei einem Treffen zur Überprüfung der Echtheit der Scheibe, gelang es, die Finder zu verhaften und den wertvollen Fund sicherzustellen. ↑2

2 Die Himmelsscheibe von Nebra

Zweifel an der Echtheit der Scheibe konnten ausgeräumt werden: Von gleichzeitig angebotenen Schwertern konnte nachgewiesen werden, dass sie aus demselben Fund stammen. Das Alter dieser Schwerter konnte durch Vergleich mit ähnlichen, in Ungarn gefundenen Schwertern ermittelt werden. Außerdem konnte das Alter eines kleinen Holzstückchens, das an einem der Schwerter haftete, mit der C-14-Methode (s. S. 24) bestimmt werden. Nach dem übereinstimmenden Ergebnis ist die Scheibe um 1600 v. Chr. im Boden niedergelegt worden.

Das Aussehen der Scheibe legte sofort die Vermutung nahe, dass es sich um eine Darstellung des Sternenhimmels mit Sonne und Mond oder mit dem Mond in verschiedenen Phasen handelt. Aber was genau stellt das Bild dar, welche Bedeutung hatte es damals für die Menschen und welche Schlüsse können über deren astronomische Kenntnisse gezogen werden? Es gibt immer noch unterschiedliche Interpretationen, aber heute hat sich die folgende Deutung weitgehend durchgesetzt: Die beiden Bögen am Rand (das Gold des linken Bogens ist nicht mehr vorhanden) stellen die Bereiche des Horizonts dar, in denen die Sonne im Laufe des Jahres auf- bzw. untergehen kann. Der untere Goldbogen zeigt das Schiff, mit dem die im Westen untergegangene Sonne in der Nacht wieder nach Osten gefahren wird, damit sie dort am nächsten Morgen wieder aufgehen kann. Die Punkte stellen den Sternenhimmel symbolisch dar. Bei der Anhäufung handelt es sich jedoch um die Plejaden, einen kleinen, aber auffälligen Sternhaufen, der während der Wintermonde gut zu beobachten ist. ↑3

3 Die Plejaden – das „Siebengestirn"

Mitte Oktober konnten die Menschen der damaligen Zeit zum ersten Mal beobachten, wie die Plejaden vor Sonnenaufgang untergingen, kurz bevor es hell wurde. Mitte März dagegen konnten sie die Plejaden zum letzten

Mal in der Abenddämmerung kurz nach Sonnenuntergang auffinden. Wegen dieser beiden auffälligen Zeitpunkte wurden die Plejaden weltweit als Kalendersterne verwendet: Ihre letzte Abendsichtbarkeit markierte den Beginn des bäuerlichen Jahres, den Zeitpunkt also, zu dem die Felder zur Aussaat vorbereitet werden mussten. Die erste Beobachtung ihres morgenlichen Unterganges kennzeichnete das Ende des bäuerlichen Jahres. ↑4

## Schon gewusst?

Der altgriechische Bauerndichter schrieb gegen 700 v. Chr.: „Wenn die Plejaden, die Atlasgeborenen, aufsteigen, so beginne mit dem Mähen und pflüge, wenn sie untergehen.“

4 Der Mond bei den Plejaden im Jahr 1598 v. Chr.: Als Sichel am westlichen Abendhimmel im März (links), als Vollmond am westlichen Morgenhimmel im Oktober (rechts).

Manchmal steht der Mond zu diesen Zeitpunkten nahe bei den Plejaden: als Sichelmond bei der letzten Abendsichtbarkeit oder als Vollmond beim ersten Untergang am Morgen. Es liegt deshalb nahe, dass diese beiden auffälligen Konstellationen auf der Scheibe dargestellt sind. Die Sichel und die runde Scheibe zeigen dann den Mond bei den Plejaden am Westhimmel zu Beginn und am Ende des bäuerlichen Jahres.

Bild 5 zeigt das Weltbild der bronzezeitlichen Menschen, wie es sich nach dieser Deutung ergibt: Über den Menschen im Zentrum wölbt sich der Himmel mit den Gestirnen und dem (manchmal Voll-, manchmal Sichel-) Mond, während die Sonnenbarke unser Tagesgestirn über den Weltozean von Westen nach Osten zurücktransportiert. Allerdings deutet die Barke darauf hin, dass die Menschen den Himmel noch nicht zu einer Vollkugel ergänzt hatten. ↑5

Dass sie jedoch bereits über solides astronomisches Wissen verfügten, wird durch die Überreste einer Ringwallanlage bestätigt, die in Goseck, einem Dorf bei Naumburg, nur 25 Kilometer vom Fundort der Himmelsscheibe entfernt, gefunden wurde. Ihre drei Zugänge sind nach Norden und nach den Sonnenauf- und -untergangspunkten zur Wintersonnenwende ausgerichtet. ↑6

5 Aus der Himmelsscheibe erschlossenes Weltbild

6 Ringwallanlage von Goseck (Rekonstruktion)

**1** Wo am Himmel befindet sich die Sonne zu den Zeitpunkten, die in den beiden Bildern dargestellt sind? ↑4

**2** In den Wochen nach dem letzten Abenduntergang sind die Plejaden nach Sonnenuntergang nicht mehr am Himmel zu sehen. In den Wochen vor der ersten Beobachtung des Unterganges der Plejaden am Morgen stehen die Plejaden vor Sonnenaufgang noch recht hoch am Himmel. Versuche, Erklärungen für diese beiden Aussagen zu finden.

**3** Versuche Fotos vom Mond bei den Plejaden zu finden.

**4** Suche im Internet nach Informationen über die Anlage von Stonehenge. Vielleicht findest du auch einen Grundriss, in den du einige Visierlinien eintragen kannst.

## GRUNDLAGEN: Der Umlauf des Mondes und der Sonne

**Umlauf des Mondes** Die bronzezeitlichen Menschen kannten die Bewegung des Mondes offensichtlich schon recht genau und konnten sie sich zunutze machen. Sie wussten, dass die schmale Sichel des zunehmenden Mondes nur abends am Westhimmel zu sehen ist, der Vollmond dagegen abends im Osten aufgeht. Und sie hatten bemerkt, dass der Mond regelmäßig an den Plejaden vorbeizieht.

1 Die abendliche Bewegung des Mondes im Abstand von 2 Tagen

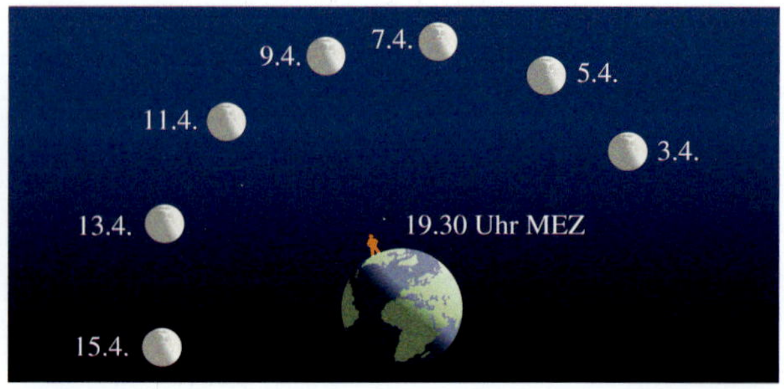


2 Die abendliche Mondbewegung aus Bild 1, diesmal von außen beobachtet.

3 Mond und Erde, aufgenommen von der Raumsonde Galileo

Die Bewegung lässt sich leicht beobachten, wenn der Mond in der Nähe eines hellen Sterns oder Planeten steht. Dann kann man schon innerhalb weniger Stunden bemerken, wie er von West nach Ost an dem Stern vorüberwandert. Eine andere Möglichkeit besteht darin, nach Neumond, immer kurz nach Sonnenuntergang, auf die Stellung des Mondes relativ zum Horizont und zur gerade untergegangenen Sonne zu achten.

**Es vergehen etwa 27,5 Tage, bis der Mond an demselben Stern wieder vorbeizieht (siderischer Monat), von Vollmond zu Vollmond vergehen dagegen etwa 29,5 Tage (synodischer Monat).**

Schon die Menschen im Altertum haben sich diese Bewegung damit erklärt, dass der Mond die Erde umläuft. Aber erst seit wenigen Jahren ist es möglich, sie von Raumsonden aus fotografieren zu lassen. ↑3

**Umlauf der Sonne** Die genaue Beobachtung des Mondes verrät auch die Bewegung der Sonne über den Sternenhimmel, die direkt nicht zu beobachten ist:
Der Mond hat im Laufe des Jahres bei den Plejaden verschiedene Phasengestalten. Kommt er als Vollmond vorbei (zu Beginn des Winters), muss die Sonne am Himmel genau gegenüber stehen. Hat er dann dagegen die Gestalt der zunehmenden Sichel (im Frühjahr), muss auch die Sonne in der Nähe der Plejaden stehen. Auch die sich von Monat zu Monat ändernden Stellungen des Vollmondes am Sternenhimmel zeigen:

**Die Sonne durchläuft im Laufe eines Jahres einen Kreis an der Himmelskugel, die so genannte Ekliptik.**

Weil die meisten Sternbilder, durch die die Ekliptik verläuft, Tiernamen tragen, sagt man auch: „Die Sonne durchläuft den Tierkreis.“ oder: „Die Sonne steht im Löwen.“ Das Sternbild Löwe ist dann (im Herbst) nicht zu

sehen, weil es am Tage gleichzeitig mit der Sonne am Himmel steht. Ein Beobachter auf der Sonne würde dann die Erde vor dem Sternbild Wassermann sehen. ↑4
Und während wir auf der Erde im Laufe eines Jahres den Eindruck haben, die Sonne durchlaufe einmal die Ekliptik, würde ein Beobachter auf der Sonne die Erde, jeweils um ein halbes Jahr versetzt, vor denselben Sternbildern sehen.

Jahrtausende lang haben die Menschen ihren Augen getraut und waren überzeugt, die Sonne umlaufe die Erde. Erst durch KOPERNIKUS, KEPLER und NEWTON hat sich im 16. und 17. Jahrhundert allmählich die Überzeugung durchgesetzt, dass umgekehrt sich die Erde um die Sonne bewegt. Welche Beobachtungen und Überlegungen haben dazu geführt, dass die Erde, und mit ihr die Menschen, den festen Platz in der Mitte der Welt verlor?

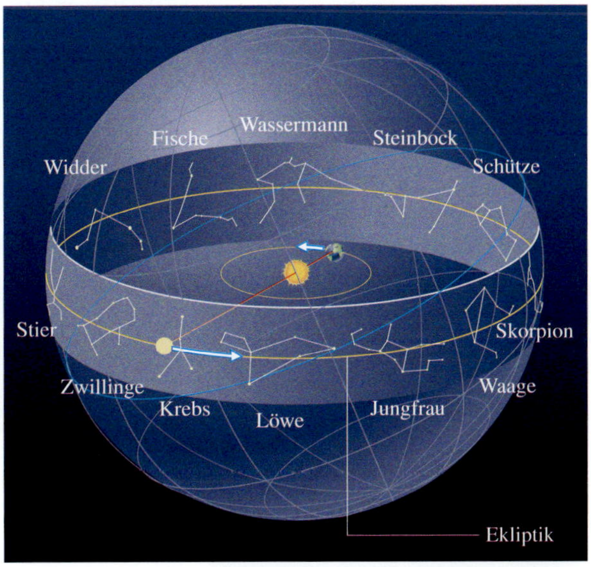

4 In der Jahresbewegung der Sonne durch den Tierkreis macht sich die Jahresbahn der Erde um die Sonne bemerkbar.

## Beobachtungen

**1 Mond am Abendhimmel**
Beobachte, etwa zwei Wochen lang, beginnend etwa am zweiten Tag nach Neumond, so oft wie möglich den Mond am Abendhimmel kurz nach Sonnenuntergang. Achte auf seine Gestalt und auf seine Stellung am Himmel. Wenn du immer von demselben Platz aus beobachtest, kannst du dir vom Horizont eine Zeichnung anfertigen, in die du den Mond an der richtigen Stelle und mit der richtigen Gestalt einzeichnen kannst.

**2 Bewegung des Mondes über den Sternenhimmel**
Versuche, durch eigene Beobachtungen die Bewegung des Mondes über den Sternenhimmel wahrzunehmen. Besonders geeignet sind dafür Abende, an denen der Mond an einem hellen Stern oder Planeten „vorbeikommt".

**3 Siderischer und synodischer Monat**
Versuche, durch eigene Beobachtungen herauszufinden, wie lange es dauert,
a bis auf einen zunehmenden Halbmond der nächste folgt,
b bis der Mond an demselben Stern wieder vorbeikommt.
c Warum ist ein synodischer Monat länger als ein siderischer Monat?

**4 Veränderung des Sternenhimmels**
Betrachte den Sternenhimmel in Abständen von etwa zwei Wochen immer um die gleiche Uhrzeit. Welche Veränderungen fallen dir auf?

**5 Schattenstab**
Beobachte die Spur, die die Schattenspitze eines senkrechten Stabes im Laufe eines Tages zieht, und zeichne sie auf. Besonders geeignet für diese Beobachtungen sind die Wochen um Frühlings- und Herbstanfang.
a Wie verändert sich die Spur im Laufe der Wochen?
b Was verrät die Spur über den Lauf der Sonne über den Tageshimmel?

**6 Bewegung von Planeten**
Versuche, die Bewegung heller Planeten relativ zu den Sternen festzustellen. Besonders geeignet sind Venus und Mars. Geeignete Beobachtungszeiträume findest du in der Tagespresse oder im Internet.

**7 Abend- und Morgenstern**
Venus erscheint uns manchmal als besonders heller „Abendstern" am Westhimmel und einige Wochen später als heller „Morgenstern". Wie kann man das erklären?

## GRUNDLAGEN: Beobachtbare Planetenphänomene

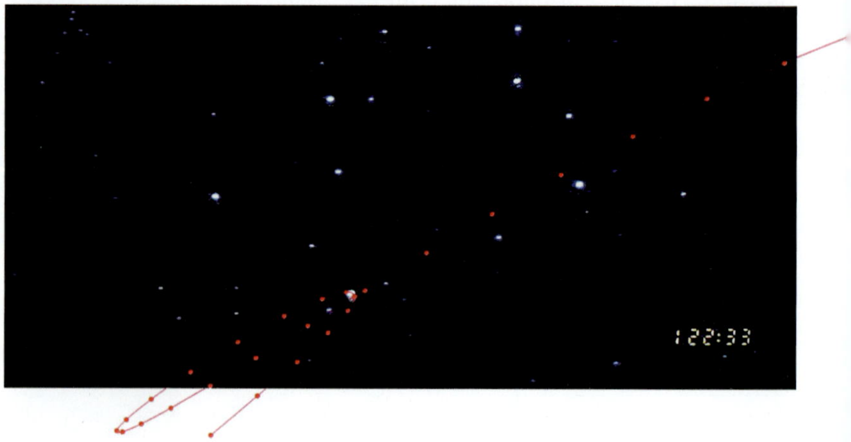

1 Mars im Löwen am 1. 5. 1997, einmontiert die Marsschleife. Die Punkte markieren die Positionen im Abstand von zehn Tagen.

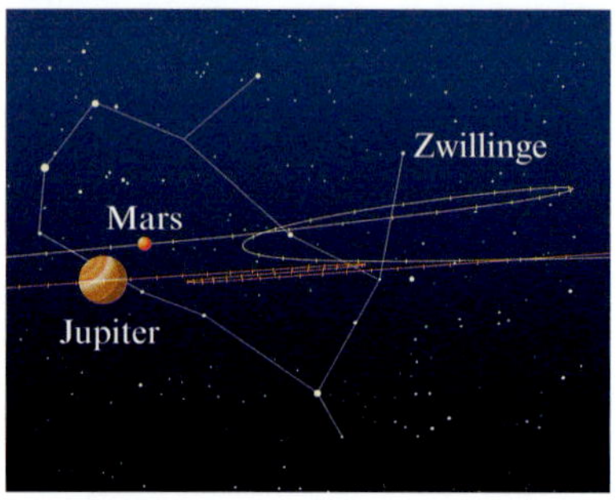


2 Schleifen von Mars (2007/08) und Jupiter (2001/02) in den Zwillingen (Markierungen im Abstand von 2 Wochen)

Eine zentrale Rolle beim Übergang von der bewegten Sonne zur umlaufenden Erde spielten die beobachtbaren Bewegungen der Planeten am Himmel: Sie bewegen sich die meiste Zeit wie Sonne und Mond von West nach Ost über den Sternenhimmel. In regelmäßigen Abständen aber kehren sie um und sind eine gewisse Zeit rückläufig. ↑1

In dieser Zeit werden sie besonders hell. Merkur und Venus sind dann der Sonne am Himmel besonders nahe, die anderen Planeten dagegen stehen während der Rückläufigkeit der Sonne am Himmel direkt gegenüber. Je langsamer sich die Planeten bewegen, desto kleiner ist der Winkel, um den sie zurücklaufen. ↑2

## GRUNDLAGEN: Geozentrisches und heliozentrisches Weltbild

Die Menschen im Altertum beschrieben die Bewegungen der Planeten so, wie sie sie erlebten, nämlich als Bewegungen, in deren Mittelpunkt sich die Erde befand (geozentrische Beschreibung). Dabei erhielten Kreisbewegungen als Sinnbild himmlischer oder göttlicher Vollkommenheit und Harmonie eine nicht hinterfragbare mystische Bedeutung.

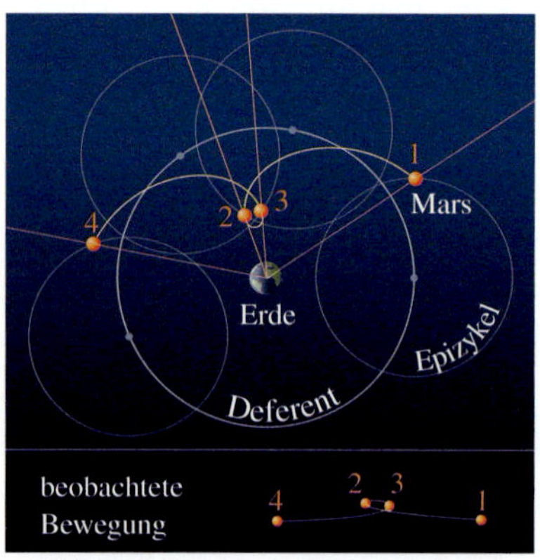


3 Die Bewegung von Mars geozentrisch beschrieben.

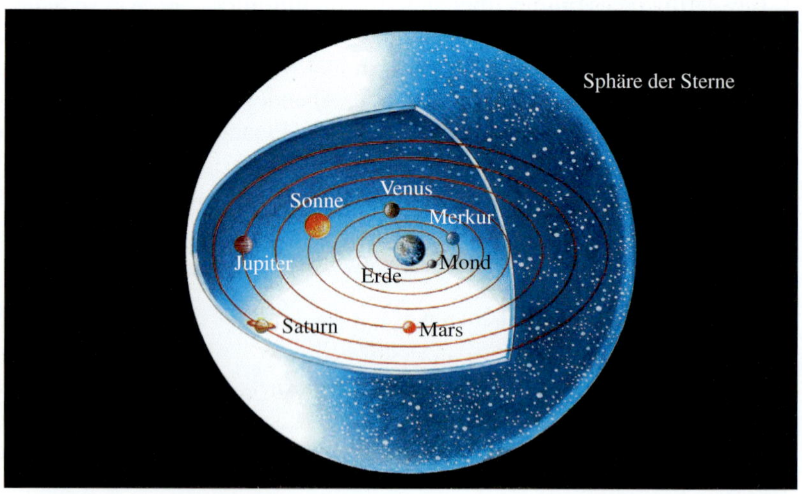


4 Das geozentrische Weltbild

Der antiken Beschreibung der Planetenbewegungen lag die folgende Idee zugrunde: Im Mittel bewegt sich der Planet mit konstanter Geschwindigkeit auf seiner Bahn um die Erde. Das wird wiedergegeben durch die gleichförmige Bewegung eines Punktes auf einem Kreis, dem so genannten *Deferenten*, in dessen Mittelpunkt die Erde steht.
Um die Rückläufigkeit der Planetenbewegung zu erreichen, läuft der Planet seinerseits auf einem Kreis, dem so genannten *Epizykel*, um diesen Punkt. ↑3
Dieses geozentrische System beschreibt die wesentlichen Eigenschaften der Planetenbewegung: ihre Regelmäßigkeit, ihre Rückläufigkeit und die dabei auftretende Änderung der Helligkeit.

Erst 1543 entdeckte NIKOLAUS KOPERNIKUS wieder, dass sich die komplizierte Form der beobachtbaren Planetenbahnen dadurch erklären lässt, dass wir die Bewegung der Planeten von der ihrerseits sich bewegenden Erde aus beobachten. Er betrachtete statt der Erde die Sonne als Zentrum und ging davon aus, dass sich die Erde zusammen mit den anderen Planeten um die Sonne bewegt (heliozentrische Beschreibung).

5 Saturn, Venus, Jupiter und Merkur am Abend des 28. 2. 1999

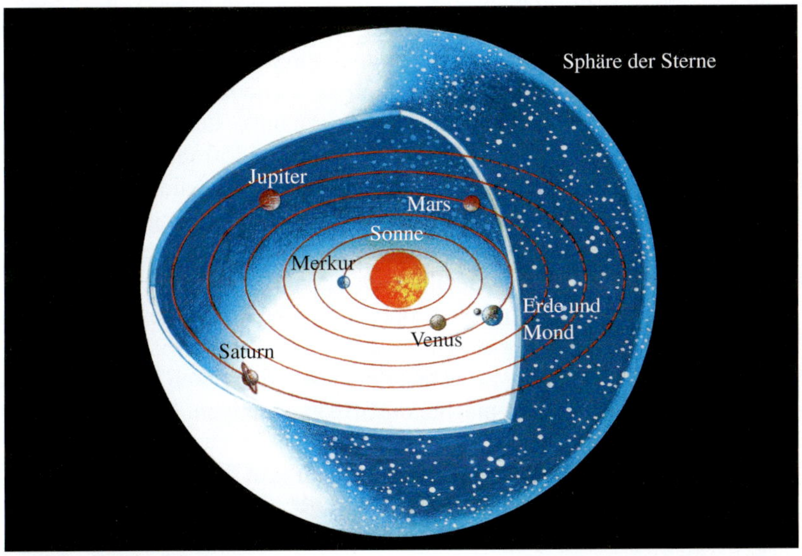


6 Das heliozentrische Weltbild

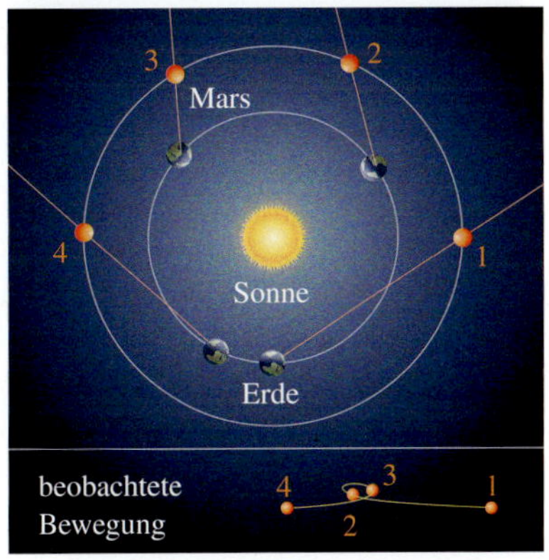


7 Die Bewegung von Mars heliozentrisch beschrieben.

Durch die Bewegung der Erde um die Sonne würde sich die Blickrichtung zu einem Planeten auch dann ändern, wenn dieser eine feste Position im Weltraum hätte: Er schiene von der Erde aus im Takt der Erdbewegung vor den Sternen hin- und herzupendeln (s. S. 273). Die tatsächlich beobachtete Bewegung ist eine Überlagerung dieser Hin- und Herbewegung mit der Eigenbewegung des Planeten. ↑7

Auch mit dieser Vorstellung kann man sich also die Regelmäßigkeit der Planetenbewegung erklären: Von der Erde aus gesehen wird ein äußerer Planet rückläufig, wenn er von der Erde überholt wird. Ein innerer Planet wird rückläufig, wenn die Erde ihrerseits von dem Planeten überholt wird. Bei beiden Überholvorgängen wird der Abstand zwischen Erde und Planet minimal. ↑8

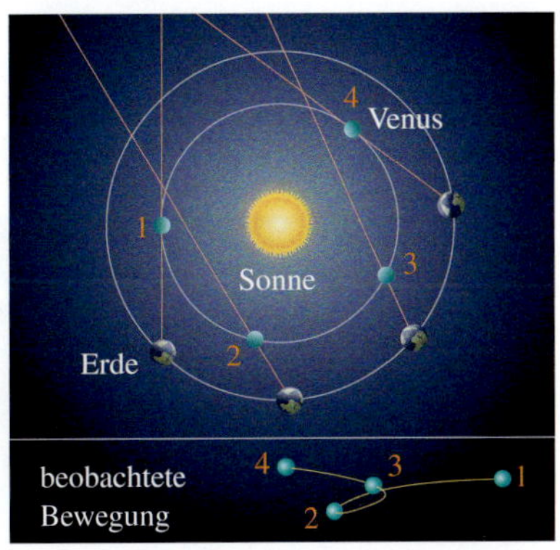


8 Venus überholt die Erde. Zwischen den Positionen 2 und 3 ist Venus rückläufig.

## *Aus der Geschichte* Die kopernikanische Revolution

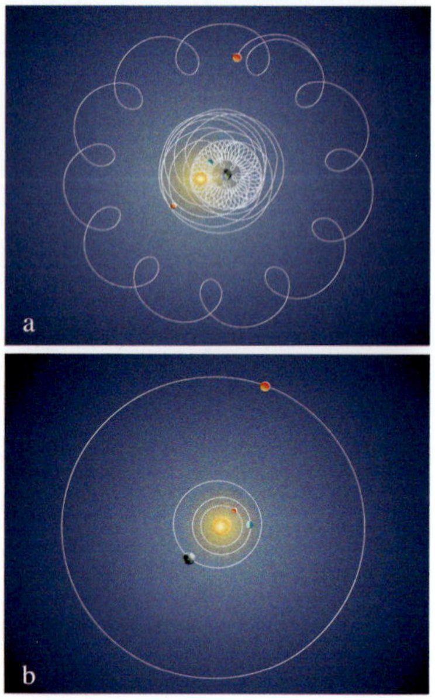


1 Das innere Sonnensystem während 16 Jahren, geozentrisch (oben) bzw. heliozentrisch betrachtet.

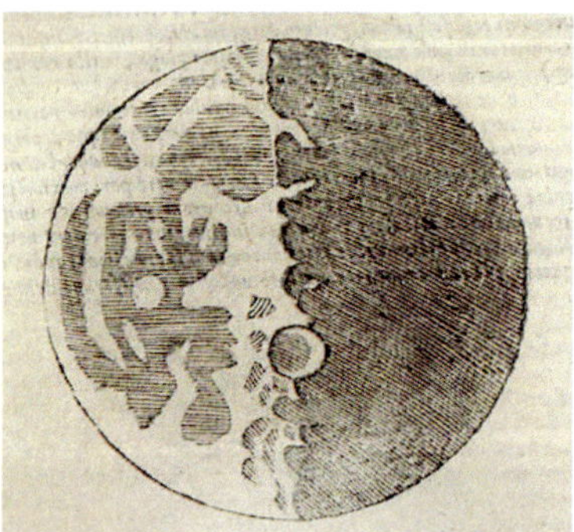

2 Eine der ersten Mondzeichnungen von GALILEI

Das Problem, die Schleifenbahnen der Planeten vorherzusagen und zu erklären, hat die Menschheit 2000 Jahre lang beschäftigt. In den Planetenspuren sehen wir heute die Bewegung der Erde um die Sonne. Aber diese Interpretation hat sich nur allmählich durchgesetzt.

Bereits ARISTARCH VON SAMOS hatte im 2. Jahrhundert v. Chr. die Idee, die Form der Planetenbahnen am Sternenhimmel darauf zurückzuführen, dass wir die Bewegung der Planeten von der die Sonne umlaufenden Erde aus beobachten. Seine Idee konnte sich jedoch nicht durchsetzen, weil sie zu sehr der unmittelbaren Wahrnehmung widerspricht.

Erst 1700 Jahre später, 1543, beschrieb NIKOLAUS KOPERNIKUS die Planetenbahnen wieder aus der Sicht eines Planeten Erde und arbeitete dieses Modell detailliert mathematisch aus. Da sein System aber nicht nur der Anschauung, sondern auch der Lehrmeinung der katholischen Kirche widersprach, ließ er offen, ob er sein System als besonders einfache Rechenmethode vorschlug oder ob er es als Modell für die Wirklichkeit verstanden wissen wollte.

Trotzdem setzte er mit seinem Buch „Über die Kreisbewegungen der Weltkörper“ einen so tief greifenden Wandel des Weltbildes in Gang, dass wir heute von der *kopernikanischen Revolution* sprechen.

Allerdings brauchte die Vorstellung, die Erde drehe sich nicht nur um ihre eigene Achse, sondern laufe einmal im Jahr mit unvorstellbarer Geschwindigkeit um die Sonne, nach KOPERNIKUS noch fast 150 Jahre, um sich gegen die jahrtausendealte Überzeugung durchzusetzen, die ruhende Erde sei von einer perfekten Welt voller göttlicher Harmonie umgeben.

Als JOHANNES KEPLER herausfand, dass sich die Planetenbahnen mit Ellipsen viel genauer beschreiben lassen als mit Kreisen, zerstörte er die Vorstellung, Gottes Wirken äußere sich in perfekten Kreisbewegungen.

Einen wesentlichen Beitrag zur Überwindung des geozentrischen Systems leistete GALILEO GALILEI. Er richtete als einer der ersten Menschen das Fernrohr zum Himmel und machte dort Beobachtungen, die zwei Grundüberzeugungen erschütterten:

- Der Mond ist mit Kratern übersät. Er ähnelt also der Erde und ist keine perfekte Kugel. ↑2
- Er entdeckte, dass Jupiter von vier Monden umkreist wird. Die Erde ist also nicht der einzige „Mittelpunkt“ in der Welt. ↑3, 5
- Er sah, dass Venus im Laufe ihres Umlaufs alle Phasengestalten annimmt: Sie zeigt sich uns manchmal als „Vollvenus“, muss also hinter der Sonne stehen – im Gegensatz zum geozentrischen System, in dem sich Deferent und Epizykel der Venusbewegung innerhalb der Sonnenbahn befanden. ↑4

3 Jupiter mit den vier galileischen Monden

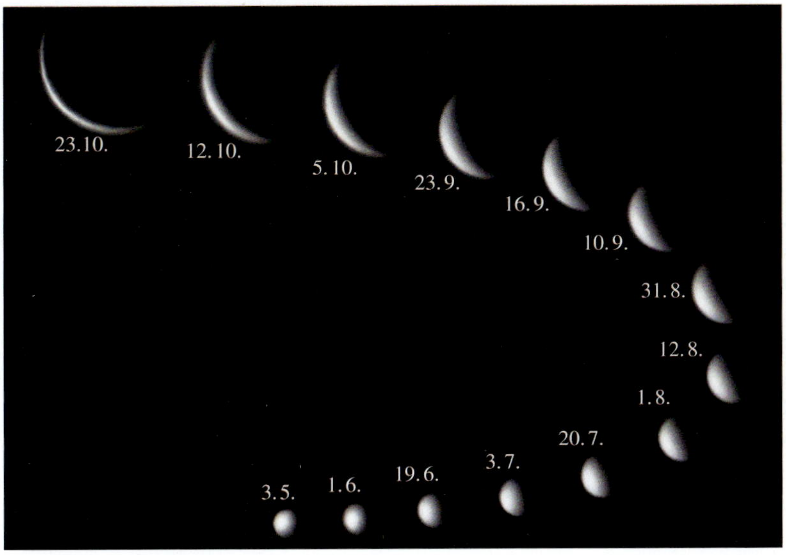


4 Einige Venusphasen (2002)

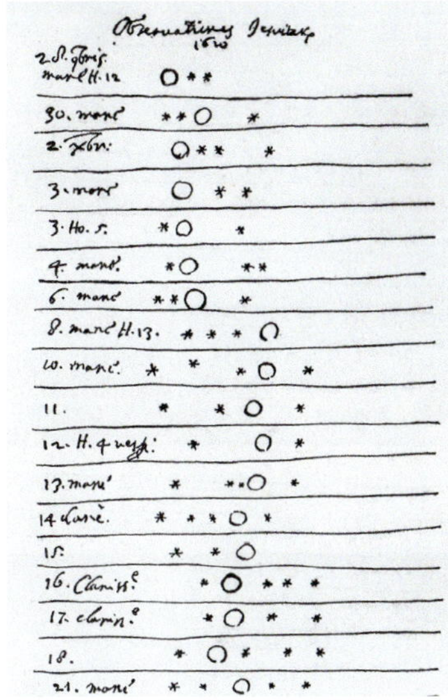

5 Handschriftliche Aufzeichnungen von GALILEI zu den Jupiterbeobachtungen

Diese Beobachtungen stützten zwar das heliozentrische System. Sie bewiesen aber nicht, dass die Erde die Sonne umläuft. Die Behauptung, die Erde bewege sich, widersprach jedoch der katholischen Glaubenslehre. GALILEI wurde deshalb in einem Inquisitionsprozess gezwungen, seine Überzeugung öffentlich zu widerrufen. ↑6

Entscheidend für die Durchsetzung des kopernikanischen Systems war die Formulierung des Gravitationsgesetzes durch ISAAC NEWTON. Er konnte damit nicht nur alle keplerschen Gesetze ableiten. Er zeigte damit auch, dass die Umläufe der Planeten und die Bewegungen der Erde denselben Gesetzen gehorchen. Damit war die grundsätzliche Trennung zwischen Himmel und Erde aufgehoben. Dadurch setzte sich das heliozentrische System durch, obwohl es nicht gelang, ähnlich wie bei den Planeten eine Widerspiegelung der Erdbewegung am Fixsternhimmel nachzuweisen.

Der direkte Nachweis für den Umlauf der Erde um die Sonne gelang erst 1838 nach entscheidenden Verbesserungen an den astronomischen Fernrohren: FRIEDRICH WILHELM BESSEL konnte bei einem Stern winzige Pendelbewegungen im Takt des Erdumlaufs messen (s. S. 273).

6 GALILEI widerruft vor dem Offizium.

**1** Vergleiche die Bilder 1 a und 1 b und begründe die Unterschiede. ↑1

**2** Versuche, in GALILEIS Aufzeichnungen einen der vier galileischen Monde zu identifizieren und zu verfolgen. ↑5

**3** Erkläre, warum BESSELS Messung ein direkter Nachweis für die Bewegung der Erde um die Sonne ist.

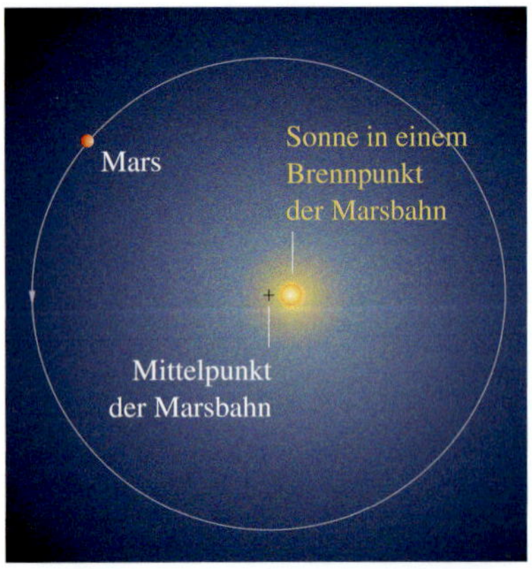


1 Vergleich der Marsbahn mit einem Kreis

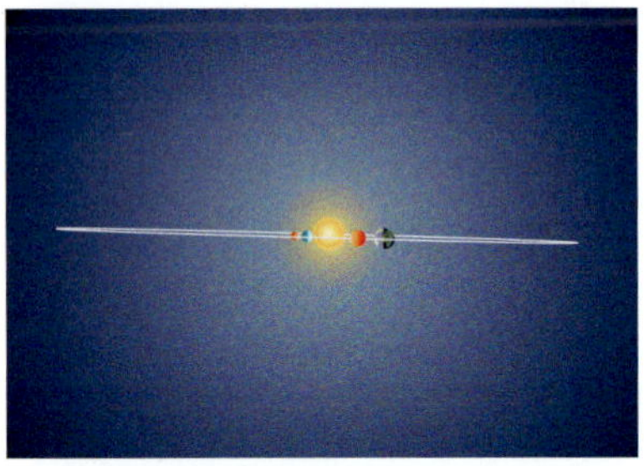

2 Alle Planetenbahnen liegen fast genau in einer Ebene.

3 JOHANNES KEPLER (1571–1630)

## GRUNDLAGEN: Der Lauf der Planeten um die Sonne

Die Planeten umlaufen die Sonne auf Ellipsen. In einem Brennpunkt aller dieser Ellipsen befindet sich die Sonne. Alle Bahnen liegen näherungsweise in einer Ebene. Sie sind von Kreisen fast nicht zu unterscheiden. Allerdings befindet sich die Sonne nicht in ihrem Mittelpunkt. ↑1,2
Der Abstand zwischen Planet und Sonne ändert sich ständig. Dabei ändert sich auch die Geschwindigkeit der Planeten: Je näher die Planeten auf ihrer Bahn der Sonne kommen, desto schneller bewegen sie sich.

In der Reihenfolge zunehmenden Abstandes von der Sonne sind die Planeten: Merkur, Venus, Erde, Mars, Jupiter, Saturn, Uranus und Neptun. In dieser Reihenfolge bewegen sie sich immer langsamer; ihre Umlaufzeiten werden also immer größer.
Statt in Kilometern werden Entfernungen im Weltall oft als Vielfache des Abstandes Erde-Sonne (≈ 150 Mio km) angegeben:

**Die große Halbachse der Erdbahn wird als Astronomische Einheit (AE) bezeichnet: $1\,AE = 149{,}6 \cdot 10^9\,m$.**

| Planet | mittl. Abstand von der Sonne | Umlaufzeit |
|---|---|---|
| Merkur | 0,4 AE | 88 Tage |
| Venus | 0,7 AE | 226 Tage |
| Erde | 1,0 AE | 1,0 Jahr |
| Mars | 1,5 AE | 1,9 Jahre |
| Jupiter | 5 AE | 12 Jahre |
| Saturn | 10 AE | 30 Jahre |
| Uranus | 20 AE | 85 Jahre |
| Neptun | 30 AE | 166 Jahre |

JOHANNES KEPLER gelang es, die Beobachtungen an Planeten in drei Gesetzen zusammenzufassen, die die Bewegungen so beschreiben, dass genaue Berechnungen vergangener und zukünftiger Planetenpositionen möglich wurden.
Erst mit diesen Gesetzen konnte z. B. für Sonnenfinsternisse der genaue Lauf des Mondschattens über die Erde vorhergesagt werden.

**1. keplersches Gesetz** Die Planeten bewegen sich auf Ellipsen, in deren einem Brennpunkt die Sonne steht. ↑4

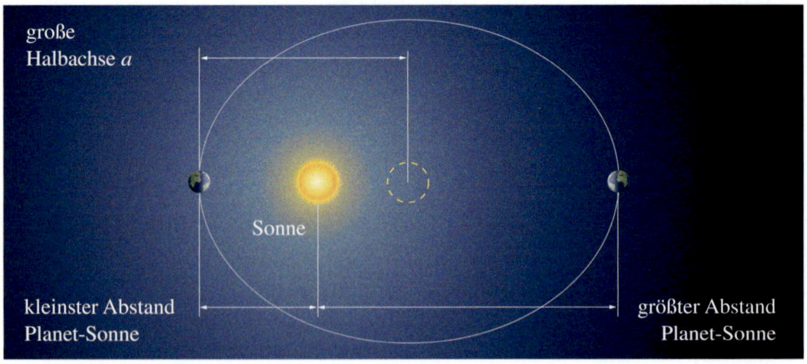


4

**2. keplersches Gesetz** Die Verbindungslinie Sonne-Planet überstreicht in gleichen Zeiten gleiche Flächen. ↑4

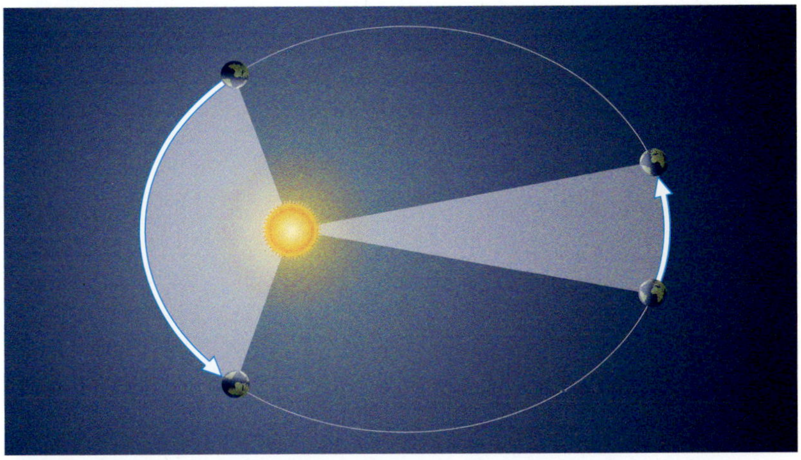

5 Die grauen Flächen sind gleich groß. Die zu den Flächen gehörenden Bahnabschnitte werden vom Planeten in der gleichen Zeit durchlaufen.

**3. keplersches Gesetz** Die Quadrate der Umlaufzeiten der Planeten verhalten sich wie die dritten Potenzen der großen Halbachsen ihrer Bahnellipsen: $\frac{T_1^2}{T_2^2} = \frac{a_1^3}{a_2^3}$.

Bringt man dieses Gesetz in die Form $\frac{a_1^3}{T_1^2} = \frac{a_2^3}{T_2^2}$, dann erkennt man, dass der Quotient $\frac{a^3}{T^2}$ für alle Planeten denselben Wert hat.

## Schon gewusst?

Das 3. keplersche Gesetz gilt auch für den Umlauf mehrerer Monde um denselben Planeten.

| Monde | $\frac{a^3}{T^2}$ in $\frac{\text{AE}^3}{\text{a}^2}$ |
|---|---|
| Jupitermonde | 0,00095 |
| Saturnmonde | 0,00028 |

## Aufgaben

1 Wie kann man am Himmel einen Planeten von einem Stern unterscheiden?

2 Die Erde wird auf ihrem Lauf um die Sonne von Zeit zu Zeit von Venus überholt.
Andererseits überholt die Erde ihrerseits manchmal Mars.
Begründe!

3 Begründe, dass alle Planeten während ihrer Rückläufigkeit besonders hell werden.

4 Nimm vereinfachend an, die Umlaufbahnen der Planeten seien heliozentrische Kreise.

a Wie groß sind dann die minimalen und maximalen Abstände zwischen Erde und Venus bzw. zwischen Erde und Mars?

b Wie würden die Planeten zu den entsprechenden Zeiten im Fernrohr aussehen?

5 Wie kann man am Himmel erkennen, dass sich alle Planeten nahezu in einer Ebene um die Sonne bewegen?

6 In welcher Richtung bewegt sich die Erde auf ihrer Bahn um die Sonne im Moment der Aufnahme in Bild 5 auf Seite 263?

7 Überprüfe an den in der Tabelle angegebenen Bahnradien und Umlaufzeiten die Gültigkeit des 3. keplerschen Gesetzes.

Welchen Wert hat die Konstante $\frac{a^3}{T^2}$?

8 Berechne anhand der Tabelle die Bahngeschwindigkeiten der Planeten. Welcher Zusammenhang besteht zwischen der Geschwindigkeit und dem Abstand von der Sonne? Versuche, ihn mithilfe des 3. keplerschen Gesetzes zu begründen.

9 Von einer Überholung von Mars durch die Erde bis zur nächsten vergehen etwa 780 Tage. Stelle die Umlaufbahnen von Erde und Mars grafisch dar und markiere in der Zeichnung die beiden zugehörigen Stellungen von Erde und Mars. Wie kann man aus dieser Messung die Umlaufzeit von Mars ableiten?

## Das physikalische Universum

Die heliozentrische Beschreibung des Sonnensystems und des Sternenhimmels war, ebenso wie das geozentrische System, ein geometrisches Weltmodell: Es erfasste und beschrieb die Bewegungen, Entfernungen und Positionen der Himmelskörper, ohne nach den Ursachen zu fragen. KEPLER war der Erste, der nach Begründungen suchte: Er suchte nach einer Kraft, die die Planetenbewegungen hervorruft. Er schrieb der Sonne eine „anima motrix" zu, eine bewegende Kraft, ähnlich der damals gerade untersuchten magnetischen Kraft. Nach seiner Vorstellung rotierten kreisförmig um die Sonne laufende Kraftstrahlen zusammen mit der Sonne und rissen die Planeten mit.

1

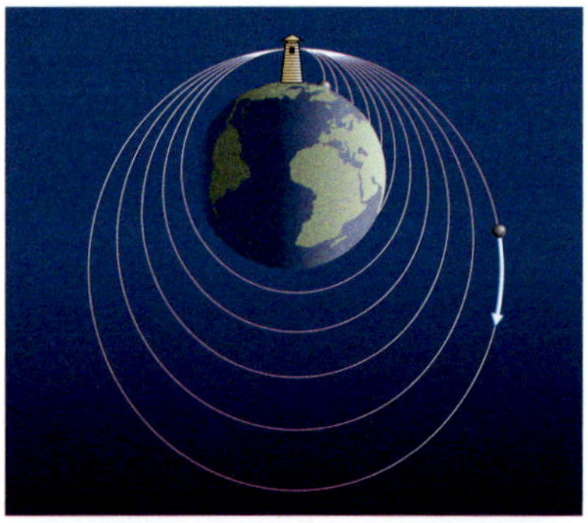

2

3 Die Farbe macht deutlich: Das ausfließende Eisen ist heißer als die obere Schicht im Kessel.

Erst NEWTON gelang es, die Bewegung der Planeten auf eine Kraft zurückzuführen – die Gravitationskraft. Sie ist nicht in Bewegungsrichtung der Planeten, sondern radial zur Sonne gerichtet. Damit gelang es ihm, den Fall eines Apfels, den Flug einer schnellen Kanonenkugel, die Bahn des Mondes um die Erde und die Bewegung der Planeten um die Sonne durch ein einziges Gesetz zu beschreiben. ↑2

Die Anwendung allgemeiner Gesetze auf Vorgänge auf der Erde und am Himmel erwies sich in der Folgezeit als äußerst fruchtbar:
Sind Sterne riesige Kugeln aus Gas oder Klumpen aus Gestein? Wie hoch ist ihre Temperatur? Aus welchen Stoffen sind Sterne zusammengesetzt und wie erzeugen sie die Energie, die sie in riesigen Mengen abstrahlen? Zur Beantwortung dieser Fragen überträgt man Gesetze, die man bei Experimenten auf der Erde gefunden hat, auf Sterne und Weltall. Man nimmt z. B. an, dass bei Sternen derselbe Zusammenhang zwischen der Temperatur ihrer Oberfläche und ihrer Farbe besteht wie bei heißen oder schmelzenden Metallen. ↑2

Es ist nicht selbstverständlich, dass das funktioniert. Und tatsächlich müssen manchmal „irdische" Gesetze revidiert oder erweitert werden. Bisher aber sind noch keine Widersprüche aufgetreten, die dazu zwangen anzunehmen, das Weltall gehorche grundsätzlich anderen Gesetzen als die Vorgänge auf der Erde.

### GRUNDLAGEN: NEWTON und das Gravitationsgesetz

Ein Apfel fällt zu Boden, der Mond bleibt auf seiner Bahn um die Erde, die Planeten umkreisen die Sonne, das Sonnensystem umläuft das Zentrum unserer Milchstraße, und die Galaxien eines Galaxienhaufens bleiben aneinander trotz schneller Bewegung gebunden.

Alle diese Vorgänge folgen demselben, von ISAAC NEWTON 1687 aufgestellten, allgemeinen Gravitationsgesetz:

**Alle Körper ziehen sich entlang der Verbindungslinie gegenseitig an. Die Gravitationskraft ist proportional zu den Massen der beiden Körper und umgekehrt proportional zum Quadrat des Abstandes zwischen ihnen:**
$$F = G \cdot \frac{m_1 \cdot m_2}{r^2}.$$

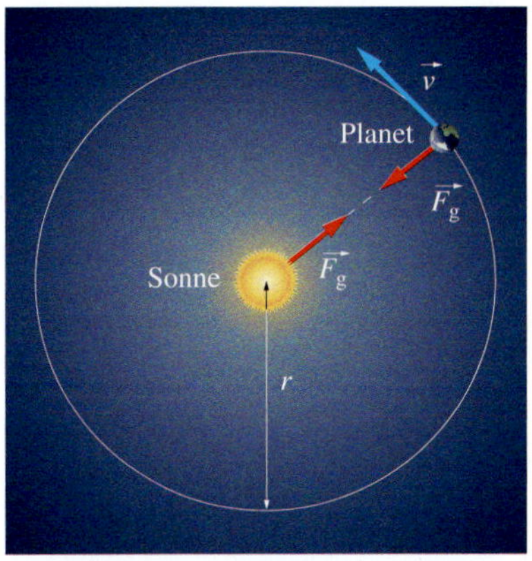

4 Ein Planet wird durch die Gravitationskraft auf seiner Bahn gehalten.

Dabei sind $m_1$ und $m_2$ die Massen der beiden Körper und $r$ ihr Abstand. Der Wert der in diesem Gesetz auftretenden **allgemeinen Gravitationskonstanten $G$** war zunächst unbekannt. Er beträgt $6{,}67 \cdot 10^{-11}\,\mathrm{N \cdot m^2/kg^2}$ und konnte erst bestimmt werden, als auch auf der Erde die Gravitationsanziehung zwischen Körpern beobachtet und gemessen werden konnte.

NEWTON gelangte zu diesem Gesetz, weil er erkannt hatte, dass Körper, die in einmal Bewegung sind, sich mit konstanter Geschwindigkeit immer weiter geradeaus bewegen, wenn keine Kräfte auf sie ausgeübt werden (Trägheitssatz). Aber es ist eine Kraft nötig, um einen Körper aus der geradlinigen Bewegung auf eine Kreisbahn zu zwingen. ↑4

Diese Aussagen scheinen den Erfahrungen, die wir auf der Erde machen, zu widersprechen, weil dort Bewegungen aufgrund von Reibung immer schnell zur Ruhe kommen. Sie bewährten sich deshalb zunächst im Weltraum: NEWTON konnte allein mit dem Gravitationsgesetz die keplerschen Gesetze ableiten. Diese Begründung der Planetengesetze mit einem einzigen Gesetz und die daraus folgende exakte Berechenbarkeit führten dazu, dass sich das heliozentrische Weltbild endgültig durchsetzte.

NEWTON konnte aus dem Gravitationsgesetz ableiten, dass für alle Himmelskörper der Masse $m$, die einen Zentralkörper der Masse $M_Z$ auf einer Ellipsenbahn umlaufen, der folgende Zusammenhang zwischen der großen Halbachse $a$ der Ellipse und der Umlaufzeit $T$ besteht:
$$\frac{a^3}{T^2} = \frac{G}{4\pi^2} \cdot (M_Z + m).$$

In der allen Planeten gemeinsamen Konstanten im 3. keplerschen Gesetz steckt also die Masse der Sonne.

Nachdem es durch Messungen auf der Erde gelungen war, die Gravitationskonstante $G$ zu bestimmen, konnte man aus dem Abstand zwischen Erde und Sonne und der Jahreslänge die Masse der Sonne berechnen. Und aus dem Mondumlauf lässt sich die Masse der Erde ableiten.

**Schon gewusst?**

Das Experiment, mit dem es zum ersten Mal gelang, die Gravitationsanziehung zwischen zwei irdischen Körpern zu messen, wird als „Wägung der Erde“ bezeichnet.

## *Aus der Geschichte* Die Entdeckung des Planeten Neptun

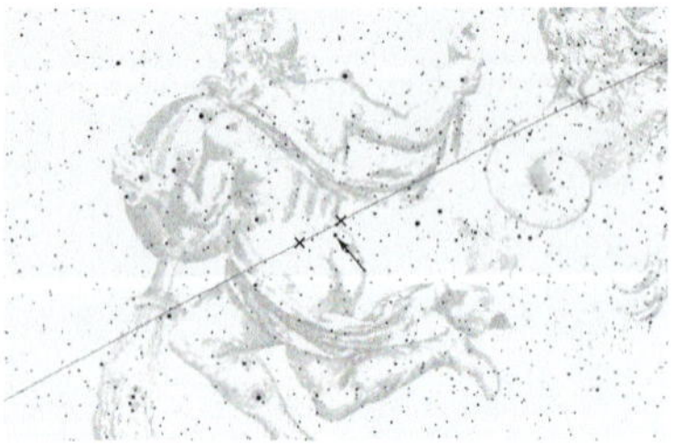

1 Neptuns Position am 23.9.1846 (Pfeil) und die Vorhersagen ADAMS (linkes Kreuz) und LE VERRIERS (rechtes Kreuz)

2 Französische Karikatur: ADAMS liest, über den Ärmelkanal hinweg, die Arbeit von LE VERRIER.

Am 23. September 1846 wurde von GOTTFRIED GALLE, Assistent an der Berliner Sternwarte, ein „Stern“ aufgefunden, der in der Sternkarte nicht verzeichnet war: Der Planet Neptun war entdeckt!
Das Besondere an diesem Ereignis war, dass Neptun nicht wie der Planet Uranus durch Zufall, sondern aufgrund von Vorhersagen entdeckt wurde. Der französische Astronom URBAIN JEAN JOSEPH LE VERRIER und der englische Astronom JOHN COUCH ADAMS führten die Abweichungen der Uranusbewegung von der Vorhersage auf die Anziehung durch einen noch unbekannten Planeten zurück. Sie berechneten aus diesen Störungen die Position und die Masse dieses Planeten. Und tatsächlich fand ihn GALLE fast genau an der Position, die LE VERRIER ihm mitgeteilt hatte. Einen Tag später schrieb er an LE VERRIER: „Den Planeten, dessen Position Sie angegeben haben, gibt es wirklich.“ ↑1

Die sensationelle Neuigkeit stieß nicht nur in astronomischen Kreisen, sondern auch in der Öffentlichkeit auf ungeheures Interesse. Die Entdeckung des Neptun aufgrund mathematischer Berechnungen wurde als großer Triumph der newtonschen Himmelsmechanik und des menschlichen Verstandes gefeiert.
Noch mehr öffentliches Interesse allerdings erhielt der Streit, wem die Anerkennung gebührte, den neuen Planeten gefunden zu haben. Nach französischer Sicht z. B. hatte ADAMS seine Berechnungen aufgrund von LE VERRIERS Arbeit gemacht. ↑2

## GRUNDLAGEN: Energieabstrahlung und Lebensdauer der Sonne

3

Wenn die Sonne kein „himmlisches“ Objekt ist, sondern denselben Gesetzen gehorcht wie die Dinge und Vorgänge auf der Erde, dann kann sie nicht ewig leuchten und Energie abstrahlen; irgendwann muss ihr Energievorrat erschöpft sein. Wie lange leuchtet die Sonne schon? Man findet noch heute auf der Erde die Spuren relativ hochentwickelter Einzeller, die vor 3,5 Milliarden Jahren auf der Erde gelebt haben. Damit sich dieses Leben entwickeln konnte, muss die Sonne bereits damals etwa ebenso hell geleuchtet haben wie heute. Wie kann die Sonne so viel Energie erzeugen?

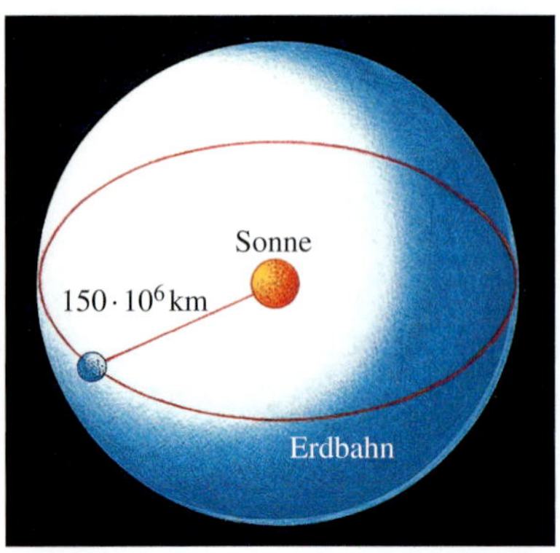


4 Skizze zur Berechnung der von der Sonne ausgehenden Energiestromstärke

Die folgende Überlegung zeigt, dass „klassische“ Energiequellen bei weitem nicht ausreichen, um eine so lange Brenndauer zu erklären.
Aus der auf der Erde ankommenden Sonnenenergie kann berechnet werden, wie viel Energie die Sonne insgesamt abgibt: Dazu denkt man sich eine Kugel um die Sonne, deren Radius mit dem Abstand zwischen Erde und Sonne übereinstimmt. ↑4

Da im leeren Weltraum keine Energie verloren geht, ist die Energiestromstärke durch die Oberfläche dieser Kugel ebenso groß wie die von der Sonne ausgehende. Auf jeden Quadratmeter dieser Kugeloberfläche trifft ebenso viel Energie wie auf einen Quadratmeter der äußeren Erdatmosphäre (1,37 kW, s. S. 123). Es ergibt sich, dass die Sonne in jeder Sekunde so viel Energie abgibt, wie die gesamte Menschheit bei ihrem derzeitigen Verbrauch in 1 000 000 Jahren benötigen würde.

**Die Energiestromstärke der Sonne beträgt $P_S = 4 \cdot 10^{23}$ kW.**

Um den Energieinhalt der Sonne abschätzen zu können, muss man die Masse der Sonne kennen. Mithilfe des 3. keplerschen Gesetzes ist sie leicht zu berechnen. Sie ergibt sich zu $M_S = 2 \cdot 10^{30}$ kg. Damit kann man zu dem folgenden überraschenden Ergebnis gelangen: Wenn die Sonne ganz aus Kohle bestünde, dann könnte sie nur ungefähr 5000 Jahre lang so hell leuchten wie heute.

**Kernfusion – die Energiequelle der Sterne** Die ergiebigste bekannte Energiequelle ist die Kernenergie, die bei der Spaltung schwerer Atomkerne und bei der Verschmelzung leichter Atomkerne frei wird. Die Sonne besteht, wie fast alle Sterne, hauptsächlich aus Wasserstoff. Sie bezieht ihre Energie aus der Wasserstofffusion: Aus vier Wasserstoffkernen (Protonen) wird, über mehrere Zwischenschritte, ein Heliumkern, der aus zwei Protonen und zwei Neutronen besteht:

$4\,{}^{1}_{1}\text{H} \rightarrow {}^{4}_{2}\text{He} + 2\,e^{+} + 2\,\nu + \gamma.$ ↑5

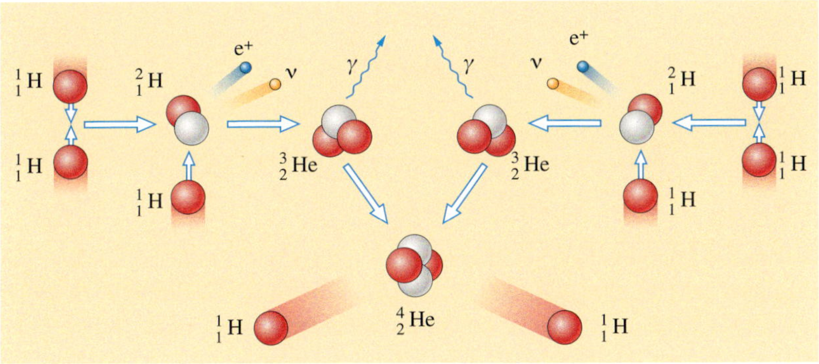


5

Der Kern eines $^4_2$He-Atoms ist um den Faktor 0,9928 leichter als vier $^1_1$H-Kerne. Bei der Verschmelzung von 1 kg Wasserstoff zu Helium verringert sich die Masse also um 7,2 g. Sie werden in Energie umgewandelt und hauptsächlich in Form elektromagnetischer Strahlung abgestrahlt. Nach Einsteins Formel $\Delta E = \Delta m \cdot c^2$ bedeutet das, dass bei der Fusion von 1 kg Wasserstoff zu Helium $6{,}5 \cdot 10^8$ MJ Energie abgestrahlt werden.

### Schon gewusst?

Nimmt man an, dass die Sonne zu Beginn vollständig aus Wasserstoff bestand und erst zu leuchten aufhören wird, wenn dieser Wasserstoff vollständig in Helium umgewandelt worden ist, dann kann man aus ihrer bekannten Energiestromstärke ihre maximale „Lebensdauer" berechnen. Es ergibt sich, dass die Sonne durch die Verschmelzung von Wasserstoffkernen maximal etwa 100 Milliarden Jahre leuchten kann. Dieser Wert ist etwa um den Faktor 10 zu groß, weil die Sonne bereits zu Beginn teilweise aus Helium bestand und das Ende ihres „Lebens" erreicht, lange bevor aller Wasserstoff verbraucht ist.

## Aufgaben

**1** Berechne aus der auf die Erde treffenden Energiestromstärke, der Größe der Erde und dem Abstand zwischen Erde und Sonne die gesamte von der Sonne abgegebene Energiestromstärke.

**2** Der „Brennwert" von Kohle, die in Kohle chemisch gespeicherte Energie, beträgt etwa 30 MJ/kg. Berechne, wie lange die Sonne so hell leuchten könnte wie heute, d. h. die heutige Energiestromstärke aufrecht erhalten könnte, wenn sie ganz aus Kohle bestünde und ganz verbrennen würde. Welchen Fehler macht man bei dieser Abschätzung?

## GRUNDLAGEN: Farben und Helligkeiten der Sterne

1 Schon mit bloßen Augen kann man in einer klaren Nacht wahrnehmen, dass es Sterne unterschiedlicher Farbe gibt. Auffälliger werden die Farbunterschiede auf lange belichteten Fotos, insbesondere dann, wenn das Licht heller Sterne durch ein besonderes Verfahren auf eine etwas größere Fläche verteilt wird. Der Himmelsausschnitt zeigt deutlich die rötliche bzw. bläuliche Farbe einiger heller Sterne.

Wenn wir etwas über Energieabstrahlung, Masse und Lebensdauer von Sternen erfahren wollen, müssen wir das Licht auswerten, das wir von ihnen empfangen. Andere Informationen stehen nicht zur Verfügung. Schon ein flüchtiger Blick zum Sternenhimmel zeigt, dass die Sterne unterschiedlich hell aussehen. Bei aufmerksamer Betrachtung kann man auch bemerken, dass manche Sterne deutlich rötlich, andere bläulich leuchten. Die Farbe von Sternen verrät etwas über ihre Temperatur. Die Helligkeit der Sterne ist schwieriger zu interpretieren. ↑1

**Farbe und Temperatur der Sterne** Die Farbe eines Sterns hängt eng mit der Temperatur seiner Oberfläche zusammen: „Kühle" Sterne leuchten rötlich, andere Sterne sind mit zunehmender Temperatur erst gelblich und dann weiß. Besonders heiße Sterne leuchten bläulich. Und wie man auf der Erde aus der Farbe eines glühenden Gegenstandes auf seine Temperatur schließen kann, haben Astronomen gelernt, aus der Farbe, genauer: aus dem Spektrum des Sternenlichts, sehr genau die Oberflächentemperatur zu bestimmen. ↑2, 3

2 Eisen bei verschiedenen Temperaturen

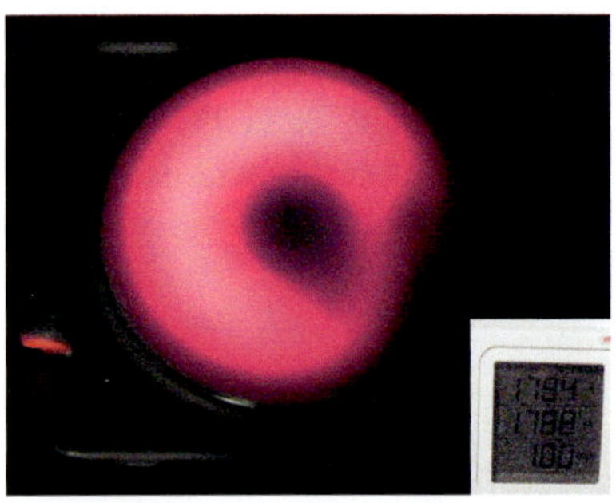

3 Glühende Heizplatte

Außerdem kann man durch Experimente auf der Erde untersuchen, wie die Energie, die ein glühender Körper abgibt, von seiner Temperatur und von der Größe seiner Oberfläche abhängt. Dabei zeigt sich, dass die Energiestromstärke mit zunehmender Temperatur stark anwächst: Wird die absolute Temperatur eines Körpers verdoppelt, dann steigt die Energiestromstärke bereits um den Faktor 16. Und bei Verdopplung der strahlenden Fläche gibt natürlich jede Hälfte gleich viel Energie ab. Wenn also zwei Sterne gleich viel Energie abgeben, obwohl der eine viel heißer ist, dann muss der andere viel größer sein. Wie aber kann man herausfinden, dass die Energiestromstärke zweier Sterne gleich groß ist?

**Die Helligkeit der Sterne** Woran liegt die unterschiedliche Helligkeit der Sterne? Leuchten die Sterne tatsächlich wie Glühlampen verschiedener Leistung, oder erscheinen sie uns nur unterschiedlich hell, weil sie verschieden weit entfernt sind, so wie uns das Licht eines fernen Hauses viel schwächer erscheint als die Eingangslampe des Hauses direkt vor uns? Oder trifft beides zu? Solange die Astronomen die Entfernungen von Sternen nicht messen konnten, interpretierten sie vorläufig unterschiedliche Helligkeiten als Anzeichen für verschiedene Entfernungen. Sie taten also so, als leuchteten alle Sterne gleich hell, und versuchten erste Entfernungsmessungen an besonders hellen Sternen. Später haben sich allerdings auch einige helle Sterne als sehr weit entfernt erwiesen. ↑4

### Schon gewusst?

Die von der Fläche der Größe $A$ abgegebene Energiestromstärke $P$ ist proportional zur 4. Potenz seiner absoluten Temperatur: $P \sim A \cdot T^4$ (Stefan-Boltzmann-Gesetz).

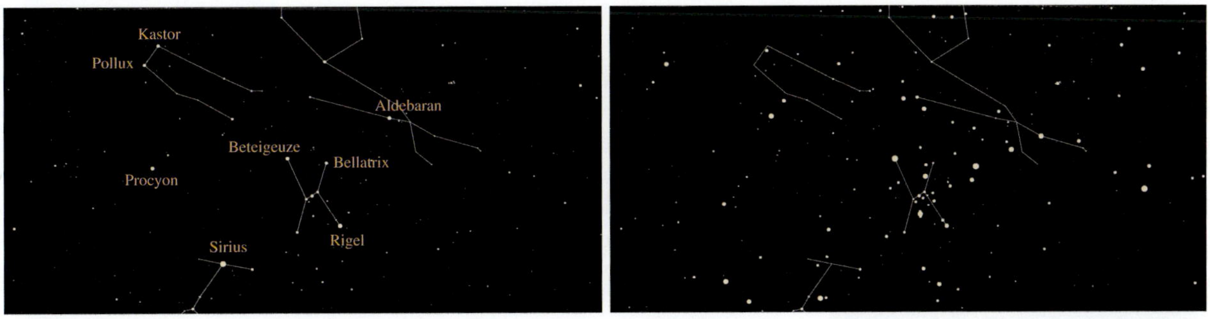

4 Wenn alle Sterne in der Umgebung des Sternbilds „Orion“ (links) gleichweit entfernt wären, sähe der Sternenhimmel so aus wie auf dem rechten Bild.

Seit die Astronomen die Entfernung vieler Sterne unserer Galaxis messen können, können sie auch ihre wahre Helligkeit bestimmen: Dazu messen sie die von einem Stern in ein Teleskop fallende Energie. Aus der Größe des Objektivs und der Entfernung des Sterns berechnen sie dann, ganz ähnlich wie bei der Sonne, die insgesamt von dem Stern abgegebene Energie. Dabei ergibt sich, dass Sterne wie die Sonne leuchten. Manche Sterne geben sogar 10 000-mal so viel Energie ab wie die Sonne.

**Sterne sind Sonnen. Oder umgekehrt: Die Sonne ist ein Stern.**

**Die Fixsternparallaxe** Die wichtigste und genaueste Methode, die Entfernung von Himmelsobjekten zu messen, besteht in der Messung der so genannten *Parallaxe*: Wenn man einen Stern im Abstand von sechs Monaten anpeilt, also von gegenüberliegenden Punkte der Erdbahn aus, ist die Blickrichtung etwas verschieden. Der Winkel zwischen den beiden Blickrichtungen ist die doppelte Parallaxe. Oder anders ausgedrückt: Die Parallaxe eines Sterns ist der Winkel, unter dem der Erdbahnradius von dem Stern aus erscheint.
Fixsternparallaxen sind so klein, dass sie selbst bei den nächsten Sternen nur mit großen Teleskopen gemessen werden können. In den letzten Jahren hat ein spezieller Satellit, „Hipparchos“, Fixsternparallaxen bis hinunter zu $0{,}001'' = 1°/3\,600\,000 = 0{,}0\,000\,003°$ gemessen.

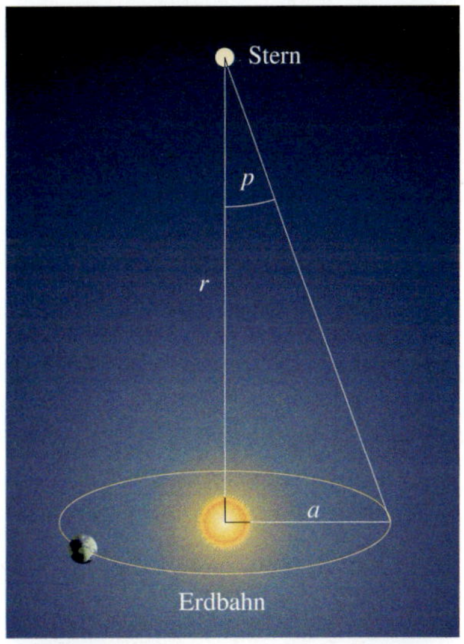

5 Prinzip der Fixsternparallaxe. Zwischen dem Parallaxenwinkel $p$, dem Erdbahnradius $a$ und der Entfernung besteht folgender Zusammenhang: $\tan p = \frac{a}{r}$.

Die Entfernung von Sternen und Galaxien wird in **Parsec (pc)** angegeben: 1 pc ist die Entfernung, bei der zum Radius der Erdbahn ein Parallaxenwinkel von einer Bogensekunde ($1'' = 1°/3600$) gehört.
$1\,\text{pc} = 3{,}1 \cdot 10^{13}\,\text{km} = 3{,}26\,\text{Lj}$.
Ein **Lichtjahr (Lj)** ist die Strecke, die Licht im Vakuum in einem Jahr zurücklegt.

## Aufgaben

**1** Welche der hell aussehenden Sterne in der Umgebung Orions leuchten wirklich sehr hell, welche sind uns besonders nahe?

**2** Die Parallaxe der nächsten Fixsterne ist kleiner als 1''. Wie groß ist ihre Entfernung mindestens?

**3** Die Mondentfernung ist etwa 30-mal so groß wie der Durchmesser der Erde. Wie groß kann der Parallaxenwinkel des Mondes höchstens sein, wenn man ihn von zwei geeigneten Orten auf der Erde aus beobachtet?

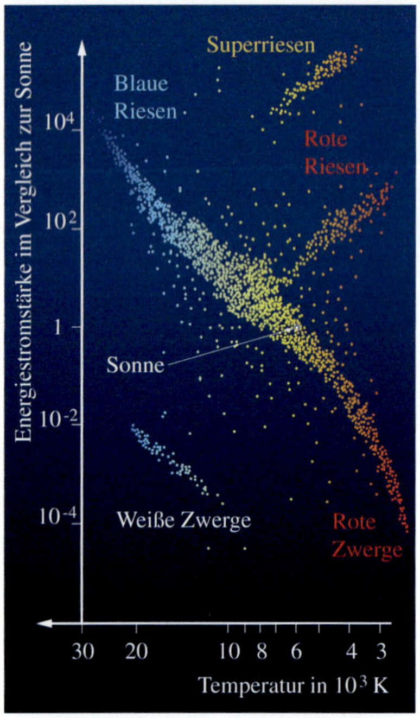


1 Hertzsprung-Russell-Diagramm

## Schon gewusst?

Aus historischen Gründen wird die Energiestromstärke von Sternen als **Leuchtkraft *L*** bezeichnet.

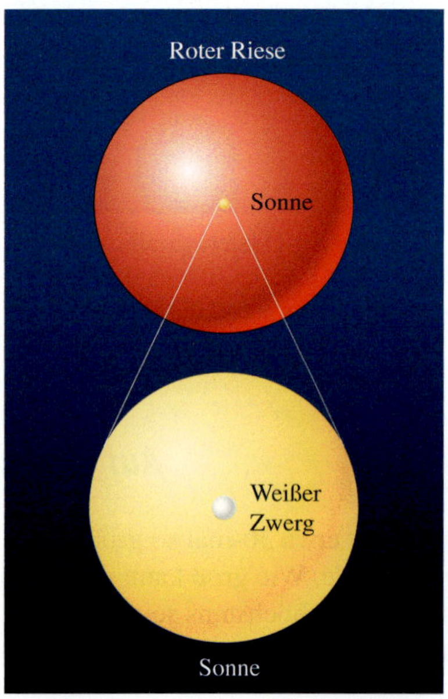


2 Größenvergleich zwischen Roten Riesen, Sonne und Weißen Zwergen

## GRUNDLAGEN: Das Hertzsprung-Russell-Diagramm

Seit man die Entfernungen von Sternen messen und dadurch ihre wahre Helligkeit bestimmen kann, können Sterne entsprechend ihrer Energieabgabe und Temperatur als Punkte in ein Diagramm eingetragen werden. Solche Diagramme heißen heute nach den beiden Astronomen, die sie zum ersten Mal aufstellten, **Hertzsprung-Russell-Diagramme** (HRDs).
Die Achsen in einem HRD sind folgendermaßen angelegt:
Die Energieabgabe der Sterne ist nach oben aufgetragen. Nach rechts wurde zunächst die Farbe, von blau über gelb nach rot, aufgetragen. Später wurde die Farbe durch die Temperatur der Oberfläche ersetzt.
Um die Gestalt des Diagramms nicht wesentlich zu ändern, ist es üblich, die Temperatur von rechts nach links aufzutragen.
Ein HRD mit vielen Sternen macht deutlich, dass sich die Sterne nicht gleichmäßig auf dem Diagramm verteilen. Die weitaus meisten Sterne ordnen sich vielmehr entlang einer Linie an, der so genannten **Hauptreihe**, die von rechts unten (leuchtschwache rote Sterne) nach links oben (helle blaue Sterne) verläuft. ↑1

Was kann aus diesem Diagramm herausgelesen werden?

**Die Größe der Sterne** Das Diagramm enthält Informationen über die Größe der Sterne: Die Sterne, die im HRD rechts oben stehen, leuchten sehr hell, obwohl sie eine relativ niedrige Oberflächentemperatur haben. Sie müssen also sehr groß sein. Man nennt sie Rote Riesen. Die Sterne unten links dagegen leuchten trotz hoher Oberflächentemperatur nur schwach, müssen also kleine Oberflächen haben. Man nennt sie Weiße Zwerge. ↑2

Bei den Sternen auf der Hauptreihe wächst die Energieabgabe mit zunehmender Temperatur noch stärker, als man nach dem Stefan-Boltzmann-Gesetz erwarten sollte. Das ist nur möglich, wenn nicht nur ihre Temperatur, sondern auch ihre Oberfläche zunimmt.

**Die Sterne der Hauptreihe werden „von unten nach oben" immer größer. Die heißen Hauptreihensterne sind größer als die kühleren.**

**Die Masse der Sterne** Haben heiße Hauptreihensterne auch größere Massen als kühlere? Die Antwort auf diese Frage kann dem HRD nicht entnommen werden. Vielmehr müssen die Sternmassen zusätzlich gemessen werden – eine im Allgemeinen sehr schwierige Aufgabe.
Bei Doppelsternen, die einander aufgrund ihrer gegenseitigen Anziehung umkreisen, ist es jedoch manchmal möglich, die Masse ganz ähnlich wie bei der Sonne zu bestimmen (S. 269). Dazu misst man die Umlaufzeiten und Abstände und setzt sie in das 3. keplersche Gesetz ein.
Bei den Sternen der Hauptreihe, deren Masse man auf diese Weise bestimmen konnte, fand man tatsächlich, dass ihre Masse von rechts unten nach links oben, insgesamt etwa um den Faktor 60, immer größer wird. ↑3

**Die Masse der Hauptreihensterne nimmt von unten nach oben, mit größer werdender Energiestromstärke, zu.**

**Die Lebensdauer von Sternen** Es hat sich gezeigt, dass ein Hauptreihenstern, der doppelt so schwer wie die Sonne ist, eine etwa 14-mal so große Energiestromstärke erzeugt. Ein zehnmal so schwerer Stern strahlt sogar heller als 6000 Sonnen!

Wenn von Sternen die Energiestromstärken und Massen bekannt sind, können, ganz ähnlich wie bei der Sonne (S. 271), ihre Lebensdauern abgeschätzt und miteinander verglichen werden: Ein Hauptreihenstern mit doppelter Masse der Sonne strahlt seine Energie fast 14-mal so schnell ab wie die Sonne. Sein „Brennstoffvorrat" ist aber nur doppelt so groß. Die Sonne wird also etwa 7-mal so lange leuchten können. Der Energievorrat eines 10-mal so schweren Sterns wird sogar 60-mal so schnell verbraucht sein. ↑3

**Die „Lebensdauer" von Sternen der Hauptreihe nimmt mit zunehmender Masse – trotz größeren Energievorrats – ab.**

Die Sterne am oberen Ende der Hauptreihe müssen also verhältnismäßig „jung" sein; sie können längst nicht so lange leuchten wie die Sonne. Damit hat das HRD einen ersten Blick auf die zeitliche Entwicklung von Sternen erlaubt. Lassen sich auch Aussagen über Alter und „Lebensweg" der anderen Sterne machen?

**Die Menschen – Eintagsfliegen im Leben der Sterne** Das Leben von Menschen ist viel zu kurz, um „Geburt" und „Tod", Entstehen und Vergehen von Sternen direkt beobachten zu können. Unsere Situation ist vergleichbar mit der einer Eintagsfliege, die etwas über die Entwicklung von Menschen, ihre Lebensdauer, ihr Alter usw., herausfinden will.
Die Fliege beobachtet sehr viele verschiedene Menschen – männliche und weibliche, schwarze, braune und weiße, kleine und große. ↑4
Sie kann nicht wissen, welches dieser Merkmale ihr Hinweise auf die zeitliche Entwicklung der Menschen gibt. Allerdings gibt es einen Hinweis: Während Geschlecht und Hautfarbe etwa gleich verteilt sind, haben die meisten Menschen eine Größe zwischen 1,50 m und 1,90 m. Das könnte bedeuten, dass die Menschen im größten Abschnitt ihres Lebens eine solche Körpergröße besitzen. Sicher kann sie aber erst sein, wenn sie Gruppen von Menschen gleichen Alters identifizieren kann, z. B. Kindergartengruppen oder Schulklassen.

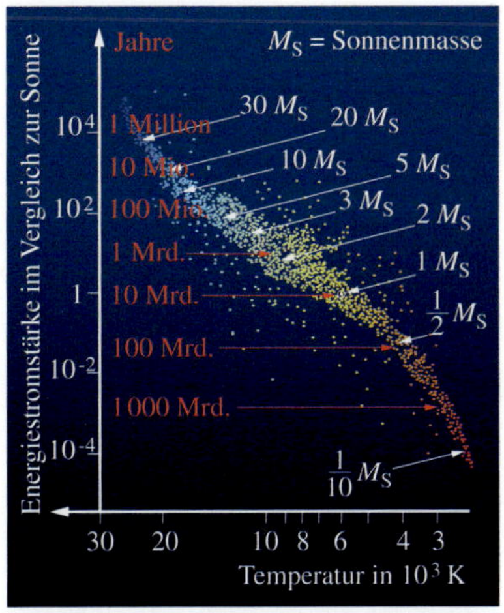

3 Masse und „Lebensdauer" der Hauptreihensterne

## Schon gewusst?

Um die maximale Brenndauer $T$ abzuschätzen, geht man davon aus, dass die Energie während der ganzen Zeit gleichmäßig abgegeben wird. Dann braucht man nur die Masse (den „Energievorrat") durch die Energiestromstärke zu dividieren.

4

## Aufgaben

**1** Begründe, dass zwei Sterne, die dieselbe Oberflächentemperatur, aber verschiedene wahre Helligkeiten haben, verschieden groß sein müssen. Welcher der beiden ist größer?

**2** Begründe, dass zwei Sterne, die gleich hell leuchten, aber unterschiedliche Oberflächentemperatur haben, verschieden groß sein müssen. Welcher der beiden ist der größere?

**3** Entnimm dem HRD in Bild 1 die Energieabgabe zweier Hauptreihensterne mit Oberflächentemperaturen von 3500 K bzw. 21 000 K.

a Um welchen Faktor unterscheiden sich die Temperaturen, um welchen Faktor müssten sich demnach die Energiestromstärken unterscheiden, wenn beide Sterne gleich groß wären?

b Um welchen Faktor ist der heißere Stern größer?

**4** Schätze mithilfe des HRDs in Bild 1 und dem Stefan-Boltzman-Gesetz die Größe von Roten Riesen und Weißen Zwergen ab und vergleiche sie mit der Größe der Sonne.

1 Kugelsternhaufen M13 im Herkules

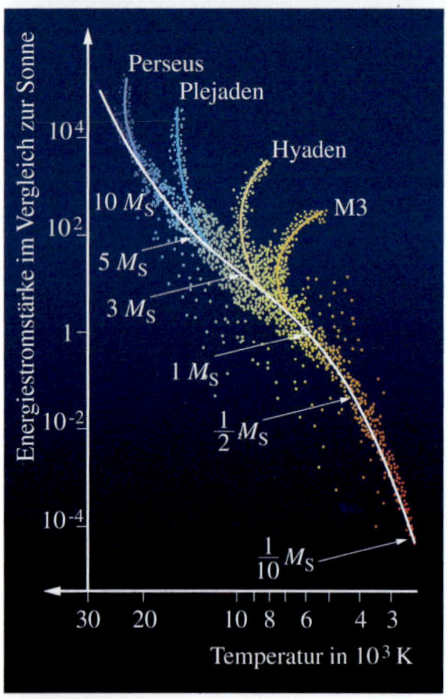


2 Schematische Darstellung der Hauptreihen verschiedener Sternhaufen

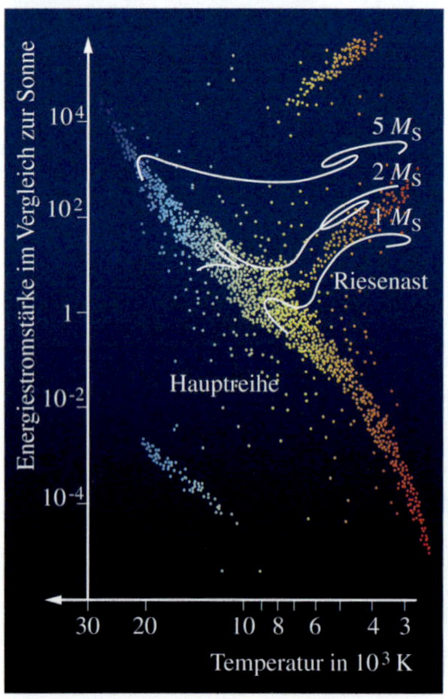


3 Entwicklungswege von Sternen unterschiedlicher Masse im HRD

**Sternhaufen – Gruppen gleich alter Sterne** Bei Sternhaufen besteht Grund zu der Annahme, dass alle zugehörigen Sterne gleichzeitig entstanden sind: Die Sterne solcher Haufen stehen viel dichter zusammen als die Sterne in der Umgebung der Sonne. Und sie bewegen sich gleich schnell und in dieselbe Richtung. ↑1

In solchen Sternhaufen sind die kurzlebigen massereichen Sterne bereits erloschen, der obere Teil der Hauptreihe in ihrem HRD also leer. Deshalb lässt sich das Alter von Sternhaufen an ihrer Hauptreihe ablesen: Je kürzer die Hauptreihe bei hohen Temperaturen ist, desto älter ist der Sternhaufen. Legt man die HRDs mehrerer Sternhaufen übereinander, erkennt man, dass z. B. der Sternhaufen der Hyaden älter ist als der der Plejaden. Und man bekommt einen Eindruck, auf welche Weise sterbende Sterne die Hauptreihe verlassen. ↑2

## GRUNDLAGEN: Der Lebenslauf der Sterne

Sterne entstehen dadurch, dass sich Gas- und Staubwolken im Weltall aufgrund ihrer Gravitationswechselwirkung zusammenziehen und dadurch erwärmen. Wenn die Temperatur in ihrem Zentrum so groß geworden ist, dass die schnellsten Wasserstoffkerne ihre gegenseitige elektrische Abstoßung überwinden können, „zündet" die Kernfusion, das so genannte Wasserstoffbrennen, und es stellt sich ein Gleichgewicht zwischen den nach innen gerichteten Gravitationskräften und den nach außen gerichteten Druckkräften ein. Wegen der großen Ergiebigkeit des Wasserstoffbrennens dauert dieser Zustand sehr lange. Deshalb befinden sich die Sterne die weitaus längste Zeit ihres Leuchtens in einem Zustand, der im HRD einem Punkt auf der Hauptreihe entspricht.

**Die Sterne der Hauptreihe erzeugen ihre Energie durch die Fusion von Wasserstoff zu Helium.**

Die HRDs von Sternhaufen zeigen und Modellrechnungen bestätigen die weitere Entwicklung: Wenn der Wasserstoffvorrat im Zentrum zu Ende geht, zieht sich der Kern zusammen. Dabei erhitzt er sich weiter und überhitzt die darüber liegende Schicht, in der noch genügend Wasserstoff für die Fusion vorhanden ist. Dadurch bläht sich die gesamte äußere Hülle des Sterns auf. Da dazu wegen der Gravitation Energie nötig ist, kühlt sie sich dabei ab: Der Stern verlässt die Hauptreihe nach oben und wird zum Roten Riesen. ↑3, 4

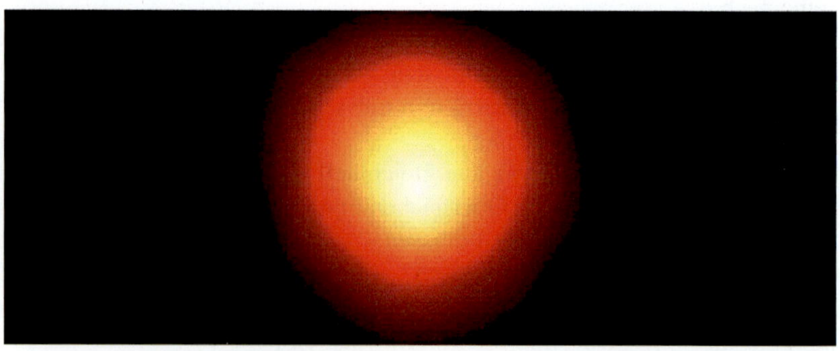

4 Der Stern Beteigeuze ist so groß, dass das Hubble-Weltraum-Teleskop seine Größe fotografieren konnte.

Im Zentrum steigt die Temperatur weiter und wird schließlich bei $10^8$ K so groß, dass andere Kernreaktionen zünden. Damit kündigt sich das Ende des Sterns an, bei dem die äußeren Schichten abgeblasen werden. ↑5
Massereiche Sterne beenden die anschließende Kontraktionsphase mit einer Supernova-Explosion. ↑6

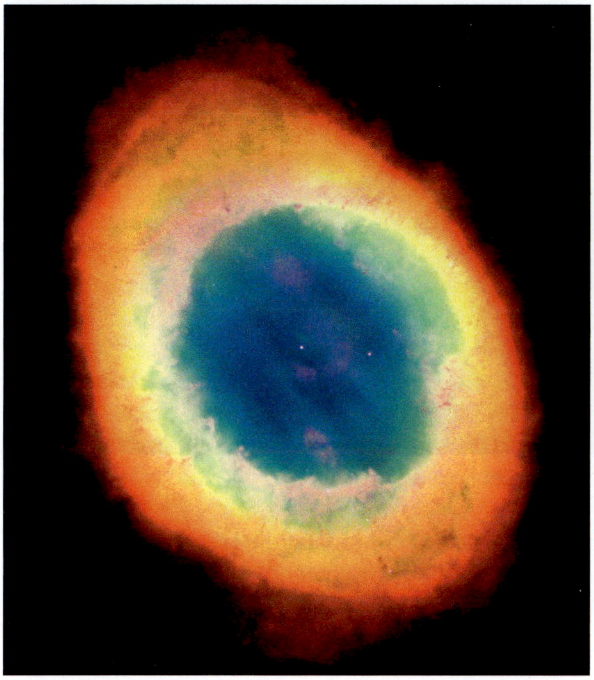

5 Ein Weißer Zwerg im Zentrum der von ihm abgestoßenen Sternhülle.

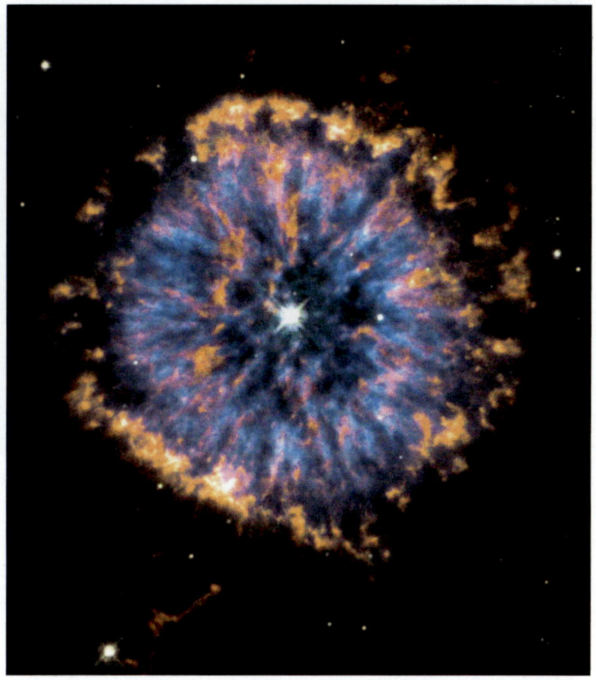

6 Supernova-Explosion

Übrig bleibt ein Neutronenstern. Wenn die Masse des Sterns sehr groß war, stürzt der Stern sogar zu einem *Schwarzen Loch* zusammen. An seiner Oberfläche ist die Gravitationsanziehung so groß, dass selbst Licht ihm nicht entkommen kann.

**Vergangenheit und Zukunft der Sonne und der Erde** Das Sonnensystem hat sich durch Kontraktion einer Gas- und Staubwolke gebildet. Das Zentrum hat sich dabei erhitzt und wahrscheinlich vor etwa 5 Milliarden Jahren das Wasserstoffbrennen gezündet. Die Sonne hat knapp die Hälfte ihrer Lebenszeit hinter sich. In etwa 5 Milliarden Jahren wird sie die Hauptreihe nach oben rechts verlassen und sich zu einem Roten Riesen aufblähen. In 8 Milliarden Jahren wird sie etwa 100-mal so groß wie heute sein. Ihre Energiestromstärke wird etwa 2000-mal so groß wie heute, aber ihre Oberflächentemperatur um 1800 K niedriger sein. Wegen ihrer relativ geringen Masse wird nur eine weitere Kernreaktion, das so genannte Heliumbrennen, zünden, bei der sich Kohlenstoff- und Sauerstoffkerne bilden. Nachdem diese beiden Kernreaktionen zu Ende sind, wird sich die Sonne zu einer kleinen, sehr dichten Kugel, einem Weißen Zwerg, zusammenziehen, der allmählich auskühlt. ↑7
Lange bevor die Sonne ihre größte Ausdehnung erreicht hat, werden auf der Erde alle Ozeane verdampft und alles Leben erloschen sein. ↑8

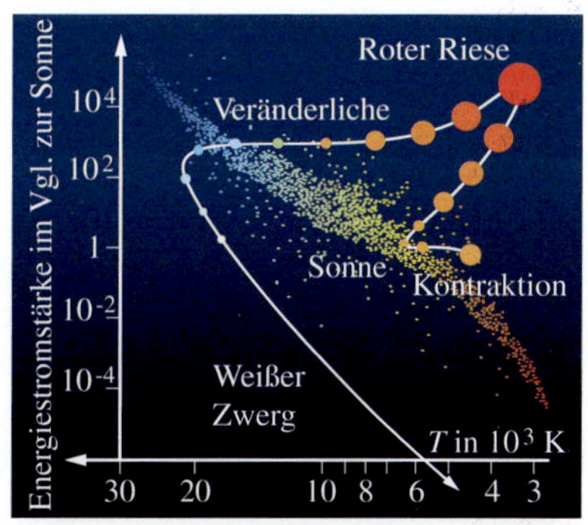


7 Der Lebensweg der Sonne

8 Die Sonne geht als Roter Riese über der toten Erde auf.

## *Aus der Forschung* Die Galaxis und ihr Zentrum

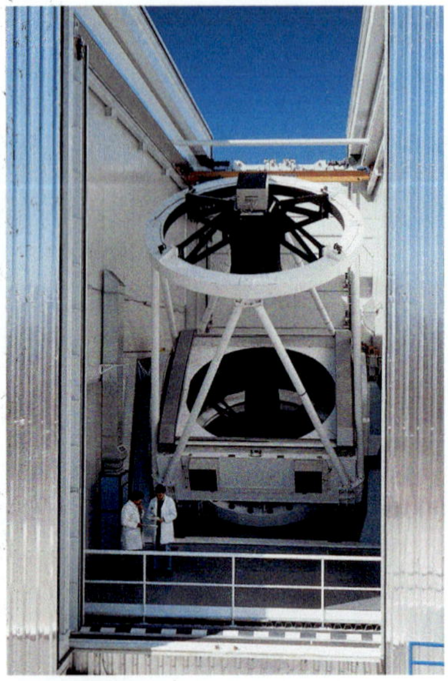

1 NTT

2 Adam Elsheimer, Die Flucht nach Ägypten (1609)

Zeitungsmeldung am 13. Oktober 1997:
**Schwarzes Loch** *im Zentrum der Milchstraße entdeckt! Mit dem New Technology Telescope (NTT) der Europäischen Südsternwarte in La Silla, Chile, wurden in den letzten Jahren erstmals die Bewegungen von Sternen im Zentrum der Milchstraße vermessen. Die Auswertungen haben jetzt ergeben, dass sich die Sterne wie Planeten um ein Schwarzes Loch bewegen, dessen Masse etwa so groß ist wie die von 3 700 000 Sonnen.* ↑1

Tatsächlich handelte es sich bei der Entdeckung nur um den letzen Schritt einer Jahrhunderte dauernden Suche nach dem galaktischen Zentrum, an deren Anfang die Erkenntnis gestanden hatte, dass die Milchstraße die Innenansicht eines gewaltigen Sternsystems darstellt und dass unser Sonnensystem ein winziger Teil dieses Sternsystems nahe an seinem Rande ist.
In der Antike wurde das helle Band der Milchstraße am Sternenhimmel für eine Erscheinung in der Atmosphäre gehalten. Erst mit Erfindung des Fernrohrs wurde es möglich zu erkennen, dass sie von unendlich vielen Sternen gebildet wird.

Das Gemälde „Die Flucht nach Ägypten" zeigt die wohl erste Darstellung der Sterne der Milchstraße. Es wurde im Jahre 1609 von Adam Elsheimer gemalt – noch bevor Galilei seine Fernrohrbeobachtungen 1610 veröffentlichte. ↑2

Bereits Kant kam 1755 auf die Idee, dass die nebelartigen Flecken am Himmel Sternsysteme sind und die Milchstraße die Innenansicht eines solchen Sternsystems darstellt. Aber zunächst war völlig unklar, welche Form unsere Galaxis hat und in welcher Richtung und Entfernung ihr Zentrum zu suchen ist. Zwar gelang es William Herschel, durch systematische Sternzählungen die ungefähre Gestalt der Galaxis herauszufinden: Dazu nahm er an, dass sich die Sonne im Zentrum befindet und die Galaxis in der Richtung am dicksten ist, in der die Sterne am dichtesten stehen. Aber erst 1918 fand Harlow Shapley die Richtung zum galaktischen Zentrum und seine ungefähre Entfernung. Dazu vermaß er sehr genau Richtung und Entfernung von Kugelsternhaufen und nahm an, dass sie eine kugelförmige Hülle (einen „Halo") um unsere Galaxis bilden, deren Mittelpunkt mit dem der Galaxis übereinstimmt. Diese Annahme erwies sich später als richtig. ↑3

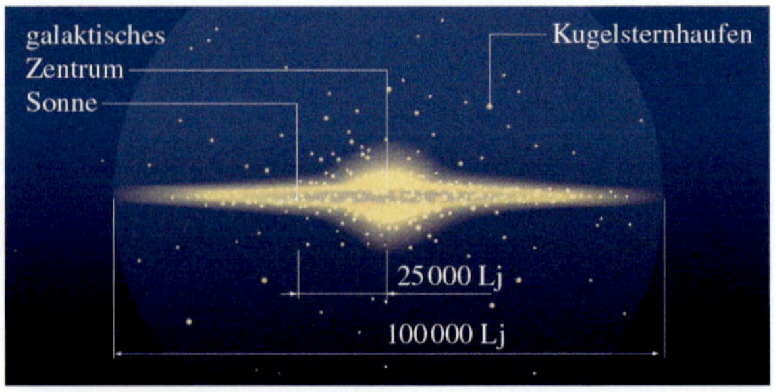


3 Halo aus Kugelsternhaufen

Allerdings konnte die genaue Entfernung erst 1975 bestimmt werden. Durch diese Messungen wurde die Sonne, und mit ihr die Menschen, noch weiter aus dem Zentrum der Welt gewiesen: *Unser Sonnensystem ist etwa 25 000 Lichtjahre vom Zentrum unserer Galaxis entfernt, die einen Durchmesser von ungefähr 100 000 Lichtjahren hat.*
In den 1960er Jahren wurden Quellen intensiver Radiostrahlung am Himmel entdeckt. Als sich herausstellte, dass es sich um die am weitesten entfernten Objekte im Universum handelt (über 10 Milliarden Lichtjahre!), erkannte man ihre ungeheure Energieabstrahlung:
Sie strahlen bis zu 1000-mal so viel Energie ab wie ganze Galaxien, und das aus einem Gebiet, das winzig im Vergleich zu der Größe von Galaxien ist. Man nennt sie deshalb **Quasare** (Quasistellare Radioquellen) und vermutet, dass es sich um die extrem leuchtkräftigen Kerne junger Galaxien handelt, in denen ein Schwarzes Loch durch sein enormes Gravitationsfeld Gas und Staub aus seiner Umgebung aufsammelt. Diese werden dadurch auf riesige Temperaturen aufgeheizt und strahlen gewaltige Mengen an Energie ab, bevor sie in dem Schwarzen Loch verschwinden. Seit dieser Entdeckung vermutet man auch im Zentrum heutiger Galaxien Schwarze Löcher.
1951 entdeckte man eine starke Radioquelle in unmittelbarer Nähe des galaktischen Zentrums, deren Kern sich 1957 als punktförmig erwies. Wenn es sich dabei um ein Schwarzes Loch handelt, muss man seine Masse dadurch bestimmen, dass man die Bewegung von Sternen vermisst, die das Schwarze Loch wie Planeten die Sonne umlaufen. Zum Glück ist der Staub, der das galaktische Zentrum für Beobachtungen mit sichtbarem Licht unsichtbar macht, für infrarotes Licht durchlässig. Von 1991 an konnten von La Silla aus Infrarotaufnahmen der unmittelbaren Umgebung des galaktischen Zentrums gewonnen werden. ↑4, 5
Misst man auf diesen Bildern die Sternpositionen aus, dann werden die Bewegungen der Sterne deutlich. Genaue Auswertung der Bilder ergibt die in Bild 6 dargestellten Bahnen. ↑6
Sie zeigen, dass sich alle Sterne auf Ellipsenbahnen bewegen, die alle einen Brennpunkt gemeinsam haben. *Das ist die Position des Schwarzen Lochs im Zentrum unserer Galaxis.* Seine Masse ergibt sich zu 2 900 000 Sonnenmassen!

**1** Warum ist es erstaunlich, dass das Bild „Die Flucht nach Ägypten" bereits 1609 gemalt wurde?
**2** Alle mit bloßen Augen am Himmel zu sehenden Sterne sind Mitglieder unserer Galaxis. Wie verträgt sich diese Aussage mit der Scheibenform der Galaxis?
**3** Ein Blick zum Sternenhimmel ist immer auch ein Blick in die Vergangenheit. Begründe diese Aussage. Warum kann man das HRD der Sterne der Milchstraße trotzdem als „Momentaufnahme" betrachten?
**4** Warum werden Quasare für die Kerne „junger" Galaxien gehalten und warum sucht man seit ihrer Entdeckung in den Zentren „heutiger" Galaxien nach Schwarzen Löchern?
**5** Die Umlaufzeit des Sterns $S_2$ in Bild 6 beträgt etwa 12 Jahre. Wie groß ist sein mittlerer Abstand vom Schwarzen Loch im Zentrum der Milchstraße ungefähr? ↑6

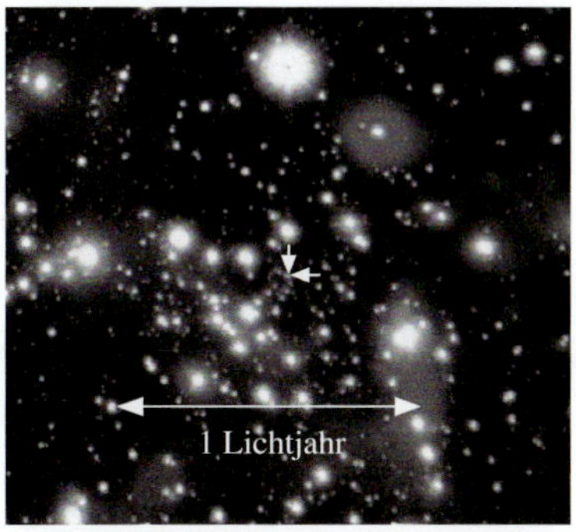

4 Infrarotaufnahme des galaktischen Zentrums. Die kleinen Pfeile zeigen auf das Schwarze Loch.

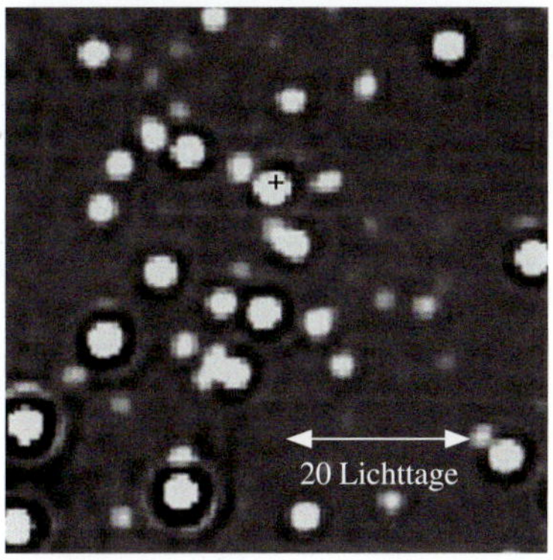

5 Detail von Bild 4

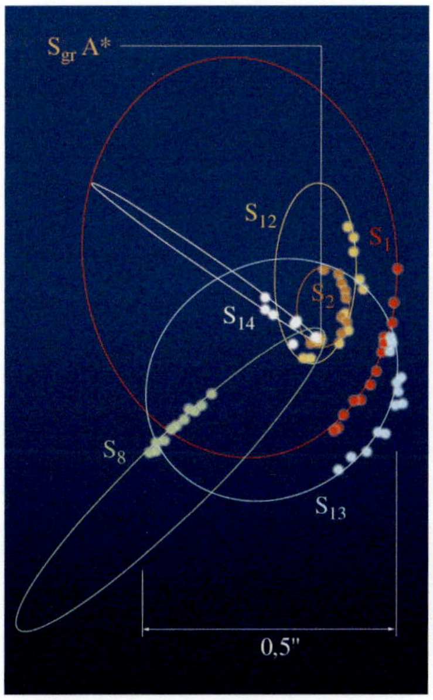

6 Extrapolierte Sternbewegungen um das galaktische Zentrum

## Die zeitliche Entwicklung des Universums

Lange belichtete Himmelsaufnahmen großer Teleskope zeigen Galaxien unterschiedlichster Form und Farbe. Anders als bei Sternen hängt die Farbe von Galaxien mit ihrer Entfernung zusammen. Was erzählen uns diese Bilder über die Vorgänge im Weltall und über die Größe und das Alter des Universums?

1

Durch die Untersuchung der Sternentwicklung ist bekannt, dass das Sonnensystem – und damit auch das Weltall – sehr alt und sehr groß ist. Fast alle Vorgänge im Universum dauern im Vergleich zu einem Menschenleben fast unendlich lange. Wenn wir aber die gewaltigen Entfernungen berücksichtigen und voraussetzen, dass die Vorgänge im Weltall denselben physikalischen Gesetzen folgen, die auch auf der Erde gelten, dann erkennen wir auf den Himmelsfotos Bewegungen mit ungeheuren Geschwindigkeiten, Kräfte unvorstellbarer Größe und Materie, die kein Teleskop zeigen, aber auch kein anderer Detektor registrieren kann.

2 Zusammenprall zweier Galaxien

3 Die Mitglieder eines Galaxienhaufens sind durch Gravitation aneinander gebunden. (Das Bild zeigt den Virgo-Haufen.)

## GRUNDLAGEN: Galaxiendynamik

Wenn Sterne und Galaxien den bekannten physikalischen Gesetzen gehorchen, können wir aus dem Licht, das wir von ihnen empfangen, auf ihre Eigenschaften schließen, z. B. auf ihre Temperatur, ihre chemische Zusammensetzung, ja sogar auf ihre Bewegung. Und die Galaxien müssen sich, ebenso wie ihre Sterne, gegenseitig nach dem newtonschen Gravitationsgesetz gegenseitig anziehen. Diese Anziehung führt dazu, dass Galaxien zusammenstoßen oder in Galaxienhaufen aneinander gebunden bleiben. ↑2, 3

Nur die schnelle Bewegung der Galaxien in Haufen verhindert, dass diese Haufen in sich zusammenstürzen. Auch einzelne Galaxien entgehen dem Gravitationskollaps nur durch die schnelle Bewegung ihrer Materie. Bei den Spiralgalaxien erkennen wir deshalb eine gemeinsame Rotation um den Mittelpunkt. ↑4

Allerdings führt der Versuch, die Rotation mit der Gravitationsanziehung zu erklären (wie den Planetenlauf um die Sonne), zu Widersprüchen: Entweder muss das Gravitationsgesetz bei solchen Abständen falsch sein, oder es muss eine bisher unbekannte Sorte von Materie geben.

Der Name **Dunkle Materie** verschleiert nur unvollkommen, dass Astronomen und Physiker bisher so gut wie nichts darüber wissen, ja nicht einmal ganz sicher sein können, dass es diese unsichtbare Materie wirklich gibt.

Je röter Galaxien aussehen, desto lichtschwächer erscheinen sie uns und als desto weiter entfernt haben sie sich erwiesen. Es hat sich außerdem ergeben, dass es einen Zusammenhang zwischen Entfernung und Geschwindigkeit gibt: Je weiter Galaxien von uns entfernt sind, desto schneller „fliegen“ sie von uns fort. Sie müssen in der Vergangenheit wie bei einer Explosion auseinander geflogen sein. Den Zeitpunkt dieses **Urknalls** kann man durch Rückwärtsrechnen bestimmen.

Bei Anwendung des Gravitationsgesetzes auf die „Fluchtbewegung“ der Galaxien stoßen die Astronomen in den letzten Jahren allerdings auf sehr ernste Schwierigkeiten: Messungen weisen immer deutlicher darauf hin, dass sie nicht langsamer, sondern im Gegenteil immer schneller wird. Noch haben die Astronomen keine Vorstellung, welche Art von „Substanz“ diese Beschleunigung bewirkt. Aber sie haben schon einen Namen dafür: **Dunkle Energie**.

Und die bekannten physikalischen Gesetze versagen völlig, wenn danach gefragt wird, was vor dem Urknall war.

4 Spiralgalaxie

### Aufgaben

**1** Nimm an, fast alle Materie einer Spiralgalaxie sei in ihrem Zentrum konzentriert. Die Sterne in den äußeren Armen umlaufen dann das Zentrum unter dem Einfluss der Gravitation dieses Massenzentrums. Warum bleiben dann die Sterne umso weiter zurück, je weiter außen sie umlaufen?

**2** Wie müssten sich die Galaxien nach dem Urknall bewegen, wenn sie der „normalen“ Gravitation unterlägen?

**3** Bei einer Explosion fliegen die Splitter mit verschiedenen Geschwindigkeiten auseinander. Nach der Explosion bleiben die Geschwindigkeiten näherungsweise konstant.
Welchen Zusammenhang zwischen der Geschwindigkeit $v$ der Splitter und ihrem Abstand $d$ vom Explosionszentrum gibt es dann zu einem beliebigen Zeitpunkt $t_0$ nach der Explosion?

## *Aus der Geschichte* Einstein und die Relativitätstheorie

1 ALBERT EINSTEIN blickt durch das 2,5-m-Teleskop im Mt.-Wilson-Observatorium, an dem EDWIN HUBBLE (im Hintergrund) die Flucht der Galaxien beobachtet hatte.

2 Ein Schriftzug (oben) bewegt sich mit 90 % der Lichtgeschwindigkeit nach rechts. Das Bild in der Mitte zeigt das Ergebnis einer Längenmessung. Wenn man fotografiert, erhält man das Bild unten: Die Buchstaben erscheinen verzerrt, weil das Licht von den verschiedenen Stellen unterschiedlich lange zur Kamera braucht.

Im Jahre 1905 veröffentlichte ALBERT EINSTEIN als junger, noch völlig unbekannter Physiker einen Aufsatz mit dem Titel „Zur Elektrodynamik bewegter Körper". Er enthält die Grundideen seiner **Speziellen Relativitätstheorie**, die unsere Vorstellungen von Raum und Zeit dadurch revolutionierte, dass sie zeigte, dass Raum und Zeit eng miteinander zusammenhängen: Die Ergebnisse von Zeit- und Längenmessungen zweier Beobachter hängen davon ab, wie schnell sie sich gegeneinander bewegen. Zu diesem Ergebnis war EINSTEIN gekommen, indem er die Konsequenzen von sehr einfach klingenden Postulaten konsequent logisch durchdachte. In Einsteins eigenen Worten: *... die mißlungenen Versuche, eine Bewegung der Erde relativ zum „Lichtmedium" zu konstatieren, führen zu der Vermutung, daß dem Begriffe der absoluten Ruhe nicht nur in der Mechanik sondern auch in der Elektrodynamik keine Eigenschaften entsprechen, sondern daß vielmehr für alle Koordinatensysteme, für welche die mechanischen Gleichungen gelten, auch die gleichen elektrodynamischen und optischen Gesetze gelten, ... Wir wollen diese Vermutung (deren Inhalt im folgenden „Prinzip der Relativität" genannt werden wird) zur Voraussetzung erheben und außerdem die mit ihm nur scheinbar unverträgliche Voraussetzung einführen, daß sich das Licht im leeren Raum stets mit einer bestimmten, vom Bewegungszustande des emittierenden Körpers unabhängigen Geschwindigkeit V fortpflanze.*
Oder kürzer formuliert:

1. Absolute gleichförmige Bewegung kann nicht festgestellt werden.
2. Die Lichtgeschwindigkeit im Vakuum ist unabhängig von der Bewegung der Lichtquelle.

EINSTEIN zeigte, dass sich aus diesen Postulaten Folgerungen ergeben, die der Erfahrung zu widersprechen scheinen, die jedoch in den folgenden Jahren an sehr schnellen Teilchen mit zunehmender Genauigkeit bestätigt wurden:

1. Ereignisse an weit voneinander entfernten Orten, die für einen Beobachter gleichzeitig sind, treten für einen sich bewegenden Beobachter zu unterschiedlichen Zeiten ein. **(Relativität der Gleichzeitigkeit)**
2. Wenn man die Länge von sich bewegenden Körpern misst, erweisen sie sich als umso kürzer, je schneller sie sich bewegen. **(Längenkontraktion)** ↑2
3. Uhren gehen immer langsamer, je schneller sie sich bewegen. **(Zeitdilatation)**

Noch in demselben Jahr 1905 veröffentlichte EINSTEIN eine Arbeit, in der er eine weitere Folgerung aus seinen Postulaten zog und den Schlüssel zum Verständnis der Energieerzeugung in Sternen lieferte.
*Die Masse eines Körpers ist ein Maß für dessen Energieinhalt; ändert sich die Energie um L, so ändert sich die Masse in demselben Sinne um* $L/c^2$.
In moderner Schreibweise: $\Delta E = \Delta m \cdot c^2$.
Erst in den 1930er Jahren gelang es, diese fundamentale Erkenntnis experimentell zu bestätigen. Damals stellte man fest, dass Atomkerne, die aus Protonen und Neutronen aufgebaut sind, leichter sind als die Bausteine, aus denen sie zusammengesetzt sind.

In den folgenden zehn Jahren bis 1915 erweiterte EINSTEIN seine Theorie zur **Allgemeinen Relativitätstheorie**, in der er seine Ergebnisse auf beschleunigte Bewegungen erweiterte und zeigte, dass die Struktur von Raum und Zeit durch die Gravitation, also durch die Körper im Raum, geprägt werden. Ausgangspunkt seiner Überlegungen war folgendes Gedankenexperiment:

Ein Mensch, der beobachtet, dass alle Gegenstände in seiner Umgebung beschleunigt hinunterfallen, kann nicht entscheiden, ob diese Gegenstände von einem Körper außerhalb seines Labors durch Gravitation angezogen werden oder ob er sich in einer beschleunigenden Rakete befindet, in der sich selbst überlassene Körper zurückbleiben. ↑3

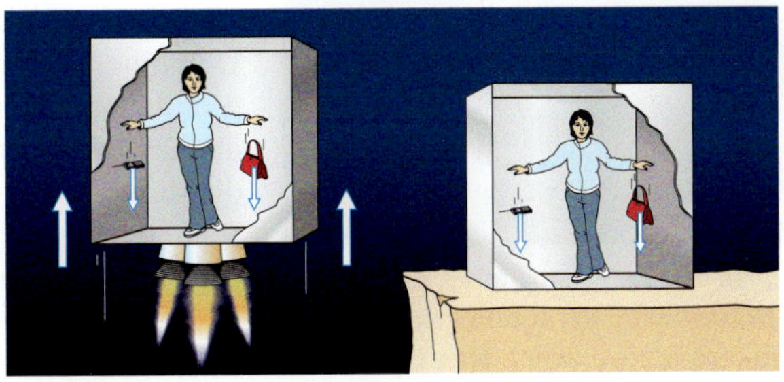

3 Beschleunigung und Schwerkraft sind nicht zu unterscheiden.

Bereits 1907 formulierte EINSTEIN diese Überlegung als **Äquivalenzprinzip**: *Wir wollen daher im Folgenden die völlige physikalische Gleichwertigkeit von Gravitationsfeld und entsprechender Beschleunigung des Bezugssystems annehmen.*

Er konnte allein aus dieser Annahme mithilfe eines weiteren Gedankenexperiments ableiten, dass Licht in der Nähe von schweren Körpern auf gekrümmten Bahnen läuft:

Licht aus einer horizontal gehaltenen Taschenlampe wird in einem nach oben beschleunigten Raum gegenüber der Beschleunigung zurück bleiben und die gegenüberliegende Wand zu tief treffen. Aufgrund des Äquivalenzprinzips muss dasselbe geschehen, wenn sich der Raum in der Nähe eines schweren Körpers, z. B. also auf der Erde, befindet. ↑4

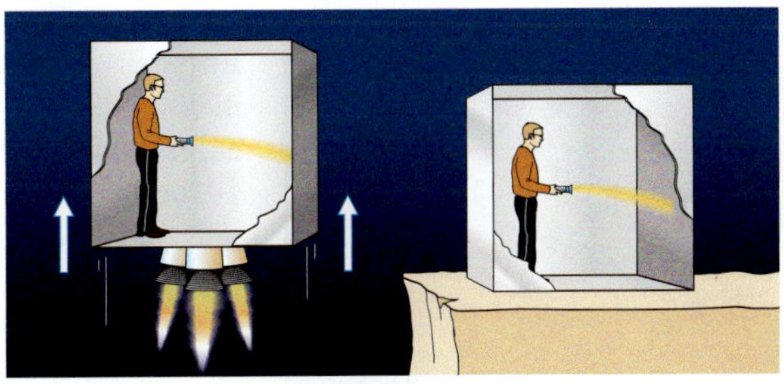

4 Lichtablenkung durch Beschleunigung und Gravitation

In ähnlicher Weise leitete EINSTEIN ab, dass die Zeit bei starker Schwerkraft langsamer verläuft und dass Lichtwellen in der Nähe schwerer Körper in die Länge gezogen, die Farbe des Lichts nach rot verschoben wird (Gravitationsrotverschiebung). Da diese Effekte aber sehr klein sind, erschien eine experimentelle Bestätigung dieser Vorhersagen aussichtslos.

EINSTEIN wurde auf einen Schlag weltberühmt, als es bei einer Sonnenfinsternis im Jahre 1919 gelang, die Lichtablenkung in der Nähe der Sonne nicht nur nachzuweisen, sondern sogar zu zeigen, dass EINSTEIN die Größe des Effekts richtig vorhergesagt hatte. ↑5,6

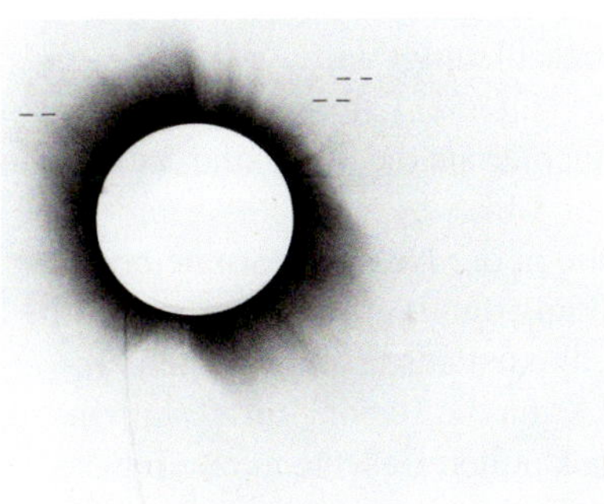

5 Negativ vom Originalfoto der Sonnenfinsternis 1919. Die Striche markieren einige der Umgebungssterne.

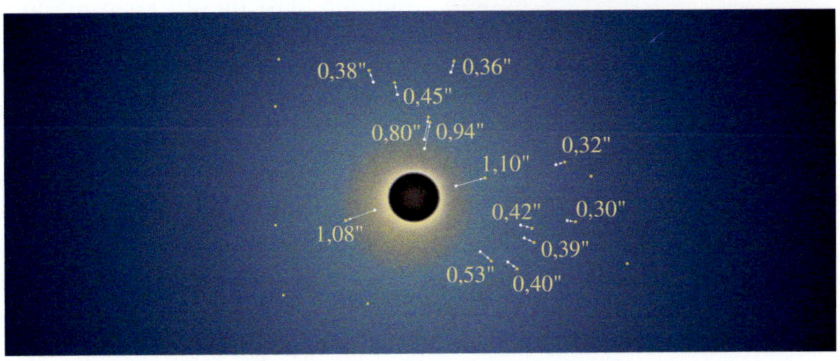


6 Das Licht von einem Stern wird durch die Gravitationskraft der Sonne abgelenkt. Dadurch sieht man den Stern in einer anderen Position.

## *Aus der Geschichte* Einstein und die Relativitätstheorie

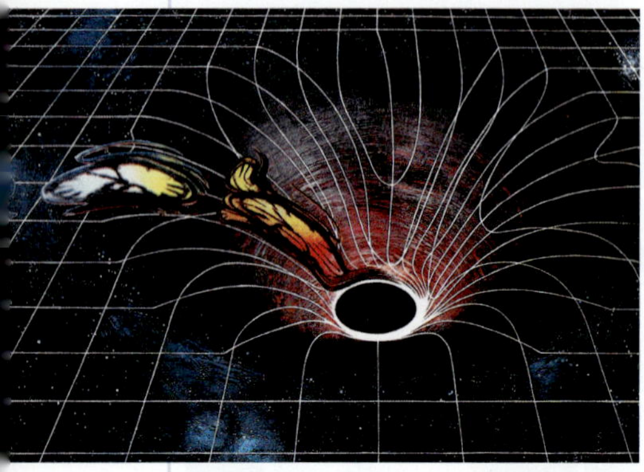

1 In der Umgebung eines schweren Körpers wird der Raum gekrümmt und die Zeit gedehnt. Hier ist ein schwarzes Loch künstlerisch dargestellt, dem auch Licht nicht mehr entkommen kann.

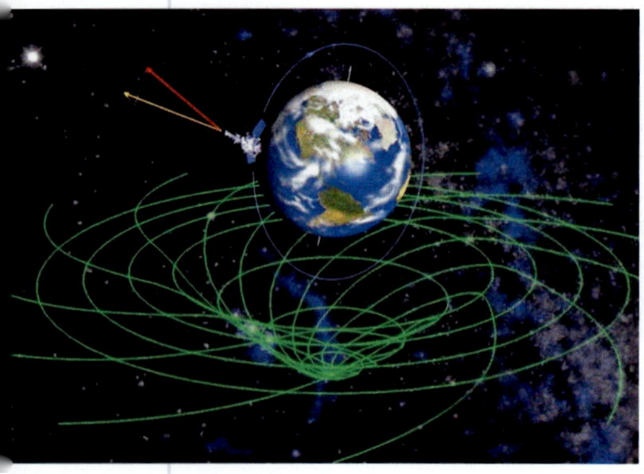

2 Auch in der Umgebung der Erde wird der Raum etwas gekrümmt und die Zeit gedehnt. Der 2006 gestartete Satellit „Gravity Probe B" soll diese „Krümmung der Raumzeit" vermessen.

3 In sehr großem Maßstab sind die Galaxien im Kosmos fast gleichmäßig verteilt – wie die Teilchen eines Gases.

NEWTONS Gravitationstheorie liefert einfache mathematische Zusammenhänge für die Kräfte zwischen Körpern, aus denen die Bewegungen der Körper relativ einfach abgeleitet werden können. Im Gegensatz dazu ist die Lösung von EINSTEINS Feldgleichungen eine anspruchsvolle mathematische Aufgabe. Diese Gleichungen beschreiben, wie sich Raum und Zeit durch die Anwesenheit von Massen verändern. In der Nähe eines großen Himmelskörpers ist z. B. die Struktur des Raumes so, dass der Durchmesser eines Kreises im Vergleich zum Umfang viel länger ist als gewöhnlich. Man veranschaulicht diese schwer verständliche Eigenschaft des dreidimensionalen Raumes durch eine zweidimensionale Membran, die durch einen schweren Körper eingedellt wird. Man sagt deshalb, der Raum sei gekrümmt. Und die Gravitationsanziehung zwischen zwei Körpern kommt durch diese Raumkrümmung zustande. ↑1, 2

EINSTEIN suchte lange nach einer Lösung, die ein statisches Universum beschreibt, das sich trotz der vielen Himmelskörper nicht zusammenzieht. Dabei setzte er voraus, dass die Materie gleichmäßig im Raum verteilt ist. Diese Voraussetzung ist tatsächlich immer besser erfüllt, je größer das betrachtete Volumen ist. ↑3
EINSTEIN fand tatsächlich eine solche Lösung. Sie erwies sich jedoch als nicht stabil: Die Sterne und Galaxien beginnen im Laufe der Zeit, sich aufgrund der Schwerkraft langsam aufeinander zuzubewegen. Anfang der 1920er Jahre fand der russische Astronom ALEXANDER FRIEDMANN heraus, dass die Feldgleichungen auch ein Universum zulassen, das sich ausdehnt. Die Auseinandersetzung um die „richtige" Lösung blieb jedoch graue Theorie, bis EDWIN HUBBLE 1929 nachwies, dass sich fast alle Galaxien von unserer Milchstraße entfernen, und zwar umso schneller, je weiter sie entfernt sind.
Die statische Lösung EINSTEINS und das expandierende Modell von FRIEDMANN bilden auch heute noch die Grundlage der modernen Kosmologie. In diesen Modellen wird die Expansion aufgefasst als das Auseinanderfließen einer gleichmäßig verteilten Flüssigkeit, in der die Galaxien „schwimmen" wie Staubteilchen in Wasser. Wenn sich der mittlere Abstand der Glaxien nicht ändert, ist das Universum statisch, wenn er zunimmt, expandiert das Universum.

Heute sind alle Astronomen davon überzeugt, dass das Universum expandiert. In den letzten Jahren deuten sogar immer mehr Messergebnisse darauf hin, dass diese Expansion in der Vergangenheit langsamer war, also trotz der Gravitationsanziehung sogar beschleunigt wird.

**1** Wie kann es sein, dass Atomkerne leichter als die Teile sind, aus denen sie aufgebaut sind?
**2** Was hat die Verschiebung von Sternen in der Nähe der Sonne bei einer Sonnenfinsternis mit der Lichtablenkung durch große Massen zu tun?
**3** Wie kann man verstehen, dass die Galaxien auseinanderfliegen, obwohl sie sich gegenseitig anziehen? Kann die Expansionsgeschwindigkeit konstant bleiben, wenn die bekannten Gesetze auch im Kosmos Gültigkeit haben?

## GRUNDLAGEN: Galaxienflucht und die Expansion des Universums

Die Galaxien unserer kosmischen Umgebung bewegen sich in unterschiedlichste Richtungen. 1929 entdeckte EDWIN HUBBLE jedoch, dass sich dieser Bewegung eine Bewegung von uns weg überlagert, deren Geschwindigkeit umso größer ist, je weiter die Galaxien von uns entfernt sind. Nach diesem Effekt, den man heute den **Hubble-Effekt** nennt, war intensiv gesucht worden, weil er durch eine bestimmte Lösung der einsteinschen Gleichungen der Allgemeinen Relativitätstheorie vorhergesagt wurde.

Deshalb stellte HUBBLE die folgende Vermutung auf, obwohl die Entfernungsmessungen sehr schwierig, die Ergebnisse zunächst nicht sehr zuverlässig waren: Fast alle Galaxien entfernen sich von uns. Ihre „Fluchtgeschwindigkeit" ist proportional zu ihrer Entfernung.

4 EDWIN POWELL HUBBLE (1889–1953)

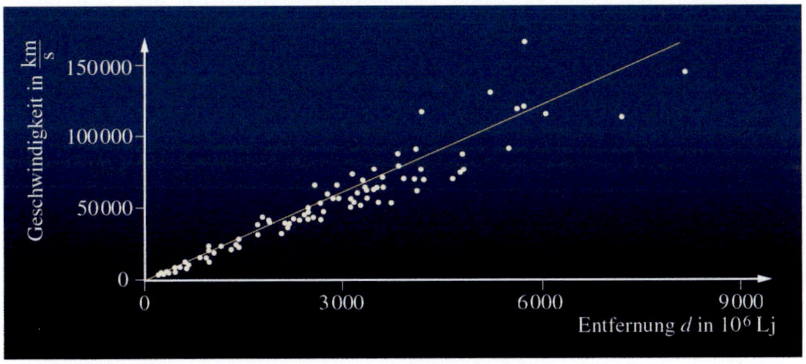


5 Zusammenhang zwischen den Geschwindigkeiten der Sternsysteme und den Entfernungen dieser Systeme vom Milchstraßensystem

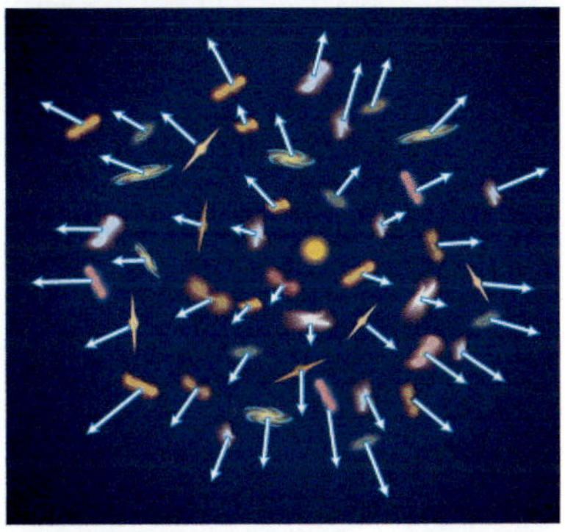

6 Galaxienflucht

Diese Vermutung ist seitdem für immer größere Entfernungen bestätigt worden. Man bezeichnet sie deshalb heute als **Hubble-Gesetz:** $v = H \cdot d$. Die Proportionalitätskonstante $H$ ist die so genannte **Hubble-Konstante**. Sie ist heute einer der wichtigsten Parameter der Kosmologie: Wenn man ihren Wert kennt, kann man die Entfernung der entferntesten Galaxien berechnen, wenn man ihre Geschwindigkeit anhand der Rotverschiebung des Lichts, das uns von der Galaxie erreicht, gemessen hat.

Der Wert der Hubble-Konstanten beträgt etwa $H \approx 21 \frac{\text{km/s}}{10^6\,\text{Lj}}$.

Der Hubble-Effekt scheint zu beweisen, dass unsere Galaxis das Zentrum des Universums ist. Dieser Eindruck aber täuscht: Alle Galaxien entfernen sich *voneinander*, wie die Rosinen im Innern eines gerade aufgehenden Kuchens, und Astronomen in jeder der Galaxien des Universum hätten denselben Eindruck. ↑6, 7

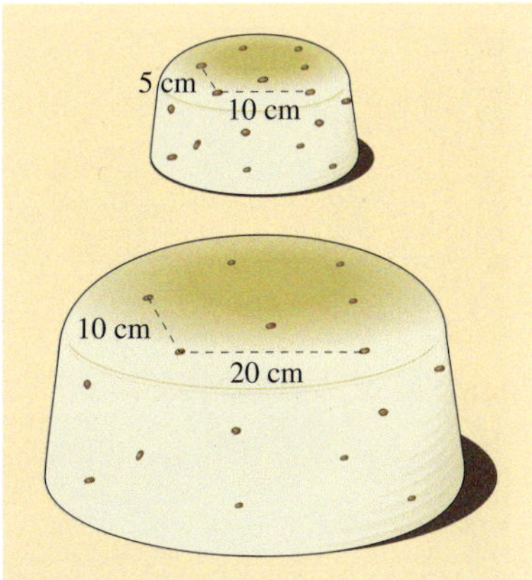


7 „Rosinenflucht" in einem aufgehenden Kuchen

**1** Wie groß ist die Fluchtgeschwindigkeit von Galaxien, die von unserer Galaxis $10^8$ Lichtjahre, $5 \cdot 10^8$ Lichtjahre, $10^9$ Lichtjahre, $5 \cdot 10^9$ Lichtjahre entfernt sind?

**2** Nimm an, dass sich die Fluchtgeschwindigkeit der Galaxien in der Vergangenheit nicht geändert hat. Zu welchem Zeitpunkt war der Abstand der Galaxien von unserer Galaxis null?
Was bedeutet das Ergebnis? ↑5

## GRUNDLAGEN: Die Bildung der ersten Atome und die 3-K-Hintergrundstrahlung

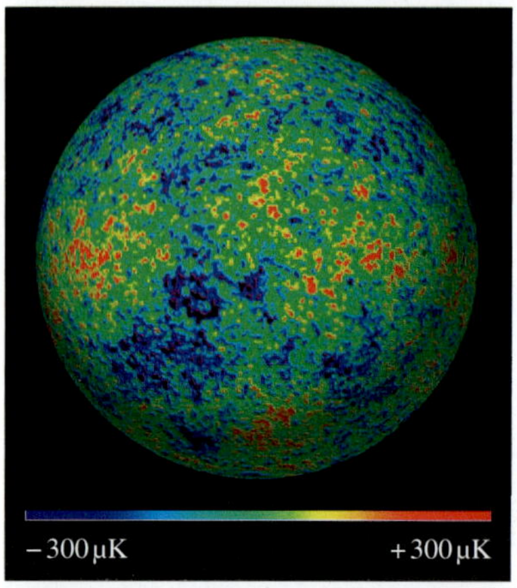


1 Von allen Seiten trifft die 3-K-Strahlung auf die Erde (in der Mitte der Kugel). Die verschiedenen Farben zeigen Temperaturunterschiede von 0,00001 K.

2 ARNO PENZIAS und ROBERT WILSON entdeckten 1964 mit einer Hornantenne die Hintergrundstrahlung.

Wenn man die Expansion in Gedanken in die Vergangenheit zurückverfolgt, gelangt man zu einem Zeitpunkt, an dem alle Materie ungeheurer dicht konzentriert ist. Das ist der Zeitpunkt des **Urknalls**.

Unmittelbar nach dem Urknall gab es nur eine Art von Kraft und nur eine einzige Art von Teilchen. Aber bereits 10 s bis 12 s nach dem Urknall gab es die heute bekannten Kräfte: die Gravitationskraft, die starke Kraft, die elektromagnetische und die schwache Kraft. Als das Universum eine tausendstel Sekunde „alt" war, löschten sich fast alle Teilchen mit ihren Antiteilchen in einem gewaltigen Lichtblitz auf. (Siehe auch S. 22, S. 23, S. 288 und 289)

Aus den dabei übrig gebliebenen Teilchen hat sich die heutige Materie im Weltall gebildet: Nach etwa 100 Sekunden hatten sich je drei Quarks zu Protonen und Neutronen zusammengefügt, sodass zusammen mit Elektronen die Bausteine für den späteren Aufbau der Materie vorhanden war.

Allerdings war die Temperatur noch so hoch, dass entstehende Atome sofort wieder zerstört wurden. Erst etwa 300 000 Jahre nach dem Urknall war die Temperatur auf 3 000 K gesunken. In diesem Moment war Licht nicht mehr energiereich genug, um sich bildende Wasserstoff- und Heliumatome wieder auseinander reißen zu können. Es konnte sich deshalb ungehindert zwischen den Atomen ausbreiten: Das Universum wurde durchsichtig. Die Farbe des Lichts entsprach damals der eines 3000 K heißen Körpers. Seitdem hat sich das Weltall ausgedehnt und abgekühlt – und das Licht, das damals den Raum füllte, mit ihm. Es hat heute die Farbe eines Körpers, dessen Temperatur nur noch 2,7 K beträgt, ist unsichtbar und kann nur mit großen Antennen nachgewiesen werden. Diese so genannte **3-K-Hintergrundstrahlung** trifft aus allen Richtungen fast gleichmäßig auf die Erde. Als „Echo des Urknalls" gilt sie heute als wichtigster Beweis für den Urknall. Heute können spezielle Satelliten winzigste Temperaturunterschiede messen. Sie werden als Anzeichen für die ersten Verdichtungen im Weltall interpretiert, aus denen sich später die Galaxien bildeten. ↑1

## *Aus der Forschung* Dunkle Materie und Dunkle Energie

3

Galaxien scheinen über ihre sichtbare Gestalt hinaus überwiegend aus einem mit allen Detektoren dieser Welt nicht nachweisbaren „Material" zusammengesetzt zu sein, das als *Dunkle Materie* bezeichnet wird und bisher nur in Rechnungen auftaucht:

Wenn man annimmt, die Bewegung der Sterne, des Staubes und der Gase von Spiralgalaxien beruhe allein auf der Gravitationsanziehung der im Zentrum konzentrierten sichtbaren Materie, dann kann man berechnen, wie sich die Rotationsgeschwindigkeit mit zunehmendem Abstand vom Zentrum verändern muss.

Außerhalb der sichtbaren Materie sollte sie wie die Geschwindigkeit der Planeten des Sonnensystems nach dem 3. keplerschen Gesetz abnehmen. Im Gegensatz zu dieser Erwartung zeigen Radiomessungen an Wasserstoffgas jedoch, dass die Geschwindigkeit bis hinaus zu einem Vielfachen des sichtbaren Radius von Galaxien nahezu konstant ist. ↑4

## *Aus der Forschung* Dunkle Materie und Dunkle Energie

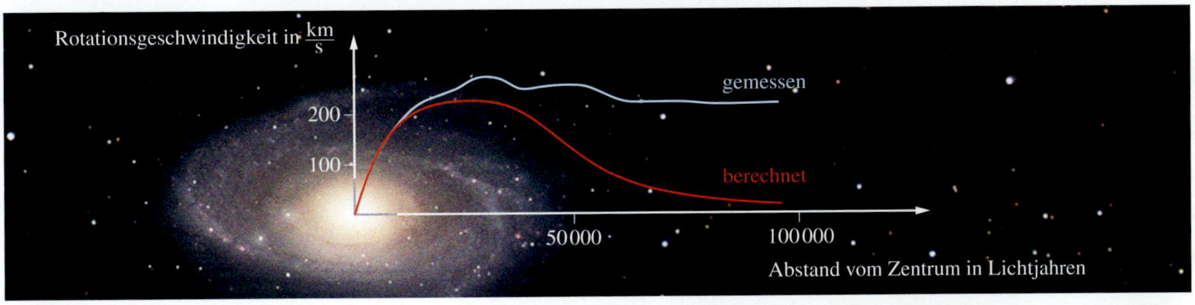


4 Berechnete und gemessene Rotationsgeschwindigkeit des Wasserstoffgases in einer Scheibengalaxie

Verstehen lässt sich dieser Befund, wenn man annimmt, dass solche Galaxien von einer Wolke aus Dunkler Materie umgeben sind, deren Radius sehr viel größer ist, als der sichtbare Teil. Die Dunkle Materie ist zwar unsichtbar, übt aber durch Gravitation Kräfte auf die sichtbare Materie aus. Ein weiterer Hinweis auf Dunkle Materie beruht auf der Lichtablenkung durch Gravitation: Liegt zwischen einer fernen Lichtquelle und dem Beobachter eine große Anhäufung von Masse, so wird das Licht wie durch eine Linse abgelenkt. Das kann dazu führen, dass man mehrfache oder stark verzerrte Bilder der Lichtquelle beobachtet. Man spricht in solchen Fällen von *Gravitationslinsen*. ↑5,6

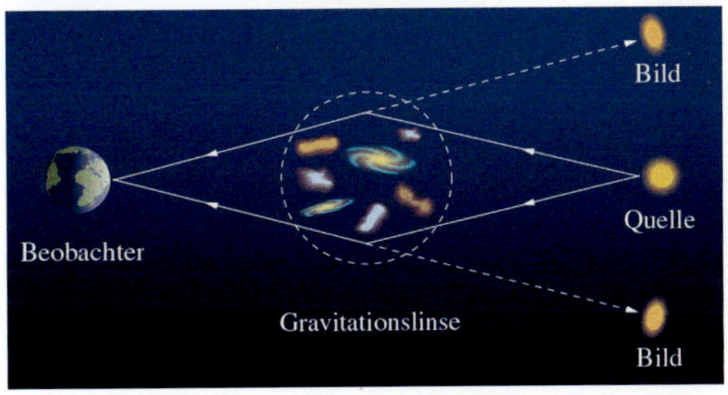


5 Gravitationslinse

Aus der Art dieser Bilder kann man auf die ablenkende Masse schließen. Es zeigt sich, dass sie viel größer ist als die sichtbare Materie. Es gibt auch Versuche, durch Abänderung der newtonschen Gravitationstheorie die Dunkle Materie – zumindest für Galaxien – überflüssig zu machen. Es sieht z. Z. jedoch so aus, als führe spätestens bei ganz großen Entfernungen kein Weg an der Dunklen Materie vorbei. Fieberhaft wird versucht, sie durch direkte Messsignale nachzuweisen, bisher allerdings ohne Erfolg.

Das Universum dehnt sich, trotz der Gravitationsanziehung, mit zunehmender Geschwindigkeit aus. Es muss in der Welt also noch etwas geben, das der Gravitation entgegenwirkt – „Antigravitation". An dieser abstoßenden Wirkung scheitern bisher alle Versuche, die auf der Erde gefundenen physikalischen Gesetze auf den ganzen Kosmos zu übertragen. Um trotzdem darüber sprechen zu können, muss man ihr zumindest einen Namen geben: Diese bis heute völlig unbekannte Weltkomponente wird *Dunkle Energie* genannt. Nach den neuesten Untersuchungen der 3-K-Hintergrundstrahlung lassen sich die Messdaten nur dann in Übereinstimmung mit der Allgemeinen Relativitätstheorie bringen, wenn man akzeptiert, dass es fast sechsmal so viel Dunkle Materie wie beobachtbare Materie gibt. Und die gesamte der Gravitation unterliegende Materie macht nur etwa ein Viertel des gesamten Inhalts des Universums aus. Das heißt aber: **96 % des Inhalts unseres Universums sind unbekannt.** ↑7

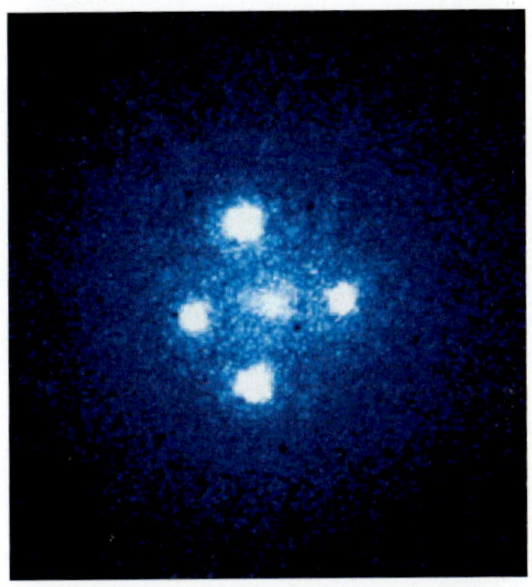

6 „Einstein-Kreuz": Durch einen Galaxienhaufen erzeugtes vierfaches Bild einer weit im Hintergrund stehenden Galaxie.

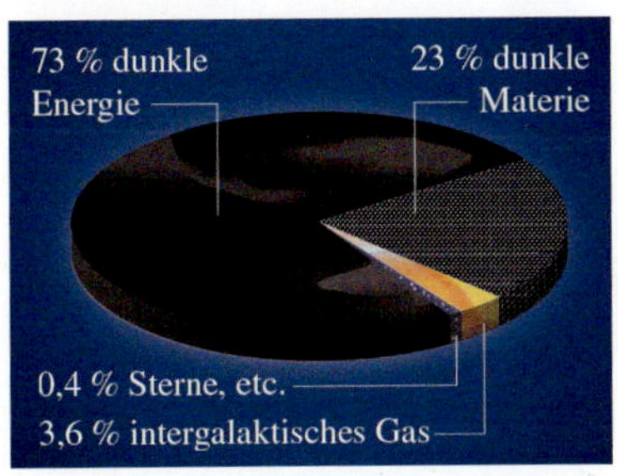


7

**1** Welche Hinweise gibt es auf die Dunkle Materie?

**2** Erkläre in groben Zügen, wie der abfallende Teil der berechneten Rotationskurve in Bild 4 zustande kommt. ↑4

**3** Suche im Internet nach Bildern, die auf Gravitationslinsen zurückgeführt werden (*gravitational lens*, *Einstein cross*, *Einstein ring*, …).

# Urknall und die Evolution des Universums

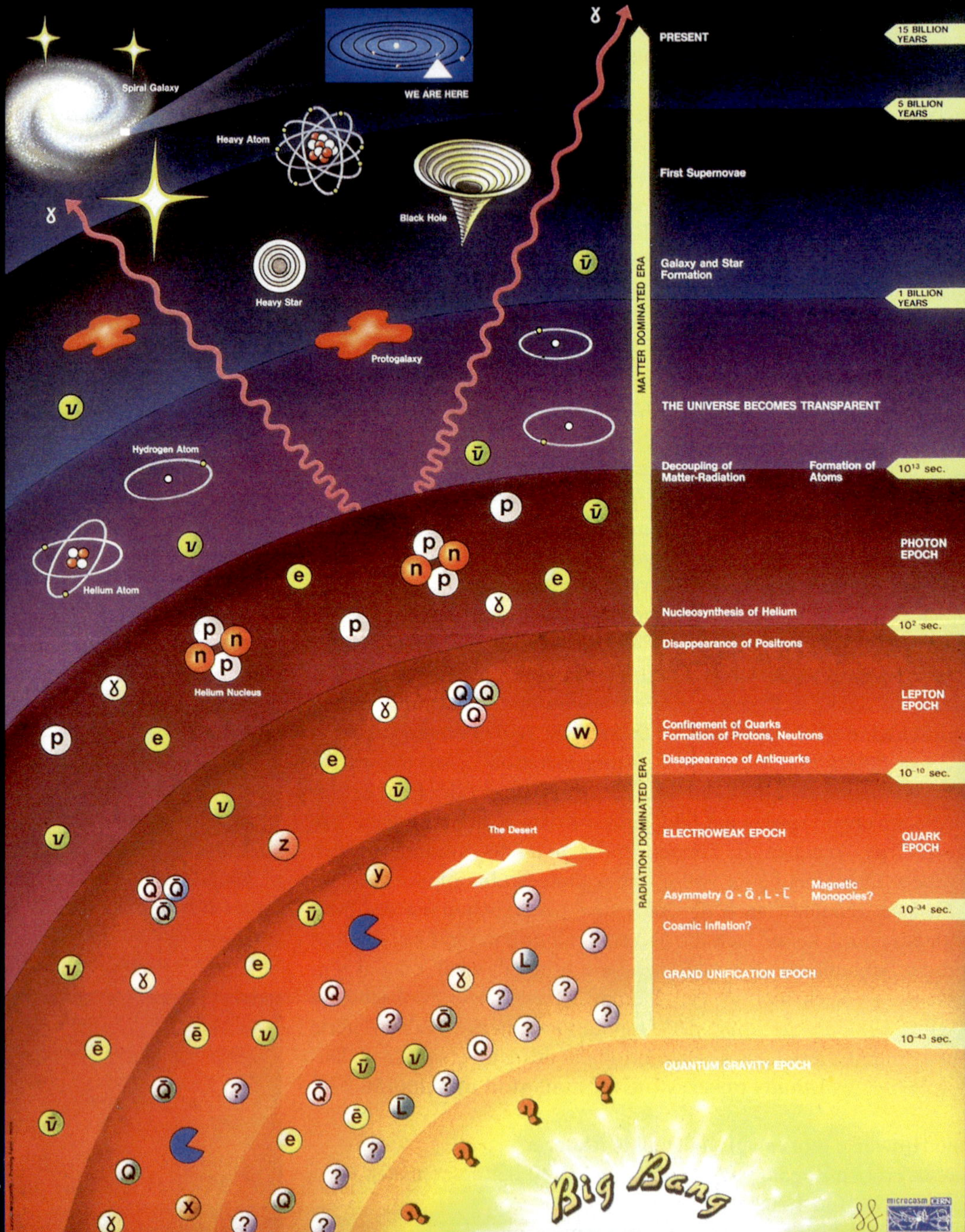

Nach der heutigen Vorstellung ist die zunehmende Entfernung der Galaxien voneinander Ausdruck der Expansion des Weltalls: Die Galaxien bewegen sich nicht auseinander, sondern der Raum zwischen ihnen wird größer.
Noch mehr als zehn Jahre nach Veröffentlichung der Allgemeinen Relativitätstheorie fand EINSTEIN diese Vorstellung „scheußlich", obwohl seine Arbeiten die Grundlage für das Verständnis geschaffen hatten. Die Galaxien selbst nehmen an dieser Expansion nicht teil: Ihre Größe ändert sich bei dieser Expansion nicht.

Wenn man die heutige Expansionsbewegung in der Zeit rückwärts verfolgt, gelangt man zu einem unendlich dichten Zustand vor etwa 14 Milliarden Jahren.
**Das Weltall ist 14 Milliarden Jahre alt.**

Bei der seitdem stattfindenden Expansion dehnt sich der Raum mit der Materie aus.
**Der Urknall war nicht eine Explosion im Raum, sondern eine Explosion des Raumes.**

Die Rotverschiebung des Galaxienlichts, die kosmologische Rotverschiebung, ist darauf zurückzuführen, dass sich der Raum während der Lichtausbreitung ausgedehnt hat. Dabei sind alle Wellenzüge des Lichts entsprechend länger geworden.
**Die kosmologische Rotverschiebung ist ein Maß für die Expansion des Weltalls in der Zeit zwischen Aussendung und Empfang des Lichts.**

Die Aussage „Zu Beginn war das uns sichtbare Weltall sehr klein." ist für jeden Beobachter überall im Universum richtig. Vielleicht war das Weltall schon zu Beginn unendlich groß. Aber es gilt:
**Der Urknall fand überall gleichzeitig statt.**

Da die Fluchtgeschwindigkeit proportional mit der Entfernung wächst, gibt es eine Grenzentfernung, jenseits derer sich die Galaxien schneller als das Licht von uns entfernen.
**Jenseits der so genannten Hubble-Entfernung „fliehen" die Galaxien schneller als Licht.**

Die Galaxien, die vor 14 Milliarden Jahren das Licht zu uns ausgesendet haben, das uns jetzt erreicht, haben sich seitdem weiter von uns entfernt.
**Das beobachtbare Universum ist größer als 14 Milliarden Lichtjahre.**

Alle Galaxien des Universums unterliegen der Gravitation.
**Wie wird sich deshalb die Expansion des Weltalls fortsetzen?**

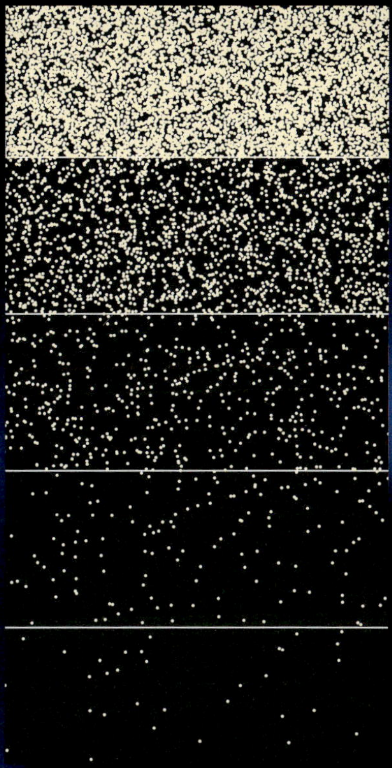

„Film" des Urknalls: Von oben nach unten dehnt sich das Weltall jeweils um den Faktor 2 aus. Die Punkte stellen Galaxien dar.

**1** Wann formten sich die ersten Galaxien?
**2** Mit welchem Wert der Hubble-Konstanten ergibt sich das Alter des Universums zu genau 14 Milliarden Jahren?
**3** Was lässt sich über den Wert der Hubble-Konstanten in der Vergangenheit und in der Zukunft aussagen?
**4** Wie groß ist die Hubble-Entfernung?

# Auf einen Blick

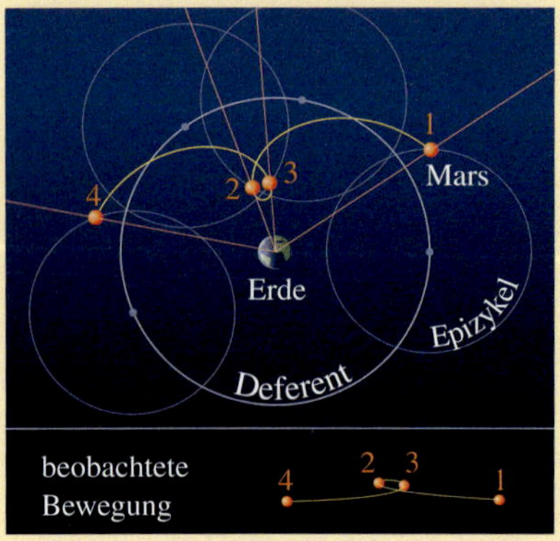

1

**Geozentrisches und heliozentrisches Weltbild** In der Antike beschrieben die Menschen die Welt so: Die Erde zunächst als flache Scheibe, später als Kugel, die in der Mitte der Welt ruhte. Der Sternenhimmel wurde als Kugel betrachtet, die sich einmal in etwa 24 Stunden um eine zum Himmelsnordpol zeigende Achse dreht. Sonne, Mond und Planeten umlaufen mit der Himmelskugel die Erde, bewegen sich aber zusätzlich relativ zu den Sternen.
Die beobachtbaren Erscheinungen lassen sich aber auch dadurch erklären, dass die Sonne das feste Zentrum bildet und von der Erde einmal im Jahr umlaufen wird. Dabei dreht sich die Erde um eine Achse, die schräg auf ihrer Bahnebene steht. Der Mond nimmt an dem Erdumlauf teil. Dabei umkreist er die Erde ungefähr einmal im Monat.

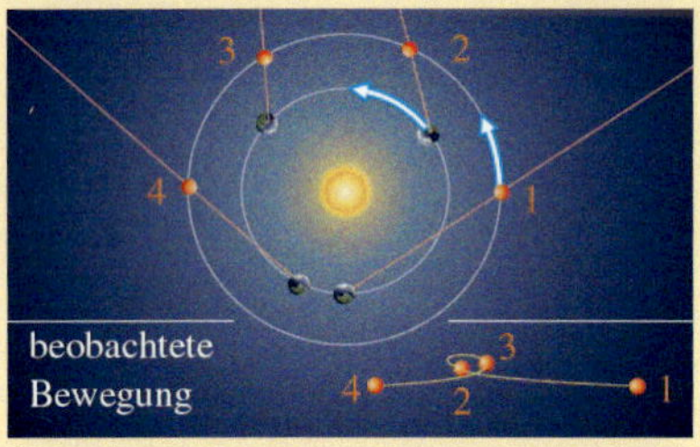

2

**Planetenbewegung und Umlauf der Erde um die Sonne** Die entscheidende Rolle beim Übergang vom geozentrischen zum heliozentrischen Weltbild haben die Beobachtung und Erklärung der Planetenbewegungen gespielt: Die Menschen erkannten den Lauf der Erde um die Sonne in den Schleifenbewegungen der Planeten am Sternenhimmel. Seit KOPERNIKUS werden diese Schleifen dadurch erklärt, dass wir die Bewegung der Planeten um die Sonne von der Erde aus beobachten, die selbst die Sonne umläuft.

3

**Anwendung physikalischer Gesetze im Weltraum** Durch das Gravitationsgesetz können Bewegungen auf der Erde und im Weltall mit demselben Gesetz beschrieben werden. Die Anwendung dieses Gesetzes ermöglicht es, die Masse von Himmelskörpern zu berechnen, die von anderen Körpern umkreist werden. Auch andere physikalische Gesetze, die bei Experimenten auf der Erde aufgestellt wurden, können auf Himmelskörper übertragen werden: So kann aus der winzigen jährlichen Bewegung von Sternen ihre Entfernung berechnet und aus der Farbe des Sternenlichts auf die Temperatur geschlossen werden.

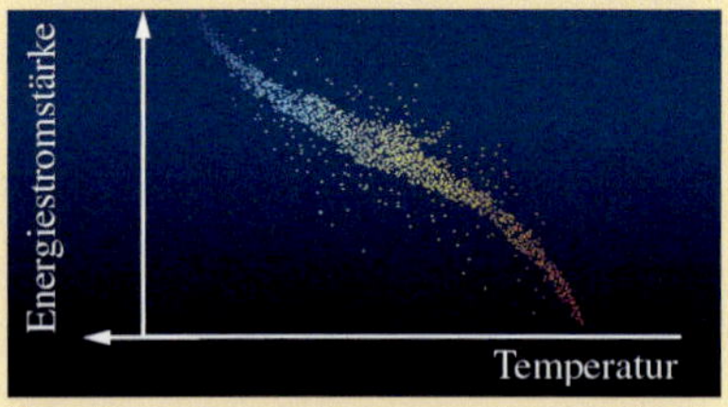

4

**Das Hertzsprung-Russell-Diagramm** In einem Hertzsprung-Russell-Diagramm wird der Zusammenhang zwischen Oberflächentemperatur und Energiestromstärke für viele Sterne dargestellt. Die Hauptreihe ist am dichtesten besetzt, weil sich Sterne den weitaus größten Teil ihres „Lebens" in einem entsprechenden Zustand befinden. Die Sterne auf der Hauptreihe werden von unten nach oben immer größer und immer massereicher. Aber ihre Lebensdauer wird immer geringer.

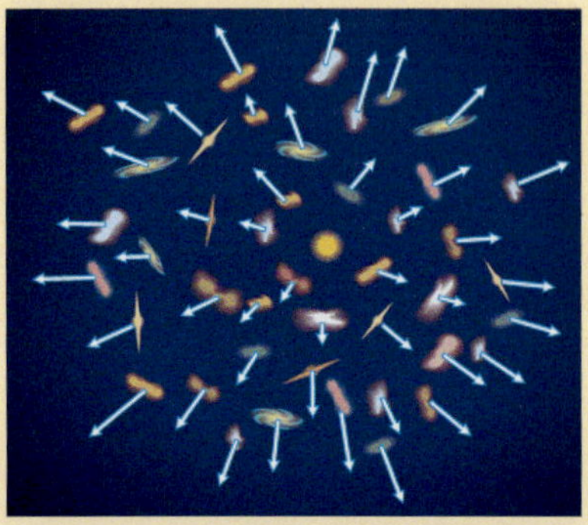

**Hubble-Gesetz und Urknall** Fast alle Galaxien entfernen sich von unserer Galaxis, und zwar umso schneller, je weiter sie von uns entfernt sind. HUBBLE fand heraus, dass die „Fluchtgeschwindigkeit" der Galaxien proportional zu ihrer Entfernung zunimmt. Rechnet man diese Bewegung rückwärts, gelangt man zu einem Zeitpunkt, an dem alle Materie unendlich dicht konzentriert war. Seit diesem Urknall expandiert das Universum. Diese Expansion scheint immer schneller zu werden.

5

**Die Vertreibung des Menschen aus der Mitte der Welt** Bis in die Neuzeit war die Erde das ruhende Zentrum der Welt. Sie war geschaffen worden, um den Menschen eine Heimat zu sein. Seit der kopernikanischen Revolution ist die Erde eine sich drehende Kugel, die zusammen mit anderen Planeten die Sonne umläuft. Seit dem letzten Jahrhundert ist bekannt, dass auch die Sonne nicht den Mittelpunkt bildet. Sie ist nur einer von unzählig vielen Sternen, die unser Milchstraßensystem bilden und dessen Zentrum umkreisen. Unsere Galaxis ist nur ein „Atom im Gas" der unzählig vielen Galaxien des Universums, das keinen Mittelpunkt hat, schon viel länger existiert, als es Menschen gibt, und sich weiter entwickeln wird, auch wenn auf der Erde alles Leben längst erloschen sein wird.

6

## Alles klar?

**1** Welche Gründe sprechen dafür, dass sich die Erde im Mittelpunkt der Welt befindet? Mit welchen Beobachtungen und Argumenten ist statt der Erde die Sonne in den Mittelpunkt „gesetzt" worden?

**2** Bild 7 zeigt Venus, Merkur und Jupiter am Morgenhimmel des 19.11.1993. Wie könnte die zugehörige Stellung dieser Planeten und der Erde im Sonnensystem an diesem Tage ausgesehen haben? ↑7

7

**3** Zwischen zwei Stellungen von Erde und Jupiter, in denen Jupiter besonders hell erscheint, vergehen 399 Tage. Wie lange braucht Jupiter für einen Umlauf um die Sonne?

**4a** Berechne die Masse der Erde aus Entfernung und Umlaufzeit des Mondes.

**b** Wie schnell müsste ein Raketenauto fahren, damit es den Boden nicht mehr berühren muss? *Tipp:* Dann befindet sich das Auto auf einer Umlaufbahn um die Erde.

**5** Die Energiestromstärke, die von Beteigeuze („linke Schulter von Orion") auf einen $1\,m^2$ großen Teleskopspiegel fällt, beträgt etwa $2 \cdot 10^{-7}\,W$. Der Stern ist etwa 27 000 000 AE entfernt. Wie groß ist die Energiestromstärke von Beteigeuze? Wievielmal mehr Energie als die Sonne gibt sie ab?

**6** Um wie viel ist der Stern Beteigeuze größer als die Sonne? Verwende dazu das Ergebnis der vorangehenden Aufgabe.

**7** Das nebenstehende HRD zeigt die Sonne und vier weitere Sterne. ↑8

**a** Vergleiche die Größe der Sterne $S_3$ und $S_4$ mit der der Sonne.

**b** Vergleiche die Lebensdauer der Sterne $S_1$ und $S_2$ mit der der Sonne.

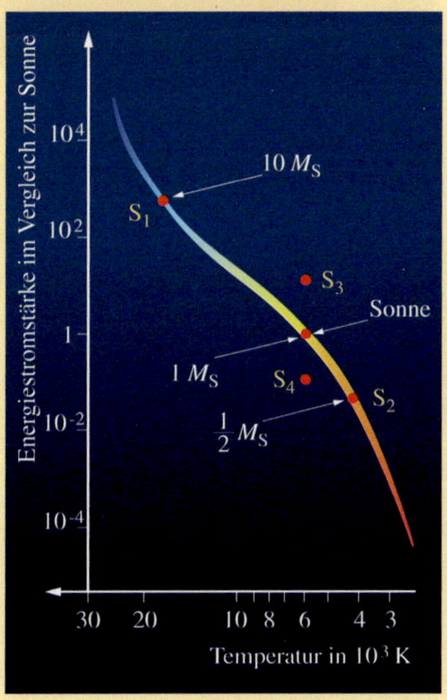

8

**8** Die Galaxienhaufen in den Sternbildern Jungfrau und Löwe sind 70 Mio. und 1000 Mio. Lichtjahre entfernt.

**a** Wie schnell entfernen sich die Galaxien dieser Haufen von unserer Galaxis?

**b** Wann war der Abstand der Haufen von unserer Galaxis null?

# Check up

**1** Vergleiche die Weltbilder
**a** der Bronzezeit,
**b** der Griechen und
**c** von KOPERNIKUS.
Welche Gemeinsamkeiten und welche charakteristischen Unterschiede gibt es?

**2** Beschreibe die Bewegung von Mars über den Sternenhimmel. Erkläre sie geozentrisch und heliozentrisch.

**3** Die mittleren Abstände von Venus, Erde und Mars von der Sonne sind 0,7 AE, 1,0 AE bzw. 1.5 AE. Leite aus diesen Werten ab, wie sich die Umlaufzeiten dieser Planeten zueinander verhalten und wie ihre mittleren Bahngeschwindigkeiten.

**4** Die Umlaufbahnen der beiden äußeren Monde von Jupiter, Ganymed und Kallisto, haben große Halbachsen von 1 070 000 km und 1 880 000 km. Ihre Umlaufzeiten betragen 7,155 Tage und 16,689 Tage. ↑1
**a** Zeige, dass für diese Monde das 3. keplersche Gesetz gilt.
**b** Wie groß ist die Masse von Jupiter?

1

**5** Die Sonne ist ein Stern. Begründe.

**6** Die Sterne auf der Hauptreihe eines HRD werden von unten nach oben immer schwerer. Begründe, warum sie trotz der zunehmenden Masse eine immer kürzere Lebensdauer haben.

**7** Bild 2 zeigt eine Spiralgalaxie von oben:

2

**a** Wie würde sie von der Seite aussehen?
**b** Welche Aussagen lassen sich über die Bewegung ihrer Sterne machen?
**c** Welche Messergebnisse können nur dadurch erklärt werden, dass man zusätzliche „dunkle Materie“ einführt?

**8** Wie kann man vom Hubble-Gesetz auf den Urknall schließen? Wie hängen die Hubble-Konstante und das Alter des Universums zusammen?

**9** Beschreibe, wie sich die Vorstellungen der Menschen über die Stellung der Erde im Weltall im Laufe ihrer Geschichte geändert haben.

## Schätze deine Kenntnisse und Fähigkeiten ein!

Ordne dazu deiner Lösung im Heft ein Smiley zu:
☺ Ich konnte die Aufgabe richtig lösen.
😐 Ich konnte die Aufgabe nicht komplett lösen.
☹ Ich konnte die Aufgabe nicht lösen.

› Die Lösungen findest du im Anhang.

| Aufgabe | Fähigkeit | Hilfe findest du auf Seite... |
|---|---|---|
| 1 | Weltbilder beschreiben und erklären. | 257, 259, 262, 263 |
| 2 | Weltbilder auf beobachtbare Bewegungen von Planeten anwenden. | 262, 263 |
| 3 | Keplersche Gesetze erkennen und anwenden. | 266, 267 |
| 4 | 3. keplersches Gesetz und Gravitationsgesetz anwenden. | 267, 269 |
| 5, 6 | Energieabstrahlung und Lebensdauer der Sterne erklären. | 273, 274, 275 |
| 7, 8 | Galaxiendynamik, -flucht und Expansion des Universums beschreiben. | 278, 281, 285, 286, 287 |
| 9 | Entwicklung des Weltbildes von der Antike bis heute beschreiben. | 257, ... , 289 |

# Lösungen zu den Check-up-Aufgaben

## Struktur der Materie (Seite 48)

1 Atome kann man nicht wirklich sehen, weil sie zu klein für das Licht sind. Man kann Atome „spüren“ und dieses Spüren aufzeichnen. Im Rasterkraftmikroskop wird Zeile für Zeile die Oberfläche abgetastet und dadurch sichtbar gemacht.

2 Das Sauerstoffmolekül $O_2$ (Molekülgewicht $2 \cdot 16 = 32$) ist schwerer als das Wassermolekül $(2 \cdot 1 + 16 = 18)$.

3 Proton: Ladung $e^+$; Elektron: Ladung $e^-$; Neutron: ungeladen. Proton und Neutron sind etwa gleich schwer und etwa 2000-mal schwerer als das Elektron. Neutrales Atom: Anzahl der Protonen = Anzahl der Elektronen in der Hülle.

4 a) richtig;
b) falsch

5 Kleinste Portionen werden Quanten genannt. Energiequanten sind die kleinsten vorkommenden Energieportionen. Die Elementarladung $e^-$ ist das Quant der Ladung.

6 a) richtig;
b) richtig;
c) falsch;
d) richtig;
e) richtig;
f) falsch

7 Up-Quark, Charm-Quark und Top-Quark: $+2/3\,e$; Down-Quark, Strange-Quark und Bottom-Quark: $-1/3\,e$

8 $\alpha$-Strahlung dringt fast gar nicht durch Materialien. $\beta$-Strahlung wird von wenigen mm Aluminium absorbiert.
$\gamma$-Strahlung wird beim Durchgang nur geschwächt, kommt auch durch Blei und Beton hindurch, je weniger desto dicker das Material.

9 Die Halbwertszeit ist die Zeit, in der sich die Anzahl der Atomkerne eines radioaktiven Nuklids halbiert.

10 Der Massendefekt bei der Kernspaltung wird als kinetische Energie der Spaltprodukte frei, die dann in thermische Energie umgewandelt wird.

11 Sie stammt aus der Bindungsenergie: Die Bindungsenergie im festen Zustand ist geringer als im flüssigen Zustand, diese wird als thermische Energie frei.

12 Durch die Diffusion (selbständige Verteilung von Teilchen in einem Raum) breitet sich das Parfüm im ganzen Zimmer aus.

13 Im Metall bewegen sich die frei beweglichen Elektronen.

## Elektrizitätslehre (Seite 116)

1 Die Eigenschaft, den elektrischen Strom zu hemmen, wird mit dem Begriff elektrischer Widerstand beschrieben: Liegt eine Spannung an den Enden eines Drahtes, werden die (freien) Elektronen durch den Draht getrieben. Auf ihrem Weg wechselwirken sie immer wieder mit den Atomrümpfen: Sie geben Bewegungsenergie an die Atomrümpfe ab, diese geraten stärker in Schwingungen – der Draht erwärmt sich. Bewegungsenergie wird in thermische Energie umgewandelt. Die Elektronen werden fortwährend gebremst, deswegen muss ihnen ständig Energie zugeführt werden, damit sie nicht langsamer werden. Diese Energie stammt von der Spannungsquelle.

2 a) Die beiden isolierten Metallstangen bilden mit der Eisenstange und dem mit den beiden Metallstangen verbundenen Spannungsmesser eine geschlossene Spule mit einer Windung. Rollt die Metallstange herunter, ändert sich die vom Magnetfeld durchsetzte Fläche dieser Spule. An ihren Enden (beim Spannungsmesser) wird eine Spannung induziert.
b) Ersetzt man den Spannungsmesser durch einen dicken Draht, ist diese „Spule“ kurzgeschlossen. Beim Herunterrollen der Eisenstange fließt jetzt ein Induktionsstrom, der so gerichtet ist, dass sein Magnetfeld der Ursache seiner Entstehung, dem Herunterrollen der Eisenstange und der damit verbundenen Verkleinerung der vom Magnetfeld durchsetzten Fläche, entgegen wirkt: Die Stange rollt langsamer.

3 a) Stromstärke im Draht: $I_1 = P/U_1 = 154\,\text{MW}/220\,\text{kV} = 700\,\text{A}$. Über dem Draht fällt insgesamt die Spannung $U_{\text{D1}} = R \cdot I_1 = 2 \cdot 10 \cdot 0{,}06\,\Omega \cdot 700\,\text{A} = 840\,\text{V}$ ab. Die Verlustleistung beträgt $P_{\text{V1}} = U_{\text{D1}} \cdot I_1 = 840\,\text{V} \cdot 700\,\text{A} = 588\,\text{kW}$. Es gehen also $588\,\text{kW}/154\,\text{MW} = 0{,}38\,\%$ der Energiestromstärke verloren.
(alternativ: $P_{\text{V1}} = R_{\text{D}} \cdot I_1^{\,2} = 1{,}2\,\Omega \cdot (700\,\text{A})^2 = 588\,\text{kW}$)
b) Wird die Spannung nicht hochtransformiert ergibt sich: $I_2 = P/U_2 = 7300\,\text{A}$. Über dem Draht fällt insgesamt die Spannung $U_{\text{D2}} = R \cdot I_2 = 2 \cdot 10 \cdot 0{,}06\,\Omega \cdot 7300\,\text{A} = 8760\,\text{V}$ ab. Die Verlustleistung beträgt $P_{\text{V2}} = U_{\text{D}} \cdot I^2 = 8760\,\text{V} \cdot 7300\,\text{A} = 63{,}95\,\text{MW}$. Es gehen also $63{,}95\,\text{MW}/154\,\text{MW} = 42\,\%$ der Energiestromstärke verloren.

4 Wird die Leiterschleife gedreht, so ändert sich die vom Magnetfeld durchsetzte Fläche; damit wird das Magnetfeld in dieser „Spule“ stärker und wieder schwächer usf. An ihren Enden wird eine Wechselspannung induziert. Der Zeiger wird sich also zur einen Seite bewegen, dann wird er seine Bewegungsrichtung umkehren und durch die Nullstellung schwingen (die Leiterschleife durchläuft die waagerechte Stellung) und seine maximale Auslenkung

auf der anderen Seite erreichen, umkehren usf. Die Spannung ist am höchsten, wenn die Geschwindigkeit der Flächenänderung am größten ist, wenn also die Leiterschleife die senkrechte Stellung durchläuft.

5 Bei Verwendung einer Wechselspannung, kann man die Spannung hoch- und heruntertransformieren und die Energieverluste bei der Energieübertragung verringern (s. Aufgabe 3).

6 Durch das Drücken des Tasters ist der Eisenkern nicht mehr geschlossen. Das Magnetfeld in der Spule wird schlagartig schwächer. In der Primärspule fließt daher zunächst ein großer Strom. Dieser Stromkreis wird bei der Weiterbewegung des Eisenkerns auf den unteren Taster plötzlich unterbrochen; an den Enden der Sekundärspule (die mehr Windungen als die Primärspule hat) wird eine so hohe Spannung induziert, dass an der Funkenstrecke ein Funken überschlägt.

## Thermodynamik (Seite 186)

1 Auf der Erde kann man die Stärke des Energiestroms messen, der z. B. durch eine Fläche von einem Quadratmeter fließt: $S_E = 1{,}37\,\text{kW/m}^2$. Daraus kann man die Gesamtenergiestromstärke $P_a$ ermitteln, für eine Fläche vom Querschnitt der Erde ($A = \pi r_E^2$, $r_E = 6370\,\text{km}$). $P_a = S_E \cdot A = 174{,}5 \cdot 10^{12}\,\text{kW}$ treffen auf die Lufthülle der Erde auf.

2 a) Der Energiesatz wird nicht verletzt.
b) Die Energiedifferenz zwischen eingestrahlter und abgestrahlter Energie in den Tropen findet sich in Gebieten der höheren Breitengrade wieder. Hier wird mehr Energie abgestrahlt als aufgenommen wurde, sodass die Gesamtbilanz der Erde ausgeglichen ist. Die Energie gelangt durch das Wettergeschehen und durch Meeresströme aus den Tropen in die nördlicheren und südlicheren Regionen der Erde.

3 Die helleren Gebiete strahlen mehr sichtbares Licht als die dunkleren Gebiete aus, die Wüstengebiete wesentlich mehr als die Meere.

4 Winde sind die Ausgleichsströmungen zwischen Gebieten mit höherem und niedrigerem Luftdruck. Luftdruckunterschiede entstehen u. a. dadurch, dass die Luft an verschiedenen Stellen der Erde unterschiedlich stark erwärmt wird und daher unterschiedlich stark ausgeprägte Konvektionsströme entstehen.

5 Eine Lavalampe ist mit zwei unterschiedlich dichten nicht mischbaren Flüssigkeiten gefüllt. Die zunächst am Boden liegende wachsartige Flüssigkeit wird von unten erwärmt und steigt schließlich in einer sich ablösenden Blase auf. Sie kühlt sich im kühleren oberen Bereich der Lavalampe ab. Dadurch nimmt die Dichte wieder zu und die Blase sinkt erneut zum Boden ab. Ein Teil der Energie die die Wachsblase unten aufnimmt, gibt sie oben ab. Die auf- und absteigenden Blasen transportieren also ständig Energie von unten nach oben.

6 Die Trinkente verstößt nicht gegen den 1. Hauptsatz, weil die Energie, die für die Bewegung nötig ist, in Form von Wärme aus der Umgebung aufgenommen wird. Im Kopf der Ente unter Umgebungstemperatur abgekühlter Dampf der Flüssigkeit gelangt ins Hinterteil. Sie erwärmt sich dort wieder, indem sie Energie aus der wärmeren Umgebung aufnimmt. Es liegt auch kein Verstoß gegen den 2. Hauptsatz vor, denn die Entropieabnahme, die mit der Abkühlung des Dampfes verbunden ist, durch die Entropiezunahme aufgrund der Verdunstung des Wassers auf dem Kopf der Ente, mehr als ausgeglichen.

7 Im Kühlturm verdunstet Wasser, das großflächig verrieselt wird. Die für die Verdunstung nötige Energie wird der Umgebung, also vor allem dem Kühlwasser selbst, entzogen, wodurch eine Abkühlung erfolgt. Beim Schwitzen wird von der Haut abgesonderter Schweiß verdunstet. Die nötige Energie wird vor allem der Haut entzogen, die dadurch abgekühlt wird.

8 Gegen einen Gebirgszug strömende Luft staut sich und wird zum Aufsteigen gezwungen. Infolge der Abkühlung sinkt die maximale Luftfeuchte. Wenn die Luft genügend Wasserdampf enthält, wird die maximale kleiner als die absolute Luftfeuchte, sodass es zur Kondensation eines Teils des Dampfes kommen muss. Die dadurch entstehenden Wasserteilchen machen sich als Haufenwolken über dem Gebirgskamm bemerkbar.

## Mechanik (Seite 252)

1 a) Der Ball wird anfangs gehalten. Die Anfangsgeschwindigkeit hat den Wert 0 m/s. Beim Fallen nimmt der Betrag der Geschwindigkeit proportional zur Zeit zu. Da der Ball nach unten fällt, hat die Geschwindigkeit negative Werte.
b) Beim Aufprall auf dem Boden prallt der Ball zurück und bewegt sich anschließend nach oben. Das Vorzeichen der Geschwindigkeit ändert sich.
c) Wegen unvermeidlicher Energieverluste beim Aufprall ist der Geschwindigkeitsbetrag unmittelbar nach dem Aufprall etwas kleiner als vor dem Aufprall. Beim Aufsteigen nimmt die Geschwindigkeit linear ab, bis sie den Wert 0 erreicht. Zu diesem Zeitpunkt befindet sich der Ball im Scheitelpunkt seiner Bahn. Danach fällt er wieder und der Vorgang beginnt von vorn. Die roten Strecken des Graphen sind parallel, weil der Ball immer mit gleicher Beschleunigung fällt.

**2** a) Es müssen Körper mit einer Gesamtmasse von 410 kg beschleunigt werden. Die beschleunigende Kraft ist die Gewichtskraft auf die überschüssige Masse auf der rechten Seite, also die Gewichtskraft auf 10 kg, nämlich 100 N. Für die Beschleunigung gilt daher: $a = F/m = 100\,\text{N}/410\,\text{kg} = 0{,}244\,\text{m/s}^2$.
b) Bewegung aus der Ruhelage: $s = v^2/2a$; $v = \sqrt{2a \cdot s} = 2{,}21\,\text{m/s}$.

**3** a) $E = 1/2\,(m \cdot v^2) = 1/2\,(1500\,\text{kg} \cdot (100/3{,}6)^2\,(\text{m/s})^2) = 578700\,\text{J}$
b) $E = F \cdot s$; $F = E/s = 578700\,\text{J}/200\,\text{m} = 2894\,\text{N}$
c) $F = m \cdot a$; $a = F/m = 2894\,\text{N}/1500\,\text{kg} = 1{,}93\,\text{m/s}^2$
d) $s = 1/2\,(a \cdot t^2)$; $t = \sqrt{2\,s/a} = \sqrt{2 \cdot 200\,\text{m}/(1{,}93\,\text{m/s}^2)} = 14{,}4\,\text{s}$

**4** Wirft man in die „rechte Gasse“, wird das Vorderholz von rechts getroffen und gleichzeitig der rechte Kegel von links. Beide Kegel fallen um. Der vordere Kegel wird aber in der Regel so nach links geworfen, dass der hintere Kegel stehenbleibt. Wirft man dagegen so, dass die Kugel das Vorderholz links streift, wirft der vordere Kegel den rechten hinteren Kegel um. Die Kugel wird, da sie schwerer ist als der Kegel, nur leicht nach links abgelenkt und trifft den linken hinteren Kegel.

**5** Wenn sich das Rad dreht, besitzt es einen Drehimpuls mit einer bestimmten Drehachse. Je schneller sich das Rad dreht, desto größer ist der Drehimpuls, desto schwerer ist es, die Richtung der Drehachse zu verändern. Das Rad fällt um, wenn der Drehimpuls zu klein geworden ist.

### Astronomische Weltbilder (Seite 292)

**1** a) Der Himmel wölbte sich als Halbkugel über die flache Erde. Sonne und Mond bewegten sich von Ost nach West über den Himmel und wurden mit einem Schiff von ihrem Untergangsort zu ihrem Aufgangsort zurückgefahren.
b) Der Himmel dreht sich als Kugel um die kugelförmige Erde in der Weltmitte. Die Bewegungen der Planeten um die Erde werden mit Kreisen (Deferent und Epizykel) beschrieben.
c) Die Sonne steht im Zentrum der Welt. Die Erde ist ein Planet und umläuft die Sonne mit den anderen Planeten des Sonnensystems.

**2** Mars bewegt sich die meiste Zeit rechtläufig, d. h. von West nach Ost über den Sternenhimmel. In regelmäßigen Abständen wird er rückläufig. In dieser Zeit wird er auch besonders hell. Im geozentrischen System bewegt sich Mars während der Rückläufigkeit innen auf dem Epizykel. Im heliozentrischen System wird Mars während der Rückläufigkeit gerade von der Erde überholt.

**3** ${a_V}^3 : {a_E}^3 : {a_M}^3 = 0{,}34 : 1 : 3{,}38$;
$T_V : T_E : T_M = 0{,}59 : 1 : 1{,}84$
$v_V : v_E : v_M = (a/T)_V : (a/T)_E : (a/T)_M = 1{,}19 : 1 : 0{,}82$

**4** a) $(a^3/T^2)_G = (a^3/T^2)_K = 3{,}2 \cdot 10^{15}\,\text{m}^3/\text{s}^2$ Achtung: Es müssen $a$ in Meter und $T$ in Sekunden umgerechnet werden!
b) Da die Masse des Zentralkörpers viel größer ist als die des umlaufenden Körpers, kann sie vernachlässigt werden.
$a^3/T^2 = G \cdot M_J/4\pi^2$; $M_J = 1{,}92 \cdot 10^{27}\,\text{kg}$

**5** Die Sterne sind nur deshalb so lichtschwach, es kommt also nur deshalb so wenig Energie von ihnen zur Erde, weil sie sehr weit entfernt sind. Berechnet man aus der Energie, die von einem Stern in ein Teleskop fällt, und der Entfernung des Sterns die Energiestromstärke des Sterns, dann ergibt sich, dass Sterne ebenso viel Energie, z. T. sogar wesentlich mehr abstrahlen als die Sonne.

**6** Die Energiestromstärke nimmt viel schneller zu als die Masse der Sterne. Die schweren Sterne gehen mit ihrer Energie viel „verschwenderischer“ um; ihr Energievorrat ist deshalb schneller verbraucht.

**7** a) wie in Bild 278/3 dargestellt
b) Die Galaxie dreht sich als Ganzes im Uhrzeigersinn. Die äußeren Teile haben größere Umlaufzeiten und bleiben deshalb zurück.
c) Die Umlaufgeschwindigkeit nimmt nach außen nicht so ab, wie man bei Berücksichtigung der sichtbaren Materie berechnen kann. Die außen fast konstante Rotationsgeschwindigkeit kann man nur erklären, wenn man zusätzlich annimmt, dass es „Dunkle Materie“ gibt.

**8** Nach der Zeit $t$ hat ein Körper, der sich mit der Geschwindigkeit $v$ von einem Ort entfernt, von diesem Ort die Entfernung $d = v \cdot t$. Hubble-Gesetz: $v = H \cdot d$ oder $d = v/(1/H)$. Der Abstand aller Galaxien von unserer Galaxis war also zur Zeit $t = 1/H$ null. Das Alter des Universums ist also $1/H$.

**9** flache Scheibe unter gewölbtem Himmel → flache Scheibe unter Halbkugel → Kugel in der Mitte der Himmelskugel, die mit der Erde erschaffen wurde → Kugel, die die Sonne im Zentrum umläuft → Kugel, die mit der Sonne das Zentrum unserer Galaxis umläuft → Kugel, die mit ihrer Galaxis seit dem Urknall an der Expansion des Universums teilnimmt

## Auswahl physikalischer Größen und ihrer Einheiten

| Größe | Formelzeichen | Einheit | | Weitere Einheiten | | Beziehung | |
|---|---|---|---|---|---|---|---|
| Temperatur | $T$ | Kelvin<br>Grad Celsius | K<br>°C | | | 0 K<br>0 °C | ≙ −273,15 °C<br>≙ 273,15 K |
| Länge | $l$ | Meter | m | Seemeile<br>Zoll | sm | 1 sm<br>1 Zoll | = 1852 m<br>= 2,54 cm |
| Flächeninhalt | $A$ | Quadratmeter | $m^2$ | Hektar | a<br>ha | 1 a<br>1 ha | $= 100\,m^2$<br>$= 100\,a = 10\,000\,m^2$ |
| Volumen | $V$ | Kubikmeter | $m^3$ | Liter | l | 1 l | $= 1\,dm^3 = 0{,}001\,m^3$ |
| Masse | $m$ | Kilogramm | kg | Tonne | t | 1 t | $= 10^3\,kg = 1000\,kg$ |
| Dichte | $\varrho$ | Kilogramm durch (pro) Kubikmeter | $\frac{kg}{m^3}$ | Gramm durch Kubikzentimeter | $\frac{g}{cm^3}$ | $1\,\frac{g}{cm^3}$ | $= 1000\,\frac{kg}{m^3}$ |
| Kraft | $F$ | Newton | N | | | 1 N | $= 1\,\frac{kg \cdot m}{s^2} = 1\,\frac{J}{m}$ |
| Druck | $p$ | Pascal | Pa | Bar | bar | 1 Pa<br>1 bar | $= 1\,\frac{N}{m^2}$<br>$= 10^5\,Pa = 1000\,hPa$ |
| Energie | $E$ | Joule | J | | | 1 J | $= 1\,N \cdot m = 1\,W \cdot s = 1\,\frac{kg \cdot m^2}{s^2}$ |
| Energiestrom-stärke/Leistung | $P$ | Watt | W | | | 1 W | $= 1\,\frac{N \cdot m}{s} = 1\,\frac{J}{s}$ |
| Zeit | $t$ | Sekunde | s | Minute | min | 1 min | = 60 s |
| Frequenz | $f$ | Hertz | Hz | | | 1 Hz | $= \frac{1}{s}$ |
| Geschwindigkeit | $v$ | | $\frac{m}{s}$ | | $\frac{km}{h}$ | $1\,\frac{km}{h}$ | $= \frac{1}{3{,}6}\,\frac{m}{s}$ |
| Beschleunigung | $a$ | | $\frac{m}{s^2}$ | | | | |
| Stromstärke | $I$ | Ampere | A | | | | |
| Spannung | $U$ | Volt | V | | | 1 V | $= 1\,\frac{W \cdot s}{A \cdot s} = 1\,\frac{W}{A}$ |
| Widerstand | $R$ | Ohm | Ω | | | 1 Ω | $= 1\,\frac{V}{A}$ |
| Kapazität | $C$ | Farad | F | | | 1 F | $= 1\,\frac{A \cdot s}{V}$ |
| Aktivität | $A$ | Becquerel | Bq | Curie | Ci | 1 Bq<br>1 Ci | $= \frac{1}{s}$<br>$= 37 \cdot 10^9\,Bq$ |
| Energiedosis | $D$ | Gray | Gy | | | 1 Gy | $= 1\,\frac{J}{kg}$ |
| Äquivalentdosis | $D_q$ | Sievert | Sv | Rem | rem | 1 Sv | $= 1\,\frac{J}{kg} = 100\,rem$ |

## Vielfache und Teile von Einheiten

| Vorsatz | Mega- | Kilo- | Hekto- | Deka- | Dezi- | Zenti- | Milli- | Mikro- | Nano- | Piko- |
|---|---|---|---|---|---|---|---|---|---|---|
| Vorsatzzeichen | M | k | h | D | d | c | m | µ | n | p |
| Faktor | $10^6$ | $10^3$ | $10^2$ | $10^1$ | $10^{-1}$ | $10^{-2}$ | $10^{-3}$ | $10^{-6}$ | $10^{-9}$ | $10^{-12}$ |

## Einige Schaltzeichen

| | | |
|---|---|---|
| Batterie (Zelle) | Schalter (geöffnet) | Strommesser (Amperemeter) |
| Netzgerät | Festwiderstand | Spannungsmesser (Voltmeter) |
| Leiterverzweigung mit leitender Verbindung | Sicherung | Motor |
| Glühlampe | Erdung | Generator |
| Spule | Leuchtdiode | Transistor |
| Transformator | Heißleiterwiderstand (PTC) | Summer |
| Kondensator | Kaltleiterwiderstand (NTC) | Kopfhörer |
| Diode | Fotowiderstand | veränderbarer Widerstand |
| Taster | Oszilloskop | Lautsprecher |
| Fotozelle | Messgerät | Mikrofon |

## Gefahrensymbole, Kennbuchstaben und Gefahrenbezeichnungen (Auswahl)

N

**Umweltgefährliche Stoffe** sind sehr giftig, giftig oder schädlich für Wasserorganismen und können in Gewässern längerfristig schädliche Wirkungen haben. In der nichtaquatischen Umwelt sind sie giftig für Pflanzen, Tiere, Bodenorganismen und Bienen, können auf die Umwelt längerfristig schädliche Wirkungen haben und für die Ozonschicht gefährlich sein.
*Was tun?* Freisetzung der Stoffe in die Umwelt vermeiden, Stoffe der Problemabfallentsorgung zuführen!

C

**Ätzende Stoffe** zerstören das Hautgewebe oder die Oberfläche von Gegenständen.
*Was tun?* Berührung mit der Haut, Augen und Kleidung vermeiden! Dämpfe nicht einatmen!

Xi

**Reizende Stoffe** haben Reizwirkung auf Haut, Augen und Atmungsorgane.
*Was tun?* Berührung mit Haut, Augen und Atmungsorganen vermeiden! Nicht einatmen!

O

**Brandfördernde Stoffe** können brennbare Stoffe entzünden oder ausgebrochene Brände fördern.
*Was tun?* Kontakt mit brennbaren Stoffen vermeiden!

F

**Leicht entzündliche Stoffe (hochentzündliche Stoffe F+)** entzünden sich von selbst an heißen Gegenständen. Zu ihnen gehören selbstentzündliche Stoffe, leicht entzündliche gasförmige Stoffe, brennbare Flüssigkeiten und Stoffe, die mit Feuchtigkeit brennbare Gase bilden.
*Was tun?* Vorsicht beim Umgang mit offenen Flammen und Wärmequellen! Keine Berührung mit brandfördernden Stoffen!

E

**Explosionsgefährliche Stoffe** können unter bestimmten Bedingungen explodieren.
*Was tun?* Schlag, Stoß, Reibung, Funkenbildung und Hitzeeinwirkung vermeiden!

T

**Giftige Stoffe (sehr giftige Stoffe T+)** verursachen durch Einatmen, Verschlucken oder Aufnahme durch die Haut meist erhebliche Gesundheitsschäden oder gar den Tod.
*Was tun?* Nicht direkt berühren! Unwohlsein sofort dem Lehrer melden!

Xn

**Gesundheitsschädliche Stoffe** können durch Einatmen, Verschlucken oder Aufnahme durch die Haut gesundheitsschädigend wirken.
*Was tun?* Nicht direkt berühren! Unwohlsein sofort dem Lehrer melden!

# Auszug aus der Nuklidkarte (vereinfacht)

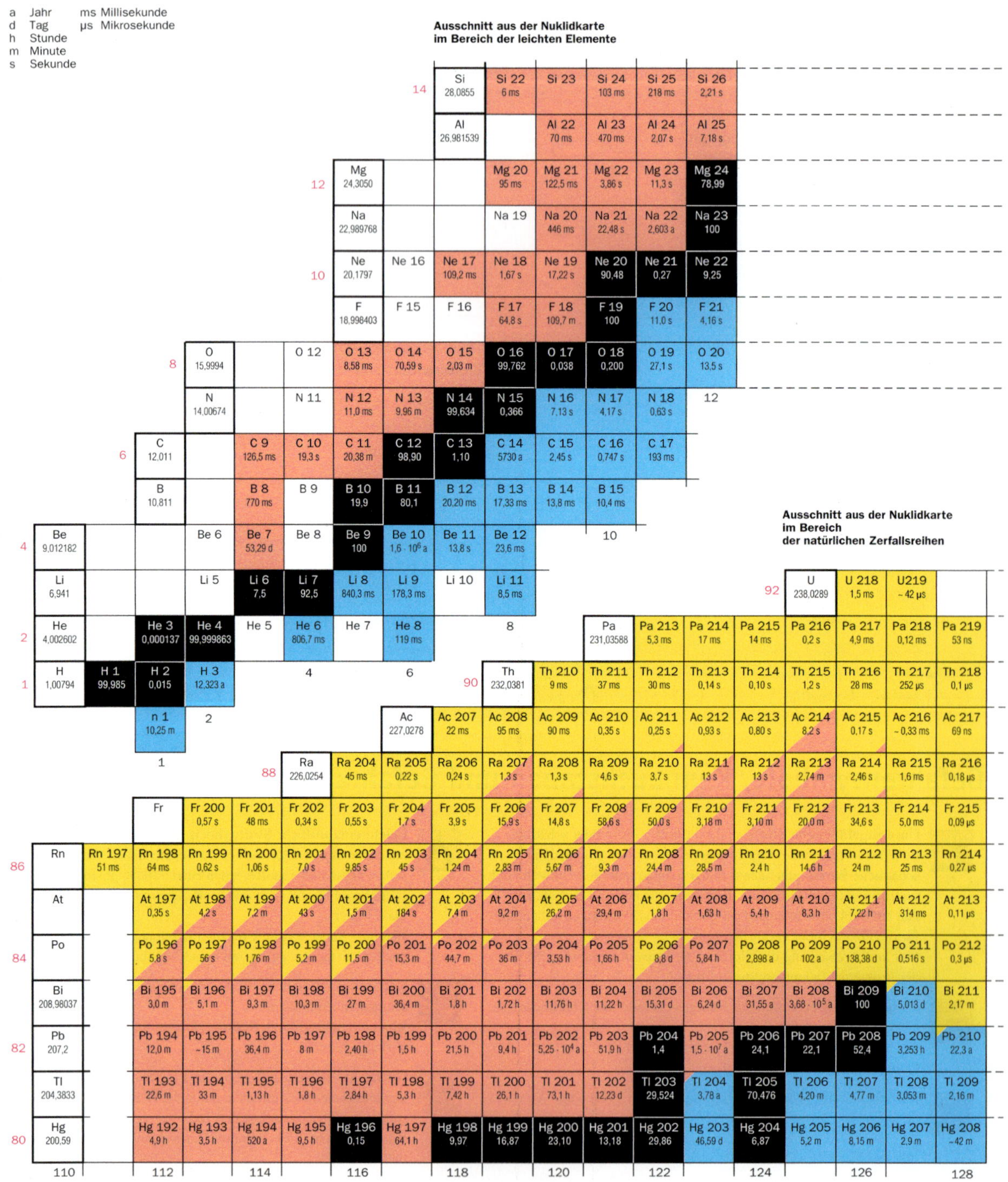

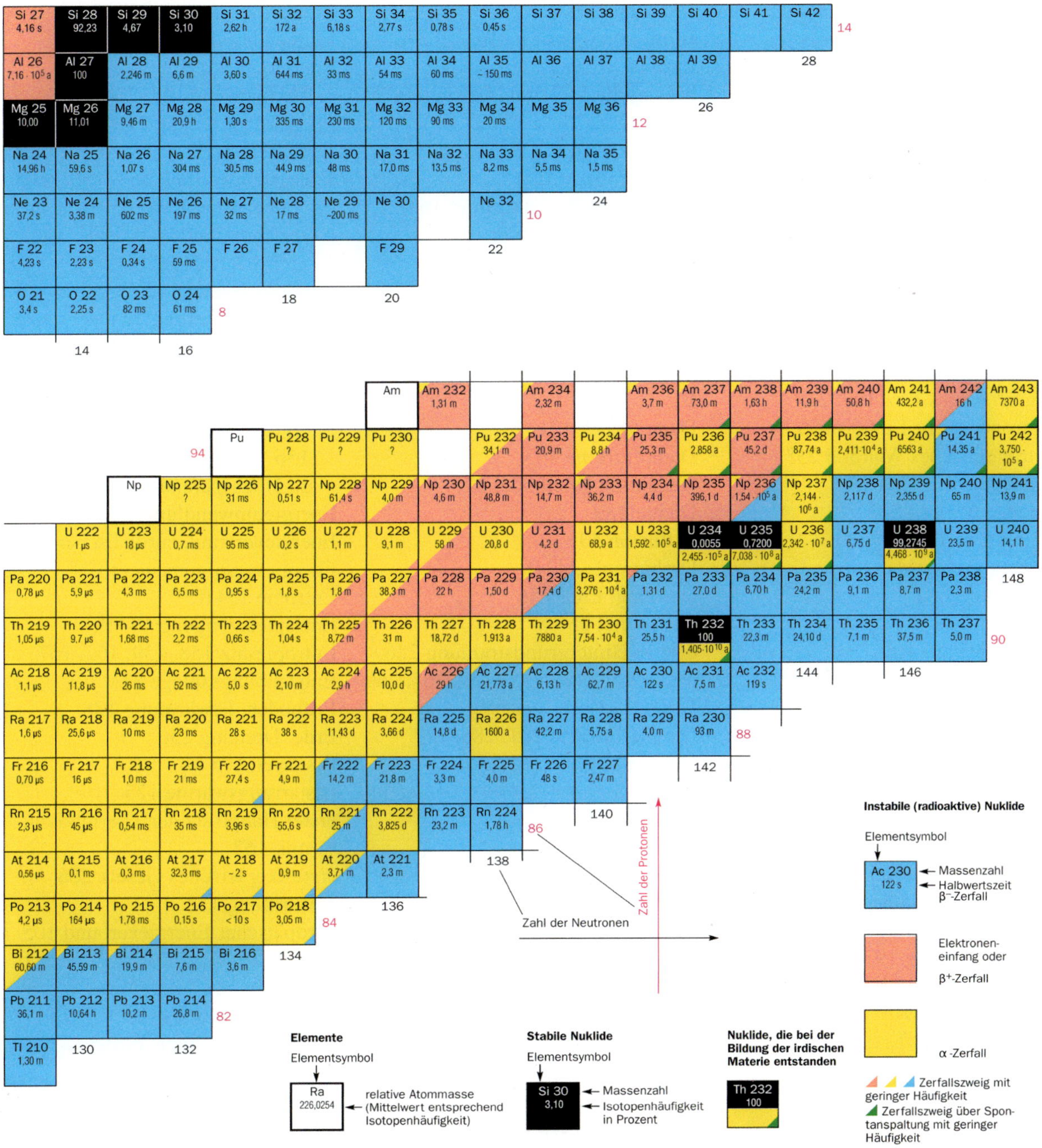


Nach: G. Pfennig, H. Klewe-Nebenius, W. Seelmann-Eggebert: Karlsruher Nuklidkarte. 6. Aufl. 1995, Copyright by Forschungszentrum Karlsruhe GmbH

# Register

**Quellenverzeichnis**

ABB AG: 44/3 | ADAC: 216/1, 236/2 u. 3 | AEG, Hamburg: 118/3 | Agentur focus/Mueller-Elsner: 210/2 / eye of science: 12/1 | akg-images, Berlin: 135/6, 138/1, 196/2, 205/8, 278/2 | ALSTOM, France: 163/4 | Arco Digital Images/Lukasseck, F.: 142/2, Meul, J.: 110/2 | Backhaus, U., Essen: 255/4-5, 262/1, 263/5, 264/3, 272/3, 273/4, 282/2, 289, 291/6, 292/1; hinteres fl. Vorsatz | Bertram, Kranichborn: 124/1 | Bildart, Hohen Neuendorf/V. Döring: 8/2, 9/4–7, 15/4–7, 16/1, 25/4, 37/5–7, 38/2, 39/5, 40/1–3, 41/4, 42/1–2, 43/5, 45/5, 46/1, 50/1 klein, 59/5, 64/1 (2), 73/5–6, 74/4, 90/1 klein, 100/2, 122/2, 123/5, 124/2, 137/6, 147/6, 155/4 u. 6, 158/1, 166/1 groß u. 2, 167/6, 169/3 u. 5, 179/4, 204/2 u. 3, 212/2, 213/4, 225/4 226/2, 227/3, 241/2 u. 3, 243/6 u. 7, 244/1, 248/5, 249/8 (2) | blickwinkel/N. Dautel: 86/87 | Bosch: 202/2, 236/1 groß | Bridgeman Art Library:265/6, hinteres Vorsatz | Bubeck, Ravensburg: 181/5 | Buckau, Walter, Köln: 81/3 | Bundesverband Wärmepumpe (BWP e. V.), München: 154/1 links u. 2, 159/3 | California Institute of Technology: 20/3, 280/3, 282/1 | CERN: 7, 20/4, 21/6, 22/1, 288 | Cochlear GmbH, Hannover: 13/6 | Conrad Electronic SE: 25/6 | Corbis/85/5, Charles E. Rotkin: 36/3, Igor Kostin: 29/4, Rob Matheson: 61/5, Roger Ressmeyer: 286/2, Royalty free: 142/3 | Corel: 110/1, 141/4, 178/1 (1), 185/5 | Daimler Crysler AG, Stuttgart: 82/1, 188/1, 189/4, 190/4 u. 5, 202/1 u. 3 (6), 216/2, 217/4, 222/2 u. 3 | Daimler-Benz Aerospace Airbus, Hamburg: 150/4 | DESY, Hamburg: 14/1 | Deutsche Goodyear, Köln: 221/7 | Deutscher Wetterdienst Meteorologisches Observatorium Lindenberg: 146/1 | Deutsches Museum, München: 27/5–6, 90/1 groß, 132/2, 152/4, 196/1, 234/2, 235/4; 265/5 | digitalstock: 20/1, 118/1 | DLR: 182/3, 211/3, 238/1 u. 3 | Dostmann electronic GmbH, Wertheim: 111/10 | Einhell, Landau: 103/5 | Eisengießerei Hans Dhonau, Trieberg: 20/2 | ESA: 132/1 recht, 136/2, 204/1, 283/5 | ESO: 278/1, 279/4–5 | eumetsat: 144/1 | f1 online/149/3, 207/3, Maufront: 231/4 | Faulhaber Group: 12/2 | Flug Buch (H. Buch), Berlin: 143/5 | Freiwillige Feuerwehr, Sassenberg: 230/1 | Fröde, Erkelenz: 222/ o. l. | getty images/Theo Allofs: 142/1 | go-digitalpro/Peter Gottschalk: 182/2 | Greenpeace/Thomas Schlijper: 33/6 | Haaf, Thomas: 29/3 | Hafen Hamburg/Haspenpusch:36/1 | Hamburg Tourismus GmbH: 231/3 | HMI, Berlin: 30/1 | Hug, Darmstädt: 166/4 | IBM: 10/1, 11/5 | ihp-microelectronics, Frankfurt/Oder: 8/1 | Intel: 114/1 | J. G. Anschütz GmbH & Co. KG, Ulm: 248/4 | Jochen Arndt/STOCK4B: 207/2 | Joerg Lantelmé: 212/1 | KERMI GmbH, Plattling: 154/1 rechts | Kessler, Hofheim: 35/6 | KKW Brunsbüttel: 31/6 | Knopfe, M., Freiberg: 36/2; 38/1 | Kolbus GmbH, Rahden: 268/3 | KWU, Erlangen: 90/2 | Landesamt für Denkmalpflege und Archeologie Sachsen-Anhalt/Juraj Liptàc: 258/2, Karol Schauer. 259/6 | Landesgendameriekommando für Tirol: 24/1 | LOOK-foto/Jan Greune: 227/4 | Martin Scheel/azoom.ch: 143/6 u. 7 | Mauritius/Dela Maza: 49 | Microdrop Technologies GmbH: 13/5 | Miele: 111/8, 166/1 klein | Möllmann, Fachhochschule Brandenburg, Physikalische Ingenieurwissenschaften, Brandenburg: 119/5, 121/3 | Mora, Cordula, Carrboro USA: 77/5 | Moser, Freiburg: 34/2–3 | Motor Presse International, Stuttgart: 216/3 | Muckenfuß, Ravensburg: 140/2, 166/3, 178/1 (3) u. 3, 180/3, 181/6, 184/2 u. 3, 185/6–12, 186/3 | Mühr, Karlsruhe (www.wolkenatlas.de): 150/1 | Museum of Science, Boston: 45/4 | NARA National Archives: 32/2 | NASA/CNT: 13,7 | NASA/Hubble: 72/2; 254/1–2, 276/4, 277/5–6, 280/1–2, 281/4, 286/3, 287/6, 288/289, 291/5, 292/2 | NASA/WMAP Science Team: 286/1 | NASA: Einband, 19/4, 23/4, 72/1 (2), 76/2, 85/3, 132/1 links, 132/3, 145/7, 186/1, 210/211, 211/6, 232/1 u. 2, 235/5–7, 238/2, 242/2; 253, 254/3, 256/2–3, 258/3, 260/3, 265/4, 272/1, 276/1, 277/8, 284/2-3, 290/3 | Naturskyddsföreningen, Östergötland: 145/4 | Naukamp: 183/4 | Neukamp: 178/2 | Nguyen, Eric: 117 | Nitschmann, H.-J., Bautzen: 76/3 | NOAA: 144/145, 144/2 u. 3, 145/5 u. 6 | Nokia: 218/5 | OKAPIA KG: 39/6 | Okapia KG: 8/3 | OSRAM, München:58/2 | PHYWE System GmbH, Göttingen: 93/6 | Rosenkranz, S., Berlin: 150/5 | picture alliance: 197/3, 212/3, akg-images: 77/4, akg-images/IMS: 225/3, ASA: 242 rechts, dpa: 240/1, 242/1 links, Zentralbild: 188/2, 222/1 u. l., 270/3 | pixelquelle/Caro19: 47/7, 138/3, Henning Hraban Ramm: 124/3, Martin Wendring: 186/2 | Projekt Photos: 72/3, 275/4 | PTB; Braunschweig: 206/1 | RWE, Essen: 48/1, 163/3 | Schlichting, H. J., Hasbergen: 171/5, 179/5, 180/1 | Schön, L.-H., Berlin: 41/5, 46/5 | Senkel, G., Eisenhüttenstadt: 43/4 | Siemens AG, Pressebild, München: 34/35 groß, 34/1, 34/4, 35/7, 50/1 groß, 90/3, 222/1 u. r. | Sono press: 113/6 | SPL/Novosti: 234/3 / Agentur Focus: 285/4 | stockmaritime.com/Sebastian Hoehn: 228/1 | Superbild: 35/8, 187 | T-Com: 85/6 | TFH, Berlin: 112/3 | Tiemann GmbH, Schwalmstadt-Treysa: 12/4 | Ufop, Bonn: 118/2 | ullsteinbild: 234/1 | UNI Potsdam, Institut für Geowissenschaften, Potsdam: 239/6 | Vario Press/Abeling, M.: 72/4 | Varta AG, Hannover: 62/1 | Vattenfall Europe AG: 100/1 | VISUM/plus49: 272/2 | Wildlife/ Kenny, B.: 110/3 | WSA, Aachen: 129/6 | Zeiss, Oberkochen: 214/3.
Alle anderen Fotos Cornelsen Verlag.

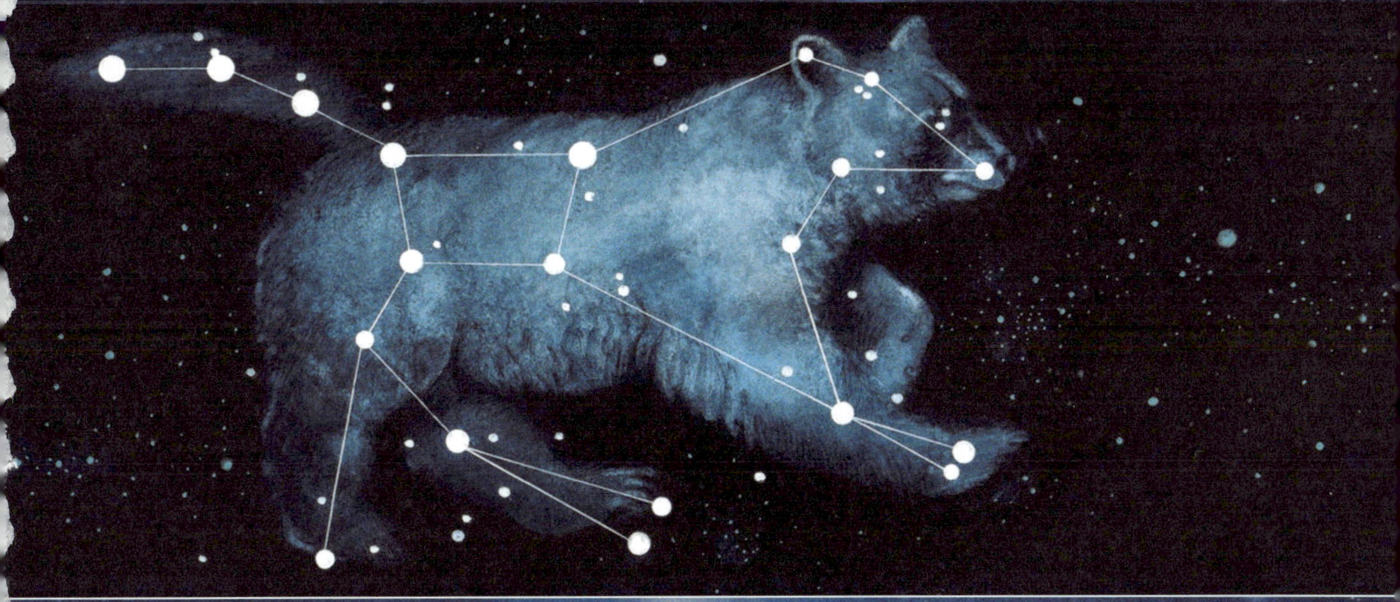

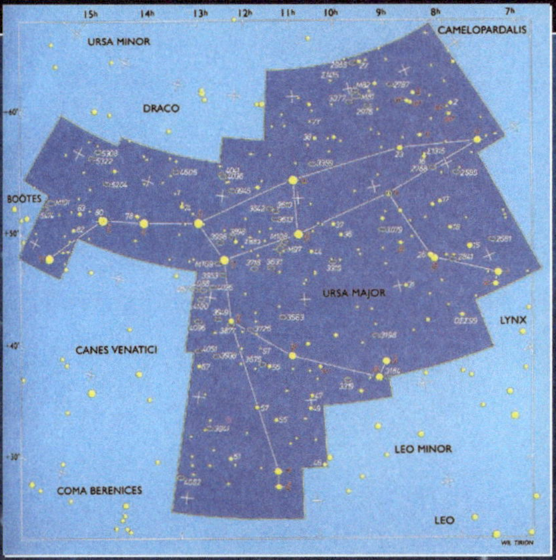


Vor langer Zeit herrschte in Arkadien der König Lykaon. Seine Tochter Kallisto war wegen ihrer Schönheit in der ganzen Welt berühmt. Diese Schönheit bemerkte auch der Göttervater Zeus. Er besuchte heimlich die schöne Kallisto. Im Ergebnis dieser Liebe gebar Kallisto ihren Sohn Arkas.
Die eifersüchtige Hera, Gemahlin des Zeus, erfuhr davon. Sie verwandelte Kallisto in eine Bärin. Arkas, der oft auf die Jagd ging, erblickte das Tier am Abend.
Er spannte seinen Bogen, um die Bärin zu töten. Zeus verhinderte diesen Muttermord, indem er die Bärin am Schwanz packte und bis zum Himmel schleuderte.
Dort erstrahlt die verzauberte Kallisto noch heute als Sternbild „Große Bärin". Da Kallisto ihre Zofe sehr gern hatte, versetzte Zeus diese als Sternbild „Kleine Bärin" ebenfalls an den Himmel.
Arkas wurde dazu verurteilt, als „Bärenhüter" seine Mutter auf ewig zu bewachen. Seine „Jagdhunde" wollen sich auf die Bärin stürzen. Daher hält Arkas sie fest an der Leine.

HEMISPHÆ
ALIS COELI
SPHÆRI
GRA-
Cassiopeia
Ursa Major
Ursa Minor
Coma Berenices
CANCER
LEO
VIRGO
Circulus
Crater
Hydra
Corvus
Centaurus
Argo Navis
Nova Hollandia